"十二五"普通高等教育本科国家级规划教材
住房城乡建设部土建类学科专业"十三五"规划教材
教育部高等学校建筑环境与能源应用工程专业教学指导分委员会规划推荐教材

传 热 学

（第 七 版）

朱 彤　安青松　刘晓华
章熙民　任泽霈　梅飞鸣　编著

中国建筑工业出版社

图书在版编目(CIP)数据

传热学/朱彤等编著 . —7 版 . —北京：中国建筑工业
出版社，2020.8（2024.1重印）
"十二五"普通高等教育本科国家级规划教材　住
房城乡建设部土建类学科专业"十三五"规划教材　教
育部高等学校建筑环境与能源应用工程专业教学指导分
委员会规划推荐教材
ISBN 978-7-112-25022-6

Ⅰ.①传…　Ⅱ.①朱…　Ⅲ.①传热学-高等学校-教
材　Ⅳ.①TK124

中国版本图书馆 CIP 数据核字（2020）第 058025 号

责任编辑：齐庆梅
责任校对：党　蕾

"十二五"普通高等教育本科国家级规划教材
住房城乡建设部土建类学科专业"十三五"规划教材
教育部高等学校建筑环境与能源应用工程专业教学指导分委员会规划推荐教材

传 热 学
（第七版）

朱　彤　安青松　刘晓华
章熙民　任泽霈　梅飞鸣　编著

*

中国建筑工业出版社出版、发行（北京海淀三里河路9号）
各地新华书店、建筑书店经销
北京红光制版公司制版
北京云浩印刷有限责任公司印刷

*

开本：787 毫米×1092 毫米　1/16　印张：23　字数：573 千字
2020 年 12 月第七版　　2024 年 1 月第五十四次印刷
定价：**58.00** 元（赠教师课件）
ISBN 978-7-112-25022-6
（35779）

第七版 | 前 言

　　大约 18 年前，梅飞鸣教授邀请我参加《传热学》（第五版）的修编，有幸认识了章熙民教授和陈钟颀教授。从此之后，多次聆听三位老先生的教诲，深刻感受到三位先生严谨的治学态度。仅仅为"对流换热"改为"对流传热"、"辐射换热"改为"辐射传热"就研讨多次，旁征博引，最终确定传热学专有名词的修改方案。当章先生看到青藏铁路路基上应用了热管技术后，马上就要求在书中增加热管技术实际应用案例的介绍。陈先生认真审阅《传热学》修改稿，给我发送十余封邮件，反复研讨交流，极尽细致。梅先生在本版修改稿的审阅中，提出了很多修改意见和建议，其中一次微信通话研讨就长达 255 分钟，而此时梅先生已是 89 岁高龄。陈先生和章先生已先后离开了我们，但他们对我的教诲至今难忘。章先生的夫人赵老师每年春节前都早早地给我这个晚辈拜年，让我受宠若惊。几位老先生关心、扶持年轻教师，以身示范，严谨治学的精神是我们必须继承发展的！

　　由章熙民、任泽霈、梅飞鸣等老先生编写的《传热学》自 1980 年发行至今，根据传热学领域的科技发展以及授课教师和学生的反馈意见和建议，不断改进完善《传热学》教材内容，至今已发行二十余万册；并且本书是"十二五"普通高等教育本科国家级规划教材、高校建筑环境与能源应用工程学科专业指导委员会规划推荐教材。

　　《传热学》是能源类学生的专业基础课程，是学习后续专业课的基础。对传热学知识及其应用能力的掌握直接关系到后续专业课程学习的效果。众所周知，凡是有温度变化的地方都会出现传热现象，小到电子芯片的散热问题、微通道内的传热问题，大到太阳对地球的辐射传热问题，以及冷热流体与周围环境的热交换问题，都需要用到传热学知识。传热学的应用领域在不断扩展，新的传热技术在不断发展，在国民经济建设中发挥越来越重要的作用。只有很好地掌握传热学的基本概念和基本原理，深刻理解不同传热现象中传热学知识的分析方法和计算方法，结合其他文献资料、传热手册以及计算传热学方法等，就能够解决工作中所遇到的传热问题。本次修编过程中，注重例题的选择和题后分析。由于传热问题与物性关系较大，以往的传热例题和习题中经常需要迭代计算，本次修编中鼓励学生尽可能采用计算机编程来解决相关的迭代计算问题，这样不仅可以促进学生对传热问题迭代计算的理解，而且巩固了学生所学习过的计算机编程知识。

　　传热学知识框架清晰，主要分为几个部分：热传导、对流传热、辐射传热、传热过程与换热器以及传质过程。其中，在热传导部分有非稳态热传导的分析计算内容，而在其他部分没有。再有，各部分的计算题求解方法有较大的不同。建议读者在学习过程中，有意识地对比分析，以便更好地掌握传热学的基本原理和计算方法。另外，传统的习题以计算题为主，而很多的简答题或案例分析更需要学生灵活应用所学习过的传热学知识来分析、解决问题，希望学习过程中积极思考与分析，掌握强化传热或削弱传热的方法与措施。

本次修编秉承章先生的一贯主张，没有在习题后附注答案。因为在今后的工程设计或科学研究中，只能依靠自己判断计算结果的准确性，因此，在平时的学习中就要逐步培养保证计算准确的能力和意识。若需要通过答案和解题过程来核对自己计算的结果，建议参考一些传热学辅导材料。

本次修编主要由同济大学朱彤老师（绪论及第5、6、8、9章），天津大学安青松老师（第1、2、4、7章）和清华大学刘晓华老师（第3、10、11章）完成。朱彤负责全书统稿。梅飞鸣教授对全书进行了审阅，在此表示衷心的感谢！

为方便任课教师制作电子课件，我们制作了包含公式、图表等内容的基本素材，可发送邮件至 *jiangongshe@163.com* 免费索取。本书配套课件和教学短视频的浏览方式详见封底说明。

我们衷心希望继续得到读者的支持与帮助，给予批评指正。

第六版｜前　言

从本书1980年发行第一版起，历经34年，在这期间为使本教材能够紧随教育事业的发展，满足专业教学的基本要求，已经进行了6次改版。

由于很多新兴学科和技术的发展都离不开传热学，传热学在理论、计算和应用等方面都获得了巨大的发展，它已经成为一门重要的技术基础学科，与新兴学科和技术的相互渗透和结合，使新技术、新材料、新换热设备不断涌现，传热学学科呈现出生机勃勃的景象。但对于一个初学传热学的读者来说，通过学习努力掌握传热学的基本概念、基本理论和基本计算方法，仍然是最为重要的目的，只有这样才能为今后应用传热学解决科学研究和实际工程问题打下坚实的基础。

在第六版的改版中，进一步完善了各章的一些重要例题的解算、分析和讨论；更新部分插图；增加新技术新材料的叙述。鉴于近年来对流传热数值计算日渐受到重视和广泛应用，编者感到有必要使读者对这方面的知识有些入门性的了解，以便日后需要时可以进一步学习，为此编者尝试在第五章增加了一节"对流传热过程的数值求解方法简介"。目前此项内容尚未列入本专业传热学教学的基本要求，因此使用本教材时，可以根据学生的实际情况进行取舍。此外，为了尽量不增加学生负担，实现内容的新陈代谢，本版删去了"边界层换热积分方程"一节。本版的这些改动是否恰当有待在教学实践中检验。

本版按"传热学"课程的基本要求，在紧密地联系建筑环境与能源应用工程专业的同时，适当的扩大了知识面，以兼顾一些涉及能源利用的专业，如机械制造、能源工程、食品工业、军工专业，以及农林水利等专业的需要。

特别值得指出的是，"节能"是我国重要国策，在这方面传热学将发挥十分重要的作用。在第六版中，把"节能"作为一个重要问题予以关注。

本版与前版一样仍然没有在习题后附注答案，作者认为只要在掌握基本理论和基本计算式的基础上，理解了各章例题的解题思路、步骤、方法，以及求解结果的讨论和对各类传热过程强度的数量级分析，就能顺利解题，这是促使读者去深入理解教材内容的必由之路，是培养计算能力的一个重要环节，也是工程技术人员解决工程计算最基本的训练；判断计算结果是否准确更是工程设计和各类考试所必须。为增强读者解题能力，本书着力于每一章节例题的构思、设计，着力于阐述例题的解题目的、思路、步骤以及公式和物性常数的选用，并对解题结果进行深入讨论，扩展解题结论的理解，以此引导读者消化各章内容，判断计算结果的正确性。我们认为通过这些措施，将从根本上解决习题不附答案给读者带来的困惑。而对于新担任教学的教师，没有现成的答案，也能起到督促他们去深入理解教学内容的作用。

这次改版工作历时两年，值得指出与改版工作同步进行了本书新老编著人的交替。参与改版工作的是：天津大学章熙民（主编）、安青松老师；同济大学朱彤老师；西安交通大学陈钟颀老师（主审）。由朱彤与安青松两位老师执笔改版，朱彤为主要执笔人。从改版开始的研讨会到最后的审稿会，都曾得到许多院校老师们的热情支持和帮助，提出了很多宝贵意见，为了感谢，特在本版的附录"传热学研讨会备忘录"中列出与会老师名单。为方便任课教师制作电子课件，制作了公式、图表等素材库，可发送邮件至 jiangongshe@163.com 免费索取。今后我们还希望得到更多读者的支持、帮助、批评指正。

2014 年 5 月

第五版 | 前 言

本书 1980 年发行第一版，历经 27 年，如今已是第五版。紧随教育事业的发展步伐，力求不断满足建筑环境与设备工程专业对"传热学"教学的基本要求，一直是编著者的基本目的。

经过近一个世纪，传热学在理论、计算和应用等方面都获得了巨大的发展，她已经成为一门重要的技术基础学科，由于很多新兴学科和技术的发展都离不开传热学，促进了这些学科和技术的相互渗透和结合，新成果不断涌现，传热学学科呈现出生机勃勃的景象。但对于一个初学传热学的读者来说，通过学习努力掌握传热学的基本概念、基本理论和基本计算方法，仍然是最为重要的目的，只有这样才能为今后应用传热学解决科学研究和实际工程问题打下坚实的基础。

在第五版中，我们仍然坚持把对基本概念、基本理论和基本计算的教学作为第一的任务。对全书的一些重要概念和计算，在前一版的基础上，进一步进行了深入的探讨，力图精益求精，准确地阐述最基本的内容；按"传热学"的基本要求，在紧密地联系建筑环境与设备工程专业实际的同时，也适当扩大知识面，兼顾一些非能源专业的需要。

特别值得指出的是，"节能"是我国的重要国策，在这方面传热学将发挥十分重要的作用。近年，我国在建筑领域为"建筑节能"建立了一些强制性标准，为此，在第五版中，把"节能"作为一个重要的问题予以关注。

书中每个例题都附有讨论，对扩展解题思路、引导读者解题、消化各章内容、判断计算结果等能够起到很好的作用。本版把这一方法进一步深化，意图通过例题，使读者能结合实际理解并扩大对基本内容的掌握，能够判断计算的准确性。本版与前版一样仍然没有在习题后附注答案，作者认为只要在掌握基本概念的基础上，理解了各章例题的解题思路和方法，求解习题就无困难。解答习题，不仅能检验理解教材内容的程度，也是培养判断计算是否准确的能力的一个重要环节，是工程技术人员解决工程计算最基本的训练；独立判断计算结果是否准确更是各类考试所必须的。

这次改版，同济大学朱彤和天津大学汪健生积极地参与了改版的部分工作；清华大学姜培学、哈尔滨工业大学谭羽非、重庆大学王厚华以及天津城市建设学院王泽生为改版提出了宝贵意见，在此对他们表示衷心的感谢。

为方便任课教师制作电子课件，我们制作了包括本书中公式、图表等内容的素材库，可发送邮件至 jiangongshe@163.com 免费索取。

在新版发行时，我们希望继续得到读者的支持和帮助，给予批评指正。

2007 年 3 月

目 录 | CONTENTS

基 本 符 号 表

符　号	物　理　量	常　用　单　位
A	温度振幅	开(K)
A	表面积	米^2(m^2)
a	热扩散率(导温系数)	米^2/秒(m^2/s)
B	大气压强	牛顿/米^2(N/m^2)；帕(Pa)； 千克/(米·秒^2)[kg/(m·s^2)]
C	辐射系数	瓦/(米^2·开^4)[W/(m^2·K^4)]；[J/(m^2·s·K^4)]
$C_{f,x}$	局部摩擦系数	
C_i	组分i的摩尔浓度	摩尔/米^3(mol/m^3)；千摩尔/米^3(kmol/m^3)
c	质量比热容	焦耳/(千克·开)[J/(kg·K)]
c'	体积比热容	焦耳/(标米^3·开)[J/(N m^3·K)]
D	质扩散率	米^2/秒(m^2/s)
d	直　径	米(m)；毫米(mm)
E	辐射力	瓦/米^2(W/m^2)
f	摩擦系数	
f	流通截面积	米^2(m^2)
G	投射辐射	瓦/米^2 (W/m^2)
g	重力加速度	米/秒^2(m/s^2)
H	焓	焦耳/千克(J/kg)
H	高　度	米(m)；毫米(mm)
h	表面传热系数	瓦/(米^2·开)[W/(m^2·K)]
h_D	表面传质系数	米/秒(m/s)
I	辐射强度	瓦/(米^2·球面度)[W/(m^2·sr)]
J	有效辐射	瓦/米^2(W/m^2)
k	传热系数	瓦/(米^2·开)[W/(m^2·K)]
l	长度、定型尺寸	米(m)
M	质流量	千克/秒(kg/s)
M	质　量	千克(kg)
m	质流密度	千克/(米^2·秒)[kg/(m^2·s)]
NTU	传热单元数	
P	功　率	瓦(W)；焦耳/秒(J/s)
p	压　强	帕(Pa)；牛顿/米^2(N/m^2)；千克/(米·秒^2)[kg/(m·s^2)]
Q	热　量	焦耳(J)
q	热流密度	瓦/米^2(W/m^2)
R	热　阻	米^2·开/瓦(m^2·K/W)
r	半　径	米(m)；毫米(mm)
r	气化潜热	焦耳/千克(J/kg)
S	距　离	米(m)

12

符　号	物　理　量	常　用　单　位
T	热力学温度	开尔文(K)
t	摄氏温度	度(℃)
U	周边长度	米(m)
u	速　度	米/秒(m/s)
V	容　积	米^3(m^3)
v	速　度	米/秒(m/s)
w	速　度	米/秒(m/s)
X	角系数	
Z	周　期	秒(s)；时(h)
α	吸收比(吸收率)	
α	体积膨胀系数	1/开(1/K)
β	肋化系数	
δ	厚　度	米(m)；毫米(mm)
Δ	差　值	
ε	发射率	
ε	换热器效能	
η	效　率	
Θ	无量纲过余温度	
θ	过余温度	开(K)
λ	热导率	瓦/(米·开)[W/(m·K)]
μ	分子量	
μ	动力黏度	牛顿·秒/米^2(N·s/m^2)； 千克/(秒·米)[kg/(s·m)]
ν	运动黏度	米^2/秒(m^2/s)
ν	温度波振幅衰减度	
ξ	温度波延迟	
ρ	密　度	千克/米^3(kg/m^3)
ρ	质量浓度	千克/米^3(kg/m^3)
ρ	反射比(反射率)	
τ	穿透比(穿透率)	
τ	时　间	秒(s)；时(h)
τ	剪应力	牛顿/米^2(N/m^2)
Φ	热流量	焦耳/秒(J/s)；瓦(W)
ω	角速度	弧度/秒(rad/s)

相似准则名称：

$$Bi = \frac{hl}{\lambda}$$ ——毕渥（Biot）准则（λ 为固体的热导率）

$$Co = h\left[\frac{\lambda^3 \rho^2 g}{\mu^2}\right]^{-1/3}$$ ——凝结（Condensation）准则（λ 为凝结液的热导率）

$$Fo = \frac{a\tau}{l^2}$$ ——傅里叶（Fourier）准则

$$Ga = \frac{gl^3}{\nu^2}$$ ——伽利略（Galileo）准则

$$Gr = \frac{gl^3 \alpha \Delta t}{\nu^2}$$ ——格拉晓夫（Grashof）准则

$$Le = \frac{a}{D}$$ ——刘伊斯（Lewis）准则

$$Nu = \frac{hl}{\lambda}$$ ——努谢尔特（Nusselt）准则（λ 为流体的热导率）

$$Pr = \frac{\nu}{a}$$ ——普朗特（Prandtl）准则

$$Pe = Re \cdot Pr = \frac{ul}{a}$$ ——贝克利（Peclet）准则

$$Ra = Gr \cdot Pr$$ ——瑞利（Rayleigh）准则

$$Re = \frac{ul}{\nu}$$ ——雷诺（Reynolds）准则

$$Sc = \frac{\nu}{D}$$ ——施米特（Schmidt）准则

$$Sh = \frac{h_D l}{D}$$ ——宣乌特（Sherwood）准则

$$St = \frac{Nu}{Re \cdot Pr} = \frac{h}{uc_p \rho}$$ ——斯坦登（Stanton）准则

$$St_D = \frac{Sh}{Re \cdot Sc} = \frac{h_D}{u}$$ ——对流传质斯坦登准则

主要注角符号：

f ——流体（Fluid）

w ——壁面（Wall）

c ——临界（Critical）

e ——当量，等效（Equivalent）

s ——饱和（Saturation）

m ——平均（Mean）

min ——最小（Minimun）

max ——最大（Maximun）

此外本书还使用基本符号做注角，如对流传热热阻 R_h 等。

绪　　论

传热学是研究在温差作用下热量传递过程和传递速率的科学。

自然界和人类的生产过程中，到处存在着温度差，热量将自发地由高温物体传递到低温物体，或者从物体的高温部分传递至低温部分，故热量传递（简称热传递）是一种极为普遍的物理现象。诸如，锅炉、余热回收利用装置和各类换热设备的设计，化工反应器、核反应堆、航空航天器中的温度控制，芯片和数据中心机柜的散热，机械加工过程中工件的温度分布，冻土地带的低温环境维护，太阳能和地热能的热收集，燃料电池的水热管理，金属电池和发动机舱的热管理等，无一不需要传热学知识。因此，传热学已是现代科学技术的主要专业基础学科之一。近几十年来，传热学的研究成果极大促进了各学科和工程技术的发展。

随着国民经济的发展和人民生活水平的提高，我国建筑能耗与社会总能耗之比逐年上升，目前已经接近 1/3，其中供暖、空调、通风的能耗约占建筑能耗的 65%，建筑节能已成为我国实现节能减排目标的关键举措之一。在各种建筑围护结构材料、门窗、供热设备管道的保温材料等的研制、生产、施工及其热物理性质的测试、热损失的分析计算；热源和冷源设备的选择、配套和合理有效利用；供热通风空调及燃气设备的开发、设计和实验研究；各类供暖散热器和换热器的设计、选择和性能评价；建筑物的热工计算和环境保护等过程中，都需要应用传热学知识。因此，传热学是重要的专业基础课程之一。

热传递过程有时还伴随着由于物质浓度差引起的质量传递过程，即传质过程。如空调系统中，喷淋水与空气的热质交换过程；湿空气参数的测量；蒸发式冷凝器中冷却水蒸发时的传热和传质；建筑围护结构中水分的转移过程；水果蔬菜等农产品的气调保鲜等等，都与传质密切相关。为此，本书在着重阐述传热相关知识之后，还以专门的一章，介绍了质传递过程的基本规律和计算方法。

本书分为五大部分：热传导、对流传热、辐射传热、传热过程和换热器，以及传质过程。各部分既相互独立，又有关联。各部分的传递机理不同，传热量的计算方法亦不同。在学习过程中要注意区分和理解各部分的特点。

一、热传递的基本方式

为了由浅入深地认识和掌握热传递规律，先来分析一些常见的热传递现象。例如密实的房屋砖墙或混凝土墙在冬季的散热，整个热传递过程如图 0-1 所示，可分为三段：（1）室内空气以对流传热方式传给墙内表面，以及室内物体以辐射传热方式传给墙内表面；（2）墙内表面以固体导热方式传递到墙外表面；（3）墙外表面以空气对流传热、墙与周围物体间的辐射传热方式把热传递到室外环境。显然在其他条件不变时，室内外温度差越大，传递的热量也

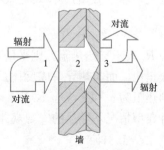

图 0-1　墙壁的散热

越多。又如，热水供暖散热器的热传递过程，热水先以对流传热方式向散热器壁内侧传递热量，再由导热方式通过散热器壁，然后散热器壁外侧以空气对流传热和壁与周围物体间的辐射传热方式将热量传给室内。从上述实例不难了解，热传递过程是由导热、热对流、热辐射三种基本热传递方式组合形成的。要了解传热过程的规律，就必须首先分别分析三种基本热传递方式。绪论将对这三种基本热传递方式做扼要解释，并给出它们的最基本的表达式，使读者对传热学的全貌和学习目的有一梗概认识。

1. 导热

导热又称热传导，是指物体各部分无相对位移或不同物体直接接触时依靠分子、原子及自由电子等微观粒子热运动而进行的热量传递现象，导热是物质的属性，导热过程可以在固体、液体及气体中发生。但在引力场下，单纯的导热一般只发生在密实的固体中，因为在有温差时，液体和气体中可能出现热对流而难以维持单纯的导热。

大平壁导热是导热的典型问题之一。由前述墙壁的导热过程看出，平壁导热量与壁两侧表面的温度差和平壁面积成正比；与壁厚成反比；并与材料的导热性能有关。因此，通过平壁单位时间内的导热量计算式是：

$$\Phi = \frac{\lambda}{\delta} \Delta t A \quad (\text{W}) \tag{0-1a}$$

或热流密度（每平方米的热流量）

$$q = \frac{\lambda}{\delta} \Delta t \quad (\text{W/m}^2) \tag{0-1b}$$

式中　A——壁面积，m^2；

　　　　δ——壁厚，m；

　　　　Δt——壁两侧表面的温差，$\Delta t = t_{w1} - t_{w2}$，℃或 K；

　　　　λ——热导率或称导热系数，其意义是指单位厚度的物体具有单位温度差时，在它的单位面积上每单位时间的导热量，它的国际单位是 W/(m·K)。它表示材料导热能力的大小。热导率一般由实验测定，例如，普通混凝土 $\lambda = 0.75 \sim 0.8\text{W/(m·K)}$，纯铜的 λ 将近 400W/(m·K)。

在传热学中，常用电学欧姆定律的形式（电流＝电位差/电阻）来类比分析热传递过程中热量与温度差的关系。即把热流密度的计算式改写为欧姆定律的形式。

热流密度：　　　　　$q = $ 温度差 Δt/热阻 R_t　　(W/m^2) \tag{0-1c}

与欧姆定律对照，可以看出热流密度相当于电流，温度差相当于电位差，而热阻相当于电阻。于是，得到一个在传热学中非常重要而且实用的概念——热阻。对不同的热传递方式，热阻 R_t 的具体表达式将不一样。以平壁为例改写式（0-1b），得

$$q = \frac{\Delta t}{\delta/\lambda} = \frac{\Delta t}{R_\lambda} \quad (\text{W/m}^2) \tag{0-2}$$

用 R_λ 表示导热热阻，则平壁导热热阻为 $R_\lambda = \delta/\lambda$，$\text{m}^2·\text{K/W}$。可见平壁导热热阻与壁厚成正比，而与热导率成反比。R_λ 大，则 q 小。利用式(0-1a)，对于面积为 $A\ \text{m}^2$ 的平壁，则热阻为 $\delta/(\lambda·A)$，K/W。不同情况下的导热过程，导热的表达式亦不同。本书将就几种典型情况下导热的宏观规律及其计算方法分章论述。

2. 热对流

在本科阶段所学习的传热学中，一般都将流体看做是连续的物质。那么，在流体内

部，仅依靠流体的宏观运动传递热量的现象称为热对流，是热传递的另一种基本方式。设热对流过程中，质流密度为 m[单位时间内，在垂直于流动方向上单位面积的质量流量，单位 $kg/(m^2 \cdot s)$]、定压比热容为 c_p[$J/(kg \cdot K)$]的流体沿流线由温度 t_1 变化至 t_2，则此热对流传递的热流密度应为：

$$q = mc_p(t_2 - t_1) \quad (W/m^2) \tag{0-3}$$

值得注意的是，上述热对流传递的热流密度中，所谓的单位面积是针对垂直于流动方向的面积，并且，该流体与周围流体以及流体内部存在相互混合或通过分子、原子等微观粒子热运动而进行的热传递过程。注意，这里所说的热对流是发生在流体内部。

但是，工程上经常涉及的传热现象往往是流体在与它温度不同的壁面上流动时，两者间产生的热量交换，传热学把这一热量传递过程称为"对流传热"过程。因为对流传热过程的热量传递涉及诸多影响因素，是一个复杂的热量传递过程，因此它已不再属于热传递的基本方式，这种情况下可采用对流传热计算式❶计算热流密度——通称"牛顿冷却公式"，即：

$$q = h(t_w - t_f) = h\Delta t \quad (W/m^2) \tag{0-4a}$$

或面积 A m^2 上的热流量： $\qquad \Phi = h(t_w - t_f)A = h\Delta t A \quad (W) \tag{0-4b}$

式中　　t_w——壁表面温度，℃或 K；

　　　　t_f——流体温度，℃或 K；

　　　　Δt——壁表面与流体间温度差，℃或 K；

　　　　h——表面传热系数，其意义是指单位面积上，流体与壁之间在单位温差下及单位时间内所能传递的热量。常用的表面传热系数单位是 $J/(m^2 \cdot s \cdot K)$ 或 $W/(m^2 \cdot K)$，注意，这里的单位面积是针对对流传热所涉及的壁表面。h 的大小表达了对流传热过程的强弱程度。例如供暖热水散热器外壁和空气间的表面传热系数约为 $1\sim10W/(m^2 \cdot K)$，而它的内壁和热水之间的 h 则可达数千 $W/(m^2 \cdot K)$。附录 10 列有一些典型条件下换热设备 h 的概略范围，供读者参考。由于 h 受制于多项影响因素，故研究对流传热问题的关键是如何确定表面传热系数。本书将对一些工程中常见的典型对流传热过程进行分析，并提供理论解或实验解。

按式（0-2）提出的热阻概念，改写式（0-4a）得

$$q = \frac{\Delta t}{1/h} = \frac{\Delta t}{R_h} \quad (W/m^2) \tag{0-4c}$$

式中，$R_h = 1/h$ 即为单位壁表面积上的对流传热热阻，（$m^2 \cdot K/W$），利用式（0-4b），则表面积为 A m^2 的壁面上的对流传热热阻为 $1/(h \cdot A)$，单位是 K/W。

3. 热辐射

导热或热对流都是以冷、热物体的直接接触来传递热量，热辐射则不同，它依靠物体表面对外发射可见和不可见的射线（电磁波，或者说光子）传递热量。物体表面每单位时

---

❶　1701 年牛顿在分析热物体被流经其表面的冷流体冷却的现象时，提出了物体表面温度随时间变化率正比于温差的表达式，后人在此基础上改写为式(0-4a)，为纪念牛顿的原始贡献，称之为牛顿冷却公式。

间、单位面积对外辐射的热量称为辐射力，用 E 表示，它的常用单位是 $J/(m^2 \cdot s)$ 或 W/m^2，其大小与物体表面性质及温度有关。对于黑体（一种理想的热辐射表面），理论和实验证实，它的辐射力 E_b 与表面热力学温度的 4 次方成比例，即斯蒂芬—玻尔茨曼定律：

$$E_b = \sigma_b T^4 \quad (W/m^2)$$

$$\Phi = \sigma_b T^4 A \quad (W) \tag{0-5a}$$

上式亦可写作：

$$E_b = C_b \left(\frac{T}{100}\right)^4 \quad (W/m^2)$$

$$\Phi = C_b \left(\frac{T}{100}\right)^4 A \quad (W) \tag{0-5b}$$

式中　E_b——黑体辐射力，W/m^2；

σ_b——斯蒂芬—玻尔茨曼常量，亦称黑体辐射常数，$\sigma_b = 5.67 \times 10^{-8} W/(m^2 \cdot K^4)$；

C_b——黑体辐射系数，$C_b = 5.67 W/(m^2 \cdot K^4)$；

T——黑体表面的热力学温度，K，热辐射计算中必须使用热力学温度。

一切实际物体的辐射力都低于同温度下黑体的辐射力，等于

$$E = \varepsilon \sigma_b T^4 \quad (W/m^2)$$

$$E = \varepsilon C_b \left(\frac{T}{100}\right)^4 \quad (W/m^2) \tag{0-5c}$$

式中　ε——实际物体表面的发射率（这里假设实际物体为灰体、灰体的定义将在第八章中介绍），也称黑度，其值处于 0～1 之间。

物体间靠热辐射进行的热量传递称为辐射传热。它的特点是：在热辐射过程中伴随着能量形式的转换（物体热力学能→电磁波能→物体热力学能）；不需要冷热物体直接接触；不论温度高低，物体都在不停地相互发射电磁波能，相互辐射能量。高温物体辐射给低温物体的能量大于低温物体向高温物体辐射的能量，总的结果是热由高温物体传到低温物体。

两个无限大的平行平面间的热辐射是最简单的辐射传热问题。设它的两表面热力学温度分别为 T_1 和 T_2，且 $T_1 > T_2$，则单位面积高温表面在单位时间内以辐射方式传递给低温表面的辐射传热热流密度的计算式是：

$$q = C_{1,2} \left[\left(\frac{T_1}{100}\right)^4 - \left(\frac{T_2}{100}\right)^4 \right] \quad (W/m^2) \tag{0-5d}$$

或 $A m^2$ 平行平面间的辐射热流量

$$\Phi = C_{1,2} \left[\left(\frac{T_1}{100}\right)^4 - \left(\frac{T_2}{100}\right)^4 \right] A \quad (W) \tag{0-5e}$$

式中 $C_{1,2}$ 称为 1 和 2 两表面间的系统辐射系数，它取决于辐射表面材料性质及状态，其值在 0～5.67 之间。关于辐射传热热阻的表述，将在第九章讨论。本书的辐射传热部分将论述热辐射的宏观规律及若干典型条件下的辐射传热计算方法。

二、传热过程

工程中经常遇到冷热两种流体隔着固体壁面的传热，即热量从壁一侧的高温流体通过

壁传给另一侧低温流体的过程，称为传热过程。在初步了解前述基本热传递方式后，即可导出传热过程的基本计算式。设有一大平壁，面积为 A；它的一侧为温度 t_{f1} 的热流体，另一侧为温度 t_{f2} 的冷流体；两侧表面的对流传热表面传热系数分别为 h_1 及 h_2；壁面温度分别为 t_{w1} 和 t_{w2}；壁的材料热导率为 λ；厚度为 δ，如图 0-2 所示。又设传热过程不随时间变化，即各处温度及传热量不随时间变化，传热过程处于稳态；壁的长和宽均远大于它的厚度，可认为热量传递方向与壁面处的等温面垂直（可见，热量传递即热流在空间上是个矢量）。图 0-2 给出了该传热过程的温度 t 随坐标 x 的分布线。按图 0-1 的分析方法，整个传热过程分三段，分别用下列三式表达（这里没有计算平壁两侧的辐射传热）。

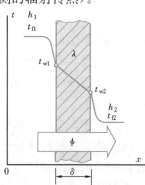

图 0-2　两流体间的热传递过程

热量由热流体以对流传热方式传给壁左侧，按式（0-4），其热流密度为：

$$q = h_1(t_{f1} - t_{w1})$$

该热量又以导热方式通过壁，按式（0-1），即

$$q = \frac{\lambda}{\delta}(t_{w1} - t_{w2})$$

它再由壁右侧以对流传热方式传给冷流体，即

$$q = h_2(t_{w2} - t_{f2})$$

在稳态传热情况下，以上三式的热流密度 q 相等，把它们改写为：

$$\left. \begin{array}{l} t_{f1} - t_{w1} = q/h_1 \\[2mm] t_{w1} - t_{w2} = q/\left(\dfrac{\lambda}{\delta}\right) \\[2mm] t_{w2} - t_{f2} = q/h_2 \end{array} \right\}$$

三式相加，消去 t_{w1} 及 t_{w2}，整理后得该壁传热热流密度

$$q = \frac{1}{\dfrac{1}{h_1} + \dfrac{\delta}{\lambda} + \dfrac{1}{h_2}}(t_{f1} - t_{f2})$$

$$= k(t_{f1} - t_{f2}) \quad (\text{W/m}^2) \tag{0-6a}$$

对 $A\text{m}^2$ 的平壁，传热热流量 Φ 则为：

$$\Phi = qA = k(t_{f1} - t_{f2})A \quad (\text{W}) \tag{0-6b}$$

式中

$$k = \frac{1}{\dfrac{1}{h_1} + \dfrac{\delta}{\lambda} + \dfrac{1}{h_2}} \quad [\text{W/(m}^2 \cdot \text{K)}] \tag{0-7}$$

k 称为传热系数，即单位时间、单位壁面积上，冷热流体间温差为 1℃ 或 1K 时所传递的热量，单位是 J/(m²·s·K) 或 W/(m²·K)，k 值的大小反映了传热过程的强弱。为理解它的意义，按热阻形式改写式(0-6a)，得

$$q = \frac{t_{f1} - t_{f2}}{\dfrac{1}{k}} = \frac{\Delta t}{R_k} \quad (\text{W/m}^2) \tag{0-6c}$$

R_k 即为平壁单位面积传热热阻：

$$R_k = \frac{1}{k} = \frac{1}{h_1} + \frac{\delta}{\lambda} + \frac{1}{h_2} \quad (\text{m}^2 \cdot \text{K/W}) \tag{0-8}$$

可见传热过程的热阻等于冷、热流体与壁之间的对流传热热阻及壁的导热热阻之和，相当于串联电阻的计算方法，掌握这一点对于分析和计算传热过程十分方便。由传热热阻的组成不难认识，传热阻力的大小与流体的性质、流动情况、壁的材料以及形状等许多因素有关，所以它的数值变化范围很大。例如，建筑物室内空气和物体通过 240mm 厚砖墙向周围环境散热过程的 k 值约为 $2\text{W/(m}^2 \cdot \text{K)}$，如果墙外贴上几厘米厚的高效保温层则可使它降到 $0.5\text{W/(m}^2 \cdot \text{K)}$；建筑物围护结构和热力管道的保温层的作用是减少热损失，保温材料的热导率越小，k 值越小，保温性能越好；而在蒸汽热水器中，k 值可达 $5000\text{W/(m}^2 \cdot \text{K)}$，其值越大，传热越好。书末附录 10 列有各类情况下 k 值的概略范围，可供参考。另外，需要注意的是，采用热阻分析方法适用于稳态传热过程，即各处的温度不随时间变化。

综上所述，学习传热学的目的概括起来就是：认识传热规律；分别掌握导热、对流传热、辐射传热过程传热量的计算方法，了解热传递过程中的温度分布；掌握增强或削弱传热过程的措施以及对传热现象进行实验研究的方法。

本书各章均有小结，将总结该章的主要内容，学习思路及对学习该章的基本要求，对复习会有一定的指导作用。

本书各章的例题，将力求与该章的主要概念和知识点密切结合，例题附有分析讨论，用具体的数据来加强对概念的理解和知识点的掌握。建议学习过程中，紧密结合工程实际，应用所学习过的传热学知识分析、计算实际工程的传热问题。同时，建议通过编程计算某些传热问题。

【例 0-1】某住宅砖墙壁厚 $\delta_1 = 240\text{mm}$，其热导率 $\lambda_1 = 0.6\text{W/(m} \cdot \text{K)}$，墙壁内外两侧的对流传热表面传热系数分别为：$h_1 = 7.5\text{W/(m}^2 \cdot \text{K)}$，$h_2 = 10\text{W/(m}^2 \cdot \text{K)}$，冬季室内外两侧空气温度分别为 $t_{f1} = 20℃$ 和 $t_{f2} = -5℃$。试计算通过墙壁的传热过程各项热阻、传热系数以及热流密度。为减少墙壁的散热损失，节约供热能耗，特在墙的一侧加装厚度 $\delta_2 = 50\text{mm}$ 的聚苯乙烯硬质泡沫塑料保温层，其热导率 $\lambda_2 = 0.03\text{W/(m} \cdot \text{K)}$，试问改造后墙壁的传热过程会发生什么变化？

【解】无保温层时单位壁表面积各项热阻

$$R_{h1} = \frac{1}{h_1} = \frac{1}{7.5} = 0.133\text{m}^2 \cdot \text{K/W}$$

$$R_\lambda = \frac{\delta_1}{\lambda_1} = \frac{0.24}{0.6} = 0.4\text{m}^2 \cdot \text{K/W}$$

$$R_{h2} = \frac{1}{h_2} = \frac{1}{10} = 0.1\text{m}^2 \cdot \text{K/W}$$

∴传热热阻（单位面积）

$$R_k = R_{h1} + R_\lambda + R_{h2} = 0.133 + 0.4 + 0.1 = 0.633\text{m}^2 \cdot \text{K/W}$$

故无保温层时砖墙壁的传热系数

$$k=\frac{1}{R_k}=\frac{1}{0.633}=1.58\text{W}/(\text{m}^2\cdot\text{K})$$

热流密度为：

$$q=k\Delta t=1.58\times(20+5)=39.5\text{W}/\text{m}^2$$

加装保温层后墙体的导热热阻等于砖层与保温层的热阻之和：

$$R_\lambda=\frac{\delta_1}{\lambda_1}+\frac{\delta_2}{\lambda_2}=\frac{0.24}{0.6}+\frac{0.05}{0.03}=2.067\text{m}^2\cdot\text{K}/\text{W}$$

墙体各项热阻增加为：

$$R_k=R_{h1}+R_\lambda+R_{h2}=0.133+2.067+0.1=2.3\text{m}^2\cdot\text{K}/\text{W}$$

如是加装保温层后墙体的传热系数

$$k=\frac{1}{R_k}=\frac{1}{2.3}=0.43\text{W}/(\text{m}^2\cdot\text{K})$$

热流密度为：

$$q=k\Delta t=0.43\times(20+5)=10.8\text{W}/\text{m}^2$$

【讨论】从本例可以看出：（1）把墙壁传热过程的各项热阻分别计算出来，有助于了解各热阻的差异和分析传热过程，这是传热计算常用的方法。对建筑物而言，在墙体传热的各项热阻中，墙体本身的热阻占主导地位。因此，必须提高墙体的导热热阻才能减少墙体的热损失；（2）当加装仅仅 50mm 厚的保温层后，其总热阻就增加了 3.63 倍。若以无保温墙的热流密度为 100%，则在相同条件下该保温层使热流密度降为原来的 28%，减少了 72% 的热损失。这是十分可观的节能效果。请考虑，是否可以进一步计算出该墙壁内外表面的温度，以及保温层与砖之间的温度？如果仅仅从传热分析，将保温层贴附在墙的内侧或者外侧，其传热量是否会有区别？

【例 0-2】一冷冻库外墙的内壁表面温度 $t_w=-12℃$，库内冷冻物及空气温度均为 $t_f=-18℃$，已知壁的表面传热系数 $h=5\text{W}/(\text{m}^2\cdot\text{K})$，壁与物体间的系统辐射系数 $C_{1,2}=5.1\text{W}/(\text{m}^2\cdot\text{K}^4)$，试计算该壁表面每平方米的冷量损失？并对比对流传热与辐射传热的冷损失大小？

【解】

对流传热冷损失　$q_h=h(t_w-t_f)=5\times(-12-(-18))=30\text{W}/\text{m}^2$

辐射传热冷损失　$q_R=C_{1,2}\left[\left(\dfrac{T_w}{100}\right)^4-\left(\dfrac{T_f}{100}\right)^4\right]$

$$=5.1\times\left[\left(\frac{273+(-12)}{100}\right)^4-\left(\frac{273+(-18)}{100}\right)^4\right]=21.0\text{W}/\text{m}^2$$

壁表面冷损失为　　　　$q=q_h+q_R=30+21.0=51.0\text{W}/\text{m}^2$

【讨论】即使是在冷库的低温条件下，在全部冷损失中由辐射传热原因引起的冷损失占有很大的比例，是一个不可忽视的因素。为降低冷冻库的冷损失，应设法降低库壁的温度和它的系统辐射系数，试分析降低库壁温度的主要方法。本例中，所给计算参数均为冷库内的，不涉及库壁结构及热导率和室外环境温度等，在所给条件下可以计算得到库壁冷损失大小，这为开展类似热量传递过程的测量提供了思路。

小　结

　　绪论概述了传热学应用的实例及其广泛性。介绍了本书的主要内容，即导热、对流传热、热辐射、传热过程等部分最基本的计算式。学习绪论的基本要求是：

　　（1）掌握一些基本概念，如导热、热对流、对流传热、热辐射、辐射传热、传热、传质、热阻等；认清哪些是热量传递基本方式。

　　（2）在以后的传热学学习中，将会经常使用上述一些基本计算式，因此需要理解和熟练掌握式(0-1)至式(0-8)各式的意义及各物理量的单位。

　　（3）结合节能减排的能源发展战略，初步了解学习传热学的目的和重要性。

思考题与习题

　　1. 冰雹落地后，即慢慢融化，试分析一下，它融化所需的热量是通过哪些途径得到的？

　　2. 秋天地上草叶在夜间向外界放出热量，温度降低，叶面有露珠生成，请分析这部分热量是通过什么途径放出的？放到哪里去了？到了白天，叶面的露水又会慢慢蒸发掉，试分析蒸发所需的热量又是通过哪些途径获得的？

　　3. 请上网检索"青藏铁路冻土施工"的报道，看看我国铁路建设者们是怎样把传热原理巧妙地用在冻土施工工程上的。通过本章的学习，你可能对此有一粗浅的认识，带着这个问题，再学习以后的章节，对学习传热学会有很大帮助。

　　4. 现在冬季室内供暖可以采用多种方法。试就你所知分析每一种供暖方法为人们提供热量的主要热传递方式是什么？填写在各箭头上。

　　散热器：散热器内的蒸汽或热水→散热器内壁→散热器外壁→室内空气→人体
　　　　　　　　　　　　　　　　　　　　　　　　　　　　　　　└→墙壁→人体

　　电热散热器：电加热后的油→散热器内壁→散热器外壁→室内空气→人体

　　红外电热器：红外电热元件→人体
　　　　　　　　└→墙壁→人体

　　电热暖风机：电加热器→加热风→人体

　　冷暖两用空调机（供热时）：加热风→人体

　　太阳照射：阳光→人体

　　5. 自然界和日常生活中存在大量传热现象，如加热、冷却、冷凝、沸腾、升华、凝固、融熔等，试各举一例说明这些现象中热量的传递方式？

　　6. 冬季，在室内挂上窗帘布后顿觉暖和，原因何在？

　　7. 盛夏，刚刚回到室内，打开空调，站在空调送风区，顿感凉爽，而走出送风区又感觉闷热。试分析这个过程中都有哪些热量传递方式？人站在不同位置处的主要传热方式是什么？

　　8. 住宅建筑冬天供暖所消耗的能源最终都是通过建筑物的外壁由室内传到室外，试问它是通过房屋的哪些部位，以什么方式传到室外的？

　　9. 一般保温瓶胆为真空玻璃夹层，夹层内两侧镀银，为什么它能较长时间地保持热水的温度？并分析热水的热量是如何通过胆壁传到外界的？什么情况下保温性能会变得很差？

10. 热阻可以并联或串联吗？二维或三维热传导过程中是否可以引入导热热阻概念？非稳态的热传导过程、对流传热过程、辐射传热过程中是否可以引入热阻概念？为什么？

11. 利用式(0-1)分析，在什么条件下图 0-2 中平壁内的温度呈直线关系变化？什么条件下将呈曲线关系变化？

12. 一燃气加热炉，炉子内壁为耐火砖，外壁为普通红砖，两种砖之间有的填充保温材料，而有的则为空气夹层，试分析这两种情况下由炉内到炉外环境的散热过程？如果是空气夹层，请分析热量是如何通过这层空气夹层的？

13. 求房屋外墙的散热热流密度 q 以及它的内外表面温度 t_{w1} 和 t_{w2}。已知：墙壁厚度 $\delta=$ 360mm，室外温度 $t_{f2}=-10℃$，室内温度 $t_{f1}=18℃$，墙的 $\lambda=0.61W/(m \cdot K)$，内壁的表面传热系数 $h_1=10W/(m^2 \cdot K)$，外壁 $h_2=16W/(m^2 \cdot K)$。已知该墙高 2.8m，宽 3m，求它的散热量 Φ？

14. 一大平板，高 3m，宽 2m，厚 0.2m，热导率为 45W/(m·K)，厚度方向的两侧表面温度分别为 $t_{w1}=150℃$ 及 $t_{w2}=285℃$，试求该板的热阻、单位面积热阻、热流密度及热流量。

15. 空气在一根内径 50mm，长 2.5m 的管子内流动并被加热，已知空气平均温度为 85℃，管壁对空气的表面传热系数 $h=73W/(m^2 \cdot K)$，热流密度 $q=5110W/m^2$，试确定管壁平均温度及热流量 Φ。

16. 已知两平行平壁，壁温分别为 $t_{w1}=50℃$，$t_{w2}=20℃$，系统辐射系数 $C_{1,2}=3.96$，求每平方米的辐射传热量(W/m²)。若 t_{w1} 增加到 200℃，辐射传热量变化了多少？

17. 燃气热水加热器传热面积为 0.24m²，管内热水对流传热表面传热系数 $h_1=$ 5000W/(m² · K)，管外燃气对流传热表面传热系数 $h_2=85W/(m^2 \cdot K)$，已知燃气平均温度 $t_1=500℃$，热水 $t_2=45℃$，求此加热器的传热系数及传热量。分析本题的计算结果，若把管外燃气的表面传热系数直接作为加热器的传热系数，即 $k=85W/(m^2 \cdot K)$ 计算，误差有多大？为什么？又本题中管子的厚度为 1mm 铜管，是否需要考虑管壁的热阻？为什么？

18. 某一表面积为 $40 \times 10^{-6}m^2$ 的芯片安装在衬底上，其周侧和下底面隔热良好，而上表面暴露在温度为 20℃ 流动的冷却介质中：一种冷却介质为空气，表面传热系数 $h_1=$ 40 W/(m² · K)，另一种冷却介质为载冷剂 R1233zd，表面传热系数 $h_2=1200W/(m^2 \cdot K)$。基于可靠性考虑，芯片的温度不能超过 80℃，求两种情况下芯片最大允许功耗是多少？

19. 上网检索"建筑节能"问题，并根据检索资料分析传热学与建筑节能的关系。

第一章 导热理论基础

　　导热是指温度不同的物体各部分或温度不同的两物体之间直接接触而发生的热传递现象。从微观角度来看，热是一种联系到分子、原子、自由电子等的移动、转动和振动的能量。因此，物质的导热本质或机理就必然与组成物质的微观粒子的运动有密切的关系。在气体中，导热是气体分子不规则热运动时相互作用或碰撞的结果。固体是由自由电子和原子组成的，原子被约束在规则排列的晶格中；因此，热量的传输是由晶格的振动和自由电子的迁移两种作用共同实现的。在介电体中，导热主要是通过晶格的振动，即原子、分子在其平衡位置附近的振动来实现的。由于晶格振动的能量是量子化的，称晶格振动的量子为声子。这样，介电物质的导热可以看成是声子相互作用和碰撞的结果。而在金属中，导热主要是通过自由电子的相互作用和碰撞来实现的，声子的相互作用和碰撞只起微小的作用。至于液体中的导热机理，相对于气体和固体而言，则还不十分清楚。但研究结果表明，液体的导热机理类似于介电体，即主要依靠晶格的振动来实现[1]。应该指出，在液体和气体中，只有在消除热对流的条件下，才能实现纯导热过程，例如设置一个封闭的水平夹层，上为热板，下为冷板，中间充气体或液体，当上下两板温度差不大且夹层很薄时，可实现纯导热过程。

　　导热理论是从宏观角度进行热传递现象分析的，它并不研究物质的微观结构，而把物质看作是连续介质。当研究对象的几何尺寸比分子的直径和分子间的距离大得多时，这种看法无疑是正确的。在一般情况下，大多数的固体、液体及气体，可以认为是连续介质。但在某些情形下，如稀薄的气体，就不能认为是连续介质。此时，本章所介绍的导热理论不再适用。

　　在许多工程实践中，导热是经常遇到的现象，例如建筑物的暖气片、墙壁和锅炉炉墙中的热量传递，热网地下埋设管道或架空管道的热损失等。导热理论的任务就是要找出任何时刻物体中各处的温度。为此，本章将从温度分布的基本概念出发，讨论导热过程的基本规律以及描述物体内温度分布的导热微分方程。此外，对求解导热微分方程所需要的条件进行简要地说明。

第一节　基本概念及傅里叶定律

一、基本概念

　　1. 温度场

　　温度场是指某一时刻物体的温度在空间上的分布。一般地说，它是时间和空间的函数，对直角坐标系即

$$t = f(x, y, z, \tau) \tag{1-1}$$

式中　　t——温度；

　　x, y, z——直角坐标系的空间坐标；

τ——时间。

式(1-1)表示物体的温度在 x、y、z 三个方向和时间上都发生变化的三维非稳态温度场，此时的导热过程叫做非稳态导热。如果温度场不随时间而变化，即 $\dfrac{\partial t}{\partial \tau}=0$，则为稳态温度场，该导热过程叫做稳态导热，这时，$t=f(x,y,z)$。如果稳态温度场仅和两个或一个坐标有关，则称为二维或一维稳态温度场。一维稳态温度场可表示为

$$t=f(x) \tag{1-2}$$

它是温度场中最简单的一种情况，例如高、宽远大于其厚度的大墙壁内的导热就可以认为是一维导热。

2. 等温面与等温线

同一时刻，温度场中所有温度相同的点连接所构成的面叫做等温面。不同的等温面与同一平面相交，则在此平面上构成一簇曲线，称为等温线。在同一时刻任何给定地点的温度不可能具有一个以上的不同值，所以两个不同温度的等温面或等温线绝不会彼此相交。它们或者是物体中完全封闭的曲面(线)，或者终止于物体的边界上。

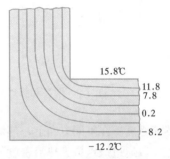

图 1-1　房屋墙角内的温度场

在任何时刻，标绘出物体中的所有等温面(线)，就给出了此时物体内的温度分布情形，亦即给出了物体的温度场。所以，习惯上物体的温度场用等温面图或等温线图来表示。图 1-1 是用等温线图表示温度场的示例。

3. 温度梯度

在等温面上，不存在温度差异，因此，沿等温面不可能有热量的传递。热量传递只发生在不同的等温面之间。自等温面上的某点出发，沿不同方向到达另一等温面时，将发现单位距离的温度变化，即温度的变化率，具有不同的数值。自等温面上某点到另一个等温面，以该点法线方向的温度变化率为最大。以该点法线方向为方向，数值也正好等于这个最大温度变化率的矢量称为温度梯度，用 $\mathrm{grad}t$ 表示，正向(符号取正)是朝着温度增加的方向，如图 1-2 所示。

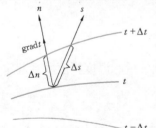

图 1-2　温度梯度

$$\mathrm{grad}t=\frac{\partial t}{\partial n}n \tag{1-3}$$

式中，$\dfrac{\partial t}{\partial n}$ 表示沿法线方向温度的方向导数，n 表示法线方向上的单位矢量。在直角坐标系中，温度梯度可表示为

$$\mathrm{grad}t=\frac{\partial t}{\partial x}i+\frac{\partial t}{\partial y}j+\frac{\partial t}{\partial z}k \tag{1-4}$$

式中 $\dfrac{\partial t}{\partial x}$、$\dfrac{\partial t}{\partial y}$、$\dfrac{\partial t}{\partial z}$ 分别为温度梯度在直角坐标系中三个坐标轴上的分量，i、j 和 k 分别表示三个坐标轴方向的单位矢量。在圆柱坐标系中，参见图 1-3，温度梯度可表示为

$$\mathrm{grad}t=\frac{\partial t}{\partial r}e_r+\frac{1}{r}\frac{\partial t}{\partial \phi}e_\phi+\frac{\partial t}{\partial z}e_z \tag{1-5}$$

式中 $\dfrac{\partial t}{\partial r}$、$\dfrac{1}{r}\dfrac{\partial t}{\partial \phi}$、$\dfrac{\partial t}{\partial z}$ 分别为温度梯度在圆柱坐标系中三个坐标轴上的分量，e_r、e_ϕ 和 e_z 分别表示三个坐标轴方向的单位矢量。在圆球坐标系中，参见图1-3，温度梯度可表示为

$$\mathrm{grad}\,t = \frac{\partial t}{\partial r}e_r + \frac{1}{r\sin\theta}\frac{\partial t}{\partial \phi}e_\phi + \frac{1}{r}\frac{\partial t}{\partial \theta}e_\theta \tag{1-6}$$

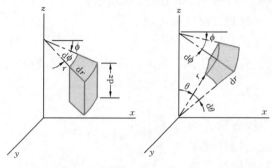

式中 $\dfrac{\partial t}{\partial r}$、$\dfrac{1}{r\sin\theta}\dfrac{\partial t}{\partial \phi}$、$\dfrac{1}{r}\dfrac{\partial t}{\partial \theta}$ 分别为温度梯度在圆球坐标系中三个坐标轴上的分量，e_r、e_ϕ 和 e_θ 分别表示三个坐标轴方向的单位矢量。

温度梯度的负值，$-\mathrm{grad}\,t$ 为温度降度，它是与温度梯度数值相等而方向相反的矢量。

图1-3　圆柱和圆球坐标系

4. 热流矢量

单位时间单位面积上所传递的热量称为热流密度。在不同方向上，热流密度的大小是不同的。与定义温度梯度相类似，等温面上某点，以通过该点最大热流密度的方向为方向，数值上也正好等于沿该方向热流密度的矢量称为热流密度矢量，简称热流矢量。其他方向的热流密度都是热流矢量在该方向的分量。热流矢量 q 在直角坐标系三个坐标轴上的分量为 q_x、q_y、q_z。而且

$$q = q_x i + q_y j + q_z k \tag{1-7}$$

热流矢量 q 在圆柱坐标系三个坐标轴上的分量为 q_r、q_ϕ、q_z，

$$q = q_r e_r + q_\phi e_\phi + q_z e_z \tag{1-8}$$

热流矢量 q 在圆球坐标系三个坐标轴上的分量为 q_r、q_ϕ、q_θ，

$$q = q_r e_r + q_\phi e_\phi + q_\theta e_\theta \tag{1-9}$$

二、傅里叶定律

傅里叶(Fourier J.)在实验研究导热过程的基础上，把热流矢量和温度梯度联系起来，得到

$$q = -\lambda\,\mathrm{grad}\,t \quad (\mathrm{W/m^2}) \tag{1-10}$$

上式就是傅里叶通过观察实验现象于1822年提出的导热基本定律的数学表达式，亦称傅里叶定律。式中的比例系数 λ 称为热导率。

式(1-10)说明，热流矢量和温度梯度位于等温面的同一法线上，但指向温度降低的方向，参见图1-4，式中的负号表示热流矢量的方向与温度梯度的方向相反，永远指向温度降低的方向。

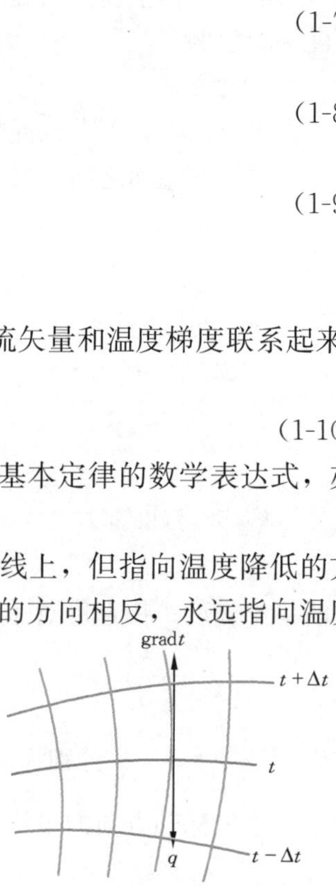

按照傅里叶定律和式(1-4)、式(1-7)，可以看到，在直角坐标系中，热流密度矢量沿 x、y 和 z 轴的分量应为

$$q_x = -\lambda\frac{\partial t}{\partial x}$$

$$q_y = -\lambda\frac{\partial t}{\partial y} \tag{1-11}$$

图1-4　热流矢量和温度梯度

$$q_z = -\lambda \frac{\partial t}{\partial z}$$

同理，在圆柱坐标系中，热流密度矢量沿 r、ϕ 和 z 轴的分量应为

$$q_r = -\lambda \frac{\partial t}{\partial r} \qquad q_\phi = -\lambda \frac{1}{r} \frac{\partial t}{\partial \phi} \qquad q_z = -\lambda \frac{\partial t}{\partial z} \tag{1-12}$$

在圆球坐标系中，热流密度矢量沿 r、ϕ 和 θ 轴的分量应为

$$q_r = -\lambda \frac{\partial t}{\partial r} \qquad q_\phi = -\lambda \frac{1}{r\sin\theta} \frac{\partial t}{\partial \phi} \qquad q_\theta = -\lambda \frac{1}{r} \frac{\partial t}{\partial \theta} \tag{1-13}$$

值得指出的是，式(1-10)～式(1-13)中都隐含着一个条件，就是热导率在各个不同方向上是相同的。这种热导率与方向无关的材料称为各向同性材料。

傅里叶定律确定了热流矢量和温度梯度的关系。因此要确定热流矢量的大小和方向，就必须知道温度梯度，亦即要知道物体内的温度场。

第二节　热　导　率

热导率是物质的一个重要热物性参数，可以认为，式(1-10)就是热导率的定义式，即

$$\lambda = \frac{q}{-\mathrm{grad}t} \tag{1-14}$$

可见，热导率的数值就是物体中单位温度降度单位时间通过单位面积的导热量，单位是 $W/(m \cdot K)$。热导率的数值表征物质导热能力的大小。

工程计算采用的各种物质热导率的数值一般都由实验测定。一些常用物质的热导率数值列于表 1-1 和附录 2～附录 8 中。更详细的资料可以查阅有关文献[2,3]。一般而言，金属比非金属具有更高的热导率；物质的固相比它们的液相导热性能高；物质液相的热导率又比其气相高；不论金属或非金属，它的晶体比它的无定形态具有较好的导热性能；与纯物质相比，晶体中的化学杂质将使其导热性能降低；纯金属比它们相应的合金具有高得多的热导率。各类物质热导率的数值表示于图 1-5 中。

物质的热导率不但因物质的种类而异，而且还和物质的温度、压力等因素有关。导热既然是在温度不同的物体各部分之间进行的，所以温度的影响尤为重要。许多工程材料，

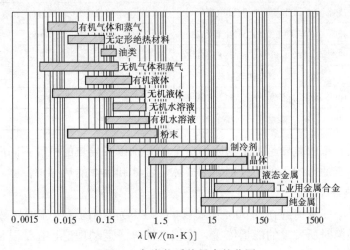

图 1-5　各类物质热导率的范围

在一定温度范围内，热导率可以认为是温度的线性函数，即

$$\lambda = \lambda_0(1 + bt) \tag{1-15}$$

式中，λ_0 是某个参考温度时的热导率，b 是由实验确定的常数。

273K 时部分物质的热导率 表 1-1

材料	W/(m·K)	材料	W/(m·K)	材料	W/(m·K)
纯金属固体		合金材料		非金属材料	
银	428	黄铜（70Cu-30Zn）	109	方镁石 MgO	41.6
铜	401	铜合金（70Cu-30Zn）	22.2	石英（平行于轴）	19.1
铝	236	杜拉铝（96Al-4Cu）	160	刚玉石，Al_2O_3	10.4
镁	157	铝合金（92Al-8Mg）	102	大理石	2.78
锌	122	碳钢（$w_c \approx 1.0\%$）	43.0	冰，H_2O	2.22
铁	83.5	碳钢（$w_c \approx 1.5\%$）	36.8	熔凝石英	1.91
镍	94	铬钢（$w_{Cr} \approx 5\%$）	36.3	黏土	1.3
铂	71.5	铬钢（$w_{Cr} \approx 17\%$）	22	瓷砖	1.1
锡	68.2	镍钢（$w_{Ni} \approx 1\%$）	45.2	泥土	0.83
铅	35.5	镍钢（$w_{Ni} \approx 35\%$）	13.4	云母	0.58
锆	23.2	铬镍钢	14.7	硼硅酸耐热玻璃	0.22～0.76
钛	22.4	钨钢（$w_w \approx 35\%$）	18.4	石膏板	0.16
气 体		保温材料及气凝胶材料		液 体	
氦	0.1462	陶瓷保温板	0.080	水银	8.21
氢	0.1726	软泡沫塑料	0.043～0.056	水	0.561
空气	0.0240	聚氯乙烯泡沫	0.043	乙醇	0.1713
氨	0.0229	PU 泡沫塑料	0.025	环戊烷	0.1364
氩	0.0165	SiO_2 气凝胶	0.02～0.013	戊烷	0.128
二氧化碳	0.0147	低密度碳气凝胶	0.05	R123	0.0240
异丁烷	0.0143	PTW 改性 SiO_2 气凝胶	0.028～0.035	R245fa	0.0959
R142b	0.0096	TiO_2 改性 SiO_2 气凝胶	0.014	R365mfc	0.0852
R22	0.0092	水镁石纤维改性 SiO_2 气凝胶	0.01～0.03	汽油	0.145
R134a	0.0114	氧化铝气凝胶	0.098	润滑油	0.148
R32	0.0109	聚苯乙烯类改性 SiO_2 气凝胶	0.041	纳米水溶液	0.8～2.6
R1234yf	0.0116	碳遮光石英气凝胶	0.015	纳米冷冻油	0.18～0.34

不同物质热导率的差异是由于物质构造上的差别以及导热的机理不同所致。为了更全面地了解各种因素的影响，下面分别介绍气体、液体和固体的热导率。

1. 气体的热导率

气体的热导率的数值约在 0.006～0.6W/(m·K) 范围内。气体的导热是由于分子的热运动和相互碰撞时所发生的能量传递。根据气体分子运动理论，在常温常压下，气体的热导率可以表示为

$$\lambda = \frac{1}{3}\overline{u}l\rho c_{v} \tag{1-16}$$

式中 $\overline{u}$ 是气体分子运动的平均速度，l 是气体分子在两次碰撞间的平均自由行程，ρ 是气体的密度，c_{v} 是气体的定容比热容。

当气体的压力升高时，气体的密度 ρ 增大，自由行程 l 则减小，而乘积 ρl 保持常数。因而，除非压力很低（$< 2.67 \times 10^{-3}$ MPa）或压力很高（$> 2.0 \times 10^{3}$ MPa），可以认为气体的热导率不随压力发生变化。

图 1-6 给出了几种气体的热导率随温度变化的实测数据。由图可知，气体的热导率随温度升高而增大，这是因为气体分子运动的平均速度和定容比热容均随温度的升高而增大所致。气体中的氢和氦的热导率远高于其他气体，约大 4～9 倍。参见图 1-7，这一点可以从它们的分子质量很小，因而有较高的平均速度得到解释。在常温下，空气的热导率约为 0.024 W/(m·K)，房屋双层玻璃窗中的空气夹层，就是利用空气的低导热性能起到减小散热的作用。氩的热导率数值低于空气，所以采用两层 4mm Low-e 玻璃，内设两层 9mm 氩气层，两氩气层中间用 5mm 浮法玻璃隔开，这种双 Low-e 膜双中空玻璃已在超低能耗示范楼中使用[4]。

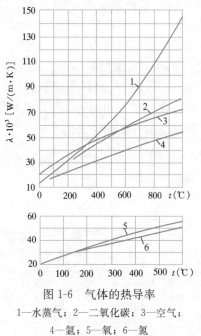

图 1-6 气体的热导率

1—水蒸气；2—二氧化碳；3—空气；

4—氩；5—氧；6—氮

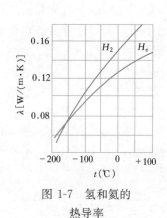

图 1-7 氢和氦的

热导率

混合气体的热导率不能像比热容那样简单地用部分求和的方法来确定，科学家们曾提出了若干计算方案，但归根结底，必须用实验方法确定。

2. 液体的热导率

液体的热导率的数值约在 $0.07 \sim 8$ W/(m·K) 范围内，但大部分的数值都在 0.7 以下。液体的导热主要是依靠晶格的振动来实现。应用这一概念来解释不同液体的实验数据，其中大多数都得到了很好的证实，据此得到的液体热导率的经验公式为[2]

$$\lambda = A \frac{c_{p}\rho^{\frac{4}{3}}}{M^{\frac{1}{3}}} \tag{1-17}$$

式中 c_p——液体的定压比热容；

ρ——液体的密度；

M——液体的分子量；

A——系数，与晶格振动在液体中的传播速度成正比，它与液体的性质无关，但与温度有关。

一般情况下可认为 $Ac_p \approx const$。对于非缔合液体或弱缔合液体，它们的分子量是不变的，由式（1-17）可以看出，当温度升高时，由于液体密度的减小，热导率是下降的。对于强缔合液体，例如水和甘油等，它们的分子量是变化的，而且随温度而变化。因此，在不同的温度时，它们的热导率随温度变化的规律是不一样的。图 1-8 给出了一些液体热导率随温度的变化。可见，影响液体导热特性的因素很复杂，暂时还没有公认的理论可以解释。目前，主要是通过实验测试得到液体热导率。

3. 金属的热导率

各种金属的热导率一般在 $12 \sim 428W/(m \cdot K)$ 范围内变化。大多数纯金属的热导率随着温度的升高而减小，参见图 1-9。这是因为金属的导热是依靠自由电子的迁移和晶格的振动来实现，而且主要依靠前者。当温度升高时，晶格振动的加强干扰了自由电子的运动，使热导率下降。金属导热与导电的机理是一致的，所以金属的热导率与导电率互成比例。银的热导率就像它的导电能力一样是很高的，然后依次为铜、金、铝等。金属中掺入任何杂质，将破坏晶格的完整性而干扰自由电子的运动，使热导率减小。例如，在常温下纯铜的热导率为 $401W/(m \cdot K)$，而黄铜（70%Cu，30%Zn）的热导率降低为 $109W/(m \cdot K)$。另外，金属加工过程也会造成晶格的缺陷，所以化学成分相同的金属，热导率也会因加工情况而有所不同。大部分合金的热导率是随着温度的升高而增大的。

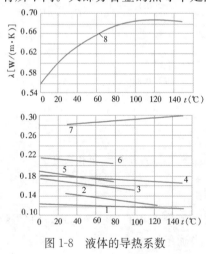

图 1-8 液体的导热系数

1—凡士林油；2—苯；3—丙酮；4—蓖麻油；

5—乙醇；6—甲醇；7—甘油；8—水

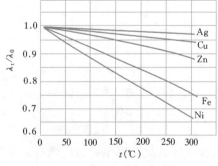

图 1-9 金属的导热系数

4. 非金属材料（介电体）的热导率

建筑材料和保温材料、保冷材料的热导率大约在 $0.025 \sim 3.0W/(m \cdot K)$ 范围内。它们的热导率都随温度的升高而增大。我国国家标准[5]规定，保温材料的主要性能包括：在平均温度为 25℃时热导率不大于 $0.080W/(m \cdot K)$，密度不大于 $300kg/m^3$。保冷材料的主要性能包括：泡沫塑料及其制品 25℃时的热导率不大于 0.44W/（m·K），密度不大于 60kg/m³，吸水率不大于 4%；泡沫橡塑制品 0℃时的热导率不大于 0.036W/（m·K），密度不大于 95kg/m³，真空吸水率不大于 10%。岩棉板、玻璃棉板、聚苯板、聚苯乙烯挤塑板、酚醛板、聚氨酯板是主要的建筑墙体保温材料。国产保温材料热导率的资料可参阅文献［6，7］。这些材料大多是多孔材料或纤维性材料。严格地讲，这些材料不应视为连续介质。但如果孔隙的大小和物体的总几何尺寸比起来很小的话，仍然可以有条件地认为它们是连续介质，用表观热导率或当做连续介质时的折算热导率来考虑。

在多孔材料中，填充孔隙的气体，例如空气，具有低的热导率，所以良好的保温材料都是孔隙多、单位体积重量（习惯上简称"容重"）轻的材料。根据这一特点，可以人为地增加材料的孔隙以提高保温能力，例如经加热发泡而成的聚苯乙烯泡沫塑料、加气混凝土和离心玻璃棉等。但是，容重轻到一定程度后，小的孔隙连成沟道或者孔隙较大时，会引起孔隙内的空气对流作用加强，孔隙壁间的辐射亦有所加强，反而会使表观热导率升高。气凝胶是一种不断发展的新型保温材料，它是一种低密度纳米多孔非晶态材料，具有气孔封闭、连续无规则网络结构。由于气凝胶纳米尺度的颗粒及孔隙分布，使其具有很低的热导率，如 SiO_2 气凝胶，室温下密度为 100kg/m³，热导率为 0.02W/(m·K)，甚至低于空气的热导率 0.024W/(m·K)。这是因为气凝胶固体是由非常小的彼此相连的三维网络结构构成，通过固相的热量传递需经过复杂的曲折通路，因此热量输运效果低于纯固体骨架；而且由于内部孔隙非常小，气体分子平均自由程大于气凝胶的孔隙尺寸，气相传热也受到很大的限制。所以，气凝胶由于其低热导率、低密度使其广泛应用于航空航天、汽车及建筑领域。

在建筑热工设计中，合理选择建筑物外墙结构和材料是节能的重要措施之一。公共建筑节能设计标准中，按各城市的建筑气候分区，限定了各分区建筑物外墙的热阻，它对选择外墙结构和材料有着指导作用[8]。采用非金属材料窗框是建筑节能的有效措施之一，PVC（聚氯乙烯）塑料窗框被广泛采用，它的热导率为 0.13～0.29W/(m·K)。

多孔材料的热导率受湿度的影响很大。由于水分的渗入，替代了相当一部分空气，而且更主要的是水分将从高温区向低温区迁移而传递热量。因此，湿材料的热导率比干材料和水都要大。例如，干燥实心砖的热导率为 0.39～0.42W/(m·K)，水的热导率为 0.56W/(m·K)，而湿砖的热导率可高达 1.0～1.4W/(m·K)。所以对建筑物的围护结构，特别是冷、热设备的保温层，都应采取防潮措施。

5. 纳米流体的热导率

随着新兴设备功率需求不断增加和高精尖产品集成度逐步升级，很多领域都出现了高热流密度散热问题。例如，航天器热控制、高温超导和高功率激光器的冷却以及大功率电子元器件散热等。由于传统的纯液体传热介质（如水、油、醇等）已很难满足一些特殊条件下的传热要求，因此探索稳定的、流动性好的、高热导率的传热介质成为研究热点之一。通过在液体中添加高热导率的固体粒子以提升其导热性能是广为关注的技术。由于悬浮液中的毫米或微米级的固体粒子容易团聚而发生沉淀，影响流动并引起管道磨损、堵塞等不良结果。但是，如能减小固体粒子至纳米尺度，则不仅能提高原有液体热导率，又有很好的分散特性，可避免团聚和流动问题。因此，纳米流体技术应运而生，它是以一定的方式和比例在液体中添加纳米级金属、金属氧化物或碳纳米管等形成悬浮液。由于纳米粒子的比表面积远大于毫米或微米级粒子的比表面积，相同粒子体积含量下，纳米流体的有效热导率大于毫米或微米级的两相混合液的热导率。更为重要的是由于纳米粒子自身强烈的布朗运动不仅有利于保持稳定悬浮而不沉淀，而且自身微运动及所引起的液体微扰动也强化了能量传递。例如：对于铜-去离子水纳米流体，当铜纳米颗粒的体积份额由 1% 增大到 5%，其液体的热导率从 $1.08\mathrm{W/(m \cdot K)}$ 增大到了 $1.45\mathrm{W/(m \cdot K)}$；对于铝—润滑油纳米流体，当粒子的体积份额由 1% 增大到 5%，其热导率从 $1.043\mathrm{W/(m \cdot K)}$ 增大到 $1.27\mathrm{W/(m \cdot K)}$。所以，纳米流体在能量传递调控方面有一定的应用前景。

前已述及，分析材料的导热性能时，还应区分各向同性材料和各向异性材料。例如木材，沿不同方向的热导率不同，木材沿纤维方向热导率的数值可比垂直纤维方向的数值高1倍，这种材料称为各向异性材料。用纤维、树脂等增强、粘合的复合材料也是各向异性材料。本书在以后的分析讨论中，只限于各向同性材料。

本书附录6附录7列出了一些建筑、保温材料的热导率和密度的数值，供查阅参考。

第三节　导热微分方程式

傅里叶定律确定了热流密度矢量和温度梯度之间的关系。但是要确定热流密度矢量的大小，首先要知道物体内的温度场，即

$$t = f(x,y,z,\tau)$$

为此，在傅里叶定律的基础上，借助热力学第一定律，即能量守恒与转化定律，建立起温度场的通用微分方程，亦即导热微分方程式。

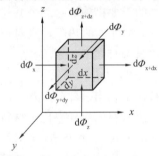

图 1-10　微元体的导热

假定所研究的物体是各向同性的连续介质，其热导率 λ、比热容 c 和密度 ρ 均为已知，并假定物体内具有内热源，例如化学反应时放出反应热、电阻通电发热等，这时内热源为正值；又例如，化学反应时吸收热量、熔化过程中吸收物理潜热等，这时内热源为负值。用单位体积单位时间内所发出的热量 q_v（$\mathrm{W/m^3}$）表示内热源的强度。基于上述各项假定，再从进行导热过程的物体中分割出一个微元体 $\mathrm{d}V = \mathrm{d}x\mathrm{d}y\mathrm{d}z$，微元体的三个边分别平行于 x，y 和 z 轴，参见图 1-10。根据热力学第一定律，对微元体进行热平衡分析，那么在 $\mathrm{d}\tau$ 时间内导入与导出微元体的净热量，加上内热源的发热量，应等于微元体热力学能的增加，即

导入与导出微元体的净热量＋微元体内热源的发热量＝微元体中热力学能的增量　　(1-18)

　　　　　Ⅰ　　　　　　　　　　　　Ⅱ　　　　　　　　　　　　　Ⅲ

下面分别计算式（1-18）中的 Ⅰ、Ⅱ 和 Ⅲ 三项。

导入与导出微元体的净热量可以由 x，y 和 z 三个方向导入与导出微元体的净热量相加得到。在 $\mathrm{d}\tau$ 时间内，沿 x 轴方向，经 x 表面导入的热量为

$$\mathrm{d}\Phi_x = q_x \mathrm{d}y\mathrm{d}z\mathrm{d}\tau$$

经 $x + \mathrm{d}x$ 表面导出的热量为

$$\mathrm{d}\Phi_{x+dx} = q_{x+dx}\,\mathrm{d}y\mathrm{d}z\mathrm{d}\tau$$

而

$$q_{x+dx} = q_x + \frac{\partial q_x}{\partial x}\mathrm{d}x$$

于是，在 $\mathrm{d}\tau$ 时间内，沿 x 轴方向导入与导出微元体的净热量为

$$\mathrm{d}\Phi_x - \mathrm{d}\Phi_{x+dx} = -\frac{\partial q_x}{\partial x}\mathrm{d}x\mathrm{d}y\mathrm{d}z\mathrm{d}\tau$$

同理，在此时间内，沿 y 轴方向和沿 z 轴方向，导入与导出微元体的净热量分别为

$$\mathrm{d}\Phi_y - \mathrm{d}\Phi_{y+dy} = -\frac{\partial q_y}{\partial y}\mathrm{d}x\mathrm{d}y\mathrm{d}z\mathrm{d}\tau$$

$$\mathrm{d}\Phi_z - \mathrm{d}\Phi_{z+dz} = -\frac{\partial q_z}{\partial z}\mathrm{d}x\mathrm{d}y\mathrm{d}z\mathrm{d}\tau$$

将 x、y 和 z 三个方向导入和导出微元体的净热量相加得到

$$\mathrm{I} = -\left(\frac{\partial q_x}{\partial x} + \frac{\partial q_y}{\partial y} + \frac{\partial q_z}{\partial z}\right)\mathrm{d}x\mathrm{d}y\mathrm{d}z\mathrm{d}\tau \tag{1}$$

将式 (1-11) 代入式 (1)，可以得到

$$\mathrm{I} = \left[\frac{\partial}{\partial x}\left(\lambda\frac{\partial t}{\partial x}\right) + \frac{\partial}{\partial y}\left(\lambda\frac{\partial t}{\partial y}\right) + \frac{\partial}{\partial z}\left(\lambda\frac{\partial t}{\partial z}\right)\right]\mathrm{d}x\mathrm{d}y\mathrm{d}z\mathrm{d}\tau \tag{2}$$

在 $\mathrm{d}\tau$ 时间内，微元体中内热源的发热量为

$$\mathrm{II} = q_v\,\mathrm{d}x\mathrm{d}y\mathrm{d}z\mathrm{d}\tau \tag{3}$$

在 $\mathrm{d}\tau$ 时间内，微元体中热力学能的增量为

$$\mathrm{III} = \rho c\frac{\partial t}{\partial \tau}\mathrm{d}x\mathrm{d}y\mathrm{d}z\mathrm{d}\tau \tag{4}$$

对于固体和不可压缩流体，定压比热容 c_p 等于定容比热容 c_v，即 $c_p = c_v = c$。将式 (2)、式 (3) 和 (4) 代入式 (1-18)，消去等号两边的 $\mathrm{d}x\mathrm{d}y\mathrm{d}z\mathrm{d}\tau$，可得

$$\rho c\frac{\partial t}{\partial \tau} = \frac{\partial}{\partial x}\left(\lambda\frac{\partial t}{\partial x}\right) + \frac{\partial}{\partial y}\left(\lambda\frac{\partial t}{\partial y}\right) + \frac{\partial}{\partial z}\left(\lambda\frac{\partial t}{\partial z}\right) + q_v \tag{1-19}$$

式 (1-19) 称为导热微分方程式，实质上它是导热过程的能量守恒方程。上式借助于能量守恒定律和傅里叶定律把物体中各点的温度联系起来，它表达了物体的温度随空间和时间变化的关系。

当热导率 λ 为常数时，式 (1-19) 可以简化为

$$\frac{\partial t}{\partial \tau} = \frac{\lambda}{\rho c}\left(\frac{\partial^2 t}{\partial x^2} + \frac{\partial^2 t}{\partial y^2} + \frac{\partial^2 t}{\partial z^2}\right) + \frac{q_v}{\rho c}$$

或写成

$$\frac{\partial t}{\partial \tau} = a\,\nabla^2 t + \frac{q_v}{\rho c} \tag{1-20}$$

式中，∇^2 是拉普拉斯运算符；$a = \dfrac{\lambda}{\rho c}$ 称为热扩散率，单位是 m^2/s。热扩散率 a 表征物体被加热或冷却时，物体内各部分温度趋向均匀一致的能力，也可以理解为度量物体导热能力与其单位体积热容的相对大小。例如，握住同温度的木棒与铝棒，感觉冷热不同。这是因

为木材的热扩散率 $a = 1.5 \times 10^{-7}\ \mathrm{m^2/s}$，而铝的热扩散率 $a = 9.45 \times 10^{-5}\ \mathrm{m^2/s}$，木材的热扩散率约为铝的 1/600。另外，在同样的加热条件下，物体的热扩散率愈大，物体内部各处的温度差别愈小。可见，热扩散率对非稳态导热过程具有很重要的意义。

当热物性参数为常数且无热源时，式（1-20）可写为

$$\frac{\partial t}{\partial \tau} = a \, \nabla^2 t \tag{1-21}$$

对于稳态温度场，$\dfrac{\partial t}{\partial \tau} = 0$，式（1-20）可以简化为

$$\nabla^2 t + \frac{q_v}{\lambda} = 0 \tag{1-22}$$

对于无内热源的稳态温度场，式（1-22）可以进一步简化为

$$\nabla^2 t = \frac{\partial^2 t}{\partial x^2} + \frac{\partial^2 t}{\partial y^2} + \frac{\partial^2 t}{\partial z^2} = 0 \tag{1-23}$$

在这种情况下，微元体的热平衡式（1-18）中的 Ⅱ 和 Ⅲ 两项均为零，所以导入和导出微元体的净热量亦为零，即导入微元体的热量等于导出微元体的热量。

当所分析的对象为轴对称物体（圆柱、圆筒或圆球）时，采用圆柱坐标系 (r, ϕ, z) 或圆球坐标系 (r, ϕ, θ) 更为方便。这时，通过坐标变换，参见图 1-3，可以将式（1-19）转换为圆柱坐标系或圆球坐标系的公式，详细推导可以参看有关文献 [9]。对于圆柱坐标系，式（1-19）可改写为

$$\rho c \, \frac{\partial t}{\partial \tau} = \frac{1}{r} \frac{\partial}{\partial r}\left(\lambda r \frac{\partial t}{\partial r}\right) + \frac{1}{r^2} \frac{\partial}{\partial \phi}\left(\lambda \frac{\partial t}{\partial \phi}\right) + \frac{\partial}{\partial z}\left(\lambda \frac{\partial t}{\partial z}\right) + q_v \tag{1-24}$$

对于圆球坐标系，式（1-19）可改写为

$$\rho c \, \frac{\partial t}{\partial \tau} = \frac{1}{r^2} \frac{\partial}{\partial r}\left(\lambda r^2 \frac{\partial t}{\partial r}\right) + \frac{1}{r^2 \sin^2\theta} \frac{\partial}{\partial \phi}\left(\lambda \frac{\partial t}{\partial \phi}\right) + \frac{1}{r^2 \sin\theta} \frac{\partial}{\partial \theta}\left(\lambda \sin\theta \frac{\partial t}{\partial \theta}\right) + q_v \tag{1-25}$$

第四节　导热过程的单值性条件

导热微分方程式是根据热力学第一定律和傅里叶定律所建立起来的描写物体的温度随空间和时间变化的关系式，没有涉及某一特定导热过程的具体特点，因此它是所有导热过程的通用表达式。欲从众多不同的导热过程中区分出所研究的某一特定的导热过程，还需对该过程作进一步的具体说明，这些界定某一特定导热过程的说明条件总称为单值性条件。因此，一个具体给定的导热过程，其完整的数学描述应包括导热微分方程式和它的单值性条件两部分。

单值性条件一般地说有以下四项：

一、几何条件

说明参与导热过程的物体的几何形状和大小。例如，形状是平壁或圆筒壁以及它们的厚度、直径等几何尺寸。

二、物理条件

说明参与导热过程的物体的物理特征。例如，参与导热过程物体的热物性参数 λ、ρ

和 c 等的数值，它们是否随温度发生变化，是否有内热源 q_V 及其大小和分布情形。

三、时间条件

说明在时间上导热过程的特点。稳态导热过程没有单值性的时间条件，因为物体内温度分布不随时间发生变化。对于非稳态导热过程，应该说明导热过程开始时刻物体内的温度分布，故时间条件又称为初始条件，它可以表示为

$$t\mid_{\tau=0}=f(x,y,z) \tag{1-26}$$

四、边界条件

人们所研究的物体总是和周围环境有某种程度的相互联系。它往往是物体内导热过程发生的原因。因此，凡说明物体边界上过程进行的特点，反映过程与周围环境相互作用的条件称为边界条件。常见的边界条件的表达方式可以分为四类：

1. 第一类边界条件（或称为 Dirichlet 条件）是已知任何时刻物体边界面上的温度值，即

$$t\mid_s=t_w \tag{1-27}$$

式中下标 s 表示边界面，t_w 是温度在边界面 s 的给定值。对于稳态导热过程，t_w 不随时间发生变化，即 $t_w=\text{const}$；对于非稳态导热过程，若边界面上温度随时间而变化，应给出 $t_w=f(\tau)$ 的函数关系。例如，图 1-11 所示的一维无限大平壁，平壁两侧表面各维持恒定的温度 t_{w1} 和 t_{w2}，它的第一类边界条件可以表示为

$$t\mid_{x=0}=t_{w1}; \qquad t\mid_{x=b}=t_{w2}$$

对于二维或三维稳态温度场，它的边界面超过两个，这时应逐个按边界面给定它们的温度值。

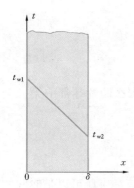

图 1-11 无限大平壁的
第一类边界条件

2. 第二类边界条件（或称为 Neumann 条件）是已知任何时刻物体边界面上的热流密度值。因为傅里叶定律给出了热流密度矢量与温度梯度之间的关系，所以第二类边界条件等于已知任何时刻物体边界面 s 法向的温度梯度的值。值得注意，已知边界面法向上温度梯度的值，并不是已知物体的温度分布，因为物体内各处的温度梯度和边界面上的温度值都还是未知的。第二类边界条件可以表示为

$$q\mid_s=q_w$$

或

$$-\frac{\partial t}{\partial n}\bigg|_s=\frac{q_w}{\lambda} \tag{1-28}$$

式中 q_w 是给定的通过边界面 s 的热流密度，对于稳态导热过程，$q_w=\text{const}$；对于非稳态导热过程，若边界面上热流密度是随时间变化的，还要给出 $q_w=f(\tau)$ 的函数关系。如图 1-12 所示的肋片肋基处的边界条件，就是 $x=0$ 界面处热流密度值恒定为 q_w，这时第二类边界条件可以表示为

$$-\frac{\partial t}{\partial x}\bigg|_{x=0}=\frac{q_w}{\lambda}$$

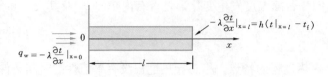

图 1-12 肋片的第二、三类边界条件

若某一个边界面 s 是绝热的，根据傅里叶定律，该边界面上温度梯度数值为零，即

$$\frac{\partial t}{\partial n}\Big|_{s}=0 \tag{1-29}$$

例如，对于第二章将要讨论的肋片，由于肋片的高度相对较大，它的端部温度与周围流体的温度就很接近，可以近似地认为端部是绝热的，参见图 1-12，这时肋片端部的边界条件应写为

$$\frac{\partial t}{\partial x}\Big|_{x=l}=0$$

3. 第三类边界条件是已知边界面周围流体温度 t_f 和边界面与流体之间的表面传热系数 h。根据牛顿冷却公式，物体边界面 s 与流体间的对流传热量可以写为

$$q=h\ (t\mid_{s}-t_{f})$$

于是，第三类边界条件可以表示为

$$-\lambda\frac{\partial t}{\partial n}\Big|_{s}=h\ (t\mid_{s}-t_{f}) \tag{1-30}$$

如图 1-12 所示，若肋片端部与周围空气的对流传热不允许忽略，那么肋片端部的第三类边界条件可以表示为

$$-\lambda\frac{\partial t}{\partial x}\Big|_{x=l}=h(t\mid_{x=l}-t_{f})$$

对于稳态导热过程，h 和 t_f 不随时间而变化；对于非稳态导热过程，h 和 t_f 可以是时间的函数，这时还要给出它们和时间的具体函数关系。应该提醒读者注意，式（1-30）中已知的条件是 h 和 t_f，而 $\frac{\partial t}{\partial n}\mid_{s}$ 和 $t\mid_{s}$ 都是未知的，这正是第三类边界条件与第一类、第二类边界条件的区别所在。

墙体与外界传热过程中，除了墙体与空气的对流传热外，还有墙体与周围环境的辐射传热，这就不是单纯的第三类边界条件，而是对流传热和辐射传热并存的复合边界条件，它可表示为

$$-\lambda\frac{\partial t}{\partial n}\Big|_{s}=h(t\mid_{s}-t_{f})+\varepsilon\sigma[(t\mid_{s}+273)^{4}-(t\mid_{sur}+273)^{4}] \tag{1-31}$$

式中 ε——墙体外表面与周围物体的系统发射率；

    $t\mid_{sur}$——墙体周围外环境的温度❶。

4. 第四类边界条件或称接触面边界条件，是已知两物体表面紧密接触时的情形。例

---

❶ 环境温度的意义在第三章第五节、第十章第二节均将述及。

如：物体 1 和物体 2 紧密直接接触，在接触面 s 处，两物体的温度相等，通过接触面的热流密度也相等这种情况利用相变材料的贮能，蓄热供暖和蓄冰空调技术中都会遇到，边界条件可以表示为

$$t_1 \mid_s = t_2 \mid_s, \qquad \lambda_1 \left.\frac{\partial t_1}{\partial n}\right|_s = \lambda_2 \left.\frac{\partial t_2}{\partial n}\right|_s \tag{1-32}$$

在确定某一个边界面的边界条件时，应根据物理现象本身在边界面的特点给定，不能对同一界面同时给出两种边界条件。有关边界条件的详细论述，可参阅有关文献 [10～12]。

【例 1-1】一厚度为 δ 的无限大平壁，其热导率 λ 为常数，平壁内具有均匀的内热源 q_v（W/m³）。平壁 $x=0$ 的一侧是绝热的，$x=\delta$ 一侧与温度为 t_f 的流体直接接触进行对流传热，表面传热系数 h 是已知的。假设经过若干时间后，平壁内温度不再变化。试写出此时的稳态导热过程的完整数学描述。

【解】本例为具有均匀内热源的无限大平壁一维稳态导热问题，根据式（1-22），该导热微分方程式为

$$\frac{\mathrm{d}^2 t}{\mathrm{d}x^2} + \frac{q_v}{\lambda} = 0$$

对于稳态导热问题，没有初始条件。边界条件在 $x=0$ 的一侧，给定的是第二类边界条件，根据式（1-29），可写为

$$\left.\frac{\mathrm{d}t}{\mathrm{d}x}\right|_{x=0} = 0$$

在 $x=\delta$ 的一侧，给定的是第三类边界条件，根据式（1-30）可以写为

$$-\lambda \left.\frac{\mathrm{d}t}{\mathrm{d}x}\right|_{x=\delta} = h\ \left(t \mid_{x=\delta} - t_f\right)$$

以上三式完整地表示了上述给定的导热问题。

【讨论】（1）之所以强调假设经过若干时间，平壁内温度不再变化，是因为本例没有给出初始条件，假如初始时刻平壁内温度分布与最终的稳态温度分布不同，则即使内热源所产生的热量与平壁一侧的对流传热量相等，平壁内的温度分布也将随时间变化。只有经过若干时间后，平壁内温度不再随时间变化，此时进入稳态导热过程。

（2）若不存在内热源，但其他条件相同，由于平壁一侧对流传热的结果，平壁温度将持续上升或下降（取决于平壁的温度是低于还是高于流体的温度），平壁中的导热过程是非稳态的，该过程一直进行到平壁的温度等于流体的温度为止。

【例 1-2】一半径为 R、长度为 l 的导线，其热导率 λ 为常数。导线的电阻率为 ρ（$\Omega \cdot m^2/m$）。导线通过电流 I（A）而均匀发热。已知空气的温度为 t_f，导线与空气之间的表面传热系数为 h，试写出这一稳态过程的完整数学描述。

【解】导线的长度 l 比直径 $2R$ 大很多，导线与空气之间的对流传热可以认为是轴对称的，采用圆柱坐标系，则这一问题的导热微分方程为一维稳态的。根据式（1-24），略去有关的项，即得

$$\frac{1}{r}\frac{\mathrm{d}}{\mathrm{d}r}\left(r \frac{\mathrm{d}t}{\mathrm{d}r}\right) + \frac{q_v}{\lambda} = 0 \tag{1}$$

按题意，内热源的强度

$$q_\mathrm{v} = \frac{I^2 \rho \dfrac{l}{\pi R^2}}{\pi R^2 l} = \frac{I^2 \rho}{(\pi R^2)^2} \tag{2}$$

对于稳态导热问题，没有初始条件。在导线外侧给定的是第三类边界条件，根据式（1-30）可以写为

$$-\lambda \frac{\mathrm{d}t}{\mathrm{d}r} \Big|_{r=R} = h\ (t\ |_{r=R} - t_\mathrm{f}) \tag{3}$$

因为本例中的导热过程满足一元二次导热微分方程，需要两个相互独立的单值性条件才能够构成完整的数学描述。那么，另一个边界条件可以根据题目所示的物理现象决定，即根据本例中的导热过程为轴对称，导线中心轴线上温度梯度为零（即在导热中心轴线上绝热），于是可以写出

$$\frac{\mathrm{d}t}{\mathrm{d}r} \Big|_{r=0} = 0 \tag{4}$$

式（1）～式（4）完整地描述了上述给定的导热问题。

【讨论】导线通电后，经过一段时间，导线发热与它向周围空气的散热达到平衡，导热过程进入稳态。另外，根据题目所示的物理现象可知，在导线中心线上温度具有最大值，求解这一题目，即可算出该导线的最大许用电流。

🔑 小　结

  本章首先简要地阐述了各类物质的导热机理，接着介绍了温度场、等温面（线）、温度梯度和热流密度矢量等几个基本概念，进而提出反映导热基本规律的傅里叶定律。在此热力学第一定律和傅里叶定律基础上，导出了反映物体内温度场的微分表达式，即导热微分方程式，并简述了求解导热微分方程式的单值性条件。

  学习本章的基本要求是：理解温度梯度及热流矢量的概念；了解影响物质热导率，特别是建筑、保温材料热导率的主要因素；掌握导热问题的数学描述及变热导率问题的处理方法；理解单值性条件并能针对不同边界条件写出完整的数学描述表达式。本章的要点是：

  （1）温度场、等温面（线）、温度梯度和热流密度矢量是涉及各种传热现象的基本概念，应予充分理解。

  （2）傅里叶定律是导热现象的基本定律，它适用于连续均匀和各向同性材料的稳态和非稳态导热过程。

  （3）热导率反映了物质的导热能力。知道典型工程材料热导率的数值范围，了解影响热导率的主要因素。对于重要的工程计算，应该对所用物质在特定条件下的热导率进行实验测定；对于一般工程计算，可根据具体情况直接从工程手册或有关文献中选取。

  （4）假定所研究的物体是连续均匀和各向同性的，有关各项热物性参数是已知的，根据导热的基本定律——傅里叶定律和热力学第一定律建立起导热温度场的通用微分方程式，即导热微分方程式，它对连续均匀和各向同性介质中任何导热现象都是适用的。

（5）导热微分方程式是用数学的形式表示了导热过程的共性。单值性条件就是说明一个具体导热过程个性的诸多条件的总称。

（6）导热微分方程式和相应的单值性条件，提供了导热过程的共性和个性，它们构成一个给定导热过程完整的数学描述。

（7）热扩散率表征非稳态导热过程中物体内部各处温度趋向于均匀一致的能力。

思考题与习题

1. 青藏铁路穿越了 500 多千米的永久冻土地带，其中 140km 是采用抛填堆砌片石形成的气冷路基，如图 1-13 所示[13]。片石层可看做是一种特殊的多孔介质工程体，它内部的传热方式有片石的导热以及空隙中的对流与辐射传热。试以传热的基本原理分析为什么它在冷季和暖季都能保证冻土的稳定性。（路两侧插有热管，增强路基稳定性，见第七章。）

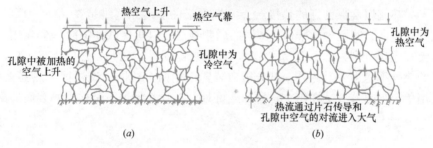

图 1-13　片石层的热传输特性
(a) 暖季；(b) 冷季

2. 按 20℃时，铜、碳钢（1.5％C）、铝和黄铜热导率的大小，排列它们的顺序；隔热保温材料热导率的数值最大为多少？列举膨胀珍珠岩散料、矿渣棉和软泡沫塑料热导率的数值。

3. 已知 Low-e 膜玻璃的热导率为 0.62W/(m·K)，玻璃的热导率为 0.65W/(m·K)，空气的热导率为 0.024W/(m·K)，氩气的热导率为 0.016W/(m·K)，试比较双 Low-e 膜中空玻璃(Low-e 玻璃厚度 4mm，中间充入氩气，厚度为 8mm)与 6mm 双层中空玻璃（玻璃厚度为 5mm，空气层厚度为 6mm）的导热热阻。

4. 一建筑物玻璃窗的尺寸为 1m×1.2m，已知其内表面温度为 20℃，外表面温度为 5℃，玻璃的热导率为 0.65W/(m・K)，试求通过玻璃的散热量损失。若改用双 Low-e 膜中空玻璃，其散热量损失为多少？玻璃和 Low-e 玻璃可以参照第 3 题。

5. 推导导热微分方程式的已知前提条件是什么？

6. 厚度 δ 为 0.1m 的无限大平壁，其材料的热导率 $\lambda = 40 + 0.2(t - 273)$W/(m・K)，在给定的直角坐标系中，画出温度分布并分析下列两种情形稳态导热 x 方向温度梯度的分量和热流密度数值的正或负。（1）$t\mid_{x=0} = 400$K，$t\mid_{x=\delta} = 600$K；（2）$t\mid_{x=0} = 600$K，$t\mid_{x=\delta} = 400$K。

7. 一厚度为 50mm 的无限大平壁，以平壁左侧为坐标原点，其稳态温度分布为

$$t = a + bx^2 \quad (\text{℃})$$

式中 $a = 200$℃，$b = -2000$℃/m。若平壁材料热导率为 45W/(m・K)，试求：（1）平壁两侧表面处的热流密度；（2）平壁中是否有内热源？为什么？若有的话，它的强度应是多大？

8. 已知物体的热物性参数是 λ、ρ 和 c，无内热源，试推导圆柱坐标系的导热微分方程式。

9. 已知物体的热物性参数是 λ、ρ 和 c，无内热源，试推导球坐标系的导热微分方程式。

10. 一半径为 R 的实心球，初始温度均匀并等于 t_0，突然将其放入一温度恒定并等于 t_f 的液体槽内冷却。已知球的热物性参数 λ、ρ 和 c，球壁表面的表面传热系数为 h，试写出描写球体冷却过程的完整数学描述。

11. 某一固体金属热导率测量装置如图 1-14 所示，试样的直径 $R = 20$mm，长度 $L = 40$mm，两块相同的试样压在两块平板之间，试样中间嵌入了电加热器，且所有的表面之间均填充了导热脂以确保良好的热接触。两端平板的温度始终维持在 $T_0 = 70$℃，试样中埋设了差分热电偶，间距为 10mm。试样的周侧绝热，以实现试样中的一维导热。假定加热器的电流和电压分别为 0.15A 和 220V，差分热电偶显示 $\Delta T_1 = \Delta T_2 = 25.0$℃，试计算试样材料的热导率是多少？此外，试分析在装置中用两个相同的试样把加热器夹在中间，而不是采用单个加热器-试样组合，有什么好处？在什么情况下试样周侧表面的漏热变得显著？

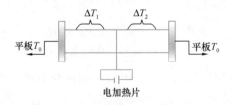

图 1-14　某热导率测量装置示意图

12. 单个动力电池可以看成一根半径为 r_i、热导率为 λ_r 的电池棒，其电池化学能转化为电能时均匀产热，单位体积产热速率为 q_v。电池棒外包有电绝缘的包层材料，外径半径为 r_0，热导率为 λ_c，周围冷却液对其进行对流冷却，对流传热表面传热系数 h，冷却液温度为 t_c。在稳态条件下，试写出电池（包含电池棒和电绝缘层）的导热方程式，并写出

求解该方程所需的适当边界条件。

参考文献

[1] E. R. G. 埃克尔特，R. M. 德雷克著 . 航青译 . 传热与传质 . 北京：科学出版社，1983.

[2] Vargaftik，N. B. . Tables on the Thermophysical Properties of Liquids and Gases 2nd Ed. John Wiley & Sons Inc.，New York，1975.

[3] Touloukian，Y. S.，R. W. Powell，C. Y. Ho, and P. G. Klemens. Thermophysical Properties of Matter. Vol. 1，2，3，IFI/Plenum Press，New York，1970.

[4] 江亿主编，薛志峰，等著 . 超低能耗建筑技术及应用 . 北京：中国建筑工业出版社，2005.

[5] 建筑材料工业技术监督研究中心，中国疾病预防控制中心环境与健康相关产品安全所，北京中关村国际环保产业促进中心 . GB/T 4272—2008 设备及管道绝热技术通则 . 北京：中国标准出版社，2008.

[6] 周辉，钱美丽，冯金秋，孙立新 . 建筑材料热物性性能与数据手册 . 中国建筑工业出版社，2010.

[7] 美国标准与技术研究院 NIST. 绝热材料和建筑材料的热传递性质 . http：//srolata. nist. gov/insalation/.

[8] GB 50189—2015 公共建筑节能设计标准 . 北京：中国建筑工业出版社，2015.

[9] 宣益民，李强 . 纳米流体能量传递理论与应用 . 北京：科学出版社，2010.

[10] Schneider，P. J.，Conduction Heat Transfer，Addison-Wesley Publishing Co.，Reading，Mass.，1955.

[11] 胡汉平 . 热传导理论 . 中国科学技术大学，2010.

[12] M. N. Ozisk. Heat Condnction，Joho Wiley and Sons Inc. New York，1990.

[13] 张鲁新，熊治文，韩龙武 . 青藏铁路冻土环境和冻土工程，北京：人民交通出版社，2011.

第二章 稳 态 导 热

在稳态导热过程中，物体的温度不随时间发生变化，即 $\frac{\partial t}{\partial \tau}=0$。这时，若物体的热物性为常数，导热微分方程式具有下列形式

$$\nabla^2 t + \frac{q_v}{\lambda} = 0 \tag{2-1}$$

在没有内热源的情况下，上式简化为

$$\nabla^2 t = 0 \tag{2-2}$$

工程上的许多导热现象，可以简化为温度仅沿一个方向变化，而且与时间无关的一维稳态导热过程。例如，通过房屋墙壁和长热力管道管壁的导热等。本章将针对各种不同的边界条件，分析通过平壁和圆筒壁的一维稳态导热。此外，还将讨论工程实践中常采用的肋壁导热过程。对于二维稳态导热过程，本章只作简要的叙述。

第一节 通过平壁的导热

一、第一类边界条件

设一厚度为 δ 的单层平壁，如图 2-1（a）所示，无内热源，材料的热导率 λ 为常数。平壁两侧表面分别维持均匀稳定的温度 t_{w1} 和 t_{w2}。若平壁的高度与宽度远大于其厚度，则可视为无限大平壁。这时，可以认为沿高度与宽度两个方向的温度变化率很小，而只沿厚度方向发生变化，即一维稳态导热。通过实际计算和实验测量证实，当高度和宽度是厚度的 10 倍以上时，可近似地作为一维导热问题处理。

对上述问题，式（2-2）可写为

$$\frac{\mathrm{d}^2 t}{\mathrm{d}x^2} = 0 \tag{2-3}$$

两个边界面都给出第一类边界条件，即已知

$$t\,|_{x=0} = t_{w1} \tag{2-4}$$

$$t\,|_{x=\delta} = t_{w2} \tag{2-5}$$

式（2-3）～式（2-5）给出了这一导热问题完整的数学描述。求解这一组方程式，就可以得到单层平壁中沿厚度方向的温度分布 $t = f(x)$ 的具体函数形式。

式（2-3）较为简单，可以直接积分求解，其解为

$$t = c_1 x + c_2 \tag{1}$$

式中 c_1 和 c_2 是待定的积分常数，它们可以由所给出的边界条件确定。将边界条件式（2-4）和式（2-5）分别代入式（1），可以得到

$$c_2 = t_{w1} \tag{2}$$

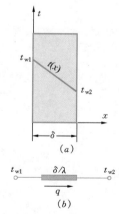

图 2-1 单层平壁的导热

$$c_1 = -\frac{t_{w1} - t_{w2}}{\delta} \tag{3}$$

将 c_1 和 c_2 代入式（1），经整理后，可以得到单层平壁中的温度分布为

$$t = t_{w1} - \frac{t_{w1} - t_{w2}}{\delta} x \tag{2-6}$$

已知温度分布之后，可以由傅里叶定律式（1-11）求得通过单层平壁的导热热流密度。这时，式（1-11）中 $\frac{\partial t}{\partial x} = \frac{dt}{dx}$，可对式（1）或式（2-6）求导数得到

$$\frac{dt}{dx} = c_1 = -\frac{t_{w1} - t_{w2}}{\delta} \tag{2-7}$$

而

$$q = -\lambda \frac{dt}{dx} = \lambda \frac{t_{w1} - t_{w2}}{\delta} \quad (\text{W/m}^2) \tag{2-8}$$

利用绪论中所述的热阻概念，式（2-8）可以改写成类似于电学中欧姆定律的形式

$$q = \frac{t_{w1} - t_{w2}}{\dfrac{\delta}{\lambda}} \quad (\text{W/m}^2) \tag{2-9}$$

式中，$\dfrac{\delta}{\lambda}$ 就是单位面积平壁的导热热阻，图 2-1（b）示出了单层平壁导热过程的模拟电路图。

应当指出，为了说明求解导热问题的一般方法，才采用如上所述的直接积分法求解微分方程式。事实上，对于一维稳态导热问题，因为热流密度是常数，可由傅里叶定律分离变量并按相应边界条件积分：

$$q \int_0^\delta dx = -\lambda \int_{t_{w1}}^{t_{w2}} dt$$

整理上式可得

$$q = \lambda \frac{t_{w1} - t_{w2}}{\delta} \quad (\text{W/m}^2)$$

上式与式（2-8）完全一样。尽管这种推导方法更为简单，但它不是普遍适用的方法，仅适用于一维稳态导热。

若在无限大平壁两侧温度 t_{w1} 和 t_{w2} 范围内，热导率随温度发生变化，即式（1-15），$\lambda = \lambda_0(1 + bt)$。平壁厚度仍为 δ，平壁两侧表面处边界条件亦与上述的相同。这时，平壁内的温度分布和通过平壁的导热量，应求解下列导热微分方程式得到

$$\frac{d}{dx}\left(\lambda \frac{dt}{dx}\right) = 0 \tag{4}$$

将式（1-15）代入上式并积分，得

$$\lambda_0 (1 + bt) \frac{dt}{dx} = c_1 \tag{5}$$

再对上式进行积分，可得

$$\lambda_0 \left(t + \frac{1}{2}bt^2\right) = c_1 x + c_2 \tag{6}$$

利用给定的边界条件,将式(2-4)和式(2-5)分别代入上式(6),可以求得

$$c_2 = \lambda_0 \left(t_{w1} + \frac{1}{2} b t_{w1}^2 \right)$$

$$c_1 = -\frac{t_{w1} - t_{w2}}{\delta} \lambda_0 \left[1 + \frac{1}{2} b (t_{w1} + t_{w2}) \right]$$

将 c_1 和 c_2 代入式(6)并消去等号两侧的 λ_0,得到温度分布

$$\left(t + \frac{1}{2} b t^2 \right) = \left(t_{w1} + \frac{1}{2} b t_{w1}^2 \right) - \frac{t_{w1} - t_{w2}}{\delta} x \left[1 + \frac{1}{2} b (t_{w1} + t_{w2}) \right] \quad (7)$$

若 $b \neq 0$,则上式亦可以改写

$$\left(t + \frac{1}{b} \right)^2 = \left(t_{w1} + \frac{1}{b} \right)^2 - \left[\frac{2}{b} + (t_{w1} + t_{w2}) \right] \frac{t_{w1} - t_{w2}}{\delta} x \quad (2\text{-}10)$$

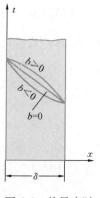

图 2-2 热导率随
温度变化时平壁
内的温度分布

不难看出,当热导率随温度变化时,平壁内的温度分布是二次曲线方程,如图 2-2 所示;当热导率为常数时,即 $b=0$,$\lambda = \lambda_0$,式(7)可以简化为与式(2-6)完全一样的结果。

通过平壁的导热热流密度为

$$q = -\lambda \frac{\mathrm{d}t}{\mathrm{d}x}$$

参看式(5),得

$$q = -c_1$$

$$= \frac{t_{w1} - t_{w2}}{\delta} \lambda_0 \left[1 + \frac{1}{2} b (t_{w1} + t_{w2}) \right] \quad (\text{W/m}^2)$$

对比上式与式(2-8)可以看到,若以平壁的平均温度 $t = \frac{1}{2} (t_{w1} + t_{w2})$ 按式(1-15)计算热导率,平壁导热的热流密度仍可以利用热导率为常数时的式(2-8)计算。

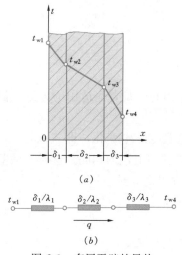

(a)

(b)

图 2-3 多层平壁的导热

由图 2-2 可见,热导率随温度升高而增大或减小时,平壁内的温度分布曲线分别呈上凸或下凹变化趋势;由于是一维稳态导热,故沿厚度方向平壁的每一处热流密度相同,即 $q = -\lambda \frac{\mathrm{d}t}{\mathrm{d}x}$ 为常数。

在工程计算中,常常遇到多层平壁,即由几层不同材料组成的平壁。例如,房屋的墙壁以红砖为主体砌成,内有白灰层,外抹水泥砂浆;锅炉炉墙内为耐热材料层,中为保温材料层,外为钢板。这些都是多层平壁的实例。

图 2-3(a)表示一个由三层不同材料组成的无限大平壁。各层的厚度分别为 δ_1、δ_2 和 δ_3,热导率分别为 λ_1、λ_2 和 λ_3,且均为常数。已知多层平壁的两侧表面分别维持均匀稳定的温度 t_{w1} 和 t_{w4},要求确定三层平壁中的温度分布和通过平壁的导热量。

若各层之间紧密地结合,则彼此接触的两表面具有相同的温度。设两个接触面的温度分别为 t_{w2} 和 t_{w3},参见图 2-3(a)。在稳态情况下,通过各层的热流密度是相等的,对于三层平壁的每一层可以分别写出

$$q = \frac{t_{w1} - t_{w2}}{\delta_1 / \lambda_1} = \frac{1}{R_{\lambda,1}} (t_{w1} - t_{w2})$$

$$q = \frac{t_{w2} - t_{w3}}{\delta_2 / \lambda_2} = \frac{1}{R_{\lambda,2}} (t_{w2} - t_{w3}) \tag{8}$$

$$q = \frac{t_{w3} - t_{w4}}{\delta_3 / \lambda_3} = \frac{1}{R_{\lambda,3}} (t_{w3} - t_{w4})$$

式中，$R_{\lambda,i} = \dfrac{\delta_i}{\lambda_i}$，是第 i 层平壁单位面积导热热阻。

由式（8）可得

$$t_{w1} - t_{w2} = qR_{\lambda,1}$$

$$t_{w2} - t_{w3} = qR_{\lambda,2} \tag{9}$$

$$t_{w3} - t_{w4} = qR_{\lambda,3}$$

将式（9）中各式相加并整理，得

$$q = \frac{t_{w1} - t_{w4}}{R_{\lambda,1} + R_{\lambda,2} + R_{\lambda,3}} = \frac{t_{w1} - t_{w4}}{\sum\limits_{i=1}^{3} R_{\lambda,i}} \tag{2-11}$$

式中，$\sum\limits_{i=1}^{3} R_{\lambda,i} = R_{\lambda,1} + R_{\lambda,2} + R_{\lambda,3}$，是三层平壁单位面积的总热阻。

式（2-11）与串联电路的情形相类似。多层平壁的模拟电路图示于图 2-3（b），它表明多层平壁单位面积的总热阻等于各层热阻之和。于是，对于 n 层平壁导热，可以直接写出

$$q = \frac{t_{w1} - t_{w,n+1}}{\sum\limits_{i=1}^{n} R_{\lambda,i}} \tag{2-12}$$

式中 $t_{w1} - t_{w,n+1}$ 是 n 层平壁的总温差，$\sum\limits_{i=1}^{n} R_{\lambda,i}$ 是平壁单位面积的总热阻。

因为在每一层中温度分布均呈直线规律，所以在整个多层平壁中，温度分布将是一折线。层与层之间接触面的温度，可以通过式（2-12）求得，对于 n 层平壁，第 i 层与第 $i+1$ 层之间接触面的温度 t_{i+1} 为

$$t_{w,i+1} = t_{w1} - q (R_{\lambda,1} + R_{\lambda,2} + \cdots\cdots + R_{\lambda,i}) \tag{2-13}$$

【例 2-1】有一锅炉炉墙由三层组成，内层是厚 $\delta_1 = 230$ mm 的耐火砖层，热导率 $\lambda_1 = 1.10$ W/(m·K)；外层是厚 $\delta_3 = 240$ mm 的红砖层，$\lambda_3 = 0.58$ W/(m·K)；两层中间填以 $\delta_2 = 50$ mm 的水泥珍珠岩制品保温层，$\lambda_2 = 0.072$ W/(m·K)。已知炉墙内、外两表面温度 $t_{w1} = 500$℃ 和 $t_{w4} = 50$℃，试求通过炉墙的导热热流密度及红砖层的最高温度。

【解】本例题为第一类边界条件下的多层平壁导热问题，求解：

1. 热流密度。先计算各层单位面积的导热热阻（m^2·K/W）：

$$R_{\lambda,1} = \frac{\delta_1}{\lambda_1} = \frac{0.23}{1.10} = 0.209$$

$$R_{\lambda,2} = \frac{\delta_2}{\lambda_2} = \frac{0.05}{0.072} = 0.694$$

$$R_{\lambda,3} = \frac{\delta_3}{\lambda_3} = \frac{0.24}{0.58} = 0.414$$

根据式（2-12）

$$q = \frac{t_{w1} - t_{w4}}{\sum\limits_{i=1}^{3} R_{\lambda,i}} = \frac{500 - 50}{0.209 + 0.694 + 0.414} = 342 \text{ W/m}^2$$

2. 求红砖层的最高温度。红砖层的最高温度是红砖层与水泥珍珠岩制品之间的接触面温度 t_{w3}。根据式（2-13），得

$$t_{w3} = t_{w1} - q(R_{\lambda,1} + R_{\lambda,2}) = 500 - 342 \times (0.209 + 0.694) = 191\text{℃}$$

【讨论】根据多层平壁导热的模拟电路可知，多层平壁的总温度差是按各层热阻占总热阻的比例大小分配到每一层的，所以，红砖层中的温度差 Δt_3 为

$$\Delta t_3 = (t_{w1} - t_{w4}) \times \frac{R_{\lambda,3}}{\sum R} = 450 \times (0.414/1.32) = 141\text{℃}$$

$$t_{w3} = 141 + 50 = 191\text{℃}$$

与前述计算结果完全一致。

二、第三类边界条件

设一厚度为 δ 的单层平壁，无内热源，平壁的热导率 λ 为常数。壁两侧边界面均给出第三类边界条件，参见图 2-4（a），即已知 $x=0$ 处界面侧流体的温度 t_{f1}，对流传热的表面传热系数 h_1；$x=\delta$ 处界面侧流体温度 t_{f2}，对流传热的表面传热系数 h_2。这种两侧为第三类边界条件的导热过程，实际上就是热流体通过平壁传热给冷流体的传热过程。但平壁的导热过程仍用式（2-3）描述。目的是在第三类边界条件下求平壁内的温度分布及热流量。按式（1-30），壁两侧的第三类边界条件表达式为

$$-\lambda \frac{dt}{dx}\Big|_{x=0} = h_1(t_{f1} - t|_{x=0}) \quad (1)$$

$$-\lambda \frac{dt}{dx}\Big|_{x=\delta} = h_2(t|_{x=\delta} - t_{f2}) \quad (2)$$

前已述及，对于常物性的稳态平壁导热问题，求解得到平壁内的 $\dfrac{dt}{dx}$ 为常数，参看式（2-7），即

$$\frac{dt}{dx} = -\frac{t_{w1} - t_{w2}}{\delta} \quad (3)$$

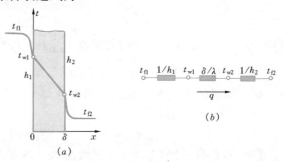

图 2-4　单层平壁的传热

很明显，式（1）中的 $t|_{x=0}$ 就是 t_{w1}，而式（2）中的 $t|_{x=\delta}$ 就是 t_{w2}，于是应用傅里叶定律表达式 $q = -\lambda \dfrac{dt}{dx}$，改写式（1）、式（2）和式（3），并按传热过程的顺序排列，得到

$$q|_{x=0} = h_1 (t_{f1} - t_{w1})$$

$$q = \frac{\lambda}{\delta} (t_{w1} - t_{w2}) \quad (4)$$

$$q|_{x=\delta} = h_2 (t_{w2} - t_{f2})$$

在稳态传热过程中。$q|_{x=0} = q = q|_{x=\delta}$。因此，联解式（4），消去未知的 t_{w1} 和 t_{w2}，可得

热流体通过平壁传热给冷流体的热流密度为

$$q=\frac{t_{f1}-t_{f2}}{\frac{1}{h_1}+\frac{\delta}{\lambda}+\frac{1}{h_2}}$$

或写作

$$q=k(t_{f1}-t_{f2}) \tag{2-14}$$

上式就是绪论中的式（0-6a），式中 k 就是传热系数。应用绪论中所述热阻的概念，可知传热过程的热阻等于热流体、冷流体与壁面之间对流传热的热阻与平壁导热热阻之和，它与串联电路电阻的计算方法相类似，图 2-4（b）给出了热流体通过平壁传热给冷流体传热过程的模拟电路图。

热流密度已经求得，即式（2-14），利用改写的边界条件式（4），即可很容易求得 t_{w1} 和 t_{w2}，于是平壁中的温度分布也就可求得。

若平壁是由几层不同材料组成的多层平壁，因为多层平壁的总热阻等于各层热阻之和，于是热流体经多层平壁传热给冷流体的传热过程的热流密度可直接写出为

$$q=\frac{t_{f1}-t_{f2}}{\frac{1}{h_1}+\sum_{i=1}^{n}\frac{\delta_i}{\lambda_i}+\frac{1}{h_2}} \tag{2-15}$$

若平壁表面的面积为 A，那么热流量 Φ 可写为

$$\Phi=\frac{t_{f1}-t_{f2}}{\frac{1}{h_1 A}+\sum_{i=1}^{n}\frac{\delta_i}{\lambda_i A}+\frac{1}{h_2 A}} \tag{2-16}$$

【例 2-2】目前国内早年修建的居民住房外墙墙体多为黏土砖砌成，保温性能差，尤其是北方供暖季节能耗高，为此采用的节能改造措施是在黏土砖墙外再敷设一层阻燃型挤塑式聚苯乙烯泡沫塑料，这样，在传热计算时该建筑外墙可视为四层平壁结构，即：1. 墙内侧水泥砂浆层(包括装饰层)，热导率 $\lambda_1=0.93$ W/(m·K)，厚度 $\delta_1=20$ mm；2. 黏土砖墙，热导率 $\lambda_2=0.58$ W/(m·K)，厚度 $\delta_2=240$ mm；3. 挤塑式聚苯乙烯泡沫塑料板，$\lambda_3=0.04$ W/(m·K)，厚度 $\delta_3=50$ mm；4. 墙外侧抗裂砂浆层(包括装饰层)，热导率 $\lambda_4=0.91$ W/(m·K)，厚度 $\delta_4=20$ mm。已知：室内温度 $t_{f1}=20℃$；室外环境温度为 $t_{f2}=-5℃$，室内侧表面传热系数 $h_1=12$ W/(m²·K)；墙外侧表面传热系数 $h_2=18$ W/(m²·K)。求通过该建筑外墙单位面积的热损失以及内壁表面温度，并进行讨论。

【解】计算传热系数：

$$k=\frac{1}{\frac{1}{h_1}+\sum_{i=1}^{n}\frac{\delta_i}{\lambda_i}+\frac{1}{h_2}}=\frac{1}{\frac{1}{12}+\frac{0.02}{0.93}+\frac{0.24}{0.58}+\frac{0.05}{0.04}+\frac{0.02}{0.91}+\frac{1}{18}}=0.542 \text{ W/(m}^2\text{·K)}$$

外墙热损失：$q=k(t_{f1}-t_{f2})=0.542×(20-(-5))=13.6$ W/m²

墙体内壁表面温度：$t_{w1}=t_{f1}-q\frac{1}{h_1}=20-13.6×\frac{1}{12}=18.6℃$

【讨论】当没有保温层时，传热系数 $k'=1.68$ W/(m²·K)，墙体单位面积的热损失 $q'=42$ W/m²，墙体内表面温度为 $t'_{w1}=16.5℃$。这样，有无保温层两种情况的比较，

节能效果是：$(q' - q)/q' = 67\%$，即敷设保温层的墙体可节能 2/3；内壁温度提高了 2.1℃，这样来看不仅房间的内壁表面温度提高了，增加了房间的舒适性，而且节能效果也相当可观。

另外，从计算数据看，室内外 1、4 两层墙体的热阻分别是：$0.02/0.93 = 0.0215$ $(m^2 \cdot K)/W$ 和 $0.02/0.91 = 0.0219(m^2 \cdot K)/W$，而保温层与砖墙两者的热阻分别是：$0.05/0.04 = 1.25(m^2 \cdot K)/W$ 和 $0.24/0.58 = 0.413(m^2 \cdot K)/W$，因此在墙体传热计算中主要热阻是保温层与砖墙层。但是，如果再比较一下砖墙与泡沫塑料的热导率，又可得出一个有趣的结论：$\lambda_2/\lambda_3 = 14.5$，即泡沫塑料的隔热保温能力是砖墙的 14.5 倍，区区 50mm 厚的保温层节能效果相当于厚度 $14.5 \times 50 = 725mm$ 的砖墙。因此敷设保温层是既节能又提高舒适度、同时还减少墙体占用土地面积的最有效最经济的措施。

第二节　通过复合平壁的导热

前一节讨论的无限大平壁，或多层无限大平壁的每一层，都是由同一种材料组成的。工程上还会遇到另一种类型的平壁，它们无论沿宽度或厚度方向都是由不同材料组合而成，如图 2-5 所示的空斗墙、空斗填充墙、空心板和夹心板等，这种结构的平壁称为复合平壁。

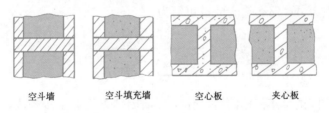

空斗墙　　　空斗填充墙　　　空心板　　　夹心板

图 2-5　复合平壁示例

对于无限大平壁，热流密度是一维的。而在复合平壁中，由于不同材料的热导率不相等，严格地说，复合平壁的温度场是二维的甚至是三维的。但是，当组成复合平壁的各种不同材料的热导率相差不是很大时，仍可近似地当作一维导热问题处理，使问题的求解大为简化。这时，通过复合平壁的导热量仍可按下式计算

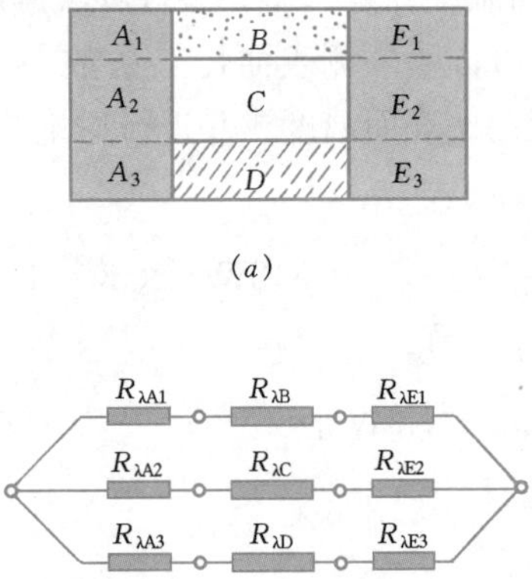

$$\Phi = \frac{\Delta t}{\sum R_\lambda} \tag{2-17}$$

式中，Δt 是复合平壁两侧表面的总温度差；$\sum R_\lambda$ 是复合平壁的总导热热阻。

式（2-17）的形式是简单了，但问题就归结为如何确定复合平壁的总导热热阻。在具体的工程实践中，可以根据复合平壁的组合情况，采用不同的方法来计算 $\sum R_\lambda$。例如，对于图 2-6（a）所示的复合平壁，当其中 B、C 和 D 三部分的热导率相差不多时，可以设想把 A 和 E 两层也分别划分为与 B、C 和 D 相应的三部分，形成三个并列的多层平壁，即 A_1BE_1、A_2CE_2 和 A_3DE_3。

图 2-6　复合平壁的导热

应用并、串联电路电阻的计算方法，参见图 2-6（b）所示的复合平壁导热的模拟电路图。三个并列的多层平壁的导热热阻，按串联电阻计算，分别为 $R_{\lambda A1}+R_{\lambda B}+R_{\lambda E1}$，$R_{\lambda A2}+R_{\lambda C}+R_{\lambda E2}$，$R_{\lambda A3}+R_{\lambda D}+R_{\lambda E3}$ 复合平壁的总导热热阻，按并联电阻计算，应为

$$\Sigma R_\lambda = \cfrac{1}{\cfrac{1}{R_{\lambda A1}+R_{\lambda B}+R_{\lambda E1}}+\cfrac{1}{R_{\lambda A2}+R_{\lambda C}+R_{\lambda E2}}+\cfrac{1}{R_{\lambda A3}+R_{\lambda D}+R_{\lambda E3}}}$$

其中热阻的角码表示该热阻是复合平壁内指定单元的热阻，如 $R_{\lambda A1}$ 即单元 A_1 的热阻，要考虑该单元的厚度和面积用热阻公式计算，具体计算请参阅本节例题。对于其他各种不同组合情况的复合平壁导热，原则上可以参考上述示例进行计算。

如果复合平壁的各种材料的热导率相差较大，应按二维或三维温度场计算，作为近似的简便方法，可按上述并、串联电阻方法计算总热阻后再加以修正，修正系数的确定可参看例 2-3。应当指出，关于复合平壁的导热计算，工程上还有其他方法，读者可参考文献 [1]。

【例 2-3】一炉渣混凝土空心砌块，结构尺寸如图 2-7 所示。炉渣混凝土的热导率 $\lambda_1=0.79\mathrm{W/(m \cdot K)}$，空心部分的当量热导率 $\lambda_2=0.29\mathrm{W/(m \cdot K)}$。试计算砌块的导热热阻。

【解】该砌块高度方向可划分为并联的七层，其中四个相同的炉渣混凝土层的热阻为

$$R'_\lambda = \frac{\delta}{\lambda_1 A_1} = \frac{0.115}{0.79 \times 0.03 \times 1} = 4.85\mathrm{K/W}$$

三个混凝土-空气层的热阻

$$R''_\lambda = 2\frac{\delta_1}{\lambda_1 A_2} + \frac{\delta_2}{\lambda_2 A_2}$$
$$= \frac{2 \times 0.0325}{0.79 \times 0.09 \times 1} + \frac{0.05}{0.29 \times 0.09 \times 1}$$
$$= 2.83\mathrm{K/W}$$

砌块的总导热热阻为

$$\Sigma R_\lambda = \frac{1}{4\dfrac{1}{R'_\lambda} + 3\dfrac{1}{R''_\lambda}}$$
$$= \frac{1}{\dfrac{4}{4.85} + \dfrac{3}{2.83}} = 0.53\mathrm{K/W}$$

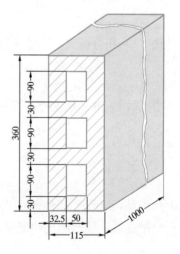

图 2-7 例 2-3 附图

【讨论】鉴于本例题中复合平壁各部分材料热导率相差较大，上述计算的总热阻与实际情况有一定偏差，文献 [2] 建议将上述计算结果乘以由实验确定的修正系数，以考虑二维热流密度的影响，修正系数列于表 2-1。

二维热流影响的修正系数　　　　　　　表 2-1

$\dfrac{\lambda_2}{\lambda_1}$	φ	$\dfrac{\lambda_2}{\lambda_1}$	φ
0.09~0.19	0.86	0.4~0.69	0.96
0.2~0.39	0.93	0.7~0.99	0.98

本例题中，$\lambda_2/\lambda_1 = 0.37$，根据表 2-1 取 $\varphi = 0.93$，修正后复合平壁的总热阻为

$$\sum R_\lambda = 0.93 \times 0.53 = 0.493 \text{K/W}$$

第三节　具有内热源的平壁导热

在工程技术领域中常常会遇到具有内热源的导热问题，例如：混凝土凝固、电缆的冷却、电池的散热和核电站核燃料元件的释热等。以混凝土墙壁凝固过程释热为例，如图 2-8 所示，墙壁厚度为 2δ，凝固释热作为内热源，它的强度为 q_v，墙壁两侧同时与温度为 t_f 的流体进行对流传热，换热的表面传热系数为 h。分析这一现象可知，对于墙壁两侧的冷却情形将相同，故墙壁的温度分布是对称的。分析中把 x 坐标轴的原点放在墙壁中心。描述这一问题的导热微分方程式可写为

$$\frac{\mathrm{d}^2 t}{\mathrm{d}x^2} + \frac{q_v}{\lambda} = 0 \tag{1}$$

边界条件为

$$\left.\frac{\mathrm{d}t}{\mathrm{d}x}\right|_{x=0} = 0 \tag{2}$$

$$-\lambda \left.\frac{\mathrm{d}t}{\mathrm{d}x}\right|_{x=\delta} = h(t\mid_{x=\delta} - t_f) \tag{3}$$

图 2-8　具有内热源的
平壁导热

对式（1）积分两次，可得下列温度分布，

$$t = -\frac{q_v}{2\lambda}x^2 + c_1 x + c_2$$

式中常数 c_1 和 c_2 由两个边界条件式（2）和式（3）确定。最终，混凝土墙壁中的温度分布为

$$t = \frac{q_v}{2\lambda}(\delta^2 - x^2) + \frac{q_v \delta}{h} + t_f \tag{2-18}$$

由此可见，与前述的平壁相比，混凝土墙壁中温度分布不再是直线，由于内热源的作用，它是抛物线。按照傅里叶定律，混凝土墙壁中任一位置 x 处的热流密度为

$$q\mid_{x=x} = -\lambda \frac{\mathrm{d}t}{\mathrm{d}x} = q_v x \tag{2-19}$$

当混凝土墙壁两侧边界给定为第一类边界条件时，即 $t = t_{x=\delta}$。这时，可以认为是对流传热的表面传热系数趋于无限大，得 $t\mid_{x=\delta} = t_f$，根据式（2-18），混凝土墙壁中温度分布可表示为

$$t = \frac{q_v}{2\lambda}(\delta^2 - x^2) + t\mid_{x=\delta} \tag{2-20}$$

关于具有内热源的圆筒壁和球壁导热的分析和计算，可以参考文献 [3]。

第四节　通过圆筒壁的导热

一、第一类边界条件

图 2-9 (a) 表示一内半径为 r_1，外半径为 r_2，长度为 l 的圆筒壁，无内热源，圆筒壁材料的热导率 λ 为常数。圆筒壁内、外两表面分别维持均匀稳定的温度 t_{w1} 和 t_{w2}。要求确定通过该圆筒壁的导热量及壁内的温度分布。

在工程上遇到的圆筒壁，例如热力管道，通常其长度远大于壁厚，沿轴向的温度变化可以忽略不计。内、外壁面温度是均匀的，温度场是轴对称的。所以采用圆柱坐标系更为方便，而壁内温度仅沿坐标 r 方向发生变化，即一维稳态温度场。于是，描述上述问题的导热微分方程式（1-24）可简化为下列形式

$$\frac{\mathrm{d}}{\mathrm{d}r}\left(r\frac{\mathrm{d}t}{\mathrm{d}r}\right)=0 \qquad (2\text{-}21)$$

圆筒壁内、外表面都给出第一类边界条件，即已知

$$r=r_1 \qquad t=t_{w1} \qquad (2\text{-}22)$$
$$r=r_2 \qquad t=t_{w2} \qquad (2\text{-}23)$$

式（2-21）、式（2-22）和式（2-23）给出了这一导热问题的完整描述。求解这一组方程式，就可以得到圆筒壁中沿半径方向的温度分布 $t=f(r)$ 的具体函数形式。

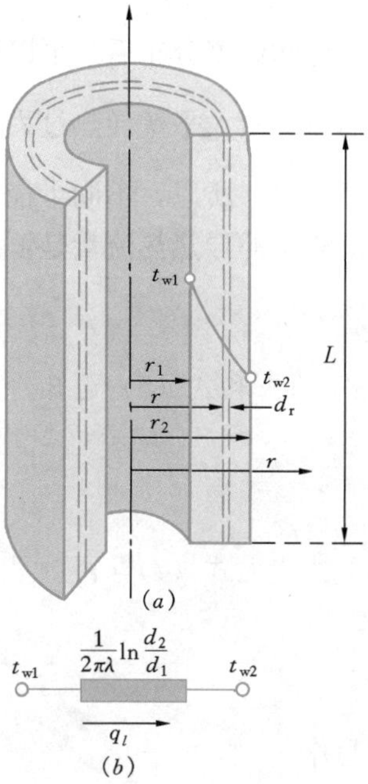

式（2-21）可以通过直接积分方法求解。积分一次，得到

$$r\frac{\mathrm{d}t}{\mathrm{d}r}=C_1 \qquad (1)$$

再积分一次，得到式（2-21）的通解为

$$t=C_1\ln r+C_2 \qquad (2)$$

从上式不难看出，圆筒壁中温度分布是对数曲线。式中 C_1 和 C_2 是待定的积分常数，可由边界条件确定。将式（2-22）和式（2-23）代入式（2），可以得到

$$t_{w1}=C_1\ln r_1+C_2 \qquad (3)$$
$$t_{w2}=C_1\ln r_2+C_2 \qquad (4)$$

联立求解式（3）和式（4），得到

$$C_1=-\frac{t_{w1}-t_{w2}}{\ln\dfrac{r_2}{r_1}} \qquad (5)$$

$$C_2=t_{w1}+\frac{t_{w1}-t_{w2}}{\ln\dfrac{r_2}{r_1}}\ln r_1 \qquad (6)$$

图 2-9　单层圆筒壁的导热

将 C_1 和 C_2 的值代入式（2），经过整理，可以得到圆筒壁中的温度分布

$$t = t_{w1} - (t_{w1} - t_{w2}) \frac{\ln \dfrac{r}{r_1}}{\ln \dfrac{r_2}{r_1}}$$

或采用直径写作

$$t = t_{w1} - (t_{w1} - t_{w2}) \frac{\ln \dfrac{d}{d_1}}{\ln \dfrac{d_2}{d_1}} \tag{2-24}$$

已知温度分布后，可以根据傅里叶定律，求得通过圆筒壁的导热热流量。值得注意，与通过无限大平壁导热过程不同，对于圆筒壁，$\dfrac{\mathrm{d}t}{\mathrm{d}r}$ 并不等于常数，而是半径 r 的函数，参见式（1）。所以，不同半径 r 处的热流密度并不是常数。但在稳态情况下，通过长度为 l 的圆筒壁的导热热流量是恒定的，根据傅里叶定律，它可以表示为

$$\Phi = -\lambda \frac{\mathrm{d}t}{\mathrm{d}r} 2\pi r l \quad (\mathrm{W}) \tag{7}$$

从式（1）和式（5）可知

$$\frac{\mathrm{d}t}{\mathrm{d}r} = -\frac{t_{w1} - t_{w2}}{\ln \dfrac{r_2}{r_1}} \frac{1}{r} \tag{8}$$

将上式代入式（7），得

$$\Phi = 2\pi\lambda l \frac{t_{w1} - t_{w2}}{\ln \dfrac{r_2}{r_1}}$$

或写作

$$\Phi = 2\pi\lambda l \frac{t_{w1} - t_{w2}}{\ln \dfrac{d_2}{d_1}} \tag{2-25}$$

将式（2-25）改写为欧姆定律的形式，可得

$$\Phi = \frac{t_{w1} - t_{w2}}{\dfrac{1}{2\pi\lambda l} \ln \dfrac{d_2}{d_1}} \tag{2-26}$$

式中，$\dfrac{1}{2\pi\lambda l} \ln \dfrac{d_2}{d_1}$ 就是长度为 l 的圆筒壁的导热热阻，单位是 K/W。

为了工程上计算方便起见，按单位管长来计算热流量，记为 q_l

$$q_l = \frac{\Phi}{l} = \frac{t_{w1} - t_{w2}}{\dfrac{1}{2\pi\lambda} \ln \dfrac{d_2}{d_1}} \tag{2-27}$$

上述式中分母就是单位长度圆筒壁的导热热阻，记为 $R_{\lambda l}$，单位是 m·K /W，图 2-9（b）给出了单位长度圆筒壁导热过程的模拟电路图。

与多层平壁一样，对于由不同材料构成的多层圆筒壁，其导热热流量亦可按总温差和总热阻来计算。以图 2-10 所示的三层圆筒壁为例，已知各层相应的半径分别为 r_1、r_2、r_3

和 r_4，各层材料的热导率 λ_1、λ_2 和 λ_3 均为常数，圆筒壁内、外表面的温度分别为 t_{w1} 和 t_{w4}。在稳态情况下，通过单位长度圆筒壁的热流量 q_l 是相同的。仿照式（2-27）可以写出三层圆筒壁的导热热流量式为

$$q_l = \frac{t_{w1} - t_{w4}}{R_{\lambda l1} + R_{\lambda l2} + R_{\lambda l3}}$$

$$= \frac{t_{w1} - t_{w4}}{\dfrac{1}{2\pi\lambda_1}\ln\dfrac{d_2}{d_1} + \dfrac{1}{2\pi\lambda_2}\ln\dfrac{d_3}{d_2} + \dfrac{1}{2\pi\lambda_3}\ln\dfrac{d_4}{d_3}}$$

同理，对于 n 层圆筒壁

$$q_l = \frac{t_{w1} - t_{w,n+1}}{\sum\limits_{i=1}^{n} R_{\lambda l,i}} = \frac{t_{w1} - t_{w,n+1}}{\sum\dfrac{1}{2\pi\lambda_i}\ln\dfrac{d_{i+1}}{d_i}} \qquad (2\text{-}28)$$

多层圆筒壁各层之间接触面的温度 t_{w2}、t_{w3}……t_{wn}，亦可用类似于多层平壁的方法计算。

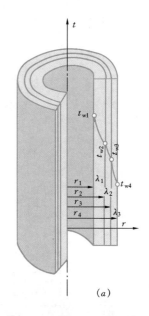

图 2-10　多层圆筒壁的导热

二、第三类边界条件

设一内、外半径分别为 r_1 和 r_2 的单层圆筒壁，无内热源，圆筒壁的热导率 λ 为常数。圆筒壁内、外表面均给出第三类边界条件，即已知 $r = r_1$ 一侧流体的温度为 t_{f1}，对流传热的表面传热系数为 h_1；$r = r_2$ 一侧流体的温度为 t_{f2}，表面传热系数为 h_2，参见图 2-11（a）。按式（1-30），圆筒壁两侧的第三类边界条件为

$$-\lambda\frac{\mathrm{d}t}{\mathrm{d}r}\Big|_{r=r1} = h_1\ (t_{f1} - t\,|_{r=r1}) \qquad (1)$$

$$-\lambda\frac{\mathrm{d}t}{\mathrm{d}r}\Big|_{r=r2} = h_2\ (t\,|_{r=r2} - t_{f2}) \qquad (2)$$

这种两侧界面均为第三类边界条件的导热过程，实际上就是热流体通过圆筒壁传热给冷流体的传热过程，但导热微分方程仍为式（2-21）。前已述及，对于常物性的稳态圆筒壁导热问题，求解得到圆筒壁内的温度变化率为

$$\frac{\mathrm{d}t}{\mathrm{d}r} = -\frac{t_{w1} - t_{w2}}{\ln\dfrac{r_2}{r_1}}\frac{1}{r} \qquad (3)$$

很明显，式（1）中的 $t\,|_{r=r1}$ 就是 t_{w1}，而式（2）中的 $t\,|_{r=r2}$ 就是 t_{w2}，应用傅里叶定律表达式，改写上述式（1）、（2）和式（3）并按传热过程的顺序排列它们，则得

$$q_l\,|_{r=r1} = h_1 2\pi r_1\ (t_{f1} - t_{w1})$$

$$q_l = \frac{t_{w1} - t_{w2}}{\dfrac{1}{2\pi\lambda}\ln\dfrac{r_2}{r_1}} \qquad (4)$$

$$q_l\,|_{r=r2} = h_2 2\pi r_2\ (t_{w2} - t_{f2})$$

在稳态传热过程中，$q_l\,|_{r=r1} = q_l\,|_{r=r2} = q_l$。因此，联解式（4），消去未知的 t_{w1} 和 t_{w2}，就可以得到热流体通过单位管长圆筒壁传给冷流体的热流量

$$q_l = \frac{t_{f1} - t_{f2}}{\dfrac{1}{h_1 2\pi r_1} + \dfrac{1}{2\pi\lambda}\ln\dfrac{d_2}{d_1} + \dfrac{1}{h_2 2\pi r_2}}$$

或

$$q_l = \frac{t_{f1} - t_{f2}}{\dfrac{1}{h_1 \pi d_1} + \dfrac{1}{2\pi\lambda}\ln\dfrac{d_2}{d_1} + \dfrac{1}{h_2 \pi d_2}} \tag{2-29}$$

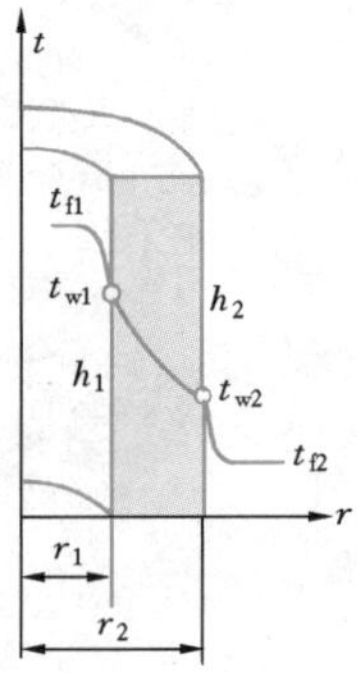

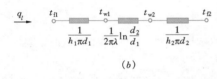

类似于通过平壁的传热过程一样，单位管长的热流量亦可以用传热系数 k_l 来表示，

$$q_l = k_l (t_{f1} - t_{f2}) \tag{2-30}$$

k_l 表示热、冷流体之间温度相差 1℃时，单位时间内通过单位长度圆筒壁的传热量，单位是 W/(m·K)。对比式（2-29）与式（2-30），得到通过单位长度圆筒壁传热过程的热阻为

$$R_l = \frac{1}{k_l} = \frac{1}{h_1 \pi d_1} + \frac{1}{2\pi\lambda}\ln\frac{d_2}{d_1} + \frac{1}{h_2 \pi d_2} \tag{2-31}$$

由此可见，通过圆筒壁传热过程的热阻等于热流体、冷流体与壁面之间对流传热的热阻与圆筒壁导热热阻之和，它与串联电路电阻的计算方法相类似，图 2-11（b）给出了热流体通过圆筒壁传热给冷流体传热过程的模拟电路图。

图 2-11 单层圆筒壁的传热

热流量已经求得，利用式（4）很容易求得 t_{w1} 和 t_{w2}，于是圆筒壁中的温度分布也就可以求得。

若圆筒壁是由 n 层不同材料组成的多层圆筒壁，因为多层圆筒壁的总热阻等于各层热阻之和，于是热流体经多层圆筒壁传热给冷流体传热过程的热流量可以直接写成为

$$q_l = \frac{t_{f1} - t_{f2}}{\dfrac{1}{h_1 \pi d_1} + \displaystyle\sum_{i=1}^{n} \dfrac{1}{2\pi\lambda_i}\ln\dfrac{d_{i+1}}{d_i} + \dfrac{1}{h_2 \pi d_{n+1}}} \tag{2-32}$$

【例 2-4】外径为 200mm 的蒸汽管道，管壁厚 8mm，热导率 $\lambda_0 = 20.0$ W/(m·K)。管外包硬质聚氨酯泡沫塑料保温层，热导率 $\lambda_1 = 0.022$，厚 40mm。外壳为高密度聚乙烯管，热导率 $\lambda_2 = 0.3$ W/(m·K)，厚 5mm。给定第三类边界条件：管内蒸汽温度 $t_{f1} = 300℃$，管内蒸汽与管壁面之间对流传热的表面传热系数 $h_1 = 120$ W/(m²·K)；周围空气温度 $t_{f2} = 25℃$，管外壳与空气之间的表面传热系数 $h_2 = 10$ W/(m²·K)。求单位管长的传热系数 k_l、散热量 q_l 和外壳表面温度 t_{w3}。

【解】根据给出的几何尺寸得到：

管内径：$d_0 = 0.2 - 2 \times 0.008 = 0.184$ m

管外径：$d_1 = 0.2$ m

保温层外径：$d_2 = 0.2 + 2 \times 0.04 = 0.28$ m

管外壳直径：$d_3 = 0.28 + 2 \times 0.005 = 0.29$ m

$$k_l = \cfrac{\pi}{\cfrac{1}{h_1 d_0} + \cfrac{1}{2\lambda_0}\ln\cfrac{d_1}{d_0} + \cfrac{1}{2\lambda_1}\ln\cfrac{d_2}{d_1} + \cfrac{1}{2\lambda_2}\ln\cfrac{d_3}{d_2} + \cfrac{1}{h_2 d_3}}$$

$$= \cfrac{\pi}{\cfrac{1}{120 \times 0.184} + \cfrac{1}{2 \times 20}\ln\cfrac{0.2}{0.184} + \cfrac{1}{2 \times 0.022}\ln\cfrac{0.28}{0.2} + \cfrac{1}{2 \times 0.3}\ln\cfrac{0.29}{0.28} + \cfrac{1}{10 \times 0.29}}$$

$$= 0.388 \text{W/(m·K)}$$

$$q_l = k_l(t_{f1} - t_{f2}) = 0.388 \times (300 - 25) = 107 \text{W/m}$$

$$t_{w3} = t_{f2} + q_l \frac{1}{h_2 \pi d_3} = 25 + 107 \times \frac{1}{10 \times 3.14 \times 0.29} = 36.7 \text{℃}$$

【讨论】从安全及节能考虑，保温层外壳温度不应超过 $50℃$，否则应重新设计保温层厚度；与保温层热阻相比，本例中钢管及外壳热阻都很小，可在估算中省略；通过本例，还可进一步思考，对于圆管，如果管外包裹了两层以上热导率大小不同的保温材料，在这种情况下，保温材料设置的里外顺序是否会影响总热阻？热导率小的材料应设置在内侧还是外侧？

三、临界热绝缘直径

为了减少管道的散热损失，采用在管道外侧覆盖隔热保温层或称热绝缘层的办法。但是，覆盖保温层是不是在任何情况下都能减少热损失？怎样正确地选择保温材料？这些问题的解决需要进一步分析覆盖保温层后管道总热阻的变化。根据式（2-32）热流体通过管道壁和保温层传热给冷流体传热过程的单位长度热阻为

$$R_l = \frac{1}{h_1 \pi d_1} + \frac{1}{2\pi\lambda_1}\ln\frac{d_2}{d_1} + \frac{1}{2\pi\lambda_{ins}}\ln\frac{d_x}{d_2} + \frac{1}{h_2 \pi d_x} \tag{2-33}$$

式中 d_1 和 d_2 分别为管道的内径和外径，λ_1 是管道材料的热导率，d_x 是保温层的外径，λ_{ins} 是保温层材料的热导率；对于热、冷流体之间的传热过程，给定的应是第三类边界条件，h_1 和 h_2 分别是热流体和冷流体与壁面之间的表面传热系数[1]。当针对某一管道进行分析时，管道的内、外直径和材料都是给定的，所以 R_l 表达式（2-33）中前两项热阻的数值已定。在选定了保温层材料之后，R_l 表达式中后两项热阻的数值随保温层外径 d_x 而变化。当加厚保温层时，d_x 增大，保温层热阻 $\frac{1}{2\pi\lambda_{ins}}\ln\frac{d_x}{d_2}$ 随之增大，而保温层外侧的对流传热热阻 $\frac{1}{h_2 \pi d_x}$ 随之减小，图 2-12（a）所示出了总热阻 R_l 和构成 R_l 各项热阻随保温层外径 d_x 的变化。不难看到，总热阻 R_l 随着 d_x 的增大，先是逐渐减小，然后是逐渐增大，具有一极小值。对应于这一变化，通过管道壁和保温层传热过程的传热量 q_l 随着 d_x 的增大，先是逐渐增大，然后是逐渐减小，具有一极大值，参见图 2-12（b）。对应于总热阻 R_l 为极小值时的保温层外径称为临界热绝缘直径 d_c，即

$$\frac{\mathrm{d}R_l}{\mathrm{d}d_x} = \frac{1}{\pi d_x}\left(\frac{1}{2\lambda_{ins}} - \frac{1}{h_2 d_x}\right)$$

---

❶　在有辐射传热的情况下，该表面传热系数也包括了热辐射的因素。本书第十章将对此进行分析。

令 $\dfrac{\mathrm{d}R_l}{\mathrm{d}d_x} = 0$，得

$$d_\mathrm{x} = d_\mathrm{c} = \frac{2\lambda_\mathrm{ins}}{h_2} \tag{2-34}$$

因此在管道外侧覆盖保温层时，必须注意，如果管道外径 d_2 小于临界热绝缘直径 d_c，如图 2-12（b）所示，保温层外径 d_x 在 d_2 和 d_3 范围内，管道的传热量 q_l 反而比没有保温层时更大，直到保温层直径大于 d_3 时，才开始起到保温层减少热损失的作用。由此可见，只有当管道外径 d_2 大于临界热绝缘直径 d_c 时，覆盖保温层才肯定有效地起到减少热损失的作用。从式（2-34）可以看出，临界热绝缘直径与保温层材料的热导率 λ_ins 有关，故可以选用不同的保温层材料以改变 d_c 的数值。在供热通风工程中，一般说来需要覆盖保温层的管道直径大多数是大于 d_c 的，只有在管道直径较小，而保温材料的热导率较大时，才要注意临界热绝缘直径的问题。

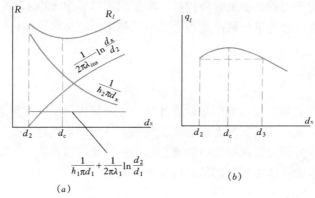

图 2-12　临界热绝缘直径

【例 2-5】设管道外径 $d = 15\mathrm{mm}$，如果用软质泡沫塑料作为保温层是否合适？已知其热导率 $\lambda = 0.034\mathrm{W}/(\mathrm{m \cdot K})$，保温层外表面与空气之间的表面传热系数 $h = 10\mathrm{W}/(\mathrm{m^2 \cdot K})$。

【解】计算临界热绝缘直径

$$d_\mathrm{c} = \frac{2\lambda_\mathrm{ins}}{h} = \frac{2 \times 0.034}{10} = 0.0068\mathrm{m}$$

因为管道外径大于临界热绝缘直径 $d_\mathrm{c} = 6.8\mathrm{mm}$，所以在上述条件下，采用该软质泡沫塑料作为保温层是合适的。

【讨论】请读者思考：（1）如因某种原因环境条件改变，致使该管道保温层外侧的表面传热系数 h 减少到仅为 $2\mathrm{W}/(\mathrm{m^2 \cdot K})$，则采用上述软质泡沫塑料作保温材料是否有效？在这种情况下，管道外径至少要大于多少毫米时，采用上述软质泡沫塑料保温才有效？（2）临界热绝缘直径原理是否可用于电线、电缆的绝缘层厚度设计上，使绝缘层既能有效绝缘，又具有良好的散热性能？

【例 2-6】铝电线外径为 $d = 5\mathrm{mm}$，外包热导率 $\lambda = 0.15\ \mathrm{W}/(\mathrm{m \cdot K})$ 的聚氯乙烯作为绝缘层。绝缘层表面与环境间的复合表面传热系数为 $h = 10\ \mathrm{W}/(\mathrm{m^2 \cdot K})$。试问电线绝缘层厚度在什么范围是有利的？

【解】计算临界热绝缘直径

$$d_c = \frac{2\lambda_{ins}}{h} = \frac{2 \times 0.15}{10} = 0.03\text{m}$$

$$\delta < \frac{d_c - d}{2} = 0.0125\text{m}$$

当绝缘层厚度小于 12.5mm 时，增加绝缘层厚度非但不会削弱传热，反而会增加散热。对于电线来说，处于这种情况下是有利的，因为可以增加电流的通过能力。实际产品的绝缘层厚度通常约为 1mm，处于对散热有利的范围之内。

第五节　通过肋壁的导热

在一些换热设备中，传热表面常常做成带肋的形式。如制冷装置的冷凝器、散热器、空气加热（或冷却）器等。这是因为采用肋壁后，加大了散热的表面积，可降低对流传热的热阻，起到增强传热的作用。对于一个传热过程，如果固体壁两侧与流体之间的表面传热系数相差比较悬殊。很明显，在表面传热系数较小的那一侧，对流传热热阻就比较大。因此，常常在表面传热系数较小的一侧，采用肋壁的形式，用增大表面积的办法来弥补表面传热系数较低的缺陷，以降低对流传热的热阻。任何改变传热途径中起支配作用的那部分热阻都会对总的传热效果带来明显的影响。如果固体壁两侧与流体之间的表面传热系数都很小，也可以在两侧都采用肋壁以增强传热的效果。肋壁有直肋和环肋两类，如图 2-13 所示。直肋和环肋又都可分为等截面的和变截面的。肋片可以直接铸造、轧制或切削制作，也可以缠绕金属薄片加工制成。

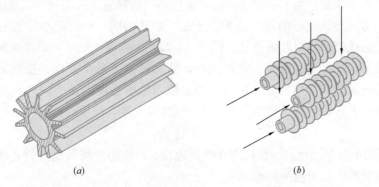

(a)　　　　　　　　　　　　　(b)

图 2-13　肋壁示例

(a) 直肋；(b) 环肋

本节分析肋片的主要任务是确定沿肋片高度方向的温度分布和肋片的散热量。至于整个肋壁上肋片的数量、肋片间距以及肋片表面的位置与流体运动方向间的关系等问题将在讲述对流传热原理后的第十章再进行分析。

本节主要通过分析等截面直肋向外散热，来说明肋片导热的分析方法。对于其他形式肋片的导热只作简单的介绍，更深入的分析可参阅文献 [4，5]。

一、等截面直肋的导热

从平直基面上伸出而本身又具有不变截面的肋称为等截面直肋，其中典型的一种是

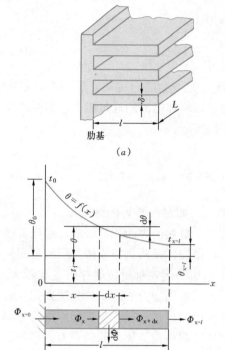

图 2-14　等截面直肋的导热

图 2-14（*a*)所示的矩形直肋。设肋片的高度为 l，宽为 L，厚为 δ；肋片的横截面积为 $A_L(A_L = L \times \delta)$；肋片的周边长度为 $U[U = 2(L+\delta)]$。已知肋片金属材料的热导率 λ 为常数。若不考虑肋片宽度 L 方向的温度变化，肋片的温度分布是二维稳态温度场。分析肋片的热量传递过程可知：在 x 方向上，即沿肋片高度方向，热量以导热方式从肋基导入，随后热量除了以导热方式继续沿 x 方向传递外，同时在 y 方向上，即肋片厚度方向，通过对流传热从肋片表面导出向周围介质散热。由于肋片金属材料热导率的数值比较大，肋片的高度 l 比肋片的厚度 δ 大很多，所以近似地认为肋片内沿厚度方向的温度变化很小，而仅沿肋片的高度方向发生明显的变化。换句话说，近似地认为肋片内的温度分布是沿 x 方向的一维稳态温度场。这样的近似是比较符合实际情形的。但是，在 y 方向以对流传热从肋片表面向周围介质的散热，本来应按 y 方向的第三类边界条件描述它，若把肋片内的温度分布近似地认为是 x 方向的一维稳态温度场，自然地 y 方向的边界条件在数学上就不存在。为了反映这部分对流传热的散热量，从能量守恒角度，可以把它视与肋片沿 x 方向导热过程的负内热源。于是，肋片内的导热过程可作为有负内热源的一维稳态导热问题处理，用导热微分方程式（1-22）来描述。此时，单位时间单位体积肋片的对流散热量就是内热源强度。值得注意，肋片的温度沿 x 方向是变化的，所以肋片表面的对流传热量沿 x 方向也是变化的，相应地内热源强度沿 x 方向也应是变化的。参见图 2-14（*b*)，若在距肋基 x 处取一长度为 dx 的微元段，该段的对流传热量为

$$h(t - t_f)U\mathrm{d}x \tag{1}$$

式中 t 是微元段肋片的温度，t_f 是周围介质的温度，h 是肋片与周围介质之间的表面传热系数。所以微元段内热源强度应为

$$q_v = -\frac{h(t - t_f)U\mathrm{d}x}{A_L\mathrm{d}x} \tag{2}$$

式中负号表示负的内热源。将式（2）代入式（1-22），得到表示等截面直肋的导热微分方程式，即

$$\frac{\mathrm{d}^2 t}{\mathrm{d}x^2} - \frac{hU}{\lambda A_L}(t - t_f) = 0$$

或写作

$$\frac{\mathrm{d}^2 t}{\mathrm{d}x^2} = m^2(t - t_f) \tag{3}$$

式中 $m = \sqrt{\dfrac{hU}{\lambda A_L}}$，单位是 1/ m。

在 $x = 0$ 处的边界条件是给定的肋基温度 t_0，即

$$x = 0, t = t_0 \tag{4}$$

在 $x = l$ 处，边界条件要复杂些，先分析一种近似的边界条件，即假定肋端处是绝热的，于是

$$x = l, \frac{\mathrm{d}t}{\mathrm{d}x}\bigg|_{x=1} = 0 \tag{5}$$

这样，式（3）、（4）和式（5）给出了整个问题的完整数学描述。

为了使式（3）齐次化，以介质温度 t_f 为基准的过余温度 $\theta = t - t_f$ 来表示肋片的温度。例如，肋基的过余温度 $\theta_0 = t_0 - t_f$；肋端处 $\theta_1 = t_1 - t_f$。这样，式（3）可以改写为

$$\frac{\mathrm{d}^2\theta}{\mathrm{d}x^2} = m^2\theta \tag{6}$$

上式是一个二阶线性常微分方程，它的通解为

$$\theta = c_1 \exp(mx) + c_2 \exp(-mx) \tag{7}$$

式中常数 c_1 和 c_2 可以根据边界条件确定，即将

$$x = 0, \theta = \theta_0$$

$$x = l, \frac{\mathrm{d}\theta}{\mathrm{d}x}\bigg|_{x=1} = 0$$

代入式（7），得到

$$c_1 + c_2 = \theta_0$$

$$c_1 m \exp(ml) - c_2 m \exp(-ml) = 0$$

联立求解上述两式，得

$$c_1 = \theta_0 \frac{\exp(-ml)}{\exp(ml) + \exp(-ml)}$$

$$c_2 = \theta_0 \frac{\exp(ml)}{\exp(ml) + \exp(-ml)}$$

将 c_1 和 c_2 的值代入式（7），得到等截面直肋内温度分布的表达式

$$\theta = \theta_0 \frac{\exp[m(l-x)] + \exp[-m(l-x)]}{\exp(ml) + \exp(-ml)}$$

或写作

$$\theta = \theta_0 \frac{\mathrm{ch}[m(l-x)]}{\mathrm{ch}(ml)} \tag{2-35}$$

由上式可知，肋片内的温度分布沿高度呈双曲线余弦函数关系逐渐降低，如图 2-14（b）所示的 $\theta = f(x)$ 曲线。上式中

$$\mathrm{ch}[m(l-x)] = \frac{1}{2}\{\exp[m(l-x)] + \exp[-m(l-x)]\}$$

是双曲线余弦函数，它的数值可从附录 12 中查得。

以 $x = l$ 代入式（2-35），可以得到肋端的过余温度

$$\theta_1 = \theta_0 \frac{1}{\mathrm{ch}(ml)} \tag{2-36}$$

在稳态情况下，由肋片表面散至周围介质的热量应等于通过肋基导入肋片的热量。因此，肋片表面的散热量为

$$\Phi = -\lambda A_{\mathrm{L}} \frac{\mathrm{d}\theta}{\mathrm{d}x}\Big|_{x=0}$$

将式（2-35）对 x 求导数，再赋值 $x=0$，得

$$\frac{\mathrm{d}\theta}{\mathrm{d}x}\Big|_{x=0} = -m\theta_0 \mathrm{th}(ml)$$

式中 $\mathrm{th}(ml) = \dfrac{\exp(ml) - \exp(-ml)}{\exp(ml) + \exp(-ml)}$ 是双曲线正切函数，它的数值可从附录 12 中查得。于是

$$\Phi = -\lambda A_{\mathrm{L}} \frac{\mathrm{d}\theta}{\mathrm{d}x}\Big|_{x=0} = \sqrt{hU\lambda A_{\mathrm{L}}}\, \theta_0 \mathrm{th}(ml) \qquad (2\text{-}37)$$

应该指出，式（2-35）和式（2-37）是在忽略肋端散热情况下导出的结果，对于一般工程计算，特别是薄而高的肋片，可以获得足够准确的结果。对于必须考虑肋端散热的情形，其分析解的结果可查阅文献[6]；但在工程计算中对于计算肋片散热量，可以采用一种简便而较为准确的方法，即在式（2-37）中以假想的肋高 $l+\dfrac{\delta}{2}$ 代替实际的肋高 l，这相当于把肋的端面面积展开到侧面，而把端面认为是绝热的[7]。

还须指出，上述分析是近似地认为肋片温度场是一维的。对于大多数实际应用的肋片，当 $Bi = h\delta/\lambda \leqslant 0.05$ 时（Bi，毕渥准则，见第三章第二节），这种近似分析引起的误差不超过 1%。但是，当肋片变得较短而且厚时，则必须考虑沿肋片厚度方向的温度变化，即肋片内的温度场是二维的，参见图 2-15。在这种情形下，上述计算公式已不适用。此外，在分析中假定表面传热系数在整个表面上是不变的，如果该系数在整个表面上出现严重的不均匀，应用上述计算公式也会带来较大的误差。遇到这些情形，问题的求解可以采用数值方法进行计算[8]。

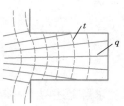

图 2-15　二维肋片的温度场

最后还应指出，上述肋片表面的散热量中没有考虑辐射传热的影响，在有些场合，这一点是应当注意的，文献[9]中提供了这方面的资料。另外，肋片吸收热量的计算方法与肋片散热的相同。

【例 2-7】一铁制的矩形直肋，厚度 $\delta = 5\mathrm{mm}$，高度 $l = 50\mathrm{mm}$，宽度 $L = 1\mathrm{m}$。已知肋片材料的热导率 $\lambda = 58\mathrm{W}/(\mathrm{m \cdot K})$，肋片表面与周围介质之间的表面传热系数 $h = 12\mathrm{W}/(\mathrm{m^2 \cdot K})$，肋基的温度为 105℃，周围介质的温度为 25℃。求肋片的散热量和肋端的温度。

【解】1. 求肋片的散热量

肋基的过余温度 $\theta_0 = t_0 - t_{\mathrm{f}} = 105 - 25 = 80\text{℃}$

根据 m 的定义

$$m = \sqrt{\frac{hU}{\lambda A_{\mathrm{L}}}}$$

对于矩形直肋，$A_{\mathrm{L}} = L\delta$；因为 $L \gg \delta$，所以 $U \approx 2L$，得

$$m = \sqrt{\frac{h2L}{\lambda L\delta}} = \sqrt{\frac{2h}{\lambda\delta}}$$

于是

$$m = \sqrt{\frac{2 \times 12}{58 \times 0.005}} = 9.10 \text{ l/m}$$

假想的肋高为 $l + \frac{\delta}{2}$，得

$$m\left(l + \frac{\delta}{2}\right) = 9.10(0.05 + 0.0025) = 0.478$$

从附录 12 查得或经指数运算

$$\text{th}\left[m\left(l + \frac{\delta}{2}\right)\right] = \text{th}(0.478) = 0.4446$$

根据式（2-37），

$$\Phi = \lambda A_{\text{L}} m \theta_0 \text{th}\left[m\left(l + \frac{\delta}{2}\right)\right] = 58 \times 0.005 \times 1 \times 9.10 \times 80 \times 0.4446 = 93.86\text{W}$$

2. 求肋端的温度

$$ml = 9.10 \times 0.05 = 0.455$$

从附录 12 查得或经指数运算

$$\text{ch}(ml) = \text{ch}(0.455) = 1.105$$

根据式（2-36）

$$\theta_l = \theta_0 \frac{1}{\text{ch}(ml)} = \frac{80}{1.105} = 72.4\text{℃}$$

$$t_l = \theta_l + t_{\text{f}} = 97.4\text{℃}$$

【讨论】检验 $Bi = h\delta/\lambda = 0.001 < 0.05$，因此，本例计算的散热量误差不超过 1%。

二、肋片效率

肋片表面温度既然是沿肋高逐渐降低的。那么，肋片表面的平均温度必然低于肋基的温度。假如整个肋片表面温度都处于肋基温度 t_0 的理想情况下，则肋片散热量为最大，肋片的实际散热量 Φ 与假定整个肋片表面都处在肋基温度 t_0 时的理想散热量 Φ_0 的比值，用符号 η_{f} 表示，即

$$\eta_{\text{f}} = \frac{\Phi}{\Phi_0} = \frac{\Phi}{hUl(t_0 - t_{\text{f}})} \tag{2-38}$$

影响肋片效率 η_{f} 的因素包括肋片材料的热导率，肋片表面与周围介质之间的表面传热系数，肋片的几何形状和尺寸。

等截面直肋肋片表面的肋片效率为

$$\eta_{\text{f}} = \frac{\Phi}{\Phi_0} = \frac{\lambda A_{\text{L}} m \theta_0 \text{th}(ml)}{hUl\theta_0} = \frac{\text{th}(ml)}{ml} \tag{2-39}$$

等截面直肋肋片表面的平均过余温度 θ_{m} 可以按下式计算，

$$\theta_{\text{m}} = \frac{1}{l}\int_0^l \theta \text{d}x = \frac{1}{l}\int_0^l \theta_0 \frac{\text{ch}[m(l-x)]}{\text{ch}(ml)}\text{d}x = \frac{\theta_0}{ml}\text{th}(ml) = \theta_0 \eta_{\text{f}}$$

图 2-16 给出了函数 $\frac{1}{\text{ch}(ml)}$ 和 th (ml) 的值。图中 th (ml) 的曲线表明，th (ml) 的数值随 ml 的增加而趋于一定值。由式（2-37）可知，当 m 的数值一定时，随着肋片高度 l 的增加，起先肋片的散热量迅速地增大，但增量越来越小，最后趋于一渐近值。这反

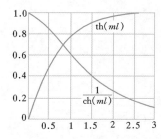

图 2-16 双曲线函数的数值

映了肋片高度增加到一定程度后，如果再继续增加肋片高度，散热量增加很少，因为肋片效率随高度降低，参看式（2-39）。图 2-16 中的 $\dfrac{1}{\mathrm{ch}\,(ml)}$ 曲线也同样地说明了这一问题，因为 $\dfrac{1}{\mathrm{ch}\,(ml)}$ 的值随 ml 增加而减小，从式（2-36）可以看出，ml 数值大的肋片，其肋端的过余温度较低，这表明肋片表面的平均温度较低，肋片平均过余温度越低肋片的效率也

比较低。相反地，当 ml 数值较小时，该肋片具有较高的肋片效率。所以在肋片高度 l 一定的条件下，具有较小的 m 值是有利的。因为 $m=\sqrt{\dfrac{hU}{\lambda A_\mathrm{L}}}$，所以 m 与 $\sqrt{\lambda A_\mathrm{L}}$ 成反比，因此肋片应尽可能选用热导率较大的材料。另外，当 λ 和 h 都给定的条件下，m 的数值随 $\dfrac{U}{A_\mathrm{L}}$ 的降低而减小，而 $\dfrac{U}{A_\mathrm{L}}$ 取决于肋片的形状和尺寸，所以在某些场合下，必须采用变截面的肋片，其原因之一就是为了提高肋片效率，同时也可以减轻肋片的重量。一般认为，$\eta_\mathrm{f}>80\%$ 的肋片是经济实用的。

其他形式的肋片都有各自相应的肋片效率计算公式，但比较复杂。为了应用方便，可将 η_f 与 ml 的关系绘制成曲线。图 2-17 和图 2-18 分别给出了矩形直肋和等厚度环肋的这种曲线图，图中横坐标 ml 已经按下列等式变换为

$$ml=\sqrt{\frac{hU}{\lambda A_\mathrm{L}}}\,l=\sqrt{\frac{2h}{\lambda\delta}}\,l=\sqrt{\frac{2h}{\lambda f}}\,l^{\frac{3}{2}}$$

上式中 f 是肋片的纵剖面积，$f=\delta\times l$，又由于 $L\gg\delta$，故 $U=2（L+\delta）\approx2L$。对于其他形式的肋片，它们的效率曲线以及其他评价肋片性能的方法，读者可以参考文献 [4，5]。

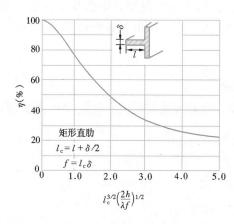

图 2-17 等截面直肋的肋片效率

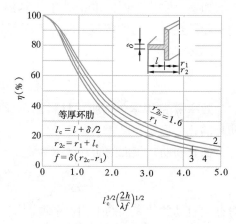

图 2-18 等厚度环肋的肋片效率

【例 2-8】如图 2-18 所示的环形肋壁，肋片高度 $l=19.1\mathrm{mm}$、厚度 $\delta=1.6\mathrm{mm}$，肋片是铝制并镶在直径为 $25.4\mathrm{mm}$ 的管子上，铝的热导率 $\lambda=214\mathrm{W/（m\cdot K）}$。已知管表面温度 $t_0=171.1\mathrm{℃}$，周围流体温度 $t_\mathrm{f}=21.1\mathrm{℃}$，肋片表面与周围流体之间的表面传热系数 $h=141.5\mathrm{W/（m^2\cdot K）}$，试计算每片肋片的散热量和肋片表面的平均温度。

【解】 根据肋片效率的定义可知

$$\Phi = \eta_f \Phi_0$$

利用图 2-18 所给出的等厚度环肋的效率曲线图确定 η_f，为此先计算

$$l_c = l + \frac{\delta}{2} = 19.1 + \frac{1.6}{2} = 19.9 \text{mm}$$

$$r_{2c} = r_1 + l_c = 12.7 + 19.9 = 32.6 \text{mm}$$

$$\frac{r_{2c}}{r_1} = \frac{32.6}{12.7} = 2.57$$

$$f = \delta(r_{2c} - r_1) = 1.6 \times (32.6 - 12.7) \times 10^{-6} = 3.18 \times 10^{-5} \text{ m}^2$$

$$l_c^{\frac{3}{2}}\left(\frac{2h}{\lambda f}\right)^{\frac{1}{2}} = (0.0199)^{\frac{3}{2}}\left(\frac{2 \times 141.5}{214 \times 3.18 \times 10^{-5}}\right)^{\frac{1}{2}} = 0.573$$

由图 2-18 查得 $\eta_f = 0.9$。

为计算肋片散热量，还须先计算肋的散热表面积 A

$$A = 2\pi(r_{2c}^2 - r_1^2) = 2\pi\left[(32.6)^2 - (12.7)^2\right] \times 10^{-6} = 5.66 \times 10^{-3} \text{ m}^2$$

$$\Phi_0 = hA(t_0 - t_f) = 141.5 \times 5.66 \times 10^{-3} \times (171.1 - 21.1) = 120 \text{ W}$$

故肋的实际散热量 $\Phi = \eta_f \Phi_0 = 0.9 \times 120 = 108 \text{W}$。

肋片表面的平均过余温度为 $\theta_m = \eta_f \theta_0 = 0.9 \times (171.1 - 21.1) = 135℃$

肋片表面的平均温度为 $t_m = \theta_m + t_0 = 135 + 21.1 = 156.1℃$

【讨论】 请读者考虑：若将肋高降为 17.2mm（即降 10%），它的肋效率和实际散热量的变化率也会是 10% 吗？如果不是环肋而是直肋，肋高变化的影响是否相同？为什么？

第六节　通过接触面的导热

当导热过程在两个直接接触的固体之间进行时，例如，镶配式或缠绕式的肋片等，由于固体表面不是理想平整的，所以两固体直接接触的界面容易出现点接触，或者只是部分的而不是完全的和平整的面接触，参见图 2-19，这就会给导热过程带来额外的热阻，这种热阻称为接触热阻。特别是当界面上那些互不接触的界面空隙中充满热导率远小于固体的气体时，接触热阻的影响更为突出。在接触界面上出现温差 $(t_{2A} - t_{2B})$，这是存在接触热阻的表现，因为两个固体理想接触时，界面上不存在温差，即在界面上两个固体具有相同的温度。按照热阻的定义，界面接触热阻 R_c 可以表示为

$$R_c = \frac{t_{2A} - t_{2B}}{\Phi} = \frac{\Delta t_c}{\Phi}$$

式中 Δt_c 是界面上的温差；Φ 是热流量，它等于热流密度与界面表面积 F 的乘积。

从上式可以看出，热流密度不变的条件下，接触热阻 R_c 较大，必然在界面上产生较大的温差。反之，当温差不变时，热流密度则会随接触热阻的增加而下降。值得注意的是，即使接触热阻不是很大，若热流密度很大，界面上的温差仍是不容忽视的。

由于固体表面存在粗糙度，使两固体表面的接触不是完全的和平整的面接触，因而粗糙度是产生并影响接触热阻的主要因素。此外，接触热阻还与接触面上的挤压压力，两固体表面的材料硬度匹配情形，即材料的硬度等因素有关。很明显，接触热阻随表面粗糙度的加大而升高。对于粗糙度一定的表面，增加接触面上的挤压压力可使弹塑性材料固体间

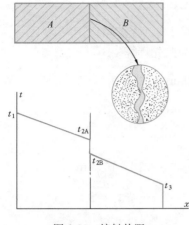

图 2-19　接触热阻

的接触面积增大，接触热阻减小。在同样的挤压压力下，两表面的接触情形又因材料的硬度而异。在接触表面之间衬以热导率大而硬度低的银箔或铜箔，对降低接触热阻有明显的效果。

前已述及，除了接触点间或部分接触面间的热量传递是通过固体的导热，在接触界面间的空隙中，热量传递则是通过空隙中介质的导热，因此接触热阻还因空隙中介质的性质而有所不同。例如，在接触面上涂上很薄的一层特殊的热涂油（亦称导热姆（Dowtherm），它是一种二苯和二苯氧化物的混合物），使其填充空隙，以代替空气，有可能减小接触热阻约75%。当空隙两侧温差加大时，空隙中介质是气体、辐射传热对接触热阻的影响将会增加。

以上是结合实验研究对接触热阻所作的定性分析。由于接触热阻的情况复杂，至今未得出完全可靠的计算公式，目前最可信的数据是基于实验得到的，表 2-2 给出一些接触热阻的数值，在缺乏有关资料时，可作参考。更详细的资料评述可参看文献[10]。

几种接触表面的接触热阻　　　　　　表 2-2

接触表面状况	表面粗糙度 (μm)	温度 (℃)	压力 (MPa)	接触热阻 (m²·K/W)
304 不锈钢，磨光，空气	1.14	20	4～7	5.28×10^{-4}
416 不锈钢，磨光，空气	2.54	90～200	0.3～2.5	2.64×10^{-4}
416 不锈钢，磨光，中间夹 0.025mm 厚黄铜片	2.54	30～200	0.7	3.52×10^{-4}
铝，磨光，空气	2.54	150	1.2～2.5	0.88×10^{-4}
铝，磨光，空气	0.25	150	1.2～2.5	0.18×10^{-4}
铝，磨光，中间夹 0.025mm 厚黄铜片	2.54	150	1.2～20	1.23×10^{-4}
铜，磨光，空气	1.27	20	1.2～20	0.07×10^{-4}
铜，磨光，真空	0.25	30	0.7～7	0.88×10^{-4}

【例 2-9】某一薄的硅片控制器下面镶嵌着一块厚度为 10mm 的铝基板（图 2-20），铝基板的热导率为 240W/（m·K），基板底部暴露面由温度为 30℃ 的液体冷却，对流传热表面传热系数为 240W/（m²·K）。如果控制器工作时向外散发的热流密度为 10^4 W/m²，试计算分析控制器与铝基板接触的表面温度是否低于最高允许值 80℃。假设硅片控制器上表面和周围均绝热，考虑以下三种情况：

（1）不考虑接触热阻的情况；

（2）考虑接触热阻，控制器与基板直接连接，此时接触热阻为 10×10^{-4} m²·K/W；

（3）考虑控制器与基板之间填充导热硅脂，此时接触热阻为 1.0×10^{-4} m²·K/W；

【解】此题为常物性一维稳态导热的计算，忽略控制器硅片的热阻，假设为等温硅片。

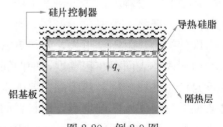

图 2-20　例 2-9 图

因为：
$$q_v = \frac{t_c - t_\infty}{R_c + (\delta/\lambda) + 1/h}$$

所以：
$$t_c = t_\infty + q_v\left(R_c + \frac{\delta}{\lambda} + \frac{1}{h}\right)$$

$$= 30 + 10^4 \times \left(R_c + \frac{0.01}{240} + \frac{1}{240}\right)$$

（1）不考虑接触热阻的情况，$t_c = 72.1℃$，满足设计要求；

（2）考虑接触热阻时，$t_c = 82.1℃$，不满足设计要求；

（3）当填充导热硅脂后，$t_c = 73.1℃$，也满足设计要求；因此对于芯片散热，为减小接触热阻，填充导热硅脂是非常重要的。

第七节　二维稳态导热

房间墙角的传热量、热网地下埋设管道的热损失和短肋片的导热等问题都是二维稳态导热问题，有些情况下甚至是三维稳态导热。

对于无内热源，常物性介质中的二维稳态导热过程，描述它的导热微分方程式为

$$\frac{\partial^2 t}{\partial x^2} + \frac{\partial^2 t}{\partial y^2} = 0$$

对于简单几何形状物体，给定线性边界条件下，上述导热微分方程式可以得到分析解，有关求解方法和求解的结果可以参阅文献[11]。对于比较复杂的几何形状物体和相应的边界条件，有效的求解方法是数值计算，这部分内容将在第四章进行讨论。

为了便于工程设计计算，对于有些二维，甚至于三维的稳态导热问题，针对已知两个恒定温度边界之间的导热热流量，可以采用一种简便的计算公式。在这种公式中，将有关涉及物体几何形状和尺寸的因素归纳在一起，称为形状因子。这样，对于热导率为常数的情形，导热的热流量可按下式计算，即

$$\Phi = S\lambda(t_1 - t_2) \tag{2-40}$$

式（2-40）中，t_1 和 t_2 分别为导热物体两个边界的温度；S 就是形状因子，它的单位是 m。

为了说明形状因子的概念，先以一维稳态导热过程为例。对比式（2-40）与式（2-25），不难看出，一维圆筒壁稳态导热过程的形状因子为

$$S = \frac{2\pi l}{\ln \dfrac{d_2}{d_1}} \tag{1}$$

对于一维无限大平壁，形状因子很容易写出

$$S = \frac{A}{\delta} \tag{2}$$

从式（1）和式（2）可以看到，用式（2-40）计算两个恒定温度边界的物体导热热流量，不同形状和尺寸物体的差异就归纳表现在形状因子中。

文献[1，11]综合给出不同形状和尺寸物体的形状因子，其结果列于表 2-3 中。

<table>
<tr><td colspan="4" align="center">几种导热过程的形状因子</td><td align="right">表 2-3</td></tr>
<tr><td align="center">导热过程</td><td align="center">示 意 图</td><td align="center">形 状 因 子</td><td align="center">使 用 条 件</td></tr>
<tr>
<td>等温表面半无限大物体中的水平埋管</td>
<td></td>
<td>$S=\dfrac{2\pi l}{\mathrm{ch}^{-1}(H/r)}$

$S=\dfrac{2\pi l}{\ln(2H/r)}$</td>
<td>$l\gg r$，$H\leqslant 3r$

$l\gg r$，$H>3r$</td>
</tr>
<tr>
<td>等温表面半无限大物体中的圆球</td>
<td></td>
<td>$S=\dfrac{4\pi r}{1-r/2H}$</td>
<td>$H>r$</td>
</tr>
<tr>
<td>等温表面半无限大物体中的等间距等管径的排管</td>
<td></td>
<td>$S=\dfrac{2\pi l}{\ln\left(\dfrac{b}{\pi r}\,\mathrm{sh}\,\dfrac{2\pi H}{b}\right)}$</td>
<td>$H>2r$，$l\gg b$ 对于每一根管子</td>
</tr>
<tr>
<td>无限大物体中的两等温圆管间的导热</td>
<td></td>
<td>$S=\dfrac{2\pi l}{\mathrm{ch}^{-1}\left(\dfrac{\delta^2-r_1^2-r_2^2}{2r_1 r_2}\right)}$</td>
<td>$l\gg r_1$，r_2
$l\gg\delta$</td>
</tr>
<tr>
<td>圆管外包方形隔热层</td>
<td></td>
<td>$S=\dfrac{2\pi l}{\ln\left(1.08\dfrac{b}{2r}\right)}$</td>
<td>$l\gg r$
$b>2r$</td>
</tr>
<tr>
<td>通过两垂直平壁相交构成的棱柱的导热</td>
<td></td>
<td>$S=0.54L$</td>
<td>两平壁宽度都大于 $\dfrac{1}{5}\delta$</td>
</tr>
<tr>
<td>通过三个互相垂直的平壁相交构成的顶角的导热</td>
<td></td>
<td>$S=0.15\delta$</td>
<td>三平壁宽度都大于 $\dfrac{1}{5}\delta$</td>
</tr>
</table>

【例 2-10】一传达室小屋，室内面积为 3m×4m，高度为 2.8m，红砖墙厚度为 240mm，红砖的热导率为 0.43W/(m·K)。已知墙内表面温度为 20℃，外表面温度为 −5℃，试问通过传达室的四周墙壁的散热量为多少？

【解】室内有两面墙壁的表面积为 3m×2.8m，有两面墙壁的表面积为 4m×2.8m，这两种墙面的形状因子分别为

$$S_1=\frac{A_1}{\delta}=\frac{3\times 2.8}{0.24}=35\mathrm{m}$$

$$S_2 = \frac{A_2}{\delta} = \frac{4 \times 2.8}{0.24} = 46.67\text{m}$$

从表 2-3 可知，相互垂直的两墙面相交构成的棱柱的形状系数为

$$S_3 = 0.54 \times 2.8 = 1.512\text{m}$$

于是传达室四周墙壁的散热量为

$$\begin{aligned}
\varPhi &= (2S_1 + 2S_2 + 4S_3)\lambda\Delta t \\
&= (2 \times 35 + 2 \times 46.67 + 4 \times 1.512) \times 0.43 \times [20 - (-5)] \\
&= 1821\text{W}
\end{aligned}$$

【讨论】针对已知两个恒定温度边界的二维稳态导热问题，有些文献应用热阻进行导热热流量的计算。不难得到物体形状系数与热阻之间的关系为 $S = 1/(\lambda R)$。

【例 2-11】外径为 250mm 和长度为 10m 的水平管道，埋设在地下 0.4m 深处。已知管壁外表面温度为 85℃，地表面温度为 5℃。设土壤的热导率为 0.8W/(m·K)，试计算该管道的热损失。

【解】利用表 2-3 给出的形状因子。由于埋深 $H > 3r$，形状因子为

$$S = \frac{2\pi l}{\ln\left(\dfrac{2H}{r}\right)} = \frac{2\pi \times 10}{\ln\left(\dfrac{2 \times 0.4}{0.125}\right)} = 33.85\text{m}$$

热损失按式（2-40）计算

$$\varPhi = S\lambda(t_1 - t_2) = 33.85 \times 0.8 \times (85 - 5) = 2166\text{W}$$

【讨论】计算地下埋管时，应注意埋深与管径之间的关系，正确地选择公式。

小　结

本章主要内容是应用分析解法（直接积分法）对无限大平壁、圆筒壁的一维稳态导热过程和肋片导热过程的温度场进行求解。应用热阻和形状因子的概念给工程计算带来方便。学习本章的基本要求是：掌握一维稳态无内热源导热问题中温度场和导热量的计算；了解变热导率问题的工程处理方法；理解临界热绝缘直径的意义及其应用，能应用公式或图线计算肋片导热；了解接触热阻；理解热阻和形状因子的意义。本章要点是：

（1）在第一章的基础上，对求解一维稳态导热问题的微分方程式和相应的边界条件的表达方法进一步加深理解。在第一类和第三类边界条件下，能对常物性无内热源的一维稳态导热问题进行温度场和导热量的计算。

（2）了解当热导率是温度的函数时，平壁稳态导热过程温度场的变化，会用平均温度确定热导率来处理变热导率时平壁导热量的计算。

（3）管道临界热绝缘直径问题就是分析保温层热阻和保温层外侧对流传热热阻，以及两项热阻的总和随着保温层厚度变化的规律，以便合理地选择保温材料敷设保温层，实现减少热损失的目的。

（4）肋壁是工程中常用的强化传热措施之一。掌握将肋片表面的对流传热量折算为肋片内热源的处理方法；会应用公式或图线计算肋片的温度分布和肋片效率。

（5）在热流密度很大的情形下，接触热阻在实际导热过程中会产生较大的影响，应予以充分注意。

（6）应充分理解热阻和形状因子的物理意义，并会运用它们对平壁、圆筒壁、复合壁以及一些重要的二维稳态导热过程的热流量进行计算。

思考题与习题

1. 为什么多层平壁中温度分布曲线不是一条连续的直线而是一条折线？折线斜率与哪些因素有关？

2. 热导率为常数的无内热源的平壁稳态导热过程，若平壁两侧都给定第二类边界条件，问能否唯一地确定平壁中的温度分布？为什么？

3. 热导率为常数的无内热源的平壁稳态导热过程，试问（1）若平壁两侧给定第一类边界条件 t_{w1} 和 t_{w2}，为什么这一导热过程的温度分布与平壁的材料无关？（2）相同的平壁厚度，不同的平壁材料，仍给定第一类边界条件，热流密度是否相同？

4. 如果圆筒壁外表面温度比内表面温度高，这时壁内温度分布曲线的情形如何？

5. 参见图 2-21，已知球壁热导率 λ 为常数，内、外表面分别保持 t_{w1} 和 t_{w2}，试推导空心球壁导热量计算公式和球壁的导热热阻。

6. 同上题，若已知边界条件改为第三类边界条件，即已知 t_{f1}，h_1 和 t_{f2}，h_2 试推导通过空心球壁传热量的计算公式和球壁的传热热阻。

7. 能否将导热热阻用于实心的固体圆柱体或球？

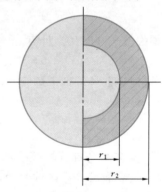

图 2-21 习题 5 图

8. 某建筑物的混凝土屋顶面积为 $20m^2$，厚为 140mm，室外空气温度为 $-20℃$，空气与屋顶外表面的对流传热表面传热系数为 15W/（m^2·K）。已知混凝土的热导率为 1.28W/（m·K），若通过屋顶的散热量为 $5.5×10^3$W，试计算屋顶内表面的温度。

9. 某教室的墙壁是由一层厚度为 240mm 的砖层和一层厚度为 20mm 的灰泥构成。现在拟安装空调设备，并在内表面加贴一层硬泡沫塑料，使导入室内的热量比原来减少 80%。已知砖的热导率 $\lambda=0.7$W/（m·K），灰泥的 $\lambda=0.58$W/（m·K），硬泡沫塑料的 $\lambda=0.06$W/（m·K），且内外壁温保持不变，试求加贴硬泡沫塑料层的厚度。

10. 平壁表面温度 $t_{w1}=450℃$，采用岩棉保温板作为保温层材料，$\lambda=0.027+0.00017t$，保温层外表面温度为 $t_{w2}=50℃$，若要求热损失不超过 340W/m^2，问保温层的厚度应为多少？

11. 原设计的锅炉炉墙由一层耐火黏土砖 $\delta_1=120$mm、$\lambda_1=0.8$W/（m·K），一层红砖 $\delta_3=250$mm、$\lambda_3=0.6$W/（m·K），中间填入硅藻土填料层 $\delta_2=50$mm、$\lambda_2=0.12$W/

(m·K)所组成。如果施工时，由于材料供应上的限制，不采用中间填料，让红砖和耐火黏土砖相邻接，同时要求热损失 q 保持原设计不变，问红砖层厚度应改为多少？（假设没有接触热阻）

12. 已测得三层平壁的壁面温度 t_{w1}、t_{w2}、t_{w3} 和 t_{w4} 依次为 600℃、480℃、200℃ 和 60℃，在稳态情况下，问各层导热热阻在总热阻中所占的比例各为多少？

13. 某板式换热器用钢板制成，钢板厚度 $\delta=3mm$，$\lambda=40W/（m·K）$。已知板两侧流体的平均温度分别为 250℃ 和 60℃，表面传热系数分别为 $h_1=75W/（m^2·K）$ 和 $h_2=50W/（m^2·K）$，试求传热量。

现有三种改造方案。（1）在结构强度许可条件下，将钢板减薄为 $\delta=2mm$；（2）改用 $\delta=3mm$ 的铜板，铜的热导率为 $320W/（m·K）$；（3）强化气体的对流传热，使 h_2 上升为 $70W/（m^2·K）$。问三种方案传热各增强了多少？哪一种方案最为有效？

14. 参见图 2-22，一钢筋混凝土空斗墙，钢筋混凝土的热导率 $\lambda=1.53W/（m·K）$，空气层的当量热导率 $\lambda=0.742W/（m·K）$。试求该空斗墙单位面积的导热热阻。

15. 蒸汽管道的内、外直径分别为 160mm 和 170mm，管壁热导率 $\lambda=58W/（m·K）$，管外覆盖两层保温材料：第一层厚度 $\delta_2=30mm$，

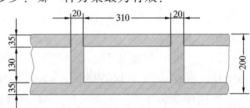

图 2-22　习题 14 图

热导率 $\lambda_2=0.093W/（m·K）$；第二层 $\delta_3=40mm$，热导率 $\lambda_3=0.17W/（m·K）$。蒸汽管的内表面温度 $t_{w1}=300℃$，保温层外表面温度 $t_{w4}=50℃$。试求（1）各层热阻，并比较其大小，（2）每米长蒸汽管的热损失，（3）各层之间的接触面温度 t_{w2} 和 t_{w3}。

16. 某热力管道采用两种不同材料的组合保温层，两层的厚度相等，第二层的算术平均直径两倍于第一层的算术平均直径，而第二层材料的热导率则为第一层材料热导率的一半。如果在保温材料耐温性能允许的情况下，把两层材料相互调换，其他情况都保持不变，问每米长热力管道的热损失改变了多少？增加还是减少？

17. 一根直径为 1mm 的铜导线，每米长的电阻为 $2.22\times10^{-3}\Omega$。导线外包有厚度为 0.5mm，热导率为 $0.15W/（m·K）$ 的绝缘层。限定绝缘层的最高温度为 65℃，绝缘层的外表面温度受环境温度限制，假设为 40℃。试确定该导线的最大允许电流为多少？

18. 一外径为 100mm，内径为 85mm 的蒸汽管道，管材的热导率 $\lambda=40W/（m·K）$，其内表面温度为 180℃，若采用 $\lambda=0.053W/（m·K）$ 的保温材料进行保温，并要求保温层外表面温度不高于 40℃，蒸汽管热损失 q_l 不高于 52.3W/m。问保温材料层厚度应至少为多少？

19. 一直径为 0.35m、厚度为 3mm 不锈钢的贮存液态氮的球形容器，容器外包有厚度为 30mm，热导率为 $0.03W/(m·K)$ 的保温材料。在压力为 1×10^5Pa 时，液氮的温度为 77.4K，气化潜热为 199.6kJ/kg。若室温为 25℃，试计算一小时液氮的蒸发量。

20. 对于球壁，保温层有无"临界热绝缘直径"问题？若有，d_c 应如何计算。

21. 一直径为 d，长度为 l 的细长圆杆，两端分别与温度为 t_1 和 t_2 的表面紧密接触，杆的侧面与周围流体间有对流传热，已知流体的温度为 t_f，且 t_f 在 t_1 或 t_2 之间，杆侧面与流体间的表面传热系数为 h，杆材料的热导率为 λ，试写出表示细长杆内温度场的完整

数学描述,并求解其温度分布。

22. 一家用暖气散热片的表面积为 $2.4m^2$,表面温度为 55℃,与温度为 22℃ 室内空气间的对流传热表面传热系数为 5W/(m^2·K)。试问该暖气散热片相当于多大功率的电暖气。若电暖气的表面积为 $1.5m^2$,与周围环境的传热系数为 12W/(m^2·K),则其表面温度为多少?

23. 一铝制等截面直肋,肋高为 25mm,肋厚为 3mm,铝材的热导率为 140W/(m·K),周围空气与肋表面的表面传热系数为 75W/(m^2·K)。已知肋基温度为 80℃ 和空气温度为 30℃,假定肋端的散热可以忽略不计,试计算肋片内的温度分布和每片肋片的散热量。

24. 测定输气管空气温度的水银温度计测温套管用钢制成,厚度 $\delta=1.5mm$,长度 $l=50mm$,钢的热导率 $\lambda=48.5W/$(m·K),温度计显示出套管端部的温度为 84℃,套管的另一端与储气罐连接处的温度为 40℃。已知套管和罐中空气之间的表面传热系数 $h=20W/$(m^2·K),试求由于套管导热所引起的测温误差。套管的厚度与长度对测量误差有何影响。

25. 一肋片厚度为 1mm,长度为 16mm,试计算等截面直肋的肋片效率。(1)铝材料肋片,其热导率为 140W/(m·K),表面传热系数 $h=80W/$(m^2·K);(2)钢材料肋片,其热导率为 40W/(m·K),表面传热系数 $h=125W/$(m^2·K)。

26. 空气预热器的铸铁管外带有环形肋,肋基直径 $d_1=77mm$,肋端直径 $d_2=140mm$,肋厚 $\delta=4mm$,相邻两肋的间距为 25mm;铸铁的热导率 $\lambda=50W/$(m·K),肋基温度 $t_0=320℃$,被加热的空气的温度为 75℃,肋表面的表面传热系数为 60W/(m^2·K),试计算每米长肋片管的散热量。

27. 肋片几何形状相同,工作在相同的温度环境下,要求肋片的散热量高,重量轻,现有三种材料,铜、铝合金和黄铜,可供选择,请依次对这三种材料作出评价并说明理由。

28. 截面为矩形的冷空气通道,外形尺寸为 3m×2.2m,通道墙厚均为 0.3m,已知墙体的热导率 $\lambda=0.56W/$(m·K),内、外墙体表面温度均匀,分别为 0℃ 和 30℃,试求每米长冷空气通道的冷量损失。

29. 管道外直径为 165mm,外表面温度为 90℃,埋入深度为 1.5m 的土壤中,已知土壤的热导率 $\lambda=1.05W/$(m·K),地表面温度为 6℃,地表面有风时其表面传热系数 $h=20W/$(m^2·K),试求埋在地下的管道每米长的热损失。

30. 一冰箱的冷冻室,高度为 0.42m,截面为 0.52m×0.52m,冷冻室的顶面和侧面均覆设隔热保温层,材料的热导率为 0.023W/(m·K),冷冻室的底面为绝热的,冷冻室内温度为 -14℃,冰箱外壁设为 30℃,因为冰箱外壁的热阻很小,可以忽略不计,若限制冰箱的漏热量为 34W,试问隔热保温层至少需要多厚?

31. 两块厚 5mm 的铝板,粗糙度都是 $2.54\mu m$,用螺栓连接,接触压力为 2MPa,通过两块铝板的总温差为 80℃。已知铝的热导率为 180W/(m·K),试计算接触面上的温度差。

32. 在输送原油过程中,为了增加原油的流动性确保不堵塞管道,每隔一定距离需要设置一个加热站。假定一根原油管道埋在距地表 2.0m 的地下,管道外直径为 0.5m,用 120mm 厚热导率为 0.06W/(m·K)的保温材料隔热,而内部流动的热油温度为 120℃,

设地表温度为 5℃，试求每间隔 2km 的加热站所需的加热功率是多少？

33. 从宇宙飞船中伸出一根细长散热棒，以辐射传热将热量散发到外部空间去，已知棒的发射率（黑度）为 ε，热导率为 λ，棒的长度为 l，横截面面积为 f，截面周长为 U，棒根部温度为 T_0，假设外部空间是绝对零度的黑体，试写出描述棒温度分布的导热微分方程式和相应的边界条件。

参 考 文 献

［1］ Holman, J. P. , Heat Transfer ed. McGraw-Hill Book Co. N. Y. , 1997(有中译本).

［2］ 中国建筑科学研究院研究报告. 混凝土空心砌块保温性能的研究 .

［3］ 张洪济. 热传导. 北京：高等教育出版社，1992.

［4］ Kern, D. Q. and A. D. Kraus, Extended Surface Heat Transfer , McGraw-Hill Book Co. , N. Y. , 1972.

［5］ Schneider, P. J. , Conduction Heat Transfer , Addison-Wesley, Publishing Co. , Reading, Mass. , 1955.

［6］ (苏)伊萨琴科(Исаченко, В. П.). 传热学. 高等教育出版社,1987.

［7］ Harper, W. B. and D. R. Brown, Mathematical Equation for Heat Conduction in the Fins of Air Cooling Engines , NACA Rep. 158 , 1922.

［8］ Adams, J. A. and D. F. Rogers, Computer-Aided Heat Transfer Analysis, McGraw-Hill Book Co. , 1973.

［9］ Siegel, R. and J. R. Howell, Thermal Radiation Heat Transfer, McGraw-Hill Book Co. , 1972.

［10］ Hartnett, J. P. and M. W. Rohsenow, Handbook of Heat Transfer, McGraw-Hill Book Co. , 1973（有中译本）.

［11］ Hahne, E. and U. rigull, Formfactor und Formwiederstand der stationaren ehrdimen-sionalen Warmeleitung, Int. J. of Heat and Mass Transfer Vol. 18, No. 6 , 51-767, 1975.

第三章　非稳态导热

在自然界和工程上很多导热过程中温度场是随时间而变化的，例如室外空气温度和太阳辐射的周期性变化引起房屋围护结构（墙壁、屋顶等）温度场随时间的变化，供暖设备间歇供暖引起墙内温度随时间的变化。根据导热过程中物体温度随时间变化的特点，非稳态导热过程可以分为周期性导热过程和瞬态导热过程两大类。在周期性非稳态导热过程中，物体的温度按照一定的周期发生变化。例如，以 24h 为周期，或以 8760h （即一年），为周期。温度的周期性变化使物体传递的热流密度也表现出周期性变化的特点。在瞬态导热过程中，一类是温度变化没有规律，一类是物体的温度随时间不断地升高（加热过程）或降低（冷却过程），在经历相当长时间之后，物体的温度逐渐趋近于周围介质的温度，最终达到热平衡。本章将分别对周期性导热过程和温度不断升高或降低的非稳态导热过程进行分析和阐述。

第一节　非稳态导热过程的类型和特点

物体的温度随时间变化的导热过程称为非稳态导热。不同类型的非稳态导热有不同的特点。而非稳态导热过程往往是和非稳态传热过程相联系的，本书以供暖房屋外墙为例，通过分析墙内温度场的变化，来介绍非稳态导热过程的类型和特点。首先分析瞬态导热过程。假定，墙体由一维均质材料构成，供暖设备开始供热前，墙内温度场是稳态的，温度分布参见图 3-1(a)，室内空气温度为 t'_{f1}，墙内表面温度为 t'_{w1}，墙外表面温度为 t'_{w2}，室外空气温度为 t_{f2}。当供暖设备开始供热，室内空气温度很快上升到 t''_{f1} 并保持稳定。由于室内空气温度的升高，它和墙内表面之间的对流传热热流密度增大，墙壁温度也就跟着升高。参见图 3-1(b)，开始时 t_{w1} 升高的幅度减大，依次地 t_a、t_b、t_c 和 t_{w2} 升高的幅度减小，而在短时间内 t_{w2} 几乎不发生变化。随着时间的推移，各层温度将逐渐升高不同幅度。t_{f2} 是室外空气温度，假定在

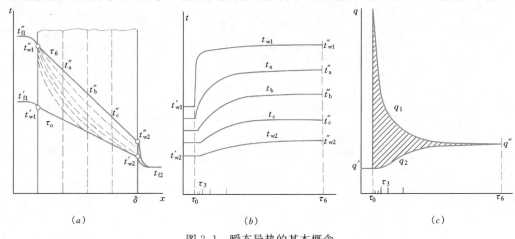

图 3-1　瞬态导热的基本概念

58

此过程中保持不变。关于热流密度的变化，一开始由于墙内表面温度不断地升高，室内空气与墙内表面温差不断减小，它们之间的对流传热密度 q_1 不断减小；而由于墙外表面温度随时间不断升高，墙外表面与室外空气之间的对流传热密度 q_2 逐渐地增大，参见图 3-1（c）。与此同时，通过墙内各层的热流密度 q_a、q_b 和 q_c，也将随时间发生变化，并且彼此各不相等。在经历一段相当长时间之后，墙内温度分布趋于稳定，建立起新的稳态温度分布，即图 3-1（a）中的 $t''_{f1} - t''_{w1} - t''_{w2} - t_{f2}$。室内尚未开始供暖之前，墙内和室内外空气温度是稳态的，所以 q_1 等于 q_2，而且等于通过墙的热流密度 q'；直到建立新的稳态温度分布后，q_1 和 q_2 又重新相等，等于新的稳态情况下通过单位面积墙体的传热量 q''。在两个稳态之间的变化过程中，热流密度 q_1 和 q_2 是不相等的，它们的差值随时间积分，即图 3-1（c）中阴影面积，为墙体本身温度的升高提供的热量。所以，瞬态导热过程必定是伴随着物体的加热或冷却。

综上所述，物体的加热或冷却过程中温度分布的变化可以划分为三个阶段。第一阶段是过程开始的一段时间，特点是温度变化从边界面（如上述例中墙内表面温度 t'_{w1}）逐渐地深入到物体内部，此时物体内各处温度随时间的变化率是不一样的，温度分布受初始温度分布的影响很大，这一阶段称为非正规状况阶段。随着时间的推移，进入第二阶段，初始温度分布的影响逐渐消失，物体内各处温度随时间的变化率具有一定的规律，称为正规状况阶段[1]。第三阶段就是建立新的稳态阶段，在理论上需要经过无限长的时间才能达到，事实上经过一段长时间后，物体各处的温度就可近似地认为已达到新的稳态。需要注意的是，上述非稳态导热过程是初始时刻一侧的边界条件发生了阶跃变化，之后边界条件不再变化，直至达到新的稳态分布。而实际非稳态导热过程要复杂得多。

周期性的非稳态导热也是供热和空调工程中常遇到的一种情况。例如，夏季室外空气温度 t_f 以一天 24h 为周期周而复始地变化，相应地室外墙面温度 $t|_{x=0}$ 亦以24h 为周期变化，但是它比室外空气温度变化滞后一个相位，参见图 3-2（a）。这时尽管空调房间室内温度维持稳定，墙内各处的温度受室外温度周期性变化的影响，也会以同样的周期变化，参见图 3-2（b），图中两条虚线分别表示墙内各处温度变化的最高值与最低值，图中的斜线表示墙内各处温度周期性波动的平均值。如果将某一

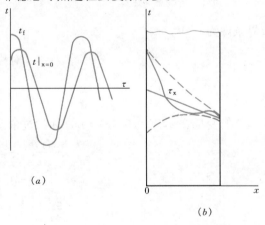

图 3-2　周期性导热的基本概念及特点

时刻 τ_x 的墙内各处温度连起来，就得到 τ_x 时刻墙内的实时温度分布。上述分析表明，在周期性非稳态导热问题中，一方面物体内各处的温度按一定的振幅随时间周期性波动；另一方面，同一时刻物体内的温度分布也是振荡变化的，如图 3-2（b）所示 τ_x 时刻墙内的温度分布。这是周期性非稳态导热现象的特点。

在建筑环境与能源应用工程专业的热工计算中，这两类非稳态导热问题都会涉及，而热工计算的目的，归根到底就是要找出温度分布与热流密度随时间和空间的变化规律。

第二节 无限大平壁的瞬态导热

本节将较详细地分析推导无限大平壁在对流传热边界条件下，即第三类边界条件下，加热和冷却时的分析解，并介绍工程上应用的诺谟图。这一问题分析解的推导分析，可为学习其他边界条件下的分析解打下一定基础。

一、加热或冷却过程的分析解法

设有一厚度为 2δ 的无限大平壁，参见图 3-3，平壁材料的热导率 λ 和热扩散率 a 均为

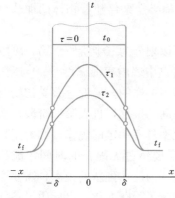

图 3-3 第三类边界
条件下的瞬态导热

已知常数，初始温度为 t_0。瞬间将它放置在温度为 t_f（$t_f < t_0$）的低温液体介质中，使平壁处于冷却状态。设此过程中平壁两侧表面与介质之间的表面传热系数为恒定值 h。分析这一现象可知，对于无限大平壁，它两侧的冷却情形相同，故平壁的温度分布应是对称的。分析中把坐标轴 x 的原点放在平壁中心，坐标轴垂直于平壁表面。

如图 3-3 所示，这是一维瞬态导热问题，其导热微分方程式为

$$\frac{\partial t}{\partial \tau} = a\frac{\partial^2 t}{\partial x^2} \quad \tau>0,\ 0<x<\delta \tag{1}$$

初始条件为

$$\tau=0,\ t=t_0 \qquad 0\leqslant x\leqslant\delta \tag{2}$$

边界条件为

$$\frac{\partial t}{\partial x}\Big|_{x=0}=0\ (对称性) \qquad \tau>0 \tag{3}$$

$$-\lambda\frac{\partial t}{\partial x}\Big|_{x=\delta}=h\ (t\,|_{x=\delta}-t_f) \qquad \tau>0 \tag{4}$$

引入新的变量 $\theta(x,\tau)=t(x,\tau)-t_f$，称为过余温度，这样式（1）～式（4）可改写为

$$\frac{\partial\theta}{\partial\tau}=a\frac{\partial^2\theta}{\partial x^2} \quad \tau>0,\ 0<x<\delta \tag{3-1}$$

$$\tau=0,\ \theta=\theta_0 \qquad 0\leqslant x\leqslant\delta \tag{3-2}$$

$$\frac{\partial\theta}{\partial x}\Big|_{x=0}=0 \quad \tau>0 \tag{3-3}$$

$$-\lambda\frac{\partial\theta}{\partial x}\Big|_{x=\delta}=h\theta\,|_{x=\delta} \quad \tau>0 \tag{3-4}$$

应用分离变量法求解这一问题，假定

$$\theta\ (x,\ \tau)\ =X\ (x)\ \phi\ (\tau) \tag{5}$$

将式（5）代入式（3-1），经过整理得到

$$\frac{1}{a\phi}\frac{\mathrm{d}\phi}{\mathrm{d}\tau}=\frac{1}{X}\frac{\mathrm{d}^2 X}{\mathrm{d}x^2} \tag{6}$$

式（6）等号左边仅是 τ 的函数，而等号右边仅是 x 的函数，要使式（6）在 x 和 τ 的定义域内，对于 x 和 τ 为任何值时均成立，只有等号两边都等于同一个常数 μ，即

$$\frac{1}{a\phi}\frac{\mathrm{d}\phi}{\mathrm{d}\tau}=\mu \tag{7}$$

和

$$\frac{1}{X}\frac{\mathrm{d}^2 X}{\mathrm{d}x^2}=\mu \tag{8}$$

对式（7）进行积分，得

$$\phi=c_1\exp（a\mu\tau） \tag{9}$$

上式中 c_1 是积分常数。分析式（9）可知，常数 μ 若为正值，ϕ 将随着 τ 的增大而呈指数急剧增大，当 τ 值很大时，ϕ 趋于无限大，$\theta（x，\tau）$ 亦将趋于无限大，实际上这是不可能的；常数 μ 若为零，ϕ 将等于常数，这意味着 $\theta（x，\tau）$ 将不随时间发生变化，这也是不符合实际的。因此常数 μ 只能为负值，表为 $\mu=-\varepsilon^2$。于是，式（9）和式（8）可以改写为

$$\phi=c_1\exp（-a\varepsilon^2\tau） \tag{10}$$

和

$$\frac{1}{X}\frac{\mathrm{d}^2 X}{\mathrm{d}x^2}=-\varepsilon^2 \tag{11}$$

常微分方程式（11）的通解为

$$X=c_2\cos（\varepsilon x）+c_3\sin（\varepsilon x） \tag{12}$$

将式（10）和式（12）代回式（5），得

$$\theta（x，\tau）=[A\cos（\varepsilon x）+B\sin（\varepsilon x）]\exp（-a\varepsilon^2\tau） \tag{3-5}$$

式中 $A=c_1c_2$，$B=c_1c_3$。式（3-5）中，常数 A、B 和 ε 可由初始条件和边界条件，即式（3-2）、式（3-3）和式（3-4）确定。

应用边界条件式（3-3），即温度场的对称性条件

$$\left.\frac{\partial\theta}{\partial x}\right|_{x=0}=（-A\varepsilon\sin0+B\varepsilon\cos0）\exp（-a\varepsilon^2\tau）=0$$

上式成立，系数 B 必须等于零。式（3-5）可写为

$$\theta（x，\tau）=A\cos（\varepsilon x）\exp（-a\varepsilon^2\tau） \tag{13}$$

应用边界条件式（3-4），即将式（13）代入式（3-4），得

$$-\lambda[-A\varepsilon\sin（\varepsilon\delta）]\exp（-a\varepsilon^2\tau）=hA\cos（\varepsilon\delta）\exp（-a\varepsilon^2\tau）$$

消去上式等号两边相同的项，得

$$\lambda\varepsilon=h\cot（\varepsilon\delta） \tag{14}$$

将式（14）两边乘以 δ 移项整理后得

$$\frac{\varepsilon\delta}{\left(\dfrac{h\delta}{\lambda}\right)}=\cot（\varepsilon\delta） \tag{15}$$

上式中 $\dfrac{h\delta}{\lambda}$ 是个无量纲参数，称为毕渥准则，用符号 Bi 表示。同时为了书写简便起见，令 $\varepsilon\delta=\beta$，于是式（15）可以改写为

$$\frac{\beta}{Bi}=\cot\beta \tag{3-6}$$

式（3-6）称为特征方程。从图 3-4 可以看出，β 的解就

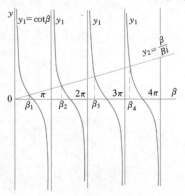

图 3-4　特征方程的根

是以 π 为周期的函数 $y_1 = \cot\beta$ 和直线函数 $y_2 = \dfrac{\beta}{Bi}$ 交点所对应的 β 数值。常数 β 的无穷多个值，即 $\beta_1, \beta_2, \cdots, \beta_n$ 称为特征值。对应于特征值的式（12）称为特征函数。很明显，特征值的数值与 Bi 有关，并依次增大，表 3-1 给出了不同 Bi 准则时，式（3-6）的前六个根。

表 3-1

特征方程式（3-6）的根

Bi	β_1	β_2	β_3	β_4	β_5	β_6
0	0.0000	3.1416	6.2832	9.4248	12.5664	15.7080
0.001	0.0316	3.1419	6.2833	9.4249	12.5665	15.7080
0.002	0.0447	3.1422	6.2835	9.4250	12.5665	15.7081
0.004	0.0632	3.1429	6.2838	9.4552	12.5667	15.7082
0.006	0.0774	3.1435	6.2841	9.4254	12.5668	15.7083
0.008	0.0893	3.1441	6.2845	9.4256	12.5670	15.7085
0.01	0.0998	3.1448	6.2848	9.4258	12.5672	15.7086
0.02	0.1410	3.1479	6.2864	9.4269	12.5680	15.7092
0.04	0.1987	3.1543	6.2895	9.4290	12.5696	15.7105
0.06	0.2425	3.1606	6.2927	9.4311	12.5711	15.7118
0.08	0.2791	3.1668	6.2959	9.4333	12.5727	15.7131
0.1	0.3111	3.1731	6.2991	9.4354	12.5743	15.7143
0.2	0.4328	3.2039	6.3148	9.4459	12.5823	15.7207
0.3	0.5218	3.2341	6.3305	9.4565	12.5902	15.7270
0.4	0.5932	3.2636	6.3461	9.4670	12.5981	15.7334
0.5	0.6533	3.2923	6.3616	9.4775	12.6060	15.7397
0.6	0.7051	3.3204	6.3770	9.4879	12.6139	15.7460
0.7	0.7506	3.3477	6.3923	9.4983	12.6218	15.7524
0.8	0.7910	3.3744	6.4074	9.5087	12.6296	15.7587
0.9	0.8274	3.4003	6.4224	9.5190	12.6375	15.7650
1.0	0.8603	3.4256	6.4373	9.5293	12.6453	15.7713
1.5	0.9882	3.5422	6.5075	9.5801	12.6841	15.8026
2.0	1.0769	3.6436	6.5783	9.6296	12.7223	15.8336
3.0	1.1925	3.8088	6.7040	9.7240	12.7966	15.8945
4.0	1.2646	3.9352	6.8140	9.8119	12.8678	15.9536
5.0	1.3138	4.0336	6.9096	9.8928	12.9352	16.0107
6.0	1.3496	4.1116	6.9924	9.9667	12.9988	16.0654
7.0	1.3766	4.1746	7.0640	10.0339	13.0584	16.1177
8.0	1.3978	4.2264	7.1263	10.0949	13.1141	16.1675
9.0	1.4149	4.2694	7.1806	10.1502	13.1660	16.2147
10.0	1.4289	4.3058	7.2281	10.2003	13.2142	16.2594
15.0	1.4729	4.4255	7.3959	10.3898	13.4078	16.4474
20.0	1.4961	4.4915	7.4954	10.5117	13.5420	16.5864
30.0	1.5202	4.5615	7.6057	10.6543	13.7085	16.7691
40.0	1.5325	4.5979	7.6647	10.7334	13.8048	16.8794
50.0	1.5400	4.6202	7.7012	10.7832	13.8666	16.9519
60.0	1.5451	4.6353	7.7259	10.8172	13.9094	17.0026
80.0	1.5514	4.6543	7.7573	10.8606	13.9644	17.0686
100.0	1.5552	4.6658	7.7764	10.8871	13.9981	17.1093
∞	1.5708	4.7124	7.8540	10.9956	14.1327	17.2788

参见图 3-4，当 $Bi \to \infty$ 时，直线 $y_2 = \dfrac{\beta}{Bi}$ 与横坐标相重合，特征值为

$$\beta_1 = \frac{1}{2}\pi, \quad \beta_2 = \frac{3}{2}\pi, \quad \beta_3 \frac{5}{2}\pi, \quad \cdots \beta_n = \frac{2n-1}{2}\pi \tag{3-7}$$

当 $Bi \to 0$ 时，直线 $y_2 = \dfrac{\beta}{Bi}$ 与纵坐标相重合，特征值为

$$\beta_1 = 0, \beta_2 = \pi, \beta_3 = 2\pi, \cdots \beta_n = (n-1)\pi \tag{3-8}$$

这样，在给定 Bi 准则条件下，对应于每一个特征值，式（13）给出一个温度分布的特解，即

$$\left.\begin{aligned}
\theta_1\,(x,\,\tau) &= A_1 \cos\,(\varepsilon_1 x)\,\exp\,(-a\varepsilon_1^2 \tau) \\
\theta_2\,(x,\,\tau) &= A_2 \cos\,(\varepsilon_2 x)\,\exp\,(-a\varepsilon_2^2 \tau) \\
\cdots &= \cdots \\
\theta_n\,(x,\,\tau) &= A_n \cos\,(\varepsilon_n x)\,\exp\,(-a\varepsilon_n^2 \tau)
\end{aligned}\right\} \tag{16}$$

上述式中常数 A_1，A_2，$\cdots$，A_n 无论为何值，所得到的特解式（16）都将满足导热微分方程式（3-1）和两个边界条件式（3-3）和式（3-4），但是式（16）并不满足初始条件。

因为式（3-1）和它的边界条件都是线性的，即式（3-1）、式（3-3）和式（3-4）中温度和温度的各阶导数项的系数不再取决于温度，所以式（16）中各个特解的线性叠加就得到 $\theta\,(x,\,\tau)$ 的解[2]，于是

$$\theta\,(x,\,\tau) = \sum_{n=1}^{\infty} A_n \cos\,(\varepsilon_n x)\,\exp\,(-a\varepsilon_n^2 \tau) \tag{17}$$

式中 ε_n 可以很容易地根据 β_n 确定，而系数 A_n 尚未确定，它可以应用初始条件式（3-2）求得。当 $\tau = 0$ 时，$\theta = \theta_0$，式（17）简化为

$$\theta_0 = \sum_{n=1}^{\infty} A_n \cos\left(\beta_n \frac{x}{\delta}\right) \tag{18}$$

将上式等号两边同乘以 $\cos\left(\beta_m \dfrac{x}{\delta}\right)$，并在 $0 \leqslant x \leqslant \delta$ 范围内进行积分，得

$$\theta_0 \int_0^\delta \cos\left(\beta_m \frac{x}{\delta}\right) \mathrm{d}x = \int_0^\delta \sum_{n=1}^{\infty} A_n \cos\left(\beta_n \frac{x}{\delta}\right) \cos\left(\beta_m \frac{x}{\delta}\right) \mathrm{d}x \tag{19}$$

考虑到特征函数的正交性[3]，即

$$\int_0^\delta \cos\left(\beta_n \frac{x}{\delta}\right) \cos\left(\beta_m \frac{x}{\delta}\right) \mathrm{d}x = 0 \qquad m \neq n$$

这样，式（19）可以简化为

$$\theta_0 \int_0^\delta \cos\left(\beta_n \frac{x}{\delta}\right) \mathrm{d}x = A_n \int_0^\delta \cos^2\left(\beta_n \frac{x}{\delta}\right) \mathrm{d}x$$

于是

$$A_n = \frac{\theta_0 \displaystyle\int_0^\delta \cos\left(\beta_n \frac{x}{\delta}\right) \mathrm{d}x}{\displaystyle\int_0^\delta \cos^2\left(\beta_n \frac{x}{\delta}\right) \mathrm{d}x} = \theta_0 \frac{2\sin\beta_n}{\beta_n + \sin\beta_n \cos\beta_n} \tag{20}$$

将式（20）代入式（17），得到第三类边界条件下无限大平壁冷却时壁内的温度分布

$$\theta\,(x,\,\tau) = \theta_0 \sum_{n=1}^{\infty} \frac{2\sin\beta_n}{\beta_n + \sin\beta_n \cos\beta_n} \cos\left(\beta_n \frac{x}{\delta}\right) \exp\left(-\beta_n^2 \frac{a\tau}{\delta^2}\right)$$

或

$$\frac{\theta\ (x,\ \tau)}{\theta_0} = \sum_{n=1}^{\infty} \frac{2\sin\beta_n}{\beta_n + \sin\beta_n\cos\beta_n}\cos\left(\beta_n\frac{x}{\delta}\right)\exp\left(-\beta_n^2\frac{a\tau}{\delta^2}\right) \tag{3-9}$$

式中$\frac{a\tau}{\delta^2}$是一个无量纲参数，用符号 Fo 表示，称为傅里叶准则，它是非稳态导热过程的无量纲时间。

应该指出，式（3-9）是在第三类边界条件下无限大平壁冷却时得到的解，可以证明，保持过余温度 $\theta = t - t_f$ 的定义不变，这些公式对于加热过程仍是正确的。

对于第一类和第二类边界条件下无限大平壁加热或冷却过程的分析解，可参考文献[5～7]。

二、正规状况阶段——Fo 准则对温度分布的影响

分析式（3-9），因为 β_1，β_2，…，β_n 是递增的数列，所以级数中后面的项与其前面的项相比所起的作用就小，特别是 Fo 数比较大的情形，级数收敛很快。研究表明，当 $Fo \geqslant 0.2$ 时[❶]，用式（3-9）级数的第一项来描述无量纲温度$\frac{\theta\ (x,\ \tau)}{\theta_0}$已足够精确，即

$$\frac{\theta\ (x,\ \tau)}{\theta_0} = \frac{2\sin\beta_1}{\beta_1 + \sin\beta_1\cos\beta_1}\cos\left(\beta_1\frac{x}{\delta}\right)\exp\left(-\beta_1^2 Fo\right) \tag{3-10}$$

对于 $Fo \geqslant 0.2$ 的无限大平壁非稳态导热过程，除了可以按式（3-10）计算得到无量纲温度外，还可以应用分析解的计算线图[4]。图 3-5 给出了无限大平壁的无量纲中心温度

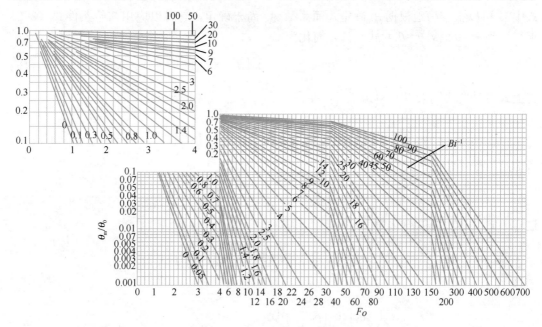

图 3-5　无限大平壁无量纲中心温度$\frac{\theta_m}{\theta_0} = f\ (Bi,\ Fo)$

---

❶　有的文献报道 $Fo \geqslant 0.3$，有的文献给出 $Fo \geqslant 0.55$。这些都是针对一定的准确度给出的参考值，可以想到，$Fo \geqslant 0.55$ 时，它的准确度更高。

$\dfrac{\theta_{\mathrm{m}}}{\theta_0}$ 随 Fo 和 Bi 变化；图 3-6 给出了任一位置无量纲温度 $\dfrac{\theta\left(x,\ \tau\right)}{\theta_{\mathrm{m}}}$ 随 Bi 和 $\dfrac{x}{\delta}$ 的变化，应用这两张图就可以求得无限大平壁中任意位置处的温度。对于 $Fo<0.2$ 时，上述导热过程的温度分布则应按式（3-9）计算。

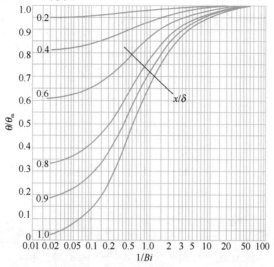

图 3-6　无限大平壁无量纲温度 $\dfrac{\theta}{\theta_{\mathrm{m}}}=f\left(Bi,\ \dfrac{x}{\delta}\right)$

　　已知无限大平壁的温度分布后，就可以求得经过 τ 小时每平方米平壁在冷却过程中放出的热量（或加热过程中接收的热量），它可以用下式计算

$$\Phi_{\tau}=\rho c\int_{-\delta}^{+\delta}\left[\theta_0-\theta\left(x,\ \tau\right)\right]\mathrm{d}x$$

$$=2\rho c\delta\theta_0\left[1-\sum_{n=1}^{\infty}\frac{2\sin^2\beta_{\mathrm{n}}}{\beta_{\mathrm{n}}^2+\beta_{\mathrm{n}}\sin\beta_{\mathrm{n}}\cos\beta_{\mathrm{n}}}\exp(-\beta_{\mathrm{n}}^2 Fo)\right]$$

$$=\Phi_0\left[1-\sum_{n=1}^{\infty}\frac{2\sin^2\beta_{\mathrm{n}}}{\beta_{\mathrm{n}}^2+\beta_{\mathrm{n}}\sin\beta_{\mathrm{n}}\cos\beta_{\mathrm{n}}}\exp(-\beta_{\mathrm{n}}^2 Fo)\right] \tag{3-11}$$

式中 $\Phi_0=2\rho c\delta\theta_0$，是每平方米平壁从初始温度 t_0 冷却到周围介质温度 t_{f} 时所放出的热量。

　　从式（3-11）不难看出，$\dfrac{\Phi_{\tau}}{\Phi_0}$ 是 Fo 和 Bi 的函数，这一关系已绘制成计算线图并给出于图 3-7 中[8]。

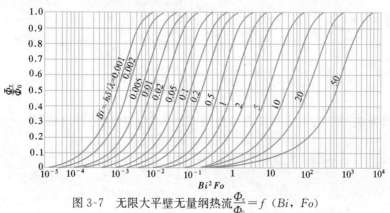

图 3-7　无限大平壁无量纲热流 $\dfrac{\Phi_{\tau}}{\Phi_0}=f\left(Bi,\ Fo\right)$

【例 3-1】一无限大平壁厚度为 0.5m,已知平壁的热物性参数 $\lambda=0.815\mathrm{W/(m \cdot K)}$, $c=0.839\mathrm{kJ/(kg \cdot K)}$, $\rho=1500\mathrm{kg/m^3}$, 壁内温度初始时均匀一致为 18℃, 给定第三类边界条件: 壁两侧流体温度为 8℃, 流体与壁面之间的表面传热系数 $h=8.15\mathrm{W/(m^2 \cdot K)}$, 试求 6h 后平壁中心及表面的温度。

【解】根据平壁的热物性参数求平壁的热扩散率

$$a=\frac{\lambda}{\rho c}=\frac{0.815}{1500 \times 0.839 \times 1000}=0.65 \times 10^{-6}\mathrm{m^2/s}$$

确定 Fo 和 Bi 准则

$$Fo=\frac{a\tau}{\delta^2}=\frac{0.65 \times 10^{-6} \times 6 \times 3600}{(0.25)^2}=0.22$$

$$Bi=\frac{h\delta}{\lambda}=\frac{8.15 \times 0.25}{0.815}=2.5$$

因为 $Fo>0.2$, 可以用公式（3-10）计算。从表 3-1 中查到: $Bi=2.5$ 时, $\beta_1=1.1347$。于是

$$\sin\beta_1=\sin\left(1.1347 \times \frac{180°}{\pi}\right)=0.9064$$

$$\cos\beta_1=\cos\left(1.1347 \times \frac{180°}{\pi}\right)=0.4224$$

应用式（3-10）, 对于平壁中心, 即 $x=0$ 处, 无量纲温度为

$$\begin{aligned}\frac{\theta_m}{\theta_0}&=\frac{2\sin\beta_1}{\beta_1+\sin\beta_1\cos\beta_1}\exp\left(-\beta_1^2 Fo\right)\\&=\frac{2 \times 0.9064}{1.1347+0.9064 \times 0.4224}\exp\left(-0.283\right)\\&=0.90\end{aligned}$$

而

$$\theta_m=0.90\theta_0=0.90 \times (18-8)=9.0℃$$

$$t_m=\theta_m+t_f=9.0+8=17.0℃$$

对于平壁表面, 即 $x=\delta$ 处, 无量纲温度为

$$\begin{aligned}\frac{\theta_w}{\theta_0}&=\frac{2\sin\beta_1}{\beta_1+\sin\beta_1\cos\beta_1}\cos\left(\beta_1\right)\exp\left(-\beta_1^2 Fo\right)\\&=\frac{2 \times 0.9064}{1.1347+0.9064 \times 0.4224} \times 0.4224 \times \exp\left(-0.283\right)\\&=0.38\end{aligned}$$

而

$$\theta_w=0.38 \times (18-8)=3.8℃$$

$$t_w=\theta_w+t_f=3.8+8=11.8℃$$

利用查计算线图方法, 从图 3-5 可查得 $\frac{\theta_m}{\theta_0}=0.88$, 相应地计算得到 $t_m=16.8℃$; 根据 Bi 准则和 $\frac{x}{\delta}=1$, 从图 3-6 查得 $\frac{\theta_w}{\theta_m}=0.41$, 于是

$$\frac{\theta_w}{\theta_0}=\frac{\theta_w}{\theta_m}\frac{\theta_m}{\theta_0}=0.41 \times 0.88=0.361$$

相应地计算得到 $t_w=11.6℃$。

【讨论】对比两种方法，所得到的结果基本吻合，彼此相差不超过 2%。但是，对 Fo 和 Bi 准则都较小的情形，计算线图的准确性下降。请读者采用 Matlab 编程计算上述例题，与上述结果进行对比。

【例 3-2】已知条件同例 3-1，试求 24h 及三昼夜后，平壁中心及表面的温度；并求 24h 中每平方米平壁表面放出的热量。

【解】用查计算线图的方法，分别求得 $12h$，$24h$，$72h$（三昼夜）的温度，连同例 3-1 的结果，列表如下：

τ (h)	Fo	$\frac{\theta_m}{\theta_0}$	$\frac{\theta_w}{\theta_m}$	t_m (℃)	t_w (℃)
6	0.22	0.88	0.41	16.8	11.6
12	0.45	0.66	0.41	14.6	10.7
24	0.90	0.38	0.41	11.8	9.6
72	2.69	0.04	0.41	8.40	8.2

从以上计算可以看到，6h 以后，无限大平壁的壁面与中心过余温度之比不变；在 72h 以后，无限大平壁的壁面温度接近于流体温度，相差仅 2.5%。壁面温度与壁中心温度亦相差很小，这时接近稳态。

24h 中每平方米平壁放出的热量，可根据

$$Bi=2.5$$
$$Bi^2Fo=(2.5)^2\times0.90=5.63$$

从图 3-7 查得

$$\frac{\Phi_\tau}{\Phi_0}=0.65$$

于是

$$\Phi_\tau=0.65\Phi_0=0.65\times2\rho c\delta\theta_0$$
$$=0.65\times2\times1500\times0.839\times0.25\times10$$
$$=4090.1kJ/m^2$$

采用 Matlab 编程计算的方法，分别求得 12h、24h、72h（三昼夜）的温度，结果与上表近似，如下：

τ (h)	Fo	$\frac{\theta_m}{\theta_0}$	$\frac{\theta_w}{\theta_m}$	t_m (℃)	t_w (℃)
12	0.45	0.73	0.41	15.3	11.0
24	0.90	0.41	0.41	12.1	9.7
72	2.69	0.04	0.41	8.40	8.2

【讨论】从上述两例，可以看到，该无限大平壁的冷却过程，经过 6h 进入正规状况阶段，经过 72h 基本上达到新的稳态阶段。另外，通过编程计算，不仅可以分析不同时刻的温度变化，还可以分析不同壁厚，不同位置处的温度变化，给出更为详细的非稳态温度场。

前已述及，当 $Fo\geqslant0.2$ 时，无量纲温度可以用式（3-10）表示，将式（3-10）两边

取对数，得

$$\ln\theta = -\beta_1^2 \frac{a\tau}{\delta^2} + \ln\left[\theta_0 \frac{2\sin\beta_1}{\beta_1 + \sin\beta_1\cos\beta_1}\cos\left(\beta_1 \frac{x}{\delta}\right)\right] \tag{3-12}$$

上式右边第二项取决于物体形状、边界条件和在物体中的位置，若用 K 表示这一项，则 $K = f\left(Bi, \frac{x}{\delta}\right)$；对于给定的第三类边界条件和物体中给定的某个地点，K 是一常数。这样，式（3-12）可以简写为

$$\ln\theta = -m\tau + K\left(Bi, \frac{x}{\delta}\right) \tag{3-13}$$

式中 $m = \beta_1^2 \frac{a}{\delta^2}$

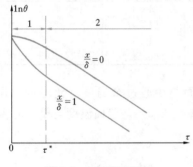

图 3-8　正规状况阶段

可以证明，在 $Fo \geqslant 0.2$ 时，不仅无限大平壁的温度具有式（3-13）这样的变化规律，其他形状的物体温度也具有类似的变化规律，它们之间的区别只表现在 K 这一项中。式（3-13）表明，当 $Fo \geqslant 0.2$ 时，物体在给定的条件下冷却或加热，物体中任何给定地点过余温度的对数值将随时间按线性规律变化，参见图 3-8，图中 τ^* 是对应于 $Fo = 0.2$ 的时间，即 $\tau^* = 0.2 \frac{\delta^2}{a}$。在 $\tau > \tau^*$ 时，物体过余温度的对数值随时间按线性规律变化的这个阶段，称为瞬态温度变化的正规状况阶段。

将式（3-13）两边对时间求导数，得

$$\frac{1}{\theta}\frac{\partial\theta}{\partial\tau} = -\beta_1^2 \frac{a}{\delta^2} = -m$$

从上式知道，m 是过余温度对时间的相对变化率，故 m 称为冷却率（或加热率）。在进入正规状况以后，即 $Fo \geqslant 0.2$，冷却率 m 不取决于时间，也不取决于空间位置，它仅取决于物体的热物性参数、形状和尺寸以及物体表面的边界条件。

掌握这一规律不仅可以使瞬态导热过程的计算简化，还可以利用正规状况阶段中物体温度变化的规律，测定物体材料的热物性参数[7,9]。

三、集总参数法—Bi 准则对温度分布的影响

毕渥准则 $Bi = \frac{h\delta}{\lambda}$ 表示物体内部导热热阻 $\frac{\delta}{\lambda}$ 与物体表面对流传热热阻 $\frac{1}{h}$ 的比值，所以它和第三类边界条件有密切的联系。前已述及，无限大平壁在冷却时，它的两侧边界 $x = \pm\delta$ 处，第三类边界条件可写为

$$-\lambda \frac{\partial\theta}{\partial x}\Big|_{x=\pm\delta} = h\theta\Big|_{x=\pm\delta}$$

改写上式为

$$-\frac{\partial\theta}{\partial x}\Big|_{x=\pm\delta} = \theta\Big|_{x=\pm\delta} \Big/ (\lambda/h) = \theta\Big|_{x=\pm\delta} \Big/ (\delta/Bi) \tag{3-14}$$

参见图 3-9，上式表示物体被冷却时，任何时刻壁表面温度分布的切线都通过坐标为 $\left(\pm\left(\delta+\dfrac{\lambda}{h}\right),\ t_{\mathrm{f}}\right)$ 的 $0'$ 点，这个点称为第三类边界条件的定向点，定向点 $0'$ 与无限大平壁边界面的距离等于 $\dfrac{\lambda}{h}$，即 $\dfrac{\delta}{Bi}$。

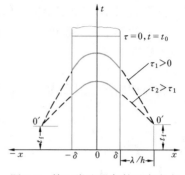

图 3-9　第三类边界条件及定向点

根据 Bi 的大小，无限大平壁中温度场的变化会出现以下三种情形：

（1）当 $Bi\to\infty$ 时意味着表面传热系数趋于无限大，亦即对流传热的热阻趋于零，这时平壁的表面温度几乎从冷却过程一开始立即降低到流体的温度 t_{f}，即 $\theta\mid_{x=\pm\delta}=0$。平壁内各点温度随时间逐渐降低并趋于 t_{f}，温度分布如图 3-10（a）所示，因为 $\dfrac{\delta}{Bi}=0$，定向点 $0'$ 就在平壁表面上。在这种情形下，给定第三类边界条件实际上等于给定第一类边界条件。

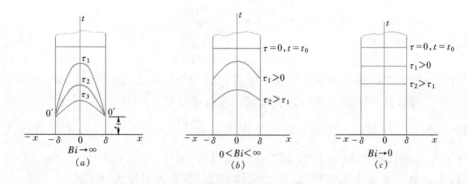

图 3-10　Bi 准则对无限大平壁温度分布的影响

（2）当 $Bi\to 0$ 时意味着物体的导热热阻趋于零，任一时刻物体内的温度分布接近均匀一致，并随时间推移整体下移，逐渐趋近于 t_{f}，如图 3-10（c）所示。因为 $\dfrac{\delta}{Bi}=\infty$，所以定向点 $0'$ 在离平壁表面无穷远处。

（3）当 $0<Bi<\infty$ 时，平壁内温度分布介于上述两种极端情况之间，如图 3-10（b）所示。

$Bi\to 0$ 是一种极限情形，工程上把 $Bi<0.1$ 看作是接近这种极限情形的判据。参见图 3-6，当 $Bi<0.1$ 时，即 $\dfrac{1}{Bi}>10$ 时，平壁中心温度与表面温度的差别 $\leqslant 5\%$，温度接近于均匀一致。因此，当 $Bi<0.1$ 时，可以近似地认为物体的温度是均匀的，这时所要求解的温度仅是时间 τ 的函数，而与空间坐标无关，好像该物体原来连续分布的质量与热容量汇总到一点上，这种忽略物体内部导热热阻，认为物体温度均匀一致的分析方法称为集总参数法。

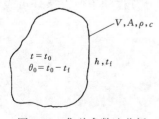

图 3-11　集总参数法分析

图 3-11 给出一任意形状的物体，由于它的热导率很大，或者它的尺寸很小，或者它的表面与周围流体间的表

面传热系数很小，因此物体的 Bi 准则小于 0.1，可以采用集总参数法。这时，根据物体冷却过程的热平衡关系可写出

$$-\rho c V \frac{\mathrm{d}\theta}{\mathrm{d}\tau} = hA\theta \qquad (3-15)$$

已知物体初始过余温度为 θ_0，分离变量并对上式积分可得

$$\ln \frac{\theta}{\theta_0} = -\frac{hA}{\rho c V}\tau$$

或

$$\theta = \theta_0 \exp\left(-\frac{hA}{\rho c V}\tau\right) \qquad (3-16)$$

上式右边项的指数可改写为

$$\frac{hA}{\rho c V}\tau = \frac{h}{\lambda} \frac{(V/A)\lambda}{\rho c} \frac{\tau}{(V/A)^2}$$

式中 V/A 具有长度的量纲，用符号 L 表示，称为定型长度。这样

$$\frac{hA}{\rho c V}\tau = \frac{hL}{\lambda} \frac{a\tau}{L^2} = BiFo$$

于是式（3-16）可写为

$$\theta = \theta_0 \exp\left(-BiFo\right) \qquad (3-17)$$

式（3-17）与第三类边界条件下无限大平壁冷却时的分析解式（3-9）在 $Bi \to 0$ 时所得的表达式完全一样。这一结论的数学证明从略，读者可参考文献[9]。

　　对于平板、圆柱和球，定型长度选取时需满足 $\dfrac{h(V/A)}{\lambda} < 0.1M$，对于无限大平板 $M = 1$；对于无限长圆柱 $M = 1/2$；对于球 $M = 1/3$。对应 $Bi = (hL/\lambda) < 0.1$，厚度为 2δ 的大平板其定型长度 L 为 δ；半径为 R 的圆柱和球，其定型长度 L 为 R。

　　式（3-16）或式（3-17）表明，采用集总参数法分析时，物体中的过余温度随时间按指数曲线变化，开始时变化较快，随后逐渐减缓。式（3-16）中的 $\rho c V/(hA)$ 具有时间的量纲，称为时间常数。这一参数对于测温元件，例如热电偶，是非常重要的。时间常数的数值越小表示测温元件越能迅速地反映流体的温度变化。

第三节　半无限大物体的瞬态导热

　　所谓半无限大物体，是指以无限大的 $y-z$ 平面为界面，在正 x 方向伸延至无穷远的物体，例如大地可看作半无限大物体。对于半无限大均质物体，已知该物体的初始温度为 t_0，在过程开始时，表面温度突然升至 t_w，并维持不变。由前述条件可知，温度仅沿 x 方向变化。令 $\theta = t - t_0$，描述这一非稳态导热过程温度变化的微分方程和单值性条件可表示如下：

$$\frac{\partial \theta}{\partial \tau} = a \frac{\partial^2 \theta}{\partial x^2} \qquad (1)$$

$$\tau = 0, \ \theta = 0 \qquad (2)$$

$$x = 0, \ \theta = t_\mathrm{w} - t_0 = \theta_\mathrm{w} \qquad (3)$$

$$x \to \infty, \ \theta = 0 \qquad (4)$$

经数学分析求解，可得上述半无限大物体内温度场的表达式如下[10]

$$\theta = (t_{\mathrm{w}} - t_0)\left[1 - \frac{2}{\sqrt{\pi}}\int_0^u \exp(-u^2)\mathrm{d}u\right] = \theta_{\mathrm{w}}\,\mathrm{erfc}(u) \tag{3-18}$$

式中，$u = \dfrac{x}{2\sqrt{a\tau}}$；

$\dfrac{2}{\sqrt{\pi}}\displaystyle\int_0^u \exp(-u^2)\mathrm{d}u = \mathrm{erf}(u)$，是高斯误差函数；

$1 - \dfrac{2}{\sqrt{\pi}}\displaystyle\int_0^u \exp(-u^2)\mathrm{d}u = 1 - \mathrm{erf}(u) = \mathrm{erfc}(u)$，是高斯误差补函数。

【例 3-3】一道用砖砌成的火墙，已知砖的密度 $\rho = 1925\mathrm{kg/m^3}$，定压比热容 $c_p = 0.835\mathrm{kJ/(kg \cdot K)}$，热导率 $\lambda = 0.72\mathrm{W/(m \cdot K)}$。突然以 110℃ 的温度加于墙的一侧。如果在 5h 内火墙另一侧的温度几乎不发生变化，试问此墙的厚度至少为多少？若改用耐火砖砌火墙，耐火砖的密度 $\rho = 2640\mathrm{kg/m^3}$，定压比热容 $C_p = 0.96\mathrm{kJ/(kg \cdot K)}$，热导率 $\lambda = 1.0\mathrm{W/(m \cdot K)}$，这时此墙的厚度至少为多少？

【解】改写式（3-18）为下列形式，

$$1 - \frac{t - t_0}{t_{\mathrm{w}} - t_0} = \mathrm{erf}\left(\frac{x}{2\sqrt{a\tau}}\right)$$

若上式中，$\tau = 5\mathrm{h}$ 时，$t = t_0$，这时 x 对应的值就是墙的厚度。查误差函数数值表可知，当 $x/(2\sqrt{a\tau}) = 2.0$ 时，误差函数几乎等于 1.0（它的真实值为 0.995）。由此墙的厚度为 $\delta = 4\sqrt{a\tau}$。

已知，砖的热扩散率 $a = \dfrac{\lambda}{\rho c_p} = \dfrac{0.72}{1925 \times 835} = 0.45 \times 10^{-6}\mathrm{m^2/s}$。因此，

$$\delta = 4\sqrt{a\tau} = 4\sqrt{0.45 \times 10^{-6} \times 5 \times 3600} = 0.36\mathrm{m} = 360\mathrm{mm}$$

若改用耐火砖砌火墙，耐火砖的热扩散率

$$a = \frac{\lambda}{\rho c_p} = \frac{1.0}{2640 \times 960} = 0.39 \times 10^{-6}\mathrm{m^2/s}，这时墙的厚度为$$

$$\delta = 4\sqrt{a\tau} = 4\sqrt{0.39 \times 10^{-6} \times 5 \times 3600} = 0.335\mathrm{m} = 335\mathrm{mm}$$

【讨论】对比分析上述计算结果，可以看到，墙体材料的热扩散率数值越大，所需的墙体厚度越大。由此可进一步理解热扩散率的物理意义。

地下建筑物刚建成时，由于室温和周围壁面温度过低，不能投入使用，必须对建筑物进行预热，使室温升高到规定数值。在预热期中，加热器是全负荷运行的，亦即加热量为一常量，而壁温则随加热过程不断升高。在人工气候室的调节初始阶段也有同样情形，如果要求人工气候室在一定时间内达到某一定温度，这时室内加热或冷却设备全负荷工作，加热量或冷却量是一个常数，而壁温是变化的。这属于第二类边界条件，即常热流密度作用下的非稳态导热过程。半无限大均质物体，在常热流密度作用下，非稳态导热过程的微分方程和单值性条件可表示如下：

$$\frac{\partial \theta}{\partial \tau} = a\frac{\partial^2 \theta}{\partial x^2} \tag{1}$$

$$\tau = 0，\theta = 0 \tag{2}$$

$$x=0,\ q_{\rm w}=-\lambda\frac{\partial\theta}{\partial x}\Big|_{x=0}={\rm const} \tag{3}$$

$$x\to\infty,\ \theta=0 \tag{4}$$

式中 $\theta=t(x,\tau)-t_0$，t_0 是半无限大物体的初始温度。将式（1）改写为下列形式

$$\frac{\partial}{\partial\tau}\Big(\lambda\frac{\partial\theta}{\partial x}\Big)=a\frac{\partial^2}{\partial x^2}\Big(\lambda\frac{\partial\theta}{\partial x}\Big)$$

不难看出，上式可改写为

$$\frac{\partial q}{\partial\tau}=a\frac{\partial^2 q}{\partial x^2} \tag{5}$$

相应地，改写式（2）～式（4）如下：

$$\tau=0,\ q=0 \tag{6}$$

$$x=0,\ q=q_{\rm w} \tag{7}$$

$$x\to\infty,\ q=0 \tag{8}$$

对比式（3-18）前的式（1）～式（4）和式（5）～式（8），它们在形式是一样的，只是把变量 θ 改为变量 q。因此，求解式（5）～式（8）的结果一定和式（3-18）的结果在形式是一样的，只要把式（3-18）中的 θ 改写为 q，即

$$q=q_{\rm w}{\rm erfc}\Big(\frac{x}{2\sqrt{a\tau}}\Big) \tag{3-19}$$

根据傅里叶定律，上式可进一步改写为

$$-\lambda\frac{\partial\theta}{\partial x}=q_{\rm w}{\rm erfc}\Big(\frac{x}{2\sqrt{a\tau}}\Big)$$

分离变量并对上式积分，并注意到 $x\to\infty$ 时，$\theta=0$，即

$$-\int_\theta^0{\rm d}\theta=\frac{2q_{\rm w}}{\lambda}\sqrt{a\tau}\int_x^\infty{\rm erfc}\Big(\frac{x}{2\sqrt{a\tau}}\Big){\rm d}\Big(\frac{x}{2\sqrt{a\tau}}\Big)$$

上式积分的结果，可得到常热流密度条件下半无限大物体内温度分布的表达式

$$\theta(x,\tau)=\frac{2q_{\rm w}}{\lambda}\sqrt{a\tau}\,{\rm ierfc}\Big(\frac{x}{2\sqrt{a\tau}}\Big) \tag{3-20}$$

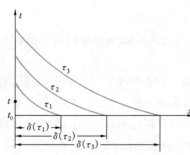

图 3-12 常热流密度边界条件下
半无限大物体内的温度分布

上式中，${\rm ierfc}(u)$ 是高斯误差补函数的一次积分，它的数值表于附录 13 中给出。式（3-20）表示的半无限大物体内的温度分布示于图 3-12。从图示可以看到，在表面热流密度 $q_{\rm w}$ 作用下，半无限大物体的表面温度在加热过程中随时间的增加而增大；半无限大物体中的温度变化在某一厚度范围内比较明显，例如，在 τ_1 时刻 $x=\delta(\tau_1)$ 处，物体的过余温度已渐近于零，在 τ_2 时刻 $x=\delta(\tau_2)$ 处，物体的过余温度亦渐近于零。$\delta(\tau)$ 称为渗透厚度，它是随时间而变化的，它反映在所考虑的时间范围内，界面上热作用的影响所波及的厚度。在实际工程中，对于一个有限厚度的物体，在所考虑的时间范围内，若渗透厚度小于本身的厚度，这时可以认为该物体是个半无限大物体。在常热流密度边界条件下，假定物体中的温度分布是三次曲线，则半无限大物体中的渗透厚度，可用近似的分析

解法得到[11]

$$\delta(\tau) = \sqrt{12a\tau} = 3.46\sqrt{a\tau} \tag{3-21}$$

当 $x=0$ 时，$\mathrm{ierfc}(0) = \dfrac{1}{\sqrt{\pi}} = 0.5642$，从式（3-20）可得第二类边界条件下半无限大物体表面温度为

$$\theta_{\mathrm{w}}(\tau) = \frac{2q_{\mathrm{w}}}{\lambda}\sqrt{\frac{a\tau}{\pi}} \tag{3-22}$$

上式也可改写为

$$q_{\mathrm{w}} = \lambda\frac{t_{\mathrm{w}} - t_0}{2\sqrt{\dfrac{a\tau}{\pi}}} = \lambda\frac{t_{\mathrm{w}} - t_0}{1.13\sqrt{a\tau}} \tag{3-23}$$

在实际工程中，例如地下建筑物四周壁面可看做为半无限大物体，在预热期中，壁面温度随着加热时间的延长而上升，根据预热要求的壁面温度和规定的加热时间，预热期的加热负荷可以按式（3-23）计算。

基于式（3-20），薇拉津斯卡娅 A. B.[12] 给出了测定建筑材料热扩散率的恒定作用热源法。假设物性均匀，且不随温度变化。采用一厚度 δ 大于渗透厚度的被测试材，已知 $\tau=0$ 时的初始温度为 t_0，试材表面在恒定的平面热源 q_{w} 作用下，经过 τ 时刻，同时测定与平面热源接触的试材表面温度 $t\mid_{x=0}$ 和离开平面热源表面距离为 δ 处的试材温度 $t\mid_{x=\delta}$。按式（3-20）可写出下列表达式

$$t\mid_{x=0} - t_0 = \frac{2q_{\mathrm{w}}}{\lambda}\sqrt{a\tau}\,\mathrm{ierfc}(0) \tag{1}$$

$$t\mid_{x=\delta} - t_0 = \frac{2q_{\mathrm{w}}}{\lambda}\sqrt{a\tau}\,\mathrm{ierfc}\left(\frac{\delta}{2\sqrt{a\tau}}\right) \tag{2}$$

已知 $\mathrm{ierfc}(0)=0.5642$，式(1)/式(2)得下式，

$$\mathrm{ierfc}\left(\frac{\delta}{2\sqrt{a\tau}}\right) = 0.5642\frac{t\mid_{x=\delta} - t_0}{t\mid_{x=0} - t_0} = \mathrm{K} \tag{3-24}$$

从式（3-24）不难看出，等式右边均是已知数，根据高斯误差补函数一次积分的数值表，可以得到对应于 K 值的 $\dfrac{\delta}{2\sqrt{a\tau}}$，其中 δ 和 τ 都是已知的，因此材料的热扩散率 a 即可测知。该方法的优点是，在实验中只需已知初始温度、τ 时刻 $x=0$ 和 $x=\delta$ 处的温度，不需要测定热流密度，即可按式（3-24）计算得到热扩散率。在已知热扩散率之后，再测定热流密度和任意时刻 τ，$x=0$ 和 $x=\delta$ 处的温度，然后再应用式（3-20），即可计算得到热导率。此外，若测定平面热源的热流密度和两组离开热源不同距离不同时刻的温度，两次应用式（3-20），联立求解这两个方程式，也可以同时解得热导率 λ 和热扩散率 a。

【例 3-4】应用恒定作用的热源法测定建筑材料的热扩散率。采用 $5\sim10\,\mu\mathrm{m}$ 厚的康铜箔作为平面热源，已知初始温度 $t_0=18\,℃$，通电加热 360s 后，测量得到 $x=0$ 处的温度 $t\mid_{x=0}=31.1\,℃$，$x=20\mathrm{mm}$ 处的温度 $t\mid_{x=\delta}=20.64\,℃$，试计算该材料的热扩散率。

【解】将已知数据代入式（3-24），可以计算得到，

$$\mathrm{ierfc}\left(\frac{\delta}{2\sqrt{a\tau}}\right) = 0.5642\times\frac{20.64-18}{31.1-18} = 0.1137$$

查高斯误差补函数一次积分的数值表，得到

$$\frac{\delta}{2\sqrt{a\tau}}=0.72$$

已知：$\delta=20\text{mm}$；$\tau=360\text{s}$，于是

$$a=\left[\left(\frac{\delta}{1.44}\right)\frac{1}{\sqrt{\tau}}\right]^2=5.4\times10^{-7}\,\text{m}^2/\text{s}$$

【讨论】从上述分析和示例可以看到：

（1）根据与被测参数有关的数学解析表达式，例如式（3-24），在满足式（3-24）适用条件的相关设备上，测定一些有关的参数作为已知数，然后再用该式计算，即可得到所要求的该参数。事实上，所有测定热物性参数的方法，都是按照这一思路确定的。

（2）应用一维稳态导热问题的解，可以用平板法、圆球法等测非金属材料热导率；应用一维非稳态导热问题的解，可以测绝热材料热扩散率的方法有正规状况法和本例题所示的方法等，应用稳态过渡到非稳态导热问题的解，则可同时测定热导率和热扩散率[13,14]。

（3）一般情形，根据已知导热微分方程式和单值性条件，求解温度分布，这一类问题称为导热的正问题。本例题是已知温度分布，按照部分单值性条件的规定，测定部分单值性条件中的参数，求单值性条件中的未知参数，这一类问题称为导热的反问题。在导热的反问题中，通过给出物体表面热流以及对物体内部的温度分布，反过来推导物体的初始状态、流动状态、边界条件、内部热源和传热系数等。导热的反问题在工程实践中有很大的应用价值，在实际工程中，材料的热传导特性以及边界条件、内部热源位置等往往是未知的，以物体表面热流、部分内部点的温度测量值等温度信息为基础，借助一些反演分析方法是解决这类问题的有效方法。

在第三类边界条件下，半无限大物体温度分布的解可参阅文献[15]。

第四节　其他形状物体的瞬态导热

一、无限长圆柱体和球体

对于无限长圆柱体和球体，应用与第二节所述相同的方法，亦可求得它们温度分布的分析解。这些解也可以表示为 $Bi=\dfrac{hR}{\lambda}$、$Fo=\dfrac{a\tau}{R^2}$ 和 $\dfrac{r}{R}$ 的函数，即

$$\frac{\theta}{\theta_0}=f\left(Bi,\ Fo,\ \frac{r}{R}\right)$$

注意，Bi 和 Fo 准则中的定型长度，对于无限长圆柱体和球体采用半径 R。

图 3-13 和图 3-14 给出了第三类边界条件下，无限长圆柱体无量纲中心温度 $\dfrac{\theta_m}{\theta_0}$ 与无量纲温度 $\dfrac{\theta}{\theta_m}$ 的计算线图。图 3-15 给出了 $\dfrac{\Phi_\tau}{\Phi_0}$ 的计算线图。Φ_τ 是单位长度的圆柱体从初始温度 θ_0 变化到 θ 所吸收或放出的热量，而 Φ_0 则是它从初始温度变化到等于周围流体温度时所吸收或放出的热量，即

$$\Phi_0=\pi R^2\rho c\theta_0 \tag{3-25}$$

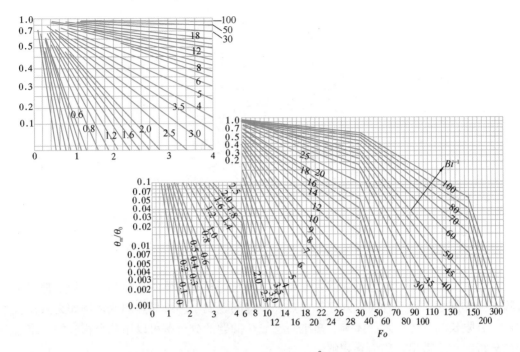

图 3-13 无限长圆柱无量纲中心温度 $\dfrac{\theta_{\mathrm{m}}}{\theta_0} = f\,(Bi,\ Fo)$

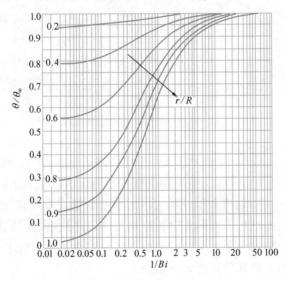

图 3-14 无限长圆柱无量纲温度 $\dfrac{\theta}{\theta_{\mathrm{m}}} = f\left(Bi,\ \dfrac{r}{R}\right)$

限于篇幅，球体的计算线图不一一列出，读者可查阅文献[4，6，8]。

与无限大平壁相类似，对于无限长圆柱体和球体，$Fo \geqslant 0.2$ 时，它们的加热或冷却过程进入正规状况阶段；当 $Bi < 0.1$ 时，可以采用集总参数法分析。注意，这时 Fo 和 Bi 准则中的定型长度，对于无限大平壁采用半壁厚 δ；对于无限长圆柱体和球体采用半径 R；对于其他不规则形状物体则采用 $L = V/A$。

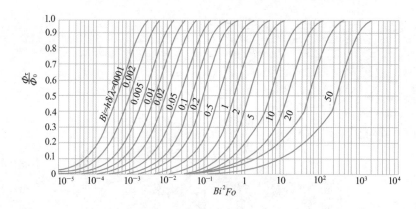

图 3-15　无限长圆柱体无量纲热流 $\Phi_\tau/\Phi_0 = f\,(Bi,\ Fo)$

二、无限长直角柱体、有限长圆柱体和六面体

上述有关章节中讨论过的无限大平壁、无限长圆柱和球体的加热和冷却问题都属于一维瞬态导热问题。而几种简单几何体加热和冷却问题属于多维导热问题，例如无限长直角柱体、有限长圆柱体、六面体等。多维瞬态导热问题的分析解可以用几个相应的一维瞬态导热分析解相乘得出，称为乘积解法。

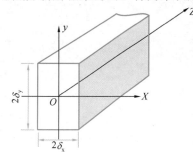

图 3-16　两块无限大平壁垂直相交形成的直角柱体

图 3-16 截面为 $2\delta_x \times 2\delta_y$ 的无限长直角柱体，可以看成是厚度为 $2\delta_x$ 和厚度 $2\delta_y$ 两块无限大平壁垂直相交形成的。可以证明，无限长直角柱体的过余温度场是这两块无限大平壁过余温度场的乘积[11]，即

$$\frac{\theta(x,y,\tau)}{\theta_0} = \frac{\theta(x,\tau)}{\theta_0}\frac{\theta(y,\tau)}{\theta_0} \tag{3-26}$$

式中 θ_0 是初始过余温度，$\theta\,(x,\ y,\ \tau)$ 是直角柱体中任一点 $(x,\ y)$ 处在 τ 时刻的过余温度，$\theta\,(x,\ \tau)$ 和 $\theta\,(y,\ \tau)$ 分别是厚度为 $2\delta_x$ 和 $2\delta_y$ 的两块无限大平壁中距平壁中心为 x 和 y 处在 τ 时刻的过余温度。

$\theta\,(x,\ \tau)$ 和 $\theta\,(y,\ \tau)$ 均可利用一维无限大平壁加热或冷却的计算线图 3-5 和图 3-6 求得，再利用式（3-26）就可以得到无限长直角柱体加热或冷却时的温度分布。

应用这一方法时，要求无限大平壁的初始条件和边界条件与所求无限长直角柱体的初始条件和边界条件一致，否则计算结果不正确。

类似地，对长度为 $2l$ 和直径为 $2R$ 的短圆柱体，把它看成是直径为 $2R$ 的无限长圆柱体和厚度为 $2l$ 的无限大平壁垂直相交得到。短圆柱体的温度分布可表述为

$$\frac{\theta(r,x,\tau)}{\theta_0} = \frac{\theta(r,\tau)}{\theta_0}\frac{\theta(x,\tau)}{\theta_0} \tag{3-27}$$

边长为 $2\delta_x$、$2\delta_y$ 和 $2\delta_z$ 的正六面体可看成是三块厚度分别为 $2\delta_x$、$2\delta_y$ 和 $2\delta_z$ 的无限大平壁彼此垂直相交形成的，它的温度分布为

$$\frac{\theta(x,y,z,\tau)}{\theta_0} = \frac{\theta(x,\tau)}{\theta_0}\frac{\theta(y,\tau)}{\theta_0}\frac{\theta(z,\tau)}{\theta_0} \tag{3-28}$$

式中 $\theta(x, \tau)$、$\theta(y, \tau)$ 和 $\theta(z, \tau)$ 均可从图 3-5 和图 3-6 中查得。

由本章第二节内容可知，计算瞬态导热过程从初始时刻到时刻 τ 的导热量，首先要计算这部分热量占总物体吸热量（或放热量）的百分数，即无量纲热流 $\dfrac{\Phi_\tau}{\Phi_0}$，然后与总导热量相乘即可。对于多维瞬态导热，无量纲热流也可以通过类似乘积解法得出。

【例 3-5】有一直径为 0.3m、长度为 0.6m 的钢圆柱，初始温度为 20℃，放入炉温为 1020℃的炉内加热，已知钢的热导率 $\lambda = 30\text{W}/(\text{m}\cdot\text{K})$，热扩散率 $a = 6.25\times10^{-6}\text{m}^2/\text{s}$，钢柱表面与炉内介质之间的传热系数 $h = 200\text{W}/(\text{m}^2\cdot\text{K})$，试求加热 1h 后，如图 3-17 所示钢柱表面和中心点 1、2、3 和 4 的温度以及加热过程中吸收的热量。

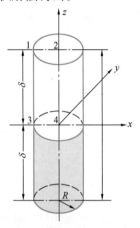

图 3-17 例 3-5 图

【解】短圆柱可认为是半径 $R = 0.15\text{m}$ 的无限长圆柱和厚度为 $2\delta = 0.6\text{m}$ 的无限大平壁垂直相交形成的。

对于无限长圆柱体

$$Bi = \frac{hR}{\lambda} = \frac{200\times0.15}{30} = 1$$

$$Fo = \frac{a\tau}{R^2} = \frac{6.25\times10^{-6}\times3600}{(0.15)^2} = 1$$

从图 3-13 和图 3-14 查得

$$\left(\frac{\theta_m}{\theta_0}\right)_c = 0.25 \qquad \left(\frac{\theta_w}{\theta_m}\right)_c = 0.64$$

于是

$$\left(\frac{\theta_w}{\theta_0}\right)_c = 0.25\times0.64 = 0.16$$

上述式中角码 c 表示无限长圆柱。

对于无限大平壁

$$Bi = \frac{h\delta}{\lambda} = \frac{200\times0.3}{30} = 2$$

$$Fo = \frac{a\tau}{\delta^2} = \frac{6.25\times10^{-6}\times3600}{(0.3)^2} = 0.25$$

从图 3-5 和图 3-6 查得

$$\left(\frac{\theta_m}{\theta_0}\right)_p = 0.88 \qquad \left(\frac{\theta_w}{\theta_m}\right)_p = 0.47$$

于是

$$\left(\frac{\theta_w}{\theta_0}\right)_p = 0.88\times0.47 = 0.42$$

上述式中角码 p 表示无限大平壁。

加热 1h 后，短圆柱体点 1 的温度

$$\frac{\theta_1}{\theta_0} = \left(\frac{\theta_w}{\theta_0}\right)_c \left(\frac{\theta_w}{\theta_0}\right)_p = 0.16 \times 0.42 = 0.067$$

$$\theta_1 = 0.067\theta_0 = 0.067 \times (20-1020) = -67℃$$

$$t_1 = \theta_1 + t_f = -67 + 1020 = 953℃$$

点 2 的温度

$$\frac{\theta_2}{\theta_0} = \left(\frac{\theta_m}{\theta_0}\right)_c \left(\frac{\theta_w}{\theta_0}\right)_p = 0.25 \times 0.42 = 0.105$$

$$\theta_2 = 0.105\theta_0 = 0.105 \times (20-1020) = -105℃$$

$$t_2 = \theta_2 + t_f = -105 + 1020 = 915℃$$

点 3 的温度

$$\frac{\theta_3}{\theta_0} = \left(\frac{\theta_w}{\theta_0}\right)_c \left(\frac{\theta_m}{\theta_0}\right)_p = 0.16 \times 0.88 = 0.141$$

$$\theta_3 = 0.141 \times \theta_0 = 0.141 \times (20-1020) = -141℃$$

$$t_3 = \theta_3 + t_f = -141 + 1020 = 879℃$$

点 4 的温度

$$\frac{\theta_4}{\theta_0} = \left(\frac{\theta_m}{\theta_0}\right)_c \left(\frac{\theta_m}{\theta_0}\right)_p = 0.25 \times 0.88 = 0.22$$

$$\theta_4 = 0.22\theta_0 = 0.22 \times (20-1020) = -220℃$$

$$t_4 = \theta_4 + t_f = -220 + 1020 = 800℃$$

计算吸收的热量时，先分别算出每平方米无限大平壁和每米无限长圆柱体吸收的热量。对无限大平壁

$$Bi = 2, \quad Bi^2 \cdot Fo = 2 \times 2 \times 0.25 = 1$$

由图 3-7 得无限大平壁的无量纲热流

$$(\Phi_\tau/\Phi_0)_1 = 0.26$$

同样，由图 3-15 得无限长圆柱体的无量纲热流

$$(\Phi_\tau/\Phi_0)_2 = 0.71$$

短圆柱体的无量纲热流可用下式计算[16]

$$\Phi_\tau/\Phi_0 = (\Phi_\tau/\Phi_0)_1 + (\Phi_\tau/\Phi_0)_2 [1 - (\Phi_\tau/\Phi_0)_1]$$
$$= 0.26 + 0.71(1-0.26) = 0.79$$

Φ_0 为每米短圆柱从 20℃ 变化到 1020℃ 所吸收的热量，由式（3-25）

$$\Phi_0 = \pi R^2 \rho c \theta_0 = \pi R^2 \frac{\lambda}{a} \theta_0$$
$$= \pi \times 0.15^2 \times \frac{30}{6.25 \times 10^{-6}} \times 1000 = 3.393 \times 10^5 \text{ kJ/m}$$

长度为 0.6m 的短圆柱，在炉中加热吸收的热量为

$$\Phi_\tau = 0.6 \times (\Phi_\tau / \Phi_0) \Phi_0$$
$$= 0.6 \times 3.393 \times 10^5 \times 0.79 = 1.61 \times 10^5 \text{kJ}$$

【讨论】如果仍把短圆柱看作为无限长圆柱进行求解，这时无限长圆柱的中心温度为 $\left(\dfrac{\theta_m}{\theta_0}\right)_c = 0.25$，$t_m = 1020 + 0.25 \times (20 - 1020) = 770℃$。对比 t_m 和 t_4，不难看到，短圆柱比无限长圆柱加热得快。若短圆柱的长度小于 0.6m，试分析在相同条件下加热，它的中心温度是否会更高，为什么？建议读者采用 Matlab 编程计算上述例题。

第五节　周期性非稳态导热

一、周期性非稳态导热现象

工程中会经常遇到周期性非稳态导热现象，例如建筑物外部围护结构处于室外气温周期变化及太阳辐射周期变化的影响下，以致围护结构内的导热过程也呈现周期性非稳态变化。气温日变化周期是 24h，一般室外气温在下午 2～3 点钟最高，清晨 4～5 点钟最低；太阳辐射则在白天 12h 内变化较大。围护结构外表面上出现太阳辐射最大值的时间还与它的朝向有关，如东外墙一般上午 8 点钟左右具有最大的太阳辐射热流密度，水平屋顶中午 12 点钟时为最大，而西外墙则在下午 4 点左右为最大。工程上把室外空气与太阳辐射两者对围护结构的共同作用，用一个假想的温度 t_e 来衡量，这个 t_e 称为综合温度[●]。图3-18 是某地工厂屋顶在夏季太阳辐射和室外气温综合作用下，内外表面温度变化的实测资料，该屋顶采用泡沫塑料为保温材料。图中纵坐标为温度，横坐标为时间，三条曲线分别表示室外综合温度 t_e、屋顶外表面温度 t_{w1} 和屋顶内表面温度 t_{w2} 的变化。从实测资料中可以看到，在室外综合温度 t_e 的周期波动下，屋顶表面及内部都产生周期波动，如把波动的平均值求出，则波动最大值与平均值之差称为波动振幅，用 A 表示，即 $A = t_{max} - t_m$。

从图 3-18 可看到，综合温度的振幅为 27.1℃，屋顶外表面温度振幅为 17.9℃，内表面温度振幅为 4.9℃，振幅是逐层减小的，这种现象称为温度波的衰减。从图中还可看到，综合温度最大值出现时间在中午 12 点左右，而壁内不同层面上温度最大值出现的时间都会延后，屋顶外表面为 12 点半左右，内表面则在 16 点半前后，这种最大值出现时间逐层推迟的现象称为温度波延迟。因此，温度波的衰减和延迟现象是周期性非稳态导热的两个最显著特征。在日常生活中也能体验到这种现象。

任何连续的周期性波动曲线都可以用多项余弦函数叠加组成，即用傅里叶级数表示。实测资料表明，综合温度的周期性波动规律可视为一简单的简谐波曲线。如把实测的综合温度波曲线和简谐波曲线相比较，参见图 3-19，就可以看出它们是很接近的，所以工程中用简谐波来进行分析计算，以下的分析都是以简谐波为基础进行的。

[●] 由空气对流传热和太阳辐射二者对围护结构的总换热量 $\Phi = h(t_f - t_w)A + \alpha I_s A = hA\left[\left(t_f + \dfrac{\alpha I_s}{h}\right) - t_w\right] = hA(t_e - t_w)$，综合温度 $t_e = t_f + \dfrac{\alpha I_s}{h}$，其中 α 是围护结构对太阳辐射的吸收率；I_s 是太阳对围护结构表面的辐射热流密度，W/m²。

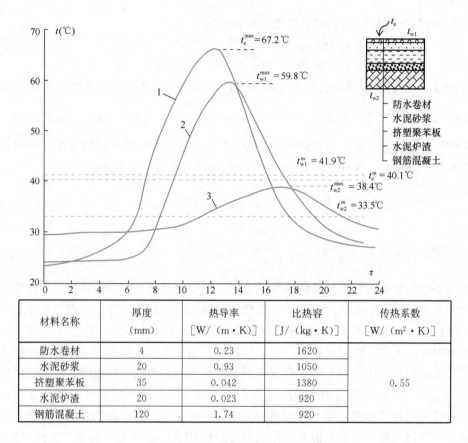

材料名称	厚度 （mm）	热导率 [W/（m·K）]	比热容 [J/（kg·K）]	传热系数 [W/（m²·K）]
防水卷材	4	0.23	1620	
水泥砂浆	20	0.93	1050	
挤塑聚苯板	35	0.042	1380	0.55
水泥炉渣	20	0.023	920	
钢筋混凝土	120	1.74	920	

图 3-18　屋顶结构温度变化实例图
1—综合温度；2—屋顶外表面温度；3—屋顶内表面温度

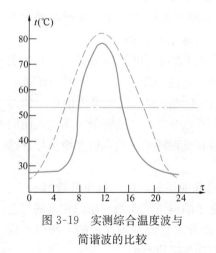

图 3-19　实测综合温度波与
简谐波的比较

二、半无限大物体周期性变化边界条件下的温度波

对于均质的半无限大物体周期性变化边界条件下的温度场，仍可用前述的导热微分方程描写，即

$$\frac{\partial t}{\partial \tau} = a\frac{\partial^2 t}{\partial x^2} \qquad (1)$$

周期性变化边界条件的特点表现在两个方面：首先由于边界条件是周期性变化的，使得物体中各处的温度也处于周而复始的周期性变化中，故已不存在所谓初始条件；其次，如上面所述的那样，边界条件可以认为是一个简谐波。这样，半无限大物体表面温度的变化可写成余弦函数形式

$$\theta(0,\tau) = \theta_w = A_w\cos\frac{2\pi}{T}\tau \qquad (2)$$

式中 θ_w 表示半无限大物体表面，即 $x=0$ 处，任何时刻的过余温度，它是以平均温度 t_w 为基准周期变化的，$\theta = t - t_m$；A_w 是物体表面温度波的振幅；T 是温度波的周期。

用过余温度 $\theta = t - t_m$ 代替温度 t，改写导热微分方程式（1），得

$$\frac{\partial \theta}{\partial \tau} = a \frac{\partial^2 \theta}{\partial x^2} \tag{3}$$

式（3）和式（2）完整地描写了上述周期性边界条件下的非稳态导热过程。应用分离变量法[11]求解，可以得到半无限大物体在周期性变化边界条件下温度分布的表达式

$$\theta\,(x,\,\tau) = A_w \exp\left(-x\sqrt{\frac{\pi}{aT}}\right)\cos\left(\frac{2\pi}{T}\tau - x\sqrt{\frac{\pi}{aT}}\right) \tag{3-29}$$

式（3-29）表达了周期性变化边界条件下的温度分布，它具有图 3-18 所示实测资料中所看到的几个特点：

（1）温度波的衰减　半无限大物体内任意平面 x 处，它的温度随时间的变化与表面 $x=0$ 处的温度变化规律类似，都是周期相同的余弦函数，但是从式（3-29）可知，任意平面 x 处温度简谐波的振幅已不再是 A_w，而是

$$A_x = A_w \exp\left(-x\sqrt{\frac{\pi}{aT}}\right) \tag{3-30}$$

从上式不难看出，随着 x 的增大，振幅随之衰减，参见图 3-20，这反映了物体材料对温度波的阻尼作用。振幅衰减的程度用衰减度来表示

$$\nu = \frac{A_w}{A_x} = \exp\left(x\sqrt{\frac{\pi}{aT}}\right) \tag{3-31}$$

图 3-21 给出了某城市地面不同深度 x 处年温度的波动曲线，从图中也可看到，深度越深，振幅衰减越甚，因此可以设想当深度足够大时，温度波动振幅就衰减到可以忽略不计的程度，这种深度下的地温就可认为终年保持不变，称为等温层。举例说明之，若某地地面年最高温度为 30.5℃，年最低温度为 −3.5℃，亦即地面年平均温度 $t_m = 13.5$℃，地面年温度振幅 $A_w = 17$℃，土壤的热扩散率 $a = 0.617 \times 10^{-6} \text{m}^2/\text{s}$，年波动的周期 $T = 365 \times 24 = 8760$h，按式（3-30）可以计算不同深度 x 处温度波的振幅以及该深度处的最高温度和最低温度，计算结果列表如下：

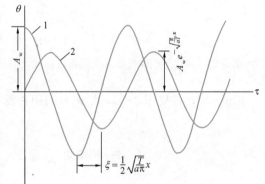

图 3-20　半无限大物体任意位置的温度波
1—表面温度波；2—x 处温度波

深　度 x（m）	0	0.5	1.0	1.5	2.0	3.0	5.0	10	15
振幅 A_x（℃）	17	13.9	11.4	9.3	7.6	5.09	2.28	0.31	0.04
最高温度 t_{max}（℃）	30.5	27.4	24.9	22.8	21.1	18.59	15.8	13.8	13.54
最低温度 t_{min}（℃）	−3.5	−0.4①	2.1	4.2	5.9	8.4	11.2	13.2	13.46

注：按公式计算 0.5m 深处最低温度为 −0.4℃，但由于此时土壤结冻，有变化，故 −0.4℃仅为参考值。

从以上结果可以看出，在深度为 10m 处，温度波的振幅已经很小，为 0.3℃；而在深度为 15m 处，温度波的振幅仅为 0.04℃，把该层以下认为是终年保持温度为 13.5℃的等

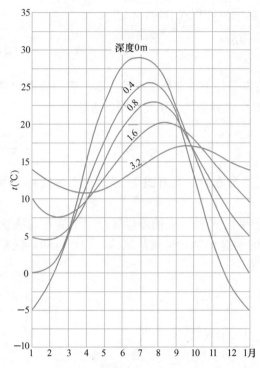

图 3-21　某市不同深度地层实测温度曲线

温层已足够精确了。此外，从表中所列数据还可看到，该地区距地面约 0.7m 以下，土壤的最低温度在 0℃以上，不会冻结。工程上常把建在等温层内的建筑物称为深埋地下建筑，建在等温层以上的建筑称为浅埋地下建筑，两者的热工计算是完全不同的。

综上分析和计算，影响温度波衰减的主要因素是物体的热扩散率 a、波动周期 T 和深度 x。在热扩散率大的物体内，周期性温度波传播时的衰减度小，即温度波衰减缓慢，温度波影响也越深；当波动的频率高，即周期越短，振幅衰减越快，所以日变化温度波比年变化温度波衰减要快得多，一般日变化温度波在深度为 1.5m 左右处就小到实际可以忽略的程度。

（2）温度波的延迟　从式（3-29）还可以看到，任何深度 x 处温度达到最大值的时间比表面温度达到最大值的时间落后一个相位角 ϕ，参见图 3-20，延迟时间用 ξ 表示，则

$$\xi = 相位角/角速度 = \frac{x\sqrt{\dfrac{\pi}{aT}}}{\dfrac{2\pi}{T}} = \frac{1}{2}x\sqrt{\frac{T}{a\pi}} \tag{3-32}$$

由式（3-32）可见，热扩散率 a 对温度波的衰减与延迟的影响程度相同，但与周期 T 的关系则相反，周期长的温度波，延迟时间 ξ 也大。

根据式（3-31）与式（3-32），可定量分析周期性温度波在半无限大物体中的传播情况。现仍以某市为例，计算年温度波在地下深 3.2m 处达到最高温度的时间，按式（3-32）

$$\xi = \frac{1}{2}x\sqrt{\frac{T}{a\pi}} = \frac{1}{2} \times 3.2 \times \sqrt{\frac{8760 \times 3600}{0.617 \times 10^{-6} \times 3.1416}}$$

$$= 6.4536 \times 10^6 \text{s} = 1792.68\text{h}$$

若已知地表温度在夏季七月份到达最高温度，那么地下深 3.2m 处要延迟近 75 天（1800h）后才达到该层的年最高温度，这一计算结果和图 3-21 实测的结果是很接近的，故工程上用简谐波计算是切实可行的。

至于在如图 3-18 所描述的有限厚度建筑物墙壁内温度波的传播状况，可采用上述两式进行定性分析。材料热扩散率见附录 6，例如，各种泡沫塑料的热扩散率一般为（2～3）$\times 10^{-7}\text{m}^2/\text{s}$，红砖为（4～5）$\times 10^{-7}\text{m}^2/\text{s}$，钢筋混凝土为（6～7）$\times 10^{-7}\text{m}^2/\text{s}$，当建筑物墙体采用这些材料时，红砖及钢筋混凝土能使周期性温度波有较小的衰减和延迟，而

泡沫塑料则较大。通过上述分析，应注意到热导率与热扩散率的区别。尽管泡沫塑料的热导率很小，但由于其密度亦很小，故温度波衰减没有钢筋混凝土大。

（3）向半无限大物体传播的温度波特性从上述（1）、（2）内容分析得知，半无限大物体表面和不同深度 x 处的温度随时间 τ 按一定周期的简谐波变化。若把同一时刻半无限大物体中不同地点的温度标绘在 $\theta\text{-}x$ 坐标中，它也是一个周期性变化的温度波。这个波的振幅是衰减的，图 3-22 的点划线给出了振幅衰减的情形。此外，图 3-22 还给出了两个不同时刻半无限大物体中的温度波。由图可以看出，随着时间的推移温度波向物体的深度方向传播的情形。τ_2 时刻虚线所示的温度波与 τ_1 时刻实线所示的温度波相比，前者向深度 x 方向移动了一段距离。半无限大物体中温度波的波长 x_0 就是同一时刻温度分布曲线上相角相同的两相邻平面之间的距离。相角相同的两相邻平面之间的相角差为 2π，参见图 3-22，从式（3-29）可知

$$x_0\sqrt{\frac{\pi}{aT}}=2\pi$$

所以

$$x_0=2\sqrt{\pi aT} \tag{3-33}$$

以波长为 x_0 和振幅不断衰减的温度波向半无限大物体深度方向的传播就是温度波的传播特性。

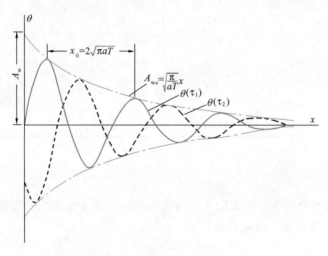

图 3-22　半无限大物体内的温度波

以上分析是在给定物体表面温度的第一类边界条件下得到的结果。如果给定的是第三类边界条件，即给出半无限大物体与周围介质之间的对流传热系数 h 和周围介质温度周期性变化的规律，即

$$\theta_f=A_f\cos\frac{2\pi}{T}\tau$$

式中，A_f 是介质温度波动的振幅，$\theta_f=t_f-t_{f,m}$，此时半无限大物体内的温度分布可按下式计算

$$\theta\ (x,\ \tau)\ =\phi A_{\mathrm{f}}\exp\left(-x\sqrt{\frac{\pi}{aT}}\right)\cos\left(\frac{2\pi}{T}\tau-x\sqrt{\frac{\pi}{aT}}-\Psi\right) \tag{3-34}$$

式中 ϕ 是物体表面温度波振幅与介质温度波振幅的比值，即 $\phi=\dfrac{A_{\mathrm{w}}}{A_{\mathrm{f}}}$，$\Psi$ 是物体表面温度波落后于介质温度波的相角。ϕ 和 Ψ 分别等于

$$\phi=\frac{1}{\sqrt{1+2\,\dfrac{\lambda}{h}\sqrt{\dfrac{\pi}{aT}}+2\left(\dfrac{\lambda}{h}\right)^2\dfrac{\pi}{aT}}} \tag{3-35}$$

$$\Psi=\mathrm{arctg}\left(\frac{1}{1+\dfrac{h}{\lambda}\sqrt{\dfrac{aT}{\pi}}}\right) \tag{3-36}$$

ϕ 和 Ψ 都是变量 $\dfrac{h^2aT}{\lambda^2}$ 的单值函数，其数值列表如下：

$\dfrac{h^2aT}{\lambda^2}$	φ	Ψ	$\dfrac{h^2aT}{\lambda^2}$	φ	Ψ
0	0	45°00′	1	0.304	32°40′
0.001	0.012	44°30′	2	0.388	29°05′
0.002	0.017	44°20′	5	0.510	23°50′
0.005	0.028	43°55′	10	0.603	19°50′
0.01	0.039	43°30′	20	0.689	15°50′
0.02	0.054	42°50′	50	0.784	11°50′
0.05	0.084	41°40′	100	0.843	8°35′
0.1	0.116	40°20′	200	0.883	6°20′
0.2	0.159	38°40′	500	0.925	4°20′
0.5	0.232	35°35′	1000	0.945	3°00′

三、周期性变化的热流波

周期性变化边界条件下，半无限大物体表面的热流密度也必然是周期性地从表面导入或导出。根据傅里叶定律，热流密度

$$q_{\mathrm{w},\tau}=-\lambda\,\frac{\partial\theta}{\partial x}\,\Big|_{\mathrm{w},\tau}\ (\mathrm{W/m^2}) \tag{1}$$

对式 (3-29) 求导，并令 $x=0$，则得

$$\frac{\partial\theta}{\partial x}\Big|_{\mathrm{w},\tau}=-A_{\mathrm{w}}\sqrt{\frac{\pi}{aT}}\left(\cos\frac{2\pi}{T}\tau-\sin\frac{2\pi}{T}\tau\right) \tag{2}$$

将式 (2) 代入式 (1)，得

$$q_{\mathrm{w},\tau}=\lambda A_{\mathrm{w}}\sqrt{\frac{\pi}{aT}}\frac{1}{\cos\dfrac{\pi}{4}}\left(\cos\frac{2\pi}{T}\tau\cos\frac{\pi}{4}-\sin\frac{2\pi}{T}\tau\sin\frac{\pi}{4}\right)$$

即

$$q_{w,\tau}=\lambda A_w\sqrt{\frac{2\pi}{aT}}\cos\left(\frac{2\pi}{T}\tau+\frac{\pi}{4}\right)\tag{3-37}$$

从上式很清楚地看到，物体表面的热流密度 $q_{w,\tau}$，也是按简谐波规律变化，而表面热流密度波比其温度波提前一个相位 $\frac{\pi}{4}$，相当于提前 $\frac{1}{8}$ 周期，参见图 3-23。表面热流密度的振幅 A_q 可以写为

$$A_q=\lambda A_w\sqrt{\frac{2\pi}{aT}}=A_w\sqrt{\frac{2\pi\rho c\lambda}{T}}$$

令 $s=\dfrac{A_q}{A_w}$，可得

$$s=\sqrt{\frac{2\pi\rho c\lambda}{T}}\tag{3-38}$$

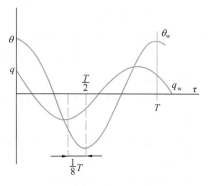

图 3-23 半无限大物体表面的热流密度波

s 称为材料的蓄热系数，它表示当物体表面温度波振幅为 1℃时，导入物体的最大热流密度。s 的数值与材料的热物性以及波动的周期有关。在一般手册中，给出各种不同材料的蓄热系数 s 时，其右下角的角码表示周期，如 s_{24} 就是周期为 24h 材料的蓄热系数。如果有两种不同材料的地面，一种是松木的（$s_{24}=2\sim3$），另一种是混凝土的（$s_{24}=12\sim15$），如两者的表面温度相同，都低于人们的体温，当赤脚在地面上行走时，感到松木比混凝土暖和些，这是因为松木的蓄热系数小，从皮肤吸取的热量少，所以使人感到松木表面比混凝土表面暖和些。在冬天当皮肤接触蓄热系数更小的硬质泡沫塑料（$s_{24}=0.4\sim0.5$）时，甚至会有热乎乎的感觉。

小 结

温度场随时间变化的导热过程称为非稳态导热过程。非稳态导热过程可以分为瞬态的和周期性的两大类。瞬态导热过程必定伴随着物体的加热或冷却过程。在边界条件突变后就稳定的瞬态导热过程中，温度场的变化可以分为三个阶段：非正规状况阶段、正规状况阶段和新的稳态阶段。周期性的导热过程中，温度和热流密度都是周期性变化的。本章结合工程中的一些典型非稳态导热过程，应用分离变量法求解了大平壁非稳态导热过程的温度场。学习本章的基本要求是：理解非稳态导热过程的特点和有关准则的意义、了解无限大平壁在第三类边界条件下非稳态导热分析解的结论及其应用；能用集总参数法、一维无内热源问题的计算线图法、规则形状物体的二维问题乘积解法计算非稳态导热过程；利用编程方法计算非稳态问题；了解半无限大物体非稳态导热过程的特点、渗透厚度的意义；理解半无限大物体周期性导热过程的特点、蓄热系数的意义。

（1）对流传热边界条件下，无限大平壁、无限长圆柱体和球体的加热或冷却过程均可用分离变量法求解得到温度场的分析解。为了工程计算方便起见，这些分析解都以无量纲温度 $\dfrac{\theta(x,\tau)}{\theta_0}$ 或 $\dfrac{\theta(r,\tau)}{\theta_0}$、无量纲坐标 $\dfrac{x}{\delta}$ 或 $\dfrac{r}{R}$、Bi 和 Fo 准则的函数关系绘制

成计算线图。对于有些简单的二维和三维非稳态导热问题的解可以利用一维非稳态导热问题解的乘积求得。

（2）当 $Fo \geqslant 0.2$ 时，瞬态温度场的变化进入正规状况阶段，物体中各点的冷却率或加热率均是常数，它仅取决于物体的热物性参数、物体的形状和尺寸以及物体表面的边界条件。当 $Fo \geqslant 0.2$ 时，分析解式（3-9）可用级数的第一项来描述，即式（3-10），已足够精确。

（3）当 $Bi < 0.1$ 时，物体内各处的温度近似地认为均匀一致，可以应用集总参数法进行分析。

（4）在常热流边界条件下，壁面温度梯度保持不变，渗透厚度随时间不断加深。

（5）在周期性边界条件下，温度波将具有波幅衰减和延迟的特点。物体表面热流波也呈周期性变化。蓄热系数反映了物体表面温度波幅为1℃时，导入物体的最大热流密度。

思考题与习题

1. 何谓正规状况阶段，这一阶段的特点是什么？

2. 何谓集总参数分析法，应用这种方法的条件是什么？应怎样选择定型长度？

3. 试举例说明温度波的衰减和延迟性质。

4. 用不锈钢做底板的家用电熨斗初始时处于室温 t_f。当开关接通后，电热器在底板内以 q_v（W/m³）的强度发热。不锈钢的热物性参数 ρ、c 和 λ 均为已知，不锈钢的体积为 V，暴露于空气中的表面面积为 F，该表面与空气之间的表面传热系数为 h，试用集总参数法分析电熨斗底板温度变化 $T(\tau)$。

5. 一热电偶的热结点直径为 0.15mm，材料的比热容为 420J /（kg·K），密度为 8400kg/m³。当热电偶与流体之间对流传热的表面传热系数分别为 58W/（m²·K）和 126W/（m²·K）时，试计算热电偶在这两种情形下的时间常数。由此分析时间常数真的是"常数"吗？如何提高热电偶测温响应速度？

6. 一温度计的水银泡呈圆柱形，长为 16mm，直径为 3mm，已知水银的比热容为 138J/（kg·K），密度为 13540kg/m³，已知水银泡与流体之间对流传热的表面传热系数为 12W/（m·K）计算该温度计的时间常数，试比较热电偶与水银温度计的时间常数。

7. 热电偶的热结点近似认为是直径 0.5mm 的球形，热电偶材料的 $\rho = 8930$kg/m³，$c = 400$J/（kg·K）。热电偶初始温度为25℃，突然将其放入120℃的气流中，热电偶表面与气流间的表面传热系数 $h = 95$W/（m²·K），试求热电偶的过余温度达到初始过余温度的 1‰ 时所需的时间为多少？这时热电偶的指示温度为多少？

8. 一钢板厚度为 3mm，面积为 1m×1m，初始温度均匀为 300℃，放置于 20℃的空气中冷却。已知钢板的热导率 $\lambda = 48.5$W/（m·K），热扩散率 $a = 12.7 \times 10^{-6}$m²/s，板与空气之间的表面传热系数 $h = 39$W/（m²·K），问需多长时间钢板温度才能降低至 50℃。

9. 防火墙的标准可基于它们对给定辐射热流密度的热响应来确定。考虑一堵 0.25m

厚的混凝土壁（$\rho = 2300\text{kg/m}^3$，$c = 880\text{J/(kg·K)}$，$\lambda = 1.4\text{W/(m·K)}$），其初始温度为 $25℃$，一个表面收到灯光辐照，热流密度为 10kW/m^2。表面对辐照的吸收率 $\alpha = 1.0$。如果建筑法规定在加热 30min 后受照表面和背面的温度分别不得超过 $325℃$ 和 $25℃$，试分析此混凝土防火墙是否符合规定？

10. 将初始温度为 $80℃$，直径为 20mm 的紫铜棒，突然横置于气温为 $20℃$，流速为 12m/s 的风道中，5min 后紫铜棒表面温度降为 $34℃$。已知紫铜的密度 $\rho = 8954\text{kg/m}^3$，$c = 383.1\text{J/(kg·K)}$，$\lambda = 386\text{W/(m·K)}$，试求紫铜棒与气体之间的表面传热系数。

11. 有两块同样材料的平壁 A 和 B，已知 A 的厚度为 B 的两倍，两平壁从同一高温炉中取出置于冷流体中淬火，流体与平壁表面的表面传热系数近似认为是无限大。已知 B 平壁中心点的过余温度下降到初始过余温度的一半需要 12min，问平壁 A 达到同样的温度需要多少时间？

12. 一正方体铸铁锭，边长为 500mm，铸铁初始温度 $t_0 = 30℃$，把它放入温度为 $800℃$ 的炉内加热。已知铸铁的 $\lambda = 52\text{W/(m·K)}$，$a = 1.75 \times 10^{-5}\text{m}^2/\text{s}$，铸铁锭表面与炉内介质之间的表面传热系数 $h = 80\text{W/(m}^2\text{·K)}$，试求半小时后，铸铁锭的中心温度。

13. 一加热炉炉底是由 40mm 的耐火材料砌成，它的热扩散率为 $5 \times 10^{-7}\text{m}^2/\text{s}$，热导率为 4.0W/(m·K)，炉子从室温 $25℃$ 开始点火，炉内很快形成稳态的 $1260℃$ 的高温气体，气体与炉底表面间的表面传热系数为 $40\text{W/(m}^2\text{·K)}$，达到正常运行要求的炉底壁表面温度为 $1000℃$，试确定从点火到正常运行要求所需的时间。

14. 冬期施工中厚度为 8mm 的瓷砖被堆放在室外，室外温度为 $-12℃$，然后搬入室内，室内空气温度为 $22℃$，分散排列，为了防止瓷砖脆裂，需待其温度上升到 $12℃$ 方可施工。已知瓷砖的热导率为 1.1W/(m·K)，热扩散率为 $7.5 \times 10^{-7}\text{m}^2/\text{s}$，室内空气与瓷砖表面的表面传热系数估计为 $4.0\text{W/(m}^2\text{·K)}$，试估算瓷砖需在室内放置多长时间方可施工。

15. 一石头蓄热器用来储存太阳能，所使用卵石的平均直径为 10cm，初始温度为 $20℃$。从太阳能集热器来的平均温度为 $80℃$ 的热空气连续地流过卵石，试计算 0.5h 和 2h 后卵石的中心温度，及每立方米堆放体积的卵石的储热量。已知，气流与卵石表面的表面传热系数为 $35\text{W/(m}^2\text{·K)}$，卵石的热导率 $\lambda = 2.2\text{W/(m·K)}$，$a = 1.13 \times 10^{-6}\text{m}^2/\text{h}$，比热容 $c = 780\text{J/(kg·K)}$。

16. 在寒冷地区直埋地下水管时应考虑冬天地层结冰的可能性。为使水管安全工作，水管应埋设在结冰层以下。作为一种估算，可以采用这样的简化模型，即把地表面层看成半无限大的物体，冬天来临之时地表面突然处于较低的平均温度这样一种物理过程来模拟。设某处地层的热扩散率为 $1.65 \times 10^{-7}\text{m}^2/\text{s}$，地表面温度由原来均匀的 $15℃$ 突然下降到 $-20℃$，并达 50 天之久。试估算为使埋管上不出现霜冻而必需的最浅埋设深度。

17. 一直径为 150mm 的混凝土圆柱，长为 300mm，初始温度 $25℃$，已知混凝土的 $\lambda = 1.37\text{W/(m·K)}$，$a = 7 \times 10^{-7}\text{m}^2/\text{s}$，若把圆柱放在 $0℃$ 的大气环境中冷却，圆柱表面的表面传热系数 $h = 8\text{W/(m}^2\text{·K)}$，试计算中心温度冷却到 $5℃$ 需要多少时间。

18. 厚度 0.2m 的钢板两面被常热流密度 $q = 10\text{kW/m}^2$ 加热，如钢板初始温度为 $20℃$，已知钢材 $\lambda = 48.5\text{W/(m·K)}$，$a = 12.7 \times 10^{-6}\text{m}^2/\text{s}$，试问 4min 后钢板表面温度为多少？距表面 0.1m 处温度为多少？

19. 用常功率平面热源法进行材料的热扩散率和热导率的测定，试材可以认为是一半无限大物体。平面热源的加热热流密度为 $50\mathrm{W/m^2}$。试验开始前试材温度均匀一致为 $10℃$，通电加热后，经过 315s 试材与平面热源接触表面处温度测得为 $19.5℃$，经过 358s，测得距平面热源 $0.015\mathrm{m}$ 处试材的温度为 $11.5℃$。试求该材料的热导率和热扩散率。

20. 试画出初始温度均匀的半无限大物体在第一类和第二类边界条件加热时，沿厚度方向温度随时间变化的曲线，并比较它们的特点。

21. 冬天，太阳照在冰冻的河面上时，太阳对地面的辐射热流密度为 $630\mathrm{W/m^2}$。河面冰层对太阳光的吸收率为 0.5，冰层很厚但初始温度均匀为 $-15℃$。假设不考虑大气与冰层表面的对流传热，试问太阳照射多久后冰层表面才开始融化？然而，大气与冰层表面之间存在对流传热，那么，将带来哪些影响？试练习使用 Matlab 编程计算分析大气温度、太阳辐射热流密度及对流传热系数、吸收率等对本问题的影响。

22. 在夏日阳光曝晒下，公路路面的温度可高达 $60℃$，经过一阵雷雨的冲刷之后，路面温度降为 $30℃$ 并保持不变。假定雷雨前，公路路面内混凝土路基温度均处在 $60℃$，混凝土的比热容为 $750\mathrm{J/（kg \cdot K）}$，密度为 $2344\mathrm{kg/m^3}$，热导率为 $1.84\mathrm{W/（m \cdot K）}$，试计算在 15min 内单位面积路面的散热量。

23. 半无限大物体周期性非稳态导热时，从表面到物体内温度振幅为表面温度振幅的 $\dfrac{1}{100}$ 处，这个深度叫显波层。试计算在日波作用下砖墙和木墙的显波层厚度。已知砖墙 $a=0.654×10^{-6}\mathrm{m^2/s}$，木墙 $a=0.107×10^{-6}\mathrm{m^2/s}$。

24. 土壤源热泵技术利用地表面浅层地热资源作为冷热源进行能量转换，地面 5m 以下土壤温度全年基本稳定。某地一天内地表温度在 $-6\sim8℃$ 范围变化。试问地表下 5m 处最低温度为多少度？达到最低温度时与地表相比滞后了多少时间？（土壤的 $\lambda=1.28\mathrm{W/（m \cdot K）}$，$a=0.12×10^{-5}\mathrm{m^2/s}$）

25. 水蓄冷技术在夜间低谷电价时段将冷量存储在水中，在白天用电高峰时段使用储存的低温冷冻水提供空调用冷。一个蓄冷-释冷周期内水温变化范围是 $4\sim14℃$，蓄冷罐壁厚 $0.1\mathrm{m}$，$\lambda=0.027\mathrm{W/（m \cdot K）}$，$a=3.43×10^{-7}\mathrm{m^2/s}$，试画出蓄冷罐外表面温度变化曲线，蓄冷罐周围环境温度可视为常数（$25℃$）。

参考文献

[1] Кондратьев，Г. М. Регулярный Тепловой Режим，Изд. ТТЛ，1954.

[2] 南京工学院数学教研组编. 数学物理方程与特殊函数. 北京：人民教育出版社，1978.

[3] Ozisik，M. N.. Heat Conduction. John Wiley & Sons，1980.

[4] Heisler，M. P.. Temperature Charts for Conduction and Constant Temperature Heating，Trans. ASME. Vol. 69，P. 227，1947.

[5] Schneider，P. J.. Conduction Heat Transfer. Addison-Westey Publishing CO.，Reading，Mass.，1995.

[6] Schneider. Temperature Response Charts. John Wiley & Sons，1963.

[7] А. В. 雷柯夫著. 热传导理论. 裘烈钧，丁履德译. 北京：高等教育出版社，1956.

[8] Grober，H.，S. Erk，U. Grigull. Grundgesetze der Warmubertragung，3rd. ed.. Springer-

Verlag，Berlin. 1955.

[9] Исаченко，В. П. Осипова，В. А. Теплопередача，Изд. энергия，1965.

[10] J. R. 威尔蒂著．工程传热学．任泽霈，罗棣庵译．北京：人民教育出版社，1982.

[11] E. R. G. 埃克特，R. M. 德雷克著．传热与传质分析．航青译．北京：科学出版社，1983.

[12] A. B. 雷柯夫著．建筑热物理理论基础．任兴季，张志清译．北京：科学出版社，1965.

[13] B. A. 奥西波娃．传热学实验研究．蒋章焰等译．北京：高等教育出版社，1982.

[14] 任泽霈．测定导温系数 α 的新方法．自然杂志，No. 5，1981，394—395.

[15] Incropera，F. P.，DeWitt，D. P.．Introduction to Heat Transfer(3rd. ed). John Wiley & Sons，New York，1996.

[16] Langton L. S.．Heat Transfer from Multidimensional objects Using One-Dimensional Solutions for Heat Loss. Int. J. Mass Transfer，Vol. 25，No. 1，pp. 149—150，1982.

第四章　导热数值解法基础

　　从前两章的分析可以看到，即使是求解简单的导热问题，应用分析解法，包括直接积分法和分离变量法，都是相当困难和复杂的。对于复杂几何形状的物体和非线性边界条件下的导热问题，应用分析解法是不可能的。在这种情况下，建立在有限差分法、有限元法和边界元法基础上的数值解法是求解导热问题十分有效的方法。它是一种具有足够准确性的求解方法。计算机技术的普及应用和数值计算科学的快速发展推动了传热问题数值解法的发展。现在，许多复杂的导热问题都可以得到满意的数值解。

　　本章以二维稳态导热与一维瞬态导热问题为例，说明如何建立导热微分方程的离散方程，并简要地阐明离散方程的求解方法。

第一节　建立离散方程的方法

一、区域和时间的离散化

　　在分析解法中，求解过程是应用数学物理方法，求解偏微分方程得到温度 t 与空间变量 (x, y, z) 和时间变量 τ 之间的函数关系式，通过这种函数关系式，可获得物体内任意位置任何时刻的温度值。

　　基于有限差分法或控制容积法的数值解法，则把物体分割为有限数目的网格单元，把原来在空间和时间上连续的物理量的场，转变为有限个离散的网格单元节点上的物理量的集合，然后用数值方法求解针对各个节点建立起来的离散方程，得到各节点上被求物理量的集合。

　　例如对于二维导热，沿 x 方向和沿 y 方向分别按间距 Δx 和 Δy，用一系列与坐标轴平行的网格线，把求解区域分割成许多小的矩形网格，称为子区域，如图 4-1（a）所示。网格线的交点称为网格单元节点，各节点的位置用 $p(i, j)$ 表示，i 表示沿 x 方向节点的顺序号，j 表示沿 y 方向节点的顺序号。相邻两节点的距离，即 Δx 或 Δy，称为空间步长。图 4-1（a）所示的网格沿 x 和 y 方向各自是等步长的，称为均匀网格。实际上，根据需要网格可以是不均匀的。物体边界上的网格单元节点则称为边界节点。

　　每一个节点都可以看做是以它为中心的一个网格单元的代表，如图 4-1（b）所示。每一个节点的温度值就代表了它所在的网格单元的平均温度。这样，通过数值解法得到的温度值只是各节点的温度，在空间上是不连续的。

　　显然，网格分割得越细密，节点越多，不连续的节点温度的集合就越逼近真实的温度分布。但是，网格越细密，节点数量越多，数值计算所花费的时间越多。

　　对于非稳态导热问题，除了在空间上把物体分割成网格单元外，还要把时间分割成许多间隔 $\Delta\tau$，时间间隔的顺序号用 k 表示。非稳态导热问题的求解过程就是从初始时间 $\tau = 0$ 出发，依次求得 $\Delta\tau$，$2\Delta\tau$，$\cdots k\Delta\tau$，$\cdots$时刻物体中各节点的温度值。可见这样所得

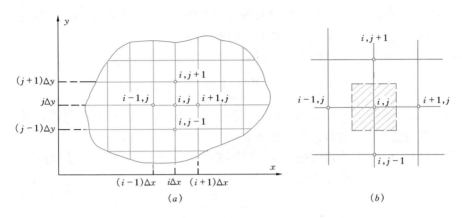

图 4-1 二维物体中的网格

到的温度分布在时间上是不连续的。若将时间间隔 $\Delta\tau$ 分割得越小，所得结果就越准确。但是，有些场合时间间隔的分割要受到网格间距和其他因素的影响，有关这一问题将在第三节中进一步讨论。

二、建立离散方程的方法

建立离散方程的方法主要有两种，它们是基于泰勒级数展开的有限差分法和基于能量守恒定律的控制容积法。

1. 有限差分法

应用泰勒级数展开式，把导热微分方程中的各阶导数用相应的差分表达式来代替。例如，用节点 (i,j) 的温度参数来表示节点 $(i+1,j)$ 的温度 $t_{i+1,j}$ 时，根据泰勒级数展开式

$$t_{i+1,j} = t_{i,j} + \left(\frac{\partial t}{\partial x}\right)_{i,j}\Delta x + \left(\frac{\partial^2 t}{\partial x^2}\right)_{i,j}\frac{\Delta x^2}{2!} + \left(\frac{\partial^3 t}{\partial x^3}\right)_{i,j}\frac{\Delta x^3}{3!} + \cdots \tag{1}$$

归并上式中等号右边第三项及以后的各个尾项，移项整理，可以得到节点 (i,j) 的温度对 x 的一阶导数

$$\left(\frac{\partial t}{\partial x}\right)_{i,j} = \frac{t_{i+1,j} - t_{i,j}}{\Delta x} + 0\,(\Delta x) \tag{4-1}$$

式中，$0\,(\Delta x)$ 代表了二阶导数和更高阶导数项之和，称为截断误差。它表示随着 Δx 趋近于零，用 $(t_{i+1,j} - t_{i,j})/\Delta x$ 来代替 $\left(\frac{\partial t}{\partial x}\right)_{i,j}$ 时，截断误差小于或等于 $c\,|\Delta x|$，此处，c 是与 x 无关的正实数。式（4-1）称为一阶截差公式。

类似地，可以用节点 (i,j) 的温度参数来表示节点 $(i-1,j)$ 的温度，它的泰勒级数展开式是

$$t_{i-1,j} = t_{i,j} - \left(\frac{\partial t}{\partial x}\right)_{i,j}\Delta x + \left(\frac{\partial^2 t}{\partial x^2}\right)_{i,j}\frac{\Delta x^2}{2!} - \left(\frac{\partial^3 t}{\partial x^3}\right)_{i,j}\frac{\Delta x^3}{3!} + \cdots \tag{2}$$

同样地，只取式（2）等号右边前两项，归并右边第三项及以后的各个尾项，移项整理可得

$$\left(\frac{\partial t}{\partial x}\right)_{i,j} = \frac{t_{i,j} - t_{i-1,j}}{\Delta x} + 0\,(\Delta x) \tag{4-2}$$

式（4-2）是节点(i,j)温度一阶导数的向后差分表达式，而式（4-1）是节点(i,j)温度一阶导数的向前差分表达式，两者都是一阶截差公式。

将式（1）减式（2），移项整理可以得到：

$$\left(\frac{\partial t}{\partial x}\right)_{i,j} = \frac{t_{i+1,j} - t_{i-1,j}}{2\Delta x} + 0\left(\Delta x^2\right) \tag{4-3}$$

上式是节点(i,j)温度一阶导数的中心差分表达式，它是一个二阶截差公式。当Δx足够小时，二阶截差公式比一阶截差公式更为准确。

若取式（1）和（2）右边的前四项，然后将式（1）和（2）相加，移项整理，可得节点(i,j)二阶导数的中心差分表达式

$$\left(\frac{\partial^2 t}{\partial x^2}\right)_{i,j} = \frac{t_{i+1,j} - 2t_{i,j} + t_{i-1,j}}{\Delta x^2} + 0\left(\Delta x^2\right) \tag{4-4}$$

同样地，可以写出节点(i,j)处温度对y的二阶导数的中心差分表达式

$$\left(\frac{\partial^2 t}{\partial y^2}\right)_{i,j} = \frac{t_{i,j+1} - 2t_{i,j} + t_{i,j-1}}{\Delta y^2} + 0\left(\Delta y^2\right) \tag{4-5}$$

尽管中心差分表达式的截差较小，但是在表示温度对时间的一阶导数时，仍然只采用向前差分或向后差分表达式，因为应用温度对时间一阶导数的中心差分表达式求解非稳态导热问题将导致数值解的不稳定[1]。关于数值解稳定性的基本概念将在本章第三节中简要地加以说明。

有了导数的差分表达式，就很容易建立离散方程。以常物性，无热源二维稳态导热为例，根据导热微分方程式，可以直接写出节点P (i,j)温度的离散方程

$$\frac{t_{i+1,j} - 2t_{i,j} + t_{i-1,j}}{\Delta x^2} + \frac{t_{i,j+1} - 2t_{i,j} + t_{i,j-1}}{\Delta y^2} = 0 \tag{4-6}$$

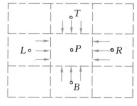

图 4-2　二维网格单元的能量平衡

2. 控制容积法

对节点P (i,j)所代表的微元体，参见图 4-2，在x方向和y方向与节点P相邻的节点分别为R $(i+1,j)$，L $(i-1,j)$和T $(i,j+1)$，B $(i,j-1)$。由于节点之间的间距很小，可认为相邻节点间的温度分布是线性的，那么，节点P所代表的网格单元与其周围各网格单元之间的导热量可根据傅里叶定律直接写为：

$$\Phi_{\mathrm{LP}} = \lambda \frac{t_{i-1,j} - t_{i,j}}{\Delta x} \Delta y \times 1 \qquad \Phi_{\mathrm{RP}} = \lambda \frac{t_{i+1,j} - t_{i,j}}{\Delta x} \Delta y \times 1$$

$$\Phi_{\mathrm{TP}} = \lambda \frac{t_{i,j+1} - t_{i,j}}{\Delta y} \Delta x \times 1 \qquad \Phi_{\mathrm{BP}} = \lambda \frac{t_{i,j-1} - t_{i,j}}{\Delta y} \Delta x \times 1$$

由式（1-18）可知，在常物性、无热源二维稳态导热过程中，导入与导出微元体的净热量等于零，即可得节点P (i,j)温度的离散方程

$$\Phi_{\mathrm{LP}} + \Phi_{\mathrm{RP}} + \Phi_{\mathrm{TP}} + \Phi_{\mathrm{BP}} = 0$$

$$\lambda \frac{\Delta y}{\Delta x}\left(t_{i+1,j} - 2t_{i,j} + t_{i-1,j}\right) + \lambda \frac{\Delta x}{\Delta y}\left(t_{i,j+1} - 2t_{i,j} + t_{i,j-1}\right) = 0 \tag{4-7}$$

式（4-6）与式（4-7）完全一致。可以看出，由于控制容积法保留了原微分方程的能量守恒特性，因此，即使热导率是温度的函数或内热源分布不均匀，针对每个网络单元写出能

量守恒关系式也并不困难，这些是控制容积法的优点。

第二节　稳态导热的数值计算

一、内节点离散方程的建立

以常物性、无热源的二维稳态导热为例，如前所述，对于物体内任意一节点 $p(i,j)$，它的温度离散方程是式（4-6）或式（4-7），若网格的划分是均匀的，即 $\Delta x = \Delta y$，那么式（4-6）可简化为

$$t_{i+1,j} + t_{i-1,j} + t_{i,j+1} + t_{i,j-1} - 4t_{i,j} = 0$$

或

$$t_{i,j} = \frac{1}{4}\left(t_{i+1,j} + t_{i-1,j} + t_{i,j+1} + t_{i,j-1}\right) \tag{4-8}$$

按式（4-6）、式（4-7）或式（4-8），对物体中的每个节点，可以逐个写出它们的温度离散方程，从而可以得到一组节点的离散方程，它是一个线性代数方程组。求解这一代数方程组，就可以得到各个节点的温度。

值得注意，式（4-6）、式（4-7）或式（4-8）只适用于物体内的各个节点，也称内节点；对于边界节点它们是不适用的，因为边界节点要受边界条件的制约和影响。在用数值计算法求解节点方程时，除了应包括内节点的离散方程，还应包括边界节点的离散方程。有关边界节点的离散方程的表述将在下面详细讨论。

二、边界节点离散方程的建立

对于第一类边界条件，问题比较简单，因为边界节点的温度是给定的，它直接以数值的形式参加到与边界节点相邻的内节点的离散方程中。对于第二类或第三类边界条件，则应根据给定的具体条件，针对边界节点所在的网格单元写出热平衡关系式，建立边界节点的温度离散方程。

对于第二类边界条件，参见图 4-3 的边界节点 (i,j)，温度为 $t_{i,j}$。注意图中边界节点 (i,j) 所代表的网格单元与内节点是不一样的。设边界的热流密度为 q_w，则针对边界网格单元写出热平衡关系式，有

$$\lambda \frac{t_{i-1,j} - t_{i,j}}{\Delta x}\Delta y + \lambda \frac{t_{i,j-1} - t_{i,j}}{\Delta y}\frac{\Delta x}{2}$$

$$+ \lambda \frac{t_{i,j+1} - t_{i,j}}{\Delta y}\frac{\Delta x}{2} + q_w \Delta y = 0$$

当 $\Delta x = \Delta y$ 时，上式可以简化为

$$t_{i,j} = \frac{1}{4}\left(2t_{i-1,j} + t_{i,j-1} + t_{i,j+1} + \frac{2\Delta x q_w}{\lambda}\right)$$

$(4-9a)$

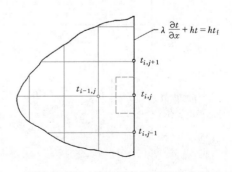

图 4-3　第三类边界条件的边界节点

上式就是图 4-3 所示的平直边界节点在第二类边界条件下的温度离散方程。当 $q_w = 0$ 时，就是绝热边界条件下的平直边界节点温度离散方程。

对于第三类边界条件，已知对流传热的表面传热系数 h 和周围流体的温度 t_f，这时

$$q_w = h\,(t_f - t_{i,j})$$

将上式代入式（4-9a），经过整理，可得

$$(2t_{i-1,j} + t_{i,j-1} + t_{i,j+1}) - 2\left(2 + \frac{h\Delta x}{\lambda}\right)t_{i,j} + 2\frac{h\Delta x}{\lambda}t_f = 0 \tag{4-9b}$$

上式就是图 4-3 所示的边界节点（i,j）在第三类边界条件下的温度离散方程。

按照同样的方法，可以建立各种具体条件下边界节点的离散方程，表 4-1 汇总了常见情况下内节点和边界节点的离散方程[2,3]。

节 点 方 程 式
表 4-1

序　号	节　点　特　征	节点方程式（$\Delta x = \Delta y$）
1. 内部节点		$t_{i-1,j} + t_{i+1,j} + t_{i,j-1} + t_{i,j+1} - 4t_{i,j} = 0$
2. 对流边界节点		$(2t_{i-1,j} + t_{i,j+1} + t_{i,j-1}) - \left(4 + 2\dfrac{h\Delta x}{\lambda}\right)t_{i,j}$ $+ 2\dfrac{h\Delta x}{\lambda}t_f = 0$
3. 对流边界外部拐角节点		$(t_{i-1,j} + t_{i,j-1}) - \left(2 + 2\dfrac{h\Delta x}{\lambda}\right)t_{i,j} + 2\dfrac{h\Delta x}{\lambda}t_f = 0$

序 号	节 点 特 征	节点方程式（$\Delta x = \Delta y$）
4. 对流边界内部拐角节点		$(t_{i,j-1} + t_{i+1,j}) + 2(t_{i-1,j} + t_{i,j+1})$ $- (6 + 2\frac{h\Delta x}{\lambda}) \times t_{i,j} + 2\frac{h\Delta x}{\lambda}t_f = 0$
5. 绝热边界节点		$t_{i,j+1} + t_{i,j-1} + 2t_{i-1,j} - 4t_{i,j} = 0$
6. 曲面边界节点		$\dfrac{2}{b(b+1)}t_2 + \dfrac{2}{a+1}t_{i+1,j} + \dfrac{2}{b+1}t_{i,j-1}$ $+ \dfrac{2}{a(a+1)}t_1 - 2(\dfrac{1}{a} + \dfrac{1}{b})t_{i,j} = 0$
7. 对流传热边界条件下曲面边界上的节点 2	同上图	$\dfrac{b}{\sqrt{a^2+b^2}}t_1 + \dfrac{b}{\sqrt{c^2+1}}t_3 + \dfrac{a+1}{b}t_{i,j} + \dfrac{h\Delta x}{\lambda}$ $\times (\sqrt{a^2+b^2} + \sqrt{c^2+1})t_f - \left[\dfrac{b}{\sqrt{a^2+b^2}} \right.$ $+ \dfrac{b}{\sqrt{c^2+1}} + \dfrac{a+1}{b} + \dfrac{h\Delta x}{\lambda}(\sqrt{a^2+b^2} + \sqrt{c^2+1}) \bigg]$ $\times t_2 = 0$

【例 4-1】设有一矩形薄板，参见图 4-4，已知 $a = 2b$，在边界 $x = 0$ 和 $y = 0$ 处是绝热的，在 $x = a$ 处给出第三类边界条件，即给定 h 和 t_f，而边界 $y = b$ 处给出第一类边界条件，即温度为已知 $t = c_{11}$，c_{12}，$\cdots c_{15}$。试写出各节点的离散方程。

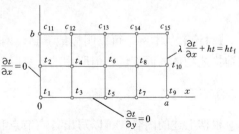

图 4-4 例 4-1 图

【解】采用均匀网格 $\Delta x = \Delta y = \dfrac{b}{2}$。给

各未知节点编号 t_1，t_2，$\cdots t_{10}$，参见图 4-4。按节点所在位置和题目所示边界条件，根据式（4-8）或表 4-1 写出各节点的离散方程，列表于下：

节点号	节　点　方　程　式	公式来源
1	$t_2 + t_3 - 2t_1 = 0$	表 4-1，3。$h = 0$
2	$t_1 + c_{11} + 2t_4 - 4t_2 = 0$	表 4-1，5
3	$t_1 + t_5 + 2t_4 - 4t_3 = 0$	表 4-1，5
4	$t_2 + t_3 + t_6 + c_{12} - 4t_4 = 0$	式 （4-7）
5	$t_3 + t_7 + 2t_6 - 4t_5 = 0$	表 4-1，5
6	$t_4 + t_5 + t_8 + c_{13} - 4t_6 = 0$	式 （4-7）
7	$t_5 + t_9 + 2t_8 - 4t_7 = 0$	表 4-1，5
8	$t_6 + t_7 + t_{10} + c_{14} - 4t_8 = 0$	式 （4-7）
9	$t_7 + t_{10} - \left(2 + \dfrac{hb}{2\lambda}\right)t_9 + \dfrac{hb}{2\lambda}t_f = 0$	表 4-1，3。（一侧绝热）
10	$2t_8 + t_9 + c_{15} - \left(4 + \dfrac{hb}{\lambda}\right)t_{10} + \dfrac{hb}{\lambda}t_f = 0$	表 4-1，2

上述 10 个未知节点的离散方程亦可写成矩阵的形式：

$$
\begin{bmatrix}
-2 & 1 & 1 & 0 & 0 & 0 & 0 & 0 & 0 & 0 \\
1 & -4 & 0 & 2 & 0 & 0 & 0 & 0 & 0 & 0 \\
1 & 0 & -4 & 2 & 1 & 0 & 0 & 0 & 0 & 0 \\
0 & 1 & 1 & -4 & 0 & 1 & 0 & 0 & 0 & 0 \\
0 & 0 & 1 & 0 & -4 & 2 & 1 & 0 & 0 & 0 \\
0 & 0 & 0 & 1 & 1 & -4 & 0 & 1 & 0 & 0 \\
0 & 0 & 0 & 0 & 1 & 0 & -4 & 2 & 1 & 0 \\
0 & 0 & 0 & 0 & 0 & 1 & 1 & -4 & 0 & 1 \\
0 & 0 & 0 & 0 & 0 & 0 & 1 & 0 & -\left(2+\frac{hb}{2\lambda}\right) & 1 \\
0 & 0 & 0 & 0 & 0 & 0 & 0 & 2 & 1 & -\left(4+\frac{hb}{\lambda}\right)
\end{bmatrix}
\times
\begin{bmatrix}
t_1 \\ t_2 \\ t_3 \\ t_4 \\ t_5 \\ t_6 \\ t_7 \\ t_8 \\ t_9 \\ t_{10}
\end{bmatrix}
=
\begin{bmatrix}
0 \\ -c_{11} \\ -c_{12} \\ 0 \\ -c_{13} \\ 0 \\ -c_{14} \\ -\frac{hb}{2\lambda}t_f \\ -c_{15} - \frac{hb}{\lambda}t_f
\end{bmatrix}
$$

即：

$$[A][t] = [c] \tag{4-10}$$

【讨论】从本例中可以明显地看到，网格分割的越细，求解所得各节点温度就越能细致地描述物体的温度场，但所用的计算时间也相应增加。

三、节点离散方程组的求解

根据上述的内容，可以写出各内节点和边界节点的离散方程，设有 n 个未知节点，则可得到 n 个线性代数方程式，或写成矩阵的形式。

大多数现代计算机软件都有子程序库，以便计算各种专门问题，例如，求解线性代数方程组、求逆矩阵等。

式（4-10）中 $\quad [A] \equiv \begin{bmatrix} a_{11} & a_{12} & \cdots & a_{1N} \\ a_{21} & a_{22} & \cdots & a_{2N} \\ \vdots & \vdots & & \vdots \\ a_{N1} & a_{N2} & \cdots & a_{NN} \end{bmatrix}, \quad [T] \equiv \begin{bmatrix} t_1 \\ t_2 \\ \vdots \\ t_N \end{bmatrix}, \quad [C] \equiv \begin{bmatrix} c_1 \\ c_2 \\ \vdots \\ c_N \end{bmatrix}$

其中系数矩阵 $[A]$ 是方阵（$N \times N$），其元素用双下标注明；矩阵 $[T]$ 和 $[C]$ 为单列，称为列矢量。为了求解待求矩阵 $[T]$，可以将其表示为：

$$[T] = [A]^{-1}[C] \tag{4-11}$$

式中，$[A]^{-1}$ 是 $[A]$ 的逆矩阵，定义为：

$$[A]^{-1} \equiv \begin{bmatrix} b_{11} & b_{12} & \cdots & b_{1N} \\ b_{21} & b_{22} & \cdots & b_{2N} \\ \vdots & \vdots & & \vdots \\ b_{N1} & b_{N2} & \cdots & b_{NN} \end{bmatrix}$$

这样，问题就可以简化成只要求系数矩阵的逆，就可以确定其中各元素，所有未知温度就可有上面的表达式直接算出了。这样的工作在计算机上利用一些数学软件，如Matlab实验室等，就可以很容易完成矩阵求逆。

但是，当方程式的数目超过几百时，使用上面的求逆矩阵的方法或子程序就不现实了，因为这要求计算机存储器的容量很大。这时常用的求解方法是迭代法。

用迭代法求解线性代数方程组时，将节点温度 $t_{i,j}$ 按顺序号 $1,2,\cdots,n$ 编号。于是方程组可以写为下列形式

$$\begin{aligned} t_1 &= a_{11}t_1 + a_{12}t_2 + \cdots + a_{1n}t_n + c_1 \\ t_2 &= a_{21}t_1 + a_{22}t_2 + \cdots + a_{2n}t_n + c_2 \\ &\cdots \\ &\cdots \\ t_n &= a_{n1}t_1 + a_{n2}t_2 + \cdots + a_{nn}t_n + c_n \end{aligned} \tag{4-12}$$

或缩写为：

$$t_i = \sum_{j=1}^{n} a_{i,j}t_j + c_i \quad i = 1,2,\cdots n$$

从式（4-8）知道，某一个节点的离散方程中只包含该节点本身的温度和它相邻各节点的温度，所以式（4-12）中的系数 $a_{i,j}$ 有许多是等于零的。此外，式（4-12）中的常数项 c_i 与内热源项和边界条件有关。对于有些节点，例如无内热源物体的内节点，c_i 也将等于零。

迭代法的原理就是先任意假定一组节点温度的初始值，以 $t_1^0, t_2^0, \cdots t_n^0$ 表示，将这些初始值代入式（4-12）就可以求得一组新的节点温度值，以 $t_1^1, t_2^1, \cdots t_n^1$ 表示，再次将 $t_1^1, t_2^1, \cdots t_n^1$ 代入式（4-12），又可以得到一组新的节点温度值 $t_1^2, t_2^2, \cdots t_n^2$，这样的迭代过程反复进行，一直到前后两次迭代各节点温度差值中的最大差值小于等于预先规定的允许误差 ε 为止，即

$$\max |t_i^{k+1} - t_i^k| \leqslant \varepsilon$$

或

$$\max \left| \frac{t_i^{k+1} - t_i^k}{t_i^k} \right| \leqslant \varepsilon \tag{4-13}$$

这样的迭代法称为简单迭代法。当然，用迭代法求解节点的离散方程组一定要在计算机上进行。为了加速整个迭代计算过程，还可以用高斯—赛德尔迭代法。这种改进的方法与简单迭代法不同之处在于每次迭代时总是使用节点温度的最新数值。例如，根据第 k 次迭代的数值已经求得节点温度 t_1^{k+1}，那么在计算 t_2^{k+1} 时，t_2^{k+1} 应按下式计算

$$t_2^{k+1} = a_{21}t_1^{k+1} + a_{22}t_2^k + \cdots a_{2n}t_n^k + c_2$$

而计算 t_3^{k+1} 时，t_1^{k+1} 和 t_2^{k+1} 已经有第 $k+1$ 次迭代的最新数值，它应按下式计算

$$t_3^{k+1} = a_{31}t_1^{k+1} + a_{32}t_2^{k+1} + a_{33}t_3^k + \cdots + a_{3n}t_n^k + c_3$$

依次按上述方法迭代，最后

$$t_n^{k+1} = a_{n1}t_1^{k+1} + a_{n2}t_2^{k+1} + \cdots + a_{n,n-1}t_{n-1}^{k+1} + a_{n,n}t_n^k + c_n$$

高斯—赛德尔迭代的计算过程是按一定程序循环进行的，是常用的计算方法之一。在例4-2 中给出应用高斯—赛德尔迭代法求解二维稳态导热的计算过程框图。

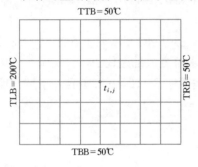

图 4-5　例 4-2 图

【例 4-2】一矩形薄板，节点布置参见图 4-5，薄板左侧边界给定温度为 $200℃$，其他三个界面给定温度为 $50℃$，求各节点的温度。

【解】将矩形薄板沿 x 方向和 y 方向分别划分为 N 个和 M 个均匀相等的间距。本题给出 $N=8$，$M=6$。因为题目中给定了所有边界面的温度，因此只需求各内节点的温度，计算所用公式都是式（4-8），所以图中温度节点仍按 $t_{i,j}$，$i=1$，2，$\cdots$，9；$j=1$，2，$\cdots$，7 编号更为方便。

计算机程序中使用的变量标志符如下：

i，j 节点的坐标变量

T(i,j) 节点 (i,j) 的温度

TT 新算出的节点温度

IT 迭代次数

计算机程序中输入数据：

N，M 沿 x 方向和 y 方向的网格划分数

TLB　左侧边界面温度

TRB　右侧边界面温度

TTB　顶部边界面温度

TBB　底部边界面温度

TI　　节点温度的初始假定值

EPS　控制迭代过程终止的误差

K　　允许的最大迭代次数，超过 K 次迭代尚未达到允许误差要求时，认为数值计算结果不收敛。

程序框图见图 4-6。读者可以参照计算程序框图，自己编写计算程序并进行计算。计

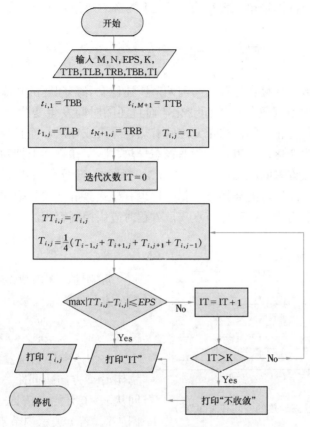

图 4-6 例 4-2 程序框图

算结果如下,供参考。

$N=8$ $M=6$ $K=100$ EPS$=0.01$ TI$=20.00$

TTB$=50.00$ TBB$=50.00$ TRB$=50.00$ TLB$=200.00$

NO. ITERATIONS$=34$

各节点温度:

200.00	50.00	50.00	50.00	50.00	50.00	50.00	50.00	50.00
200.00	120.48	87.23	70.94	62.08	56.93	53.77	51.66	50.00
200.00	144.69	107.52	84.48	70.46	61.88	56.50	52.87	50.00
200.00	150.77	113.70	89.01	73.39	63.66	57.49	53.31	50.00
200.00	144.69	107.52	84.48	70.46	61.88	56.50	52.87	50.00
200.00	120.48	87.23	70.94	62.08	56.93	53.77	51.66	50.00
200.00	50.00	50.00	50.00	50.00	50.00	50.00	50.00	50.00

【讨论】注意,薄板左上角、左下角的 $t_{1,1}$ 和 $t_{1,7}$,它们分别为上下边界与左边界的交界点,请读者考虑,是否可以把它们设定为 50℃?这样计算结果会有什么变化?一个避免出现上述边界条件相互矛盾的做法是先划分网格单元,然后取各个网格单元的中心作为节点。此时,可以把边界上的网格看做是厚度为 0 而有一定长度(Δx 或 Δy)的网格单

元，那么拐角上节点的网格单元大小为 0。关于网格的划分方法见文献 [4]。

第三节　非稳态导热的数值计算

非稳态导热的数值计算在原理上与前两节所述稳态导热问题的数值计算方法一致，不同之处在于节点温度不仅仅随位置而变化，而且还随时间发生变化。从能量平衡关系来看，网格单元不仅仅与相邻的网格单元之间有热量导入或导出，而且网格单元本身的热力学能将随着时间发生变化。所以，对于非稳态导热，除了在空间上把物体分割成网格单元外，还把时间分割成许多间隔 $\Delta\tau$。由于温度对时间的一阶导数可以采用向前差分和向后差分两种格式，非稳态导热的离散方程相应地也有显式离散格式与隐式离散格式之分。本节以一维非稳态导热为例，在建立节点离散方程时应用控制容积法。

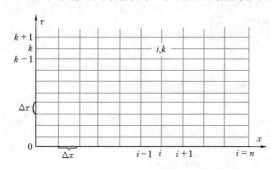

图 4-7　一维非稳态导热的空间和时间划分

一、显式离散格式

常物性、无内热源的一维非稳态导热微分方程式为

$$\frac{\partial t}{\partial \tau} = a\,\frac{\partial^2 t}{\partial x^2} \tag{1}$$

上式对物体中任意位置都是正确的。若将物体沿 x 方向按间距 Δx 分割为 n 段，时间从 $\tau = 0$ 开始，按 $\Delta\tau$ 分割为 k 段，参见图 4-7。若 i 表示内节点位置，k 表示 $k\Delta\tau$ 时刻，针对内节点 (i,k) 写出它的节点离散方程。这时，温度对 x 二阶导数的离散方程为

$$\left(\frac{\partial^2 t}{\partial x^2}\right)_{i,k} = \frac{t_{i-1}^k - 2t_i^k + t_{i+1}^k}{\Delta x^2} \tag{2}$$

温度对时间的一阶导数，若采用向前差分，则

$$\left(\frac{\partial t}{\partial \tau}\right)_{i,k} = \frac{t_i^{k+1} - t_i^k}{\Delta\tau} \tag{3}$$

将式（3）和式（2）代入式（1），就得到内节点 (i,k) 的离散方程

$$\frac{t_i^{k+1} - t_i^k}{\Delta\tau} = a\,\frac{t_{i-1}^k - 2t_i^k + t_{i+1}^k}{\Delta x^2}$$

将上式移项整理便可得到

$$t_i^{k+1} = \frac{a\Delta\tau}{\Delta x^2}\left(t_{i-1}^k + t_{i+1}^k\right) + \left(1 - 2\,\frac{a\Delta\tau}{\Delta x^2}\right)t_i^k$$

或

$$t_i^{k+1} = Fo\left(t_{i-1}^k + t_{i+1}^k\right) + (1 - 2Fo)t_i^k \tag{4-14}$$

其中，$\dfrac{a\Delta\tau}{\Delta x^2} = Fo$ 为网格傅里叶数。

从上式可以看出，只要知道 $k\Delta\tau$ 时刻各节点的温度就可以利用式（4-14）计算 $(k+1)\Delta\tau$ 时刻各节点的温度。这样，便可以从已知的初始温度出发逐个算出 $\Delta\tau$，$2\Delta\tau$… 不同时刻物体中的温度分布。因为节点温度 t_i^{k+1} 可以直接利用先前的温度 t_i^k，t_{i-1}^k，和 t_{i+1}^k 以显函数的形式表示，所以式（4-14）称为显式离散格式。

很明显，若 Δx 和 $\Delta\tau$ 都选择很小，则计算结果可能会精确些，但是整个求解过程较费时间。值得注意的是，在显式格式中，为了加快计算的进程而调整 Δx 和 $\Delta\tau$ 的大小时，必须使式（4-14）中 t_i^k 系数 $\left(1-2\dfrac{a\Delta\tau}{\Delta x^2}\right)$ 大于或等于零，即

$$\frac{a\Delta\tau}{\Delta x^2} \leqslant \frac{1}{2}$$

或

$$Fo \leqslant \frac{1}{2} \tag{4-15}$$

因为 $Fo > \dfrac{1}{2}$ 时，式（4-12）中 t_i^k 的系数为负数，这将意味着前一时刻的节点温度 t_i^k 值较大的话，则下一时刻的节点温度 t_i^{k+1} 将显著减小。这样不同时刻的计算值就会出现波动，导致出现违反热力学第二定律的结论。现举一计算实例说明这一问题。已知一无限大平壁，初始温度均匀分布为 $100℃$。今两侧表面温度突然升高到 $500℃$ 并维持不变，若错误地选择 $Fo=1$，则式（4-14）变为

$$t_i^{k+1} = t_{i-1}^k + t_{i+1}^k - t_i^k \tag{4}$$

按顺序号将各节点温度编号，壁面温度为 t_1，依次的内节点温度为 t_2，t_3，t_4，…。因为两侧是对称的，只计算一侧即可，按式（4）的计算结果列表如下：

τ（s）	t_1（℃）	t_2（℃）	t_3（℃）	t_4（℃）	t_5（℃）	t_6（℃）
0	500	100	100	100	100	100
$\Delta\tau$	500	500	100	100	100	
$2\Delta\tau$	500	100	500	100		
$3\Delta\tau$	500	900	-300			

从以上计算结果可以看到，在 $0\sim3\Delta\tau$ 这段时间内，第一个内节点的温度 t_2 出现很大的波动；其次，原来给定的是第一类边界条件下无限大平壁的加热，可是上述计算中在 $3\Delta\tau$ 时刻出现 $t_2=900℃>t_1$，而 $t_3=-300℃$ 这是完全违反热力学第二定律的。这种数值计算结果出现很大波动的现象称为数值解的不稳定性，而式（4-15）是控制数值解稳定性的条件。所以，在应用显式离散格式进行计算时，一旦 Δx 选定，$\Delta\tau$ 的选择就不能是任意的，要受到稳定性条件式（4-15）的限制。

同理可以证明，对于二维非稳态导热均匀网格的显式离散格式，稳定性条件为

$$1 - 4\frac{a\Delta\tau}{\Delta x^2} \geqslant 0$$

或

$$Fo \leqslant \frac{1}{4} \tag{4-16}$$

【例 4-3】一半无限大物体，初始时各处温度均匀一致并等于 $0℃$，物体的热扩散率

$a=0.6\times10^{-6}\,\mathrm{m^2/s}$，已知物体表面温度随时间直线变化，$t_\mathrm{w}=0.25\tau$，试用显式格式计算过程开始后 10min 时半无限大物体内的温度分布。

【解】 将半无限大物体按间距 $\Delta x=0.012\mathrm{m}$ 划分为若干层，根据稳定性条件式（4-13）选取 $Fo=\dfrac{1}{2}$，则

$$\Delta\tau=\frac{1}{2}\frac{\Delta x^2}{a}=\frac{(0.012)^2}{2\times0.6\times10^{-6}}=120\mathrm{s}$$

按顺序号将各层温度编号，并令 $t_1=t_\mathrm{w}=0.25\tau$。采用显式离散格式计算各节点的温度，由于 $Fo=\dfrac{1}{2}$，式（4-14）简化为

$$t_i^{k+1}=\frac{1}{2}\left(t_{i-1}^k+t_{i+1}^k\right)$$

按上式计算各节点温度，其结果列表如下：

τ (s)	t_1（℃）	t_2（℃）	t_3（℃）	t_4（℃）	t_5（℃）	t_6（℃）	t_7（℃）	t_8（℃）
0	0	0	0	0	0	0	0	0
120	30	0	0	0	0	0	0	0
240	60	15	0	0	0	0	0	0
360	90	30	7.5	0	0	0	0	0
480	120	48.75	15	3.75	0	0	0	0
600	150	67.5	26.25	7.5	1.88	0	0	0

【讨论】 从计算结果可知，表面温度升高的影响是逐渐深入到半无限大物体内部的，10min 后，表面温度为 150℃，表面温度升高的影响已深入到 $x=0.048\mathrm{m}$ 处。请读者选取 $Fo=0.25$，重新计算试试看。取 $\Delta x=0.006\mathrm{m}$，$Fo=0.25$ 又将怎样？如何看待这些计算结果之间的差别？

二、隐式离散格式

对于上面所述的问题，若温度对时间的一阶导数采用向后差分，则

$$\left(\frac{\partial t}{\partial\tau}\right)_{i,k}=\frac{t_i^k-t_i^{k-1}}{\Delta\tau} \tag{5}$$

将式（2）和式（5）代入式（1），就得到内节点 (i,k) 离散方程的另一种表达式

$$\frac{t_i^k-t_i^{k-1}}{\Delta\tau}=a\frac{t_{i-1}^k-2t_i^k+t_{i+1}^k}{\Delta x^2}$$

上式完全可以等价地写为

$$\frac{t_i^{k+1}-t_i^k}{\Delta\tau}=a\frac{t_{i-1}^{k+1}-2t_i^{k+1}+t_{i+1}^{k+1}}{\Delta x^2}$$

将上式移项整理，便可得到

$$\left(1+2\frac{a\Delta\tau}{\Delta x^2}\right)t_i^{k+1}=\frac{a\Delta\tau}{\Delta x^2}\left(t_{i-1}^{k+1}+t_{i+1}^{k+1}\right)+t_i^k$$

或

$$(1+2Fo)t_i^{k+1} = Fo\ (t_{i-1}^{k+1} + t_{i+1}^{k+1}) + t_i^k \tag{4-17}$$

从上式看出，式（4-17）并不能直接根据 $k\Delta\tau$ 时刻的温度分布计算 $(k+1)\Delta\tau$ 时刻的温度分布，因为式中等号右侧还包括待求的 $(k+1)\Delta\tau$ 时刻的节点温度。只有在已知 $k\Delta\tau$ 时刻的各节点温度情景下，列出 $(k+1)\Delta\tau$ 时刻各节点的离散方程，联立求解节点离散方程组才能得出 $(k+1)\Delta\tau$ 时刻各节点的温度。这种离散格式称为隐式格式。此时，Δx 和 $\Delta\tau$ 的大小可以任意独立地选取而不受限制。但是，不同的 Δx 和 $\Delta\tau$ 的选择将影响计算结果的准确程度。

隐式格式也还有其他不同形式的离散格式，其目的都是为了提高计算结果的准确度，读者可参考文献 $[5\sim7]$。

三、边界节点离散方程的建立

对于第一类边界条件，边界节点温度是已知的。可是对第二类或第三类边界条件，则应根据边界上给出的具体条件写出热平衡关系以建立边界节点离散方程。边界节点离散方程也分显式格式和隐式格式两种。

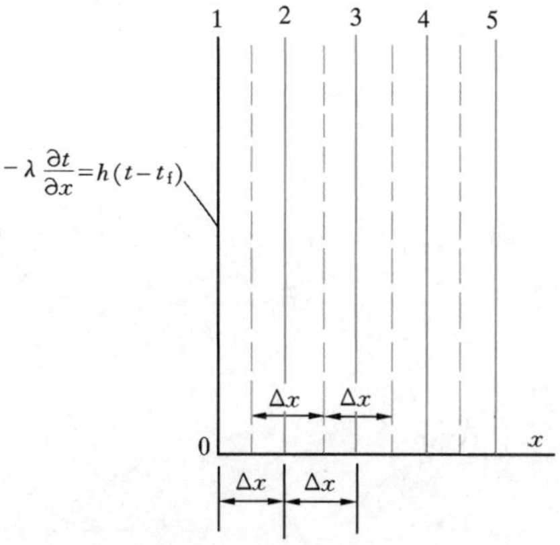

如图 4-8 所示的第三类边界条件，针对边界节点 1，应用控制容积法写出显式离散格式，即

$$h\ (t_f^k - t_1^k) - \lambda\frac{t_1^k - t_2^k}{\Delta x} = \rho c\ \frac{t_1^{k+1} - t_1^k}{\Delta\tau}\ \frac{\Delta x}{2}$$

整理上式，可得

图 4-8 非稳态导热第三类
边界条件的示意图

$$t_2^k - t_1^k + \frac{h\Delta x}{\lambda}\ (t_f^k - t_1^k) = \frac{1}{2}\ \frac{\rho c\Delta x^2}{\lambda\Delta\tau}\ (t_1^{k+1} - t_1^k)$$

上式中 $\dfrac{h\Delta x}{\lambda} = Bi$，$\dfrac{\rho c\Delta x^2}{\lambda\Delta\tau} = \dfrac{1}{Fo}$，于是

$$t_2^k - t_1^k + Bi\ (t_f^k - t_1^k) = \frac{1}{2Fo}\ (t_1^{k+1} - t_1^k)$$

移项并整理，得到 t_1^{k+1} 的显式离散表达式，即

$$t_1^{k+1} = 2Fo\ (t_2^k + Bit_f^k) + (1 - 2BiFo - 2Fo)t_1^k \tag{4-18}$$

类似于对内节点显式离散格式的稳定性分析一样，式（4-18）中 t_1^k 的系数也必须大于等于零，否则数值解是不稳定的，于是

$$1 - 2BiFo - 2Fo \geqslant 0$$

亦即

$$Fo \leqslant \frac{1}{2Bi + 2} \tag{4-19}$$

当选择了 Δx 以后，应用式（4-19）和式（4-15）分别计算稳定性条件所允许选择的

$\Delta\tau$，显然式（4-19）给出的 $\Delta\tau$ 较小。由于边界节点与内节点的离散方程必须选择相同的 $\Delta\tau$，所以对于第三类边界条件，应用显式离散格式求数值解时，它的稳定性条件是式（4-19），这一点也是第三类边界条件与第一类边界条件不同之处。对于第一类边界条件，显式离散格式的稳定性条件仍是式（4-15）。

对于绝热边界条件，图 4-8 所示的边界面对流传热量为零，所以它的节点离散方程应为

$$t_1^{k+1} = 2Fot_2^k + (1 - 2Fo)t_1^k \tag{4-20}$$

其他任何边界条件下的边界节点离散方程均可应用热平衡法写出。

同理可以证明，在第三类边界条件下，二维非稳态导热均匀网格的显式离散格式，其稳定性条件为

$$Fo \leqslant \frac{1}{2Bi + 4} \tag{4-21}$$

现在，针对图 4-8 所示的第三类边界条件，写出边界节点的隐式离散格式，得

$$h\,(t_f^{k+1} - t_1^{k+1}) - \lambda\frac{t_1^{k+1} - t_2^{k+1}}{\Delta x} = \rho c\,\frac{t_1^{k+1} - t_1^k}{\Delta\tau}\,\frac{\Delta x}{2}$$

整理上式得

$$t_2^{k+1} - t_1^{k+1} + \frac{h\Delta x}{\lambda}\,(t_f^{k+1} - t_1^{k+1}) = \frac{1}{2}\,\frac{\rho c\Delta x^2}{\lambda\Delta\tau}\,(t_1^{k+1} - t_1^k)$$

式中 $\dfrac{h\Delta x}{\lambda} = Bi$，$\dfrac{\rho c\Delta x^2}{\lambda\Delta\tau} = \dfrac{1}{Fo}$，于是

$$t_2^{k+1} - t_1^{k+1} + Bi\,(t_f^{k+1} - t_1^{k+1}) = \frac{1}{2Fo}\,(t_1^{k+1} - t_1^k)$$

移项并整理，得 t_1^{k+1} 的隐式离散格式

$$(1 + 2BiFo + 2Fo)t_1^{k+1} = 2Fo\,(t_2^{k+1} + Bit_f^{k+1}) + t_1^k \tag{4-22}$$

隐式离散格式是无条件稳定的。

四、节点离散方程组的求解

节点离散方程可采用显式格式或隐式格式。

在应用显式格式时，数值计算的过程比较简单。只需将所有节点按顺序编号，按节点所在位置和具体的边界条件写出所有的节点离散方程，根据初始条件逐个节点计算 $\Delta\tau$ 时刻的节点温度。然后按 $\Delta\tau$ 时刻的节点温度依次计算 $2\Delta\tau$，$3\Delta\tau\cdots$各时刻的节点温度。值得注意，在应用显式格式时，当选定 Δx 以后，$\Delta\tau$ 的选择受到稳定性条件的限制，所以一定要先对所选定的 Δx 和 $\Delta\tau$ 用稳定性条件校核，确保满足了稳定性条件，然后再开始计算。在例 4-4 中，以一维无限大平壁在对流传热边界条件下加热过程为例，说明应用显式格式在计算机上进行计算的具体步骤。例 4-5 则为一维无限大平壁，其两侧均在对流传热边界条件下，当一侧介质温度发生变化时计算平壁中的温度变化。

当采用隐式格式时，内节点的离散方程，式（4-17）可以改写为

$$(1+2Fo)t_i^{k+1} - Fo\,(t_{i-1}^{k+1} + t_{i+1}^{k+1}) = t_i^k \tag{4-23}$$

若给定的是第三类边界条件，边界节点的离散方程，式（4-22）也可以改写为

$$(1+2BiFo+2Fo)t_1^{k+1} - 2Fo\,(t_2^{k+1} + Bit_f^{k+1}) = t_1^k \tag{4-24}$$

从上述式（4-23）和式（4-24）不难看出，隐式离散格式的节点离散方程组可写成矩阵的形式：

$$[A][t] = [c]$$

上式中，等号右侧列向量 $[c]$ 只与 k 时刻的节点温度有关。这样，可从 $k=0$ 时刻，即初始条件计算开始，采用迭代法求解上述矩阵形式的线性代数方程组，就可以得到 $\Delta\tau$ 时刻的各节点温度。然后以 $\Delta\tau$ 时的各节点温度作为列向量 $[c]$，再采用迭代法求解 $2\Delta\tau$ 时刻各节点温度，如此反复进行，直到所需求解的时刻为止。

【例 4-4】一厚度为 0.06m 的无限大平壁，初始温度为 20℃，给定壁两侧的对流传热边界条件：流体温度为 150℃，表面传热系数 $h=24\mathrm{W}/(\mathrm{m}^2\cdot\mathrm{K})$。已知平壁的热导率 $\lambda=0.24\mathrm{W}/(\mathrm{m}\cdot\mathrm{K})$，热扩散率 $a=0.147\times10^{-6}\,\mathrm{m}^2/\mathrm{s}$，试计算 2min 后，无限大平壁内各节点的温度。

【解】因为无限大平壁两侧边界条件一样，壁内温度分布是对称的，选定平壁厚度之半作为计算对象，将半壁厚等分为 10 层，即 $N=10$。这样，节点 1 为绝热边界面（对称面），而节点 11 为对流边界面。选取 $\Delta\tau=5\mathrm{s}$。

计算机程序中使用的变量标志符如下：

I　节点的编号

T（I）　k 时刻节点温度

T1（I）　$k+1$ 时刻节点温度

IT　时间间隔 k 变量

TT　时间变量

计算机程序中输入数据：

NP　控制打印各节点温度的时间间隔数

TM　终止计算的时间

N　半壁厚划分的间距数目

$\Delta\tau$　选定的时间间隔

t_0　初始温度

t_f　流体温度

δ　无限大平壁厚度

a　热扩散率

λ　热导率

h　表面传热系数

程序框图见图 4-9。读者可以参照计算程序框图，自己编写计算程序并进行计算。计算结果如下，供参考。

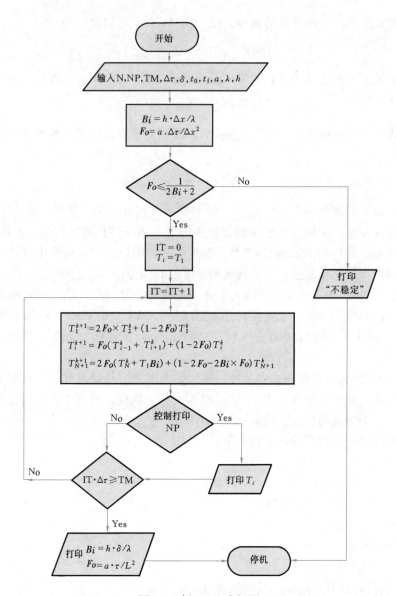

图 4-9 例 4-4 程序框图

初始设定：N＝10；$\Delta\tau$＝5s；NP＝6；TM＝120s；

Bi 及 Fo 准则初始值：Bi＝0.3；Fo＝0.08167。

$\tau(s)$	$t_1(℃)$	$t_2(℃)$	$t_3(℃)$	$t_4(℃)$	$t_5(℃)$	$t_6(℃)$	$t_7(℃)$	$t_8(℃)$	$t_9(℃)$	$t_{10}(℃)$	$t_{11}(℃)$
0	20.00	20.00	20.00	20.00	20.00	20.00	20.00	20.00	20.00	20.00	20.00
30	20.00	20.00	20.00	20.00	20.00	20.00	20.00	20.04	20.56	24.76	43.91
60	20.00	20.00	20.00	20.00	20.00	20.01	20.08	20.57	23.02	31.79	53.56
90	20.00	20.00	20.00	20.00	20.01	20.08	20.41	21.79	26.28	37.65	59.63
120	20.00	20.00	20.00	20.01	20.06	20.27	21.05	23.46	29.62	42.47	64.17

计算结束：Bi＝0.3；Fo＝0.01960。

【讨论】2min 时，$Fo=0.01960$，温度分布仍处于不正常情况阶段，靠近壁中心处的温度仍保持不变，初始温度分布的影响仍未消失。

【例 4-5】 一厚度为 0.06m 的无限大平壁，两侧均为对流传热边界条件，初始时通过平壁的传热过程是稳态的，一侧流体温度 $t_{f1}=13℃$，表面传热系数 $h_1=9W/(m^2 \cdot K)$；另一侧流体温度 $t_{f2}=5℃$，表面传热系数 $h_2=20W/(m^2 \cdot K)$。已知平壁的热导率 $\lambda=0.24W/(m \cdot K)$，热扩散率 $a=0.147 \times 10^{-6}~m^2/s$，问当 t_{f1} 由于加热突然升高为 $t_{f1}=23℃$，并维持不变，在其余参数不变的条件下，试计算无限大平壁内温度分布随时间的变化，一直计算到新的稳态传热过程为止。

【解】 将无限大平壁等分为 8 层，这样节点 1 为高温流体侧的平壁壁面温度，而节点 9 为低温流体侧的平壁壁面温度。

计算的数值结果给出如下表（只列出其中四层，即 1，3，5，7，9 节点），图 3-1 就是用此数据标绘的：

初始设定：节点数 N＝9；

时间间隔 $\Delta\tau=20s$；

控制打印各节点温度的时间间隔数 NP＝400；

Bi 及 Fo 准则初始值：$Bi_1=0.28125$；$Bi_2=0.62500$；$Fo=0.05227$。

$\tau(s)$	$t_{w1}(1)$ (℃)	$t_a(3)$ (℃)	$t_b(5)$ (℃)	$t_c(7)$ (℃)	$t_{w2}(9)$ (℃)	q_1 (W/m²)	q_2 (W/m²)
0	10.84	9.62	8.41	7.19	5.97	19.4	19.4
8000	17.23	14.11	11.33	8.87	6.68	51.94	33.69
16000	17.90	15.06	12.31	9.65	7.06	45.91	41.14
24000	18.07	15.31	12.57	9.85	7.15	44.34	43.09
32000	18.12	15.38	12.64	9.91	7.18	43.93	43.60

【讨论】 图 3-1 中的三个小图清楚地表达了平壁传热过程中当一侧介质温度突然升高后，壁内温度和热流密度从稳态变化到新的稳态历程。从上述数据看，当过程进行到 32000s 时，虽然两侧的热流密度 q_1 与 q_2 尚不完全相等，但已非常接近，请分析一下，是否就可以认为平壁内已经达到新的稳态？是否有必要一直计算到 q_1 与 q_2 完全相等？把这三个图配合起来分析，将可加深对非稳态导热过程的理解。另外，请读者分别使用显式离散格式和隐式离散格式数值求解本例题，试比较两种离散格式的编程特点与计算结果之间的差别。再有，本题初始条件是一稳态传热过程，可使用所学知识计算得到大平壁内的温度分布作为初始温度分布。

🔑 小　结

当导热问题涉及复杂边界条件、初始条件或物性参数变化时，几乎不可能得到导热问题的解析解。此时，数值计算方法为导热问题的求解提供了很好的计算工具。本章的主要内容有：

首先阐述了几何区域和时间的离散化，进而叙述了基于泰勒级数展开的差分法和基于能量守恒的控制容积法。根据导热微分方程和相关的边界条件，对所有网格建立网格单元节点的离散方程式（内节点和边界节点），并以二维稳态导热和一维瞬态导热为例，叙述了求解节点离散方程组的基本方法。在求解大型离散方程组时，往往采用高斯-赛德尔迭代法求解。瞬态导热离散方程有显式格式和隐式格式之分，其中为保持数值求解过程的稳定性，在显示格式中要求 Fo 满足一定的条件，而隐式格式对此没有要求。

　　学习本章的基本要求是掌握建立节点离散方程组的原理和方法。了解显式和隐式格式的特点。会编写计算程序，用迭代法数值求解二维稳态导热和一维瞬态导热问题。

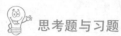

思考题与习题

　　1. 试证一维等截面直肋，当壁面和周围介质对流传热的表面传热系数 h_i 随肋片高度 x 方向是变化的，肋片的截面面积为 f，周长为 U，则肋片内节点的温度离散方程为

$$(t_{i-1} + t_{i+1}) - \left(2 + \frac{h_i U \Delta x^2}{\lambda f}\right) t_i + \frac{h_i U \Delta x^2}{\lambda f} t_f = 0$$

　　2. 试证 x 方向绝热边界面上节点 (i,j) 的温度离散方程为

$$t_{i,j+1} + t_{i,j-1} + 2t_{i-1,j} - 4t_{i,j} = 0$$

　　3. 试证对流传热边界条件，即已知 h 和 t_f 时，两壁面垂直相交外拐角节点的离散方程为

$$(t_{i-1,j} + t_{i,j-1}) - 2\left(1 + \frac{h\Delta x}{\lambda}\right) t_{i,j} + 2\frac{h\Delta x}{\lambda} t_f = 0$$

　　4. 考虑一个表面温度给定的正方形界面中的二维稳态导热问题。见图 4-10。（1）首先确定节点 1、2、3 及 4 的温度。（2）如果将网格加密一倍，确定相应节点的温度，把计算结果与之前较粗糙网格进行对比，并画出 25℃、50℃ 和 75℃ 等温线。

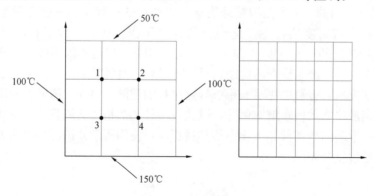

图 4-10　习题 4 图

　　5. 试证对于位于对角边界上的节点 (i,j)，如图 4-11 所示在对流传热边界条件，即已知 h 和 t_f 时，其温度的离散方程为（假定 $\Delta x = \Delta y$）

$$(t_{i,j-1} + t_{i+1,j}) + \sqrt{2}\frac{h\Delta x}{\lambda} t_f - \left(2 + \sqrt{2}\frac{h\Delta x}{\lambda}\right) t_{i,j} = 0$$

　　6. 一无限大平壁厚度为 0.3m，其热导率 $\lambda = 36.4$W/（m·K）。平壁两侧表面均给定为

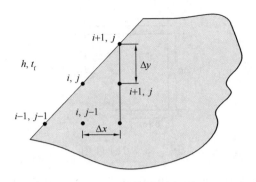

图 4-11 习题 5 图

第三类边界条件，即 $h_1 = 60\text{W}/(\text{m}^2 \cdot \text{K})$，$t_{f1} = 25℃$；$h_2 = 300\text{W}/(\text{m}^2 \cdot \text{K})$，$t_{f2} = 215℃$。当平壁中具有均匀内热源 $q_v = 2 \times 10^5 \text{ W}/\text{m}^3$ 时，试计算沿平壁厚度的稳态温度分布。

7. 一厚度为 250mm 无限大平壁，其热导率 $\lambda = 43 + 0.08t [\text{W}/(\text{m} \cdot \text{K})]$，平壁一侧温度为 250℃，另一侧温度为 46℃，试用数值方法确定平壁内的温度分布，并确定通过该平壁的热流密度。

8. 一梯形直肋，肋基厚 $\delta_1 = 6\text{mm}$，肋端厚 $\delta_2 = 1.5\text{mm}$，肋高为 65mm。肋基温度保持 350℃，端部为绝热。已知肋片材料热导率 $\lambda = 75\text{W}/(\text{m} \cdot \text{K})$，肋片表面传热的表面传热系数 $h = 25\text{W}/(\text{m}^2 \cdot \text{K})$，周围空气温度为 20℃，试计算沿肋片高度的温度分布。

9. 一方形长烟道的横截面如图 4-12 所示，烟道壁的热导率 $\lambda = 1.16\text{W}/(\text{m} \cdot \text{K})$，壁内表面温度为 $t_{w1} = 450℃$，外表面温度为 $t_{w2} = 50℃$，试用高斯—赛德尔迭代法计算烟道壁的温度分布。

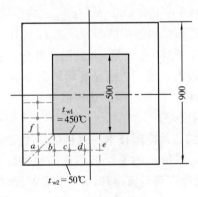

图 4-12 习题 9 图

10. 一截面为 240mm×400mm 的矩形材料，已知各边界表面的条件为：左侧边界面为绝热；右侧边界面为第三类边界条件：$h = 40\text{W}/(\text{m}^2 \cdot \text{K})$，$t_f = 25℃$；上顶面边界为第一类边界条件，已知界面温为 200℃；下底面边界为第二类边界条件，已知热流密度 $q_w = 1500\text{W}/\text{m}^2$。假设该矩形材料很长，内部为二维稳态导热过程。已知矩形材料的热导率 $\lambda = 45\text{W}/(\text{m} \cdot \text{K})$，按照 $\Delta x = \Delta y = 80\text{mm}$ 划分网格，试计算这一二维稳态温度分布。

11. 对于图 4-13 所示的二维物体求解其温度分布。设物体的热导率为 $\lambda = 40\text{W}/(\text{m} \cdot \text{K})$，非绝热面的温度分别为 0℃ 和 70℃，其他表面为绝热表面。

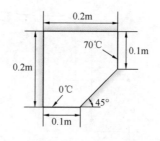

图 4-13　习题 11 图

12. 两块塑料板，每块厚 19mm；初始温度为 20℃，用动物胶将它们粘在一起，胶的固化温度为 150℃。为了使胶层达到所需温度，将两块热流密度为 500W/m^2 的电热钢板放在两塑料板两侧并夹紧。已知塑料的热物性 $\lambda = 0.156$W/（m・K），$a = 0.008 \times 10^{-5}$ m^2/s，试问达到胶固化所需时间为多少？

13. 一砖墙厚 240mm，内、外表面的表面传热系数分别为 6.0 和 15W/(m^2・K)，墙体材料的热导率 $\lambda = 0.43$W/(m・K)，密度 $\rho = 1668$kg/m^3，比热容 $c = 0.75$kJ/(kg・K)，室内空气温度保持不变为 20℃。试求：（1）如初始墙体内表面温度为 15℃。当有寒潮入侵后，室外空气温度下降为 −10℃。设内墙温度下降 0.1℃ 为可感知到外界温度变化的判据，试用数值计算方法判定寒潮入侵多久后内墙可感知到。（2）如果室外空气温度周期性变化，中午 12 点温度最高为 3℃，晚上 12 点温度最低为 −15℃，试用数值计算方法确定内、外墙壁面温度在一天中的变化。假设室外空气温度变化符合正弦波变化规律。

14. 一砖墙厚 200mm，内、外表面的表面传热系数分别为 6.0W/（m^2・K）和 25W/(m^2・K)，外面环境温度 $t_f = 5 + 10\sin(0.2618\tau)$，$\tau$ 的单位是小时，起始时刻为零时，内部空气温度恒定为 22℃。已知墙的热扩散率 $a = 3.17 \times 10^{-3}$ m^2/h，试确定 $x = 30$mm，$x = 100$mm 和 $x = 200$mm 处，前 6h 中每隔 1h 的温度变化。注：x 方向由内到外。

15. 一块厚 200mm 的无限大平壁，初始温度均匀为 35℃。壁一侧为绝热，另一侧壁面按每小时温升 3℃ 的规律加热。已知平壁的热扩散率 $a = 1.2 \times 10^{-5}$ m^2/s，试计算进入正规状况阶段时壁内的最大温度差。

16. 某公司研发了一种新的芯片冷却技术，就是将芯片完全浸泡于有机溶剂冷却液中，假定芯片可以看成厚度为 $2L = 20$mm 的平壁，芯片的热物性数据为：$\lambda = 20$W/(m・K)，$a = 8 \times 10^{-6}$ m^2/s，平壁两侧受冷却液对流冷却，$h = 800$W/(m^2・K)，冷却液的温度 $t_f = 50$℃ 保持不变。在正常运行功率下，芯片内部均匀的体积发热率为 $q_v = 10^6$ W/m^3，但如果突然高负荷计算会导致产热速率发生变化，就会使得芯片偏离正常运行时的稳定状态，由于内部温度过热而导致宕机。讨论当体积发热率突变至 $q_v' = 2 \times 10^6$ W/m^3，试用数值方法确定 2s 后芯片的温度分布。如图 4-14 所示。

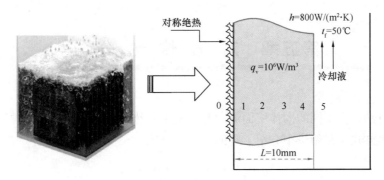

图 4-14　习题 16 图

参 考 文 献

［1］　J. R. 威尔蒂著. 工程传热学. 任泽霈，罗棣庵译. 北京：人民教育出版社，1982.

［2］　Karleka B. V. and Desmond R. M.. Engineering Heat Transfer. West Pub. Co. , 1977.

［3］　Holman J. P.. Heat Transfer 10th Ed. . New York：McGraw-Hill Book Co. , 2011.

［4］　［美］S. V. 帕坦卡著. 传热与流体流动的数值计算. 张政译. 北京：科学出版社，1980.

［5］　李荣华编. 偏微分方程数值解法. 北京：高等教育出版社，2010.

［6］　（美）费斯泰赫著. 计算流体力学导论：有限体积法（第二版）. 北京：世界图书出版公司，2010.

［7］　陶文铨编著. 传热学. 西安：西北工业大学出版社，2006.

第五章 对流传热分析

流体在与其温度不同的固体壁面流动时所发生的热量传递过程，称为对流传热，它已不是基本传热方式，在绪论中介绍了它的基本计算式——牛顿冷却公式：

$$q = h(t_w - t_f) \quad (W/m^2) \tag{0-4}$$

或 $A m^2$ 上热流量

$$\Phi = hA(t_w - t_f) \quad (W)$$

上式的形式十分简单，其中表面传热系数 h 最为关键，它包含了影响对流传热的所有复杂因素。在前几章第三类边界条件下的导热问题分析中，h 是给定的，而本章的任务则是探讨如何确定它的数值。确定 h 有四个基本方法：分析法、实验法、类比法和数值法。本章将重点阐述分析法和实验法的基本内容，其次是类比法。数值法是近年迅速发展的方法，已成一门独立课程（数值传热学，Numerical Heat Transfer），但本章所述对流传热的基本概念及其数学描述，仍然是数值传热学的基础。

本章在阐明对流传热过程机理和边界层理论的基础上，给出对流传热过程的数学描述——微分方程组，结合数量级分析方法简化微分方程组，利用类比法给出外掠平板对流传热过程的分析解。

本章的另一重要内容是相似理论，它是目前指导传热学实验研究的基本理论之一，是经由实验探求对流传热规律主要而又实用的方法。最后，本章简要介绍了数值传热学的基本知识。

第一节 对流传热概述

在自然界、人类生活和生产活动中存在大量的对流传热现象。如热水供暖散热器，内部是流动的热水，外部是自然对流的空气；房屋的墙壁内外表面则可视为大平板的对流传热。图 5-1 是常见的一些换热设备示意图，其中（a）管壳式换热器，利用它可以进行加热、冷却、冷凝或沸腾传热过程；（b）锅炉的对流管束，热烟气流过管束使管内水升温或沸腾；（c）冰箱中常见的冷凝器，制冷工质在其中冷凝放热；（d）连续翅（肋）片管束；（e）翅（肋）片管束；（f）供暖散热器。

上述各对流传热过程和换热设备的结构、形状、用途、温度高低及传热性能各异，流体流过其壁表面的流动状况及表面传热系数差别亦很大，但归纳起来这些影响因素一般有：流体流动的起因、流动状态、流体物性、流体物相变化、壁面形状与几何参数等等，可见对流传热是一个内涵复杂的物理现象，表面传热系数只是从数值的大小上反映这个现象在不同条件下的对流传热综合强度。

本节将主要分析影响对流传热的一般因素，一些其他特殊的影响因素，在随后的章节中讨论。

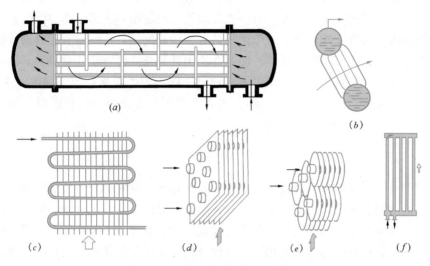

图 5-1　几种常见的换热设备示意图

一、流动的起因和流动状态

　　驱使流体以某一流速在壁面上流动的原因不外有两种。一种是重力场中流体因各部分温度不同而引起的密度差异所产生的流动，称为自然对流，如空气在供暖散热器表面自下而上的自然对流。另一种是外力，如泵、风机、液面高差等作用产生的流动，称为受迫对流，如翅片管内和管外的流体流动。一般地说，受迫对流流速较自然对流高，流体与壁面的对流传热强度大，因而它的表面传热系数也高。例如空气自然对流时的表面传热系数约为 $5\sim15\mathrm{W/(m^2 \cdot K)}$，而在受迫对流情况下，可达 $20\sim100\mathrm{W/(m^2 \cdot K)}$或更大。

　　但不论流动的起因如何，流体在壁面上流动又有层流和紊流两种流态。由流体力学知识可知，紊流相对层流来说，在流动方向和垂直于流动方向上的动量传递、质量传递和能量传递都要强很多，因此，一般情况下紊流对流传热综合强度高，换热设备多采用紊流对流传热。故在分析计算对流传热问题时必须区分它的流动状态。

二、流体的热物理性质

　　流体的热物性（如比热容、热导率、密度、黏度等）因种类、温度、压力而变化。热导率大，流体内和流体与壁面之间的导热热阻小，对流传热就强，如液体的热导率比气体的高，一般液体的对流传热表面传热系数 h 比气体的高。比热容与密度大的流体，单位体积的流体能携带更多的热焓，从而以对流作用传递热量的能力也强，例如常温下水的比热容与密度之积 $\rho c \approx 4160\mathrm{kJ/(m^3 \cdot K)}$，空气则为 $1.19\mathrm{kJ/(m^3 \cdot K)}$，两者相差悬殊，造成它们的对流传热强度的巨大差异，水的 h 可以达到 $10^4\mathrm{W/(m^2 \cdot K)}$，空气则只为它的 $1/100$。黏度大，阻碍流体在壁面的流动，不利于对流传热。温度是影响黏度的重要因素，一般液体的黏度将随温度增加而降低，气体则恰恰相反。

　　在对流传热过程中，由于流场内各处温度不同，物性亦异。为了整理数据和计算公式，一般都要选择某一特征温度以确定相关物性参数，即在该特征温度下把物性作为常量处理，这个特征温度称为定性温度。在各类对流传热问题中，主要依据对流传热过程中起主导作用的温度来选择定性温度。对于同一类对流传热问题，不同学者推荐的计算式定性温度也可能不一样，但都会明确标注。因此在使用计算公式时，要注意该公式所标注的定性温度选择方法。一般说来，主要用以下几种温度作为定性温度：流体温度（主流温度、管道进出口平均温度、容积平均温度等）、壁表面温度、流体温度与壁面温度的算术平均值等。

三、流体的相变

在一定条件下，流体在对流传热过程中会发生相变，这时的对流传热称相变传热，如换热设备中的冷凝、沸腾，以及升华、凝华、融化、凝固等，有气、液、固等不同的相参与传热。流体相变时不仅物性发生了很大的变化，而且流动和传热都具有一些新的规律，本书在第七章中介绍凝结与沸腾传热。本章仅分析介绍单相流体的对流传热机理，对相变传热的分析具有一定的指导意义。

四、传热表面几何因素

传热表面几何因素涉及壁面形状、长度、粗糙度及与流体的相对位置，它直接影响流体在壁面上的流态、速度分布、温度分布。在研究对流传热问题时，应注意针对壁面的几何因素作具体分析。关于流体与壁面的相对位置，在对流传热问题中可划分为外部流动与内部流动两大类，外部对流传热问题包括外掠平板、外掠圆管及管束，内部对流传热问题则涉及管内或槽内流动。

为描述传热表面几何因素的影响，一般在分析计算中采用对对流传热过程有重要影响的几何长度作为特征长度，又称定型长度，本书的一般性论述中采用符号 l 代表定型长度。在计算具体的对流传热问题时，要区别不同情况选用定型长度。例如流体外掠平板对流传热选用板长 l 为定型长度；管内对流传热选用管内径 d_{in} 为定型长度；外掠圆管对流传热选用管外径 d_{out} 为定型长度；流体沿竖壁或竖圆管表面自然对流传热时，选用竖壁或管的高度 H 为定型长度；而沿横圆管外表面自然对流传热时，则要选用横圆管外径 d_{out} 为定型长度（在具体关联式中下标多省略）等。

综合上述几方面的影响，不难得出结论，对流传热表面传热系数将是众多因素的函数，即

$$h = f\left(u, t_w, t_f, \lambda, c_p, \rho, \alpha, \mu, l\right) \tag{5-1}$$

由于影响对流传热的因素很多，对流传热的分析与计算将分类进行，本书所涉及的典型对流传热类型如表 5-1 所示。

研究对流传热的目的之一是通过各种方法寻求式（5-1）的具体函数式。由于对流传热涉及的类别多，因此计算对流传热的公式也有很多，但只要理解了上述分类的机理，就不难根据实际条件进行正确地判断、区别和使用。

在求解的方法上，理论解析、数值计算都需要首先建立对流传热过程的数学描述，同时这也是应用相似原理进行实验研究对流传热过程的基础。

典型对流传热类型　　表 5-1

对流传热	无相变传热	受迫对流传热	内部流动	圆管内受迫流动
				非圆形管内受迫流动
			外部流动	外掠平板
				外掠单管
				外掠管束（光管；翅片管）
		自然对流传热	无限空间	竖壁；竖管
				横管
				水平壁（上表面与下表面）
			有限空间	夹层空间
		混合对流传热	—	受迫对流传热与自然对流传热并存
	相变传热	凝结传热		垂直壁凝结传热
				水平单圆管及管束外凝结传热
				管内凝结传热
		沸腾传热		大空间沸腾传热
				管内沸腾传热（横管、竖管）

第二节　对流传热微分方程组

本节将根据对流传热过程机理，应用热力学和流体力学基本知识导出对流传热微分方程组，为分析求解以及随后的实验研究提供理论基础。为了抓住问题的实质，不陷入过多的数学分析，本章限于分析不可压缩牛顿型流体❶的二维对流传热，物性均为常量。要推导的方程组包括：描述对流传热过程的微分方程式；描述流体流动速度场的连续流动微分方程式和动量守恒微分方程式；描述流体温度场的能量守恒微分方程式等。总之，这些微分方程式反映了前一节讲述的诸多影响因素。通过推导，重点理解各微分方程式中每一项的物理意义。

一、对流传热过程微分方程式

黏性流体在壁面上流动，由于黏性的作用，流体速度将在近壁处逐渐降低，在贴壁处被滞止，处于无滑移状态（与壁的法向距离 $y=0$ 处无相对于壁的流动），热量将只能以导热方式通过这一极薄的贴壁流体层。图 5-2 为贴近壁面处流体的速度场与温度场示意图。设壁 x 处壁温为 $t_{w,x}$，远离壁的地方流体温度为 $t_{f,x}$，局部热流密

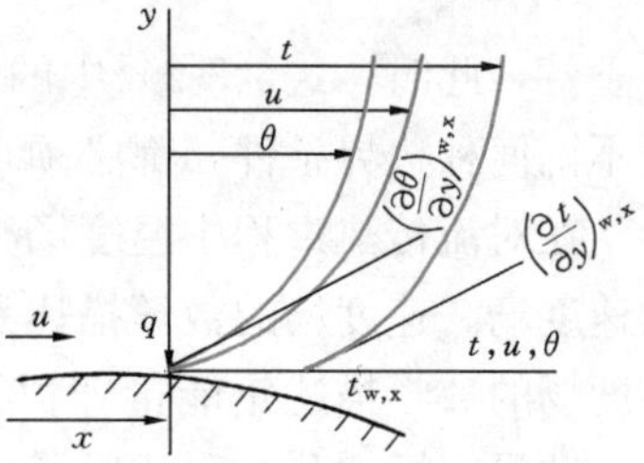

图 5-2　对流传热过程

❶ 服从 $\tau=\mu\dfrac{\partial u}{\partial y}$ 定律的流体称牛顿型流体。但一些高分子溶液如油漆、泥浆等则不遵守该定律，称非牛顿型流体。

度为 q_x 因热量只能以导热方式通过贴壁流体层，故按傅里叶导热定律，q_x 可表达为：

$$q_x = -\lambda \left(\frac{\partial t}{\partial y}\right)_{w,x} \quad (W/m^2) \tag{1}$$

式中　$\left(\dfrac{\partial t}{\partial y}\right)_{w,x}$——$x$ 点贴壁处流体的温度梯度，K/m，由近壁面处流体温度场确定；

　　　　λ——流体的热导率，W/（m·K）。

另一方面，q_x 为壁面 x 处的对流传热量，它亦可用牛顿冷却公式表达，设局部表面传热系数为 h_x ，则

$$q_x = h_x (t_w - t_f)_x = h_x \cdot \Delta t_x \tag{2}$$

式中 $\Delta t_x = (t_w - t_f)_x$ 为 x 点处壁面与流体的温度差。因式（1）、（2）表达同一局部热流密度，故：

$$h_x = -\frac{\lambda}{\Delta t_x} \left(\frac{\partial t}{\partial y}\right)_{w,x} \tag{5-2a}$$

为方便问题的分析，引入过余温度 θ ，即流场中任一处的流体温度与壁面温度的差值，$\theta = t - t_w$，改写上式为：

$$h_x = -\frac{\lambda}{\Delta \theta_x} \left(\frac{\partial \theta}{\partial y}\right)_{w,x} \tag{5-2b}$$

式中 $\Delta\theta_x = (\theta_w - \theta_f)_x$，其中 $\theta_w = 0$，$\theta_f = t_f - t_w$。式(5-2)对流体被加热或冷却都是适用的。

式（5-2）描述了对流传热表面传热系数与流体温度场的关系，称对流传热过程微分方程式。从式（5-2）可以看出，如果已知 x 处壁面温度和流体温度场后，温度梯度 $\left(\dfrac{\partial \theta}{\partial y}\right)_{w,x}$ 也就确定了，从而可算出表面传热系数 h_x。因此，根据不同的传热边界条件确定流体的温度场、温度梯度 $\left(\dfrac{\partial \theta}{\partial y}\right)_{w,x}$ 即为分析求解和数值求解的目的。对流传热问题的边界条件主要有两类，第一类边界条件，即壁温为已知，例如壁温维持不变的常壁温边界条件或壁温按某已知规律变化的变壁温边界条件❶，已知壁温，待求的是壁面法向流体的温度梯度 $\left(\dfrac{\partial \theta}{\partial y}\right)_{w}$ ；第二类为热流边界条件，即已知壁面热流密度 q，例如常热流或变热流边界条件，此时，式（5-2）中的温度梯度为已知（从式（1）计算出），则待求的是壁温。但不论何种边界条件，都必须求解流体内温度分布，即温度场。

在对流传热过程中温度场与流体的速度场是相关联的，为求温度场，必须先求解流体的速度场。速度场的数学描述是连续性方程和动量守恒微分方程（或称运动微分方程式），温度场的数学描述是能量守恒微分方程。这样，对流传热过程微分方程式、连续性方程式、动量守恒微分方程式以及能量守恒微分方程式总称对流传热微分方程组。分析求解和数值求解表面传热系数的基本途径将是：从动量方程和连续性方程解得速度场，再由能量方程解温度场，最后由对流传热过程微分方程式求得表面传热系数。由于流体的热物性（流体密度、热导率、黏度等）是温度的函数，而动量守恒微分方程式包含了与温度有关

---

❶　蒸汽冷凝或液体沸腾情况下的壁面，可近似认为具有常壁温边界条件；而以薄不锈钢片作为导体，通电加热，或以红外辐射加热方法可以获得常热流边界条件。

的物性变量，故温度场与速度场相互耦合，求解过程非常复杂，在这种情况下必须联立求解动量微分方程式和能量微分方程式。本书将只述及物性为常量的非耦合对流传热问题，变物性的对流传热问题多采用数值传热学方法求解。

二、连续性方程

以二维对流传热问题为例叙述以下各微分方程的建立过程。由此不难获得三维对流传热问题的微分方程。

依据质量守恒定律，可建立流体的连续性方程。从流场 (x, y) 处取出边长分别为 $\mathrm{d}x$，$\mathrm{d}y$ 的微元体（z 方向为单位长度），如图 5-3 所示，设 M 为质量流量，$\mathrm{kg/s}$；u、v 分别为 x 与 y 方向速度分量，则流进与流出微元体各方向的质量流量分量表达式为：

x 方向：$M_\mathrm{x} = \rho u \mathrm{d}y$

$$M_{\mathrm{x+dx}} = M_\mathrm{x} + \frac{\partial M_\mathrm{x}}{\partial x}\mathrm{d}x$$

y 方向：$M_\mathrm{y} = \rho v \mathrm{d}x$

$$M_{\mathrm{y+dy}} = M_\mathrm{y} + \frac{\partial M_\mathrm{y}}{\partial y}\mathrm{d}y$$

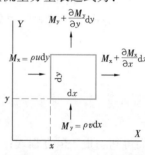

由质量守恒定律，在稳态流动情况下，流入微元体的流体质量应等于流出的质量，可导得二维常物性不可压缩流体稳态流动连续性方程：

图 5-3　连续性方程的推导

$$\frac{\partial u}{\partial x} + \frac{\partial v}{\partial y} = 0 \tag{5-3}$$

三、动量守恒微分方程式

由牛顿第二运动定律，作用在微元体上各外力的总和等于它的惯性力，即：作用力＝质量×加速度。一般情况下，作用力包括：体积力（重力、电磁力等），表面力（由黏性引起的切向应力及法向应力，压力等），由此得到动量微分方程，又称纳维—斯托克斯（Navier-Stokes）方程，简称 N·S 方程[❶]

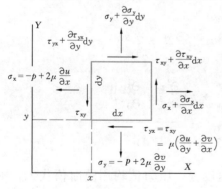

图 5-4　动量微分方程的推导

为理解方程的意义，简述动量方程的推导过程（参见图 5-4）：

（1）微元体的质量×加速度：

$$\rho \mathrm{d}x\mathrm{d}y \frac{\mathrm{D}U}{\mathrm{d}\tau}$$

式中 τ 为时间。对二维流动，加速度 $\dfrac{\mathrm{D}U}{\mathrm{d}\tau}$ 在 x 和 y 方向分别为：

---

❶　1827 年由 M. Navier 提出，1845 年 G. G. Stokes 加以充实完善。此方程已在流体力学中讲授。

$$\frac{\mathrm{D}u}{\mathrm{d}\tau} = \frac{\partial u}{\partial \tau} + u\,\frac{\partial u}{\partial x} + v\,\frac{\partial u}{\partial y}$$

$$\frac{\mathrm{D}v}{\mathrm{d}\tau} = \frac{\partial v}{\partial \tau} + u\,\frac{\partial v}{\partial x} + v\,\frac{\partial v}{\partial y}$$

（2）微元体所受的外力：

$$\text{体积力：} X\mathrm{d}x\mathrm{d}y$$

$$Y\mathrm{d}x\mathrm{d}y$$

式中 X，Y 为单位容积流体在 x、y 方向分别受到的体积力分量。

表面力：如图 5-4 所示，其中 σ_x 和 σ_y 为微元体表面法向应力，τ_{xy} 和 τ_{yx} 为切向应力，则 x、y 方向受到的表面力分别为：

$$\left(\frac{\partial \sigma_x}{\partial x} + \frac{\partial \tau_{yx}}{\partial y}\right)\mathrm{d}x\mathrm{d}y$$

$$\left(\frac{\partial \sigma_y}{\partial y} + \frac{\partial \tau_{xy}}{\partial x}\right)\mathrm{d}x\mathrm{d}y$$

从而得到动量守恒方程式：

x 方向：
$$\rho\left(\frac{\partial u}{\partial \tau} + u\,\frac{\partial u}{\partial x} + v\,\frac{\partial u}{\partial y}\right) = X + \frac{\partial \sigma_x}{\partial x} + \frac{\partial \tau_{yx}}{\partial y}$$

y 方向：
$$\rho\left(\frac{\partial v}{\partial \tau} + u\,\frac{\partial v}{\partial x} + v\,\frac{\partial v}{\partial y}\right) = Y + \frac{\partial \sigma_y}{\partial y} + \frac{\partial \tau_{xy}}{\partial x}$$

将标示在图 5-4 中的 σ 及 τ_{xy} 之值代入上式，即可得到动量守恒微分方程，它们的详细推导可参阅文献 [1]。

$$\rho\left(\frac{\partial u}{\partial \tau} + u\,\frac{\partial u}{\partial x} + v\,\frac{\partial u}{\partial y}\right) = X - \frac{\partial p}{\partial x} + \mu\left(\frac{\partial^2 u}{\partial x^2} + \frac{\partial^2 u}{\partial y^2}\right) \tag{5-4a}$$

$$\rho\left(\underbrace{\frac{\partial v}{\partial \tau} + u\,\frac{\partial v}{\partial x} + v\,\frac{\partial v}{\partial y}}_{(1)}\right) = \underset{\downarrow}{Y} - \underset{\downarrow}{\frac{\partial p}{\partial y}} + \mu\underbrace{\left(\frac{\partial^2 v}{\partial x^2} + \frac{\partial^2 v}{\partial y^2}\right)}_{(4)} \tag{5-4b}$$

$$(2)\qquad(3)$$

它适用于不可压缩流体的层流运动，如果速度值、压力值均用瞬时值代入，则式（5-4）亦可用于紊流计算。式（5-4）共四项，其中（1）惯性力项，即质量与加速度之积；（2）体积力；（3）压强梯度；（4）黏滞力。

对稳态流动，$\dfrac{\partial u}{\partial \tau} = \dfrac{\partial v}{\partial \tau} = 0$

当只有重力场作用时，第（2）项分别为 ρg_x、ρg_y。一般来说，对于受迫流动可忽略重力场的作用。对于自然对流则浮升力是流动产生的原因，式（5-4）中的（2）和（3）应改为浮升力项，在第六章分析自然对流时再作推导。

四、能量守恒微分方程式

基于能量守恒与转换定律，建立能量守恒微分方程式。在对流传热情况下流体传递的

能量一般有：导热量；热对流传递的能量；表面切
向应力对微元体作功产生的热（称耗散热）；内热源
产生的热等四项。在本章的推导中流体的热物性均
认为常量；导热量按傅里叶导热定律计算；热对流传
递的能量按焓值（$c_p t$，kJ/kg）计算，参见式（0-3）；
因一般工程问题流速低$\left(\text{当}\dfrac{\mu}{\lambda}\dfrac{u_\infty^2}{t}\ll 1\text{ 时}\right)$，可不考虑
耗散热和流体的动能能量；同时认为无化学反应等
内热源产生的热。

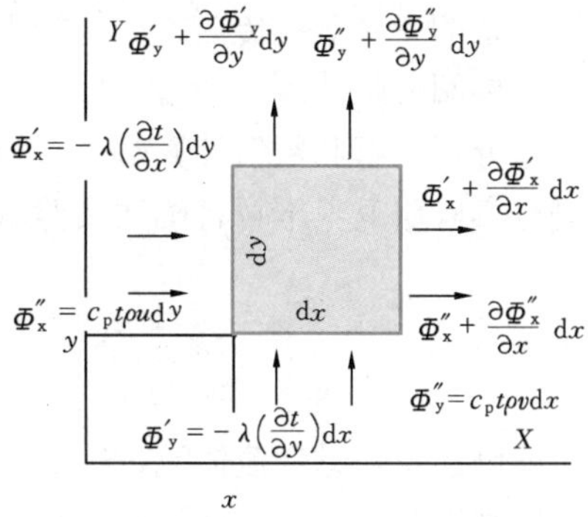

如图 5-5 所示的微元体，设 Φ' 为导热量；Φ'' 为
热对流传递的能量，则

图 5-5 能量微分方程的推导

x 方向导入的净热量 $= \Phi'_x - \left(\Phi'_x + \dfrac{\partial \Phi'_x}{\partial x} dx \right) = \lambda \dfrac{\partial^2 t}{\partial x^2} dx dy$

同理，y 方向导入的净热量 $= \lambda \dfrac{\partial^2 t}{\partial y^2} dx dy$

x 方向热对流传递的净能量 $= \Phi''_x - \left(\Phi''_x + \dfrac{\partial \Phi''_x}{\partial x} dx \right)$

$$= -\rho_p \dfrac{\partial (tu)}{\partial x} dx dy$$

同理，y 方向热对流传递的净能量 $= -\rho_p \dfrac{\partial (tv)}{\partial y} dx dy$

由能量守恒定律，上述各项能量总和应等于单位时间微元体能量的增量，其焓值为
$\rho_p \dfrac{\partial t}{\partial \tau} dx dy$，从而得到：

$$\lambda \dfrac{\partial^2 t}{\partial x^2} + \lambda \dfrac{\partial^2 t}{\partial y^2} - \rho_p \dfrac{\partial (tu)}{\partial x} - \rho_p \dfrac{\partial (tv)}{\partial y} = \rho_p \dfrac{\partial t}{\partial \tau}$$

应用连续性方程，将上式化简整理为：

$$\rho_p \left(\dfrac{\partial t}{\partial \tau} + u \dfrac{\partial t}{\partial x} + v \dfrac{\partial t}{\partial y} \right) = \lambda \left(\dfrac{\partial^2 t}{\partial x^2} + \dfrac{\partial^2 t}{\partial y^2} \right) \tag{5-5a}$$

引用热扩散率 $a = \lambda /(\rho_p)$，写成简练形式：

$$\dfrac{Dt}{d\tau} = a \nabla^2 t \tag{5-5b}$$

综上，式（5-2）、式（5-3）、式（5-4）、式（5-5）构成了二维常物性对流传热微分方
程组，共五个微分方程，包含表面传热系数 h、速度分量 u 及 v、温度 t、压力 p 等五个
未知量。求解这些方程，主要途径有两个：分析求解、数值计算解。尽管推导中已忽略了
一些因素，使方程得到简化，但仍然难于从数学上得出它的分析解，主要困难是动量微分
方程式（5-4）的高度非线性。这个问题直到 1904 年德国科学家普朗特（L. Prandtl）提

出了著名的边界层概念，简化的分析解才成为可能。本章随后将介绍边界层概念，并用数量级分析方法对上述微分方程组做合理的简化，得出边界层对流传热微分方程组，再介绍分析解的结果。关于数值计算解，随着计算机的发展，数值解法得到广泛应用，上述方程或更复杂的一些对流传热方程，加上相应的单值性条件，已可用数值方法求解，有兴趣的读者可参阅文献［2］、［3］，本章将简要介绍对流传热微分方程组的离散方法和代数方程组。除分析求解和数值计算解外，目前探索对流传热规律的一个主要途径是通过模型或实物进行实验研究，本章将阐述实验解的基本原理。

第三节　边界层对流传热微分方程组

前已述及，黏性流体流过物体表面时，贴壁面处将形成极薄的流动边界层，理论分析和实验观察都证实，在这流动边界层里具有很大的速度梯度；当壁面和流体间有温差时，则在贴壁面处亦会出现极薄的温度边界层（或称热边界层），它同样具有很大的温度梯度。因此，边界层的状况对流动和传热具有决定性的作用，这就是边界层理论产生的物理基础。把边界层概念应用于传热学，促进了 20 世纪传热学的发展。为此，本节将阐述边界层理论及如何应用数量级分析方法建立边界层对流传热微分方程组，进而简述其分析求解的结果。

一、流动边界层

当具有黏性且能润湿壁的流体流过壁面时，黏滞力将制动流体的运动，形成边界层。

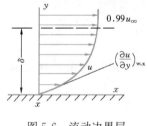

图 5-6　流动边界层

若用仪器来测量壁面法线方向（定为 y 方向）不同的离壁距离上各点 x 方向的速度 u，将得到如图 5-6 所示的速度分布曲线，它表明：从 $y=0$ 处开始 $u=0$，随着离壁距离的增加，u 将迅速增大，经过一极薄的流体层，u 就接近达到主流速度 u_∞。这以后，随着离壁距离的增加，速度 u 将缓慢增加至主流速度，如图 5-6 的曲线所示，理论上要到 $y=\infty$ 处，才能 $u=u_\infty$，因此，$u=u_\infty$ 界面的离壁距离难以明确界定，也无实际意义，故在分析计算中把接近达到主流速度，即 $\dfrac{u}{u_\infty}=0.99$ 处的离壁距离定义为"边界层厚度"，或称"有限边界层厚度"。例如 20℃ 的空气以 u_∞ 为 10m/s 的速度外掠平板，在板前缘 100mm 和 200mm 处的边界层厚度分别约为 1.8mm 和 2.5mm。可见，边界层厚度远小于平板长度，且厚度很薄。在这样薄的一层流体内，速度 u 由 0 变化到 $0.99\,u_\infty$，边界层内的平均速度梯度是极大的，例如在 200mm 处，边界层的平均速度梯度为 4000(l/s)，而在紧贴壁面的地方，速度梯度还将远大于此平均值。图 5-6 定性地表达了这一特点。根据牛顿黏性定律，流体的黏滞应力与垂直于运动方向的速度梯度成正比，即

$$\tau = \mu\,\frac{\partial u}{\partial y} \tag{5-6}$$

式中　τ——黏滞应力，N/m²；

　　　μ——动力黏度，N·s/m²。

对于工业中常见的流体，如空气、燃气、水等，虽然它们的黏度较低，但因速度梯度大，边界层内仍将显现较大的黏滞应力。

边界层以外，流速 u 在 y 方向几乎不再变化，即 $\partial u/\partial y \approx 0$，称为主流区。于是流场可以划分为两个区：边界层区和主流区。边界层区是流体黏性起作用的区域，流体的运动规律可用黏性流体运动微分方程式描述；而对主流区，因速度梯度极小，则可视为无黏性的理想流体，欧拉方程是适用的。这是边界层概念的基本思想。

流体外掠平板是边界层在壁面上形成和发展过程最典型的一种流动，其过程如图5-7。设流体以速度 u_∞ 流进平板前缘，此时的边界层厚度为0，流进平板后，壁面黏滞应力的影响将逐渐向流体内部传递，边界层也逐渐加厚。从平板前缘开始，在某一距离 x_c 以前，边界层内流体的流动状态将一直保持层流。在层流状态下，流体质点运动轨迹（迹线）接近于相互平行，呈一层一层、有秩序的滑动，称层流边界层，图 5-7 中绘出了外掠平板层流边界层速度分布示意图，它呈多项式曲线型。随着层流边界层增厚，边界层速度梯度将变小，这种变化首先是边界层内速度分布曲线靠近主流区的边缘部分开始趋于平缓，导致壁面黏滞力对边界层边缘部分影响的减弱，而惯性力的影响相对增强，进而促使层流边界层从它的边缘开始逐渐变得不稳定起来，自距前缘 x_c 起层流向紊流过渡。一旦紊流区开始形成，由于紊流在流动方向以及垂直于流动方向上传递动量的能力比层流强，紊流流态将同时向外和向壁面扩展，使边界层明显增厚。即它一方面将壁面黏滞力传递到离壁更远一些的地方，将边界层区向外扩展；另一方面，紊流又同时向壁面扩展，紊流区逐步扩大。这可以从图 5-7 过渡区边界层厚度曲线走势看出。再向下游，边界层流态最终过渡为旺盛紊流，使紊流区成为边界层的主体，在紊流区流体质点沿主流运动方向的周围做紊乱的不规则脉动（参见第四节），故称紊流边界层，紊流边界层速度分布呈幂函数型。自平板前缘到层流边界层开始向紊流边界层过渡的距离 x_c 称临界长度，由临界雷诺数 $Re_c = u_\infty x_c/\nu$ 确定。对于外掠平板，Re_c 处于 $3\times 10^5 \sim 3\times 10^6$，对粗糙壁且又有扰动源时，转变可能在 Re 低于 3×10^5 时发生，但若小心消除扰动源，则可使层流保持到 Re_c 的高限。一般情况下可取临界雷诺数为 5×10^5。在相同的物性条件下，u_∞ 越高，则 x_c 越短。

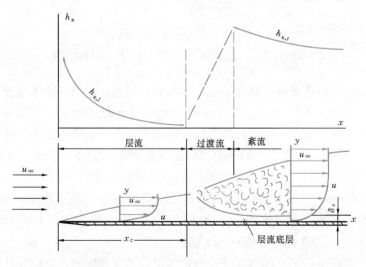

图 5-7　外掠平板流动边界层及局部表面传热系数变化的一般规律

必须着重指出，即使是紊流边界层，在紧贴壁面处，黏滞力仍然会占绝对优势，致使贴附于壁的一极薄层仍然会保持层流特征，它具有很大的速度梯度，该极薄层称紊流边界层的层流底层（亦称黏性底层）。实测与理论分析也证明，层流底层与紊流边界层核心区也不是截然划分的，其间还存在一缓冲区（或称过渡区）。

综合上述分析，可概括出流动边界层的几个重要特性：

（1）边界层极薄，其厚度 δ 与壁的定型长度 l 相比极小；

（2）在边界层内存在较大的速度梯度；

（3）边界层流态分层流与紊流，紊流边界层紧贴壁面处是层流底层；

（4）流场可划分为主流区（由理想流体运动微分方程——欧拉方程描述）和边界层区（用黏性流体运动微分方程描述）。只有在边界层内才显示流体黏性的影响。

以上四点就是边界层理论的基本概念，对分析流体流动和传热十分重要。

若流体受迫横向外掠圆管，如图 5-8 所示，流体接触管面后，从两侧绕过。一般情况下，在圆管的前半部，流体在管表面的流动具有前述的边界层特征，而后半部将发生边界层脱离圆管壁的现象（称绕流脱体或称分离），出现涡流区，边界层流动被破坏。根据来流速度计算的 Re 数可以确定发生绕流脱体的部位及此时边界层内的流动是否已由层流转变为紊流。

流体沿竖壁自然对流时的边界层状况如图 5-9 所示。从壁端开始，流动状态先为层流，如果条件具备，边界层内的流动状态将逐渐转变为紊流，由层流转变为紊流所需的高度取决于壁温与流体温度之差、流体物性。

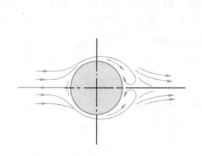 

图 5-8　横向外掠圆管流动　　　图 5-9　自然对流边界层

边界层概念亦可以用来分析其他情况下的流动和传热，例如，流体在管内受迫流动状况，如图 5-10。流体进入管口后，在管内壁开始形成环形边界层，并随流向逐渐增厚。与外掠平板不同，在稳态下，沿管长各断面流量是不变的，故管芯流速将随边界层的增厚而增加。经过一段距离 l，管壁上的环形边界层将在管中心汇合，厚度等于管半径，长度 l 称为"管内流动入口段"。入口段以后则为管内流动的充分发展段。这时的流态可用平均流速 u_m 计算的 $Re_m = u_m d/\nu$ 来判断，当 $Re_m < 2300$ 时为层流，速度分布呈抛物线形；当 $Re_m > 10^4$ 时为旺盛紊流，表明边界层在管的入口段已发展为紊流；当 $2300 < Re_m < 10^4$ 为过渡流。$Re_c = 2300$ 称为管流临界雷诺数。

以上概述，可粗略认识不同情况下流动边界层的形成和发展，它们有共同规律，也各有特点。但要特别指出的是，不是所有上述情况都是边界层类型对流传热问题，只有那些

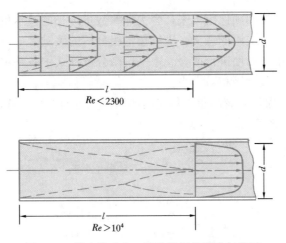

图 5-10 管内流动入口段边界层的形成与发展

具备前述四个特征的流动和传热，才能称为边界层型流动和传热问题，由边界层微分方程组分析求解。本章将着重分析外掠平板对流传热，介绍其分析解的结果，以此揭示对流传热机理及其分析方法。

二、热边界层

当流体和壁面之间有温度差时，将产生热边界层，或称温度边界层。以外掠平板为例，图 5-11 以过余温度 θ（壁温 t_w 与流体温度 t 之差）标示壁面法向流体温度变化示意曲线。$y=0$ 处，$\theta_w=0$；$y=\delta_t$ 处，达到 $\theta=0.99\theta_f$，δ_t 为热边界层厚度。这样，在热边界层以外可视为温度梯度为零的等温流动区。显然，δ_t 不一定等于 δ，两者之比与流体物性有关。

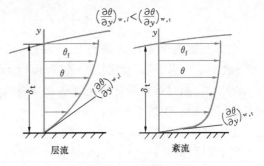

图 5-11 热边界层

流动边界层和热边界层的状况决定了边界层内的温度分布和热量传递过程。

对于层流边界层，温度呈多项式曲线型分布，对于紊流边界层则呈幂函数型分布（除液态金属外），紊流边界层贴壁处的层流底层内温度梯度很大。另外，在图 5-7 上标绘了局部表面传热系数 h_x 沿平板的变化情况，从平板前缘开始，随着层流边界层增厚，h_x 较快地降低。当流态从层流向紊流转变后，因垂直于流动方向上的动量、能量传递作用增大，h_x 将明显上升，随后，由于紊流边界层厚度增加，h_x 再呈缓慢下降之势。将局部表面传热系数沿全板长积分，可得全板平均表面传热系数 h，积分过程中需注意流态变化。

三、数量级分析与边界层微分方程

前节导出的对流传热微分方程式尚不能直接分析求解，但根据边界层的特点，运用数量级分析的方法简化对流传热微分方程组，得出边界层对流传热微分方程组，就可以分析求解。

所谓数量级分析，就是将方程中各基本量和各项数量级的相对大小进行比较，从方程中把数量级较大的基本量和项保留下来，舍去那些数量级小的基本量和项。数量级分析的方法在工程实践中有广泛实用的意义。进行数量级分析的关键是如何确定方程中各项的数量级，确定每项的大小，以便进行取舍。本书按微分方程式中各基本量在其计算区间的积分平均绝对值判定它的数量级相对大小。

以受迫二维[❶]稳态层流且忽略重力作用时的情况为分析对象，式（5-3）、式（5-4）及式（5-5）可写为下列形式：

$$\frac{\partial u}{\partial x} + \frac{\partial v}{\partial y} = 0 \qquad (5\text{-}3)$$

$$\frac{1}{1} \qquad \frac{\delta}{\delta}$$

$$\rho\left(u\frac{\partial u}{\partial x} + v\frac{\partial u}{\partial y}\right) = -\frac{\partial p}{\partial x} + \mu\left(\frac{\partial^2 u}{\partial x^2} + \frac{\partial^2 u}{\partial y^2}\right) \qquad (5\text{-}7a)$$

$$1 \quad \left[1\,\frac{1}{1}\quad \delta\,\frac{1}{\delta}\right] \qquad 1 \qquad \delta^2\left[\frac{1}{1}\qquad \frac{1}{\delta^2}\right]$$

$$\rho\left(u\frac{\partial v}{\partial x} + v\frac{\partial v}{\partial y}\right) = -\frac{\partial p}{\partial y} + \mu\left(\frac{\partial^2 v}{\partial x^2} + \frac{\partial^2 v}{\partial y^2}\right) \qquad (5\text{-}7b)$$

$$1 \quad \left[1\,\frac{\delta}{1}\quad \delta\,\frac{\delta}{\delta}\right] \qquad \delta \quad \delta^2\left[\frac{\delta}{1}\qquad \frac{\delta}{\delta^2}\right]$$

$$\rho c_{\mathrm{p}}\left(u\frac{\partial t}{\partial x} + v\frac{\partial t}{\partial y}\right) = \lambda\left(\frac{\partial^2 t}{\partial x^2} + \frac{\partial^2 t}{\partial y^2}\right) \qquad (5\text{-}8)$$

$$1 \quad \left[1\,\frac{1}{1}\quad \delta\,\frac{1}{\delta_{\mathrm{t}}}\right] \qquad \delta_{\mathrm{t}}^2\left[\frac{1}{1}\qquad \frac{1}{\delta^2}\right]$$

在对上述四个方程式进行数量级分析时，可先确定五个基本量的数量级，用符号"～"表示"相当于"，规定用 O（1）和 O（δ）分别表示数量级为 1 和 δ，量 1 远大于量 δ，即 1≫δ，通过数量级分析把那些 δ 量级的量从方程中除去。当用数量级关系来衡量主流和边界层的一些基本量时，可得：

主流速度与温度 u_∞，t_∞～O（1）；

壁面定型长度 l～O（1）；

边界层厚度 δ～O（δ）；δ_{t}～O（δ）。

用上述五个基本量的数量级来衡量方程式中各项，可见：x 与 l 相当，即 x～O（1）；y 为边界层内各点离壁的法向距离，0≤y≤δ，故 y～O（δ）；u 沿边界层厚度由 0 到 u_∞，故 u～O（1）；则 u 对 x 导数的数量级[❷]亦应为 $\frac{\partial u}{\partial x}$～O(1)；同理，$\frac{\partial t}{\partial x}$～O（1）。由式(5-3)得

$$-\frac{\partial v}{\partial y} = \frac{\partial u}{\partial x}$$

等式两边的数量级应相同，故可得

---

❶ 式中 y 方向的速度分量 v 是由于边界层随流向逐渐增厚，一部分流体被挤出边界层区形成的。

❷ 在从 0 到 l 距离内，u 变化的最大可能范围是 u_∞ 到 0，故 $\frac{\partial u}{\partial x}$ 的数量级是：$\frac{1}{l}\int_0^l \frac{\partial u}{\partial x}\mathrm{d}x \sim \frac{1}{l}\mathrm{O}(1) \sim$ 绝对值 $\frac{u_\infty}{l} \sim$

O(1)

$$\frac{\partial v}{\partial y} \sim \frac{u_\infty}{l} \sim \mathrm{O}(1)$$

则速度 v 的数量级可确定为：

$$v \sim \int_0^\delta \frac{u_\infty}{l} \mathrm{d}y = \frac{u_\infty}{l}\delta \sim \mathrm{O}(\delta)$$

可见 v 是一个小量。

从边界层特性知，黏滞力与惯性力的数量级相当，故式（5-7）中若 ρ 的数量级定为 $\mathrm{O}\,(1)$，则 μ 为 $\mathrm{O}\,(\delta^2)$ [❶]。

在分析各项数量级时，为便于比较，在每项的下方分别标出它们的数量级。

（1）惯性力项 比较式（5-7a）、式（5-7b）中的惯性力项，可略去式（5-7b）的惯性力项。

（2）黏滞力项 比较式（5-7a）、式（5-7b）中的黏滞力项，只需保留式（5-7a）中的 $\mu\left(\dfrac{\partial^2 u}{\partial y^2}\right)$ 这一项。

（3）压强梯度项 由于式（5-7b）中黏滞力和惯性力项均为小项，它的压强梯度亦必 $\dfrac{\partial p}{\partial y} \sim \mathrm{O}(\delta)$。而式（5-7a）中 $\dfrac{\partial p}{\partial x}$ 的数量级将等于或小于 $\mathrm{O}\,(1)$。这表明边界层内压强梯度仅沿 x 方向变化，而壁面法向的压强梯度将极小，以致边界层内任一 x 截面的压强与 y 无关而等于主流的压强。故可将 $\dfrac{\partial p}{\partial x}$ 改写为 $\dfrac{\mathrm{d}p}{\mathrm{d}x}$，它的值由伯努利方程求得，即

$$-\frac{\mathrm{d}p}{\mathrm{d}x} = \rho u_\infty \frac{\mathrm{d}u_\infty}{\mathrm{d}x} \tag{5-9}$$

上式可视为边界层的又一特性，对分析求解具有重要意义。

采用同样方法可以在式（5-8）的下方列出各项的数量级。由热边界层的特性，导热项与对流项的数量级相当，故式（5-8）中若 ρc_p 的数量级定为 $\mathrm{O}\,(1)$，则 λ 的量级为 $\mathrm{O}(\delta_\mathrm{t}^2)$。

对比式（5-8）中各项数量级，可以明显看出热边界层的一个特点 $\dfrac{\partial^2 t}{\partial y^2} \gg \dfrac{\partial^2 t}{\partial x^2}$ 即 x 方向的导热作用可以忽略，从而使能量方程得到简化。

通过上述数量级分析，得到无内热源二维稳态层流边界层对流传热微分方程组：

$$\frac{\partial u}{\partial x} + \frac{\partial v}{\partial y} = 0 \tag{5-3}$$

$$u\frac{\partial u}{\partial x} + v\frac{\partial u}{\partial y} = -\frac{1}{\rho}\frac{\mathrm{d}p}{\mathrm{d}x} + \nu\frac{\partial^2 u}{\partial y^2} \tag{5-10}$$

$$u\frac{\partial t}{\partial x} + v\frac{\partial t}{\partial y} = a\frac{\partial^2 t}{\partial y^2} \tag{5-11}$$

上式中 $\dfrac{\mathrm{d}p}{\mathrm{d}x}$ 由式（5-9）计算，故上述方程只有三个未知量：u，v，t。对于外掠平板层流，

---

❶ 例如常温下，空气 $\rho = 1.205\mathrm{kg/m^3}$，$\mu = 18.2 \times 10^{-6} \mathrm{N \cdot s/m^2}$；水的 $\rho = 1000\mathrm{kg/m^3}$，$\mu = 10 \times 10^{-4}\mathrm{N \cdot s/m^2}$，符合上述判断。

当 $u_\infty = \text{const}$ 时，式（5-10）还可进一步简化为：

$$u\frac{\partial u}{\partial x} + v\frac{\partial u}{\partial y} = \nu\frac{\partial^2 u}{\partial y^2} \tag{5-12}$$

式（5-10）由普朗特 1904 年最先导得，故称普朗特边界层微分方程式。如是，利用边界层概念，把原应在整个流场内求解 N-S 方程和能量方程的问题，简化为求解边界层微分方程（对于边界层区）和伯努利方程（对于主流区）。值得注意的是，在 $u_\infty = \text{const}$ 时得到的式（5-12）同式（5-11）的形式完全一致，表明在这种情况下的动量传递和热量传递规律类似。特别是对于 $\nu = a$ 的流体，速度场和温度场（用过余温度或无量纲温度表达）就完全相同，并且流动与热边界层厚度相等。

为了分析与计算的方便，可用无量纲置换方程式中各量，将方程式改写成无量纲形式，即

$$X = \frac{x}{l}; Y = \frac{y}{l}; P = \frac{p}{\rho u_\infty^2}$$

$$U = \frac{u}{u_\infty}; V = \frac{v}{u_\infty}; \Theta = \frac{t - t_w}{t_f - t_w}$$

式中 l 为定型长度，对平板即为长度。无量纲化各量数值均在 $0\sim1$ 之间，将式（5-3）乘以 $\dfrac{l}{u_\infty}$，式（5-10）两边乘以 $\dfrac{l}{u_\infty^2}$，式（5-11）乘以 $\dfrac{l}{u_\infty}\dfrac{1}{t_f - t_w}$，则得：

$$\left.\begin{aligned}
&\frac{\partial U}{\partial X} + \frac{\partial V}{\partial Y} = 0 \\[2mm]
&U\frac{\partial U}{\partial X} + V\frac{\partial U}{\partial Y} = -\frac{dP}{\partial X} + \frac{1}{Re}\frac{\partial^2 U}{\partial Y^2} \\[2mm]
&U\frac{\partial \Theta}{\partial X} + V\frac{\partial \Theta}{\partial Y} = \frac{1}{Re \cdot Pr}\frac{\partial^2 \Theta}{\partial Y^2}
\end{aligned}\right\} \tag{5-13}$$

由式（5-13）看出，当 Re 的数量级为 $\mathrm{O}\left(\dfrac{1}{\delta^2}\right)$ 时，惯性力与黏滞力数量级可相当。式中 $Pr = \nu/a$，无量纲数，称普朗特数。上述无量纲化方程的优点是扩大了方程式的概括能力和计算结果的适用性。

四、外掠平板层流传热边界层微分方程式分析解简述[❶]

从上述数量级分析得到的常物性流体外掠平板层流边界层传热微分方程组为：

$$\left.\begin{aligned}
&\frac{\partial u}{\partial x} + \frac{\partial v}{\partial y} = 0 &\tag{5-3}\\[2mm]
&u\frac{\partial u}{\partial x} + v\frac{\partial u}{\partial y} = \nu\frac{\partial^2 u}{\partial y^2} &\tag{5-12}\\[2mm]
&u\frac{\partial t}{\partial x} + v\frac{\partial t}{\partial y} = a\frac{\partial^2 t}{\partial y^2} &\tag{5-11}\\[2mm]
&h_x\Delta t_x = -\lambda\left(\frac{\partial t}{\partial y}\right)_{w,x} &\tag{5-2}
\end{aligned}\right\}$$

---

❶ 由于内容已超出本书范围，本节只简述其结论，详细求解过程列于附录 14，以供教学参考。

求解的基本途径是引用三个无量纲变量,把上述方程式(5-12)、式(5-11)转换为常微分方程,分别求解出边界层速度场、温度场,进而获得局部表面传热系数解,详见附录14。因为它的结论对于深入掌握对流传热机理具有指导意义,故综述结论如下:

(1)从动量方程式(5-12)和连续性方程式(5-3)解得速度场,如图5-12所示(同时标绘出v的分布),进而获得边界层厚度δ及局部摩擦系数$C_{f,x}$,分别为:

$$\frac{\delta}{x} = 5.0Re_{x}^{-1/2} \tag{5-14}$$

$$\frac{C_{f,x}}{2} = 0.332Re_{x}^{-1/2} \tag{5-15}$$

式中雷诺准则$Re_x = \dfrac{u_\infty x}{\nu}$;图中纵坐标$y\sqrt{\dfrac{u_\infty}{\nu x}}$为无量纲离壁距离。$y$方向的速度分布用无量纲量$\dfrac{v}{u_\infty}\sqrt{Re}$表达。

(2)从能量微分方程式(5-11)解得不同Pr下的温度场,如图5-13所示,进而由式(5-2)求得外掠常壁温平板局部表面传热系数,即

$$h_x = 0.332\frac{\lambda}{x}Re_x^{1/2}Pr^{1/3} \tag{5-16a}$$

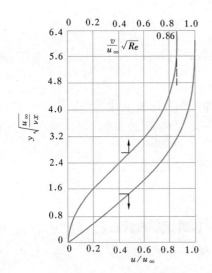

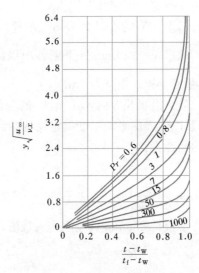

图 5-12　外掠平板层流　　　　　图 5-13　外掠常壁温平板层流
　　　　边界层速度场　　　　　　　　　　传热边界层温度场

写成无量纲准则关联式:

$$Nu_x = 0.332Re_x^{1/2}Pr^{1/3} \tag{5-16b}$$

对长度为l(m)的常壁温平板,积分式(5-16a)得平均表面传热系数

$$h = \int_0^l h_x\mathrm{d}x/l = 2h_l$$

故得

$$h = 0.664\frac{\lambda}{l}Re^{1/2}Pr^{1/3} \tag{5-17a}$$

或

$$Nu = 0.664Re^{1/2}Pr^{1/3} \tag{5-17b}$$

式中　Nu——努谢尔特数，又称努谢尔特准则，$Nu=\dfrac{hl}{\lambda}$ 或 $Nu_x=\dfrac{h_x x}{\lambda}$，此无量纲数的

大小反映了对流传热过程的强度；

Pr——普朗特数，又称普朗特准则，$Pr=\dfrac{\nu}{a}=\dfrac{\mu c_p}{\lambda}$，为无量纲数，反映流体物

性对对流传热过程的影响。

（3）分析解式（5-16）表明，对于不同物性的流体，Nu 数与 $Pr^{1/3}$ 有关。

（4）对于 $Pr=1$ 的流体，由图 5-12 和图 5-13 可见，边界层无量纲速度和无量纲温度

分布曲线完全一致，且 $\delta=\delta_t$。对于 $Pr\neq1$ 的流体，分析解证实，比值 $\dfrac{\delta_t}{\delta}=Pr^{-1/3}$（图 5-13

反映了这一规律）。

（5）式（5-16）是由不同准则组成的关联式，这表明微分方程式具有准则关联式形式

的解。它把微分方程所反映的众多因素间的规律用少数几个准则来概括，即把有多个变量

的式（5-1）变换为 $Nu=f(Re \cdot Pr)$（在受迫对流传热情况下），变量大为减少。这对于

对流传热问题的分析、实验研究及数据的整理，有普遍指导意义。另外，分析解假定流体

物性为常量，在实际计算外掠平板对流传热过程时，物性参数可按边界层平均温度 $t_m=$

$(t_f+t_w)/2$ 确定，即定性温度为 t_m。

【例 5-1】20℃的水以 1.32m/s 的速度外掠长 250mm 的平板，壁温 $t_w=60℃$。

（1）试求 $x=250$mm 处下列各项局部值：$\delta,\delta_t,C_{f,x},v_{max},h_x,\left(\dfrac{\partial t}{\partial y}\right)_{w,x}$ 及全板平均 C_f，

h，传热量 Φ（W，板宽为 1m）；

（2）计算沿板长方向 δ,δ_t,h,h_x 的变化，并绘制曲线图显示其变化趋势。

【解】以边界层平均温度确定物性参数，$t_m=(t_f+t_w)/2=(20+60)/2=40℃$，查附

录 2 水的物性为：

$$\lambda=0.635\text{W}/(\text{m}\cdot\text{K});\nu=0.659\times10^{-6}\text{m}^2/\text{s};Pr=4.31$$

（1）$Re_x=\dfrac{u_\infty x}{\nu}=\dfrac{1.32\times0.25}{0.659\times10^{-6}}=5.01\times10^5$

表明于板长 250mm 处刚刚进入紊流，在此之前可以看做层流状态。

$$\delta=5.0Re_x^{-1/2}x=5.0\times\frac{0.25}{\sqrt{5.01\times10^5}}=1.77\times10^{-3}\text{ m}$$

$$\delta_t\approx\delta Pr^{-1/3}=1.77\times10^{-3}\times4.31^{-1/3}=1.09\times10^{-3}\text{m}$$

$$C_{f,x}=0.664Re_x^{-1/2}=0.664\times(5.01\times10^5)^{-1/2}=9.38\times10^{-4}$$

$$C_f=\int_0^x C_{f,x}\mathrm{d}x/x=2C_{f,x}=2\times9.38\times10^{-4}=1.88\times10^{-3}$$

$$v_{max}=0.86\times u_\infty/\sqrt{Re_x}=0.86\times1.32/\sqrt{5.01\times10^5}=1.60\times10^{-3}\text{ m/s}$$

$$h_x=0.332\frac{\lambda}{x}Re_x^{1/2}Pr^{1/3}$$

$$=0.332\times\frac{0.635}{0.25}\times(5.01\times10^5)^{1/2}\times4.31^{1/3}=971\text{ W}/(\text{m}^2\cdot\text{K})$$

$$h=2h_x=1942\text{ W}/(\text{m}^2\cdot\text{K})$$

$$\left(\frac{\partial t}{\partial y}\right)_{w,x} = -h_x \cdot \Delta t / \lambda$$

$$= -971 \times (60-20)/0.635 = -6.11 \times 10^4 \text{ K/m}$$

全板传热量 $\Phi = h(t_w - t_f)A = 1942 \times (60-20) \times 0.25 \times 1$

$$= 19420 \text{ W}$$

（2）表 5-2 仅列出五个局部点的计算结果，详细数据如图 5-14 所示。

计 算 结 果   表 5-2

	X(mm)	u_∞(m/s)	Re_x	δ(mm)	δ_t(mm)	$h_x[\text{W}/(\text{m}^2 \cdot \text{K})]$	$h[\text{W}/(\text{m}^2 \cdot \text{K})]$
1	0	1.32	0	0	0	—	—
2	50	1.32	1.00×10^5	0.79	0.49	2172	4343
3	100	1.32	2.00×10^5	1.12	0.69	1535	3071
4	150	1.32	3.00×10^5	1.37	0.84	1254	2507
5	200	1.32	4.01×10^5	1.58	0.97	1086	2172
6	250	1.32	5.01×10^5	1.77	1.09	971	1942

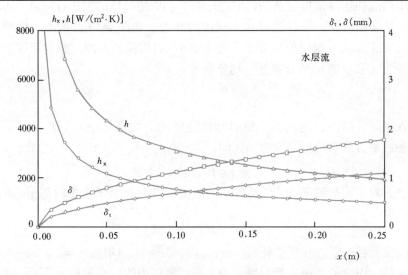

图 5-14 例 5-1 图

【讨论】结合本例数据，可进一步思考的问题是：关于对流传热问题的计算步骤，一般首先要由定性温度确定流体的热物性参数，再计算出 Re 数，据此才能确定流态，选定该条件下的计算式；关于边界层，题中的数据具体地反映了边界层厚度的数量级，即边界层厚度与平板的长度尺寸相比是一个很小量级的数值，而且，不论流体的种类及性质如何，只要 Re_x 相同，则边界层厚度随 x 的变化将完全一致；至于热边界层的厚度则还要受 Pr 数的影响。可以理解，如果流体黏度比较大，则它的 Pr 数也大，热边界层就更薄。从平板前端开始，局部表面传热系数随 x 增加而急剧降低，因此在其他参数不变的情况下，平板越短，平均表面传热系数就越高，在很多情况下可以利用这一特点来强化传热。

第四节 动量传递和热量传递的类比

　　紊流对流传热是工业中最常见的，紊流时的动量和热量传递都比层流大大增强，但它的流动和传热机理也更复杂。前人对这方面已做过大量的理论和实验研究，提出了许多求解的方法。本节阐述的类比原理[1]，是利用流动阻力的实验（或理论）数据解决对流传热问题的一种方法，可适用于层流、紊流对流传热。本节主要分析在紊流对流传热中的应用。这种方法对于表面传热系数难于直接测定或缺乏资料的情况，能够获得近似解，有一定实用意义。通过类比分析，将有助于对紊流对流传热机理的理解。本书第十一章还要直接应用动量、热量、质量三种传递的类比，分析传质问题。

一、紊流动量传递和热量传递

　　紊流对流传热过程中，除了在层流对流传热中分析过的分子扩散传递作用外，还存在流体质点紊流脉动所引起的附加动量和热量传递作用。本节将讨论后一作用。

　　紊流流场中质点的运动是极复杂的。但在稳态下，如用灵敏的测速仪测量，可以观察到它的瞬时速度始终围绕某一平均速度作无规则的脉动，如图 5-15 所示的二维流动，任意时刻的瞬时真实速度 u_τ（瞬时值）等于平均速度 u（时均值）与瞬时脉动速度 u'（脉动值）之和，分解为 x 和 y 方向的分速度，则分别为

$$u_\tau = u + u'$$
$$v_\tau = v + v'$$

对稳态流动，在足够长的一段时间内，瞬时脉动速度的平均值等于 0，即 $\overline{u'}=0$，$\overline{v'}=0$，但脉动值的乘积或平方的平均值不会为零，即

$$\overline{u'^2} \neq 0, \quad \overline{v'^2} \neq 0; \quad \overline{u'v'} \neq 0$$

　　同理，在稳态对流传热情况下，流体的瞬时温度 t_τ 也将围绕温度的时间平均值 t 做不规则的脉动，这时

$$t_\tau = t + t'$$

式中 t' 为温度的瞬时脉动值。在足够长的一段时间内，$\overline{t'}=0$，同样 $\overline{u't'}\neq 0$，$\overline{v't'}\neq 0$。

　　为分析由于脉动引起的紊流动量交换，设紊流边界层中的一个平面为 a-a，如图 5-16 所示，因受壁面摩擦的影响，a-a 面上部的时均速度将大于它下部的时均速度。当流体质

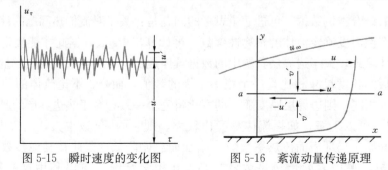

图 5-15　瞬时速度的变化图　　　　图 5-16　紊流动量传递原理

---

　　[1]　由雷诺（1874）、普朗特（1910）、卡门（1939）、马蒂内里（1947）等人先后提出并推动发展起来[8]。

点以 $-v'$ 向下脉动进入 $a\text{-}a$ 时，其质流通量应为 $-\rho v'$，它释放动量对 $a\text{-}a$ 面的流体将起拉拽作用，使之在 x 方向产生一正的脉动 u'，因此，这次脉动传递的动量应是 $-\rho v'u'$。同理，若质点以 v' 向上脉动进入 $a\text{-}a$，其质流通量为 $\rho v'$，它从平面 $a\text{-}a$ 接受动量，起滞迟作用，使之在 x 方向产生负的脉动 $-u'$，故此脉动传递的动量仍是 $-\rho v'u'$。若取时间平均值，即为 $-\rho\overline{v'u'}$，这个量称紊流黏滞应力 τ_t，亦称雷诺应力[1]（下标 t 表示紊流）。

$$\tau_t = -\rho\overline{v'u'} \tag{1}$$

由于各物理量的脉动值不便于计算和实验测量，通常把 τ_t 用类似于黏滞应力计算式的形式表达，即：

$$\tau_t = -\rho\overline{v'u'} = \rho\varepsilon_m\frac{\mathrm{d}u}{\mathrm{d}y}\quad(\mathrm{N/m^2}) \tag{2}$$

式中　ε_m——紊流动量扩散率（又称紊流黏度），$\mathrm{m^2/s}$；

$\dfrac{\mathrm{d}u}{\mathrm{d}y}$——紊流时均速度梯度，$1/\mathrm{s}$，一般文献中写成 $\dfrac{\mathrm{d}\bar{u}}{\mathrm{d}y}$，以示与层流的区别，本节为简便起见仍用 u，但表达的是时均值。

同理，对于紊流热量传递，设脉动的质流通量是 $\rho v'$，而它引起的温度脉动为 t'，则紊流脉动传递的热量是 $\rho c_p v't'$，以时均值表示，即

$$q_t = \rho c_p\overline{v't'} \tag{3}$$

通常仿照导热计算式的形式表达上式为

$$q_t = \rho c_p\overline{v't'} = -\rho c_p\varepsilon_h\frac{\mathrm{d}t}{\mathrm{d}y}\quad(\mathrm{W/m^2}) \tag{4}$$

式中　ε_h——紊流热扩散率，$\mathrm{m^2/s}$；

$\dfrac{\mathrm{d}t}{\mathrm{d}y}$——紊流时均温度梯度，$\mathrm{K/m}$。

式（2）、式（4）中的 ε_m 和 ε_h 分别与流体动量扩散率 ν 和流体热扩散率 a 相对应，但 ε_m 和 ε_h 都不是流体的物性，它们只反映紊流的性质[2]，与雷诺数、紊流强度以及测点位置有关。$\varepsilon_m/\varepsilon_h$ 亦称紊流普朗特准则，用 Pr_t 表示。在一般的分析中可取 $Pr_t=1$，详见文献 [9]。

综上所述，紊流总黏滞应力为层流黏滞应力 τ_l（l 表示层流）与紊流黏滞应力 τ_t 之和，即

$$\tau = \tau_l + \tau_t = \rho(\nu+\varepsilon_m)\frac{\mathrm{d}u}{\mathrm{d}y} \tag{5-18}$$

紊流总热流密度为层流导热量 q_l 和紊流传递热量 q_t 之和，即

$$q = q_l + q_t = -\rho c_p(a+\varepsilon_h)\frac{\mathrm{d}t}{\mathrm{d}y} \tag{5-19}$$

式（5-18）、式（5-19）是紊流对流传热过程分析的基本关系式。

---

[1]　用数学推导方法，将 u_τ，v_τ 等瞬时速度代入动量微分方程式，经整理，亦可导得。

[2]　利用 ε_m 和 ε_h 的概念，将式(5-12)、式(5-11)应用于紊流，得出紊流边界层微分方程式：
$$u\frac{\partial u}{\partial x}+v\frac{\partial u}{\partial y}=\frac{\partial}{\partial y}\Big[(\nu+\varepsilon_m)\frac{\partial u}{\partial y}\Big];\ u\frac{\partial t}{\partial x}+v\frac{\partial t}{\partial y}=\frac{\partial}{\partial y}\Big[(a+\varepsilon_h)\frac{\partial t}{\partial y}\Big]$$

二、雷诺类比

第三节在推导对流传热的速度场与温度场时曾提到动量传递与热量传递存在着类似的规律，本节将补充叙述在紊流情况下动量传递与热量传递同样具有类似的规律。

对于层流对流传热，边界层内流速和温度只在 y 方向有显著变化，此时

$$q_l = -\lambda \frac{\mathrm{d}t}{\mathrm{d}y} = -\rho c_\mathrm{p} a \frac{\mathrm{d}t}{\mathrm{d}y} \tag{5}$$

$$\tau_l = \mu \frac{\mathrm{d}u}{\mathrm{d}y} = \rho v \frac{\mathrm{d}u}{\mathrm{d}y} \tag{6}$$

两式相除

$$\frac{q_l}{\tau_l} = -\frac{\lambda}{\mu}\left(\frac{\mathrm{d}t}{\mathrm{d}u}\right) \tag{5-20a}$$

将上式右边分子与分母同乘以 ρc_p，并同除以 $\mathrm{d}y$，改写为

$$\frac{q_l}{\tau_l} = -\frac{\lambda}{\mu c_\mathrm{p}}\left(\frac{\mathrm{d}(\rho c_\mathrm{p} t)/\mathrm{d}y}{\mathrm{d}(\rho u)/\mathrm{d}y}\right) = -\frac{1}{Pr}\frac{\mathrm{d}(\rho c_\mathrm{p} t)/\mathrm{d}y}{\mathrm{d}(\rho u)/\mathrm{d}y}$$

式中热量梯度 $\mathrm{d}(\rho c_\mathrm{p} t)/\mathrm{d}y$ 决定热量交换的速率；而动量梯度 $\dfrac{\mathrm{d}(\rho u)}{\mathrm{d}y}$ 则决定动量交换的速率。故式（5-20a）表达了层流热量和动量传递的类比关系。当 $Pr=1$ 时，式（5-20a）还可改写为

$$\frac{q_l}{\tau_l} = -c_\mathrm{p}\frac{\mathrm{d}t}{\mathrm{d}u} \tag{5-20b}$$

对于紊流对流传热，考虑到紊流扩散作用远大于分子扩散作用，即

$$\nu \ll \varepsilon_\mathrm{m}; a \ll \varepsilon_\mathrm{h}$$

因此，可简化式（5-18）、式（5-19）为

$$\tau = \rho \varepsilon_\mathrm{m}\frac{\mathrm{d}u}{\mathrm{d}y} \tag{7}$$

$$q = -\rho c_\mathrm{p}\varepsilon_\mathrm{h}\frac{\mathrm{d}t}{\mathrm{d}y} \tag{8}$$

两式相除

$$\frac{q}{\tau} = -c_\mathrm{p}\frac{\varepsilon_\mathrm{h}}{\varepsilon_\mathrm{m}} \cdot \frac{\mathrm{d}t}{\mathrm{d}u}$$

当 $Pr_\mathrm{t}=1$ 时，则

$$\frac{q}{\tau} = -c_\mathrm{p}\frac{\mathrm{d}t}{\mathrm{d}u} \tag{5-21}$$

式（5-21）为紊流动量与热量传递的雷诺类比方程，它和式（5-20b）形式一致。这说明，当 $Pr=1$ 和 $Pr_\mathrm{t}=1$ 时，紊流和层流的两传（动量与热量传递）类比服从同一方程。此即雷诺一层结构紊流模型。也就是说，在 $Pr=Pr_\mathrm{t}=1$ 的情况下，可以把紊流边界层视为由一层紊流层构成。以下将按此模型推导紊流摩擦系数与表面传热系数的关系。

对式（5-21）积分，速度由 0 到 u_∞，相应地温度由 t_w 积分到 t_f。对一层结构模型，可认为 q/τ 等于壁面的比值 $q_\mathrm{w}/\tau_\mathrm{w}$，并作常数处理，得

$$q_{\mathrm{w}} = -\tau_{\mathrm{w}} c_{\mathrm{p}} \frac{t_{\mathrm{f}} - t_{\mathrm{w}}}{u_{\infty}} \tag{9}$$

把 $q_{\mathrm{w}} = h(t_{\mathrm{w}} - t_{\mathrm{f}})$ 代入式（9），并在两边乘以 $\dfrac{1}{\rho u_{\infty}}$，并考虑到 $\tau_{\mathrm{w}} = C_{\mathrm{f}} \dfrac{\rho u_{\infty}^2}{2}$，

则得

$$\frac{h}{\rho c_{\mathrm{p}} u_{\infty}} = \frac{\tau_{\mathrm{w}}}{\rho u_{\infty}^2} = C_{\mathrm{f}}/2 \tag{5-22}$$

即

$$St = C_{\mathrm{f}}/2 \tag{5-23a}$$

式中 $St = \dfrac{h}{\rho c_{\mathrm{p}} u_{\infty}} = \dfrac{Nu}{RePr}$，为斯坦登准则。

对于局部表面传热系数 h_{x} 和局部摩擦系数 $C_{\mathrm{f,x}}$[❶]，则

$$St_{\mathrm{x}} = C_{\mathrm{f,x}}/2 \tag{5-23b}$$

式（5-23）以简单形式表达了紊流对流传热表面传热系数和摩擦系数间的关系，称简单雷诺类比律。这样，已知摩擦系数，即可推算表面传热系数，但式（5-23）只适用于 $Pr=1$ 的流体，当 $Pr \neq 1$ 时，可用 $Pr^{2/3}$ 修正 St，得

$$St \cdot Pr^{2/3} = C_{\mathrm{f}}/2 \tag{5-24a}$$

对于局部表面传热系数，则

$$St_{\mathrm{x}} \cdot Pr^{2/3} = C_{\mathrm{f,x}}/2 \tag{5-24b}$$

式（5-24）称柯尔朋（Colburn）类比律[❷]。定性温度为 $t_{\mathrm{m}} = \dfrac{t_{\mathrm{f}} + t_{\mathrm{w}}}{2}$。它适用于 $Pr = 0.5 \sim 50$。以上分析，提供了两传类比基本理论的初步认识。随后，在第六章分析计算粗糙管表面传热系数时也将用到此理论。随着类比律理论的进一步发展，相继提出了把紊流边界层视为层流底层和紊流核心区组成的所谓二层结构紊流模型；层流底层、缓冲层、紊流核心区组成的三层结构模型，使类比律日趋完善和实用。不过，从上述推导过程可以看出类比律是在无压力梯度、不考虑体积力的情况下导出的，因而应用类比律时有一定的限制条件。详细分析请参考文献［8］、［10］、［13］。

三、外掠平板对流传热

对于光滑平板，由理论分析得，外掠平板层流局部表面传热系数关联式为

$$h_{\mathrm{x}} = 0.332 \frac{\lambda}{x} Re_{\mathrm{x}}^{1/2} Pr^{1/3} \tag{5-25a}$$

或

$$Nu_{\mathrm{x}} = 0.332 Re_{\mathrm{x}}^{1/2} Pr^{1/3} \tag{5-25b}$$

沿板长方向的层流平均表面传热系数为

$$h = \int_0^l h_{\mathrm{x}} \mathrm{d}x/l = \int_0^l 0.332 \frac{\lambda}{x} Re_{\mathrm{x}}^{1/2} Pr^{1/3} \mathrm{d}x/l = 0.664 \frac{\lambda}{l} Re^{1/2} Pr^{1/3} \tag{5-26a}$$

则，层流平均表面传热系数关联式为

$$Nu = 0.664 Re^{1/2} Pr^{1/3} \tag{5-26b}$$

---

❶ 若式(5-23a)在推导时即取各量局部值,则可得式(5-23b)。

❷ A. P. Colburn. Trans. AIChE, 29：174，1933.

对于光滑平板，由实验和理论分析确定的平板紊流局部摩擦系数

$$C_{f,x} = 0.0592 Re_x^{-1/5} \qquad (5-27)$$

它的适用范围为 $5 \times 10^5 \leqslant Re \leqslant 10^7$。将式（5-27）代入式（5-24b），得常壁温外掠平板紊流局部表面传热系数关联式

$$h_x = 0.0296 \frac{\lambda}{x} Re_x^{4/5} \cdot Pr^{1/3} \qquad (5-28a)$$

或

$$Nu_x = 0.0296 Re_x^{4/5} \cdot Pr^{1/3} \qquad (5-28b)$$

由于平板前端 0 到 x_c 距离内为层流，故全板平均表面传热系数须按层流段和紊流段分别积分求平均，即

$$h = \frac{1}{l} \left(\int_0^{x_c} h_{x,l} \mathrm{d}x + \int_{x_c}^l h_{x,t} \mathrm{d}x \right) \qquad (10)$$

式中临界距离 x_c 由 $Re_c = 5 \times 10^5$ 确定；将式（5-25a）和式（5-28a）代入式（10），积分、归纳后得出常壁温外掠平板紊流平均传热准则关联式

$$Nu = (0.037 Re^{0.8} - 870) Pr^{1/3} \qquad (5-29)$$

它的适用范围 $0.6 \leqslant Pr \leqslant 60$，$5 \times 10^5 \leqslant Re \leqslant 10^8$，定型长度为板长 l，定性温度 $t_m = (t_f + t_w)/2$。至此，本章已对外掠平板流动传热从层流到紊流做了较系统的分析。

【**例 5-2**】常压下 20℃的空气以 33.9m/s 外掠壁温为 60℃的两块平板，板长分别为 0.05m 和 1.5m，分别求两块板的平均表面传热系数及传热量（板宽按 1m 计算）。

【**解**】$t_m = (t_f + t_w)/2 = (60 + 20)/2 = 40℃$，查附录 1 空气物性：

$$\lambda = 0.0276 \mathrm{W/(m \cdot K)}; \ \nu = 16.96 \times 10^{-6} \mathrm{m^2/s}; \ Pr = 0.699$$

则

$$Re_1 = \frac{u_\infty l_1}{\nu} = \frac{33.9 \times 0.05}{16.96 \times 10^{-6}} = 1 \times 10^5$$

$$Re_2 = \frac{u_\infty l_2}{\nu} = \frac{33.9 \times 1.5}{16.96 \times 10^{-6}} = 3 \times 10^6$$

可见，板长为 0.05m 时，流动处于层流状态；而板长为 1.5m 时，流动状态处于紊流状态，需选用不同的计算公式。

板长为 0.05m 时，选用式（5-26a），得

$$h_1 = 0.664 \frac{\lambda}{l} Re^{1/2} Pr^{1/3} = 0.664 \times \frac{0.0276}{0.05} \times (1 \times 10^5)^{1/2} \times 0.699^{1/3} = 103 \mathrm{W/(m^2 \cdot K)}$$

板长为 1.5m 时，选用式（5-29）计算：

$$Nu = (0.037 Re^{0.8} - 870) Pr^{1/3}$$
$$= (0.037 \times (3 \times 10^6)^{0.8} - 870) \times 0.699^{1/3} = 4217$$

故全板平均值：$h_2 = Nu \times \frac{\lambda}{l} = 4217 \times \frac{0.0276}{1.5} = 77.6 \mathrm{W/(m^2 \cdot K)}$

传热量：

$$\Phi_1 = h_1 \Delta t A = 103 \times (60 - 20) \times 0.05 \times 1 = 206 \mathrm{W}$$

$$\Phi_2 = h_2 \Delta t A = 77.6 \times (60 - 20) \times 1.5 \times 1 = 4656 \mathrm{W}$$

【讨论】 由计算结果分析可知，板长为 50mm 的层流平均表面传热系数大于板长为 1.5m 时的紊流平均表面传热系数。因此，不能笼统地说紊流平均表面传热系数总是大于层流平均表面传热系数。

【例 5-3】计算上例的局部及平均表面传热系数沿板长的变化，并绘成图。

【解】临界点 $x_c = Re_c \dfrac{\nu}{u_\infty} = 5 \times 10^5 \times \dfrac{16.96 \times 10^{-6}}{33.9} = 0.25 \mathrm{m}$

按式（5-25a）计算层流段 $h_{x,l}$；按式（5-28a）计算紊流段 $h_{x,t}$；沿板长的平均 h 则分别按式（5-26a）和式（5-29）计算。计算结果见表 5-3，详细数据如图 5-17 所示。

计 算 结 果 表　　　　　　　　　　表 5-3

X（m）	层　　流　　段					紊　　流　　段				
	0.05	0.1	0.15	0.20	0.25	0.25	0.3	0.5	1.0	1.5
$Re_x \times 10^{-5}$	0.99	2.0	3.0	4.0	5.0	5.0	6.0	9.99	20	30
h_x [W/ (m²·K)]	51.4	36.4	29.7	25.7	23	105	101.3	91.5	79.6	73.4
h [W/ (m²·K)]	102.8	72.7	59.4	51.4	46	46.1	55.6	71.7	78.2	77.6

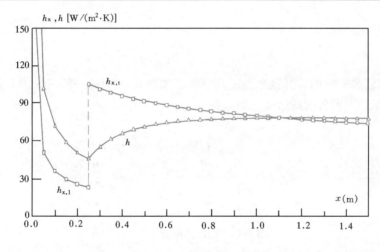

图 5-17 例 5-3 图

【讨论】本例附图曲线显示了流体外掠平板时从层流到紊流的局部及平均表面传热系数，由式（5-25）至式（5-29）可知，对流传热表面传热系数等由无量纲准则关系式计算得到，不局限于某一种流体，故其变化的特征对不同的流体都是相同的。由图可见，虽然紊流的局部表面传热系数比较高，但全板的平均表面传热系数需要在很高的 Re 数下才能达到比较高的数值，这是因为板前端层流部分对平均值的影响很大，那么采用什么方法能够提高全板的平均表面传热系数？请读者思考。

还应指出的是：从层流到紊流的转变实际上不会像图中曲线那样突然发生，其间必有一个过渡区。此区域流动与传热介于层流与紊流两种状态，流动形式不稳定，过渡区起始位置、长度与平板表面粗糙度、流体中是否存在扰动源等有关，故过渡区的传热还不能单独计算。在目前众多的经验计算公式中，往往是把由层流段到紊流段的过渡区的复杂情况都概括在紊流的计算式中。

第五节 相 似 理 论 基 础

在实物或模型上进行实验测量对流传热问题的方法,仍然是传热学研究的主要且可靠的手段。后面两章推荐的对流传热表面传热系数计算式,大都是由实验得到或校核的。问题是如何在实物或模型上进行实验研究?一般地说,当影响因素比较少,或者允许采取某些简化措施的情况下,通常可在实验中变动一个量而设法固定其他量,以此逐个研究各变量的影响,从而找到现象的变化规律。但对于对流传热现象,不仅影响因素多,而且有些影响因素相互耦合,不能单独改变,例如改变温度,热物性也随之变化。类似这样的问题,如果采用逐个研究各变量的影响,实验将极难进行或者实验次数十分庞大,倘使设备尚处于研制阶段,没有实际设备可供实验研究,这种方法的缺点就更明显。因此,在如何通过实验寻找现象的规律以及推广应用实验的结果等方面,用相似理论指导实验的方法得到了普遍的应用。

本节将以无相变对流传热的例子阐述相似理论的基本原理,作为模型化实验的理论基础。

一、物理相似的基本概念

1. 几何相似

"相似"是人们熟知的词,其概念源于几何学。如图 5-18 中的一组三角形,彼此几何相似,由几何关系,图形各对应边成比例,即

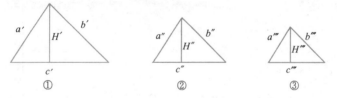

图 5-18 相似三角形

由①、②相似 $\dfrac{a'}{a''}=\dfrac{b'}{b''}=\dfrac{c'}{c''}=\dfrac{H'}{H''}=C'_l$

由①、③相似 $\dfrac{a'}{a'''}=\dfrac{b'}{b'''}=\dfrac{c'}{c'''}=\dfrac{H'}{H'''}=C''_l$ $\hspace{2cm}$ (1)

式中,C'_l、C''_l是相似的比例常数,若把图形②的边长乘以 C'_l,则图形②变成了图形①;若将图形①的边长除以 C''_l,就成了图形③,故 C_l 又称几何相似倍数(以下标 l 表示几何量)。

由式(1),若取同一图形对应边之比,则

$$\frac{b'}{a'}=\frac{b''}{a''}=\frac{b'''}{a'''}=L_A \hspace{2cm} (2a)$$

$$\frac{c'}{a'}=\frac{c''}{a''}=\frac{c'''}{a'''}=L_B \hspace{2cm} (2b)$$

式(2)进一步表述了三角形相似的一个重要性质,即两三角形相似时,不仅有式(1)所描述的相似性质,而且它们的对应边之比必定相等。反过来,用式(2)可以论证,倘若几个三角形具备对应边之比都相等时,则必定相似。此时,由式(1)所表述的相似性质

也都全部具备，即对应边成比例。所以式（2）表达了三角形相似的充分和必要条件。L_A 和 L_B 有判断两三角形是否相似的作用，它们是无量纲的，称为几何相似准则。

2. 物理现象相似

什么是物理现象相似？先用一些简单例子来阐明其概念。例如流体在圆管内稳态流动时速度场相似问题，如图 5-19 所示，两根圆管的半径（分别为 R'；R''）和管内流速均不相同，从两管半径方向取坐标点 1、2、3……（分别用 "$'$" 和 "$''$" 表示两根不同管），它们离管芯的距离分别用 r'_1、r''_1；r'_2、r''_2……标记，若两管各 r 之比满足下列关系

$$\frac{r'_1}{r''_1} = \frac{r'_2}{r''_2} = \frac{r'_3}{r''_3} = \cdots\cdots = \frac{r'}{r''} = C_l$$

则 $1'$ 与 $1''$、$2'$ 与 $2''$、$3'$ 与 $3''$……构成空间对应点。当这些对应点上速度成比例，即

$$\frac{u'_1}{u''_1} = \frac{u'_2}{u''_2} = \frac{u'_3}{u''_3} = \cdots\cdots = C_u$$

则两圆管内速度场相似。

式中 C_l 为几何相似倍数，C_u 为速度场相似倍数。因此，所谓速度场相似，就是管内空间对应点上的速度成比例。图 5-19 中两管 $C_l = 1.5$、$C_u = 0.5$，已构成空间对应点上速度成比例，故它们的速度场相似，如果两管内的流体运动黏度相似倍数为 0.75，则两者 Re 数相等。

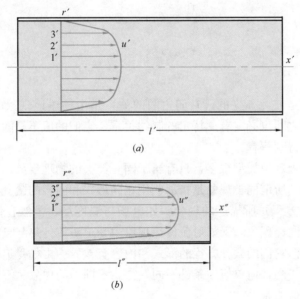

图 5-19　圆管内速度场相似

再以两外掠平板对流传热现象的边界层温度场相似为例。设温度沿 x、y 方向变化，则凡坐标满足下列关系的点就是空间对应点，如图 5-20 所示。

$$\frac{x'_1}{x''_1} = \frac{x'_2}{x''_2} = \frac{x'_3}{x''_3} = \cdots\cdots = \frac{x'}{x''} = C_l$$

$$\frac{y'_1}{y''_1} = \frac{y'_2}{y''_2} = \frac{y'_3}{y''_3} = \cdots\cdots = \frac{y'}{y''} = C_l$$

所谓温度场相似，是指对应点上过余温
度成比例，即

$$\frac{\theta'_1}{\theta''_1} = \frac{\theta'_2}{\theta''_2} = \frac{\theta'_3}{\theta''_3} = \cdots\cdots = \frac{\theta'}{\theta''} = C_\theta$$

式中过余温度 $\theta' = t' - t'_w$；$\theta'' = t'' - t''_w$。
C_θ 称为温度场相似倍数。若把对应点
上的 θ'' 乘以 C_θ，就得到相对应的 θ'。

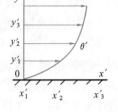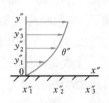

图 5-20 壁面边界层温度场相似

从以上两例，可以理解物理量相似
的概念。显然，一个物理现象是许多影响因素的综合反映，就对流传热而言，影响因素包括温度 t、速度 u、热导率 λ、几何尺寸 l 等等，而每个量在对流传热过程中都有相应的分布状况（场），因此，若两对流传热现象相似，它们的温度场、速度场、黏度场、热导率场、壁面几何形状都应分别相似，即在对应点上各物理量分别成比例，亦即：

$$\frac{x'}{x''} = \frac{y'}{y''} = \frac{z'}{z''} = C_l;$$

$$\frac{\theta'}{\theta''} = C_\theta;$$

$$\frac{u'}{u''} = C_u;$$

$$\frac{\lambda'}{\lambda''} = C_\lambda;$$

$$\frac{\nu'}{\nu''} = C_\nu;$$

$$\cdots\cdots$$

由于各影响因素不是彼此孤立的，它们之间的关系是由描述该现象的微分方程来规定，因此，各相似倍数之间也必定有一特定的制约关系，它们的值不是随意的，这在以后推导相似准则时，可以得到解释。

需要注意的是，物理现象类型很多，只有属于同一类型的物理现象，才有相似的可能性，也才能谈相似问题。所谓同类现象是指那些用相同形式和内容的微分方程式（包括控制方程和单值性条件的方程）所描述的现象。如电场与温度场，虽然它们的微分方程相仿，但内容不同，不属同类现象。又如对流传热现象中受迫对流传热与自然对流传热，虽然都是对流传热现象，但它们的微分方程的形式和内容有差异。再如受迫外掠平板和外掠圆管，它们的控制方程相同，但单值性条件不同，亦属不同类的现象。不同类，影响因素各异，显然不能建立相似关系[12]。

综上所述，影响物理现象的所有物理量场分别相似，就构成了物理相似。在理解此问题时，应注意三点：1）必须是同类现象才能谈相似；2）由于描述现象的微分方程式的制约，物理量场的相似倍数间有特定的制约关系，体现这种制约关系，是相似原理的核心；3）注意物理量分布的空间性。

二、相似原理

在理解物理现象相似的基本概念后，再来探索相似现象间的相似原理，以便利用它解

决本章开头提到的实验求解复杂物理现象的问题。因为用实物或模型进行对流传热的实验研究，由于变量太多，将会遇到三个困难：（1）实验中应测哪些量，是否所有的物理量都要测？（2）实验的数据如何整理表达，众多的变量可以整理成什么函数关系式？（3）如何应用实验结果解决实际问题，即如何把实验现象推广运用到实际现象，或者说什么现象才可以应用该实验结果？现在，这三个问题都可以通过相似原理得到解决。

相似原理分三点表述了相似的性质、相似准则间的关系以及判别相似的条件。它们分别解决了实验中遇到的三个问题。这样，就可以用相似模型代替实际设备进行实验，从而大大简化了实验的规模，并使得从实验得到的结果能反映该类现象的规律，并推广应用于同类相似现象中去。

1. 相似性质

如前述，两物理现象相似时，各物理量场分别相似，据此可以导出相似现象的一个重要性质：彼此相似的现象，它们的同名相似准则必定相等。

下面从稳态无相变对流传热过程，阐明相似准则是怎样导出的，为什么现象相似同名相似准则必定相等？

前几节已从微分方程的求解中得出一些相似准则，而利用相似原理也可直接导出各相似准则。接下来从单相流体对流传热微分方程式（5-2）~式（5-5）导出相似准则。

用对流传热过程微分方程式（5-2）可分别写出现象 a 和 b 的表达式：

现象 a
$$h'\Delta\theta'=-\lambda'\left(\frac{\partial\theta'}{\partial y'}\right)_{\mathrm{w}} \tag{3}$$

现象 b
$$h''\Delta\theta''=-\lambda''\left(\frac{\partial\theta''}{\partial y''}\right)_{\mathrm{w}} \tag{4}$$

a、b 相似，它们各物理量场应分别相似，即
$$\frac{h'}{h''}=C_{\mathrm{h}};\ \frac{\theta'}{\theta''}=C_{\theta};\ \frac{y'}{y''}=C_l;\ \frac{\lambda'}{\lambda''}=C_\lambda; \tag{5}$$

或
$$h'=C_{\mathrm{h}}h'';\ \theta'=C_\theta\theta'';\ y'=C_ly'';\ \lambda'=C_\lambda\lambda''; \tag{6}$$

把式（6）代入式（3），整理后得
$$\frac{C_{\mathrm{h}}C_l}{C_\lambda}\cdot h''\Delta\theta''=-\lambda''\left(\frac{\partial\theta''}{\partial y''}\right)_{\mathrm{w}} \tag{7}$$

比较式（4）和式（7），必然是
$$\frac{C_{\mathrm{h}}C_l}{C_\lambda}=1 \tag{8}$$

式（8）表示了两对流传热过程相似时相似倍数的制约关系。再将式（5）代入式（8），得
$$\frac{h'y'}{\lambda'}=\frac{h''y''}{\lambda''} \tag{9}$$

因为系统的几何量可以用传热面的定型长度表示，即 $\frac{y'}{y''}=\frac{l'}{l''}=C_l$，故上式可改写为
$$\frac{h'l'}{\lambda'}=\frac{h''l''}{\lambda''}$$

即
$$Nu'=Nu'' \tag{10}$$

式（10）表明，a、b 两对流传热现象相似，必然 $\dfrac{hl}{\lambda}$ 数群保持相等。以上导出准则的方法称为相似分析。

当两对流传热过程相似时，动量微分方程式（5-4）中所有有关的物理量都应分别成比例，现取式中惯性项与黏滞力项，由于相似，所含物理量分别成比例，由此可导出 Re，即

$$\frac{\mu'}{\mu''}=C_{\mu};\ \frac{u'}{u''}=C_{u};\ \frac{\nu'}{\nu''}=C_{v};\ \frac{\rho'}{\rho''}=C_{\rho};\ \frac{x'}{x''}=\frac{y'}{y''}=\frac{l'}{l''}=C_{l}$$

将各相似倍数代入式（5-4），采用式（7）与式（8）相同的方法将惯性力项与黏滞力项（其中 μ 改用 $\rho\nu$）相比，得到

$$C_{\rho}C_{u}\frac{C_{u}}{C_{l}}\text{（惯性力项）}\Big/\ C_{\mu}\frac{C_{u}}{C_{l}^{2}}\text{（黏性力项）}=1$$

从而得到

$$\frac{C_{\rho}C_{u}C_{l}}{C_{\mu}}=1 \quad \text{或} \quad \frac{C_{u}C_{l}}{C_{\nu}}=1 \tag{11}$$

即

$$\frac{u'l'}{\nu'}=\frac{u''l''}{\nu''}$$

$$Re'=Re''$$

两现象流体运动相似，Re 必定相等。

同样方法，可从能量微分方程式（5-11）的对流项与导热项相似中导出

$$\frac{u'l'}{a'}=\frac{u''l''}{a''}$$

即

$$Pe'=Pe''$$

两传热现象相似，贝克利准则 Pe 必定相等。式中 a 为热扩散率，由于

$$Pe=\frac{\nu}{a}\frac{ul}{\nu}=Pr\cdot Re \tag{12}$$

其中 $Pr=\dfrac{\nu}{a}$ ，即普朗特准则。两传热现象相似 Pr 亦必相等。

如果流体的运动是因温度差产生的浮升力而引起的，则亦可从动量微分方程中导出反映浮升力影响的准则。这时，动量微分方程式（5-4）应经适当的改写，把浮升力用温度差表达出来（下一章将进行推导）。推导出来的自然对流运动微分方程式是

$$u\frac{\partial u}{\partial x}+v\frac{\partial u}{\partial y}=\nu\frac{\partial^{2}u}{\partial y^{2}}+g\alpha\Delta t \tag{5-30}$$

用式（5-30）进行相似分析，从浮升力项（$g\alpha\Delta t$）与黏滞力项相似倍数之比，并引用式（11）的关系后，可以得出一新的准则，称格拉晓夫准则

$$Gr=\frac{\alpha\Delta t g l^{3}}{\nu^{2}}$$

式中　α——流体容积膨胀系数，$1/K$；

　　　g——重力加速度，m/s^{2}；

　　　l——壁面定型长度，m；

　　　Δt——流体与壁面温度差，K；

　　　ν——运动黏度，m^{2}/s。

以上准则（Re，Pr，Gr，Nu）是研究对流传热问题最常用的几个准则。相似准则还可以用其他方法导出❶[12]。根据相似的这种性质，在实验中就只需测量各准则所包含的量，避免了测量的盲目性，解决了实验中测量哪些量的问题。

上述相似准则是利用相似原理从对流传热微分方程式导出的，因此能很容易看出它们的物理意义，这在本章前三节中已有部分说明，现再作若干补充。

努谢尔特准则，$Nu=\dfrac{hl}{\lambda}$，若在式（5-2）两边同乘以 l，略去角码 x，并引入无量纲过余温度 $\Theta=\dfrac{t-t_{\mathrm{w}}}{t_{\mathrm{f}}-t_{\mathrm{w}}}$，经整理后得

$$\frac{hl}{\lambda}=\left[\frac{\partial\left(\dfrac{t-t_{\mathrm{w}}}{t_{\mathrm{f}}-t_{\mathrm{w}}}\right)}{\partial\left(\dfrac{y}{l}\right)}\right]_{\mathrm{w}}=\left(\frac{\partial\Theta}{\partial Y}\right)_{\mathrm{w}}$$

故 Nu 表征壁面法向无量纲过余温度梯度的大小，而此梯度的大小反映对流传热的强弱。由于其中的对流传热表面传热系数 h 为未知量，故该准则为待定准则，需要根据其他准则数来求取 Nu 数。

雷诺准则，$Re=\dfrac{ul}{\nu}$，从动量微分方程式惯性力项和黏滞力项相似倍数之比得出，故它的大小表征了流体流动时惯性力与黏滞力的相对大小，而流动状态是惯性力与黏滞力相互作用的结果。因此，Re 的大小能反映流态。

格拉晓夫准则，$Gr=\dfrac{g\Delta t\alpha l^3}{\nu^2}$，从自然对流动量微分方程式浮升力项和黏滞力项相似倍数之比导出，表征浮升力与黏滞力的相对大小，因流体自然对流状态是浮升力与黏滞力相互作用的结果，故在准则关联式中，Gr 显示自然对流流态对传热的影响。

普朗特准则，$Pr=\dfrac{\nu}{a}$，因为是流体的重要物性，又称物性准则。ν 反映流体分子传递动量的能力，a 则反映流体分子扩散热量的能力，故 Pr 值的大小反映了流体的动量传递能力与热量传递能力的相对大小。Pr 值越大，该流体传递动量的能力越大。根据 Pr 的大小，流体可分成三类：高 Pr 流体，如各种油类，黏度大而热扩散率小，像变压器油 $Pr_{100℃}=80$；低 Pr 流体，如液态金属，黏度小而热扩散率大，如水银 $Pr_{150℃}=0.016$；普通 Pr 流体，如空气、水等，Pr 处于 $0.7\sim10$ 之间，水的 $Pr_{100℃}=1.75$，空气 $Pr\approx0.7$。因此，Pr 准则高度概括了所有流体动量传递与热量传递的属性和分类。

2. 相似准则间的关系

由于描述现象的微分方程式表达了各物理量之间的函数关系，那么由这些量组成的准则应存在函数关系。本章第三、四节得出的对流传热准则关联式已充分说明了这一点。根据相似准则所表征的现象，就可列出各类对流传热问题的准则关联式的组成。

对无相变受迫稳态对流传热，且当自然对流不可忽略时，准则关联式应由下列准则

---

❶　上述方法是根据已经有的完整数学描述方程式得到的。但在某些情况下，若还写不出数学方程时，则需靠经验观察找出影响因素，再利用量纲分析（因次分析）的方法，找出描述该现象的准则。但如因错误少分析了一个有影响的物理量时，就会得不到正确的准则。另外在将微分方程式无量纲化时，就有相应的准则出现在方程中［如式（5-13）］。

组成

$$Nu = f(Re, Pr, Gr) \tag{5-31}$$

若自然对流的影响可以忽略不计，则从式（5-31）中去掉 Gr，关联式为

$$Nu = f(Re, Pr) \tag{5-32}$$

对于空气，Pr 可作为常数，故空气受迫紊流对流传热时的准则关联式为

$$Nu = f(Re) \tag{5-33}$$

对于自然对流传热，从式（5-31）中去掉 Re，则自然对流传热准则关联式为

$$Nu = f(Gr, Pr) \tag{5-34}$$

这样，按上述关联式的内容整理实验数据，就能得到反映现象变化规律的实用关联式，从而解决了实验数据如何整理的问题。

在上述准则中，通常 Nu 是一个待定量，它包含了待求的表面传热系数，故把 Nu 称为待定准则。其他准则中的量都是已知量，故 Re、Pr、Gr 等又统称已定准则或定型准则。已定准则是决定现象的准则，已定准则数值确定后，待定准则也随之被确定了。

还要注意到各准则中的物理性质或几何量，均按定性温度和定型长度确定。定性温度和定型长度的选取方法不同，准则的数值必不相同。因此，在实验中应注意定性温度和定型长度的选择方法，而在利用准则关联式进行对流传热计算时，则必须使用该准则方程式所指定的定性温度和定型长度，否则会导致较大误差。

3. 判别相似的条件

判别现象是否相似的条件：凡同类现象，单值性条件相似，同名的已定准则相等，现象必定相似。单值性条件包含了准则中的各已知物理量，即影响过程特点的那些条件，第一章已作叙述，现再针对对流传热问题补充说明如下：

（1）几何条件　传热壁面几何形状、长度；壁面与流体的相对几何位置关系（平行于壁面、垂直于壁面等等）；壁面粗糙度等。

（2）物理条件　流体类别及物理性质（流体种类已定，则物性可由定性温度及压力等确定）。

（3）边界条件　进出口流体温度、壁面温度或壁面的热流密度；进出口流体速度。

（4）时间条件　现象各物理量是否随时间变化，以及怎样变化。对于稳态现象，稳态本身就是时间条件，或者说对于稳态，不把时间因素作为条件。

例如，空气在长光滑圆管内稳态受迫对流传热，已知有两个现象分别是管径 $d' = 100\text{mm}$，$d'' = 50\text{mm}$；流速 $u' = 30\text{m/s}$，$u'' = 54\text{m/s}$；温度 $t' = 80℃$，$t'' = 60℃$；壁温 $t'_w = 120℃$，$t''_w = 90℃$，试判断它们是否相似？根据判别相似的条件：1）两者是同类现象；2）同属稳态对流传热，其他几何条件、边界条件及物理条件都分别成比例，故单值性条件相似已得到满足；3）根据定性温度确定 $\nu' = 21.09 \times 10^{-6}\,\text{m}^2/\text{s}$，$\nu'' = 18.97 \times 10^{-6}\,\text{m}^2/\text{s}$，计算出：

$$Re' = \frac{u'd'}{\nu'} = \frac{30 \times 0.1}{21.9 \times 10^{-6}} = 1.42 \times 10^5$$

$$Re'' = \frac{u''d''}{\nu''} = \frac{54 \times 0.05}{18.97 \times 10^{-6}} = 1.42 \times 10^5$$

此现象应属于管内稳态紊流对流传热。又因空气在温度变化范围不大时，可认为 Pr 不变，即 $Pr' = Pr''$，至此，同名的已定准则相等也满足了，按式（5-33），两现象的流动及传热相似，Nu 也必定相等。如果通过实验已知其中一个现象的 Nu，那另一个现象的 Nu 也就知道了；或者说，在其中一根管子做实验得到的 Nu 准则关联式可以用于处于相似现象的另一根管内对流传热。

综上所述，本小节开始时提出的实验研究中会遇到的三个问题，依据相似原理可按如下步骤进行：

（1）确定研究对象的所有相似准则实验时测量各相似准则中包含的全部物理量，其中物性由实验系统中的定性温度确定；

（2）实验结果整理成准则关联式；

（3）实验结果可以推广应用到相似的现象。在安排模型实验时，为保证实验设备中的现象（模型）与实际设备中的现象（原型）相似，必须保证模型与原型现象单值性条件相似，而且同名的已定准则数值上相等。

为加深理解，再用流体在长管内对流传热为例说明相似理论对实验研究的指导意义和方法。研究的目的是找出流体在长管内对流传热时表面传热系数与各影响因素间的关系，理解对流传热的规律，根据相似现象所具有的相似性质，在实验研究时只需测量式(5-32)中三个准则 Nu、Re、Pr 中所包含的物理量（h、u、t_f、t_w、l 及各物性参数），通常实验要用几种工质在不同的流速和温度下进行，使实验现象的 Re、Pr 数有较大的变化范围；然后按相似现象所遵循的相似准则之间的关系，将实验数据按式（5-32）整理成函数关系，就得到了流体在长管内对流传热的准则关联式，它反映了该现象在所实验范围内的规律；根据相似原理所要求的判别相似条件，在以后的实际工程中遇到的任何同类相似现象，只要其同名已定准则没有超出实验的变化范围，都可以应用实验得到的关联式计算它的 Nu 数和表面传热系数。

三、实验数据的整理方法

相似原理表明同类相似现象的各相似准则可以关联成一个函数，但是具体整理成什么函数形式，定性温度及定型长度如何确定，则带有经验的性质。但不论采用什么函数形式，怎样选择定性温度和定型长度，最终的目的是要使获得的准则关联式尽可能准确地表达实验数据的规律性，体现被研究现象的规律，而且关联式便于应用。

以下对通常采用的准则关联式形式及其有关常数的确定方法作一般介绍。

准则关联式通常习惯于整理成幂函数形式，如：

$$\left.\begin{aligned} Nu &= CRe^n \\ Nu &= CRe^n Pr^m \\ Nu &= C(Gr \cdot Pr)^n \end{aligned}\right\} \tag{13}$$

式中，C、n、m 等都是需由实验数据确定的量。还有其他形式，例如式（5-29）及下一章将推荐的某些关联式，但最基本的形式是式（13）。对某些特定范围的对流传热问题，有时也将表面传热系数直接与某一些主要影响因素关联成幂函数，如空气沿高度为 H 的竖壁自然对流传热时：

$$h = C\left(\frac{\Delta t}{H}\right)^n$$

水在管内受迫对流传热：

$$h = Cu^n d^m$$

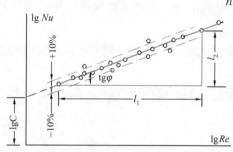

图 5-21　$Nu = CRe^n$ 的图示

这样的关联式，使用方便，但没有表示成相似准则间的关系，不能明确反映传热与流态及物性等的关系，更要害的问题是不能按相似原理标明或判断它们的适用范围，而只能直接按已实验研究过的 u、d、Δt 等物理量的变化范围来规定它的使用范围。

幂函数在十进位坐标图上是曲线，但在双对数坐标图上则是直线形，这样，把实验点标绘在双对数坐标图上来确定方程中的常量、分析实验点的分布规律就非常方便。各常量可由图解法、平均值法或最小二乘法确定。这种采用坐标变换从而使曲线改变成直线的方法，称为曲线的线性化，是工程上最广泛应用的数据整理方法。

以准则关联式 $Nu = CRe^n$ 为例，它在 $\lg Nu$ 和 $\lg Re$ 的坐标图上呈直线，如图 5-21,即

$$\lg Nu = \lg C + n\lg Re \tag{5-35}$$

式（5-35）为直线方程：

$$y = a_0 + a_1 x$$

图 5-21 的直线斜率即式（5-35）的 n，截距即式中的 $\lg C$，即

$$n = \mathrm{tg}\varphi = \frac{l_2}{l_1} \tag{5-36}$$

$$C = \frac{Nu}{Re^n} \tag{5-37}$$

图 5-22 以 $\lg(Nu/Pr^{0.4})$ 为纵坐标，以 $\lg Re$ 为横坐标，标绘在图上的是管内紊流传热实验数据点及所得准则关联式的代表线。

由于各种原因，得到的准则关联式与实验数据点之间总会有一定的偏差，实验点分散在代表线的两侧，如图 5-22 所示的虚线范围内。虚线与实线偏离的大小反映实验点的收敛程度或关联式的准确程度。通常用正负百分数表示绝大部分实验点与关联式偏差的大小。

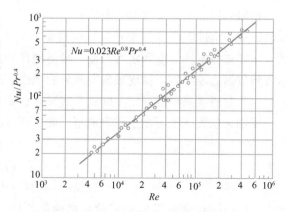

图 5-22　管内紊流传热实验点准则关联式

随着计算机应用的普及和相关数据处理软件的应用，对实验数据进行特定函数的拟合回归是很方便的，可以给出相关系数和误差范围等。建议读者自行学习掌握。

第六节　对流传热过程的数值求解方法简介

边界层理论的引入为边界层型对流传热过程的理论求解奠定了基础，但只有极少数的对流传热问题能够得到解析解，大量的对流传热问题仍然依赖于实验研究。然而，实验研究受到实物几何尺寸、实验测量仪器仪表的精度、实验周期、实验研究成本等多方面因素的限制，且所获得的对流传热实验关联式有明确的适用范围。因此，随着计算数学和计算机硬件的快速发展，数值传热学已成为解决对流传热问题的主要方法之一。

第四章已做过导热过程问题数值解法的简介，在所研究区域划分大量的网格，针对每个网格建立与导热微分方程物理意义相同的代数方程，并引入相应的边界条件，从而建立所研究区域的导热问题代数方程组，然后通过计算数学方法求解这个代数方程组。所得到的各个网格节点温度值构成了该导热问题的温度场分布。同样的方法可用于对流传热问题的求解，不同的地方是对流传热不仅涉及热传导过程，而且与流动过程紧密相关，需要对对流传热微分方程组进行离散化，构成多个不同物理意义的代数方程组，并制定一套求解算法，最终才能获得对流传热过程的速度场和温度场分布，进而获得对流传热表面传热系数和热流量、热密度等。

本节简要介绍对流传热微分方程组的通用形式，以一阶迎风离散格式为例介绍了对流扩散方程的离散化方法，简介微分方程中其他各项的离散方法，给出微分方程组的通用离散方程式，最后给出一个典型的对流传热过程数值计算结果，说明数值模拟计算方法可以减少大量的实验工作量。

一、对流传热通用微分方程组

对流传热微分方程组由连续性方程、动量守恒方程、能量守恒方程、对流传热过程微分方程等组成，其中连续性方程和能量微分方程分别是根据质量守恒和能量守恒定律推导而得，动量微分方程则是针对牛顿型连续流体、由牛顿第二定律推导而得。这些微分方程可以写成如下通用形式：

$$\frac{\partial}{\partial t}(\rho\phi) + \frac{\partial}{\partial x}(\rho u\phi) + \frac{\partial}{\partial y}(\rho v\phi) + \frac{\partial}{\partial z}(\rho w\phi) = \frac{\partial}{\partial x}\left(\varphi\frac{\partial\phi}{\partial x}\right) + \frac{\partial}{\partial y}\left(\varphi\frac{\partial\phi}{\partial y}\right) + \frac{\partial}{\partial y}\left(\varphi\frac{\partial\phi}{\partial y}\right) + S$$

$$(5\text{-}38)$$

式中，ϕ 为通用变量，φ 为通用扩散系数，S 为通用源项。当 ϕ 为不同变量时，代表不同的微分方程，相应地 φ、S 取不同的值；见表 5-4。

通用微分方程 表 5-4

变量	ϕ	φ	S
连续性方程	1	0	0
x 方向动量方程	u	μ	$-\frac{\partial p}{\partial x} + g_x$
y 方向动量方程	v	μ	$-\frac{\partial p}{\partial y} + g_y$
z 方向动量方程	w	μ	$-\frac{\partial p}{\partial z} + g_z$
能量方程	T	λ/c_p	q_v/c_p

表 5-4 中，u、v、w 分别为 x、y、z 方向上的速度，m/s；μ 为动力黏度，N・s/m²；p 为压强，Pa；g_x、g_y、g_z 分别为重力加速度在 x、y、z 方向上的分量，m/s²；λ 为热导率，W/（m・K）；c_p 为比定压热容，J/（kg・K）；q_v 为内热源，W/m³。

通用微分方程等号左边第一项为非稳态项，其余项为对流项，等号右边前三项为扩散项，最后一项为源项。上述通用微分方程不仅可以代表上述三种微分方程，而且可以代表紊流模型中的紊流动能、紊流动能耗散率、化学组分等的微分方程。当然，不同变量的方程要赋予不同的扩散系数与源项。

将这些微分方程写成一个通用形式，可通过某一个微分方程的离散化过程，来讲解所有微分方程的离散化方法，同样，它们的数值求解方法也是相同的。

二、对流扩散项的离散格式

首先介绍最简单的对流扩散方程的离散化方法。一维稳态对流扩散方程为

$$\frac{d}{dx}(\rho u \phi) = \frac{d}{dx}\left(\varphi \frac{d\phi}{dx}\right) \tag{5-39}$$

应用控制容积法对上式进行离散化，有

$$\int_w^e \frac{d}{dx}(\rho u \phi) dx = \int_w^e \frac{d}{dx}\left(\varphi \frac{d\phi}{dx}\right) dx \tag{5-40}$$

$$(\rho u \phi)_e - (\rho u \phi)_w = \left(\varphi \frac{d\phi}{dx}\right)_e - \left(\varphi \frac{d\phi}{dx}\right)_w \tag{5-41}$$

式中，下标 e 表示网格 P 与网格 E 的交界面 e，下标 w 表示网格 P 与网格 W 的交界面 w，$(\rho u \phi)_e$ 表示交界面 e 处变量 ϕ 的对流通量，$\left(\varphi \frac{d\phi}{dx}\right)_e$ 表示交界面 e 处变量 ϕ 的扩散通量。见图 5-23。

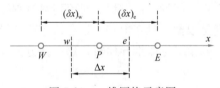

图 5-23　一维网格示意图

一般来说，在处理变量 ϕ 的扩散通量时，假设变量 ϕ 在网格节点 P 与网格节点 E 之间线性变化，则有 $\left(\varphi \frac{d\phi}{dx}\right)_e = \varphi_e \frac{\phi_E - \phi_P}{(\delta x)_e}$，其中扩散系数 φ_e 是指交界面 e 处的扩散系数，而不是网格节点 E 或网格节点 P 的扩散系数；假设网格大小均匀一致，则有 $\varphi_e = \frac{2\varphi_P \varphi_E}{\varphi_P + \varphi_E}$，其中 φ_P、φ_E 分别为网格节点 P、网格节点 E 处的流体扩散系数。

对流通量 $(\rho u \phi)_e$ 取决于交界面 e 处速度 u 的方向，如果 u 为正，表明流体从网格节点 P 流向网格节点 E。此时，穿过网格界面 e 处的对流通量 $(\rho u \phi)_e$ 主要为网格节点 P 相关物理量的信息，故有 $(\rho u \phi)_e = \rho u_e \phi_P$；否则，$(\rho u \phi)_e = \rho u_e \phi_E$。这种对流扩散格式称为一阶迎风格式。数值传热学中还有很多种对流扩散格式，如二阶迎风格式、中心差分格式、指数格式、幂函数格式、混合格式、QUICK 格式等等。这些知识内容可参见有关数值传热学的书籍文献。一般来说，一阶迎风格式和二阶迎风格式使用的较多。

这样，式（5-41）按一阶迎风格式转变为

$$(\parallel \rho u_e, 0 \parallel \phi_P - \parallel -\rho u_e, 0 \parallel \phi_E) - (\parallel \rho u_w, 0 \parallel \phi_W - \parallel -\rho u_w, 0 \parallel \phi_P)$$

$$= \varphi_e \frac{\phi_E - \phi_P}{\delta x_e} - \varphi_w \frac{\phi_P - \phi_W}{\delta x_w} \tag{5-42}$$

式中，符号 $\| x,y \|$ 表示取 x、y 两个变量中的最大值。将式（5-42）变形为以下形式：

$$a_P \phi_P = a_E \phi_E + a_W \phi_W \tag{5-43}$$

式中

$$a_P = a_E + a_W \tag{5-44a}$$

$$a_E = \| -\rho u_e, 0 \| + \varphi_e / \delta x_e \tag{5-44b}$$

$$a_W = \| \rho u_w, 0 \| + \varphi_w / \delta x_w \tag{5-44c}$$

依据同样方法，对三维稳态对流扩散微分方程应用控制容积法进行一阶迎风格式离散化，可得

$$a_P \phi_P = a_E \phi_E + a_W \phi_W + a_N \phi_N + a_S \phi_S + + a_T \phi_T + a_B \phi_B \tag{5-45}$$

式中

$$a_P = a_E + a_W + a_N + a_S + a_T + a_B \tag{5-46a}$$

$$a_E = \| -\rho u_e, 0 \| \Delta y \Delta z + \frac{\varphi_e \Delta y \Delta z}{\delta x_e} \tag{5-46b}$$

$$a_W = \| \rho u_w, 0 \| \Delta y \Delta z + \frac{\varphi_w \Delta y \Delta z}{\delta x_w} \tag{5-46c}$$

$$a_N = \| -\rho v_n, 0 \| \Delta x \Delta z + \frac{\varphi_n \Delta x \Delta z}{\delta y_n} \tag{5-46d}$$

$$a_S = \| \rho v_s, 0 \| \Delta x \Delta z + \frac{\varphi_s \Delta x \Delta z}{\delta y_s} \tag{5-46e}$$

$$a_T = \| -\rho w_t, 0 \| \Delta x \Delta y + \frac{\varphi_t \Delta x \Delta y}{\delta z_t} \tag{5-46f}$$

$$a_B = \| \rho w_b, 0 \| \Delta x \Delta y + \frac{\varphi_b \Delta x \Delta y}{\delta z_b} \tag{5-46g}$$

其中，角标 E、W、N、S、T、B 分别表示与网格节点 P 相邻的东边、西边、北边、南边、上边、底边网格节点，物性参数或速度的角标为小写字母表示相邻两个网格界面处位置的参数，Δx、Δy、Δz 分别表示 x、y、z 方向上的网格大小，δx_e 表示网格节点 P 与网格节点 E 之间的距离，以此类推。

其他形式的对流扩散格式见参考文献 [2、3]。

三、源项的离散化

通用微分方程中的源项 S 往往被分解为以因变量 ϕ 为函数的线性表达式，如

$$S = S_C + S_P \phi_P \tag{5-47}$$

式中，S_C 为源项的常数项，S_P 为源项的变化斜率。根据数值传热学知识可知，S_P 应该为负。一般来说，

$$S_C = S^0 - \left(\frac{dS}{d\phi} \right)^0 \phi_P^0 \tag{5-48}$$

$$S_P = \left(\frac{dS}{d\phi} \right)^0 \tag{5-49}$$

式中，S^0、ϕ_P^0、$\left(\frac{dS}{d\phi} \right)^0$ 为预估值或前一次的迭代值。

四、非稳态对流传热微分方程的离散化

与第四章非稳态导热过程的数值计算方法相同，微分方程中的非稳态项有显式格式和隐式格式两种。同样，在对流传热微分方程组的离散化过程中，若使用显式格式，为了保证数值计算的收敛，网格尺寸与时间步长 $\Delta\tau$ 的关系必须满足一定的条件才可以；而隐式格式则没有这些要求。目前，绝大多数对流传热过程的数值求解过程都使用隐式格式。

对式（5-38）的非稳态项进行积分，可得

$$\int_0^1 \frac{\partial}{\partial t}(\rho\phi)\mathrm{d}t = \frac{\rho\phi^1 - \rho\phi^0}{\Delta\tau} \tag{5-50}$$

式中，上标 1 表示新时刻，而上标 0 则表示原时刻，$\Delta\tau$ 为时间步长。下面的介绍中上标 1 不再标注。

五、通用微分方程的离散化方程

应用控制容积离散化方法，在 $\Delta\tau$ 时间步长、$\Delta x\Delta y\Delta z$ 网格空间上积分对流传热通用微分方程式（5-38），得

$$
\begin{aligned}
&\iiint\limits_{\Delta x\Delta y\Delta z}\int_0^1 \frac{\partial}{\partial t}(\rho\phi)\mathrm{d}t\mathrm{d}x\mathrm{d}y\mathrm{d}z + \int_0^1\iiint\limits_{\Delta x\Delta y\Delta z}\frac{\partial}{\partial x}(\rho u\phi)\mathrm{d}x\mathrm{d}y\mathrm{d}z\mathrm{d}t + \\
&\int_0^1\iiint\limits_{\Delta x\Delta y\Delta z}\frac{\partial}{\partial y}(\rho v\phi)\mathrm{d}x\mathrm{d}y\mathrm{d}z\mathrm{d}t + \int_0^1\iiint\limits_{\Delta x\Delta y\Delta z}\frac{\partial}{\partial z}(\rho w\phi)\mathrm{d}x\mathrm{d}y\mathrm{d}z\mathrm{d}t \\
&= \int_0^1\iiint\limits_{\Delta x\Delta y\Delta z}\frac{\partial}{\partial x}\left(\varphi\frac{\partial\varphi}{\partial x}\right)\mathrm{d}x\mathrm{d}y\mathrm{d}z\mathrm{d}t + \int_0^1\iiint\limits_{\Delta x\Delta y\Delta z}\frac{\partial}{\partial y}\left(\varphi\frac{\partial\phi}{\partial y}\right)\mathrm{d}x\mathrm{d}y\mathrm{d}z\mathrm{d}t \\
&+ \int_0^1\iiint\limits_{\Delta x\Delta y\Delta z}\frac{\partial}{\partial z}\left(\varphi\frac{\partial\phi}{\partial z}\right)\mathrm{d}x\mathrm{d}y\mathrm{d}z\mathrm{d}t + \int_0^1\iiint\limits_{\Delta x\Delta y\Delta z}S\mathrm{d}x\mathrm{d}y\mathrm{d}z\mathrm{d}t
\end{aligned} \tag{5-51}
$$

应用前面介绍的各项离散化方法，可得上式的离散方程。现以隐式、一阶迎风格式为例，介绍式（5-51）的离散方程。

$$a_\mathrm{P}\phi_\mathrm{P} = a_\mathrm{E}\phi_\mathrm{E} + a_\mathrm{W}\phi_\mathrm{W} + a_\mathrm{N}\phi_\mathrm{N} + a_\mathrm{S}\phi_\mathrm{S} + + a_\mathrm{T}\phi_\mathrm{T} + a_\mathrm{B}\phi_\mathrm{B} + b \tag{5-52}$$

式中

$$a_\mathrm{P} = a_\mathrm{E} + a_\mathrm{W} + a_\mathrm{N} + a_\mathrm{S} + a_\mathrm{T} + a_\mathrm{B} + a_\mathrm{P}^0 - S_\mathrm{P}\Delta x\Delta y\Delta z \tag{5-53a}$$

$$a_\mathrm{E} = \| -\rho u_\mathrm{e}, 0 \| \Delta y\Delta z + \frac{\varphi_\mathrm{e}\Delta y\Delta z}{\delta x_\mathrm{e}} \tag{5-53b}$$

$$a_\mathrm{W} = \| \rho u_\mathrm{w}, 0 \| \Delta y\Delta z + \frac{\varphi_\mathrm{w}\Delta y\Delta z}{\delta x_\mathrm{w}} \tag{5-53c}$$

$$a_\mathrm{N} = \| -\rho v_\mathrm{n}, 0 \| \Delta x\Delta z + \frac{\varphi_\mathrm{n}\Delta x\Delta z}{\delta y_\mathrm{n}} \tag{5-53d}$$

$$a_\mathrm{S} = \| \rho v_\mathrm{s}, 0 \| \Delta x\Delta z + \frac{\varphi_\mathrm{s}\Delta x\Delta z}{\delta y_\mathrm{s}} \tag{5-53e}$$

$$a_\mathrm{T} = \| -\rho w_\mathrm{t}, 0 \| \Delta x\Delta y + \frac{\varphi_\mathrm{t}\Delta x\Delta y}{\delta z_\mathrm{t}} \tag{5-53f}$$

$$a_\mathrm{B} = \| \rho w_\mathrm{b}, 0 \| \Delta x\Delta y + \frac{\varphi_\mathrm{b}\Delta x\Delta y}{\delta z_\mathrm{b}} \tag{5-53g}$$

$$a_{\mathrm{P}}^0 = \frac{\rho_{\mathrm{P}}^0 \Delta x \Delta y \Delta z}{\Delta \tau} \tag{5-53h}$$

$$b = S_{\mathrm{c}} \Delta x \Delta y \Delta z + a_{\mathrm{P}}^0 \phi_{\mathrm{P}}^0 \tag{5-53i}$$

式中，角标符号与式（5-45）、式（5-47）、式（5-50）相同。

这样，就获得了对流传热过程微分方程组的一系列离散方程。不同物理意义的微分方程有不同的因变量和扩散系数以及源项，而它们的离散方程形式一致。这为编写计算程序提供了方便。

六、对流传热过程数值计算结果简介

对流传热微分方程组包含连续性方程、动量守恒方程、能量守恒方程等，共五个方程，有 u、v、w、p、T 等五个变量，理论上已构成封闭方程组。但由于各个变量是相互影响、相互作用的，其求解过程相比第四章介绍的导热过程数值求解方法复杂很多，且计算求解方法也有多种。数值求解对流传热微分方程组的知识内容已超出本教材的要求，对此有兴趣的同学可以参考数值传热学的相关书籍和文献。

目前，在许多涉及传热过程的工程问题探究中，数值传热学发挥了巨大作用。一些商业计算流体力学软件如 Fluent、CFX、Star-ccm+、Phoenics 等让很多不熟悉数值传热学理论的人，也能够通过软件对传热过程进行模拟计算。下面给出一种强化空气在管内的传热措施——喷流套管式空气加热器的对流传热过程数值模拟计算结果，以此说明传热过程数值模拟计算方法与之前介绍的分析方法、类比法、实验方法之间的区别和优缺点。

该空气加热器采用了喷流传热方式，即通过加热器结构设计，使气流垂直喷向具有常热流的金属表面，从而破坏了通常气流在管内流动时的速度边界层和温度边界层，使边界层被大大减薄，达到增大对流传热表面传热系数的目的；同时由于外管壁面与内管壁面之间的辐射传热，使得内管壁面也成为传热表面。这种喷流套管式空气加热器如图 5-24 所示。外管的内径为 0.124m，外管的长度为 1.9m，其中自左端起长 1.5m 为加热段；内管的外径为 0.072m，管壁厚为 0.004m，内管长度为 1.75m，其中在外管内部的长度为 1.7m，管壁上共有 222 个直径 0.004m 的小孔，每排 6 个小孔，共计 37 排。内管的左端为空气进口，右端封闭；外管的左端封闭，而右端为被加热后的空气出口。已知入口空气温度为 27℃，入口速度为 10.56m/s；外管出口表压为 0Pa；外管加热段的热流密度为 30200W/m²。数值模拟计算中定义外管左端的轴心为坐标原点。

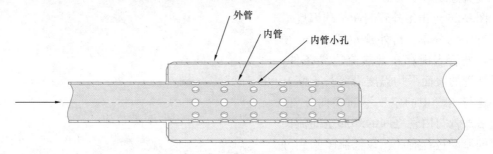

图 5-24　喷流换热器几何结构示意图

实际上，这种喷流套管式空气加热器内部的传热过程不仅有对流传热过程，也存在辐射传热，其内部的流动过程非常复杂。之前介绍的分析法和类比法是无法求解本问题的，

而实验法则需要搭建相关的实验台，实验费用高，实验测试时间长，且不容易调整结构参数。因此，数值模拟计算成为优化设计这种加热器的最佳方法。另外，通过分析数值模拟计算结果，可以得到影响空气加热过程的关键几何参数和运行参数，从而为后续的实验研究提供理论指导，并减少实验次数和时间。

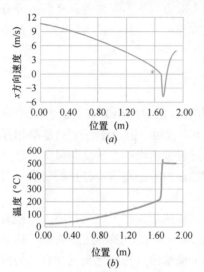

图 5-25　喷流套管式空气加热器轴线上
的数值模拟计算结果

(a) 轴向速度沿管长变化过程（m/s）；

(b) 沿管长方向温度分布变化过程（℃）

经过数值模拟计算，揭示了喷流套管式空气加热器内的流动、传热过程，通过后处理可以得到速度、压力、温度等各物理量参数的三维分布；在非稳态流动传热过程中，还可以给出各物理量分布随时间的变化过程。模拟计算结果可以有多种表示方法，如列表法，某物理量参数的二维等值线图，等值面图等，选择哪一种表达方法，要根据不同的目的来确定。这里，为了图示的简洁，仅给出沿管长方向上的数值模拟计算结果。

图 5-25 为经后处理的沿喷流套管式空气加热器轴线上的轴向速度和温度的变化过程曲线。可见，由于气流不断从内管的小孔喷向外管的内表面，使得内管中的气流越来越少，其沿内管的轴向速度也越来越小。由于内管的右端面封闭，气流不能穿过，故内管右端面处气流速度为 0m/s，对应图 5-25（a）横坐标 1.7m 处。在横坐标大于 1.7m 以后，由于气流从内外管之间的环形空间流向外管的出口段，在内管右端面的外侧存在一个涡流区，此处轴向速度出现负值。在接近外管出口端，随着环形空间的气流不断汇聚，轴线上的 x 方向速度不断上升，见图 5-25（a）。由于外管内表面对内管管壁的辐射传热作用以及环形空间气流对内管管壁的对流传热，使得内管的管壁温度高于内管中的气流温度，因此内管中的气流被内管的内表面对流加热，温度沿管长方向不断上升，见图 5-25（b）。至内管的右端面（1.7m 处）处温度突变，是由于此处的温度值不是气流的温度，而是内管的右端面温度。沿管长方向大于 1.7m 之后，为外管出口段轴线上的气流温度。由于此处外管壁面为绝热边界条件，气流温度基本不变。

图 5-26 给出了外管表面平均温度沿管长方向的分布。自外管左端 1.5m 长部分，外管表面存在常热流边界条件，此段外管的表面平均温度沿管长不断升高，这与内管中的空气不断喷向外管，然后沿外管与内管之间的环形空间流向出口的流动过程有关。在气流喷吹到外管的地方，外管表面温度稍低，因为此处流动边界层和热边界层薄，对流传热表面传热系数大。但由于沿内、外管之

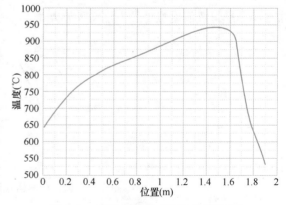

图 5-26　喷流套管式空气加热器外管
表面平均温度沿管长分布

间的环形空间轴向流动的气流越来越多，使得这部分气流的轴向速度也越来越大，从内管小孔喷出的气流由最初的垂直喷向外管，逐步变为斜着喷向外管，局部对流表面传热系数相对减小；同时，由于外管的加热作用使得内、外管之间的气流温度也越来越高，故外管表面平均温度沿管长方向不断上升。在 1.5m 之后，由于外管没有热流加热，故外管表面平均温度不断下降。

通过数值模拟计算得到的喷流套管式空气加热器的平均表面传热系数为 35.76W/（m²·K），相比直管内的强制对流传热表面传热系数高出 50%；出口的平均温度为504℃。经后续的实验测试，在本算例条件下，出口的平均温度为 498℃。表明数值模拟结果与实验数据吻合。

从上述数值模拟计算结果的分析可见，传热过程的数值计算方法可以给出详细的计算结果，从而为分析对流传热过程提供了多方面的信息，例如传热表面或截面上，以及沿某个指定方向上的速度、温度、压力等参数的分布情况。这是与对流传热过程分析解法、实验法和类比法等完全不同的。但是，也应该知道，传热过程数值模拟计算结果的准确性依赖于流动、传热模型、边界条件以及数值计算过程的准确性，且只有这些模型和计算结果得到部分典型实验的验证后，才能认为模拟计算结果真实反映了对流传热过程。因此，数值模拟计算与实验研究是研究传热学问题的两个相辅相成、缺一不可的研究方法。

小　结

本章的中心内容是阐述对流传热机理、求解对流传热表面传热系数的基本方法：（1）建立边界层微分方程求解（理论分析方法）；（2）基于动量传递与热量传递的类比方法，借助流动阻力的实验数据求解传热问题（半经验方法）；（3）基于相似理论设计实验与实验数据整理，获得对流传热准则关联式（实验方法）；（4）数值模拟计算方法（数值法）。这些方法各具特点，相互补充。通过这四种方法的分析，并用例题的计算和图线从不同方面加深了对对流传热问题的分析和理解。

学习本章的基本要求是理解对流传热机理及其影响因素；掌握牛顿冷却公式的应用及对流传热微分方程组的导出方法、各项意义及各方程间的关系；掌握边界层概念及几种典型情况的边界层形成与发展过程；掌握边界层数量级分析方法；对类比的分析方法、思路和结论只作一般了解；要充分理解相似理论的基本原理及其在对流传热实验研究中的指导作用；切实掌握几个基本的对流传热相似准则的意义及它们间的函数关系；对对流传热过程的数值模拟方法只作一般了解。围绕这些基本要求，本章的要点是：

（1）定性分析影响对流传热的主要因素：流动状态和流动起因、物性、相变化、传热表面几何形状及相对位置等，阐述了内部对流传热与外部对流传热以及典型对流传热类型等。

（2）在对流传热问题的数学描述中，基于质量守恒定律、动量守恒定律、能量守恒定律和对流传热过程机理，构建对流传热过程微分方程组。

（3）阐述边界层的形成和发展及其特点。在边界层概念的基础上，应用数量级分析方法将微分方程中不起重要作用的项忽略，从而得到简化的微分方程组，使一些典型层流对流传热问题有可能得到精确解。

（4）简述了外掠平板层流对流传热边界层微分方程分析解的主要结论，得出了流动边界层和热边界层厚度表达式及局部、平均表面传热系数的计算式，引入努谢尔特准则、普朗特准则等无因次量，从中看出微分方程式具有准则函数形式的解。

（5）动量传递和热量传递的类比分析揭示了层流及紊流边界层内两传的一般规律，它构成由摩擦系数求表面传热系数的理论依据。推荐了外掠平板紊流对流传热的计算公式。通过外掠平板紊流传热的例子，揭示了层流与紊流局部表面传热系数的变化规律。

（6）相似理论是对流传热实验研究和实验数据整理的重要理论基础。基于对流传热微分方程组，通过相似原理的分析，把影响对流传热现象的众多物理量组成若干相似准则，其中最主要的四个相似准则是 Nu、Re、Gr、Pr，其中 Nu 为待定准则，后三个为已定准则。基于微分方程所表达的各物理量之间的函数关系，将相似准则组成关联式：

$$Nu = f(Re, Pr, Gr)$$

当自然对流的影响可以忽略不计时

$$Nu = f(Re, Pr)$$

空气受迫紊流传热时

$$Nu = f(Re)$$

自然对流传热

$$Nu = f(Gr, Pr)$$

准则关联式中的常系数由实验确定，它表征了同类相似传热现象的规律，从而可适用于该同类相似现象的分析与计算。

（7）数值模拟计算方法在近年来的传热问题研究中得到了广泛应用。本章简要介绍了对流传热过程微分方程组的离散化方法，并以一个实例介绍了数值模拟计算的结果。

最后，在学习本章内容时，要注意区分几个名词：对流传热微分方程组与边界层对流传热微分方程组，层流对流传热与紊流对流传热，类比律与相似理论，导热问题的第三类边界条件与对流传热过程微分方程等。

 思考题与习题

1. 影响对流传热的因素有流体种类、速度、流态、表面温度、流体温度、物理性质、传热表面形状、尺寸、位置、表面状况……，试以你的感性认识举例说明这些因素的存在。基于典型对流传热过程分析日常生活、工程实践中所遇到的对流传热过程，并分析该过程的主要影响因素。

2. 试设想用什么方法可以分别近似实现物体表面温度恒定、表面热流量恒定的边界条件？

3. 对流传热边界层微分方程组是否适用于黏度很大的油和普朗特数 Pr 很小的液态金属？为什么？

4. 试举实例说明哪些对流传热现象可以不考虑流体性质的影响。

5. 沸腾时水温 100℃，这与常温 25℃ 的水两者在温度上是否有数量级差别？如果流体外掠长度只有 1mm 的平板，那它的边界层厚度与板长相比是否也可以认为是 1 与 δ 之比？采用改变速度或其他参数的办法，能否使同一种流体（例如空气或水）在不同工况下的表面传热系数具有数量级的差别？请作具体分析。试举若干工程和生活中的实例（不一定是传热现象）说明数量级分析方法的应用。

6. 努谢尔特数 Nu 是否可以小于 1？试分析说明。若 Nu 小于 1，则可能发生在什么情况下。

7. 流体外掠平板，在温度条件不变的情况下，主流速度增加时，为何它的局部和平均表面传热系数都增加。流态发生变化又怎样？

8. 在相同温度及速度条件下，不同 Pr 流体外掠平板表面时的温度及速度边界层厚度、速度及温度梯度及平均表面传热系数等有何差异？

9. 为什么 $Pr \ll 1$ 时 $\delta_t \gg \delta$？试分析外掠平板对流传热在 $\delta_t > \delta$ 情况下的流动及传热的机制。

10. 假设一平板从空中垂直坠落，平板起始温度高于空气温度。试定性分析该平板从坠落瞬间到某一时间段后，平板两侧的流态及对流传热表面传热系数变化过程。借此可进一步思考：飞机机翼或机身在起飞、降落过程中表面的对流传热表面传热系数的变化过程。（注：无标准答案，仅为打开思路分析而已。）

11. 已知 $t_f = 40℃$；$t_w = 20℃$；$u_\infty = 0.8\text{m/s}$；板长 100mm，应用 Matlab 或其他相关计算软件编程计算水掠过平板时沿程不同位置的局部表面传热系数以及平均表面传热系数，并绘制在以 h_x、h 为纵坐标，x 为横坐标的图上。确定各点的平均表面传热系数（$Re_c = 5 \times 10^5$）。

12. 空气以 10m/s 速度外掠 1.2m 长平板，$t_f = 80℃$，$t_w = 30℃$，计算该板在临界 Re 下的 h_c、全板平均表面传热系数以及传热量（板宽为 1m，已知 $Re_c = 5 \times 10^5$）。若流体为水，则上述计算结果又如何？

13. 已知某平板紊流平均表面传热系数准则关联式为：$Nu = 0.0359 Re^{4/5} Pr^{1/3} - 831 Pr^{1/3}$，又已知层流局部传热准则关联式为：$Nu_x = 0.332 Re_x^{1/2} Pr^{1/3}$，试确定它的紊流局部传热准则关联式。

14. 轴承中润滑油的流动可近似于两块无限大平板之间的流动，其中一块平板移动，另一平板静止（图5-27）。假设两无限大平板之间的距离为 2mm，温度均为 20℃。移动平板的速度是 12m/s。求：（a）润滑油的速度和温度分布；（b）润滑油的最高温度和润滑油与平板之间的传热量。已知润滑油的热导率为 0.145W/（m·K），黏滞系数为 0.800（N·s）/m^2。润滑油由于摩擦而产生的热量为 $\mu \left(\dfrac{\partial u}{\partial y} \right)^2$。

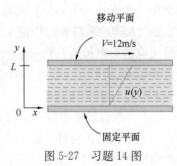

图 5-27 习题 14 图

15. 当平板与掠过其表面的流体具有相同温度时，平板表面的热边界层是否存在？

16. 温度为 t_f 的空气从圆形喷嘴中喷射到一个半径 r_0 及壁温 t_w 的圆盘上，空气流沿圆盘径向流动，已知其局部表面传热系数 $h_r = a + br^n$（a、b、n 均为常量），试确定该圆盘与空气的传热量表达式。

17. 温度 $t_f = 80℃$ 的空气外掠 $t_w = 30℃$ 的平板，已知 $h_x = 4.4 x^{-1/2}$，试求该平板长为

0.3m、宽 0.5m 时的传热量。

18. 某对流传热过程，边界层温度场为 $\dfrac{t-t_\mathrm{w}}{t_\mathrm{f}-t_\mathrm{w}}=1-\exp\left(-Pr\dfrac{u_\infty y}{\nu}\right)$，当空气 $t_\mathrm{f}=$ 130℃，$t_\mathrm{w}=30℃$，$u_\infty=10\mathrm{m/s}$ 条件下流过壁时，求表面传热系数。

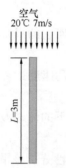

空气
20℃ 7m/s

$L=3\mathrm{m}$

图 5-28 习题 20 图

19. 某不规则物体，定形长度 $l_1=1\mathrm{m}$，$t_\mathrm{w1}=140℃$，当 $t_\mathrm{f1}=$ 30℃，$u_{\infty 1}=50\mathrm{m/s}$ 的空气流过时，热流密度为 $q_1=15000\mathrm{W/m^2}$。如果另一形状相同但大小不同的物体，定型长度 $l_2=5\mathrm{m}$，壁温 t_w2 $=20℃$，$t_\mathrm{f2}=70℃$，$u_{\infty 2}=8.08\mathrm{m/s}$。求其平均表面传热系数为多少？（定性温度取边界层平均温度）。

20. 有一 2m×3m 的平板立于室内，气流沿着长度方向掠过平板（图 5-28）。假设气流的温度为 20℃、速度为 7m/s，气流作用于平板的摩擦力为 0.86N。求平板表面的平均对流传热系数。

21. 两根管子，a 管内径 16mm，b 管内径 30mm，当同一种流体流过时，a 管内流量是 b 管的两倍，已知两管温度场完全相同，问管内流态是否相似？如不相似，在流量上采取什么措施才能相似？

22. 煤气以平均流速 $u_\mathrm{m}=20\mathrm{m/s}$ 流过内径 $d=16.9\mathrm{mm}$、长 $l=2\mathrm{m}$ 的管子，由于不知道它的表面传热系数，今实测得管两端煤气的压降 Δp 为 35N/m²，试问能否确定此煤气与管壁的平均表面传热系数？已知该煤气的物性是：$\rho=0.3335\mathrm{kg/m^3}$，$c_p=1.198\mathrm{kJ/(kg\cdot K)}$，$\nu=47.38\times10^{-6}\mathrm{m^2/s}$，$\lambda=0.191\mathrm{W/(m\cdot K)}$。管内流动摩擦系数 f 的定义式是：$\Delta p=f\dfrac{l}{d}\times\dfrac{\rho u_\mathrm{m}^2}{2}$，又已知：$St\cdot Pr^{2/3}=\dfrac{f}{8}$（管内流动两传类比律）。

23. 有人设想把南极大冰山拖运到 10000km 以外的干旱地区以解决淡水供应。设冰山可视为长 1km，宽 0.5km，厚 0.25km 的大板，拖运速度为 1km/h，途中冰块与海水，冰面与空气的平均温差为 10℃，忽略冰面的辐射传热，试估计冰山拖运中水上和水下两部分的融化量及其比例（已知 $Re_c=5\times10^5$，融解热 3.34×10^5 J/kg；计算中可将冰块的侧面积全部归入水下部分；海水与冰传热时的物性按纯水计算）。

24. 人体的平均表面积是 1.8m²，皮肤表面平均温度是 33℃。在无风的条件下人体走动时表面的对流传热系数可表示为 $h=8.6v^{0.3}$，其中 v 为人体走动的速度。上式适用范围为 $0.5<v<2.0\mathrm{m/s}$。假设穿着衣服的人体表面温度为 18℃，周围空气温度为 10℃。当人体走动速度分别为 0.5m/s、1.0m/s、1.5m/s 和 2.0m/s 时，求人体的对流散热速率。

25. 在相似理论指导下进行实验，研究空气在长圆管内稳态受迫对流传热的规律，请问：（1）本项实验将涉及哪几个相似准则？（2）实验中应直接测量哪些参数才能得到所涉及的准则数据？（3）现通过实验并经初步计算得到的数据，如下表所示，试计算各实验点 Re 数及 Nu 数？（4）实验点 1、2、3、4 的现象是否相似？（5）将实验点标绘在 $\lg Nu$ 及 $\lg Re$ 图上。（6）可用什么形式的准则方程式整理这些数据？并确定准则方程式中的系数。（7）现有另一根长圆管，$d=80\mathrm{mm}$，管内空气速度 28.9m/s，$t_\mathrm{w}=150℃$，$t_\mathrm{f}=50℃$，试确定管内传热现象与上述表中哪个现象是相似的？并用下表实验结果确定此管内的表面传热系数。（8）有一未知流体的传热现象，已知其热扩散率 $a=30.2\times10^{-6}\mathrm{m^2/s}$，$\lambda=$ 0.0305W/(m·K)，$\nu=21.09\times10^{-6}\mathrm{m^2/s}$，$d=65\mathrm{mm}$，管内流速 23 m/s，它是否与下表中的实验现象相似？是否可以用下表实验结果计算它的表面传热系数？为什么？如果能用，请计算其 Nu 数和表面传热系数。

长管内空气传热实验数据表（习题 25 表）

实验点	壁温 t_w（℃）	流体定性温度 t_f（℃）	管内平均流速 u（m/s）	表面传热系数 h [W/（m² · K）]	管内径 d（mm）
1	30	10	3.01	15.0	50
2	50	10	8.00	31.5	50
3	70	10	17.0	57.5	50
4	90	10	35.9	106	50

26. 一块具有电加热功能的汽车挡风玻璃高 0.6m、长 1.8m。汽车行驶时，挡风玻璃处平行于玻璃的气流速度为 80km/h、温度为 0℃、压力为一个大气压。电加热功率为 50W，玻璃表面温度为 4℃。忽略玻璃内表面的辐射和其他散热损失，试计算作用于挡风玻璃上的气流摩擦力。

27. 飞机的机翼可近似地看成是一块置于平行气流中的长 2.5m 的平板，飞机的飞行速度为 400km/h，空气压力为 $0.7×10^5$ Pa，空气温度为 −10℃。机翼顶面吸收的太阳辐射为 800W/m²，而其自身辐射略而不计。试确定处于稳态时机翼的温度（假设温度是均匀的）。

28. 假定临界雷诺数为 $5×10^5$，试确定四种流体（空气、水、润滑油、制冷剂 R22）流过平板时，发生过渡流态的位置（距平板前沿的距离）。四种流体的速度都是 1m/s，温度为 40℃。

 参考文献

[1] H. Schlichting. Boundary Layer Theory. McGraw-Hill，1979.

[2] S. V. 帕坦卡著. 传热和流体流动的数值方法. 郭宽良译. 合肥：安徽科学技术出版社，1984.

[3] 陶文铨编著. 数值传热学. 西安：西安交通大学出版社，1988.

[4] 杨世铭，陶文铨. 传热学(第三版). 北京：高等教育出版社，1998.

[5] S. Whitaker. Fundamental Principle of Heat Transfer. Pergamon Press，1977.

[6] 王补宣著. 工程传热传质学. 北京：科学出版社，1982(上)，1998(下).

[7] E. R. G. 埃克尔特，R. M. 德雷克著. 传热与传质. 航青译. 北京：科学出版社，1983.

[8] J. P. Holman. Heat Transfer(10th Edition). McGraw-Hill，2011.

[9] William Kays，Michael Crawford，Bernhard Weigand 著. 对流传热与传质(第 4 版中文版). 赵镇南译. 北京：高等教育出版社，2007.

[10] J. R. 威尔蒂著. 工程传热学. 任泽霈等译. 北京：人民教育出版社，1983.

[11] F. P. Incropera, D. P. Dewitt, T. L. Bergman, A. S. Lavine. Fundamentals of Heat and Mass Transfer. 6th Ed. John Wiley & Sons Inc. 2007.

[12] 王丰编著. 相似理论及其在传热学中的应用. 北京：高等教育出版社，1990.

[13] 任泽霈编著. 对流换热. 北京：高等教育出版社，1998.

第六章　单相流体对流传热

单相流体对流传热是各类换热器、传热物体和器件中最常见的传热问题，如第五章图5-1及对流传热过程分类表所示，单相流体对流传热包括：受迫对流、自然对流、混合对流。由于它的复杂性，大多还不能用理论方法而要靠实验获得对流传热关联式，以供实际工程应用。关于外掠平板传热问题已在前一章介绍过了，本章的重点是介绍管内受迫对流传热、横向外掠单管或管束对流传热、大空间及有限空间自然对流传热等，分析其特征并推荐准则关联式。

第一节　管内受迫对流传热

一、一般分析

通过外掠平板对流传热的分析，影响单相流体受迫对流传热的一般因素已在第五章叙及，参见式（5-1），但当流体在管内受迫对流传热时，从管子进口到出口，由于流体的流动被限制在一特定的空间内，使得管内流动及传热与外掠平板的流动及传热不同。本节介绍管内受迫对流的传热规律。

1. 进口段与充分发展段

边界层分析中曾指出，流体从进入管口开始，需经历一段距离，管断面流速分布和流动状态才能达到定型，这一段距离通称进口段。之后，流态定型，流动达到充分发展，称为流动充分发展段。流动充分发展段的流态由 $Re = u_m d / \nu$ 判断。

$Re < 2300$　　　　　　　　　　层流

$2300 < Re < 10^4$　　　　　　　过渡状态

$Re > 10^4$　　　　　　　　　　旺盛紊流

Re 中的 u_m 为管断面平均速度，m/s；定型长度为管内径 d，m。

流动充分发展段的特征：流体的径向（r）速度分量 v 为零，且轴向（x）速度 u 不再随 x 改变，即

$$\frac{\partial u}{\partial x} = 0; v = 0$$

在有热交换的情况下，流体从进口到出口，管断面的流体平均温度 t_f 将不断变化，即 $\partial t / \partial x$ 永远不会等于 0；壁温 t_w 则视边界条件可能发生变化。但实验发现，常物性流体在常热流和常壁温边界条件下[1,2]，流体从进口开始也要经历热进口段后才进入"热充分发展段"，热充分发展段的特征是：由 $t_w(x)$ 及 $t_f(x)$ 与管内任意点的温度 $t(x, r)$ 组成的无量纲温度 $\left(\dfrac{t_w - t}{t_w - t_f}\right)$ 随管长保持不变，即

$$\frac{\partial}{\partial x}\left(\frac{t_w - t}{t_w - t_f}\right) = 0 \tag{1a}$$

由此特征可得出如下的结论：考虑到式（1a）以及 $t_w(x)$ 及 $t_f(x)$ 均与 r 无关，则

无量纲温度就仅是 r 的函数，若将无量纲温度对 r 求导，并当 $r=R$（管壁）时，得到常数

$$\frac{\partial}{\partial r}\left(\frac{t_{\mathrm{w}}-t}{t_{\mathrm{w}}-t_{\mathrm{f}}}\right)_{\mathrm{r=R}}=\frac{-\left(\frac{\partial t}{\partial r}\right)_{\mathrm{r=R}}}{t_{\mathrm{w}}-t_{\mathrm{f}}}=\mathrm{const} \tag{1b}$$

再应用傅里叶导热定律得局部热流密度 $q_{\mathrm{x}}=-\lambda\left(\frac{\partial t}{\partial r}\right)_{\mathrm{r=R}}$ 及牛顿冷却公式 $q_{\mathrm{x}}=h_{\mathrm{x}}$ $(t_{\mathrm{w}}-t_{\mathrm{f}})$，则由上式可得

$$\frac{-\left(\frac{\partial t}{\partial r}\right)_{\mathrm{r=R}}}{t_{\mathrm{w}}-t_{\mathrm{f}}}=\frac{h_{\mathrm{x}}}{\lambda}=\mathrm{const} \tag{2}$$

式（2）说明，常物性流体在热充分发展段的局部表面传热系数 h_{x} 保持不变。

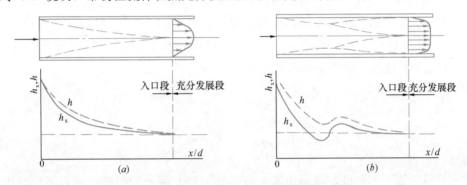

图 6-1 管内局部表面传热系数 h_{x} 及平均 h 的变化
（a）层流；（b）紊流

流动进口段与热进口段的长度不一定相等，这取决于 Pr，当 $Pr>1$ 时，流动进口段比热进口段短；当 $Pr<1$ 时，情形正相反。图 6-1 定性地表达了管内局部表面传热系数 h_{x} 随 x 的变化规律，它以 $Pr=1$ 为例标绘，即当流动达到充分发展时，传热也进入热充分发展段。在进口处，边界层最薄，h_{x} 具有最高值，随后降低。在层流情况下，h_{x} 趋于不变值的距离较长，流体层流热进口段长度：

$$\left(\frac{l}{d}\right)_{l}\approx0.05RePr \tag{3}$$

式（3）表明，层流热进口段 l 随 $RePr$ 增加而变长。

在紊流情况下，当边界层转变为紊流后，h_{x} 将有一些回升后又下降，并迅速趋于不变值。紊流时的热进口段较层流短得多，其长度取决于 Re 数，约为管径的 $10\sim45$ 倍[2,3]。鉴于进口段 h_{x} 的变化，在选择准则方程式计算管内平均表面传热系数时应注意该方程式适用的管长条件。

2. 管内流体平均速度及平均温度

（1）管内流体平均速度 如图 6-2 所示，取径向微圆环断面积 $\mathrm{d}f$，则

$$u_{\mathrm{m}}=\int_{0}^{f}u\mathrm{d}f/f=\frac{2}{\pi R^{2}}\int_{0}^{R}\pi ru\,\mathrm{d}r=\frac{V}{f} \tag{6-1}$$

式中，u 为断面局部流速，m/s；f 为管断面面积，m^2；V 为体积流量，m^3/s。

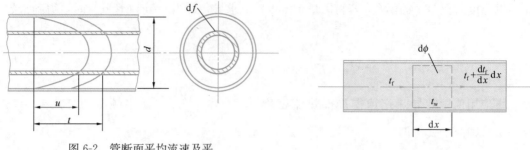

图 6-2　管断面平均流速及平
均温度的计算

图 6-3　管内传热热平衡

（2）管内流体平均温度及传热温差　管内流体平均温度有两种，即管断面流体平均温度和全管长流体平均温度，它们是管内传热计算或实验研究中为确定流体物性及传热温度差的重要数据。首先按焓值计算断面平均温度，如图 6-2 所示，单位时间通过 $\mathrm{d}f$ 微元断面面积的质量为 $\rho u \mathrm{d}f$，它的焓为 $\rho c_{\mathrm{p}} t u \mathrm{d}f$，沿断面面积积分得断面流体的总焓为 $\int_{f} \rho c_{\mathrm{p}} t u \mathrm{d}f$。对常物性流体，则断面平均温度为：

$$t_{\mathrm{f}} = \frac{\int_{f} \rho c_{\mathrm{p}} t u \, \mathrm{d}f}{\int_{f} \rho c_{\mathrm{p}} u \, \mathrm{d}f} = \frac{2}{R^{2} u_{\mathrm{m}}} \int_{0}^{R} t u r \, \mathrm{d}r \tag{6-2}$$

按上式来计算断面平均温度，必须知道 $u(r)$ 和 $t(r)$ 两者的分布。断面平均温度 t_{f} 还可通过实验测出，例如，设法让该断面上的流体充分混合，则测出的混合温度即该断面的平均温度。随着热交换的进行，断面平均温度随管长而变，其规律可由热平衡关系导出，即流体沿管长焓值的变化等于它与管壁的传热量。如图 6-3 所示，设在 $\mathrm{d}x$ 长的管段内，流体获得热量 $\mathrm{d}\Phi$，温度变化了 $\dfrac{\mathrm{d}t_{\mathrm{f}}}{\mathrm{d}x}\mathrm{d}x$，则该管段的热平衡式是：

$$\mathrm{d}\Phi = h_{\mathrm{x}}(t_{\mathrm{w}} - t_{\mathrm{f}})_{\mathrm{x}} 2\pi R \mathrm{d}x = \rho c_{\mathrm{p}} u_{\mathrm{m}} \pi R^{2} \mathrm{d}t_{\mathrm{f}} \tag{4}$$

又　　　　　　　　$$\mathrm{d}\Phi = q_{\mathrm{x}} 2\pi R \mathrm{d}x \tag{5}$$

式中，q_{x} 为局部热流密度，W/m²，由式（4）及式（5）得

$$\frac{\mathrm{d}t_{\mathrm{f}}}{\mathrm{d}x} = \frac{2q_{\mathrm{x}}}{\rho c_{\mathrm{p}} u_{\mathrm{m}} R} \tag{6}$$

或　　　　　　　　$$\frac{\mathrm{d}t_{\mathrm{f}}}{\mathrm{d}x} = \frac{2h_{\mathrm{x}}(t_{\mathrm{w}} - t_{\mathrm{f}})_{\mathrm{x}}}{\rho c_{\mathrm{p}} u_{\mathrm{m}} R} \tag{7}$$

如是，利用式（6）或式（7）沿管长积分，即可求得全管长流体的平均温度。但因 t_{f}、t_{w} 及 q_{x} 均可能是随 x 变化的，故应根据不同的边界条件进行积分。以下分析常热流与常壁温两种边界条件下全管长流体的平均温度。

常热流边界条件（$q_{\mathrm{x}} = \mathrm{const}$）：设物性为常量，则由式（6），$\mathrm{d}t_{\mathrm{f}}/\mathrm{d}x = \mathrm{const}$，它表明从入口开始，流体断面平均温度呈线性变化，所以，在常热流条件下，可取管的进出口断面平均温度的算术平均值作为全管长流体的平均温度，即

$$t_{\mathrm{f}} = (t'_{\mathrm{f}} + t''_{\mathrm{f}})/2 \tag{6-3a}$$

此外，对于热充分发展段，q_x 及 h_x 均为常量，则由牛顿冷却公式可导得

$$\frac{\mathrm{d}t_w}{\mathrm{d}x} = \frac{\mathrm{d}t_f}{\mathrm{d}x} \tag{8}$$

这说明在常热流条件下，充分发展段的管壁温度也是呈线性变化的，且变化的速率与流体断面平均温度的变化速率一致，如图 6-4（a）所示。故在充分发展段，t_f 与 t_w 之差沿管长保持不变。但因进口段的壁温不呈线性变化，故一种近似但简便的处理办法是取进出口两端温差 $\Delta t'$ 与 $\Delta t''$ 的算术平均值为全管长流体与管壁间的平均温差，即

$$\Delta t = (\Delta t' + \Delta t'')/2 \tag{6-3b}$$

式中，进口端流体与管壁温差 $\Delta t' = t'_w - t'_f$；出口端 $\Delta t'' = t''_w - t''_f$。

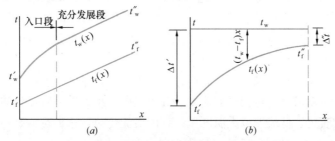

图 6-4 管内传热时流体温度变化

（a）常热流；（b）常壁温

常壁温边界条件（$t_w = \mathrm{const}$）：情况较复杂些，将式（7）变换为

$$-\frac{\mathrm{d}(t_w - t_f)_x}{(t_w - t_f)_x} = \frac{2h_x \mathrm{d}x}{\rho c_p u_m R} \tag{9}$$

将上式沿管长由 0 到 x 积分，其中积分项 $\int_0^x h_x \mathrm{d}x$ 等于全管长的平均表面传热系数 h 与长度 x 之积（$h \cdot x$），再经整理得

$$\frac{\Delta t''}{\Delta t'} = \exp\left(-\frac{2h}{\rho c_p u_m R}x\right) \tag{10}$$

式（10）表明，常壁温条件下，流体与壁面间的温度差将沿管长按对数曲线规律变化，如图 6-4（b）所示，由式（10）作进一步推导（详见第十章），可得全管长流体与壁面间的平均温度差 Δt_m：

$$\Delta t_m = \frac{(t_w - t'_f) - (t_w - t''_f)}{\ln\frac{(t_w - t'_f)}{(t_w - t''_f)}} = \frac{\Delta t' - \Delta t''}{\ln\frac{\Delta t'}{\Delta t''}} \tag{6-3c}$$

Δt_m 称对数平均温差。若温度差 $\Delta t'$ 与 $\Delta t''$ 的大小之比小于 2，则可用算术平均式（6-3b）代替对数平均式（6-3c），误差将小于 4%。

因 t_w 不变，又已知 Δt_m，故全管长流体的平均温度是

$$t_f = t_w \pm \Delta t_m \tag{6-3d}$$

式（6-3d）中，当 $t_f < t_w$ 用"－"号；$t_f > t_w$ 用"＋"号。

综上所述，在计算管内对流传热时应注意按边界条件确定流体与管壁间的温度差及其平均温度。

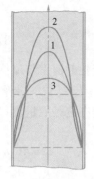

图 6-5 黏度变
化对速度
场的影响

1—等温流；2—冷却
液体或加热气体；
3—加热液体或
冷却气体

3. 物性场不均匀

在传热条件下，由于管中心和靠近管壁的流体温度不同，因而管中心和管壁处的流体物性也会存在差异，特别是黏度的不同将导致有温差时的速度场与等温流动时有差别。如图 6-5 所示，设速度曲线 1 为等温流情况，若管内为液体，由于它的黏度是随温升而降低的，故液体被冷却时壁面附近的黏度较管心处高，黏性力增大，速度将低于等温流的情况，这时的速度分布将变成曲线 2 的情形。如果液体被加热，则速度场将变为曲线 3。显然曲线 3 在壁面上的速度梯度大于曲线 2。在流体平均温度相同的条件下，这种现象将造成加热液体时的表面传热系数高于冷却液体时的表面传热系数。这就是不均匀物性场（由冷却或加热引起）的影响。对于气体，其黏度随温度增加而增大，其影响恰与液体相反。上述分析，同样适用于管外对流传热。

还要提及，由于管内各处温度不同，流体密度也不同，必然会产生自然对流，它也会改变速度的分布状况，从而影响对流传热过程，特别是大直径、低流速或大温度差的管内对流传热，这种影响是不容忽略的，通常把自然对流的影响不可忽略时的受迫对流称为混合对流（Combined Convection）传热。

4. 管子的几何特征

管长、管径、弯曲管、非圆形管、粗糙管等都是管内对流传热的重要影响因素。管子的几何特征将影响管内流体流型的演变，例如，管长较短时边界层尚未充分发展即流出管子；管子弯曲时将出现二次环流。

二、管内受迫对流传热

1. 紊流传热

受迫紊流传热准则关联式（5-32）用下列幂函数表达

$$Nu = CRe^{n}Pr^{m}$$

式中，常数 C、n、m 均由实验研究结果确定。对于光滑管内紊流传热，使用最广泛的关联式是迪图斯-贝尔特（Dittus-Boelter）公式[1]：

加热流体 $\qquad Nu_{\mathrm{f}} = 0.023 Re_{\mathrm{f}}^{0.8} Pr_{\mathrm{f}}^{0.4} \qquad (t_{\mathrm{w}} > t_{\mathrm{f}}) \qquad (6\text{-}4a)$

冷却流体 $\qquad Nu_{\mathrm{f}} = 0.023 Re_{\mathrm{f}}^{0.8} Pr_{\mathrm{f}}^{0.3} \qquad (t_{\mathrm{w}} < t_{\mathrm{f}}) \qquad (6\text{-}4b)$

式（6-4）适用于流体与壁面具有中等以下温度差（具体数值与计算准确度有关系，例如[2]，对空气不超过 50℃，对于水不超过 20~30℃；对于 $(1/\mu)(\mathrm{d}\mu/\mathrm{d}t)$ 大的油类不超过 10℃）。适用参数范围（l/d）≥10；$Re_{\mathrm{f}} > 10^{4}$；$Pr_{\mathrm{f}} = 0.7~160$；定性温度取全管长流体平均温度；定型长度为管内径 d。

对于液体，当与管壁间的温差比较大，导致黏度有明显的变化时，西得和塔特（Sieder-Tate）[3] 推荐的关联式采用 $(\mu_{\mathrm{f}}/\mu_{\mathrm{w}})^{0.14}$ 作为不均匀物性影响的修正项，关联式为

[1] F. W. Dittus, L. M. K Boelter, Univ. Calif.（Berkeley）Pub. Eng. Vol. 2. p443，1930.

[2] 只作为量级的参考，各文献数字有出入。Trans. ASME. Vol. 79, p. 789，1957。

[3] E. N. Sieder, G. E. Tate, Ind. Eng. Chem. 28：1429，1936.

$$Nu_f = 0.027 \, Re_f^{0.8} \, Pr_f^{1/3} \, (\mu_f/\mu_w)^{0.14} \tag{6-5}$$

式中，μ_f 和 μ_w 分别为流体温度 t_f 和壁温 t_w 下的流体动力黏度，$N \cdot s/m^2$。当加热液体时，$t_f < t_w$，则 $(\mu_f/\mu_w)^{0.14} > 1$；反之，当冷却液体时，$(\mu_f/\mu_w)^{0.14} < 1$。此式修正了物性场不均匀性的影响，在计算时，若壁温未知，则须采用试算法进行，即先假定 t_w，最后进行校核，详见例题。

关于物性变化的修正，本节只通过上式作扼要的介绍。但实际情况是较为复杂的，因为对于液体或气体、大温差或小温差、不同的流态等等，其影响的程度不尽相同。大量的研究表明，对于液体，温度变化主要会引起黏度发生变化，其他物性相比之下变化较小，可以忽略，故液体采用 μ 或 Pr 修正是合适的。而对于气体，除黏度外，其他物性亦会有明显变化，而且这些物性参数随热力学温度的变化都具有一定的函数关系，所以，对气体适于采用 T 修正。苏联科学家米海耶夫建议[2]，液体或气体，都用 $(Pr_f/Pr_w)^{0.25}$ 作为修正项。当然，不同的修正方法，关联式右边的常数项可能不同。

上述准则关联式要求适用于紊流传热，而格尼林斯基在整理多位著名传热科学家建议的关联式和实验数据（近 800 个数据点）基础上，提供的关联式可适用于过渡流与紊流传热，其关联式与 90% 的实验数据偏差在 ±20% 以内，是目前常用的管内对流传热准则关联式：

对于气体，$0.6 < Pr_f < 1.5$；$0.5 < \dfrac{T_f}{T_w} < 1.5$；$2300 < Re_f < 10^6$

$$Nu_f = 0.0214(Re_f^{0.8} - 100) \, Pr_f^{0.4} \left[1 + \left(\frac{d}{l}\right)^{2/3}\right]\left(\frac{T_f}{T_w}\right)^{0.45} \tag{6-6a}$$

对于液体，$1.5 < Pr_f < 500$；$0.05 < \dfrac{Pr_f}{Pr_w} < 20$；$2300 < Re_f < 10^6$

$$Nu_f = 0.012(Re_f^{0.87} - 280) \, Pr_f^{0.4} \left[1 + \left(\frac{d}{l}\right)^{2/3}\right]\left(\frac{Pr_f}{Pr_w}\right)^{0.11} \tag{6-6b}$$

式中　Pr_f——管子进出口断面温度下的 Pr 平均值；

$\left(\dfrac{d}{l}\right)^{2/3}$——修正管子长度的影响。

式（6-4）与式（6-6）数据整理形式不同，前者在双对数坐标图上显示为直线关系。后者因为关联的数据域很广，其关联线在数据域的高端或低端与直线偏离，括号内的常数项就是对偏离度的修正，表明在关联式适用的数据域内 $\lg Nu$ 与 $\lg Re$ 已不是正比关系。以后，在其他对流传热关联式中，还将遇到类似的形式。

对于非圆形管，例如椭圆管、矩形流道等，定型长度采用当量直径 d_e。

$$d_e = \frac{4A}{U} \tag{6-7}$$

式中　A——流道断面面积，m^2；

　　　U——流体润湿的流道周长，m。

对于螺旋形管，如螺旋板式或螺旋管式换热设备，流体通道呈螺旋形。在弯曲的通道中流动产生的离心力，将在流场中形成二次环流，如图 6-6 所示，二次环流的路径是沿管径流向外侧，再沿管壁流向内侧，此二次环流与主流垂直，

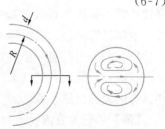

图 6-6　弯曲管二次环流

增加了对边界层的扰动，有利于传热，而且管的弯曲半径越小，二次环流的影响越大。故由上述关联式计算的结果尚需乘以管道弯曲影响的修正系数 ε_R，它大于1。

气体 $\quad \varepsilon_R = 1 + 1.77\dfrac{d}{R}$ $\qquad\qquad\qquad\qquad\qquad\qquad\quad$ (6-8a)

液体 $\quad \varepsilon_R = 1 + 10.3\left(\dfrac{d}{R}\right)^3$ $\qquad\qquad\qquad\qquad\qquad\quad$ (6-8b)

式中　R——螺旋管曲率半径，m；

$\qquad d$——管直径，m。

至此，若将式（6-4a）展开，显示出各因素对管内紊流传热表面传热系数影响的大小，从中可以得到如何更有效地强化传热的启示。

$$h = f(u^{0.8}, \lambda^{0.6}, c_p^{0.4}, \rho^{0.8}, \mu^{-0.4}, d^{-0.2})$$

式中，流速和密度均以 0.8 次幂影响表面传热系数，是各项中影响最大者。它反映了水的表面传热系数远高于空气的现象。以流速而论，在其他条件相同时，流速由 1m/s 提高到 1.5 m/s，表面传热系数即可增加 40% 左右。至于管径 d，在不改变流速及温度的条件下，采用小直径的管子能够提高表面传热系数，如把圆管改成椭圆管就是一项有效的措施，因周长不变时，椭圆管的断面积和当量直径都变小，传热将改善，而且管外部的流动亦会得到改善。

【例 6-1】一台管壳式蒸汽热水器，水在管内流速 $u_m = 0.85\text{m/s}$，全管水的平均温度，$t_f = 90℃$，管壁温度 $t_w = 115℃$，管长 1.5m，管内径 $d = 17\text{mm}$，试计算它的表面传热系数。

【解】本题 $l/d > 10$，温度差为 25℃，符合式（6-4a）的适用条件。解题的思路是先用定性温度确定物性，进而可确定计算式中的准则数。

物性由附录 2 查取，水在 t_f 下的物性数据：

$t_f = 90℃$：$\nu_f = 0.326 \times 10^{-6}\ \text{m}^2/\text{s}$；$\lambda_f = 0.680\text{W/(m·K)}$；

$\qquad \mu_f = 3.15 \times 10^{-4}\ \text{N·s/m}^2$；$Pr_f = 1.95$

则 $\qquad\qquad Re_f = \dfrac{du_m}{\nu_f} = \dfrac{0.017 \times 0.85}{0.326 \times 10^{-6}} = 4.43 \times 10^4$

为紊流，由式（6-4a）

$$Nu_f = 0.023\,Re_f^{0.8}\,Pr_f^{0.4}$$

$$= 0.023\,(4.43 \times 10^4)^{0.8}\,(1.95)^{0.4} = 157$$

$$h = Nu_f\frac{\lambda_f}{d} = 157 \times \frac{0.680}{0.017} = 6280\text{W/(m}^2\text{·K)}$$

【讨论】此题由判断流态，进而选择准则关联式、计算 h 值，是应用对流传热准则关联式计算表面传热系数的最基本方法。读者还可用式（6-5）、式（6-6）计算 h，并作比较。本例计算简短，而实际工程问题就要复杂得多，见下例。

【例 6-2】某厂有一空气加热器，已知管内径 $d = 0.051\text{m}$，每根管内空气质流量 $M = 0.0417\text{kg/s}$，管长 $l = 2.6\text{m}$，空气进口温度 $t_f' = 30℃$，壁温保持 $t_w = 250℃$，试计算该加热器管内表面传热系数。

【解】本题为管内受迫对流常壁温传热问题。按上题的思路解题，应该首先确定定性温度，据此查取物性参数，进而计算 Re 以判断流态。但本题中事先没有给定出口温度

t''_f，故定性温度也是未知数，空气物性参数亦不能确定，因此解题首先遇到的困难是出口温度 t''_f。但仔细分析，本例所给定的条件充分，t''_f 应有唯一解。对于这种情况的问题，一般可采用试算法求解，即先假定一个出口温度 t''_f，待求解后再进行校核，其计算流程是：

$$t''_f（假定）\rightarrow \Delta t_m, t_f \begin{cases} 物性 \rightarrow Re \rightarrow Nu \rightarrow h_1（准则关联式计算） \\ c_p \rightarrow \Phi \rightarrow h_2 = \dfrac{\Phi}{A(t_w - t_f)}（传热量计算） \end{cases} \begin{matrix} 要求 h_1 \approx h_2 \\ 否则重新假定 t''_f \end{matrix}$$

假定 t''_f，是为了启动计算。本题的边界条件为常壁温，采用对数平均计算 Δt_m，再按式（6-3d）确定流体的定性温度，因 $t_w > t_f$，故

$$t_f = t_w - \Delta t_m \tag{1}$$

由定性温度，确定物性参数；再依次计算 Re；判断流态；选用准则关联式；进而按准则方程式计算出该出口温度 t''_f 下的表面传热系数，先记为 h_1。

另一方面，从热平衡关系看，当出口温度 t''_f 一经设定，则空气由 t'_f 加热到 t''_f 的传热量也就设定了，即

$$\Phi = Mc_p(t''_f - t'_f) \tag{2}$$

这样，不经准则关联式，而是通过上述传热量就可由牛顿冷却公式直接计算出表面传热系数来，把由传热量计算出来的表面传热系数记为 h_2，即

$$h_2 = \frac{\Phi}{A(t_w - t_f)} = \frac{Mc_p(t''_f - t'_f)}{A\Delta t_m} \tag{3}$$

显然，如果最初假定的 t''_f 是准确的，则由准则关联式计算的 h_1 应等于由传热量计算的 h_2，因此可以利用 $h_1 \approx h_2$ 这一条件来校核假定的 t''_f 是否是本题的解。如果 h_1 与 h_2 相差比较大，说明假定值偏离准确值，则需重新假定 t''_f，重复上述计算，直到校核条件得到满足。当然，要求两者严格相等，也无必要，只要两者之偏差不超过工程上的允许范围即可。上述计算方法，是传热学中常用的试算法。建议在理解上述试算方法的基础上，编程计算，既可以理清计算思路，又可以加快计算速度，同时练习了计算机编程。在物性查询计算方面，建议使用专业物性查询软件。

采用试算法解题，必须是有唯一解的题。分析本例题的未知量有 4 个：h，t_f，t''_f，Φ，而上述式（1）、（2）、（3），加上准则关联式也是 4 个计算式，问题有唯一解。采用试算法解题比用解联立方程的方法简单、容易，且物理意义明确。这就是本题求解的思路和目的。因此读者遇到这类问题的时候，不妨先利用传热学的知识，定性判断一下，在给定的条件下，流体的出口温度是否是唯一的。

本题的 t-A 关系如图 6-4(b) 所示，为启动计算，设 $t''_f = 122℃$，则：

$$\Delta t' = t_w - t'_f = 250 - 30 = 220℃；\quad \Delta t'' = t_w - t''_f = 250 - 122 = 128℃。$$

按对数平均计算温度差

$$\Delta t_m = \frac{\Delta t' - \Delta t''}{\ln \dfrac{\Delta t'}{\Delta t''}} = \frac{220 - 128}{\ln \dfrac{220}{128}} = 170℃$$

∴
$$t_f = t_w - \Delta t_m = 250 - 170 = 80℃$$

查附录 1 空气物性表

$$\nu_f = 21.07 \times 10^{-6} \, \text{m}^2/\text{s}；\quad \rho = 0.999 \text{kg/m}^3；$$

$$\lambda_f = 0.0298W/(m \cdot K); \quad c_p = 1.010kJ/(kg \cdot K);$$
$$Pr_f = 0.714$$

平均流速

$$u_m = \frac{M}{\frac{\pi}{4}d^2\rho} = \frac{0.0417}{\frac{\pi}{4} \times 0.051^2 \times 0.999} = 20.4m/s$$

$$Re_f = \frac{u_m d}{\nu_f} = \frac{20.4 \times 0.051}{21.07 \times 10^{-6}} = 49440$$

采用紊流传热关联式 (6-6a)

$$Nu_f = 0.0214(Re_f^{0.8} - 100)Pr_f^{0.4}\left[1 + \left(\frac{d}{l}\right)^{2/3}\right]\left(\frac{T_f}{T_w}\right)^{0.45}$$

$$= 0.0214 \times (49440^{0.8} - 100) \times 0.714^{0.4}\left[1 + \left(\frac{0.051}{2.6}\right)^{2/3}\right] \times \left(\frac{353}{523}\right)^{0.45}$$

$$= 94$$

$$\therefore \qquad h_1 = Nu_f\frac{\lambda_f}{d} = 94 \times \frac{0.0298}{0.051} = 54.74W/(m^2 \cdot K)$$

校核：$\Phi = Mc_p(t''_f - t'_f) = 0.0417 \times 1009 \times (150 - 30) = 5049W$

由热量直接计算的表面传热系数是：

$$h_2 = \frac{\Phi}{A\Delta t_m} = \frac{5049}{\pi \times 0.051 \times 2.6 \times (250 - 98)} = 79.7W/(m^2 \cdot K)$$

对比计算，$h_1 \approx h_2$，相差 0.26%，原假定的 t''_f 合理（试算过程省略），在工程计算时，可取两者的平均值为计算结果。又因本题的 $\frac{\Delta t'}{\Delta t''} \leqslant 2$，如果采用算术平均计算 Δt_m，将有 2% 左右的误差。

【讨论】 通过本例，可以全面理解管内对流传热计算所涉及的一些重要概念、计算式和方法。但有几个问题需要思考：(1) 为启动计算，应如何选择 t''_f 的第一次假定值？(2) 本例试算时，如果第一次假定的 $t''_f < 150℃$ 或者 $t''_f > 150℃$，由此计算出来的 t_f，Φ，h 等数值将如何变化？就此进行一些定性的分析，从而理解 t''_f 变化对计算结果的影响规律；(3) 本题的校核方法如果不用表面传热系数而用 t''_f 或 Φ 作为校核的参数，考虑应如何变更计算程序；(4) 若将本例所用准则关联式改为式 (6-4) 或式 (6-5)，结果如何？(5) 将本例空气表面传热系数与例 6-1 的水相比，相差达到 2 个数量级；(6) 以本题为例，给定了管径、管长、流量、进口温度及壁温，其出口温度能否是不定值？

本例还可在假定出口温度 t''_f 后由式 (6-5) 直接计算出流量 M，用流量 M 作为核算参数，方法参看例 6-3。

【例 6-3】 某换热设备管子长 $l = 2m$，内径 $d = 0.014m$，生产过程中壁温保持 $t_w = 78.6℃$，进口水温 $t'_f = 22.1℃$，问管内水的平均流速 u_m 为多少 m/s 时，其出口水温 t''_f 达 $50℃$？并确定此时的表面传热系数。

【解】 本题热温差约 $40℃$，如果流态达到了紊流，则可以选用准则关联式 (6-5)。其中各项温度均已知，可计算出传热温度差 Δt_m 和定性温度 t_f，流体物性即随之确定。这样准则关联式 (6-5) 中只有流速（流量）为唯一未知数，利用例 6-2 的式 (2)、式 (3) 可将涉及流量的准则 Nu 数与 Re 数展开为下式：

$$Nu_f = \frac{hd}{\lambda_f} = \frac{Mc_p(t''_f - t'_f)}{\pi d l \Delta t_m} \times \frac{d}{\lambda_f}$$

$$Re_f = \frac{u_m d}{\nu_f} = \frac{M}{\pi d^2 \rho / 4} \times \frac{d}{\nu_f}$$

把上两式代入式（6-5），并展开写为流量 M 的函数，得到

$$M = \left[0.027 \times \left(\frac{1}{\frac{\pi}{4} d \rho \nu_f} \right)^{0.8} \times Pr_f^{1/3} \times \left(\frac{\mu_f}{\mu_w} \right)^{0.14} \times \frac{\pi l \Delta t_m \lambda_f}{c_p(t''_f - t'_f)} \right]^5 \quad (\text{kg/s})$$

则流量 M 可以直接解出。计算如下：

参见图 6-4（b），由式（6-3c）计算流体与壁面间的平均温差

$$\Delta t_m = (\Delta t' - \Delta t'') / \ln(\Delta t' / \Delta t'')$$

$$= [(78.6 - 22.1) - (78.6 - 50)] / \ln[(78.6 - 22.1)/(78.6 - 50)] = 41.0℃$$

定性温度

$$t_f = t_w - \Delta t_m = 78.6 - 41.0 = 37.6℃$$

查水的物性表

$$\rho = 993 \text{kg/m}^3; \quad c_p = 4174 \text{J/(kg·K)};$$

$$\lambda = 0.631 \text{W/(m·K)}; \quad \nu_f = 0.696 \times 10^{-6} \text{m}^2/\text{s}; \mu_f = 688.9 \times 10^{-6} \text{N·s/m}^2;$$

$$Pr_f = 4.59$$

$$t_w = 78.6℃ \quad \mu_w = 362.2 \times 10^{-6} \text{N·s/m}^2$$

代入 M 展开式（具体计算式从略），得

$$M = 0.453 \text{kg/s}$$

从而得管内平均流速

$$u_m = \frac{M}{\pi/4 \times d^2 \times \rho} = \frac{0.453}{\pi/4 \times 0.014^2 \times 993} = 2.96 \text{m/s}$$

表面传热系数

$$h = \frac{Mc_p(t''_f - t'_f)}{\pi d l \Delta t_m} = \frac{0.453 \times 4174 \times (50 - 22.1)}{\pi \times 0.014 \times 2 \times 41} = 14635 \text{W/(m}^2\text{·K)}$$

校核 Re 数

$$Re_f = \frac{u_m d}{\nu_f} = 2.96 \times 0.014/(0.696 \times 10^{-6}) = 5.95 \times 10^4$$

该管内流动为紊流，满足原假定条件。

【讨论】在已知各项温度参数时，定性温度已经确定，这样可以用准则关联式的展开式直接计算待求的流量或流速。例 6-2 中，如果在假定流体的出口温度后，把流量作为核算参数，则亦能用本例的方法求解。只要由假定的出口温度计算出来的流量与原题给定的流量数据误差在允许的范围内，则假定的出口温度就是待求的温度。直接计算法免去了一些中间计算，减少差错。

【例 6-4】某厂在改进换热器设计时，把圆管改制成椭圆形断面管（设改制后周长不变）。已知椭圆管内的长半轴 $a=0.02\text{m}$，短半轴 $b=0.012\text{m}$，试计算在同样流量及物性条件下，椭圆管与圆管相比，其管断面积、当量直径、流速、Re、Nu、h 及压降等的变化比。

【解】

(1) 椭圆管内壁周长 U 按下列近似式计算

$$U = \pi[1.5(a+b) - \sqrt{ab}]$$
$$= \pi[1.5(0.02 + 0.012) - \sqrt{0.02 \times 0.012}] = 0.102\text{m}$$

(2) 椭圆管断面积 A

$$A = \pi ab = \pi \times 0.02 \times 0.012 = 7.54 \times 10^{-4}\text{m}^2$$

(3) 椭圆管当量直径 d_e

$$d_\text{e} = \frac{4A}{U} = \frac{4 \times 7.54 \times 10^{-4}}{0.102} = 0.0295\text{m}$$

(4) 与椭圆管内壁相同周长的圆管内径 d_0 及断面积 A_0（圆管参数用 "0" 注角）：

$$d_0 = \frac{U}{\pi} = \frac{0.1021}{\pi} = 0.0325\text{m}$$

$$A_0 = \frac{\pi}{4}d_0^2 = \frac{\pi}{4} \times 0.0325^2 = 8.30 \times 10^{-4}\text{m}^2$$

(5) 椭圆管与圆管各项参数比较

直径比：$\dfrac{d_\text{e}}{d_0} = \dfrac{0.0295}{0.0325} = 0.908$（椭圆管缩小近 10%）

断面比：$\dfrac{A}{A_0} = \dfrac{7.54}{8.30} = 0.908$

流速比：$\dfrac{u_\text{m}}{u_\text{m0}} = \dfrac{A_0}{A} = \dfrac{8.30}{7.54} = 1.101$，提高 10%

Re 比：$\dfrac{Re}{Re_0} = \dfrac{u_\text{m}d_\text{e}}{u_\text{m0}d_0} = 1.101 \times 0.908 = 1$ 不变

Nu 比：$\dfrac{Nu}{Nu_0} = \dfrac{Re^{0.8}}{Re_0^{0.8}} = 1$ 不变

h 比：$\dfrac{h}{h_0} = \dfrac{Nu}{Nu_0}\dfrac{d_0}{d_\text{e}} = 1 \times \dfrac{1}{0.908} = 1.101$

故表面传热系数比提高了 10%，效果较显著。但

压降 Δp 比：$\dfrac{\Delta p}{\Delta p_0} = \dfrac{f\dfrac{l}{d_\text{e}}\dfrac{1}{2}\rho u_\text{m}^2}{f\dfrac{l}{d_0}\dfrac{1}{2}\rho u_\text{m0}^2} = \dfrac{d_0}{d_\text{e}} \cdot \dfrac{u_\text{m}^2}{u_\text{m0}^2} = \dfrac{1}{0.908} \times 1.101^2 = 1.335$

压降增大了 33.5%。

【讨论】 假设流体热物性不变，椭圆管与圆管相比，在周长相同情况下，椭圆管的管断面缩小，流速提高，但由于当量直径减小，Re 不变，Nu 也不变；但是 Nu 对应的定型长度减小了，故管内受迫对流传热表面传热系数增加，但阻力升高的幅度比 h 还大。

2. 层流传热

管内层流充分发展对流传热的理论分析成果相对较多。西得和塔特提出的常壁温层流传热关联式为

$$Nu_\text{f} = 1.86\, Re_\text{f}^{1/3}\, Pr_\text{f}^{1/3} \left(\frac{d}{l}\right)^{1/3} \left(\frac{\mu_\text{f}}{\mu_\text{w}}\right)^{0.14} \tag{6-9a}$$

或写成

$$Nu_f = 1.86 \left(Pe_f \frac{d}{l} \right)^{1/3} \left(\frac{\mu_f}{\mu_w} \right)^{0.14} \tag{6-9b}$$

式中，Pe 为贝克利准则，$Pe = Re \cdot Pr$。式中引用了几何参数准则 $\frac{d}{l}$，以考虑进口段的影响，上式的适用范围是：$0.48 < Pr < 16700$；$0.0044 < \left(\frac{\mu_f}{\mu_w} \right) < 9.75$。定性温度取全管长流体的平均温度，定型长度为管内径 d。值得注意的是：如果管子较长，以致

$$\left[\left(Re \cdot Pr \frac{d}{l} \right)^{1/3} \left(\frac{\mu_f}{\mu_w} \right)^{0.14} \right] \leqslant 2$$

则 Nu_f 可作为常数处理，采用式（6-10）计算表面传热系数。以例 6-2 的空气管内传热为例，它的 $\left[\frac{\mu_f}{\mu_w} \right]^{0.14} \approx 1$，$Pr \approx 0.7$，$\frac{d}{l} \approx 0.02$，为满足上述条件，它的 Re 数为 620，因此在一般情况下，当 Re 数为 1000 以下时，可考虑把 Nu_f 作为常数处理；对于水，由于 Pr 数比空气大，满足上述条件的 Re 数还要低些。

从管内层流传热微分方程组分析解得到的常物性流体在热充分发展段的 Nu 是

$$Nu_f = 4.36 (q = \text{const}) \tag{6-10a}$$

$$Nu_f = 3.66 (t_w = \text{const}) \tag{6-10b}$$

对比式（6-10a）及式（6-10b），管内常热流层流传热比常壁温约高 20%。

还要指出，式（6-9）没有考虑自然对流的影响，而在流速低、管径粗或温差大的情况下，很难维持纯粹的受迫层流，自然对流的影响不容忽略。另外，需要注意的是：式（6-10）仅对圆形管道内的层流热充分发展段适用，其他形状管道内的层流充分发展段的 Nu 可通过文献 [14] 查阅。

3. 过渡流传热

在层流和旺盛紊流之间存在过渡流。由于流场中刚开始出现紊流涡旋，部分涡旋在黏滞力作用下可能消失，故过渡流的表面传热系数随 Re 的变化较为复杂多变。本节推荐的准则关联式（6-6）适用范围包括了过渡流传热。

4. 粗糙管壁的传热

以上各准则关联式均只适用于光滑管。在传热计算中还可能遇到粗糙管，例如铸造管、冷拔管、普通轧制钢板卷制的螺旋板换热器或带齿的强化传热管等，它们的流道壁具有不同的粗糙度。在这种情况下，还须考虑粗糙度的影响。本节将介绍根据第五章所述动量传递和热量传递类比原理计算表面传热系数的方法。

因管内流动摩擦系数（以 f 表示）的定义式与外掠平板流动不同，类比律式（5-24）需稍作改变。管内流动摩擦系数与压降的关系是

$$\Delta p = f \frac{l}{d} \frac{\rho u_m^2}{2} \tag{11}$$

式中　Δp——管子进出口端压强降，N/m^2；

　　　　l——管长，m；

　　　　u_m——管断面平均流速，m/s；

　　　　d——管子直径，m。

压强降 Δp 用来克服流体与管壁之间的黏滞应力 τ_w，故 Δp 和 τ_w 的关系由力的平衡可知

$$\tau_w \pi dl = \Delta p \frac{\pi}{4} d^2$$

化简为

$$\tau_w = \frac{\Delta p}{4} \frac{d}{l} \tag{12}$$

将式（11）代入式（12）得

$$\tau_w = \frac{f}{8} \rho u_m^2 \tag{13}$$

在第五章第五节分析外掠平板动量传递与热量传递的类比关系时，曾推导出雷诺类比式(5-22)，如将式中外掠平板速度 u_∞ 改为管内平均流速 u_m，则得

$$\frac{h}{\rho c_p u_m} = \frac{\tau_w}{\rho u_m^2} \tag{14}$$

将式（13）代入式（14），整理后得管内对流传热类比律表达式为

$$St = \frac{f}{8} \tag{15}$$

考虑物性的影响，用 $Pr^{2/3}$ 修正，即

$$St \times Pr^{2/3} = \frac{f}{8} \tag{6-11}$$

式中的 St 和 Pr 均采用流体平均温度 t_f 作为定性温度。

摩擦系数 f 决定于壁表面的粗糙度和 Re_m，而管壁的粗糙度用粗糙点的平均高度 k_s 与管直径 d 之比表达（亦可用半径 R）。本书附录 9 列出若干常用粗糙管的 k_s 值，可作计算参考。已知粗糙度后，由下式计算紊流摩擦系数[❶]。

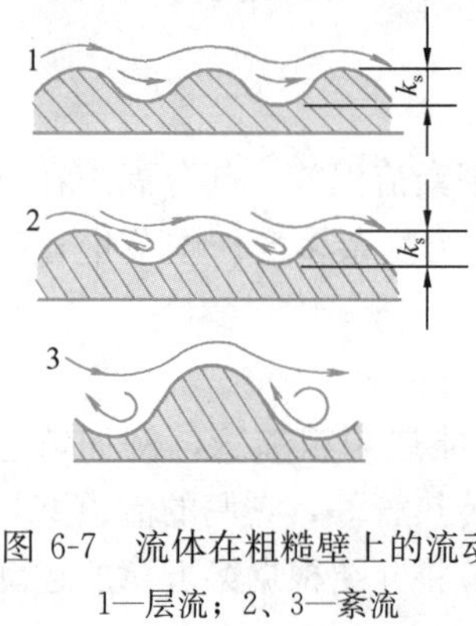

$$f = \left[2 \times \lg \left(\frac{R}{k_s} \right) + 1.74 \right]^{-2} \tag{6-12}$$

对于已有的实际设备，亦可经由实验测定 Δp 和 u_m 后按式（11）计算 f，这样与实际情况将更符合。

粗糙度增加，摩擦系数变大，表面传热系数也随之增大。这种现象可从近壁处流动情况得到解释。如图 6-7 中的 2、3，旺盛紊流时，层流底层厚度比粗糙点平均高度 k_s 小，流体越过凸出点将在凹处引起涡流，使凹处流动强度增加，再加上粗糙点扩大了传热表面积，故传热得到增强。而对层流，如图中 1 的情况，层流层厚度大于 k_s，凹处流动很弱，对流作

图 6-7　流体在粗糙壁上的流动
1—层流；2、3—紊流

用减弱，虽然粗糙点也扩大了换热面，但两种影响是相反的，综合的效果显现层流对流传热与粗糙度无关，摩擦系数仅是 Re 的函数，由下式确定。

$$f = \frac{64}{Re} \tag{16}$$

粗糙管能强化传热，缩小设备面积，节约设备投资，并带来其他效益，但阻力的增加

---

❶ 引自文献 [7]．P.621. 在 $Re = 10^3 \sim 2 \times 10^5$ 范围内还可采用布拉西乌斯公式 $f = 0.3164 Re^{-1/4}$。

使泵或风机的功率消耗加大，运行费用增加。因此，只有在强化传热是主要目的的场合下，才宜采用提高粗糙度来强化传热。

【例 6-5】 水以 1.5m/s 的速度流过 $d=25$mm，$l=4$m，$\Delta p=5.6$kPa 的管子，管壁 $t_w=90$℃，进口水温为 25℃，试从类比律计算表面传热系数，并与按光滑管计算的结果比较。

【解】 本题为常壁温边界条件，假设出口水温为 68℃，则由于进出口端流体与壁之间的温度差 $\Delta t'$ 与 $\Delta t''$ 之比大于 2，按对数平均计算温度差

$$\Delta t_m = \frac{\Delta t' - \Delta t''}{\ln \dfrac{\Delta t'}{\Delta t''}} = \frac{(90-25)-(90-68)}{\ln \dfrac{90-25}{90-68}} = 39.7 \text{ ℃}$$

$\therefore$
$$t_f = t_w - \Delta t_m = 90 - 39.7 = 50.3 \text{ ℃}$$

按 t_f 查附录 2 水的热物性数据

$$\rho=988\text{kg/m}^3 ; \quad c_p=4174\text{J/(kg·K)}; \quad \lambda=0.648\text{W/(m·K)};$$

$\nu=0.553\times10^{-6}\text{m}^2\text{/s}$；$Pr=3.52$；$\mu_f=546.2\times10^{-6}\text{N·s/m}^2$；$\mu_w=314.9\times10^{-6}\text{N·s/m}^2$

由压降关系式（11）计算摩擦系数

$$f = \frac{\Delta p}{\dfrac{l}{d} \times \dfrac{\rho u_m^2}{2}} = \frac{5.6 \times 10^3}{\dfrac{4}{0.025} \times \dfrac{988 \times 1.5^2}{2}} = 0.0315$$

按式（6-11）计算 St 及 h

$$St = \frac{f}{8} Pr^{-2/3} = \frac{0.0315}{8} \times 3.52^{-2/3} = 1.702 \times 10^{-3}$$

$\therefore$
$$h = St \cdot \rho c_p u_m = 1.702 \times 10^{-3} \times 988 \times 4174 \times 1.5 = 10528 \text{ W/(m}^2\text{·K)}$$

校核：

根据对流传热公式计算传热量为

$$\phi_1 = hA\Delta t = 10528 \times 4 \times \pi \times 0.025 \times 39.7 = 1.313 \times 10^5 \text{W}$$

根据热平衡方程，水获得的热量为

$$\phi_2 = \rho u_m \frac{\pi}{4} d^2 c_p (t''-t') = 988 \times 1.5 \times \frac{\pi}{4} \times 0.025^2 \times 4174 \times (68-25) = 1.306 \times 10^5 \text{W}$$

对流传热量与水的焓升计算误差约为 0.5%，表明出口水温假设合理。

按上述步骤计算光滑管对流传热系数，应用式（6-5）可得，出口水温为 62℃，对流传热系数为 8194W/(m²·K)，对流传热量为 1.130×10^5W。

【讨论】 采用粗糙管后，表面传热系数提高了 28.5%，出口水温增加了 6℃，有明显的强化作用，因此人工粗糙管已成为强化对流传热的有效手段，当然阻力显著增大，水泵运行费用增加，会给经济效益带来负面影响，必须全面考虑得失。

第二节 外掠圆管对流传热

本节先分析外掠单圆管对流传热时的流动特征和准则关联式，在此基础上再讨论管束的情况。

一、外掠单管

流体绕流圆管壁时，边界层内流体的压强、流速以及流向都将沿弯曲面发生很大的变

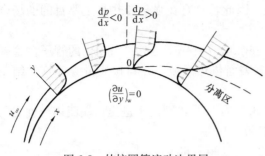

图 6-8　外掠圆管流动边界层

化，从而影响传热。其流动边界层的特征如图 5-8、图 6-8 所示。

流体外掠圆管壁时，近壁面处的流速方向和大小不断变化。根据伯努利方程可知，在同一流线上动压强与静压强之和保持不变；那么，大约在管壁前半部分之前，流速不断增大，流体静压强不断递降，坐标 x 沿圆管壁展开（称为流线坐标），有 $\dfrac{\mathrm{d}p}{\mathrm{d}x}<0$；而后流速变慢，静压强又趋回升，即 $\dfrac{\mathrm{d}p}{\mathrm{d}x}>0$。根据边界层理论，在同一个 x 位置处，边界层内外具有相同的静压力。那么，在 $\dfrac{\mathrm{d}p}{\mathrm{d}x}>0$ 的区域内，壁面边界层内的流体，其速度较边界层外低，相应的动能也较小，流体在壁面上的速度梯度将在壁面的某一位置趋近于 0，即 $\left(\dfrac{\partial u}{\partial y}\right)_{\mathrm{w}}=0$，如图 6-8 中的 0 点所示，这时壁面流体停止向前流动，并随即因 $\dfrac{\mathrm{d}p}{\mathrm{d}x}>0$ 而向相反的方向流动，该点称为绕流脱体的起点（或称分离点），自此边界层中出现逆向流动，形成涡旋、涡束，从而使正常边界层流动被破坏。脱体点的位置取决于 Re，由于紊流边界层中流体的动能大于层流，故紊流的脱体点位置后于层流。对于圆管，一般当 Re $\leqslant 1.5\times 10^5$，边界层中流体保持层流，脱体点发生在 $80^\circ\sim 85^\circ$ 处；当 $Re>1.5\times 10^5$，边界层中流体在脱体前已转变为紊流，脱体点可推移到 φ $\approx 140^\circ$。当然，若 Re 太小，例如 $Re<10$，流体在壁表面形成一层蠕动的膜，就不会出现脱体现象。

壁面边界层流动状况，决定了对流传热的特征。图 6-9 为常热流条件下圆管壁面局部传热 Nu_φ 的分布，曲线都表明，从管正面停滞点 $\varphi=$ 0° 开始，由于层流边界层厚度的增加，局部表面传热系数下降。图中 Re 最低的两个工况，它们在脱体点前一直保持层流，在脱体点附近出现 Nu_φ 的最低值。随后因脱体区涡旋的紊乱运动，Nu_φ 趋回升。图中 Re 较高的其他工况在壁面边界层发生脱体时已是紊流，Nu_φ 曲线出现了两次低谷，第一次相当于层流到紊流的转变区，另一次则发生在紊流边界层与壁脱离的地方，即 $\varphi=140^\circ$ 附近，图 6-9 的数据[1]也表明此处的局部表面传热系数最低，传热最差，当热流密度很大时，这些局部点容易过热而烧毁。因此，分析局部表面传热系数的变化规律，对高温换热设备的设计、优化和运行均有指导意义。而且局部低表面传热系

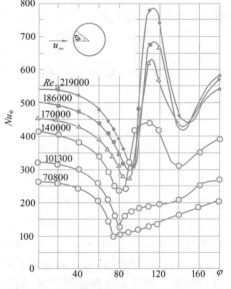

图 6-9　外掠圆管局部表面传热系数的变化图

❶　Trans，ASME，Vol. 71，p. 375，1949.

数也是引起整体平均值降低的直接原因。对于工程计算，一般只要求平均值，本节后面介绍的关联式都属于管面平均表面传热系数的计算式。

流体外掠单圆管传热实验研究结果见图 6-10，由于实验的 Re_f 范围广，在双对数图上，数据点呈曲线分布，为方便使用，将图中曲线按 Re 分 4 段用下式表达

$$\frac{Nu_f}{Pr_f^{0.37}\left(\dfrac{Pr_f}{Pr_w}\right)^{0.25}} = C Re_f^n \qquad (6\text{-}13)$$

C 及 n 值列在表 6-1 中。定性温度为主流温度，定型长度为管外径，速度取管外流速最大值。

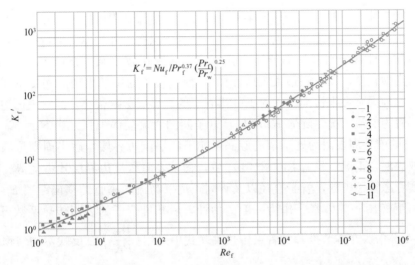

图 6-10　外掠单圆管平均 Nu

$$K_f' = Nu_f \Big/ \left(Pr_f^{0.37}\left(\frac{Pr_f}{Pr_w}\right)^{0.25} \right)$$

当 $Pr_f > 10$ 时，Pr_f 的幂次应改为 0.36，上述关联式的适用范围是 $0.7 < Pr_f < 500$；$1 < Re_f < 10^6$；对于空气近似取 $Pr_f = 0.7$，故 $Pr_f^{0.37} = 0.88$。

式 (6-13) 的 C 及 n 值　　　　　　　　　表 6-1

Re	C	n
1～40	0.75	0.4
40～1×10^3	0.51	0.5
1×10^3～2×10^5	0.26	0.6
2×10^5～1×10^6	0.076	0.7

二、外掠管束

多数管式换热设备，管外流体一般多设计成从垂直管轴方向冲刷管束。本节主要讨论垂直冲刷管束时的情况。换热设备的管束排列方式很多，但以图 6-11 所示的顺排与叉排两种最为普遍。叉排时，流体在管间交替收缩和扩张的弯曲通道中流动，而顺排时则流道相对比较平直，并且当流速高或管间距 S_2 较小时，易在管的尾部形成滞流区。因此，一

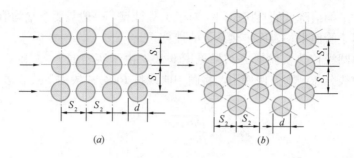

图 6-11　顺排与叉排管束

(a) 顺排；(b) 叉排

般来说叉排时流体扰动较好，传热效果相对较好，当然流动阻力也要相对大一些。

外掠管束传热的另一重要特点是，除第一排管子保持了外掠单管的特征外，从第二排起流动将被前几排管子引起的涡旋所干扰，流动状况比较复杂。在低 Re 下（$Re<10^3$，以管外径为定型长度，以管间最大流速计算），前排管子的尾部出现的涡旋不强，受黏滞力的作用，这种涡旋会很快消失，对下一排管子的边界层影响很小，故管表面边界层层流占优势，可视为层流工况。随着 Re 增加，管子间的紊流旋涡加强，当 $Re=5\times10^2\sim2\times10^5$，大约管的前半周表面为处于紊流旋涡影响下的层流边界层，后半周则是涡旋流，流动状态可视为混合工况。只有 $Re>2\times10^5$ 后，管子表面紊流边界层才占优势。除排列方式外，尚须考虑管子排数，管子直径以及管间距离（与流向垂直的横向距离 S_1 和与流向平行的纵向距离 S_2）等因素。作为一般的估计，后几排管子的表面传热系数可达到第 1 排的 $1.3\sim1.7$ 倍。在本节推荐的管束传热关联式中采用 $\left(\dfrac{Pr_f}{Pr_w}\right)^{0.25}$ 反映不均匀物性场的影响。故管束传热的关联式为

$$Nu = f\left[Re, Pr, \left(\frac{Pr_f}{Pr_w}\right)^{0.25}, \frac{S_1}{d}, \frac{S_2}{d}, \varepsilon_z\right]$$

写成幂函数形式

$$Nu = CRe^n Pr^m \left(\frac{Pr_f}{Pr_w}\right)^{0.25}\left(\frac{S_1}{S_2}\right)^p \varepsilon_z \tag{6-14}$$

式中，$\dfrac{S_1}{S_2}$ 为相对管间距；ε_z 为排数影响的校正系数。式（6-14）的具体形式列于表6-2中，各式定性温度用流体在管束中的平均温度，定型长度为管外径；Re 中的速度用流通截面最窄处的流速（即管束中的最大流速）。因前排引起的扰动加强了后排的传热，故各排的对流传热将逐排增大，直到 20 排左右，表 6-2 所列的关联式是排数大于 20 时的平均表面传热系数。若排数低于 20，采用表 6-3 的排数修正系数修正，它适用于 $Re>10^3$ 的情况。

正确选择管子排列方式及参数是换热设备设计中的重要问题。仅从流体输送耗能观点考虑，传热量与流速呈 $0.6\sim0.8$ 次幂关系，而泵功率则与流速的 3 次幂成比例，把换热器的传热量与克服流体阻力所耗能量之比作为它的经济性指标，则叉排和顺排相比，在 $Re=5\times10^2\sim5\times10^4$ 范围内，顺排有利，尽管在此范围内，顺排表面传热系数不高。在更高 Re 下，各种管束的经济性则和它们的管间距有很大关系。

管束平均表面传热系数准则关联式[8] **表 6-2**

排列方式	适用范围 $0.7<Pr_f<500$	准则关联式 Nu_f	对空气或烟气的简化式 $Pr=0.7$ Nu_f
顺排	$Re_f=10^3\sim2\times10^5$	$0.27Re_f^{0.63}Pr_f^{0.36}\left(\frac{Pr_f}{Pr_w}\right)^{0.25}$	$0.24Re_f^{0.63}$
顺排	$Re_f=2\times10^5\sim2\times10^6$	$0.021Re_f^{0.84}Pr_f^{0.36}\left(\frac{Pr_f}{Pr_w}\right)^{0.25}$	$0.018Re_f^{0.84}$
叉排	$Re_f=10^3\sim2\times10^5$，$\frac{S_1}{S_2}\leqslant2$	$0.35Re_f^{0.6}Pr_f^{0.36}\left(\frac{Pr_f}{Pr_w}\right)^{0.25}\left(\frac{S_1}{S_2}\right)^{0.2}$	$0.31Re_f^{0.6}\left(\frac{S_1}{S_2}\right)^{0.2}$
叉排	$Re_f=10^3\sim2\times10^5$，$\frac{S_1}{S_2}>2$	$0.40Re_f^{0.6}Pr_f^{0.36}\left(\frac{Pr_f}{Pr_w}\right)^{0.25}$	$0.35Re_f^{0.6}$
叉排	$Re_f=2\times10^5\sim2\times10^6$	$0.022Re_f^{0.84}Pr_f^{0.36}\left(\frac{Pr_f}{Pr_w}\right)^{0.25}$	$0.019Re_f^{0.84}$

排数修正系数表 **表 6-3**

排数	1	2	3	4	5	6	8	12	16	20
顺排	0.69	0.80	0.86	0.90	0.93	0.95	0.96	0.98	0.99	1.0
叉排	0.62	0.76	0.84	0.88	0.92	0.95	0.96	0.98	0.99	1.0

对于管壳式换热器（见图 5-1）管外侧流体，由于壳程挡板的作用，流体有时与管束平行流动，有时又近似垂直于管轴流动，同时还有漏流和旁通（管子与挡板间的缝隙，外壳与管束间的间隙等），故表面传热系数常达不到上述公式的计算值。对于流向与管轴夹角小于 90°时的表面传热系数修正系数 ε_φ，可参阅文献［9］。

对于供热通风工程，空气加热器和冷却器等都大量采用带肋片的管束（见图 5-1），品种规格多，流动及传热与管束结构参数密切有关，情况较复杂，一般根据实际结构进行实验研究，将数据制作成线图，供工程设计查用。读者可参阅本书第十章内容及文献［13］。

【例 6-6】试求空气流过管束加热器的表面传热系数。已知管束为 5 排，每排 20 根管，长为 1.5m，外径 $d=25$mm，叉排 $S_1=50$mm，$S_2=37.5$mm，管壁温度 $t_w=110$℃，空气进口温度 $t'_f=15$℃，空气流量 $V_0=5000\text{Nm}^3/\text{h}$。

【解】首先计算加热器的几何数据。

相邻两管间最窄流通截面积 f

$$f=l(S_1-d)=1.5\times(0.05-0.025)=0.0375\text{m}^2$$

每排 20 根管，叉排时总流通截面积 Σf

$$\Sigma f=20\times0.0375=0.75\text{m}^2$$

管束传热面积 A

$$A=\pi dln=\pi\times0.025\times1.5\times5\times20=11.8\text{m}^2$$

空气质流量（标准状态下密度 $\rho=1.293\text{kg/m}^3$）

$$M=\frac{V_0\rho}{3600}=\frac{5000\times1.293}{3600}=1.796\text{kg/s}$$

由于空气出口温度为未知数，为了确定物性数据，必须预设出口温度 t''_f，进行试算。为了减少试算次数，本题首先估计 t''_f 的可能范围，进行两次试算，然后采用两线交点法，得出待求的出口温度 t''_f，再计算出加热器的表面传热系数。

第一次预设空气出口温度为 $25℃$，因加热器的进出口温度差 $\Delta t'$ 与 $\Delta t''$ 之比小于 2，由算术平均计算定性温度，则

$$t_f = \frac{t'_f + t''_f}{2} = \frac{15+25}{2} = 20℃$$

物性数据

$$\lambda = 0.0259\text{W/(m·K)};\quad \nu = 15.06 \times 10^{-6}\text{m}^2/\text{s};\quad c_p = 1.005 \times 10^3\text{J/(kg·K)}$$

空气体积流量　　$V = V_0 \dfrac{T_f}{T_0} = 5000 \times \dfrac{273+20}{273} = 5370\text{m}^3/\text{h}$

最窄截面处流速

$$u = \frac{V}{\Sigma f} = \frac{5370}{0.75 \times 3600} = 1.99\text{m/s}$$

$$Re_f = \frac{ud}{\nu} = \frac{1.99 \times 0.25}{15.06 \times 10^{-6}} = 3303$$

排数修正系数由表 6-3　　　　　　　$\varepsilon_z = 0.92$

又　　　　　　　　　　　　　$\dfrac{S_1}{S_2} = \dfrac{50}{37.5} = 1.33 < 2$

由表 6-2 选用准则关联式

$$Nu_f = 0.31 Re_f^{0.6} \left(\frac{S_1}{S_2}\right)^{0.2} \varepsilon_z$$

$$= 0.31 \times (3303)^{0.6} \times 1.33^{0.2} \times 0.92 = 42.4 \times 0.92 = 39.02$$

表面传热系数　　$h = Nu_f \dfrac{\lambda}{d} = 39.02 \times \dfrac{0.0259}{0.025} = 40.4\text{W/(m}^2\text{·K)}$

校核计算传热量 Φ_1

$$\Phi_1 = hA(t_w - t_f) = 40.4 \times 11.8 \times (110-20) = 4.29 \times 10^4\text{W}$$

校核计算空气获得热量 Φ_2

$$\Phi_2 = Mc_p(t''_f - t'_f) = 1.796 \times 1.005 \times 10^3 \times (25-15) = 1.80 \times 10^4\text{W}$$

第二次试算，预设空气出口温度为 $45℃$，计算结果如下表所示。

预设 t''_f	第一次 25℃	第二次 45℃
校核计算传热量：$\Phi_1 = hA\ (t_w - t_f)$（W）	$40.4 \times 11.8 \times\ (110-20) = 4.29 \times 10^4$	3.87×10^4
校核计算空气获得热量：$\Phi_2 = Mc_p\ (t''_f - t'_f)$（W）	$796 \times 1.005 \times 10^3 \times\ (25-15) = 1.80 \times 10^4$	5.42×10^4

在较窄的温度范围内，可认为空气物性为常量，则 Φ_1 和 Φ_2 随温度的变化为直线关系 $\Phi = a + bt''_f$，如图 6-12 所示。联立解 Φ_1 和 Φ_2 两直线式，得

$$t''_f = 37.3℃$$

据此，计算出加热器的表面传热系数

$$h = 40.7\text{W/(m}^2\text{·K)}$$

校核计算传热量：$\Phi_1 = 4.02 \times 10^4\text{W}$

校核计算空气获得热量：$\Phi_2 = 4.03 \times 10^4 \, \text{W}$
两者一致，结束计算。

【讨论】本例利用两次试算，得出了较为准确的
结果。从计算过程中可发现，由于在较窄的温度范围
内气体的热物性参数随温度变化并不剧烈，因而改变
定性温度对表面传热系数的影响不大。在工程计算
中，如果定性温度的可能变化范围不大，表面传热系
数也可不必试算，所得结果仍能满足工程计算所需的
准确度。另外，若采用计算机编程计算的话，则可以
更好地理解对流传热问题的计算过程中流体热物性对

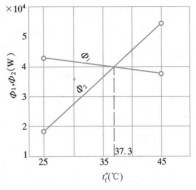

图 6-12　例 6-6 图

传热系数的影响，以及更好地理解对流传热公式计算获得的传热量与由热平衡关系计算得
到的传热量之间的关系。

第三节　自然对流传热

自然对流传热因流体所处空间的情况不同可分为若干种类型。若流体处于大空间内，自
然对流不受边界干扰的情况，如在没有风的车间里热力管道表面散热、冬天玻璃窗户内表面
的传热、建筑外墙的室内壁面散热等，称为无限空间自然对流传热。若流体被封闭在狭小空
间内，如双层玻璃窗中的空气层、建筑围护结构中的封闭空气间层、平板式太阳能集热器的
空气间层等，自然对流运动受到狭小空间的限制，称有限空间自然对流传热，其他类型尚有
夹层上下端不封闭或侧面不封闭的有限空间等情况。本节仅论及典型的无限及有限空间自然对流传热两类。

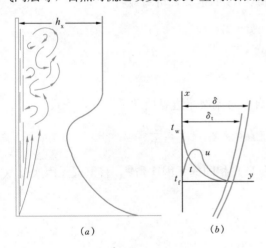

图 6-13　自然对流传热边界层及局部
表面传热系数的变化

一、无限空间自然对流传热

图 6-13（a）是冷流体沿热壁自然
对流运动的状况。当流体受浮力作用沿
壁上升时，边界层开始为层流，如果壁
有足够高度，达到某一位置后，流态将
转变为紊流。自层流到紊流的转变点取
决于壁面与流体间的温度差和流体的性
质，由 Gr 及 Pr 之积来判断，一般认为
对于常壁温条件，当 $Gr \cdot Pr \geqslant 10^9$ 时，
流态为紊流；竖壁自然对流由层流到紊
流的转变，有一个较大的范围，$Gr \cdot Pr$ 可能的数值是从 $10^7 \sim 10^{10}$。边界层的速度分布如
图 6-13（b）所示，在 $y=0$ 和 $y \geqslant \delta$ 处，u 均为 0（δ 为流动边界层厚度），其间有一最大
流速，根据理论解可知层流边界层内最大的自然对流流速大约在 $y = \dfrac{1}{3}\delta$ 处。对于热边界
层，厚度则为 δ_t，δ_t 不一定等于 δ，取决于 Pr。$y=0$，$t=t_w$；δ_t 以外，$t=t_f$。

任何对流传热过程的规律都与流态有关，自然对流传热亦然。当边界层流态为层流时，局部表面传热系数将随着厚度的增加逐渐降低，而当边界层由层流向紊流转变后，局部表面传热系数 h_x 将趋于增大。理论和实验的研究都证明，在常壁温或常热流边界条件下当达到旺盛紊流时，h_x 将保持不变，即与壁的高度无关，如图 6-13 （a）所示。

求解自然对流传热边界层微分方程组，可获得层流时的理论解。为此，对动量微分方程式（5-4a）作适当的推导[❶]，把浮升力用温度差表达出来，即可得到描述自然对流的动量微分方程式。取如图 6-13 （b）所示的一段竖壁二维层流边界层，设 $t_w > t_f$，流体物性除升力项中的密度外均为常量[❷]，密度与温度保持线性关系，并取 x 坐标为流动方向。

将式（5-4a）用于稳态自然对流传热过程，并按边界层理论简化后，得：

$$\rho\left(u\frac{\partial u}{\partial x}+v\frac{\partial u}{\partial y}\right)=-\rho g-\frac{\partial p}{\partial x}+\mu\frac{\partial^2 u}{\partial y^2} \tag{1}$$

当 $t_w > t_f$ 时，重力与竖壁（x 轴）平行但方向相反，故式（5-4a）中的 X 应为 $-\rho g$。注意到 $y=\delta$，$u\to 0$，$v\to 0$，$t\to t_f$ 以及相应地 $\rho\to\rho_f$，将这些条件代入式（1），且考虑到 y 方向 $\frac{\partial p}{\partial y}=0$，则边界层的压强梯度应是：

$$\frac{\mathrm{d}p}{\mathrm{d}x}=-\rho_f g \tag{2}$$

把式（1）中的重力与式（2）合并则：

$$-\rho g-\frac{\mathrm{d}p}{\mathrm{d}x}=(\rho_f-\rho)g \tag{3}$$

将 ρ 与 t 的关系视为线性，则体积膨胀系数 α 的定义式可写成：

$$\alpha=-\frac{1}{\rho}\left(\frac{\rho_f-\rho}{t_f-t}\right) \tag{4}$$

即

$$-\alpha\rho(t_f-t)=\rho_f-\rho \tag{5}$$

将式（3）和式（5）的关系代入式（1）得自然对流层流边界层动量微分方程式：

$$\rho\left(u\frac{\partial u}{\partial x}+v\frac{\partial u}{\partial y}\right)=\rho g\alpha(t-t_f)+\mu\frac{\partial^2 u}{\partial y^2}$$

引用无因次温度 $\Theta=\frac{t-t_f}{t_w-t_f}$，并采用与式（5-13）相同的无因次量[❸]，将上式无因次化（方法参见第五章第三节），得：

$$U\frac{\partial U}{\partial X}+V\frac{\partial U}{\partial Y}=\frac{g\alpha\Delta t l}{u_0^2}\Theta+\frac{1}{Re_0}\frac{\partial^2 U}{\partial Y^2} \tag{6-15}$$

式中 $\frac{g\alpha\Delta t l}{u_0^2}$ 可写为 $\frac{Gr}{Re_0^2}$，其值反映了浮升力的相对大小。

由于式（6-15）中包含了温度变量，故自然对流动量方程需与能量方程式（5-11）联

[❶]　根据数量级分析，y 方向的动量方程可以略去。

[❷]　即其他项中的密度仍作为常量处理，称为 Boussinesq 假定。

[❸]　因自然对流的 u_∞ 已无意义，故在无因次化速度中采用边界层内任一点的速度作为参考值。设为 u_0。由 u_0 计算的雷诺数为 Re_0。

立求解。理论解与实验所得的准则关联式很接近，解析方法可参考文献［3，7，10］。本节主要介绍实验关联式。在选择关联式时，请注意它的使用范围及边界条件。

自然对流传热准则关联式（5-34）通常采用下列幂函数形式：

$$Nu = C(Gr \cdot Pr)^n = CRa^n \tag{6-16}$$

式中，Ra 为瑞利准则 $Ra = Gr \cdot Pr$；$Gr = \dfrac{g\alpha\Delta t l^3}{\nu^2}$ 为格拉晓夫准则；α 为体积膨胀系数，$1/K$；ν 为运动黏度，m^2/s；l 为定型长度，m；Δt 为 t_w 与 t_f 之差，℃；t_f 为远离壁流体温度，℃；C、n 为由实验确定的常数。

表 6-4 列出了各种情况下自然对流传热准则关联式的 C 及 n 值，各式的定性温度均为边界层平均温度 $t_m = \dfrac{t_w + t_f}{2}$。请注意表中第 2 项为 $q = const$ 条件下竖平壁局部表面传热系数关联式。在常热流边界条件下 q 为已知量，而 t_w 为未知，则 Gr 中的 Δt 为未知量，为方便起见，在准则关联式中采用 Gr^*（称修正 Gr）代替 Gr，即 Gr^* 为：

$$Gr^* = Nu \cdot Gr = \frac{g\alpha q l^4}{\lambda \nu^2} \tag{6}$$

如是，常热流条件下局部表面传热系数准则关联式为：

$$Nu_x = C(Gr_x^* \cdot Pr)^n \tag{6-17}$$

在用式（6-17）计算时，因 $t_{w,x}$ 为未知，$t_{m,x}$ 不能确定，故仍然要事先假定壁面 x 处的温度 $t_{w,x}$，然后通过试算以确定表面传热系数。当然，亦可以用计算机编程计算。

式（6-16）或式（6-17）中的 C、n 值　　　　　　表 6-4

壁面形状、位置及边界条件	流动情况示意图	流态	C	n	定型长度	适用范围
$t_w = const$ 竖平壁竖直圆筒，平均 Nu，式（6-16）[11]		层流 紊流	0.59 0.1	1/4 1/3	高度 H	$Gr \cdot Pr$ $10^4 \sim 10^9$ $10^9 \sim 10^{13}$
$q = const$ 竖平壁或竖直圆筒，局部 Nu_x，式（6-17）❶		层流 紊流	0.6 0.17	1/5 1/4	局部点的高度 x	$Gr_x^* \cdot Pr$ $10^5 \sim 10^{11}$ $2 \times 10^{13} \sim 10^{16}$
$t_w = const$ 或 $q_w = const$ 水平圆筒平均 Nu，式 6-16）❷		层流	1.02 0.85 0.48	0.148 0.188 0.250	外径 d	$Gr \cdot Pr$ $10^{-2} \sim 10^2$ $10^2 \sim 10^4$ $10^4 \sim 10^7$
		紊流	0.125	1/3		$10^7 \sim 10^{12}$
$t_w = const$ 热面朝上或冷面朝下的水平壁，平均 Nu，式（6-16）❸		层流 紊流	0.54 0.15	1/4 1/3	矩形取两个边长的平均值；非规则形取面积与周长之比；圆盘取 $0.9d$	$Gr \cdot Pr$ $2 \times 10^4 \sim 8 \times 10^6$ $8 \times 10^6 \sim 10^{11}$
$t_w = const$ 热面朝下或冷面朝上的水平壁，平均 Nu，式（6-16）❸		层流	0.58	1/5	同上	$Gr \cdot Pr$ $10^5 \sim 10^{11}$

❶　Trans. ASME. Vol. 91c, pp. 511~531, 1969.
❷　Adv. Heat Tansfer, Vol. 11, P211, 1975.
❸　J. Heat Mass Transfer, Vol. 15, p. 755, 1972.

还应特别注意，对于自然对流紊流，式（6-16）中 $n=1/3$，或式（6-17）中 $n=1/4$，这样，展开关联式后，两边的定型长度可以消去，它表明自然对流紊流的表面传热系数与定型长度无关，该现象称自模化现象。利用这一特征，紊流传热实验研究就可以采用较小长度的物体进行，只要求实验现象的 $Gr \cdot Pr$ 值处于紊流范围。

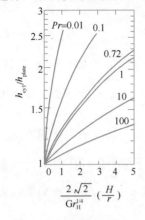

图 6-14　竖直圆筒自然对流
传热平均表面传热系数
校正系数

表 6-4 中将竖直圆筒外表面的自然对流传热计算视为与竖平壁一样，这是有条件的简化。竖直圆筒（管）传热在表面形成的是环形边界层，曲率将影响边界层的形成与发展，对传热有强化作用[15]，因为与平壁相比，环形边界层有利于边界层的扩展，因此圆筒壁上的边界层相对较薄。研究表明，只有当竖直圆筒直径与高度之比满足式（6-18）的要求，才能忽略曲率的影响，按竖平壁处理。

$$\frac{d}{H} \geqslant \frac{35}{Gr_H^{1/4}} \tag{6-18}$$

当 d/H 不能满足式（6-18）时，在按竖壁自然对流传热计算后，再乘以图 6-14 的校正系数[15、16]，即为竖直圆筒自然对流传热表面传热系数。

关于自然对流传热的计算，丘吉尔（Churchill）和朱（Chu）在整理大量文献数据的基础上推荐了竖壁[1]和水平圆筒[2]自然对流传热准则关联式，近年来这些关联式得到传热学术界的关注，虽然结构复杂些，但概括的范围广泛，它们同时适用于 $t_w=\text{const}$ 和 $q=\text{const}$ 两种边界条件，定性温度 $t_m=(t_w+t_f)/2$。其中竖壁关联式还可用于偏离垂直线倾角 $\theta<60°$ 的倾斜壁，但当 $Ra<10^9$ 时，Ra 中的 g 需乘以 $\cos\theta$；当 $Ra>10^9$ 时，则不需任何修正。这些关联式是：

竖壁：
$$Nu_H = \left\{0.825 + \frac{0.387 Ra_H^{1/6}}{\left[1+(0.492/Pr)^{9/16}\right]^{8/27}}\right\}^2 \tag{6-19}$$

适用范围：所有 Ra_H 数

水平圆筒：
$$Nu_d = \left\{0.60 + \frac{0.387 Ra_d^{1/6}}{\left[1+(0.559/Pr)^{9/16}\right]^{8/27}}\right\}^2 \tag{6-20}$$

适用范围：$\qquad 10^{-6} \leqslant Ra_d \leqslant 10^{12}$

把式（6-19）用于求常热流边界条件下的壁面平均表面传热系数（或平均 Nu）时[3]，可取壁面长度一半处的壁面温度 t_w 与流体温度 t_f 之差作为计算温差。

式（6-19）、式（6-20）中的物性参数按边界层平均温度 $t_m=(t_f+t_w)/2$ 确定。

二、有限空间中的自然对流传热

如果一个封闭的有限空间的两侧壁存在温度差，则靠近热壁的流体将因浮力而向上运

---

❶　Int. J. Heat Mass Transfer，Vol. 18，pp. 1323-1329，1975.

❷　Int. J. Heat Mass Transfer，Vol. 18，pp. 1049-1053，1975.

❸　文献［Trans. ASME. No. 2，1956］通过常热流竖壁层流自然对流理论论证实，可用壁 1/2 高度处的温度差计算表面传热系数，即 $h=q/(t_w-t_f)_{x=\frac{H}{2}}$，作为全壁的平均表面传热系数，它近似等于以全壁积分平均温度差定义的平均表面传热系数（相差小于 5%）。这实质上是把常热流条件视作常壁温，这时的常壁温温度等于常热流壁一半高度处的温度。

动，而靠近冷壁的流体则因被冷却而向下运动，这样，封闭空间传热是靠热壁和冷壁间的自然对流过程循环进行的。它与无限空间中的自然对流传热是明显不同的两类问题。在封闭的有限空间中流体自然对流除与流体性质、两壁温差有关外，还将受空间位置、形状、长度比例等的影响，情况较复杂。本节将只叙及常见的扁平矩形封闭夹层。按它的几何位置可分为竖壁、水平及倾斜三种，如图 6-15 所示。

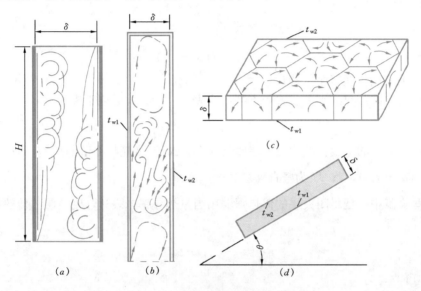

图 6-15　有限空间自然对流传热

对于竖直壁封闭夹层的自然对流传热问题可分为三种情况：

（1）夹层厚度 δ 与高度 H 之比 $\dfrac{\delta}{H}$ 较大（大于 0.3），冷热两壁的自然对流边界层不会互相干扰，如图 6-15（a）所示，这时可按无限空间自然对流传热规律分别计算冷壁与热壁的自然对流传热。

（2）在夹层内冷热两股流动边界层能相互结合，出现行程较短的环流，整个夹层内可能有若干个这样的环流，如图 6-15（b）所示；在封闭夹层内的流动特征取决于以厚度 δ 为定型长度的 $Gr_\delta = \dfrac{g\alpha\Delta t\delta^3}{\nu^2}$ 或 $Gr_\delta \cdot Pr$。按 Gr_δ 数的大小，夹层内的流态将具有紊流或层流的特征。温差与夹层厚度是影响 Gr_δ 数的大小，从而影响流态的两个主要因素。

（3）竖直壁夹层 $Gr_\delta \cdot Pr = \dfrac{g\alpha\Delta t\delta^3}{\nu^2}Pr \leqslant 2000$ 时，可认为夹层内没有流动发生，夹层两壁间的热量以导热方式传递，即 $Nu_\delta = 1$。

对于水平封闭夹层可分为两种情况：

（1）热面在上，冷热面之间无流动发生，如无外界扰动，则应按导热问题分析；

（2）热面在下，$Gr_\delta \cdot Pr \leqslant 1700$ 时，可按纯导热过程计算。$Gr_\delta \cdot Pr \geqslant 1700$ 后，夹层流动将出现图 6-15（c）的情形，形成有秩序的蜂窝状分布的环流。当 $Gr_\delta \cdot Pr \geqslant 5000$ 后，蜂窝状流动消失，出现紊乱流动。

至于倾斜夹层，它与水平夹层相类似，当 $Gr_\delta \cdot Pr \cdot \cos\theta$ 超过 1700 时，将发生蜂窝状流动。

可见，热流通过有限空间是冷热两壁自然对流传热的综合结果，因此通常把两侧的传热用一个当量表面传热系数 h_e 来表达，则通过夹层的热流密度 q 为

$$q = h_e(t_{w1} - t_{w2}) \tag{6-21}$$

式中　t_{w1}、t_{w2}——分别为热壁和冷壁的温度，℃；

$\qquad h_e$——当量表面传热系数，W/（m² · K）。

若将式（6-21）改写为

$$q = h_e \frac{\delta}{\lambda} \frac{\lambda}{\delta} (t_{w1} - t_{w2}) \tag{7}$$

$$= Nu_\delta \frac{\lambda}{\delta}(t_{w1} - t_{w2}) \tag{8}$$

式中，Nu_δ 为夹层传热努谢尔特数。

封闭夹层空间传热准则关联式用下列形式表示，计算式已列于表 6-5。

$$Nu_\delta = C (Gr_\delta \cdot Pr)^m \left(\frac{\delta}{H}\right)^n \tag{6-22}$$

式中，Nu_δ 及 Gr_δ 的定型长度均为夹层厚度 δ，m；Δt 为热壁与冷壁的温差，℃；定性温度为 $t_m = \frac{1}{2}(t_{w1} + t_{w2})$，℃；$H$ 为竖直夹层高度，m。

在有些文献中，把封闭夹层的传热强弱用当量热导率 λ_e 表达，则夹层的传热按平壁导热公式计算，即

$$q = \frac{\lambda_e}{\delta}(t_{w1} - t_{w2}) \tag{9}$$

式（9）亦可改写为

$$q = \frac{\lambda_e}{\lambda} \frac{\lambda}{\delta}(t_{w1} - t_{w2}) \tag{10}$$

有限空间自然对流传热准则关联式　　　　表 6-5

夹 层 位 置	Nu_δ 准则关联式	适 用 范 围
竖直夹层（气体）[14]	$=1$　　（导热）	$Gr_\delta \cdot Pr \leqslant 2000$
	$=0.197 (Gr_\delta Pr)^{1/4} \left(\frac{\delta}{H}\right)^{1/9}$　（层流）	$6000 < Gr_\delta \cdot Pr < 2 \times 10^5$ $11 < H/\delta < 42$❶
	$=0.073 (Gr_\delta \cdot Pr)^{1/3} \left(\frac{\delta}{H}\right)^{1/9}$　（紊流）	$2 \times 10^5 < Gr_\delta \cdot Pr < 1.1 \times 10^7$ $11 \leqslant H/\delta \leqslant 42$
水平夹层（热面在下）[12]（气体）	$=0.059 (Gr_\delta \cdot Pr)^{0.4}$	$1700 < (Gr_\delta \cdot Pr) < 7000$
	$=0.212 (Gr_\delta \cdot Pr)^{1/4}$	$7000 < (Gr_\delta \cdot Pr) < 3.2 \times 10^5$
	$=0.061 (Gr_\delta \cdot Pr)^{1/3}$	$(Gr_\delta \cdot Pr) > 3.2 \times 10^5$
倾斜夹层（热面在下与水平夹角为 θ）❷❸（气体）	$=1+1.446 \left(1-\frac{1708}{Gr_\delta \cdot Pr \cdot \cos\theta}\right)$	$1708 < (Gr_\delta \cdot Pr \cdot \cos\theta) < 5900$
	$=0.229 (Gr_\delta \cdot Pr \cdot \cos\theta)^{0.252}$	$5900 < (Gr_\delta \cdot Pr \cdot \cos\theta) < 9.23 \times 10^4$
	$=0.157 (Gr_\delta \cdot Pr \cdot \cos\theta)^{0.285}$	$9.23 \times 10^4 < (Gr_\delta \cdot Pr \cdot \cos\theta) < \times 10^6$

---

❶ 竖直夹层传热关联式的应用将受 $Gr_\delta \cdot Pr$ 和 H/δ 的双重限制，因此夹层内的传热由导热模式转变为层流模式的具体区段，或者说上述关联式不能使用的区段，要根据夹层的具体条件来确定，本书把这一区段称为"过渡段"，它的传热规律有待学者研究解决。

❷ Trans. ASME（c），Vol. 98（2），P. 182，1976。

❸ 若 $\left(1-\frac{1708}{Gr_\delta \cdot Pr \cdot \cos\theta}\right)$ 的计算值为负时，其值按 0 处理。

式（8）和式（10）是描写的同一热量，故 Nu_δ 和 λ_e 的关系是：

$$Nu_\delta = \frac{\lambda_e}{\lambda} \tag{11}$$

【例6-7】试求竖直管束（采用外径 $d=50mm$ 的管材）散热器自然对流表面传热系数，已知管长 $H=1500mm$，表面温度 $t_w=42℃$，室温 $t_f=18℃$。

【解】定性温度 $t_m = \dfrac{t_w+t_f}{2} = （42+18）/2 = 30℃$，由附录1查空气物性数据：

$$\nu = 16.0 \times 10^{-6} m^2/s;$$

$$\lambda = 0.0267 W/(m \cdot K);$$

$$Pr = 0.701;$$

$$\alpha = 1/T_m = 1/(273+30) = 3.3 \times 10^{-3} \quad 1/K$$

$$Gr_H = \frac{g\alpha\Delta tH^3}{\nu^2} = \frac{9.81 \times 3.3 \times 10^{-3} \times (42-18) \times 1.5^3}{(16 \times 10^{-6})^2} = 1.02 \times 10^{10}$$

$$Gr_H \cdot Pr = 1.02 \times 10^{10} \times 0.701 = 7.18 \times 10^9$$

此例为无限大空间竖直圆筒外表面自然对流紊流传热，应先核算其 d/H 值，按式（6-18），其中：

$$\frac{d}{H} = \frac{50}{1500} = 0.033$$

$$\frac{35}{Gr_H^{1/4}} = \frac{35}{(1.02 \times 10^{10})^{1/4}} = 0.110$$

因 $\dfrac{d}{H} < \dfrac{35}{Gr_H^{1/4}}$ 不能忽略圆筒曲率的影响，需按竖平壁计算后再查图6-14校正。

按竖壁准则式（6-16）计算，并取表6-4中 $t_w=const$ 垂直平壁的 C 及 n 值，即

$$Nu = 0.1 \times (Gr_H \cdot Pr)^{1/3} = 0.1 \times (7.18 \times 10^9)^{1/3} = 258$$

$$\therefore \quad h_{平壁} = Nu\frac{\lambda}{H} = 258 \times \frac{0.0267}{1.5} = 4.59 W/(m^2 \cdot K)$$

计算图6-14横坐标值：$\dfrac{2\sqrt{2}}{Gr_H^{1/4}}\left(\dfrac{H}{r}\right) = \dfrac{2\sqrt{2}}{(1.02 \times 10^{10})^{1/4}}\left(\dfrac{1.5}{0.025}\right) = 0.53$

查图，校正系数为1.14。该竖管散热器自然对流传热表面传热系数：

$$h_{竖管} = 1.14 h_{平壁} = 1.14 \times 4.59 = 5.23 W/(m^2 \cdot K)$$

【讨论】从本例看，竖管散热器的自然对流传热得到强化，表面传热系数较竖壁式散热器有了一定程度的提高，可见把竖壁改制为竖管是强化传热的有力措施，且采用小管径的竖管有利于减少散热器的金属消耗量和占地面积。从本例还可进一步思考，当保持管径不变，管子长度等于多少时，才能将竖圆管视为竖壁？长度与管径哪一个参数对校正系数的影响最大？为什么？

【例6-8】以常热流加热的竖直平壁，热流通量 $q=255W/m^2$，外界空气温度为 $20℃$，壁高 $0.5m$。若不计表面辐射，试计算该壁自然对流平均表面传热系数。

【解】本题为常热流边界条件下的自然对流传热。可用式（6-17）或式（6-19）计算。

现选用式（6-19）计算，在常热流边界条件下，采用壁面高 1/2 处温度 $t_{w,H/2}$ 与流体温度 t_f 之差（$t_{w,H/2}-t_f$）计算平均表面传热系数。因壁温为未知量，需进行试算，现预设 $t_{w,H/2}$ 为 68℃，则定性温度：

$$t_m = \frac{t_{w,H/2}+t_f}{2} = (68+20)/2 = 44℃$$

查附录 1 物性数据表得

$$\nu = 17.4 \times 10^{-6}\,\mathrm{m^2/s};$$

$$\lambda = 0.0279\,\mathrm{W/(m \cdot K)};$$

$$Pr = 0.699;$$

$$\alpha = 1/T_m = 1/(273+44) = 3.41 \times 10^{-3}\,1/\mathrm{K}$$

则　　　　$Gr \cdot Pr = \dfrac{g\alpha \Delta t H^3}{\nu^2} \times Pr$

$$= \frac{9.81 \times 3.41 \times 10^{-3} \times (68-20) \times 0.5^3}{(17.4 \times 10^{-6})^2} \times 0.699 = 4.64 \times 10^8$$

为层流。代入式（6-19）

$$Nu_H = \left\{ 0.825 + \frac{0.387 Ra_H^{1/6}}{[1+(0.492/Pr)^{9/16}]^{8/27}} \right\}^2$$

$$= \left\{ 0.825 + \frac{0.387 \times (4.64 \times 10^8)^{1/6}}{[1+(0.492/0.699)^{9/16}]^{8/27}} \right\}^2$$

$$= 92.7$$

∴ 平均表面传热系数 $h = Nu \dfrac{\lambda}{H} = 92.7 \times \dfrac{0.0279}{0.5} = 5.18\,\mathrm{W/(m^2 \cdot K)}$

校核上述设定的 $t_{w,H/2}$ 值，由

$$(t_{w,H/2}-t_f) = \frac{q}{h} = \frac{255}{5.18} = 49.3℃$$

即 $t_{w,H/2} = 49.3+20 = 69.3$ 与预设值只差 2%，可结束计算。若计算结果偏差较大，可再用第一次试算结果作为第二次计算的初始值，重复进行上述的计算。

若本题采用表 6-4 中竖壁常热流准则式（6-17）计算时，则应计算局部壁面温度 $t_{w,H/2}$ 及与之相应的局部表面传热系数 $h_{H/2}$。为省略试算过程，沿用上法计算的结果，亦设定 $t_{w,H/2}=68℃$，则各项物性数据及定性温度等数据均沿用上述计算的数据，代入式（6-17）

$$Gr_{H/2}^* \cdot Pr = \frac{g\alpha q\,(H/2)^4 Pr}{\lambda \nu^2} = \frac{9.81 \times 0.00341 \times 255 \times 0.25^4}{0.0279 \times (17.4 \times 10^{-6})^2} \times 0.699$$

$$= 2.76 \times 10^9$$

由式（6-17）及表 6-4，得 $H/2$ 处局部表面传热系数关联式

$$Nu_{H/2} = 0.6\,(Gr_x^* \cdot Pr)^{1/5} = 0.6 \times (2.76 \times 10^9)^{1/5} = 46.4$$

∴　　　　$h_{H/2} = Nu_{H/2} \dfrac{\lambda}{H/2} = 46.4 \times \dfrac{0.0279}{0.25} = 5.18\,\mathrm{W/(m^2 \cdot K)}$

以此校核 $t_{w,H/2}$

$$t_{\mathrm{w,H/2}} = t_{\mathrm{f}} + q/h_{\mathrm{H/2}} = 20 + 255/5.18 = 69.3\text{℃}$$

与原设定值偏差亦很小。至此，用两种方法计算同一问题得到的结果一致。

【讨论】（1）本例中采用了简单迭代的试算方法，因为本类型问题的计算过程具有收敛性，且收敛速度较快，一般迭代 2~3 次可达足够精度。这是本章例题计算中采用的第二种试算方法，掌握这些方法，将有助于提高实际工程计算效率。（2）通过以上两例，还请注意掌握自然对流传热表面传热系数的数量级的大小。学习中必须掌握各种物理量的数量级，利用数量级概念可以判断计算结果的正误。（3）以上两例的传热表面都是供热中常见的情况，本例是辐射为 0 时的计算结果，实际上，这些设备表面除自然对流外，还必定存在辐射散热，请读者思考一下，如果把辐射散热考虑进去，其表面温度、表面传热系数以及散热量三者将发生什么变化？与上述计算的数值相比是大了还是小了？在表面温度为未知的情况下，如果把辐射散热考虑进去，计算又应如何进行？（4）本例采用了两个不同的准则关联式，但所用定型长度不同，前者为 H，后者则用半高 $H/2$，为什么？

【例 6-9】 计算竖壁封闭空气夹层的当量表面传热系数 h_e 随夹层厚度的变化，设夹层两侧表面温度分别为 $t_{\mathrm{w1}}=10\text{℃}$，$t_{\mathrm{w2}}=0\text{℃}$，夹层高 $H=1\text{m}$，计算厚度 δ 从 3~60mm。

【解】 定性温度 $t_{\mathrm{m}}=(t_{\mathrm{w1}}+t_{\mathrm{w2}})/2=5\text{℃}$，查附录 1 空气物性数据：

$$\nu = 13.7 \times 10^{-6}\,\mathrm{m^2/s}; \lambda = 0.0248\mathrm{W/(m \cdot K)};$$

$$\alpha = 1/(273+5) = 3.60 \times 10^{-3}\quad 1/\mathrm{K}; Pr = 0.706$$

以 10mm 厚度为例计算：

$$Gr_\delta = \frac{g\alpha\Delta t\delta^3}{\nu^2} = \frac{9.81 \times 0.0036 \times 10 \times 0.010^3}{(13.7 \times 10^{-6})^2} = 1882$$

$$Gr_\delta \cdot Pr = 1882 \times 0.706 = 1329$$

$Gr_\delta \cdot Pr < 2000$，10mm 厚的封闭空气夹层为纯导热，按表 6-5：$Nu_\delta = 1$，则

$$h_e = Nu_\delta \times \frac{\lambda}{\delta} = 1 \times \frac{0.0248}{0.01} = 2.48\mathrm{W/(m^2 \cdot K)}$$

以 25mm 厚度为例计算：

$$Gr_\delta = \frac{g\alpha\Delta t\delta^3}{\nu^2} = \frac{9.81 \times 0.0036 \times 10 \times 0.025^3}{(13.7 \times 10^{-6})^2} = 29400$$

$$Gr_\delta \cdot Pr = 29400 \times 0.706 = 20756$$

$6000 < Gr_\delta \cdot Pr < 2 \times 10^5$，25mm 厚的封闭空气夹层为层流传热，按表 6-5：

$$Nu_\delta = 0.197\,(Gr_\delta Pr)^{1/4}\left(\frac{\delta}{H}\right)^{1/9}$$

$$= 0.197 \times 20756^{1/4} \times (0.025/1)^{1/9}$$

$$= 1.57$$

$$h_e = Nu_\delta \times \frac{\lambda}{\delta} = 1.57 \times \frac{0.0248}{0.025} = 1.56\mathrm{W/(m^2 \cdot K)}$$

其他厚度的计算结果列于下表，在厚度由 3mm 增加到 80mm 时，传热状态也由导热转变为层流、紊流自然对流传热。

δ (mm)	3	7	10	25	30	40	50	60	70	80
$Gr_\delta \cdot Pr$	36	456	1329	2.08×10^4	3.59×10^4	8.50×10^4	1.66×10^5	2.87×10^5	4.56×10^5	6.80×10^5
流态		导热			层流				紊流	
Nu_δ		1		1.57	1.84	2.35	2.85	3.52	4.18	4.85
h_e [W/ (m²·K)]	8.27	3.54	2.48	1.56	1.52	1.46	1.41	1.46	1.48	1.50

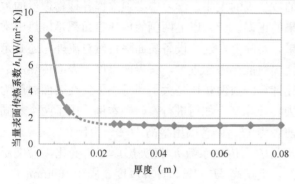

图 6-16 例 6-9 封闭空气夹层
h_e 随厚度 δ 的变化

【讨论】房屋的窗户采用双层玻璃、高温炉子的外壁采用封闭的空气夹层这些都是简单而有效的保温节能措施之一。本例计算结果显示，在 $Gr_\delta \cdot Pr=0\sim2000$ 范围内，当量表面传热系数 h_e 与"厚度 δ"成反比，随 $Gr_\delta \cdot Pr$ 增加而迅速降低；进入层流或紊流状态后，h_e 处于较低的数值水平，随厚度 δ 的变化趋于平缓。这是因为在封闭空间中，流态由导热机制转变为层流或紊流，能使传热增强，但增加厚度 δ 又会使热阻变大，两者的影响相反，故 h_e 在一定范围内变化不大。在采用封闭夹层节能时，为了达到较好的节能效果，应选择适当的夹层厚度。

由于竖直夹层内自然对流在 $2000<Gr_\delta \cdot Pr<6000$ 范围内没有合适的传热准则关联式，且已有的准则关联式适用范围为 $11\leqslant H/\delta\leqslant42$，故例题中竖壁封闭空气夹层内的层流段从厚度为 25mm 起算。从图 6-16 可以看出，当空气夹层厚度在 10~25mm 范围内时，竖直夹层内的热量传递过程从热传导机制转为层流对流传热机制，类似于从层流对流传热机制转为紊流对流传热机制的过渡段，此时其当量表面传热系数在 2.48~1.56W/（m²·K）之间，故图 6-16 中采用虚线表示此过渡段。

另外，本例在计算中没有考虑封闭空间两侧壁间的辐射传热，在第十章中再做分析。

三、自然对流与受迫对流并存的混合对流传热

在受迫对流传热过程中，由于流体各部分温度的差异，将发生自然对流。本章第一节的分析没有考虑自然对流的影响，视为纯受迫对流传热。若在受迫对流中自然对流因素不可忽略，这种流动称为自然与受迫并存的混合流动。

图 6-17 列举了横管及竖管内受迫对流时速度场受自然对流干扰的情况。对于横管，当流体被冷却时，由于管芯温度高于管壁，将形成由管芯向上而沿管壁向下的垂直于受迫流动方向的环流，如图中（a）所示，此环流加强了对边界层的扰动，将有利于传热。对于竖管，则

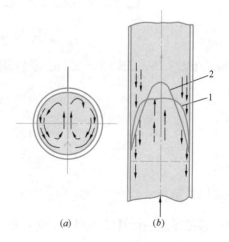

图 6-17 自然对流对速度场的干扰

如图中（b）。设流体是向上流动并被管壁冷却（$t_w < t_f$），则在管中心受迫对流与自然对流同向，而靠壁处则两者方向相反，这样管中心的速度比原来大，而壁面处则比原来小，速度场由图中的1变成2，显然不利于传热。当然，管内温度不均匀导致的物性差异也会影响对流传热，这在前面已介绍过。对于竖壁上受迫对流，亦有类似情况。仅从此两例足以说明自然对流对受迫对流的影响将与壁面位置、受迫对流和自然对流流动方向等有关，但要使受迫对流受到明显影响，最主要的是必须具备足够大的自然对流浮升力。因此，判断是不是纯受迫对流，或者混合对流，可根据浮升力与惯性力的相对大小来确定。从边界层自然对流动量微分方程式（5-30）中惯性力和浮升力数量级的对比中，可以导出两力相对大小的判据。

浮升力的数量级 $\qquad g\alpha(t-t_f) \sim g\alpha(t_w-t_f)$

惯性力的数量级相当于 $\qquad u\dfrac{\partial u}{\partial x} \sim \dfrac{u_\infty^2}{l}$

则两力之比

$$\frac{g\alpha\Delta t}{u_\infty^2/l} = \left[\frac{g\alpha\Delta t l^3}{\nu^2}\right]\left[\frac{\nu^2}{u_\infty^2 l^2}\right] = Gr/Re^2 \tag{6-23}$$

一般情况下可以认为 $Gr/Re^2 \geqslant 0.1$ 时，就不能忽略自然对流的影响；如果 $Gr/Re^2 \geqslant 10$，则可作为纯自然对流看待，而忽略受迫对流[1]。关于管内混合对流传热的分析计算请参阅论文[2]和文献[5]。

小　结

　　本章讨论了管内受迫对流、外掠圆管及管束、自然对流等单相流体的传热问题。它们都是具体换热设备、建筑物及室内环境、电子元器件等中最常见的传热现象，因此这些内容是分析、计算各种传热问题和换热设备的基础。学习本章的基本要求是：对每一类传热问题都应注意理解流动与传热的机理及其关系；掌握典型条件下表面传热系数的数量级大小；理解影响因素及强化或削弱传热的基本途径；掌握流态的判别，准则关联式的选用和计算方法，在选用时要特别注意关联式的条件和使用范围。为达上述要求，学习中应注意把第五章的内容与本章各节的分析结合起来。

　　对流传热涉及影响因素很多，提出的实验关联式也很多，不要求去背诵这些关联式，主要注意关联式的组成结构以及各主要影响因素在关联式中是如何反映出来的，其中哪些影响因素最关键。目前推荐使用的一些实验关联式，虽经广泛应用，但还都具有一定的局限性，用不同学者提出的实验关联式计算同一个问题，往往结论不完全一致，如果差别在工程计算的允许范围内，就是合理的。各节要点如下：

　　（1）管内受迫对流传热。从进口段和充分发展段的分析中阐述了局部表面传热系数的变化规律及其特点。推导了在 $t_w=const$ 和 $q=const$ 边界条件下，温度沿管长的变化及其传热温差，从而可正确计算出管内流体的平均温度及传热温差。扼要分析了热流方向、流道弯曲、管壁粗糙度、热物性均匀性以及自然对流等因素对管内流动及传热

[1] Trans. ASME, Ser. E, Vol. 26, P133. 1959.
[2] Int. J. Heat Mass Transfer, Vol. 25, P1737, 1982.

的影响机制。推荐了不同流态下的对流传热实验关联式。计算时，应先计算 Re，判别流态，选择关联式和校正系数。本节还为传热学中常用的试算法，提供了计算例题，并建议采用编程计算，理清应用牛顿冷却公式计算传热量与应用热平衡关系，计算的流体焓增，正确应用两者之间的关系求解未知量。

（2）外掠圆管对流传热。本节首先分析了外掠单管时边界层的流动及局部表面传热系数的变化规律及实验关联式。然后介绍了管束传热。管束中流体的流动、传热与管子排列方式、管间距、排数等密切有关。

（3）自然对流传热。首先分析了自然对流边界层速度场及温度场的特征、边界层动量微分方程式的推导、建立自然对流传热的理论基础。对于自然对流应采用 $Gr \cdot Pr$ 判断流态，并根据边界条件、壁面形状及位置选择准则关联式。对有限空间自然对流传热问题，应首先判断它的传热机制，以决定计算的方法。采用当量表面传热系数（或当量热导率）计算有限空间冷热两壁间的传热。本节最后从惯性力和浮升力的数量级分析中提出了混合对流传热的判据——Gr/Re^2，从而分清了纯受迫对流传热与纯自然对流传热问题的界限。

本章习题，有些要采用较为繁琐的试算法，关键点是如何设定初始值以及采用什么方法去校核它。在例 6-2 和例 6-8 中采用的试算方法，是较常用的。

本章介绍了一批常用的对流传热关联式，在领会基本概念后，读者可进一步把各类传热准则关联式作横向的对比，例如：关联式中用了哪些准则？为什么要用这些准则？如何确定定性温度，不同类别的传热问题定性温度的选择有什么区别？如何选择定型长度？各类传热问题中影响流态的准则幂次大小有什么差异？从而可以深入地掌握使用准则关联式的要领和常见传热问题的计算方法。这些概念对掌握正确的计算方法十分重要。

单相流体受迫对流、自然对流传热关联式综合比较表

项　目	受迫流过常壁温平板	管内受迫对流	外掠管束	大空间自然对流	封闭空间自然对流
流动起因	外　力	外　力	外　力	浮升力	浮升力
准则关联式的组成	$Nu = f(Re, Pr)$	$Nu = f(Re, Pr)$	$Nu = f(Re, Pr, S_1/S_2)$	常壁温：$Nu = f(Gr, Pr)$ 常热流：$Nu = f(Gr^*, Pr)$	$Nu_\delta = f(Gr_\delta, Pr)$
判别层流转变为紊流的准则数	$Re_f > 5 \times 10^5$	$Re_f > 10^4$	按 Re_f 所处范围、排列方式、管排数、相对管间距 S_1/S_2 等条件选择准则关联式	$Gr \cdot Pr$ $>10^9$（竖壁）$>10^7$（水平圆筒）$Gr^* Pr > 10^{11}$（竖壁常热流）	竖夹层壁：$Gr_\delta \cdot Pr \leqslant 2000$（导热机制）$Gr_\delta \cdot Pr > 2 \times 10^5$（层流转变为紊流）

续表

项　　目		受迫流过常壁温平板	管内受迫对流	外掠管束	大空间自然对流	封闭空间自然对流
传热温差		t_f 与 t_w 之差	$\Delta t_m = \dfrac{(\Delta t' - \Delta t'')}{\ln \dfrac{\Delta t'}{\Delta t''}}$	t_f 与 t_w 之差	常壁温： t_f 与 t_w 之差 常热流： t_f 与壁高 1/2 处的 $t_{w,\frac{h}{2}}$ 之差	夹层两壁温差
定性温度		主流温度 t_f 与壁面温度 t_w 的平均值	$t_f = (t_f' + t_f'')/2$ 或 $t_f = t_w \pm \Delta t_m$	$t_f = (t_f' + t_f'')/2$	常壁温： t_f 与 t_w 平均值 常热流： t_f 与 $t_{w,\frac{h}{2}}$ 的平均值	夹层两壁温度平均值
定型长度		平板长度	圆管：内径； 非圆形管： 当量直径 $d_e = \dfrac{4f}{U}$	管外径	竖壁、竖管：高度； 横管：直径； 水平壁：圆盘，$0.9d$； 矩形，边长平均值； 非规则形，面积与周长比	夹层间厚度 δ
流体速度		主流速度	管断面流体平均速度	管外流速最大值（管间最窄截面处）	—	—
主要准则幂次	层流	$Nu \propto Re^{1/2}$	$Nu \propto Re^{1/3}$	$Re_f < 2 \times 10^5$ $Nu \propto Re^{0.63}$ 顺排 $Nu \propto Re^{0.6}$ 叉排	竖壁常壁温： $Nu \propto Gr^{1/4}$	竖夹层壁： $Nu_e \propto Gr_e^{1/4}$
	紊流	$Nu \propto Re^{0.8}$	$Nu \propto Re^{0.8}$	$Re_f > 2 \times 10^5$ $Nu \propto Re^{0.84}$	竖壁常壁温： $Nu \propto Gr^{1/3}$	竖夹层壁： $Nu_e \propto Gr_e^{1/3}$
备　注		全板平均 h 值是层流与紊流的积分平均	光滑圆管、非圆管、弯管、粗糙管等的区别	顺排与叉排管束的区别；管排数修正系数	竖壁、竖管、水平壁的区别，竖管传热的强化作用及修正	竖、水平、倾斜等夹层的区别

注：限于篇幅，本表仅以常见的平壁、圆管为例，列表综合对照，以便读者掌握不同传热问题的要领和它们之间的差异。

 思考题与习题

1. 试定性分析下列问题：

（1）夏季与冬季顶棚内壁的表面传热系数是否一样？

（2）夏季与冬季房屋外墙外表面的表面传热系数是否相同？

（3）普通热水或蒸汽散热器高或矮对其外壁的表面传热系数是否有影响？

（4）相同流速或者相同的流量情况下，大管和小管（管内或管外）的表面传热系数会有什么变化？

（5）分析太阳能平板集热器可能涉及的传热问题？（有条件时应事先参观实物）。

2. 传热学通常把"管内流动"称为内部流动，将"外掠平板，外掠圆管"等称为外部流动，试说明他们的流动机制有什么差别？这些对流传热问题的数学描写有什么不同？

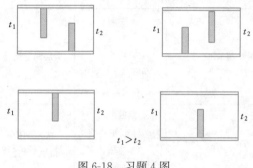

图 6-18　习题 4 图

3. 是否可以把管内流动也视为边界层型问题，采用边界层微分方程求解？为什么？

4. 图 6-18 为带有不同垂直隔断的空间，左右两壁温度 $t_1 > t_2$，内隔断不绝热，但前后壁、上顶及地均为绝热面，试绘出这些空间内空气自然对流循环图。

5. 图 6-19 是四种散热器热水进出口方法，试从受迫对流、自然对流、混合对流的机理分析这些散热器内的流动情况、稳定性及可靠性。

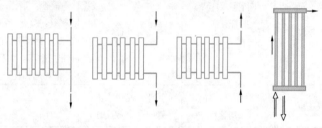

图 6-19　习题 5 图

6. 在层流和紊流中表面粗糙度对流动摩擦阻力各有何影响？

7. 试设计使供热设备表面为常壁温和常热流条件的方案。试设计一实验方法实现在常热流条件下的冷却过程。

8. 垂直管内流体向上或向下流动被加热或被冷却时，自然对流对速度场的影响如何？试作速度场变化的示意图。

9. 在气流横向掠过管束的传热分析中，为什么雷诺数的计算是基于最大气流速度而不是平均来流速度？

10. 一个热的竖壁在空气中垂直向上运动，假定运动速度相当于它静止时表面空气自然对流边界层的平均速度，试分析运动对它的表面自然对流速度场的影响如何？试画出速度场变化的示意图。运动使其表面传热系数与静止壁相比是增加还是减小？如果竖壁是向下运动又如何？

11. 一常物性的流体分别从两根直管内流过，其中 $d_1 = 2d_2$。假设流动与传热均已处于紊流充分发展区域。试确定在下列两种情形下两管内平均表面传热系数的相对大小：（1）流体以相同流速流过两管；（2）流体以相同质量流量流过两管。

12. 目前一般使用氢气作为发电机的冷却介质。试通过管内受迫紊流对流传热，在相同几何条件、流速和相同定性温度等条件下，分析为什么氢气相比于空气的冷却效果要好，并解释其中哪个物性参数起到的作用相对较大。

13. 流体以相同的流速外掠单管或沿管子轴向纵掠管子，其他参数相同情况下，前者对流传热效果要好于后者，为什么？同样，在流体斜掠单管时，对流传热效果随流速与管轴线间的夹角减小而降低。试从流动形态、边界层分布等角度进行分析。

14. 关于管内对流传热的热进口段长度有几种表达方式，它们各适应于什么条件？
(1) 从管子入口到热边界层在管中心闭合前的一段长度；(2) 当 $\frac{\partial \theta}{\partial x} = 0$ 和 $h = \text{const}$ 前的一段长度；(3) $l/d = 0.05Re \cdot Pr$。

15. 外掠平板紊流局部表面传热系数沿板长的变化（图 5-7）与管内紊流进口段局部表面传热系数沿管长的变化（图 6-1）两者有明显的差别，试进行一些分析。

16. 试用量纲分析方法证明，恒壁温情况下导出的 $Nu = f(Gr, Pr)$ 的关系式对于恒热流边界条件也是合适的，此时 Gr 应定义为 $Gr^* = gaql^4/(\nu^2\lambda)$？

17. 对于圆形管道中的层流流动，入口处的摩擦阻力是否大于出口处的摩擦阻力？为什么？如果是紊流流动结果又怎样？

18. 对于圆形管道中的层流强制对流，入口处的传热系数是否大于出口处的传热系数？为什么？

19. 对于紊流的管内流动，表面粗糙度是如何影响传热的？如果是层流，情况又怎样？

20. 以薄壁不锈钢管作导体通电加热在管内流动的气体，管子裸露置于室内，试写出在稳态情况下，该管 dx 长微元段的热平衡关系。已知钢管电阻为 R，Ω/m；电流为 I，A。

21. 黄铜管式冷凝器内径 16mm，管内水流速 1.5m/s，壁温维持 20℃，冷却水进出口温度分别为 8℃和 12℃，管长 $l/d > 20$，试用不同的关联式计算管内对流传热表面传热系数？假如管内工质由水改为氟利昂 134a，那么，使用相同关联式情况下表面传热系数又是多少？

22. 某人展开双臂时周围的风速是 4.8m/s、温度是 22℃。如果臂表面温度是 34℃，把手臂假设成圆柱形，长 0.6m，直径 10cm。求手臂的散热速率。

23. 某人夏天开风扇纳凉，空气温度为 29.4℃，风扇吹出的风速为 1.83m/s。人体从事较轻的体力劳动，新陈代谢率为 87.9W。把人体看成是直径 0.3m、表面积 1.67m² 的圆柱体，不考虑辐射效应。求人体体表的平均温度。如果风速增加一倍，结果如何？

24. 已知锅炉省煤器管壁平均温度为 250℃，水的进出口温度分别为 160℃及 240℃，平均流速要求为 1m/s，热流密度 $q = 3.84 \times 10^5 \text{W/m}^2$，试求所需管内径和长度（提示：先按紊流计算，再校核 Re）。

25. 一盘管式换热器，蛇形管内径 $d = 12$mm，盘的直径 $D = 180$mm（以管中心距离计），共有四圈盘管。若管内水进口为 20℃，平均流速为 1.7m/s，壁温为 90℃，试估计冷却水出口温度。

26. 一直径为 10cm、高为 30cm 的圆柱形容器内盛满 3℃的冷水，置于温度为 27℃的气流中，经过 45min 后测得水温为 11℃。如不考虑辐射和容器上下表面向水的传热，试计算气流速度。

27. 空气在管内受迫对流传热，已知管径 $d = 51$mm，管长 $l = 2.6$m，空气质流量 $M = 0.0417$kg/s，进口温度 $t'_f = 30$℃，管壁的热流密度 $q = 12120 \text{W/m}^2$，求该管的平均表面传热系数 h，空气在管子进口和出口端的表面传热系数 h'、h''，出口温度 t''_f，管壁进口

和出口端的壁温 t'_w、t''_w。

28. 水以 1.3m/s 的速度通过内径 19mm，长为 5.5m 的管子，压降为 42mmHg，管壁平均温度为 80℃，管内水的平均温度 55℃，试从类比律求表面传热系数，并与光滑管进行比较。

29. 套管换热器，内管外径 d_1＝12mm，外管内径 d_2＝20mm，管长 400mm，内外管之间的环形流道内水流速 u＝2.4m/s，平均温度 t_f＝73.1℃，内管壁温 t_w＝96℃，试求内管外表面的表面传热系数。

30. 空气以 0.0125kg/s 流量流过直径 50mm，长为 6m 的圆管，温度由 23.5℃ 加热到 62℃，试求在常壁温传热条件下管壁温度 t_w，表面传热系数 h 及传热量 Φ。（建议用式(6-6a)计算表面传热系数，编程求解）。

31. 已知椭圆管的长轴 $2a$＝26mm，短轴 $2b$＝13mm，用它做成的传热器每根管子的水流量为 $4 \times 10^{-4} m^3/s$。要求在壁温 90℃ 时把水从 32℃ 加热到 48℃。计算一根管的长度。如果采用与该椭圆管周长相同的圆管在同样条件下完成水的加热，又需多长的圆管，两者相比差多少（％）？并分析引起差别的原因是什么？

32. 空气横向外掠单圆管传热研究实验台，实验管长 0.3m，管径有 50mm 及 25mm 两种，现测得如下表列的 16 个实验点数据。试由数据整理出该次实验得到的空气横向外掠单圆管传热准则关联式。并构思这种实验台的构造及测试系统。

实验点	空气温度(℃)	管壁温度(℃)	最窄截面风速(m/s)	传热量(W)	管径(mm)
1	23.0	184.8	11.05	288.0	25
2	9.5	152.0	12.67	286.0	25
3	9.1	107.7	25.69	282.0	25
4	21.0	112.4	25.04	282.0	25
5	17.6	105.0	27.60	287.0	25
6	20.6	151.5	13.98	283.0	25
7	23.0	195.0	13.70	520.0	50
8	10.8	160.8	15.65	523.0	50
9	9.6	117.6	29.38	510.0	50
10	21.0	155.0	20.02	517.0	50
11	14.3	136.0	24.04	536.0	50
12	20.2	119.1	34.35	533.0	50
13	21.0	125.0	31.83	519.0	50
14	10.8	104.0	36.94	523.0	50
15	9.5	124.0	17.20	284.0	25
16	21.0	102.0	31.39	280.0	25

33. 空气以 25.5m/s 的速度横向外掠直径 35mm，长 0.5m 的单圆管，对流传热量为 900W，管子前后空气平均温度 25.3℃。试确定管壁温度。

34. 直径 14mm，长 1.5m 的管状电加热器垂直置于速度为 3m/s 的水流中，水流过管子前后的平均温度为 55℃，设加热器管表面允许最高温度为 95℃，试计算它的最大允许电功率。

35. 在某工业设备中，采用 120℃的地下热水预热进入燃烧炉的空气。空气纵向冲刷顺排的水平管束，进入管束的空气温度为 20℃、绝对压力为一个大气压、平均流速为 4.5m/s。水在管内流动，水管外径 15mm，管子之间横向和纵向距离均为 50mm。试求单位管长的传热量（假设管壁为定壁温，$t_w=120℃$）。

36. 空气横向掠过 12 排管子组成的叉排加热器，管外径 $d=25mm$，管间距 $S_1=50mm$，$S_2=45mm$。管束的最窄截面处流速 $u=5m/s$，空气平均温度 $t_f=60℃$。试求管束平均表面传热系数。如管束改为顺排，其他条件不变，则表面传热系数为多少？

37. 长 1m、直径为 10mm、表面温度为 90℃的顺排电加热管束用来把水从 15℃加热到 45℃，水流速度为 0.8m/s，纵向管间距为 40mm，横向管间距为 30mm。问沿着水流方向的管排数至少需要多少排？

38. 一厚壁紫铜管，内置电加热器，悬吊于大水槽中进行水平圆筒壁自然对流传热实验研究，实验中管壁温度可作为常壁温处理，求水在横管外自然对流表面传热系数。已知管外径 $d=30mm$，水的平均温度 $t_f=37.1℃$，壁温 $t_w=64.5℃$。在这种情况下的实验数据为什么可以作为常壁温处理？

39. 试比较不同高度与直径的竖管散热器自然对流表面传热系数之差异？设管直径分别为 50、30mm，管高分别为 1.5、1.0 及 0.5m，表面温度 90℃，空气温度 20℃。并列表显示这些管式散热器与相同条件下的板式散热器的传热效果？

40. 飞机机翼的电加热系统用来保持飞行中机翼温度在冰点温度以上。假设飞机飞行速度为 900km/h、高度 12200m，机外的空气温度为 −55.4℃，大气的绝对压力为 18.8kPa。机翼可假设是横截面为圆形的柱体，半径为 300mm，忽略辐射，计算机翼表面的平均对流传热系数和单位表面积的散热量。

41. 压力为一个大气压、温度为 80℃的热空气流经一段长为 8m、横截面积为 0.2m× 0.2m 的风管，空气流量为 0.15m³/s，风管壁面温度为 60℃。试计算空气流过风管后的温度和在风管中的散热量。

42. 室内顶棚的表面温度 18℃，室内温度 25℃，顶棚面积 4m×5m，试求自然对流传热量及其表面传热系数。

43. 直径为 3mm、长为 12m 的电线被厚度为 1.5mm 的塑料包裹，塑料的热导率为 0.15W/（m·K）。测得电线内的电流为 10A，电压降为 8V。如果水平置于无风的环境中，空气温度为 30℃。不考虑辐射效应，求电线与塑料交界面的温度。

44. 倾斜放置，温度为 45℃的 1m×1m 平板，热面朝上接受辐射热 300W/m²，辐射热被全部吸收，然后以自然对流方式散出，环境温度为 0℃，板背面绝热。试求稳态时该板平均温度能达到的最大值。不考虑平板对周围环境的辐射传热。

45. 高 12cm、宽 20cm 的电路板上安装有 100 组芯片，每片散热 0.05W。电路板通过电扇冷却，电扇吹出的气流温度为 35℃、速度为 0.5m/s，沿着高度方向自下而上吹扫电路板。忽略电路板背面的传热和辐射传热。在下列条件下求电路板表面的平均温度。(1) 忽略自然对流；(2) 考虑自然对流。

46. 某实际工程设备是一个水平圆筒，其直径达 5.5m，表面温度 355℃，放置在周围空气温度为 35℃的环境中，现需要知道它的自然对流表面传热系数，但因为实际设备太大，只能依靠模化实验研究它的表面自然对流传热，为此需要确定模化实验的圆筒模型最小直径是多少。根据现有条件，有两个模化方案可供选择：第 1 方案是：模化实验在空气中进行，模型表面温度为 80℃，室内空气温度控制为 20℃；第 2 方案是：圆筒表面温度控制为 80℃，并采用温度保持 20℃ 的水代替空气在水槽中进行实验。试计算这两个方案模化所用的实验圆筒直径各为多少？并对方案的优缺点进行分析。

47. 一常壁温竖式散热器，已知高度为 650mm，在室温 15℃ 时，它的平均自然对流表面传热系数为 4.82W/(m² · K)，散热面积 2m²，试确定表面温度。该散热器内充油，热源为市电，试计算它的自然对流散热的电功率。

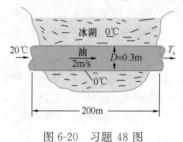

图 6-20　习题 48 图

48. 20℃ 的油在内径为 30cm 的管内以 2m/s 的速度流动，其中长为 200m 的一段置于温度为 0℃ 的湖水中。测量发现管表面的温度接近 0℃（见图 6-20）。已知油的密度为 888kg/m³、黏度系数 $\nu=901\times10^{-6}$ m²/s、热导率为 0.145W/(m · K)、比热容为 1880J/(kg · K)、普朗特数为 10400。试计算：（1）油流过湖水后的温度；（2）油的散热速率。

49. 依湖而建的房子夏天采用 15℃ 的湖水进行冷却，管长 15m，管子直径 15cm。入口空气温度 25℃，流速 3m/s。假设管壁温度等于湖水温度。求空气流经管道后的温度。

50. 面积为 1m×1m 的加热板，垂直吊放在空气中，每面的功率为 3100W，设其中 1/2 是以自然对流方式散出的，空气温度为 20℃，试计算板的局部表面温度及局部表面传热系数沿板高的变化，并绘它的变化曲线（可每隔 0.1m 为一个计算点）。

51. 若上述电热板置于水中情况如何？如果再将功率增加 10 倍，板表面局部温度及表面传热系数又如何？

52. 将第 50 题中的板作为常壁温边界条件处理，计算它的壁面温度〔用式（6-19）计算〕。并与作为常热流条件处理时，板的半高度处的壁温相比较。

53. 某建筑物墙壁内空气夹层厚 $\delta=75$mm，高 2.5m，两侧壁温分别为 $t_{w1}=15$℃，$t_{w2}=5$℃，求它的当量表面传热系数及每平方米通过夹层的热量（不考虑热辐射）。

54. 在 $Gr_\delta Pr<2000$ 时，垂直空气夹层的传热过程相当于纯导热过程，试求 $Gr_\delta Pr$ 不超过 2000 的情况下，导热量为最小时的夹层厚度。已知 $t_{w1}=40$℃，$t_{w2}=28$℃，并求导热量。

55. 按例 6-9 的给定条件，将夹层两侧温度分别改为 $t_{w1}=15$℃，$t_{w2}=-5$℃，即温度差改为 20℃，定性温度仍为 5℃，试计算垂直空气夹层当量表面传热系数随夹层厚度 δ 的变化，将计算结果绘成图线，并与例 6-9 的进行对比，从而通过数值对比进一步理解温度差对其热阻的影响。建议编程计算。

56. 计算热面在下的水平空气夹层的热流密度随夹层厚度的变化，要求每隔 3mm 为一个计算点，厚度由 3～30mm，已知夹层宽度远大于厚度，两壁温度分别为 -15℃ 和 15℃，将计算结果绘制成图线，并分析热流密度随厚度的变化趋势。建议编程计算。

57. 垂直平壁高 2.5m，表面温度为 30℃，空气温度 10℃。试确定空气自下而上掠过此壁的速度高于何值时，该壁的传热可作为受迫对流传热处理？低于何值时，可作为纯自然对流传热处理？

58. 上题中设空气受迫对流速度为 0.6m/s，则在什么壁温下可以忽略受迫对流的影响？设空气物性保持不变。

59. 某一研究水在管内受迫对流传热的实验台，管内径 14mm，长 2m，测得实验数据点如下表所示，试整理长管内受迫对流传热实验关联式 $Nu = C Re^n Pr^{0.4}$，并请构思实验台结构及其测试系统。

序 号	进口温度（℃）	壁 温（℃）	出口温度（℃）	流量 G(kg/s)
1	20.0	90	45	1.525
2	21.2	91.1	47.9	1.126
3	20.0	90	47	0.989
4	21.2	91.1	49.8	0.779
5	20.0	90	50	0.546
6	21.2	91.1	54	· 0.359
7	20.0	90	55	0.218
8	22.8	79.5	52.8	0.148
9	20.0	90	60	0.091
10	20.5	90.5	60	0.084

参 考 文 献

[1] W. M. Kays，M. E. Crawford，B. Weigand 著. 对流传热与传质(第 4 版中文版). 赵镇南译. 北京：高等教育出版社，2007.

[2] М. А. МИХЕЕВ. Теплопередачаи Тепловое Моделирование Изд—Во. АН. СССР. 1959.

[3] F. P. Incropera，D. P. Dewitt，T. L. Bergman，A. S. Lavine. 葛新石，叶宏译. 传热和传质基本原理. 北京：化学工业出版社，2007.

[4] 杨世铭，陶文铨编. 传热学(第四版). 北京：高等教育出版社，2006.

[5] W. M. Rohsenow，J. P. Hartnett. Handbook of Heat Transfer2006，2nd-ed. McGraw-Hill，1985.

[6] Advances in Heat Transfer，Vol. 6，P. 503，Academic Press，1970.

[7] H. Schlichting. Boundary Layer Theory，7th-ed.. McGraw-Hill，1979.

[8] Advances in Heat Transfer，Vol. 8，Academic Press，1972.

[9] 钱滨江，伍贻文等编. 简明传热手册. 北京：高等教育出版社，1984.

[10] B. V. 卡里卡、R. H. 戴斯蒙德著. 工程传热学. 刘吉萱主译. 北京：人民教育出版社，1983.

[11] W. H. McAdams. Heat Transmission，3rd-ed. McGraw-Hill，1954.

[12] J. P. Holman. Heat Transfer，10th-ed. McGraw-Hill，Companies Inc.，2011.

[13] W. M. 凯斯，A. L. 伦敦. 紧凑式换热器. 宣益民译. 北京：科学出版社，1997.

[14] J. R. 威尔蒂著. 工程传热学. 任泽霈等译. 北京：人民教育出版社，1982.

[15] J. H. Lienhard Ⅳ，J. H. Lienhard V. A. Heat Transfer Textbook，4th-ed，2011.

[16] 任泽霈编著. 对流换热. 北京：高等教育出版社，1998.

第七章　凝结与沸腾传热

气态工质在饱和温度下，由气态转变为液态的过程称为凝结或冷凝；而液态工质在饱和温度下以产生气泡的形式转变为气态的过程称为沸腾。两者都是伴随相变的对流传热，而与相变有关的潜热的影响是很重要的，这是制冷空调、锅炉等设备中最基本的传热过程。事实上，通过沸腾或凝结可以用小的温差获得大的传热速率。本章将在讨论相变传热机理的基础上介绍它们的基本计算方法。

第一节　凝　结　传　热

当壁温低于蒸气的饱和温度时，蒸气在壁面上发生冷凝过程，如水蒸气在换热器中冷凝，制冷剂在冷凝器中冷凝等等。

一、概述

蒸气同低于其饱和温度的冷壁接触，有两种凝结形式：当凝结液能很好地润湿壁面时，凝结液将形成连续的膜向下流动，称为膜状凝结，这是最常见的凝结形式，如水蒸气在洁净无油的表面上凝结；若凝结液不能很好地润湿壁面，则凝结液将聚成一个个的液珠，称为珠状凝结。例如水蒸气接触到有油膜的壁。凝结液润湿壁的能力取决于它的表面张力和对壁的附着力。当附着力大于表面张力，则会形成膜状凝结，反之则形成珠状凝结。

膜状凝结时，蒸气与壁之间隔着一层液膜，凝结只能在液膜的表面进行，潜热则以导热和对流方式通过液膜传到壁，故膜的厚薄及其运动状态（层流或紊流）对传热的影响很大，而这些又取决于壁的高度（液膜流程长度）以及蒸气与壁的温度差。一般地说，层流膜状凝结表面传热系数随壁的高度及温度差的增加而降低，而紊流膜状凝结则与此相反。由于在一般工业设备中均为膜状凝结，故本章主要讨论纯蒸气的膜状凝结。

珠状凝结时，壁面除液珠占住的部分外，其余都裸露于蒸气中，因此，可认为传热是在蒸气与液珠表面和蒸气与裸露的壁面之间进行的，由于液珠的表面积比它所占的壁面面积大很多，而且裸露的壁面上无液膜形成的热阻，故珠状凝结具有很高的表面传热系数。实验测量表明，大气压下水蒸气呈珠状凝结时，表面传热系数可达 $4 \times 10^4 \sim 4 \times 10^5$ W/（$m^2 \cdot$ K），相比之下，膜状凝结约为 $6 \times 10^3 \sim 6 \times 10^4$ W/（$m^2 \cdot$ K），两者相差 10 余倍。但珠状凝结过程很不稳定，在工业生产中目前还不能获得持久性珠状凝结。为此，国内外学者正致力于研究材料表面处理技术以设法降低凝结液的附着力，或者加珠状凝结促进剂以达持久形成珠状凝结的条件[1,2]。

二、膜状凝结传热

1. 层流膜状凝结理论解

层流膜状凝结理论解是 1916 年努谢尔特（Nusselt）最先导得的，努氏根据连续液膜层流运动及导热机理，建立了液膜运动微分方程式和能量方程式，然后求解液膜内的速度场和温度场，从而得出表面传热系数的理论解。此理论解是层流膜状凝结传热计算的基础。

在建立并求解液膜运动微分方程及能量微分方程中，努氏对液膜的速度场和温度场，如图 7-1（a）所示，作了若干合理的设定，把它简化为图 7-1（b）的情况，这些设定是：

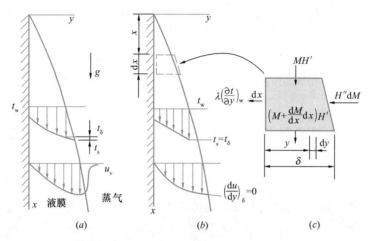

图 7-1　膜状凝结传热膜内温度及速度场

（1）纯蒸气在壁上凝结成层流液膜，且物性为常量；

（2）液膜表面温度 $t_\delta = t_s$（饱和温度），即蒸气—液膜交界面无温度梯度，这样，在交界面上仅发生凝结传热而无对流传热；

（3）蒸气是静止的，且认为蒸气对液膜表面无黏滞应力作用，故液膜表面 $\left(\dfrac{\partial u}{\partial y}\right)_{y=\delta} = 0$；

（4）液膜很薄且流动速度缓慢，可忽略液膜的惯性力和对流作用；

（5）凝结热以导热方式通过液膜，因为液膜薄，膜内温度视为线性分布；

（6）忽略液膜的过冷度，即凝结液的焓为饱和液体的焓 H'，实际凝结液的温度将低于饱和温度 t_s，故蒸气不但释放出潜热，还有显热，但两者中潜热远大于显热，以致可以忽略显热。

根据上述设定，把第五章动量微分方程式（5-4）应用于液膜中的微元体，考虑到重力方向与坐标 x 方向一致，在稳态情况下，方程为

$$\rho\left(u\frac{\partial u}{\partial x} + v\frac{\partial u}{\partial y}\right) = \rho g - \frac{\mathrm{d}p}{\mathrm{d}x} + \mu\left(\frac{\partial^2 u}{\partial y^2}\right) \tag{1}$$

式中，ρ 为液膜密度，kg/m^3；$\dfrac{\mathrm{d}p}{\mathrm{d}x}$ 为液膜在 x 方向的压强梯度，此压强梯度可按 $y=\delta$ 处液膜表面蒸气压强梯度计算。将式（1）应用于蒸气，并设蒸气密度为 ρ_v，考虑到前述（3）和（4）的假定，则由式（1）得

$$\frac{\mathrm{d}p}{\mathrm{d}x} = \rho_v g$$

再把它代入式（1），由上述假定（4），在忽略惯性力后，即得到液膜运动微分方程式

$$\mu\frac{\mathrm{d}^2 u}{\mathrm{d}y^2} + (\rho - \rho_v)g = 0$$

因为在一般压力条件下，$\rho \gg \rho_v$，上式变为

$$\mu \frac{\mathrm{d}^2 u}{\mathrm{d} y^2} + \rho g = 0 \tag{2}$$

上式表明，作用在微元体上的力就只有黏滞应力和重力，两力达到平衡。式（2）的边界条件是

$$y = 0, \quad u = 0$$
$$y = \delta, \quad \frac{\mathrm{d} u}{\mathrm{d} y} = 0$$

故积分式（2）可得膜层内速度分布为

$$u = \frac{\rho g}{\mu} \left(\delta y - \frac{1}{2} y^2 \right) \tag{3}$$

用同样方法，当对流项为零时，由能量微分方程式（5-11），得到液膜能量微分方程式

$$\frac{\mathrm{d}^2 t}{\mathrm{d} y^2} = 0 \tag{4}$$

式（2）与式（4）即为层流膜状凝结传热微分方程组。由式（4）的边界条件

$$y = 0; \quad t = t_w$$
$$y = \delta; \quad t = t_s$$

积分得到凝结液膜内温度分布为

$$t = t_w + (t_s - t_w) \frac{y}{\delta} \tag{5}$$

由速度分布式（3），在 $y = 0 \sim \delta$ 范围内积分，得到 x 处断面 1m 宽壁面的凝结液质流量为

$$M = \int_0^\delta \rho u \mathrm{d} y = \frac{\rho^2 g \delta^3}{3 \mu} \quad (\mathrm{kg/s}) \tag{6}$$

则质流量 M 在 $\mathrm{d}x$ 距离内的增量为［参见图 7-1c］

$$\frac{\mathrm{d} M}{\mathrm{d} x} \mathrm{d} x = \frac{\mathrm{d} M}{\mathrm{d} \delta} \frac{\mathrm{d} \delta}{\mathrm{d} x} \mathrm{d} x = \frac{\mathrm{d} M}{\mathrm{d} \delta} \mathrm{d} \delta$$

将式（6）代入得

$$\mathrm{d} M = \frac{\rho^2 g \delta^2}{\mu} \mathrm{d} \delta \tag{7}$$

如图 7-1（c）所示，液膜微元段热平衡关系式为

$$H'' \mathrm{d} M + M H' = \lambda \left(\frac{\mathrm{d} t}{\mathrm{d} y} \right)_w \mathrm{d} x + H' \left(M + \frac{\mathrm{d} M}{\mathrm{d} x} \mathrm{d} x \right)$$

式中，H' 为饱和液体的比焓，H'' 为饱和蒸气的比焓。

由式（5）、式（7）以及潜热 $r = H'' - H'$，上式改写为

$$r \frac{\rho^2 g \delta^2}{\mu} \mathrm{d} \delta = \lambda \left(\frac{t_s - t_w}{\delta} \right) \mathrm{d} x$$

分离变量 δ 与 x

$$\delta^3 \mathrm{d} \delta = \frac{\lambda \mu (t_s - t_w) \mathrm{d} x}{\rho^2 g r} \tag{8}$$

由 $x = 0$ 处 $\delta = 0$ 积分式（8），得 x 处的液膜厚度

$$\delta = \left[\frac{4 \mu \lambda x (t_s - t_w)}{\rho^2 g r} \right]^{1/4} \tag{9}$$

由于膜层厚度 δ 随 x 的增加与液膜表面凝结传热量有关，而 $\mathrm{d}x$ 微元段内的凝结传热量等于该段膜层的导热量，故

$$h_\mathrm{x}(t_\mathrm{s}-t_\mathrm{w})\mathrm{d}x = \lambda\frac{t_\mathrm{s}-t_\mathrm{w}}{\delta}\mathrm{d}x$$

$$\therefore \qquad\qquad \delta = \frac{\lambda}{h_\mathrm{x}}$$

将上式代入式（9），消去 δ，得局部表面传热系数

$$h_\mathrm{x} = \left[\frac{\rho^2 g\lambda^3 r}{4\mu x(t_\mathrm{s}-t_\mathrm{w})}\right]^{1/4} \tag{7-1a}$$

设壁的长度为 l[1]，则液膜的平均表面传热系数为

$$h = \frac{1}{l}\int_0^l h_x\mathrm{d}x = \frac{4}{3}h_{x=l} = 0.943\left[\frac{\rho^2 g\lambda^3 r}{\mu l(t_\mathrm{s}-t_\mathrm{w})}\right]^{1/4} \quad [\mathrm{W/(m^2\cdot K)}] \tag{7-1b}$$

式（7-1a）、式（7-1b）分别为垂直壁层流膜状凝结局部及平均表面传热系数的努谢尔特理论计算式。对于与水平面夹角为 θ 的倾斜壁，只需将式（7-1）中的 g 改为 $g\sin\theta$ 即可。

对于水平圆管外壁的平均凝结表面传热系数，可在倾斜壁表面传热系数理论解的基础上导出，定型尺寸为管外径 d，m，为

$$h = 0.725\left[\frac{\rho^2 g\lambda^3 r}{\mu d(t_\mathrm{s}-t_\mathrm{w})}\right]^{1/4} \quad [\mathrm{W/(m^2\cdot K)}] \tag{7-2a}$$

式（7-1）、式（7-2）中各项物性数据按膜层平均温度 $t_\mathrm{m}=\dfrac{t_\mathrm{s}+t_\mathrm{w}}{2}$ 确定，潜热 r 按蒸气饱和温度 t_s 确定。这两式相比较，除系数不同外，主要是定型尺寸，对垂直壁为长度 l，对水平管则为外径 d，因此，只要不是很短的管子，横放时管外的凝结表面传热系数将高于竖放，例如，在相同条件下，当长径比 $l/d=50$ 时，水平管的平均表面传热系数是垂直管的 2 倍多（按层流分析），故冷凝器设计中，通常多采用水平布置。

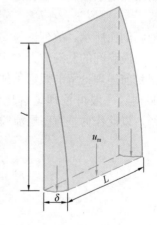

2. 层流膜状凝结传热准则关联式

理论解式（7-1）、式（7-2）奠定了层流膜状凝结传热计算的基础，但为了判断膜层流态及对比、整理实验数据，一般都需要把计算式整理成准则关联式形式，所用的准则是凝结液膜雷诺数 Re_c 及凝结准则 Co。

（1）凝结液膜雷诺数 Re_c　由 Re 的定义式，考虑到液膜的流动特点（参见图 7-2），表达为

图 7-2　液膜的流动

$$Re_\mathrm{c} = \frac{d_\mathrm{e}u_\mathrm{m}}{\nu} = \frac{d_\mathrm{e}u_\mathrm{m}\rho}{\mu} \tag{10}$$

式中　u_m——壁的底部液膜断面平均流速，m/s；

d_e——该膜层断面的当量直径，m。

---

[1]　本章因为同时有比焓 H 出现，为免混乱，将竖壁的高度称为长度。

如图 7-2 所示，设液膜宽为 L，则润湿周边 $U=L$，液膜断面积 $f=L \cdot \delta$，$d_e=\dfrac{4f}{U}$ $=4\delta$。

$$\therefore \qquad Re_c = \frac{4\delta u_m \rho}{\mu} = \frac{4M}{\mu} \qquad (7\text{-}3)$$

式中，$M=\delta u_m \rho$ 是单位时间通过单位宽度的壁底部断面的凝结液质量，kg/(s·m)，则凝结液 M 的潜热就是长为 l，宽为 1m 的壁的冷凝传热量，即

$$h(t_s - t_w)l = rM \qquad (11)$$

代入式（7-3），得出 Re_c 的另一形式

$$Re_c = \frac{4hl(t_s - t_w)}{\mu r} \qquad (7\text{-}4)$$

式中，定型尺寸：垂直壁为长度 l；水平管管外凝结为周长 πd，m。

（2）凝结准则 Co $Co=h\left[\dfrac{\lambda^3 \rho^2 g}{\mu^2}\right]^{-1/3}$ 为无量纲数群[1]，其大小反映凝结传热的强弱。

Co 的形式还可写为 $Co=\dfrac{hl}{\lambda}\left[\dfrac{gl^3}{\nu^2}\right]^{-1/3}=Nu \cdot Ga^{-1/3}$，$Ga$ 称伽利略（Galileo）准则。某些文献因此也把 Co 称为修正 Nu 准则。

利用上述 Re_c 及 Co 两准则后，式（7-1b）、式（7-2a）可改写为：

垂直壁理论解 $\qquad\qquad\qquad Co=1.47Re_c^{-1/3} \qquad\qquad\qquad (7\text{-}1c)$

水平管理论解 $\qquad\qquad\qquad Co=1.51Re_c^{-1/3} \qquad\qquad\qquad (7\text{-}2b)$

将努氏理论解与实验关联式进行比较，如图 7-3 所示（图中曲线在 $1<Re_c<7200$ 范围内已经过水蒸气实验验证[3]）[2]，垂直壁的理论解在 $Re_c>30$ 以后就逐渐偏低于实验关联式[3,4]。原因是：在 Re_c 较小时，实验观察表明凝结液膜表面光滑，无波纹，如图 7-4 的液膜剖面所示，故理论与实际相符。但当 $30<Re_c<1800$ 时，由于液膜的表面张力以及蒸气与液膜间的黏滞应力作用，层流膜表面发生了波动，它促进了膜内热量的对流传递，这正是前述理论解的假定条件（4）、（5）所忽略的。因此，在实际计算中，当 $30<Re_c<1800$ 时，一般可按理论解比实验数据平均偏低 20% 来计算，将式（7-1b）的系数提高 20%，以此作为垂直壁层流膜状凝结传热的实用计算式

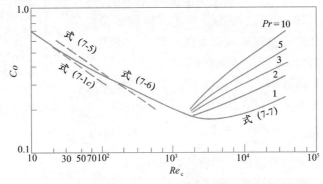

图 7-3　垂直壁膜状凝结理论解与实验关联式的比较

---

[1] Co 可由式（7-1a）导出，同样，Re_c 可由液膜运动微分方程导出。

$$h = 1.13\left[\frac{\rho^2 g\lambda^3 r}{\mu l(t_s - t_w)}\right]^{1/4} \quad [\text{W}/(\text{m}^2 \cdot \text{K})] \tag{7-5a}$$

或 $$Co = 1.76 Re_c^{-1/3} \tag{7-5b}$$

在实际计算中还可以采用 Kutateladze 推荐的准则关联式（7-6）[1]。

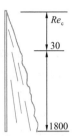

$$Co = \frac{Re_c}{1.08 Re_c^{1.22} - 5.2} \tag{7-6}$$

在 $30 < Re_c < 1800$ 范围内，上述式（7-1c）、式（7-5b）、式（7-6）的比较已示于图 7-3。

对于水平管，理论解与实验结果非常接近，故可直接应用式（7-2）。

实验证明，对于垂直壁，当 $Re_c > 1800$ 后，液膜流态将转变为紊流。而对于水平管，凝结液从管壁两侧向下流，层流到紊流的转变点增为 $Re_c = 3600$，但一般因水平管直径均比较小，不会出现紊流。

图 7-4 层流液膜表面波动

3. 紊流膜状凝结

当 $Re_c > 1800$ 时，竖壁膜层流态为紊流。在紊流液膜中，通过膜层的热量，除导热方式外，紊流对流传热将成为重要因素，这时，凝结传热将随 Re_c 增大而增加。如图 7-3 所示，这恰与层流时的情况相反。

蒸气形成凝结液膜时，在壁的上部仍将维持层流，只有当壁的长度足够时，在壁的下部才逐渐转变成紊流，因此，整个壁面将分成层流段与紊流段。

由文献[2]推荐的紊流传热准则关联式（7-7），可用来计算垂直壁紊流液膜段的平均表面传热系数。

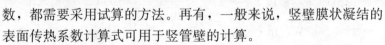

$$Co = \frac{Re_c}{8750 + 58 Pr^{-0.5}(Re_c^{0.75} - 253)} \tag{7-7}$$

则整个壁面的平均凝结表面传热系数应按加权平均计算

$$h = h_l \frac{x_c}{l} + h_t\left(1 - \frac{x_c}{l}\right) \tag{12}$$

式中，x_c 是由层流转变为紊流的临界长度；下标 l 为层流，t 为紊流；h_l 及 h_t 分别为层流段与紊流段的平均表面传热系数。

因凝结传热准则关联式都是表面传热系数的隐函数，使用这些关联式计算表面传热系数，都需要采用试算的方法。再有，一般来说，竖壁膜状凝结的表面传热系数计算式可用于竖管壁的计算。

4. 水平管内凝结传热

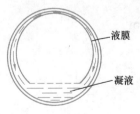

蒸气在水平管内凝结时，凝结液在管内聚集并随蒸气一起流动，因此，蒸气流速对传热的影响很大。当蒸气流速很小时，凝结液将顺管壁两侧向下流动，其方向与蒸气流动方向垂直，如图 7-5 所示的状况。

图 7-5 水平管内低速蒸气凝结

管内蒸气流动雷诺数 Re_v（按管子进口蒸气参数计算）为

[1] S. S. Kutateladze, Fundamentals of Heat Transfer, Academic Press, New York, 1963.

[2] Теплоэнергетнка, 4, pp. 72~80, 1957—转引自文献 [3]。

$$Re_v = \frac{\rho_v u_{m,v} d}{\mu_v} = \frac{G_v d}{\mu_v}$$

当$Re_v < 35000$时，可采用下式估算平均表面传热系数[❶]

$$h = 0.555 \left[\frac{g\rho(\rho - \rho_v)\lambda^3 r'}{\mu d(t_s - t_w)} \right]^{1/4} \tag{7-8}$$

式中，u_m为蒸气平均流速，m/s；角码v表示蒸气参数。考虑到靠壁的凝结液是过冷液，式（7-8）中采用潜热修正值r'，它由下式计算[❷]

$$r' = r + \frac{3}{8}c_p(t_s - t_w) \tag{7-9}$$

式中，c_p为凝结液比热容，J/（kg·K）。

式（7-9）亦适用于上述包含潜热r的计算，以考虑凝结液的过冷效果。

对于管内蒸气速度较高时的凝结传热，可参考文献[4]。

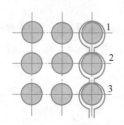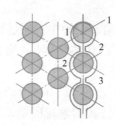

图7-6　水平管束凝结液

5. 水平管束管外平均表面传热系数

卧式冷凝器由多排管子组成，上一层管子的凝结液流到下一层管子上，使下一层管面的膜层增厚，如图7-6所示，故下一层管上的h比上一层低。由式（7-2）计算的只是最上层管子的表面传热系数。对于沿凝结液流向有n排管的管束，一种近似但较方便的方法是以nd作为定型尺寸代入式（7-2），求得全管束的平均表面传热系数。这种计算的基本论点是认为当管间距离较小时，凝结液是平静地由上一根管流到下一根管面上，且保持与高度$l = nd$的垂直壁相当的层流状态。但当管间距较大时，上一根管滴溅到下一根管的凝结液，会使传热强于层流，计算值可能偏低，这一问题请参阅文献[5]、[6]。

【例7-1】一台卧式蒸气热水器（蒸气在管外侧流动），黄铜管外径$d = 20$mm，表面温度$t_w = 60℃$，水蒸气饱和温度$t_s = 140℃$，热水器垂直列上共有12根管，求凝结表面传热系数。

【解】$t_s = 140℃$时潜热$r = 2144.1$kJ/kg。

由液膜平均温度$t_m = \dfrac{t_s + t_w}{2} = \dfrac{140 + 60}{2} = 100℃$，查得水的物性数据：

$\lambda = 0.683$W/（m·K）；$\mu = 2.825 \times 10^{-4}$N·s/m²；$\rho = 958.4$kg/m³

则式（7-2a）中的

$$\left[\frac{\rho^2 g\lambda^3 r}{\mu} \right]^{1/4} = \left[\frac{958.4^2 \times 9.81 \times 0.683^3 \times 2144.1 \times 10^3}{2.825 \times 10^{-4}} \right]^{1/4} = 12150$$

定型尺寸为nd则

$$[nd(t_s - t_w)]^{1/4} = [12 \times 0.020 \times (140 - 60)]^{1/4} = 2.09$$

代入式（7-2a）得

---

❶　J. Heating Refrig. Aircond. Eng.，，4，P. 52，1962。

❷　参见本节例题。若按非线性液膜温度分布，更精确的r'应该用0.68代替3/8，参见文献[4]。

$$h = 0.725\left[\frac{\rho^2 g \lambda^3 r}{\mu n d (t_s - t_w)}\right]^{1/4} = 0.725 \times \frac{12150}{2.09} = 4215\text{W/(m}^2 \cdot \text{K)}$$

【讨论】如果是单排管子，则 h 可达 $7845\text{W/(m}^2 \cdot \text{K)}$。因此，在工业设备中有时要采取措施使凝结液能及时排泄，见下面介绍的强化凝结传热措施。

【例 7-2】外径 50mm 管子垂直放置，$t_s = 120℃$ 的干饱和水蒸气在管外凝结，管长 $l = 3\text{m}$，$t_w = 100℃$，试求凝结液膜流态转变为紊流时的长度 x_c 及该管全长平均表面传热系数。

【解】由 $t_m = \dfrac{t_s + t_w}{2} = \dfrac{120 + 100}{2} = 110℃$，查水的物性数据：

$$\lambda = 0.685\text{W/(m} \cdot \text{K)}; \mu = 2.59 \times 10^{-4}\text{N} \cdot \text{s/m}^2; \rho = 951\text{kg/m}^3; Pr = 1.60$$

由 t_s 确定潜热：$r = 2202\text{kJ/kg}$

当 $Re_c = 1800$ 时，由式（7-6）得：

$$Co = \frac{Re_c}{1.08Re_c^{1.22} - 5.2} = \frac{1800}{1.08 \times 1800^{1.22} - 5.2} = 0.1781$$

∴　层流段的表面传热系数

$$h_l = Co\left[\frac{\lambda^3 \rho^2 g}{\mu^2}\right]^{1/3} = 0.1781 \times \left[\frac{0.685^3 \times 951^2 \times 9.81}{(2.59 \times 10^{-4})^2}\right]^{1/3}$$
$$= 6209\text{W/(m}^2 \cdot \text{K)}$$

由式（7-4）得

$$x_c = Re_c \times \frac{\mu r}{4h(t_s - t_w)} = 1800 \times \frac{2.59 \times 10^{-4} \times 2202 \times 10^3}{4 \times 6209 \times (120 - 100)} = 2.07\text{m}$$

为了确定全管长的平均表面传热系数，须先分别计算出层流段和紊流段的平均表面传热系数 h_l 和 h_t，层流段已算出，计算中层流段 $Re_{c,l} = 1800$ 是已知值，但紊流段 $Re_{c,t}$ 是未知值，由于式（7-7）为 h 的隐函数，为此，要采用试算。本例采用简单迭代法进行，即从设定 h_t 开始，按

$$h_t \rightarrow Re_{c,t} \rightarrow Co \rightarrow h_t'$$

校核 h_t' 是否接近 h_t，如果相差较大，则以 h_t' 作为 h_t 重新进行计算，直至获得满意结果。

为便于计算，先计算出两项常数值，即

$$X = \left[\frac{\lambda^3 \rho^2 g}{\mu^2}\right]^{1/3} = \left[\frac{0.685^3 \times 951^2 \times 9.81}{(2.59 \times 10^{-4})^2}\right]^{1/3} = 34860$$

$$Y = \frac{4l(t_s - t_w)}{\mu r} = \frac{4 \times 3 \times (120 - 100)}{2.59 \times 10^{-4} \times 2202 \times 10^3} = 0.4208$$

设 $h_t = 6500$，则

$$Re_{c,t} = h_t Y = 6500 \times 0.4208 = 2735$$

由式（7-7）

$$Co = \frac{Re_{c,t}}{8750 + 58 \times Pr^{-0.5}(Re_{c,t}^{0.75} - 253)}$$
$$= \frac{2735}{8750 + 58 \times 1.6^{-0.5}(2735^{0.75} - 253)}$$
$$= 0.1887$$

$$\therefore \qquad\qquad h_t' = CoX = 0.1887 \times 34860 = 6578$$

再用 $h_t = 6578$ 重复上述计算，得：$Re_{c,t} = 2786$；

$$Co = 0.1891；\quad h_t' = 6592$$

对比设定值与计算值，误差已小于 0.5%，试算结束，取

$$h_t = (h_t + h_t')/2 = (6578 + 6592)/2 = 6585 \text{ W/(m}^2 \cdot \text{K)}$$

最后得到全管长平均凝结表面传热系数

$$h = h_l \frac{x_c}{l} + h_t \left(1 - \frac{x_c}{l} \right)$$

$$= 6209 \times \frac{2.07}{3} + 6585 \times \left(1 - \frac{2.07}{3} \right)$$

$$= 6326 \text{ W/(m}^2 \cdot \text{K)}$$

【讨论】若将此管横放，则它的平均壁面传热系数将会增加还是降低？在一般工业情况下，往往不是单根管，而是管束，如果该管束有 10 排管，横放后的凝结效果又会如何？

【例 7-3】试用能量守恒原理论证式（7-9），推导时按线性温度分布考虑液膜的过冷度。

【解】考虑凝结液过冷产生的显热，则图 7-1（c）微元段在 x 断面由凝结液带入的能量应是

$$q_x = MH' + \int_0^\delta \rho u c_p (t - t_s) \mathrm{d}y$$

由 $x + \mathrm{d}x$ 断面带走的能量则为

$$q_{x+\mathrm{d}x} = q_x + \frac{\mathrm{d}q_x}{\mathrm{d}x} \mathrm{d}x$$

$$= q_x + \frac{\mathrm{d}}{\mathrm{d}x} \left[MH' + \int_0^\delta \rho u c_p (t - t_s) \mathrm{d}y \right] \mathrm{d}x$$

故微元段能量守恒式为

$$H'' \mathrm{d}M + q_x = \lambda \left(\frac{\mathrm{d}t}{\mathrm{d}y} \right)_w \mathrm{d}x + q_{x+\mathrm{d}x}$$

代入 q_x 及 $q_{x+\mathrm{d}x}$ 后化简，得到

$$r \mathrm{d}M = \frac{\lambda}{\delta} (t_s - t_w) \mathrm{d}x + \frac{\mathrm{d}}{\mathrm{d}x} \left[\int_0^\delta \rho u c_p (t - t_s) \mathrm{d}y \right] \mathrm{d}x$$

将速度及温度场表达式（3）、式（5）代入上式右边第二项微分积分式内，该项为

$$\frac{\mathrm{d}}{\mathrm{d}x} \left[\int_0^\delta c_p \frac{\rho g}{\mu} \left(\delta y - \frac{y^2}{2} \right) \left(\frac{y}{\delta} - 1 \right) (t_s - t_w) \mathrm{d}y \right] \mathrm{d}x = -\frac{3}{8} \frac{\rho^2 g c_p}{\mu} (t_s - t_w) \delta^2 \mathrm{d}\delta$$

再将上式及式（7）的 $\mathrm{d}M$ 代入能量守恒关系式，整理后得

$$\delta^3 \mathrm{d}\delta = \frac{\mu \lambda (t_s - t_w) \mathrm{d}x}{\rho^2 g \left[r + \frac{3}{8} c_p (t_s - t_w) \right]} = \frac{\mu \lambda (t_s - t_w) \mathrm{d}x}{\rho^2 g r'}$$

将上式与式（8）对比，证明可以用 r' 代替式（7-9）中的 r，以考虑液膜过冷的影响。

【讨论】以例 7-1 为例，相应的 $\left[\dfrac{3}{8}c_{\mathrm{p}}\ (t_{\mathrm{s}}-t_{\mathrm{w}})\right]$ 约为 r 的 5%，对 r 的影响不太大，在一般计算中可不予考虑。

三、影响膜状凝结的因素及强化传热的措施

1. 影响因素

除前面所叙及的液膜流态（层流、紊流）、凝结壁面位置（水平壁、竖壁、倾斜壁，管束排列数），壁面形状（管内、管外）等因素外，尚有：

(1) 蒸气含不凝气体　蒸气中即使只含微量不凝性气体也会对凝结传热产生极有害的影响。例如，在一般冷凝温差下，当不凝气体含量为 0.2% 时，表面传热系数将下降约 20%～30%；含量为 0.5% 时，降低 50%；而含量 1% 时，表面传热系数将只达纯蒸气的 1/3。究其原因是：蒸气冷凝时，把不凝气体分子也带到了液膜附近，因不能凝结而逐渐聚集在膜表面，使这里的不凝气体浓度（分压强）高于离壁较远的浓度，从而增加了蒸气分子向液膜表面扩散的阻力。同时，由于总压强保持不变，则膜层表面的蒸气分压低于远处蒸气分压，这一因素又使膜表面蒸气的饱和温度降低，因而，相应地降低了有效的冷凝温度差，使凝结传热壁表面传热系数和传热量降低。因此，必须设法排除蒸气中的不凝气体成分。当然，增加蒸气流速能够破坏不凝气体分子在液膜表面的聚集，使不凝气体的影响减少。多组分蒸气凝结时，凝结温度低的组分也具有不凝气体的类似作用。

(2) 蒸气速度　前述努谢尔特等计算式没有考虑蒸气速度的影响，故只适用于蒸气速度较低的情况，对水蒸气一般低于 10m/s，速度高会在液膜表面产生明显的黏滞应力。当蒸气向下吹时，加速了液膜流动，使之变薄，传热强化；反之向上吹，则会使传热恶化。但如果吹气速度过大，则不论是向下或向上运动，液膜将脱离壁，都能强化凝结传热。

(3) 表面粗糙度　当凝结雷诺数较低时，凝结液易于积存在粗糙的壁上，从而使液膜增厚，表面传热系数可低于光滑壁 30%；但当 $Re_{\mathrm{c}}>140$ 后，表面传热系数又可高于光滑壁，这种现象类似于粗糙壁对单相流体对流传热的影响。

(4) 蒸气含油　如果油不溶于凝结液（如水蒸气和氨蒸气中的润滑油），则油可能沉积在壁上形成油垢，增加了热阻。

(5) 过热蒸气　在压缩式制冷机中，从压缩机进入冷凝器的制冷剂是过热的，这时，液膜表面仍将维持饱和温度，只有远离膜的地方维持过热温度，故液膜传热温差仍为 $t_{\mathrm{s}}-t_{\mathrm{w}}$。实验证实，用前述公式计算过热蒸气的凝结传热表面传热系数误差不大，约 3%，可以忽略。但计算中，应将潜热改为过热蒸气与饱和液体的焓差。

2. 强化凝结传热的措施

强化凝结传热的关键是设法减薄凝结液膜层的厚度，加速它的排泄，以及促成珠状凝结等。主要措施有如下几方面：

(1) 改变表面几何特征　主要指在壁面上开沟槽、挂丝等。如在壁面上顺凝结液流向轧制（滚压）出一些细小的沟槽（对垂直管）或螺旋槽（对于水平管）、矮肋，可使表面传热系数成倍地增加。其原因一方面是槽（或肋）的脊背部分可起肋片的作用，但更重要的原因是槽脊是曲面，在弯曲面上即使是极薄的液膜，也会由于表面张力的作用发生破裂而被迅速拉回到沟槽内，顺槽排泄，凝结热阻大为降低。故这些表面又称高效冷凝面，在

工业上已得到广泛应用。

（2）有效地排除不凝气体　为此应使设备正压运行，对于负压运行的冷凝器（如发电厂冷凝器），则需加装抽气装置。

（3）加速凝结液的排除　加装中间导流装置、使用离心力、低频振动和静电吸引等方法加速凝结液的排泄。

（4）采用能形成珠状凝结的表面　在凝结壁面上涂镀凝结液附着力很小的材料（如聚四氟乙烯—不粘锅镀层、镀金）；在蒸气中加促进剂（如油酸）以促进珠状凝结的形成。

第二节　沸　腾　传　热

当壁温高于液体压力所对应的饱和温度时，发生沸腾过程。如水在锅炉中的沸腾汽化，制冷剂在蒸发器中沸腾汽化，都属沸腾传热，为液相转变成气相的传热。

沸腾分为大空间沸腾（或称池沸腾）和有限空间沸腾（或称受迫对流沸腾、管内沸腾）；而这些又可分为过冷沸腾及饱和沸腾。本节主要分析可润湿壁的液体在大空间的沸腾传热，重在阐明沸腾传热机理及基本计算。

一、大空间沸腾传热

在具有自由液面的液体中热壁面上产生的沸腾称为大空间沸腾。此时产生的蒸气泡能自由浮升，穿过自由表面进入容器空间。研究大空间沸腾传热的目的是揭示液体沸腾的一般规律。

1. 饱和沸腾过程和沸腾曲线

一定压强下，当液体主体为饱和温度 t_s，而壁面温度 t_w 高于 t_s 时的沸腾称为饱和沸腾。若主体温度低于 t_s，而 t_w 已超过 t_s，这时发生的沸腾称过冷沸腾。

沸腾时，壁温与饱和温度之差称为沸腾温差，它对沸腾状态的影响很大，可通过沸腾时的热流密度 q 随沸腾温差 Δt 的变化加以阐明。q 与 Δt 的关系曲线称为沸腾曲线。如图 7-7 所示，随着 Δt 的变化，形成三种沸腾状态：对流沸腾、泡态沸腾及膜态沸腾。该沸腾曲线是 1934 年由日本学者 Shiro Nukiyama 从实验中获得[7]。

当沸腾温差很小，如图中小于与 B 点相应的温差时，将看不到沸腾景象，即使壁上产生微小的气泡，也会在脱离壁前破裂，而不能上浮，气泡破灭时会发出响声。此时，主体温度低于饱和温度 t_s，热量依靠自然对流过程传递到主体，这时的沸腾称为自然对流沸腾。它可以近似按单相流体自然对流规律计算表面传热系数。

Δt 继续增加，直到 $\Delta t \approx 5℃$ 时，也就是曲线达到 B 点以后开始产生大量的气泡，称为泡态沸腾（亦称核沸腾）。在泡态沸腾过程中，气泡在

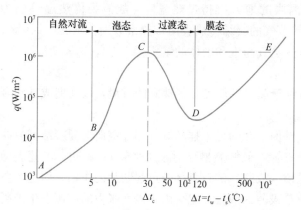

图 7-7　大空间沸腾曲线（水，1.013×10^5 Pa）

壁上生成、长大，随后因浮力作用而离开壁。实测证明，沸腾的液体主体温度这时有一定的过热度，故气泡通过液体层时还会继续被加热、膨胀，直至逸出液面。由于气泡大量迅速的生成和它的激烈运动，传热强度剧增，热流密度 q 随 Δt 的提高而急剧增大，直至达到热流密度的峰值 q_c。这在图 7-7 的沸腾曲线上相应为 C 点，故 C 称为沸腾临界点，与之相应的 Δt 称临界温度差 Δt_c [1]，可见，在泡态沸腾中，传热与气泡的生成和运动密切相关。一般工业设备的沸腾传热都在泡态沸腾下进行。

C 点以后，若继续提高 Δt，热流密度 q 呈降低趋势，这是因为生成的气泡太多，以致在加热面上形成气膜，开始时是不稳定的，气膜会突然裂开变成大气泡离开壁，这种气膜阻碍了传热，传热状况恶化。当再提高 Δt 到 D 点以后，壁面将全部被一层稳定的气膜所覆盖，这时气化只能在气膜—液交界面上进行，气化所需热量靠导热、对流、辐射通过气膜传递，因壁温过高，辐射热量将随热力学温度 4 次幂急剧增加，因而 D 点以后热流密度又继续回升。D 点以后的现象称为膜态沸腾，而 $C-D$ 是不稳定的过渡态沸腾（不稳定的膜态沸腾）。

图 7-7 的曲线为水在大气压下的沸腾曲线，自然对流沸腾时的温差为 $3\sim5℃$ 以下；泡态沸腾达到临界点时的温度差 $\Delta t_c \approx 30℃$，临界热流密度一般可超过 $1MW/m^2$（与壁面材料及状况有关）。在泡态沸腾阶段，主体液态、水具有的过热度约为 $0.3\sim0.4℃$。可见水的沸腾传热过程是高强度的传热。

但是，上述典型过程是依靠控制壁温以改变沸腾工况实现的。如果某沸腾传热设备是靠控制热流密度以改变沸腾工况，例如电加热器、核反应堆（加热循环冷却水）以及大型高压锅炉的炉内辐射加热等。若热流密度一旦达到或少许超过峰值（相当于热流密度 q 沿纵坐标向上增加），由于临界点是一个不稳定的工况，沸腾状态将突然由 C 点沿虚线跳跃到稳定的膜态沸腾，壁温将突然升高到 E 点所对应的温度（图 7-7 的典型情况超过 $1000℃$）。这时，容器将因瞬时过热而烧毁。所以 C 点又可称为烧毁点。故准确知道临界热流密度（CHF）是非常重要的，一般热力设备的热流密度设计必须低于临界热流密度 q 的峰值，以免烧毁。

由沸腾曲线 $q\sim\Delta t$ 的关系，可以绘制出沸腾表面传热系数 $h\sim\Delta t$ 曲线。工质不同，压力不同，沸腾参数亦异，但现象的演变规律是类似的。

2. 泡态沸腾机理

因为正常的沸腾都是在泡态下进行，因而要特别关注它的机理，这可通过气泡的生成长大和传热的规律来说明。问题包括：气泡生成的条件及核化点、气泡数量与沸腾温差的关系、泡态沸腾过程热量传递的途径以及压力对泡态沸腾的影响等。

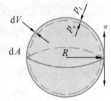

图 7-8　气泡上的作用力

设图 7-8 为沸腾过程中出现的一个气泡，半径为 R。该气泡将受到两种力的作用，一是表面张力 σ，一是压强 p（泡内 p_v，泡外 p_l，若不计液体深度的静压强，则 p_l 就是沸腾时的饱和压强）。表面张力是使气泡表面积缩小的力，因此，要使气泡能够长大，泡内压力须克服表面张力对外作

---

[1]　在传热学中，也有文献把泡态沸腾表面传热系数达到最高值时相应的温度差 Δt_{DNB} 作为临界点，但以 q_c 作为临界点的居多（DNB 称泡态沸腾偏离点，Departure from Nucleate Boling）。$\Delta t_{DNB} < \Delta t_c$。

功,设图中气泡体积膨胀了微元体积 dV,相应的表面积增量为 dA,则作功量为

$$dW = (p_v - p_l)dV - \sigma dA$$

当气泡处于既不长大也不缩小的平衡状态时,作功 $dW = 0$,即

$$(p_v - p_l)dV = \sigma dA$$

对于球形 $V = \frac{4}{3}\pi R^3$,$A = 4\pi R^2$,代入上式,微分,得到

$$(p_v - p_l) = \frac{2\sigma}{R} \tag{1}$$

式(1)就是气泡能够存在而不消失的条件。如果压强差作用力大于表面张力,气泡就能继续长大,即

$$(p_v - p_l) > \frac{2\sigma}{R} \tag{2}$$

由式(2)可见,一个气泡长大所需的压强差与它的半径成反比,与表面张力成正比,半径越小的气泡,所需的压强差越大。那么,按此推论,当气泡 $R \to 0$ 时,是否就意味着需要极大的压强差才能使气泡生成、长大?动力学成核理论研究指出,在纯液体的大量分子团中,能量分布并不均匀,部分分子团具有较多的能量,这些高于平均值的能量称活化能。形成气泡核需要活化能,而在由壁面凹缝形成的气穴中,泡核生成为气泡所需的活化能量为最少,因此,借助于一些分子团足够的活化能,以及气穴的作用,利于孕育生成气泡。如图 7-9 所示,气泡核出现时,需要耗费一定的能量挤开周围的液体,而借助

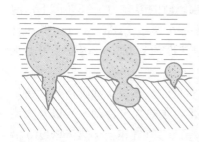

图 7-9 气泡在活化点上生成

于气穴等外部条件,所需能量为最小。产生气泡的这些点称为活化点或核化中心。

气泡生成后能继续长大的动力条件则是液体的过热度。因为泡内饱和蒸气压强为 p_v,相应的饱和温度为 t_v;而泡外压强为沸腾压强 p_l,其饱和温度为 t_s。沸腾进行时,气泡内壁不断汽化,气泡长大,这表明泡内 p_v 必定是大于泡外 p_l〔见式(2),$p_v > p_l$〕。但沸腾压强 p_l 是人为设定的,t_s 也随之确定,那么是什么能够促使 $p_v > p_l$ 呢?这个条件就是泡壁周围的液体温度 t_l 必定大于或至少等于 t_v,也就是说沸腾液必定是过热,即液体的温度 t_l 大于它的饱和温度 t_s,$(t_l - t_s)$ 即沸腾液过热度。所以,沸腾液的过热度是气泡存在和长大的动力。在凹缝等活化点上形成气泡所需的过热度也最低。

总之,泡态沸腾能够生成的气泡核越多,沸腾就越剧烈,而生成气泡核的基本动力是沸腾温差,只需经适当的推导,就可以从气泡半径和沸腾温差的关系中得出气泡核的最小半径,从而可解释泡态沸腾现象。

因式(1)中的 $(p_v - p_l)$ 毕竟是一个很小的量,可近似表达为

$$p_v - p_l = \left(\frac{dp}{dT}\right)_s (t_v - t_s) \tag{3}$$

式中,$\left(\frac{dp}{dT}\right)_s$ 是气液两相饱和曲线上压强随温度的变化率,对一定的压强它是常数。根据饱和曲线上压强随温度的变化和饱和状态各参数间的关系,克劳修斯—克拉贝隆提出了

下列计算式，称克劳修斯—克拉贝隆方程式：

$$\left(\frac{\mathrm{d}p}{\mathrm{d}T}\right)_s = \frac{r\rho_v\rho_l}{T_s(\rho_l - \rho_v)} \tag{4}$$

式中，ρ_v 及 ρ_l 分别为气泡内蒸气和沸腾液体的密度，kg/m^3。当沸腾远离临界点时，$\rho_v \ll \rho_l$，则式（4）简化为

$$\left(\frac{\mathrm{d}p}{\mathrm{d}T}\right)_s = \frac{r\rho_v}{T_s} \tag{5}$$

式中，r 为饱和温度下的汽化潜热，J/kg。将式（5）代入式（3），再由式（1）可得

$$R = \frac{2\sigma T_s}{r\rho_v(t_v - t_s)} \tag{6}$$

对于一定的沸腾压强，式中 σ、r、ρ_v、T_s 均为定值，这样 R 就仅与 $(t_v - t_s)$ 成反比，在沸腾情况下，气泡核在壁面上生成，t_v 最大可能值是 t_w，用沸腾温差 $\Delta t = t_w - t_s$ 代替 $(t_v - t_s)$，得到壁面上气泡核生成时的最小半径

$$R_{\min} = \frac{2\sigma T_s}{r\rho_v\Delta t} \tag{7}$$

式（7）表明，在一定的 p 和 Δt 条件下，初生的气泡核只有当它的半径大于上述值时，它才能继续长大。故式（7）就是初生气泡核能站住脚的最小半径。由此可以解释两个现象：一是紧贴加热面的液体温度等于壁温，过热度最大，在这里生成气泡核所需的半径最小，故壁面上凹缝、孔隙是生成气泡核的最好地点；二是当 Δt 增加时，$R_{\min}$ 也随之减小，这意味着初生的气泡中将有更多的气泡能够符合长大的条件，故 Δt 提高后，气泡量急剧增加，沸腾也相应被强化。

关于 $R_{\min}$ 和过热度的具体量级，以水在大气压下沸腾为例，$\sigma = 5.89 \times 10^{-2} N/m$；$r = 2257 \times 10^3 J/kg$；$\rho_v = 0.598 kg/m^3$；$T_s = 373K$，代入式（7），得沸腾温度差 $\Delta t = 3℃$ 时，$R_{\min} = 10.8 \times 10^{-3} mm$；$\Delta t = 10℃$ 时，$R_{\min} = 3.2 \times 10^{-3} mm$。按式（6）可以计算 $t_v - t_s$，如半径 $1mm$ 的气泡约为 $0.016℃$，而实际水在此时的过热度可达 $0.3 \sim 0.4℃$。

关于热量传递的途径。在沸腾过程中，热量一方面经由气泡与壁直接接触的表面传给气泡，另一方面热量由壁传给液体，再由液体传到气泡表面，使液体在气泡壁上汽化，气泡继续长大，由于液体的热导率远大于蒸气，故传递的途径主要是后者。气泡膨胀长大，受到的浮力也增加，当浮力大于气泡与壁的附着力时，气泡就脱离壁升入液体。而附着力又与液体对壁的润湿能力有关，如图 7-10 所示，液体能很好地润湿壁，$\theta < 90°$，如水、煤油等；液体不能很好地润湿壁，$\theta > 90°$，如水银。显然，后者沸腾时的气泡难于脱离壁，传热量也低。

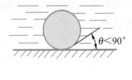
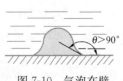

图 7-10　气泡在壁上的形状

关于压强的影响。分析式（7），在一定 Δt 下，σ、r、T_s、ρ_v 这 4 个值中，只有 ρ_v 随压强的变化最大，p 增加时，ρ_v 的增加值将超过 T_s 的增值和 r 的

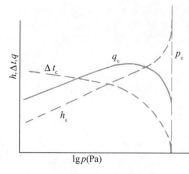

图 7-11 大空间沸腾水的
q_c、Δt_c、h_c 随 p 的变化

减少，最终使 R_{min} 随 p 而减小，故对一定的 Δt，随着压强的提高，能够生成的气泡核更多，沸腾也随之加强。图 7-11 为水的 q_c、Δt_c 及 h_c 随压强的变化情况。大空间泡态沸腾的热流密度峰值，推荐按下式估计[❶]

$$q_c = \frac{\pi}{24}\rho_v^{1/2} r[g\sigma(\rho_l - \rho_v)]^{1/4} \qquad (7\text{-}10)$$

除此以外，不凝气体含量、重力场、液位（沸腾面与自由液面间的距离）等也都有一定影响，详见文献［7］。

3. 大空间泡态沸腾表面传热系数的计算

综上所述，影响泡态沸腾传热的因素有多方面，其中最主要的是沸腾温差、压强、物性、壁面材料状况等。故一般把它归纳为下列函数关系

$$h = f[\Delta t, g(\rho_l - \rho_v), r, \sigma, c_p, \lambda, \mu, C_w] \qquad (8)$$

式中，C_w 为与沸腾液体及表面材料有关的系数。由于沸腾传热的复杂性，目前已提出的实验数据及计算式很多，不同学者提供的数据有时分歧还比较大。本节仅介绍以下两种类型的计算式。

（1）把沸腾表面传热系数直接整理成与沸腾温差的函数关系。如米海耶夫（Михеев）推荐水在（1～40）×10^5Pa 下的大空间沸腾表面传热系数计算式[1]

$$h = 0.533q^{0.7} p^{0.15} \quad [W/(m^2 \cdot K)] \qquad (7\text{-}11a)$$

由 $q = h\Delta t$，上式亦可写为

$$h = 0.122\Delta t^{2.33} p^{0.5} \quad [W/(m^2 \cdot K)] \qquad (7\text{-}11b)$$

式中　p——沸腾绝对压强，Pa；

　　　q——热流密度，W/m²；

　　　Δt——沸腾温差 $t_w - t_s$，℃。

（2）由式（8）进行相似分析归纳实验数据提出的计算式。如罗森瑙（Rohsennow）在关联不同工质及壁面材料的实验数据基础上，提出下列大空间泡态沸腾热流密度计算式[❷]

$$q = \mu_l r\left[\frac{g(\rho_l - \rho_v)}{\sigma}\right]^{1/2}\left[\frac{c_{p,l}(t_w - t_s)}{C_{w,l} r Pr_l^s}\right]^3 \quad (W/m^2) \qquad (7\text{-}12)$$

式中，Pr_l 为饱和液普朗特数，它的指数为 s，对于水 $s = 1.0$，对其他液体 $s = 1.7$；r 为饱和温度下的汽化潜热，J/kg；g 为重力加速度，m/s²；σ 为饱和液体表面张力，N/m；$c_{p,l}$ 为饱和液体定压比热容，J/(kg·K)；μ_l 为液体动力黏度，N·s/m²；$C_{w,l}$ 为实验确定的常数，它与液体及壁面材料组合情况有关，见表 7-1[3-7]。

---

❶ 称 Zuber-Kutateladze 公式。参见 Trans. ASME，Ser. C，VOL. 80，p. 711，1958。

❷ Trans. ASME，Vol. 74，p. 969，1952.

$C_{w,l}$ 值 　　　　　　　　　　　　　　　　　　　　　　　　　　　　　表 7-1

液体及壁面材料组合情况	$C_{w,l}$	液体及壁面材料组合情况	$C_{w,l}$
水—有划痕的铜	0.0068	水—机械抛光不锈钢	0.0132
水—抛光的铜	0.0128	水—抛光不锈钢	0.0060
水—化学浸蚀过的不锈钢	0.0133	水—铂金	0.0130
正戊烷—抛光的紫铜	0.0154	正戊烷—磨平的紫铜	0.0049
苯—铬	0.0101	乙醇—铬	0.0027

在上述两个计算式中，热流密度与温度差的关系前者为 3.33 次幂，后者为 3 次幂，都说明 Δt 对 q 有重大影响。如果根据基于任意长度 L 的努谢尔特数重新整理上式，其形式将为 $Nu_L \propto Ja^2 Pr^{1-3s} Bo^{1/2}$，其中 Ja 是雅各布数，表示液体（蒸气）在凝结（沸腾）过程中吸收的最大显热与潜热之比。该式中除了 ρ_v 外，所有的物性都是液体的。

【例 7-4】 一横放的实验用不锈钢电加热蒸汽发生器，水在电热器管外大空间沸腾，绝对压强为 $1.96 \times 10^5 \mathrm{Pa}$，已知电功率为 5kW，管外径 16mm，总长 3.2m，求沸腾表面传热系数，并校验它的壁温。

【解】 热流密度

$$q = \frac{W}{\pi d l} = \frac{5000}{\pi \times 0.016 \times 3.2} = 3.11 \times 10^4 \ \mathrm{W/m^2}$$

由式（7-11a）

$$h = 0.533 q^{0.7} p^{0.15} = 0.533 \times (3.11 \times 10^4)^{0.7} \times (1.96 \times 10^5)^{0.15} = 4629 \ \mathrm{W/(m^2 \cdot K)}$$

由 $p = 1.96 \times 10^5 \mathrm{Pa}$，$t_s = 119℃$，则

$$t_w = t_s + \frac{q}{h} = 119 + \frac{3.11 \times 10^4}{4629} = 125.7℃$$

沸腾温差　　　　　　　　　　　　　　　　　$\Delta t = 6.7℃$

【讨论】 如果本题按式（7-12）计算，则需进行试算，即先假定 Δt 后，再核对 q 值。用式（7-12）以机械抛光不锈钢表面计算，结果是 $\Delta t = 5.9℃$。

【例 7-5】 在 $1.013 \times 10^5 \mathrm{Pa}$ 绝对压强下，纯水在 $t_w = 117℃$ 抛光铜质加热面上进行大空间泡态沸腾，试求 q 及 h。

【解】 由 $t_s = 100℃$ 确定各项物性数据：

$$\rho_l = 958.4 \ \mathrm{kg/m^3}; \rho_v = 0.598 \ \mathrm{kg/m^3}; c_{p,l} = 4220 \ \mathrm{J/(kg \cdot K)};$$

$$\mu_l = 2.825 \times 10^{-4} \ \mathrm{N \cdot s/m^2}; \sigma = 5.89 \times 10^{-2} \ \mathrm{N/m};$$

$$Pr_l = 1.75; C_{w,l} = 0.0128; r = 2257 \ \mathrm{kJ/kg}$$

由式（7-12），等式右边各项：

$$\mu_l r = 2.825 \times 10^{-4} \times 2257 \times 10^3 = 637.6$$

$$\left[\frac{g(\rho_l - \rho_v)}{\sigma} \right]^{1/2} = \left[\frac{9.81 \times (958.4 - 0.598)}{5.89 \times 10^{-2}} \right]^{1/2} = 399.4$$

$$\left[\frac{c_{p,l}(t_w - t_s)}{C_{w,l} r Pr_l^{1.0}} \right]^3 = \left[\frac{4220 \times (117 - 100)}{0.0128 \times 2257 \times 10^3 \times 1.75} \right]^3 = 2.857$$

$$q = 637.6 \times 399.4 \times 2.857 = 7.28 \times 10^5 \ \mathrm{W/m^2}$$

$$h = \frac{q}{\Delta t} = \frac{7.28 \times 10^5}{17} = 4.28 \times 10^4 \ \text{W}/(\text{m}^2 \cdot \text{K})$$

【讨论】若本例采用"有划痕的铜（$C_{w,l}$ 为 0.0068）"作为沸腾材料，在保持热流密度不变的情况下，材料表面温度可降低到 109.03℃。这说明材质虽然相同，但表面状况不同，后者的表面经过处理强化了沸腾传热。可见材料表面状况对沸腾传热的影响很大。

4. 泡态沸腾传热的强化

水的沸腾表面传热系数一般远高于水的受迫对流传热，所以水的沸腾属于高强度传热之列。因为 h 大，在一般情况下，往往可以略去沸腾热阻，即使不略去，对它的计算值准确度的要求也不高。但是像制冷剂这类低沸点工质的沸腾表面传热系数和热流密度却远低于水的数值，h 值大约为 $500 \sim 2000 \text{W}/(\text{m}^2 \cdot \text{K})$，需要予以强化。

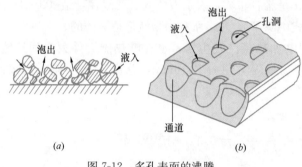

图 7-12　多孔表面的沸腾

强化泡态沸腾传热的措施很多，关键是设法使沸腾表面有更多半径大于 $R_{\min}$ 的气泡核。这方面已付诸实用的措施主要有：在管表面用烧结法覆盖一层多孔铜或多孔铝，如图 7-12(a) 所示，用机械加工方法使管表面形成微孔层，如图 7-12(b) 所示，这种多孔层厚度约 $0.25 \sim 0.5\text{mm}$，孔隙度 $50\% \sim 60\%$，孔径 $0.01 \sim 0.1\text{mm}$。此外尚有采用挤压、打磨等方法使表面变粗糙。多孔表面能使表面传热系数提高数倍至 10 倍，并使泡态沸腾能在很小的沸腾温差下实现，且具有良好的抗结垢性能，可在长期运行中保持稳定的高效率。据分析，其特点是：（1）微孔表面提供了大量的汽化核心点，凹穴能够稳定地固定住大量的气泡核；（2）使金属壁和气泡之间液膜的厚度达到很小的程度（减少了向气泡传热的阻力）；（3）汽泡在孔隙中生成、长大、跃离，新液又不断补充进来，且因毛细管作用，多孔层具有泵的功能，使液体在孔隙中强烈地循环，从而又可避免局部结垢[7]。

二、管内沸腾传热简述

水管锅炉及制冷系统的管式蒸发器中的沸腾，属于管内沸腾传热。由于沸腾空间的限制，沸腾产生的蒸汽和液体混合在一起，构成汽液两相混合物，成为两相流。因此，管内沸腾时，沸腾状态是随流向而不断改变的。图 7-13 是低热流密度时垂直管内沸腾的情况，设初始进入管中的液体温度低于饱和温度，这时流体与壁之间为单相液体的对流传热。随后，向前流动的液体在壁表面附近最先加热到饱和温度，管壁开始有气泡产生，但管中心流体尚处于未饱和温度状态，这种情况称为过冷沸腾。继之，液体在整个截面上达到饱和温度，气泡充满管子全部断面，沸腾进入泡态，起先气泡小而分散，并逐渐增

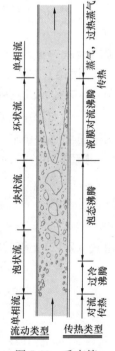

图 7-13　垂直管内沸腾

多，称泡状流。随着气泡越来越多，小气泡就会集中合并成大气泡，流动状态逐渐变为块状流（或称栓塞流、炮弹流），这时的传热仍属于泡态沸腾。继续加热后，气液两相流中，蒸气所占比例越来越大，大气泡将进一步合并，在管中心形成汽芯，把液体排挤到壁上，呈环状液膜，称为环状流；在这种情况下，热主要以对流方式通过液膜，汽化过程主要发生在液汽交界面上，称为液膜的对流沸腾。随着汽化，液膜逐渐变薄，一直到汽化完毕，成为干蒸汽，使传热进入单相蒸汽流的对流传热过程。

对于水平管内的沸腾，在流速比较高的情况下，情形与垂直管基本类似。但当流速较低时，如图 7-14 所示，由于重力的影响，汽液将分别趋于集中在管的上半部和下半部。进入环状流后，液体就不一定是连续地环绕在管的圆周上，上半部可能局部出现间隙干燥表面，不能被液体润湿，如图中的（3），这里的局部传热较差。

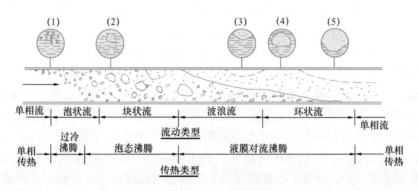

图 7-14 水平管内沸腾

随着液体的不断汽化，干燥面积不断扩大，直到成为干蒸汽，进入单相汽体对流传热区。

由此可见，管内沸腾传热还要取决于管的放置情况（垂直、水平或倾斜），管长与管径、壁面状况，汽液的比例，液体的初参数、流量等。情况比大空间沸腾复杂得多。有关传热计算可参见文献[8]。

第三节 热 管

热管是 1964 年前后才付诸实用的具有很高热传输性能的元件，它集沸腾与凝结过程于一身。一般热管是由管壳、管芯（起毛细管作用的多孔结构物）和工质组成的一个封闭系统。

图 7-15 为热管工作原理示意图，其中：1 为热管的加热区（蒸发段）；2 为蒸气输送区（绝热段）；3 为散热区（凝结段）。

当加热蒸发段时，管内液态工质沸腾汽化，气态工质从管中心通道流向凝结段散热区，通过凝结放出其潜热；凝结后借助管芯的毛细力作用，液态工质重新返回蒸发段再沸腾汽化，如是形成一个闭合的循环（使液态工质从凝结段返回蒸发段，还可利用重力，这样凝结段应处于蒸发段的上方），用这种工质运输法，把热量从加热区传递到散热区。可见，热管的工

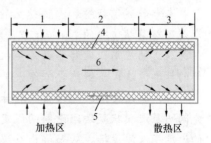

图 7-15 热管工作原理
1—蒸发段；2—绝热段；3—凝结段；
4—管芯；5—液态工质；6—气态工质

作原理是沸腾与凝结两种相变过程的巧妙结合。因沸腾和凝结都是在饱和温度下进行，且具有高表面传热系数，故热管有如下一些特点：（1）靠蒸气流动携带潜热传输热量，故传热能力很大；若把它作为导热元件看待，它的导热能力可超过同样形状和大小的铜、银制品的导热能力几倍到几千倍；（2）由于沸腾和凝结是在同一根管内，两者间几乎没有压力差，故加热区和散热区的温度接近相等，整个热管趋于等温，减少了热管内传热的温差损失；例如直径 13mm 的热管，长 0.6m，在 100℃ 工作温度下输送 200W 能量，只需 0.5℃ 的温差，若采用同样尺寸的实心铜棒代替，则两端温差可达 70℃；（3）采用不同的工质，可使热管分别适用于 −200～2200℃ 的温度范围[9]；（4）在热量传递中，加热区和散热区热管表面的热流密度可以不同，以适应不同的外部传热条件；（5）结构简单，无运动部件，工作可靠，可根据使用对象做成直管、弯管、圆筒等。

热管所用工质种类很多，如氨、甲醇、水、氟利昂、钠、钾等，对工质的要求是能润湿吸液芯，使用温度必须远低于工质的临界温度，工质不腐蚀管壳及管芯。常用的管芯材料有：金属丝网、玻璃纤维、布、多孔金属层等。管壳则可选用铜、铝、钢及不锈钢等。

热管的特点决定了它可在很多场合下作为传递热能的元件，利用热管温差小的特点造成恒温环境，把非稳态热流变为常热流等。目前，在电子芯片冷却系统、余热利用系统、防低温腐蚀的换热器以及工业设备散热器或加热器等领域已得到广泛的应用。在我国青藏铁路 550 多千米的冻土带路基上布置了很多热管，这些热管可消除融沉和冻胀破坏，较好地解决了多年冻土工程中的地基因传热发生的工程问题。该热管直径 89mm，长 7m，其中 2m 长置于地面以上，且为了增强地面以上的热管与周围环境的传热，在热管表面高频焊接了螺旋翅片。青藏铁路冻土区使用的热管属于重力热管，冷凝液依靠重力从上部的冷凝段返回到下部的蒸发段。青藏高原寒季的环境温度低于热管蒸发段所在的冻土层温度，此时热管将从地下深层冻土中吸收热量，排放给表层冻土以及释放给大气环境，从而保障表层冻土不致出现冻胀现象，并将多年冻土可以冷却到更低水平。而在温暖季节，空气温度高于多年冻土温度，热管上部液体工质蒸发产生的蒸汽密度低，无法输送至地下深处冻土层，蒸汽聚集在热管上部，待达到气液相平衡后，液体停止蒸发，即地面上部的热量不会通过热管传入多年冻土。据理论计算与实测，青藏高原冻土带上使用的热管极限热传输功率可以达到 6000～120000W。

小　结

本章叙述了凝结和沸腾传热的机理、影响因素及其计算方法。学习本章的基本要求是了解凝结传热的 Nusselt 理论解、相似准则意义；理解主要影响因素及掌握凝结传热关联式的应用；理解沸腾传热机理和沸腾曲线的特点；了解主要影响因素及沸腾传热的计算方法；了解热管工作原理及其主要特点。本章主要内容是：

（1）凝结传热。分为膜状和珠状凝结。工业设备运行中主要是层流膜状凝结。首先阐明层流膜状凝结理论解的假定条件，由动量微分方程和能量微分方程推导了液膜的速度场及温度场，从而得出层流膜状凝结表面传热系数理论解；介绍了凝结传热准则及理论解的准则关联式；将理论解与实验关联式进行了对比，提出了实用的层流膜状凝结传热准则关联式；介绍了紊流膜状凝结传热及水平管内凝结传热计算式。由于凝结传热准则关联式均为表面传热系数的隐函数，可采用简单迭代进行试算。判别竖壁液膜流态为层流或紊流的临界凝结雷诺数 $Re_c=1800$，水平管为 $Re_c=3600$。但为判别流态，计算 Re_c 必须采用试算方法。还分析了管束及其排列方式、蒸气速度、不凝气体、含油等因素的影响及强化凝结传热的基本途径。

按 $h=C\left[\dfrac{\rho^2 g\lambda^3 r}{\mu l(t_s-t_w)}\right]^{1/4}$ 直接计算层流膜状凝结传热表面传热系数时的 C 值：

分　类	理　论	经实验检验
竖壁（定型尺寸：壁高）	0.943 [$Re_c<30$]	1.13 [$30<Re_c<1800$]
水平单圆管（定型尺寸：管径）	0.725 [$Re_c<3600$]	0.725 [$Re_c<3600$]
倾斜壁（与水平夹角 θ）		0.943，$g\times\sin\theta$

按凝结液膜雷诺数 Re_c 判断流态，并由关联式 $Co=CRe_c^{-1/3}$ 计算层流膜状凝结传热表面传热系数时的 C 值：

分　类	理　论	经实验检验
竖　壁	1.47 [$Re_c<30$]	1.76 [$30<Re_c<1800$]
水平单圆管 $Re_c<3600$	1.51	1.51
倾斜壁（与水平夹角 θ）		1.47，$g\times\sin\theta$

（2）沸腾传热。着重阐述大空间沸腾传热的沸腾曲线（$q\sim\Delta t$ 关系），自然对流沸腾、泡态沸腾及膜态沸腾的基本特征；分析了泡态沸腾过程中有关气泡的生成、长大以及热量传递途径等机理和影响因素。介绍了两种类型的计算式和强化沸腾传热的主要措施。对管内沸腾时两相流体运动情况作了简要介绍。

（3）热管。扼要叙述了热管工作原理，特点，结构及其主要用途。

 思考题与习题

1. 什么是修正汽化潜热？在什么场合使用？它与普通汽化潜热的区别是什么？

2. 长度为直径 10 倍的圆管外壁的膜状冷凝传热，管子如何放置传热速率最大？是水平还是垂直？

3. 少量不凝气体如空气对热管传热性能有何影响？

4. 热管的放置方式对其性能有无影响？蒸发端置于上部或下部对性能有何影响？为什么？

5. 计算 1.013×10^5 Pa 绝对压强下干饱和水蒸气在外径 $d=40$ mm，长为 1m 的竖管上的凝结液量 G（kg）。已知壁面温度 $t_w=60$ ℃。

6. 上题的管子改为水平放置时，凝结水量又为若干？并对它们的差别进行分析。

7. 水平冷凝器内，干饱和水蒸气绝对压强 1.99×10^5 Pa，管外径 16mm，长为 2.5m，已知第一排每根管的传热量为 3.05×10^4 J/s，试确定第一排管的凝结表面传热系数及管壁温度。

8. 绝对压强 2.7×10^5 Pa 的干饱和水蒸气在垂直黄铜管表面凝结，凝结温差 $\Delta t=$

15℃。试求自顶端向下 $l=0.1$、0.5 及 1.0m 处的局部表面传热系数、平均表面传热系数和液膜厚度，并求向下多少距离处液膜达到紊流？

9. 按上题参数求管长为 3.3m 时的平均表面传热系数，并与上题结果进行比较。

10. 已知干饱和水蒸气温度为 100℃，在温度为 30℃的竖壁上冷凝，试确定液膜临界雷诺数等于 30 的竖壁高度。（利用此题了解临界雷诺数为 30 时，竖壁高度的数量级概念）

11. 如图 7-16 所示，直径为 0.6cm、长为 30cm 的热管在 3℃的温差下传热 180W。如果用 30cm 长的铜棒代替，且能起到同样的传热效果，求铜棒的直径。

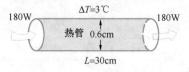

图 7-16　习题 11 图

12. 绝对压强 1.43×10^5 Pa 干饱和水蒸气在直径 50mm，长 1.5m 的竖管上凝结，管壁温度 104℃，求凝结水量。

13. 在上题中如果考虑凝结液的过冷度，则凝结液量又为若干？与上题相差多少（％）？对此有何结论？

14. 第 12 题改为水平管，求产生相同数量的凝结水，管长应为多少？与竖管相比变化多少（％）？

15. 火力发电厂的冷凝器工作压力为 4.25kPa，冷凝器内含 100 根管子，按 10×10 排布，管长 8m，外径 3cm，如果管壁温度为 20℃，求（1）水蒸气向冷凝水的传热量；（2）蒸汽的凝结速率。

16. 1kg 饱和水在 100℃蒸发时吸收的热量是否等于 1kg 饱和水蒸气在 100℃凝结时释放的热量？

17. 复叠式地热能发电厂中饱和异丁烷蒸气在冷凝器内的 8 根水平管外壁面冷凝，求当 8 根水平管水平放置和垂直放置时冷凝液量（kg/s）的比值。

18. 比较 60、50、40℃下干饱和蒸气在水平管外冷凝表面传热系数。壁温均保持为 20℃，管外径为 20mm，长 1m，工质有 6 种：水蒸气、氨气、R22、R32、R134a、R1234yf。作图显示表面传热系数与工质种类和饱和温度的关系。

19. 试从沸腾过程分析，为什么用电加热时容易发生电热管壁被烧毁的现象？而采用蒸气加热则不会。

20. 根据沸腾状况，试绘管内沸腾时沿管长局部表面传热系数的变化趋势示意图。

21. 试解释 $p \to p_c$ 时，图 7-11 中 Δt_c，q_c，h_c 的变化规律。

22. 110℃的饱和水在温度 119℃的壁表面沸腾，壁面材料为抛光铜，试求表面传热系数。

23. 在 3kW 的电加热炉上面放置直径为 30cm 的抛光不锈钢锅，锅内水在沸腾。假设 60％的电炉热量被水吸收，求锅底内表面的温度。如果锅底厚度为 6mm，求锅底内外表面的温差。假定大气压力为 101325Pa。

24. 水在咖啡壶内沸腾。咖啡壶采用长为 20cm、直径为 0.4cm 的浸没式不锈钢圈加热。初始时壶内水温 18℃、水量为 1L。从沸腾开始，25min 后壶内水蒸发了十分之一。

求不锈钢电阻的加热功率和表面温度，并且计算把 1L 水从 18℃ 加热至沸腾所需的时间。假定大气压力为 101325Pa。

25. 燃气锅炉内水被长 50m、直径 5cm 的烟管加热。水的沸腾温度为 150℃，烟管外壁面温度为 165℃。求（1）烟气向水的传热系数；（2）水的蒸发速率（kg/s）；（3）临界热流密度与当前热流密度的比值；（4）临界热流密度时管外壁的温度。

26. 一金属加热棒水平地浸没在水浴中，其直径为 8mm，表面发射率为 $\varepsilon=1$，在稳定沸腾条件下金属的表面温度为 240℃，水处于标准大气压下，且处于均匀温度 $T_{sat}=100℃$，试计算单位长度加热器的功耗。

27. 直径 1mm 的长加热丝，沉浸在 1 个标准大气压的纯水中，通电功率为 3150W/m，表面温度达到 126℃，试求它的沸腾表面传热系数，并计算系数 $C_{w,l}$。

28. 为了保证大型数据超算中心芯片的可靠运行，某公司开发了一种新的芯片冷却技术，即将安装在陶瓷衬底的数百个面积为 $20mm^2$ 的芯片浸没在一种低沸点制冷剂冷却液中，例如制冷剂 R1336mzz，该物质 1atm 下，饱和液体的物性为，饱和温度 $T_{sat}=306K$，$\rho_l=1348.0kg/m^3$；$\rho_v=6.848kg/m^3$；$\mu_l=3.544\times10^{-4}N\cdot s/m^2$；$\sigma=1.254\times10^{-2}N/m$，$r=164.7kJ/kg$，$C_p=1672J/(kg\cdot K)$，$Pr=5.61$。假定 $C_{w,l}=0.004$，$s=1.7$。试计算，当芯片工作热流密度为临界热流密度的 50% 时单芯片的功耗。相应的芯片温度是多少？

29. 考虑在直径和壁厚分别为 6.4mm 和 0.8mm 的水平光管内流动的制冷剂 R32。制冷剂处于饱和温度 7.2℃（$\rho_v=27.73kg/m^3$），质量流量 0.01kg/s。对于用纯铜和 AISI316 不锈钢制作的管子，确定与距离沸腾起始点下游 0.3m 处内壁面热流密度为 $10^5W/m^2$ 相关的最高壁面温度（参考文献 [8] 进行计算）。

参考文献

[1] В. П 伊萨琴科等著. 传热学. 王丰等译. 北京：高等教育出版社，1987.

[2] Advances in Heat Transfer，Vol. 9，Academic Press，1973.

[3] F. P. Incropera，D. P. Dewitt，T. L. Bergman，A. S. Lavine. Fundamentals of Heat Transfer and Mass Transfer，6th. ed.，John Wiley & Sons，2007.

[4] J. G. 科利尔著. 对流沸腾和凝结. 魏先英等译. 北京：科学出版社，1982.

[5] 钱滨江等编. 简明传热手册. 北京：高等教育出版社，1984.

[6] 尾花英朗著. 热交换器设计手册. 徐忠权译. 北京：石油工业出版社，1981.

[7] S. Nukiyama，Maximum and minimum values of heat q transmitted from metal to boiling water under atmopheric pressure. J. Soc. Mech. Eng. Jpn. 37(1934)53-54，367-374.

[8] 林瑞泰编著. 沸腾传热. 北京：科学出版社，1988.

[9] J. H. Lienhard VI，J. H. Lienhard V，Textbook of Heat Transfer，Houston Univ. 4th ed. 2011.

[10] 张新鲁著. 青藏铁路冻土环境与冻土工程. 北京：人民交通出版社，2011.

第八章 热辐射的基本定律

在热能利用领域存在着大量的热辐射和辐射传热问题，如辐射供暖、太阳能利用、辐射干燥、利用辐射原理测量温度、炉内辐射传热等问题的分析和计算。在本章中，将首先介绍热辐射的基本概念，然后讨论热辐射的几个基本定律，最后介绍实际物体（固体、液体）的辐射特性。在此基础上将在下一章进一步分析辐射传热的计算和气体辐射、太阳辐射等问题。

第一节 基 本 概 念

一、热辐射的本质和特点

发射辐射能是各类物质的固有特性。物质由分子、原子、电子等基本粒子组成，当原子内部的电子受激和振动时，产生交替变化的电场和磁场，发射电磁波向空间传播，这就是辐射。由于激发的方法不同，所产生的电磁波波长就不相同，它们投射到物体上产生的效应也不同。如果由于自身温度或热运动的原因而激发产生的电磁波传播，就称为热辐射。电磁波的波长范围可从几万分之一微米（μm）到数千米，它们的名称和分类如图 8-1 所示。

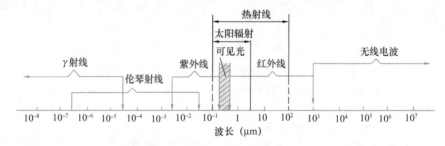

图 8-1 电磁波谱

凡波长 $\lambda = 0.38 \sim 0.76 \mu m$ 范围的电磁波属可见光线；波长 $\lambda < 0.38 \mu m$ 的电磁波是紫外线、伦琴射线等；$\lambda = 0.76 \sim 1000 \mu m$ 范围的电磁波称红外线，红外线又分近红外线和远红外线，大体上认为：波长在 $25 \mu m$ 以下的红外线称为近红外线，$25 \mu m$ 以上的红外线称为远红外线；$\lambda > 1000 \mu m$ 的电磁波是无线电波❶。通常把 $\lambda = 0.1 \sim 100 \mu m$ 范围的电磁波称热射线，其中包括可见光线、部分紫外线和红外线，它们投射到物体上能产生热效应。当然，波长与各种效应是不能截然划分的。工程上所遇到的温度范围一般在 2000K 以下，热辐射的大部分能量位于红外线区段的 $0.76 \sim 20 \mu m$ 范围内，在可见光波段内热辐射能量所占的比例不大。显然，当热辐射的波长大于 $0.76 \mu m$ 时，人的眼睛将看不见。太阳辐射

---

❶ 这种划分并不完全统一，有些文献以 $\lambda = 0.76 \sim 100 \mu m$ 作为红外区域，$\lambda > 100 \mu m$ 划为无线电波[1]。

的主要能量集中在 $0.2\sim2\mu m$ 的波长范围，其中在可见光波段占有很大比例。

辐射的本质及其传播过程可用经典的电磁波理论说明其波动性，又可用量子理论来解释其粒子性。各种电磁波在介质中的传播速度等于光速，即：

$$c = \lambda f \tag{8-1}$$

式中，c 为介质中的光速，m/s；λ 为波长，m；f 为频率，s^{-1}。量子理论认为辐射是离散的量子化能量束，即光子传播能量的过程。光子的能量 e 与频率 f 的关系可用普朗克公式表示：

$$e = hf \tag{8-2}$$

式中，h 为普朗克常数，$h=6.63\times10^{-34}J\cdot s$。

热辐射的本质决定了热辐射过程有如下几个特点：

（1）辐射传热与导热、对流传热不同，它不依赖物体的接触而进行热量传递，如太阳光能够穿越浩瀚的低温太空向地球表面辐射，而导热和对流传热都必须由冷、热物体直接接触或通过中间介质相接触才能进行。

（2）辐射传热过程伴随着能量形式的两次转化，即物体的部分热力学能转化为电磁波能发射出去，当此电磁波能射及另一物体而被吸收时，电磁波能又转化为热力学能。

（3）一切物体只要其温度 $T>0K$，都会不断地发射热射线。当物体间有温差时，高温物体辐射给低温物体的能量大于低温物体辐射给高温物体的能量，因此总的结果是高温物体把能量传给低温物体。即使各个物体的温度相同，辐射传热仍在不断进行，只是每一物体辐射出去的能量等于吸收的能量，从而处于动态平衡的状态。可见，每个物体既是热辐射的发射体，又是热辐射的接收体。

二、吸收、反射和穿透

当热射线投射到物体上时，遵循可见光的规律，其中部分热辐射被物体吸收，部分被反射，其余则透过物体，如图 8-2 所示。设投射到物体上全波长范围的总能量为 Φ，被吸收 Φ_α、反射 Φ_ρ、穿透 Φ_τ，根据能量守恒定律可有

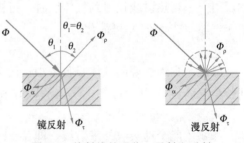

图 8-2 热射线的吸收、反射和透射

$$\Phi_\alpha + \Phi_\rho + \Phi_\tau = \Phi$$

若等式两端同时除以 Φ，得

$$\alpha + \rho + \tau = 1 \tag{8-3}$$

式中，$\alpha=\dfrac{\Phi_\alpha}{\Phi}$，称为物体的吸收率，表示投射到该物体的总能量中被该物体吸收的能量所占份额；

$\rho=\dfrac{\Phi_\rho}{\Phi}$，称为物体的反射率，表示被该物体反射的能量所占份额；

$\tau=\dfrac{\Phi_\tau}{\Phi}$，称为物体穿透率❶，表示穿透该物体的能量所占份额。

---

❶ 按照国标《力学的量和单位》GB 3102.3-93，吸收率应称为吸收比，反射率应称为反射比，穿透率应称为透射比。为了与发射率相统一，故本书采用吸收率、反射率、穿透率。

如果投射能量是某一波长下的辐射能，上述关系同样适用，即

$$\alpha_\lambda + \rho_\lambda + \tau_\lambda = 1 \tag{8-3a}$$

式中，α_λ、ρ_λ、τ_λ 分别为光谱吸收率、光谱反射率、光谱穿透率。

α、ρ、τ 和 α_λ、ρ_λ、τ_λ 是物体对所投射过来的辐射能的辐射特性，它们和物体的性质、温度、表面状况以及投射过来的辐射能有关。

对可见光波段范围外的热射线来说，固体、液体对这部分热射线的吸收和反射几乎都在表面进行。当这部分热射线进入固体或液体表面后，在一个极短的距离内就被吸收了，其余的被反射。对于金属导体，这个距离仅有 $1\mu m$ 的数量级；对于大多数非导电体材料，这个距离亦小于 $1mm$。因此，物体表面状况对其吸收和反射特性的影响至关重要。一般情况下，可认为这部分热射线不能穿透固体和液体，即 $\tau_\lambda = 0$。于是，对于固体、液体，式（8-3a）简化为

$$\alpha_\lambda + \rho_\lambda = 1 \tag{8-3b}$$

但是，一些固体和液体如玻璃、水等，能够部分透过可见光，不满足上式。可见，物体的全波长特性参数 α、ρ、τ 与投射过来的辐射能波长分布情况有关。

热射线投射到物体表面后的反射现象和可见光一样，有镜面反射和漫反射之分。当表面的不平整尺寸小于投射辐射的波长时，形成镜面反射，反射角等于入射角。高度磨光的金属表面是镜面反射的实例。当表面的不平整尺寸大于投射辐射的波长时，形成漫反射，此时反射能均匀分布在各个方向。一般工程材料的表面较粗糙，接近漫反射。

纯气体没有反射性，通常把气体与固体或液体交界面上的反射过程归因于固体或液体的反射[1]。当热射线投射到气体层时，可被吸收和穿透，而几乎不反射，即 $\rho = 0$。于是，对于气体，式（8-3）可简化为

$$\alpha + \tau = 1 \tag{8-3c}$$

显然，穿透性好的气体吸收率小，而穿透性差的气体吸收率大。气体的辐射和吸收是在整个气体容积中进行的；气体的吸收和穿透特性与气体内部特征有关，与其表面状况无关。

如物体能全部吸收外来射线，即 $\alpha = 1$，由于可见光亦被全部吸收而不被反射，人眼所看到的颜色上呈现为黑色，故这种物体被定义为黑体。如物体能全部反射外界投射过来的射线，即 $\rho = 1$，不论是镜面反射或漫反射，由于可见光全部被反射，颜色上呈现为白色，故这种物体称为白体。同样，如果外界投射过来的射线能够全部穿透物体，即 $\tau = 1$，则这种物体称为透明体。

自然界中并不存在绝对的黑体、白体与透明体，它们只是实际物体热辐射性能的理想模型。例如煤烟的 $\alpha \approx 0.96$，高度磨光的纯金 $\rho \approx 0.98$。必须指出，这里的黑体、白体、透明体都是对全波长射线而言。在一般温度条件下，由于可见光在全波长射线中只占有一小部分，所以物体对外来射线吸收能力的高低，不能凭物体的颜色来判断，白颜色的物体不一定是白体，例如雪对可见光是良好的反射体，对肉眼来说是白色的，但对红外线却几乎能全部吸收，非常接近黑体；白布和黑布对可见光的吸收率不同，但对红外线的吸收率却基本相同；普通玻璃对波长小于 $2\mu m$ 射线的吸收率很小，从而照射到它上面的大部分太阳能可以穿透过去，但玻璃对 $2\mu m$ 以上的红外线几乎是不透明的。

三、定向辐射强度和定向辐射力

物体表面温度只要高于 0K，就会朝表面上方半球空间的各个不同方向发射包括各种不同波长的辐射能。需要指出，辐射能是按空间方向分布的，往往不同方向有不同的数值；辐射能也是按波长分布的，不同波长具有不同的能量。描述辐射能的这些性质，需要使用不同的参量。下面介绍定向辐射强度和辐射力这两个基本概念。

1. 定向辐射强度

在定义定向辐射强度之前，先介绍立体角的概念。立体角为一空间角度，用符号 ω 表示，其单位为 sr（球面度）。立体角的量度与平面角的量度相类似。以立体角的角端为中心，作一半径为 r 的半球，将半球表面上被立体角所切割的面积 A_2 除以半径的平方 r^2，即得立体角的量度：

$$\omega = \frac{A_2}{r^2} \quad \text{（sr）} \tag{8-4}$$

参见图 8-3（a），由整个半球的面积 $A_2 = 2\pi r^2$，得半球的立体角为 2π（sr）。若取微元面积 $\mathrm{d}A_2$ 为切割面积，则得微元立体角

$$\mathrm{d}\omega = \frac{\mathrm{d}A_2}{r^2} \quad \text{（sr）}$$

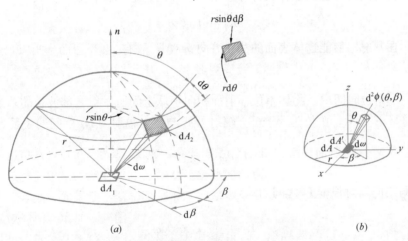

图 8-3 立体角与定向辐射强度的概念

（a）$\mathrm{d}A_1$ 上某点对 $\mathrm{d}A_2$ 所张的立体角；（b）定向辐射强度

根据图示的几何关系，有

$$\mathrm{d}\omega = \frac{(r\mathrm{d}\theta)(r\sin\theta\mathrm{d}\beta)}{r^2} = \sin\theta\mathrm{d}\beta\mathrm{d}\theta \quad \text{（sr）} \tag{8-4a}$$

定向辐射强度 在某给定辐射方向上，单位时间、单位可见辐射面积、在单位立体角内所发射全部波长的能量称为定向辐射强度，用符号 I_θ 表示，单位为 W/($m^2 \cdot$ sr)，参见图 8-3（b）。所谓可见辐射面积，是指站在给定辐射方向上所看到的发射辐射能物体的表面积。按定义

$$I_\theta = \frac{\mathrm{d}^2\Phi(\theta, \beta)}{\mathrm{d}\omega\mathrm{d}A'} = \frac{\mathrm{d}^2\Phi(\theta, \beta)}{\mathrm{d}\omega\mathrm{d}A\cos\theta} \quad \left[\text{W/（}m^2 \cdot \text{sr）}\right] \tag{8-5}$$

光谱定向辐射强度　在某给定辐射方向上，单位时间、单位可见辐射面积，在波长 λ 附近的单位波长间隔内、单位立体角内所发射的能量称光谱定向辐射强度，又称为单色定向辐射强度，用符号 $I_{\lambda,\theta}$ 表示，单位为 $W/(m^2 \cdot sr \cdot \mu m)$。按定义

$$I_{\lambda,\theta} = \frac{dI_\theta}{d\lambda} \quad [W/(m^2 \cdot sr \cdot \mu m)] \qquad (8\text{-}6a)$$

定向辐射强度与光谱定向辐射强度之间的关系为

$$I_\theta = \int_0^\infty I_{\lambda,\theta} d\lambda \quad [W/(m^2 \cdot sr)] \qquad (8\text{-}6b)$$

2. 辐射力

定向辐射力　在某给定辐射方向上，单位时间内、物体单位辐射面积、在单位立体角内所发射全部波长的能量称为定向辐射力，用符号 E_θ 表示，单位为 $W/(m^2 \cdot sr)$。显然

$$E_\theta = \frac{d^2 \Phi(\theta,\beta)}{dA d\omega} \qquad (8\text{-}7a)$$

因为定向辐射力是以发射辐射能物体的单位面积作为计算依据，而定向辐射强度是站在给定辐射方向所看到的单位面积作为计算依据，所以两者之间存在如下关系

$$E_\theta = I_\theta \cos\theta \qquad (8\text{-}7b)$$

不难看出，在发射辐射能物体表面的法线方向 $\theta = 0°$，故有

$$E_n = I_n \qquad (8\text{-}7c)$$

辐射力　单位时间内、物体单位辐射面积向半球空间所发射全部波长的总能量称为辐射力，用符号 E 表示，单位为 W/m^2。辐射力 E 与定向辐射力 E_θ 之间的关系为

$$E = \int_{\omega=2\pi} E_\theta d\omega \quad 或者 \quad E_\theta = \frac{dE}{d\omega} \qquad (8\text{-}8a)$$

辐射力 E 与定向辐射强度 I_θ 之间的关系为

$$E = \int_{\omega=2\pi} I_\theta \cos\theta d\omega \qquad (8\text{-}8b)$$

光谱辐射力　单位时间内、物体单位辐射面积、在波长 λ 附近的单位波长间隔内，向半球空间所发射的能量称为光谱辐射力，又称为单色辐射力，用符号 E_λ 表示，单位为 $W/(m^2 \cdot \mu m)$。显然

$$E_\lambda = \frac{dE}{d\lambda} \quad 或者 \quad E = \int_0^\infty E_\lambda d\lambda \qquad (8\text{-}9)$$

光谱定向辐射力　在给定辐射方向上，单位时间内、单位物体辐射面积、在单位立体角内发射的在波长 λ 附近单位波长间隔内的能量称为光谱定向辐射力，又称为单色定向辐射力，用符号 $E_{\lambda,\theta}$ 表示，单位为 $W/(m^2 \cdot sr \cdot \mu m)$。显然

$$E_{\lambda,\theta} = \frac{d^2 E}{d\lambda d\omega} \quad 或者 \quad E = \int_{\omega=2\pi} \int_0^\infty E_{\lambda,\theta} d\lambda d\omega \qquad (8\text{-}10)$$

第二节 热辐射的基本定律

黑体是一个理想的吸收体，它能吸收来自空间各个方向、各种波长的全部投射能量。在辐射传热分析中，将它作为比较标准，对研究实际物体的热辐射特性具有重要的意义。图 8-4 所示等温空腔壁上的小孔，如果空腔直径和小孔直径之比足够大，则此小孔就是人工黑体。因为外界投射到小孔而进入空腔的能量，经空腔内壁多次吸收和反射，再经小孔射出的能量可忽略不计，投入的任何能量可认为全部被吸收，所以小孔可近似为黑体。为了方便，凡与黑体辐射有关的物理量，均在其右下角标以 "b"（Blackbody）。

图 8-4 人工黑体模型

本节在讨论黑体辐射定律的基础上，再进一步讨论实际物体的辐射特性。

一、普朗克定律

1. 普朗克定律

1900 年，普朗克（M. Planck）从量子理论出发，揭示了黑体辐射光谱的变化规律，即给出了黑体光谱辐射力 $E_{b\lambda}$ 和波长 λ、热力学温度 T 之间的函数关系，它可表达为

$$E_{b\lambda} = \frac{C_1 \lambda^{-5}}{\exp\left(\dfrac{C_2}{\lambda T}\right) - 1} \quad [\text{W}/(\text{m}^2 \cdot \mu\text{m})] \tag{8-11a}$$

式中　　λ——波长，μm；

T——热力学温度，K；

C_1——普朗克第一常数，$C_1 = 3.743 \times 10^8 \, \text{W} \cdot \mu\text{m}^4/\text{m}^2$；

C_2——普朗克第二常数，$C_2 = 1.439 \times 10^4 \, \mu\text{m} \cdot \text{K}$。

普朗克定律的黑体辐射光谱分布如图 8-5（a）所示。每条曲线代表同一温度下的黑体光谱辐射力随波长的变化关系，在波长趋近于 0 或无穷大时，黑体光谱辐射力趋近于 0，在某个波长上，黑体光谱辐射力会达到一个峰值，记为 $E_{b\lambda,\text{max}}$。$E_{b\lambda,\text{max}}$ 对应的波长称为峰值波长 λ_{max}。曲线与横坐标围成的面积表示黑体辐射力 E_b 的大小。温度升高，黑体辐射力 E_b 和黑体光谱辐射力 $E_{b\lambda}$ 均迅速增大，且峰值波长 λ_{max} 向短波方向移动。

将式（8-11a）两边同时除以黑体热力学温度的 5 次方，得式（8-11b）。由该式可知，$\dfrac{E_{b\lambda}}{T^5}$ 仅是 λT 的函数。根据这一关系绘出的曲线表示在图 8-5（b）上。

$$\frac{E_{b\lambda}}{T^5} = \frac{C_1}{(\lambda T)^5 \left[\exp\left(\dfrac{C_2}{\lambda T}\right) - 1\right]} = f(\lambda T) \tag{8-11b}$$

2. 维恩位移定律

1891 年，维恩（Wien）用热力学理论推出，黑体辐射的峰值波长 λ_{max} 与热力学温度 T 之间的函数关系。现可直接从普朗克定律导出，将 $E_{b\lambda}$ 对波长求极值得到。它可表达为

$$\lambda_{\text{max}} T = 2897.6 \, \mu\text{m} \cdot \text{K} \tag{8-12}$$

式（8-12）用图 8-5（a）中的虚线来表达。可以看出，随着温度 T 增高，最大光谱辐射力 $E_{b\lambda,\text{max}}$ 所对应的峰值波长 λ_{max} 逐渐向短波方向移动。

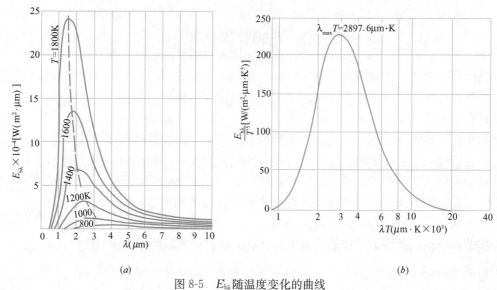

图 8-5　$E_{b\lambda}$ 随温度变化的曲线

（a）普朗克定律揭示的关系 $E_{b\lambda}=f_{(\lambda, T)}$；（b）$E_{b\lambda}$ 与 λT 的函数关系

【例 8-1】 测得对应于太阳最大光谱辐射力 $E_{b\lambda, max}$ 的峰值波长 λ_{max} 约为 $0.503\mu m$。若太阳可以近似作为黑体看待，求太阳的表面温度。

【解】 由式（8-12），可得

$$T = \frac{2897.6}{\lambda_{max}} = \frac{2897.6}{0.503} \approx 5761K$$

【讨论】 利用维恩位移定律，可根据黑体的峰值波长求黑体温度。它可作为光谱测温的基础。

利用图 8-5（a）还可以解释金属加热时的颜色变化。在 500℃以下，金属发出的基本都是红外线，没有可见光，因此金属呈原色；到 600℃以上，随着温度升高，金属相继呈暗红、红、黄，温度超过 1300℃时开始发白，就是因为金属辐射出的可见光及可见光中短波区段的能量逐渐增加的缘故。

二、斯蒂芬—玻尔兹曼定律

在辐射传热计算中，确定黑体的辐射力 E_b 是至关重要的。根据式（8-11a）和式（8-9），可得

$$E_b = \int_0^\infty E_{b\lambda}d\lambda = \int_0^\infty \frac{C_1\lambda^{-5}}{\exp\left(\frac{C_2}{\lambda T}\right)-1}d\lambda = \sigma_b T^4 \quad (\text{W/m}^2) \qquad (8\text{-}13)$$

式中，$\sigma_b=5.67\times10^{-8}\text{W/(m}^2\cdot\text{K}^4)$，称为黑体辐射常数。为便于计算，上式也可写为

$$E_b = C_b\left(\frac{T}{100}\right)^4 \quad (\text{W/m}^2) \qquad (8\text{-}14)$$

式中，$C_b=5.67\text{W/(m}^2\cdot\text{K}^4)$，称为黑体辐射系数。

式（8-13）和式（8-14）均是斯蒂芬—玻尔兹曼（Stefan-Boltzmann）定律的表达式，它说明黑体的辐射力和热力学温度四次方成正比，故又称四次方定律。早在普朗克提出量子理论之前，1879 年斯蒂芬已从实验中得出上述规律，1884 年玻尔兹曼用热力学理论推

出，现可直接由普朗克定律导出。由斯蒂芬—玻尔兹曼定律可知，如果黑体的热力学温度增加 1 倍，则黑体辐射力将是原来辐射力的 16 倍。可见，随着温度的升高，辐射传热将成为热交换的主要方式。

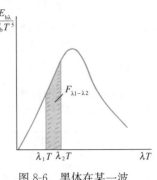

图 8-6 黑体在某一波段内的辐射能

工程上有时需要计算某一波段范围内黑体的辐射能（图 8-6）及其在辐射力中所占百分数。例如，太阳辐射能中可见光所占的比例和白炽灯的发光效率等。若要计算波长 λ_1 到 λ_2 波段内的黑体辐射力 $E_{b(\lambda_1-\lambda_2)}$，参考式（8-9）可得

$$E_{b(\lambda_1-\lambda_2)} = \int_{\lambda_1}^{\lambda_2} E_{b\lambda} d\lambda = \int_{0}^{\lambda_2} E_{b\lambda} d\lambda - \int_{0}^{\lambda_1} E_{b\lambda} d\lambda$$
$$= E_{b(0-\lambda_2)} - E_{b(0-\lambda_1)} \quad (W/m^2)$$

式中，$E_{b(0-\lambda)}$ 表示波长由 0 到 λ 黑体的波段辐射力。通常，将黑体的波段辐射力表示成同温度下黑体辐射力 E_b 的百分数，记为 $F_{b(0-\lambda T)}$。即

$$F_{b(0-\lambda T)} = \frac{E_{b(0-\lambda)}}{E_b} = \frac{\int_{0}^{\lambda} E_{b\lambda} d\lambda}{\sigma_b T^4}$$

将式（8-11a）代入上式得

$$F_{b(0-\lambda T)} = \int_{0}^{\lambda T} \frac{C_1}{\sigma_b (\lambda T)^5 \left[\exp\left(\frac{C_2}{\lambda T}\right) - 1 \right]} d(\lambda T) = f(\lambda T) \quad (8-15)$$

$F_{b(0-\lambda T)} = f(\lambda T)$ 称为黑体辐射函数。为计算方便，已制成表格。$F_{b(0-\lambda T)}$ 可直接由表 8-1 查出。根据黑体辐射函数，可以计算出给定温度下（$\lambda_1-\lambda_2$）波段内的黑体辐射力 $E_{b(\lambda_1-\lambda_2)}$，即

$$E_{b(\lambda_1-\lambda_2)} = E_b(F_{b(0-\lambda_2 T)} - F_{b(0-\lambda_1 T)}) \quad (W/m^2) \quad (8-16)$$

黑 体 辐 射 函 数   表 8-1

λT ($\mu m \cdot K$)	$F_{b(0-\lambda T)}$	λT ($\mu m \cdot K$)	$F_{b(0-\lambda T)}$	λT ($\mu m \cdot K$)	$F_{b(0-\lambda T)}$	λT ($\mu m \cdot K$)	$F_{b(0-\lambda T)}$
200	0	3200	0.3181	6200	0.7542	11000	0.9320
400	0	3400	0.3618	6400	0.7693	11500	0.9390
600	0	3600	0.4036	6600	0.7833	12000	0.9452
800	0	3800	0.4434	6800	0.7962	13000	0.9552
1000	0.0003	4000	0.4809	7000	0.8032	14000	0.9630
1200	0.0021	4200	0.5161	7200	0.8193	15000	0.9690
1400	0.0078	4400	0.5488	7400	0.8296	16000	0.9739
1600	0.0197	4600	0.5793	7600	0.8392	18000	0.9809
1800	0.0394	4800	0.6076	7800	0.8481	20000	0.9857
2000	0.0667	5000	0.6338	8000	0.8563	40000	0.9981
2200	0.1009	5200	0.6580	8500	0.8747	50000	0.9991
2400	0.1403	5400	0.6804	9000	0.8901	75000	0.9998
2600	0.1831	5600	0.7011	9500	0.9032	100000	1.0000
2800	0.2279	5800	0.7202	10000	0.9143		
3000	0.2733	6000	0.7379	10500	0.9238		

【**例 8-2**】试分别计算温度为 5762K、3800K、2800K、1000K、400K 的黑体最大光谱辐射力 $E_{\mathrm{b}\lambda,\max}$ 所对应的峰值波长 $\lambda_{\max}$，以及黑体辐射中可见光和红外线辐射（$0.76 \sim 1000\mu m$）能量占黑体总辐射能量的比例。

【**解**】由维恩位移定律可依次计算出各给定温度黑体辐射的峰值波长。根据各给定温度与特征波长的乘积，得到对应的 λT 值，然后由表 8-1 查出各自的黑体辐射函数，从而计算出可见光和红外线辐射能量占黑体总辐射能量的比例。计算结果见下表：

温度（K）	$\lambda_{\max}$ （μm）	$\lambda_1 = 0.38\mu m$		$\lambda_2 = 0.76\mu m$		$\lambda_3 = 1000\mu m$	
		λT （$\mu m \cdot K$）	$F_{\mathrm{b}(0-\lambda_1 T)}$	λT （$\mu m \cdot K$）	$F_{\mathrm{b}(0-\lambda_2 T)}$	λT （$\mu m \cdot K$）	$F_{\mathrm{b}(0-\lambda_3 T)}$
5762	0.5029	2190	0.09919	4380	0.5455	5.76×10^6	1
3800	0.7625	1444	0.01042	2888	0.2479	3.8×10^6	1
2800	1.035	1064	0.000876	2128	0.08859	2.8×10^6	1
1000	2.898	380	0	760	0	1×10^6	1
400	7.244	152	0	304	0	4×10^5	1

温度（K）	占黑体总辐射能量的比例	
	可见光 $F_{\mathrm{b}(\lambda_2 T - \lambda_1 T)} = F_{\mathrm{b}(0-\lambda_2 T)} - F_{\mathrm{b}(0-\lambda_1 T)}$	红外线 $F_{\mathrm{b}(\lambda_3 T - \lambda_2 T)} = F_{\mathrm{b}(0-\lambda_3 T)} - F_{\mathrm{b}(0-\lambda_2 T)}$
5762	0.4463	0.4545
3800	0.2375	0.7521
2800	0.08771	0.9114
1000	0	1
400	0	1

【**讨论**】（1）太阳表面温度约 5762K，其峰值波长处于可见光波段，且在可见光波段太阳辐射能量占总辐射能量的比例为 44.63%，红外线波段的辐射能量占总辐射能量的 45.45%。可见，太阳辐射的能量绝大多数是可见光和红外线。（2）当黑体温度在 3800K 以下时，其峰值波长处在红外线波段。所以，在一般工程中所遇到的辐射，基本上都属于红外辐射。（3）白炽灯里的钨丝在发光时温度约 2800K，其可见光波段内的辐射能量占总辐射能量仅 8.8%，其余发出的辐射能量不起照明作用。实际白炽灯的发光效率还要低，用热辐射方法来照明是很浪费的。因此，有必要推广使用节能型灯具。（4）1000K 温度下的金属在黑暗空间呈现暗红色，是因为仅有少量接近于红外线波长的辐射能发出，在明亮空间则由于投入其表面的可见光的反射相对强烈，而完全掩盖了其发出的微弱可见光。（5）400K 温度下的物体即使在黑暗空间也看不到可见光，但利用红外成像仪可以探测出该物体与周围其他物体的差别。

【**例 8-3**】已知某太阳能集热器的透光玻璃在波长从 $\lambda_1 = 0.35\mu m$ 至 $\lambda_2 = 2.7\mu m$ 范围内的穿透率为 85%，在此范围之外是不透射的。试计算太阳辐射对该玻璃的穿透率。把太阳辐射作为黑体辐射看待，它的表面温度为 5762K。

【**解**】利用黑体辐射函数表，计算某个波段范围内的辐射能量。

计算 $$\lambda_1 T = 0.35 \times 5762 = 2016.7\mu m \cdot K$$

查表 8-1，可得 $$F_{\mathrm{b}(0-\lambda_1 T)} = 0.0696 = 6.96\%$$

计算　　　　　　　　　$\lambda_2 T = 2.7 \times 5762 = 15557.4 \mu m \cdot K$

查表 8-1，可得　　　　　　　$F_{b(0-\lambda_2 T)} = 0.9717 = 97.17\%$

因此，投射在玻璃上的太阳辐射在波长从 $\lambda_1 = 0.35 \mu m$ 至 $\lambda_2 = 2.7 \mu m$ 范围内的能量，占总能量的百分数为：

$$F_{b(\lambda_2 T - \lambda_1 T)} = F_{b(0-\lambda_2 T)} - F_{b(0-\lambda_1 T)} = 97.17\% - 6.96\% = 90.21\%$$

该玻璃的太阳辐射穿透率为：

$$\rho = \frac{\rho_{(\lambda_1 - \lambda_2)} E_{b(\lambda_1 - \lambda_2)}}{E_b} = \rho_{(\lambda_1 - \lambda_2)} F_{b(\lambda_1 T - \lambda_2 T)} = 0.85 \times 90.21\% = 76.68\%$$

【讨论】一般集热器表面的温度不超过 373K，集热器表面发出的长波辐射能无法穿透玻璃。因此，玻璃的这种对短波热射线透射和对长波热射线阻挡的性质，减少了集热器表面透过玻璃向外的辐射散热损失，有利于提高集热器的效率。请设想若采用此种玻璃作为房屋的窗户，又会如何？另外，请思考如果集热器表面与玻璃之间保持真空或非真空状态，集热器的散热损失有什么变化？注意分析集热器表面与玻璃以及玻璃与周围环境的传热过程。

三、兰贝特余弦定律

在辐射计算中，有时会遇到不同方向上的定向辐射强度问题。把物体发射的定向辐射强度与方向无关的特性称为漫发射，而反射的定向辐射强度与方向无关的性质称为漫反射。若某个表面既具有漫发射，又具有漫反射特性，则该表面统称为漫射表面。

黑体发射辐射能在空间的分布遵循兰贝特（Lambert）定律。理论上可以证明，黑体表面具有漫辐射的性质，在半球空间各个方向上的定向辐射强度相等，即

$$I_{\theta_1} = I_{\theta_2} = \cdots\cdots = I_n \quad [W/(m^2 \cdot sr)] \tag{8-17a}$$

式（8-17a）是兰贝特定律的表达式，说明黑体在任何方向上的定向辐射强度与方向无关。

根据式（8-7b），得

$$E_\theta = I_\theta \cos\theta = I_n \cos\theta = E_n \cos\theta \quad [W/(m^2 \cdot sr)] \tag{8-17b}$$

式（8-17b）是兰贝特定律的另一表达式，说明黑体的定向辐射力随方向角 θ 按余弦规律变化，法线方向的定向辐射力最大，故兰贝特定律亦称余弦定律。除了黑体以外，只有漫射表面才遵守兰贝特定律。

对于漫射表面，根据式（8-8b），辐射力为

$$E = \int_{\omega=2\pi} I_\theta \cos\theta d\omega \quad (W/m^2)$$

由于 $d\omega = \dfrac{dA}{r^2} = \sin\theta d\beta d\theta$，把它代入上式，得

$$E = I_\theta \int_{\beta=0}^{2\pi} \int_{\theta=0}^{\pi/2} \cos\theta \sin\theta d\theta d\beta = I_\theta \pi \quad (W/m^2) \tag{8-18}$$

因此，对于漫射表面，半球空间的辐射力是任意方向定向辐射强度的 π 倍。

【例 8-4】在一个直径为 0.02m、温度为 1200K 圆形黑体表面的正上方 $l = 0.3m$ 处，有一个平行于黑体表面、直径为 0.05m 的辐射热流计，如图 8-7 所示。试计算该热流计

所得到的黑体投入辐射能是多少？若辐射热流计仍处于同样高度，求热流计偏移多少距离，热流计得到的黑体投入辐射能为原来的50%。

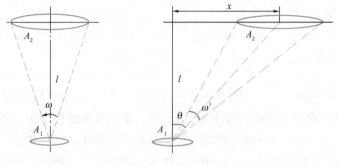

图 8-7 例 8-4 图

【解】根据斯蒂芬—玻尔兹曼定律可得，单位面积黑体的辐射力为

$$E_b = \sigma_b T^4 = 5.67 \times 10^{-8} \times 1200^4 = 117573.12 \text{ W/m}^2$$

圆形黑体表面向半球空间辐射的总能量为

$$\Phi = A_1 E_b = \frac{\pi d_1^2}{4} E_b = \frac{\pi \times 0.02^2}{4} \times 117573.12 = 36.94 \text{W}$$

单位面积黑体定向辐射强度为 $I_\theta = \dfrac{E_b}{\pi} = \dfrac{117573.12}{\pi} = 37424.69 \text{W/(m}^2 \cdot \text{sr)}$

在圆形黑体表面正上方时，热流计所得到的圆形黑体投入辐射能

$$G = I_\theta A_1 \omega = I_\theta A_1 \frac{A_2}{l^2} = 37424.69 \times \pi \times \frac{0.02^2}{4} \times \frac{\pi \times 0.05^2}{4 \times 0.3^2} = 0.26 \text{W} \qquad (a)$$

如果辐射热流计仍处于同样高度，偏离圆形黑体表面法线 x 距离，此时热流计所得到的圆形黑体投入辐射能为

$$G' = I_\theta A_1 \cos\theta\, \omega' = I_\theta A_1 \cos\theta \frac{A_2 \cos\theta}{l^2 + x^2} = \frac{I_\theta A_1 A_2 \cos^2\theta}{l^2 + x^2} = \frac{I_\theta A_1 A_2 l^2}{(l^2 + x^2)^2} \qquad (b)$$

根据已知条件可知，$G' = 0.5G$

将式（a）、（b）代入上式，得 $x = 0.19$ m。

【讨论】由兰贝特定律可知，黑体向半球空间各个方向上的定向辐射强度相等。但由于接收辐射的热流计与圆形黑体表面的相对位置不同，导致相对于热流计的圆形黑体表面可见辐射面积、热流计表面所占据的空间立体角随两者之间的位置和表面法向关系发生变化，从而使得热流计得到的投入辐射不同，其中两者处于平行相对位置，且距离越近，所得到的投入辐射越多。工程上应用的辐射式采暖设备就是应用这个原理，对局部区域进行加热，而不是对全部空间加热，从而达到既满足操作人员舒适、又节约能源的效果。另，请读者思考若本题使用定向辐射力概念计算，计算过程有何差别？再有，立体角的计算应该是以圆形黑体表面的圆心为中心，以热流计所在位置的球面面积来计算的，本例则将圆形黑体表面看做一个质点，以热流计平面面积来计算的，存在一定的误差。在计算可见辐射面积时也采用了近似计算方法。这些误差随两者之间的距离增加而减小，在准确度要求不是很高的情况下是完全可以接受的。

四、基尔霍夫定律

1. 实际物体的辐射发射率

实际物体的辐射不同于黑体。它的光谱辐射力 E_λ 随波长和温度的变化是不规则的，不遵守普朗克定律，如图 8-8 所示。把实际物体的辐射力与同温度黑体的辐射力之比称为该物体的发射率 ε[1]。根据辐射力的几种定义，可有以下几种不同的发射率。

发射率
$$\varepsilon = \frac{E}{E_b} \tag{8-19a}$$

光谱发射率
$$\varepsilon_\lambda = \frac{E_\lambda}{E_{b\lambda}} \tag{8-19b}$$

定向发射率
$$\varepsilon_\theta = \frac{E_\theta}{E_{b\theta}} \tag{8-19c}$$

光谱定向发射率
$$\varepsilon_{\lambda,\theta} = \frac{E_{\lambda,\theta}}{E_{b\lambda,\theta}} \tag{8-19d}$$

实际物体发射率与其光谱发射率之间的关系可用下式表示

$$\varepsilon = \frac{E}{E_b} = \frac{\int_0^\infty E_\lambda \, d\lambda}{E_b} = \frac{\int_0^\infty \varepsilon_\lambda E_{b\lambda} \, d\lambda}{\int_0^\infty E_{b\lambda} \, d\lambda} \tag{8-20}$$

假如某物体的光谱发射率 ε_λ 不随波长发生变化，即 $\varepsilon = \varepsilon_\lambda =$ 常数，则这种物体称为灰体。灰体的光谱辐射力与同温度黑体光谱辐射力随波长的变化曲线完全相似，参见图 8-8。灰体也是一种理想化的物体。工程实践中，参与辐射传热的物体温度大多低于 2000K，此时实际物体在红外波段范围内可近似地视为灰体。这种简化处理给辐射传热计算带来很大的方便。

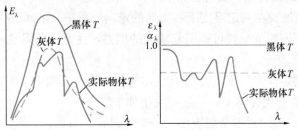

图 8-8　实际物体、黑体和灰体的辐射和吸收光谱

如果已知某物体的发射率 ε，则该物体的辐射力可用下式确定：

---

[1]　发射率也称黑率或黑度。

$$E = \varepsilon E_b = \varepsilon \sigma_b T^4 = \varepsilon C_b \left(\frac{T}{100} \right)^4 \quad (\text{W/m}^2) \tag{8-21}$$

应该指出：实际物体的辐射力并不严格同其热力学温度的四次方成正比，但在工程计算中，为了计算方便，仍认为实际物体的辐射力与该物体热力学温度的四次方成正比，把由此引起的修正，包括到由实验方法确定的发射率中去。因此，发射率除了与物体本身性质有关外，还与物体的温度有关。

事实证明，实际物体的定向辐射强度在半球空间的不同方向上有些变化，不遵循兰贝特定律。它的定向发射率在不同方向上亦不同。图 8-9 中以若干材料为例，用极坐标表示出定向发射率随 θ 角的变化关系。

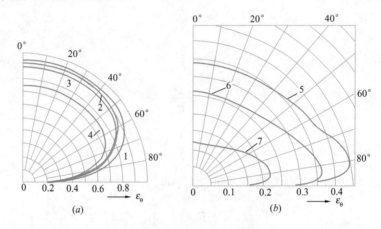

图 8-9　实际物体在各个方向上发射率的变化

$\varepsilon_\theta = f(\theta)$ 　　（$\theta = 0°$表示法线方向）

（a）非导体；（b）导电体

1—融冰；2—玻璃；3—黏土；4—氧化亚铜；5—铋；6—铝青铜；7—铁（钝化）

由图可以看出，ε_θ 不等于常数。图 8-9（a）是对非导体，θ 角在 $0°\sim60°$ 范围内，ε_θ 可作为常数看待；当 $\theta > 60°$ 时，ε_θ 的数值减小得很快，并趋近于零。图 8-9（b）是对磨光的金属表面，θ 角在 $0°\sim40°$ 范围内，ε_θ 可当作常数；当 $\theta > 40°$ 时，随着 θ 角增大，ε_θ 先是增加，在 $80°$ 左右达到最大值，然后迅速下降，并在接近于 $\theta = 90°$ 时趋近于零。

发射率 ε 是对全波长在一定温度下各方向的定向发射率 ε_θ 的积分平均值[1]，如果把它们用于局部波长或不同温度条件可能引起较大的误差。注意，从附录 8 查取的是常用材料表面的法向发射率 ε_n。

实际物体表面的定向发射率 ε_θ 尽管有上述变化，但实验测定表明半球平均发射率 ε 与法向发射率 ε_n 的比值变化并不大，一般可采用如下修正：

对非金属表面　$\varepsilon = (0.95 \sim 1.0)\varepsilon_n$

---

[1]　$\varepsilon = \dfrac{\displaystyle\int_{\omega=2\pi} I_\theta \cos\theta \mathrm{d}\omega}{\displaystyle\int_{\omega=2\pi} I_b \cos\theta \mathrm{d}\omega} = \dfrac{1}{\pi} \int_{\beta=2\pi} \int_{\theta=2/\pi} \varepsilon_\theta \cos\theta \sin\theta \mathrm{d}\theta \mathrm{d}\beta = 2 \int_0^{\pi/2} \varepsilon_\theta \cos\theta \sin\theta \mathrm{d}\theta$

$$对磨光金属表面 \quad \varepsilon = (1.0 \sim 1.2)\varepsilon_n \quad \text{❶}$$

因此，对于大多数工程材料，往往不考虑物体不同方向辐射特性的变化，认为近似服从兰贝特定律。本书所涉及的辐射传热物体均作漫射表面处理，对非漫射表面有兴趣的读者可参考有关文献[2]。

2. 基尔霍夫定律

1859 年基尔霍夫（Kirchhoff）用热力学方法揭示了物体发射辐射能的能力与它吸收投入辐射能能力之间的关系。

某物体 dA_1 表面放置在黑体半球空腔的底面中心，球的半径为 r，如图 8-10 所示。dA_1 表面与黑体半球空腔处于热平衡状态，两者温度 T 相等。

分析 dA_1 表面的能量收支情况如下：单位时间从给定方向在 $\lambda \sim \lambda + d\lambda$ 波长范围内，由黑体半球空腔上 dA_2 表面投射到 dA_1 表面上的能量为

$$dq_i = I_{b\lambda}(T)dA_2 d\Omega d\lambda \tag{8-22}$$

式中　$I_{b\lambda}(T)$——温度 T 下的黑体光谱定向辐射强度。根据立体角定义，$d\Omega = \dfrac{dA_1 \cos\theta}{r^2}$，于是

$$dq_i = I_{b\lambda}(T)dA_2 \frac{dA_1 \cos\theta}{r^2}d\lambda$$

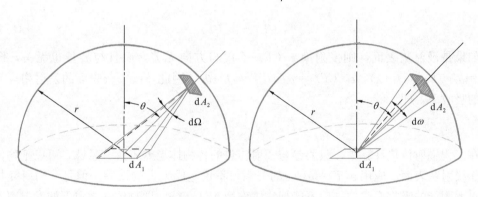

图 8-10　定向辐射和吸收特性

被 dA_1 表面所吸收的能量为

$$dq_a = \alpha_{\lambda,\theta}(T)dq_i = \alpha_{\lambda,\theta}(T)I_{b\lambda}(T)dA_2 \frac{dA_1 \cos\theta}{r^2}d\lambda \tag{8-23}$$

式中，$\alpha_{\lambda,\theta}(T)$ 是 dA_1 表面在温度 T 下、θ 方向的光谱定向吸收率。

另一方面，dA_1 表面在单位时间内，朝着 θ 方向在 $\lambda \sim \lambda + d\lambda$ 波长范围发射的辐射能量为

$$dq_e = I_{\lambda,\theta}(T)dA_1 \cos\theta d\omega d\lambda$$

式中，$I_{\lambda,\theta}(T)$ 是 dA_1 表面在温度 T 下、θ 方向的光谱定向辐射强度。它可用该方向的光谱定向发射率来表示，即 $I_{\lambda,\theta}(T) = \varepsilon_{\lambda,\theta}(T)I_{b\lambda}(T)$；并且立体角 $d\omega = \dfrac{dA_2}{r^2}$，于是

$$dq_e = \varepsilon_{\lambda,\theta}(T)I_{b\lambda}(T)dA_1 \cos\theta \frac{dA_2}{r^2}d\lambda \tag{8-24}$$

---

❶　文献［4］第二章的分析指出，对于高度磨光的金属表面，当它的 $\varepsilon_n \leqslant 0.1$ 时，相应地 $1.1 \leqslant \dfrac{\varepsilon}{\varepsilon_n} \leqslant 1.32$。

在热平衡条件下，dA_1 表面吸收的投入辐射能量与它自身向外发射出去的辐射能量相等，即 $dq_e = dq_a$，比较式（8-23）与式（8-24），可得

$$\varepsilon_{\lambda,\theta}(T) = \alpha_{\lambda,\theta}(T) \tag{8-25}$$

式（8-25）就是基尔霍夫定律最基本的表达式，表明在热平衡条件下，物体表面光谱定向发射率等于该表面对同温度黑体辐射的光谱定向吸收率。

光谱定向发射率 $\varepsilon_{\lambda,\theta}(T)$ 为物体表面的辐射特性，主要取决于自身的温度和表面特性；同样，指定波长的光谱定向吸收率 $\alpha_{\lambda,\theta}(T)$ 也是物体表面的辐射特性，取决于自身的温度和表面特性。因此，即使不是在热平衡条件下，投入辐射也不是黑体辐射，式（8-25）仍然成立。应予注意的是，对于全波长范围内的吸收率 α 不仅取决于自身的温度和表面特性，同时还与投入辐射能的波长分布有关；因为不同的投入辐射能，其沿波长、空间方向的分布不同，物体在全波长、半球空间的吸收率也不同。

对于漫射表面，各方向上的辐射性质相同，故漫射物体表面光谱发射率等于该物体表面的光谱吸收率，即

$$\varepsilon_{\lambda}(T) = \alpha_{\lambda}(T) \tag{8-26}$$

对灰表面，发射率与波长无关，故灰表面定向发射率等于该物体表面的定向吸收率，即

$$\varepsilon_{\theta}(T) = \alpha_{\theta}(T) \tag{8-27}$$

如果是漫射灰表面，则发射率 $\varepsilon(T)$ 不仅与方向无关，而且与波长也无关，即 $\varepsilon_{\lambda}(T) = \alpha_{\lambda}(T) \neq f(\lambda)$，$\varepsilon_{\theta}(T) = \alpha_{\theta}(T) \neq f(\theta)$。因此，漫—灰表面的发射率等于该表面的吸收率，即

$$\varepsilon(T) = \alpha(T) \tag{8-28}$$

在工程辐射传热计算中，只要参与辐射传热的各物体温差不过分悬殊，可以把物体表面当作漫射灰表面，应用 $\varepsilon(T) = \alpha(T)$ 的关系，不致造成太大的误差。但是，当研究物体表面对太阳能的吸收率时，一般不能把物体作为灰体看待，即物体在常温下的发射率不等于对太阳能的吸收率。这主要是由于实际物体吸收率不仅与本身性质和状况有关，还取决于投入辐射的特性。例如，红光投射到红玻璃上时，玻璃背面有红光透出，说明红玻璃对红光的吸收率不大；但当绿光投射到红玻璃上时，玻璃背面无光透出，说明红玻璃对绿光的吸收率很大。可见，投射光的波长对红玻璃的吸收率有很大的影响。

基于实际物体表面的非灰性质，其吸收率 α 可采用如下方法确定：对温度为 T_1 的非金属表面，其吸收率 α 可按投射物体的表面温度 T_2 查取该非金属表面的发射率。对于温度为 T_1 的金属表面，吸收率 α 可按 $T_m = \sqrt{T_1 T_2}$ 查取该金属表面的发射率。

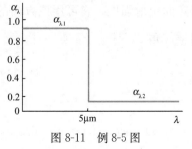

图 8-11　例 8-5 图

【例 8-5】某漫射表面温度 $T_1 = 300K$，其光谱吸收率如图 8-11 所示。把它放在壁温 $T_2 = 1200K$ 的黑空腔中，计算此表面的吸收率 α 和发射率 ε。

【解】此表面系漫射非灰表面，应按波长分段计算。

（1）根据吸收率 α 与光谱吸收率 α_λ 的关系式

$$\alpha = \frac{\int_0^\infty \alpha_\lambda G_\lambda \, \mathrm{d}\lambda}{\int_0^\infty G_\lambda \, \mathrm{d}\lambda}$$

其中，G_λ 表示某一波长下的投射光谱辐射能，由于投射来自 $T_2 = 1200\mathrm{K}$ 的黑体，故 $G_\lambda = E_{b\lambda}(\lambda, 1200)$，可得

$$\alpha = \frac{\int_0^\infty \alpha_\lambda E_{b\lambda}(\lambda, 1200) \, \mathrm{d}\lambda}{E_b(1200)} = \frac{\alpha_{\lambda_1} \int_0^{\lambda_1} E_{b\lambda}(\lambda, 1200) \, \mathrm{d}\lambda + \alpha_{\lambda_2} \int_{\lambda_1}^\infty E_{b\lambda}(\lambda, 1200) \, \mathrm{d}\lambda}{E_b(1200)}$$

即
$$\alpha = \alpha_{\lambda_1} F_{b(0-\lambda_1 T_2)} + \alpha_{\lambda_2}(1 - F_{b(0-\lambda_1 T_2)}) \qquad (a)$$

计算　$\lambda_1 T_2 = 5 \times 1200 = 6000 \mu\mathrm{m} \cdot \mathrm{K}$ 时，查表 8-1，可得 $F_{b(0-\lambda_1 T_2)} = 0.738$

故　　　　　　　$\alpha = 0.9 \times 0.738 + 0.1 \times (1 - 0.738) = 0.69$

（2）根据发射率 ε 与光谱发射率 ε_λ 的关系式（8-21）

$$\varepsilon = \frac{\int_0^\infty \varepsilon_\lambda E_{b\lambda} \, \mathrm{d}\lambda}{\int_0^\infty E_{b\lambda} \, \mathrm{d}\lambda}$$

由于是漫射表面，$\varepsilon_\lambda = \alpha_\lambda$，表面温度 $T_1 = 300\mathrm{K}$，故

$$\varepsilon = \frac{\alpha_{\lambda_1} \int_0^{\lambda_1} E_{b\lambda}(\lambda, 300) \, \mathrm{d}\lambda + \alpha_{\lambda_2} \int_{\lambda_1}^\infty E_{b\lambda}(\lambda, 300) \, \mathrm{d}\lambda}{E_b(300)}$$

即
$$\varepsilon = \alpha_{\lambda_1} F_{b(0-\lambda_1 T_1)} + \alpha_{\lambda_2}(1 - F_{b(0-\lambda_1 T_1)}) \qquad (b)$$

计算　$\lambda_1 T_1 = 5 \times 300 = 1500 \mu\mathrm{m} \cdot \mathrm{K}$，查表 8-1，可得 $F_{b(0-\lambda_1 T_1)} = 0.014$

故　　　　　　　$\varepsilon = 0.9 \times 0.014 + 0.1 \times (1 - 0.014) = 0.11$

【讨论】上述计算表明，对于非灰表面 $\varepsilon = 0.11$、$\alpha = 0.69$，两者不相等。因此，式（8-28）的关系对非灰表面是不适用的。

🔑 小　结

　　本章首先分析热辐射的本质和特点，结合表面的辐射性质引出有关热辐射的一系列术语和概念，然后提出了热辐射的基本定律。学习的基本要求是：理解每个物体既是热辐射的发射体，又是热辐射的接收体，以及热辐射本质和特点；掌握有关黑体、灰体、漫射体，发射率（黑度）、吸收率、反射率、穿透率的概念；理解和熟悉热辐射的基本定律，重点是斯蒂芬—玻尔兹曼定律和基尔霍夫定律；了解影响实际物体表面辐射特性的因素。主要内容有：

（1）作为表面的热辐射性质，主要有：对外来投入辐射所表现的吸收率 α、反射率 ρ、穿透率 τ 和由自身温度所表现出的发射率 ε。对实际表面，这些性质既有方向性又具有光谱性，即它们既和辐射的方向有关，又和辐射的波长有关。所以实际表面的辐射性质是十分复杂的。工程上为简化计算而提出了"漫"、"灰"模型：前者指各向同性的表面，即发射辐射能和反射辐射能的性质与方向无关；后者指表面的发射辐射能的光谱特性与同温度黑体的辐射光谱特性相似，或表面的光谱吸收率不随波长而变化，是一个常数。如某表面的辐射特性，除了与方向无关外，还与波长无关，则称为"漫—灰"表面，本教材主要针对这类表面作分析计算。

（2）有关黑体的概念。黑体既是一个理想的吸收体，又是理想的发射体，在热辐射中可把它作为标准物体以衡量实际物体的吸收率和发射率。基于黑体是理想吸收体，如把它置于温度为 T 的黑空腔中，利用热平衡的原理可推论出黑体尚具有如下特性：

1）在同温度条件下，黑体具有最大的辐射力，即 $E_b(T) > E(T)$；

2）黑体的辐射力是温度的单调递增函数；

3）黑体辐射各向同性，即黑体具有漫射性质，定向辐射强度与方向无关，$I_{b\theta} \neq f(\theta)$。

（3）发射率

发射率
$$\varepsilon = \frac{E}{E_b}$$

光谱发射率
$$\varepsilon_\lambda = \frac{E_\lambda}{E_{b\lambda}}$$

ε 与 ε_λ 的关系
$$\varepsilon = \frac{E}{E_b} = \frac{\displaystyle\int_0^\infty \varepsilon_\lambda E_{b\lambda} \, d\lambda}{\displaystyle\int_0^\infty E_{b\lambda} \, d\lambda}$$

对灰表面，发射率与波长没有关系，即 $\varepsilon \neq f(\lambda)$，故有 $\varepsilon = \varepsilon_\lambda$。另，还有定向发射率、光谱定向发射率等概念、相应地也有吸收率、光谱吸收率、定向吸收率、光谱定向吸收率等概念。

（4）辐射力 E 和定向辐射强度 I 均表征物体表面辐射能力。只要表面温度 $T > 0K$，就会有辐射能量。前者是每单位表面积朝半球方向在单位时间内所发射全波长的能量，而后者是某方向上每单位可见面积在单位时间、单位立体角内所发射的全波长能量。它们之间的关系是 $E = \pi I_\theta$，对黑体 $E_b = \pi I_b$。

如果是针对某一波长的辐射能量，相应有光谱辐射力 E_λ 和光谱定向辐射强度 $I_{\lambda,\theta}$，并有 $E_\lambda = \pi I_{\lambda,\theta}$，对黑体 $E_{b\lambda} = \pi I_{b\lambda}$。

（5）热辐射的基本定律有：

1）普朗克定律——揭示了黑体光谱辐射力与波长：热力学温度之间的关系。

$$E_{b\lambda} = f(\lambda, T) = \frac{C_1 \lambda^{-5}}{\exp\left(\dfrac{C_2}{\lambda T}\right) - 1}$$

2）斯蒂芬—波尔兹曼定律——给出了黑体辐射力与热力学温度之间的计算式

$$E_b = C_b \left(\frac{T}{100} \right)^4 = 5.67 \left(\frac{T}{100} \right)^4 \quad (\text{W/m}^2)$$

对灰表面
$$E = C \left(\frac{T}{100} \right)^4 = \varepsilon C_b \left(\frac{T}{100} \right)^4 \quad (\text{W/m}^2)$$

3）兰贝特定律——对于漫射表面（包括黑体），在任何方向上的定向辐射强度与方向无关；定向辐射力随方向角 θ 按余弦规律变化；

$$I_\theta = I_n = \cdots = 常数$$

或
$$E_\theta = E_n \cos\theta$$

4）基尔霍夫定律——揭示了物体发射辐射能的能力与它吸收投入辐射能能力之间的关系：

$$\varepsilon_{\lambda,\theta}(T) = \alpha_{\lambda,\theta}(T) \quad 无条件成立；$$

(a) $\varepsilon_\lambda(T) = \alpha_\lambda(T)$ 针对漫射表面成立；

(b) $\varepsilon_\theta(T) = \alpha_\theta(T)$ 针对灰表面成立；

(c) $\varepsilon(T) = \alpha(T)$ 针对漫灰表面成立。

思考题与习题

1. 热辐射和其他形式的电磁辐射有何相同之处？有何区别？

2. 为什么太阳灶的受热面要做成粗糙的黑色表面，而辐射供暖板不需要做成黑色？

3. 窗玻璃对红外线几乎是不透过的，但为什么隔着玻璃晒太阳却使人感到暖和？

4. 深秋及初冬季节的清晨在屋面上常常会看到结霜，试从传热与辐射传热的观点分析（1）为何有霜出现的早上总是晴天？（2）室外气温是否一定要低于零度？（3）结霜屋面的热阻（表面对流传热热阻及屋面材料导热热阻）对结霜有何影响？（4）相对屋面来说，外墙是否更易于结霜？

5. 有一个面积为 A_1 的小辐射源，其漫辐射强度为 $I_1 = 1.2 \times 10^3 \text{W/(m}^2 \cdot \text{sr})$。辐射探测器 A_2 与 A_1 的法线垂直，二者的间距 $L_0 = 0.2\text{m}$。在 A_1 与 A_2 之间的中心位置处有一不透辐射的屏，防止 A_1 的辐射到达探测器。小表面 A_m 是一个理想的漫反射镜，从热源发射的辐射可由 A_m 反射到探测器。如图 8-12 所示。①计算由辐射源 A_1 的发射而投射在 A_m 上的辐射能 q_{1-m}（W）；②假定辐射能 q_{1-m} 完全被漫反射，计算离开 A_m 的辐射强度 I_m [W/(m$^2 \cdot$ sr)]；③计算由离开 A_m 的反射辐射而投射在 A_2 上的辐射能 q_{m-2}（W）；④试编程计算，在间距 $0 \leq y_0 \leq 0.2\text{m}$ 范围内画出辐射能 q_{m-2} 与 y_0 的函数关系，说明所得曲线的特性。

6. 实际物体表面在某一温度 T 下的光谱辐射力 E_λ 随波长 λ 的变化曲线与它的光谱吸收率 α_λ 的变化曲线有何联系？如已知其光谱辐射力变化曲线如图 8-13 所示，试定性地画出它的光谱吸收率变化曲线。

7. 在什么条件下物体表面的发射率等于它的吸收率（$\varepsilon = \alpha$）？在什么情况下 $\varepsilon \neq \alpha$？当 $\varepsilon \neq \alpha$ 时，是否意味着物体的辐射特性违反了基尔霍夫定律？

8. 有两种材料 A 及 B，它们的光谱发射率 ε_λ 与波长的关系如图 8-14 所示，试估计这两种材料发射率随温度变化的特性，并说明理由。

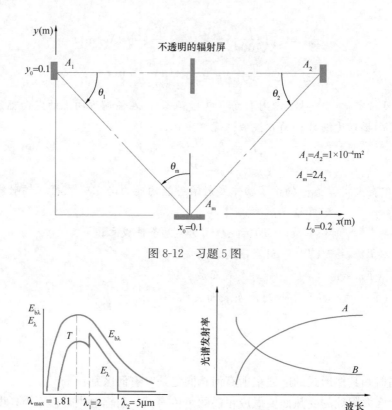

图 8-12 习题 5 图

图 8-13 习题 6 图 图 8-14 习题 8 图

9. 已知太阳与地球的距离为 1.506×10^{11} m，假设太阳表面可看成温度为 5762K 的黑体表面，并且太阳辐射到达地球大气层外侧的辐射力为 1353 W/m²（称为太阳常数），试计算太阳的半径。

10. 一直径为 20mm 的黑体辐射孔（人工黑体），其辐射力为 3.72×10^5 W/m²，用来标定光敏面积为 1.6×10^{-5} m² 的热流计。试确定：①为接收 1000W/m² 的热流密度，沿小孔法线方向上热流计与小孔之间的距离为多少？②若热流计偏离小孔法线方向 20°角，此时热流计上的热流密度为多少？设热流计法线指向黑体辐射孔。

11. 测量物体在高温条件下热导率的一种方法是把测试样品放在一个大型加热炉的底部，样品具有边长 $W \times W$、厚度 $H = 0.015$ m 的形状，其侧面绝热。炉壁的温度恒定 $T_e = 1400$ K，样品底面通过冷却水保持低温 $T_c = 300$ K，上表面为漫灰表面，发射率 $\varepsilon = 0.85$，样品上表面的温度用光学方法测出 $T_w = 1000$ K。在忽略对流传热的条件下，给出根据已知和测量数据（T_w、T_e、T_c、ε）导出样品热导率的表达式，并求样品的热导率值。

12. 在空气中有一个温度为 1000K 的黑体，试求波长为 3μm 时垂直于黑体表面方向的光谱辐射强度是多少？与黑体表面的法线成 60°角的方向上，波长 3um 的光谱辐射强度是多少？黑体表面的光谱辐射强度在多大波长上有最大值，这个最大强度是多少？这个黑体的辐射力是多少？

13. 工件在炉内加热，如表面视为黑体，试计算工件温度为 800℃ 及 1100℃ 时，所发

出的近红外波段 $0.78 \sim 2.526 \mu m$ 能量为 $600 ℃$ 时的多少倍?

14. 有一选择性吸收表面, 其光谱吸收率在小于 $1.4 \mu m$ 的波段为 0.9, 大于 $1.4 \mu m$ 时为 0.2; 试计算太阳投射辐射为 $G = 800 W/m^2$ 时, 该表面单位面积上所吸收的太阳能及对太阳辐射的总吸收率。

15. 有两种玻璃窗, 一种为普通玻璃, 一种为有机玻璃。两种玻璃的反射率在所有波段上均为 0.08; 普通玻璃的透射率在 $0.34 \sim 2.7 \mu m$ 波段为 0.9, 其他波

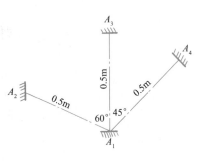

图 8-15　习题 16 图

段为 0; 有机玻璃在 $0.5 \sim 1.4 um$ 波段为 0.9, 其他波段为 0。如果太阳投射到窗上的辐射能为 $1000 W/m^2$, 试求: (1) 穿过两种玻璃进入房间的辐射能; (2) 被玻璃吸收的辐射能; (3) 被玻璃反射的辐射能; (4) 可见光被减弱的份额。

16. 有一漫射的微面积 $A_1 = 1 cm^2$, 其法向的定向辐射力 $E_n = 3500 W/(m^2 \cdot sr)$。在离开 A_1 中心为 $0.5m$ 的圆周上布置有微面积 $A_2 \, 、 A_3 \, 、 A_4$, 它们的面积亦均为 $1 cm^2$, 相对位置如图 8-15 所示。试计算 (1) A_1 的中心对 $A_2 \, 、 A_3 \, 、 A_4$ 表面所张的立体角; (2) A_1 朝 $A_2 \, 、 A_3 \, 、 A_4$ 表面所发射的辐射能; (3) $A_2 \, 、 A_3 \, 、 A_4$ 表面上接收到 A_1 表面单位面积上的投入辐射能, 忽略其他表面的影响。

17. 某温室玻璃对 $0.4 \sim 2.5 \mu m$ 波段范围内的射线透射率为 95%, 此波段以外的射线不能透过。若室内物体的黑体辐射温度为 $50 ℃$。试计算太阳辐射与室内物体所发射的能量中能够透过玻璃的部分各占总辐射能量的份额。

18. 有一漫射表面温度 $T = 1500 K$, 已知其光谱发射率 ε_λ 随波长的变化如图 8-16 所示, 试计算表面的全波长总发射率 ε 和辐射力 E。

19. 已知某表面的光谱吸收率 α_λ 随波长的变化如图 8-17(a) 所示, 该表面的投射光谱辐射能 G_λ 随波长的变化如图 8-17(b) 所示, 试计算该表面的吸收率 α。

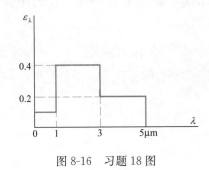

图 8-16　习题 18 图

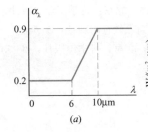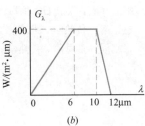

图 8-17　习题 19 图

20. 有一温度为 $500 K$ 的漫射表面, 其光谱吸收率为: $\lambda \leqslant 2 \mu m$ 时, $\alpha_\lambda = 0.9$; $\lambda > 2 \mu m$ 时, $\alpha_\lambda = 0.1$。试求该表面的发射率 ε。当它分别吸收来自 $800 K$ 和 $5800 K$ 的黑体辐射时, 其吸收率 α 各为多少?

21. 一钨灯的灯丝温度为 $2500 K$, 它的光谱发射率为: $\lambda \leqslant 2 \mu m$ 时, $\varepsilon_\lambda = 0.45$; $\lambda > 2 \mu m$ 时, $\varepsilon_\lambda = 0.1$。试计算其辐射力及发光效率 (设钨丝表面为漫射表面。可见光的波长范围为 $0.38 \sim 0.76 \mu m$)。

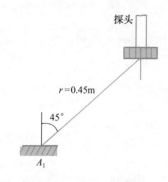

图 8-18 习题 22 图

22. 一直径为 20mm 热流计探头，用以测定一微小表面积 A_1 的辐射热流。该表面的面积为 $4 \times 10^{-4} m^2$，温度 $T_1 = 1200K$。探头与 A_1 的相互位置如图 8-18 所示。探头测得的热流为 $2.14 \times 10^{-3} W$。设 A_1 是漫射表面，探头表面的吸收率可取为 1。试确定 A_1 的发射率（环境对探头的影响可忽略不计）。

23. 冬天夜晚的天空辐射温度假设为 0K，室外空气温度为 3℃。如有两块平板面向天空，它们的发射率分别为 $\varepsilon = 0.9$ 和 $\varepsilon = 0.1$，板的下部为绝热。如空气和板面的对流表面传热系数 $h = 15W/(m^2 \cdot K)$。试计算此两板的热平衡温度各为多少。

参考文献

[1] 王补宣. 工程传热传质学(上册). 北京：科学出版社，1982.

[2] Robert Siegel, John Howell. Thermal Radiation Heat Transfer, 4th Ed., McGraw-Hill, 2002.

[3] 余其铮. 辐射传热原理. 哈尔滨：哈尔滨工业大学出版社，2000.

[4] J. P. Holman, Heat Transfer. 9th Ed. McGraw—Hill, New York, 2002.

[5] 杨世铭，陶文铨. 传热学(第三版). 北京：高等教育出版社，1998.

[6] Frank P. Incropera, David P. DeWitt. Fundamentals of Heat Transfer and Mass Transfer, 5th Ed., John Wiley&Sons, Inc., 2002.

[7] John H. Lienhard IV, John H. Lienard V. A Heat Transfer Textbook, 3rd Ed., Phlogiston Press, 2005.

[8] M. F. Modest. Radiative Heat Transfer. McGraw-Hill, New York, 2002.

[9] R. Sigel, J. Howell. 热辐射传热. 北京：科学出版社，1990.

[10] 佛兰克 P. 英克鲁佩勒，大卫 P. 德维特，狄奥多尔 L. 伯格曼，等. 传热和传质基本原理习题详解. 叶宏，葛新石，徐斌译. 北京：化学工业出版社，2007.

[11] 赵镇南. 传热学. 北京：高等教育出版社，2002.

[12] 张靖周，常海萍. 传热学. 北京：科学出版社，2009.

第九章　辐 射 传 热 计 算

温度不同的表面间被透明介质（如真空、空气等）或半透明介质（如烟气等）所分隔，此时表面间会有辐射传热。影响辐射传热的因素有：表面温度、表面的几何特性（面积大小、形状）、表面间的相对位置、表面的辐射性质以及表面之间的介质。本章仅对被透明介质分隔开的黑表面和漫射灰表面做分析，至于其他性质的表面以及表面之间半透明介质等对辐射传热的影响可参阅有关书籍。另外，本章对气体辐射和太阳辐射做了简要介绍。

在稳态导热和对流传热计算中，均曾用欧姆定律的形式来分析导热热阻和对流传热热阻。物体表面间辐射传热时也同样可用辐射热阻来分析。本章将介绍辐射热阻网络图方法计算多个表面间的辐射传热，这是辐射传热计算中比较方便的一种方法。

第一节　黑表面间的辐射传热

一、任意位置两非凹黑表面间的辐射传热

1. 两黑表面间的辐射传热

有任意放置的两非凹黑表面 A_1、A_2，它们的温度各为 T_1、T_2。从表面上分别取微面积 dA_1、dA_2，两者的距离为 r，两微面积的法线与连线间的夹角分别为 θ_1、θ_2（见图9-1）。

从上一章定向辐射强度定义式（8-5）可知，微面积 dA_1 投射到微面积 dA_2 的辐射能为：

$$d^2\Phi_{dA_1-dA_2} = I_{b1}\,dA_1\cos\theta_1\,d\omega_1$$

因为黑体表面的辐射遵循兰贝特定律，故 $E_{b1}=\pi I_{b1}$；由立体角的定义式知，$d\omega_1 = \dfrac{dA_2\cos\theta_2}{r^2}$ 代入上式，可得

$$d^2\Phi_{dA_1-dA_2} = E_{b1}\frac{\cos\theta_1\cos\theta_2}{\pi r^2}dA_1\,dA_2$$

同理，从微面积 dA_2 投射到微面积 dA_1 的辐射能为

$$d^2\Phi_{dA_2-dA_1} = E_{b2}\frac{\cos\theta_1\cos\theta_2}{\pi r^2}dA_1\,dA_2$$

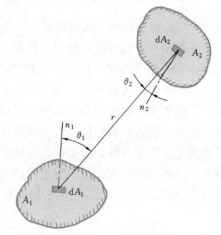

图 9-1　任意位置两非凹黑表面的辐射传热

由于是黑表面间的辐射传热，故微面积 dA_1 和 dA_2 之间的辐射传热量为

$$d^2\Phi_{dA_1,dA_2} = d^2\Phi_{dA_1-dA_2} - d^2\Phi_{dA_2-dA_1} = (E_{b1}-E_{b2})\frac{\cos\theta_1\cos\theta_2}{\pi r^2}dA_1\,dA_2$$

因此，黑表面 A_1 和 A_2 之间的辐射传热量为

$$\Phi_{1,2} = \iint\limits_{A_1 A_2} \mathrm{d}^2\Phi_{\mathrm{d}A_1,\mathrm{d}A_2} = (E_{\mathrm{b}1} - E_{\mathrm{b}2}) \iint\limits_{A_1 A_2} \frac{\cos\theta_1 \cos\theta_2}{\pi r^2} \mathrm{d}A_1 \mathrm{d}A_2 \qquad (9\text{-}1)$$

2. 角系数

从图 9-1 可以看出，离开 A_1 的辐射能中只有一部分落到 A_2 上；同时，离开 A_2 的辐射能中也只有一部分落到 A_1 上。为此，引入角系数概念，表示离开表面的辐射能中直接落到另一表面或自身上的百分数。可采用 $X_{1,2}$ 表示离开 A_1 的辐射能量中落到 A_2 上的百分数，称为 A_1 对 A_2 的角系数。同理，A_2 对 A_1 的角系数可写成 $X_{2,1}$。角系数中的第一角码指辐射能离开的表面，第二角码指辐射能直接落到的表面。值得注意的是，角系数仅表示离开某表面的辐射能中到达另一表面的百分数，而与另一表面的吸收能力无关。

微面积 $\mathrm{d}A_1$ 对微面积 $\mathrm{d}A_2$ 的角系数 $X_{\mathrm{d}A_1,\mathrm{d}A_2}$

$$X_{\mathrm{d}A_1,\mathrm{d}A_2} = \frac{\mathrm{d}^2\Phi_{\mathrm{d}A_1-\mathrm{d}A_2}}{\mathrm{d}\Phi_{\mathrm{d}A_1}} = \frac{E_{\mathrm{b}1}\dfrac{\cos\theta_1\cos\theta_2}{\pi r^2}\mathrm{d}A_1\mathrm{d}A_2}{E_{\mathrm{b}1}\mathrm{d}A_1} = \frac{\cos\theta_1\cos\theta_2}{\pi r^2}\mathrm{d}A_2$$

微面积 $\mathrm{d}A_1$ 对表面积 A_2 的角系数 $X_{\mathrm{d}A_1,A_2}$

$$X_{\mathrm{d}A_1,A_2} = \frac{\mathrm{d}\Phi_{\mathrm{d}A_1-A_2}}{\mathrm{d}\Phi_{\mathrm{d}A_1}} = \frac{\displaystyle\int_{A_2}\mathrm{d}^2\Phi_{\mathrm{d}A_1-\mathrm{d}A_2}}{\mathrm{d}\Phi_{\mathrm{d}A_1}} = \int_{A_2}\frac{\cos\theta_1\cos\theta_2}{\pi r^2}\mathrm{d}A_2$$

表面积 A_1 对表面积 A_2 的角系数 $X_{1,2}$

$$X_{1,2} = \frac{\Phi_{A_1-A_2}}{\Phi_{A_1}} = \frac{\displaystyle\iint\limits_{A_1 A_2}\mathrm{d}^2\Phi_{\mathrm{d}A_1-\mathrm{d}A_2}}{\Phi_{A_1}} = \frac{1}{A_1}\iint\limits_{A_1 A_2}\frac{\cos\theta_1\cos\theta_2}{\pi r^2}\mathrm{d}A_1\mathrm{d}A_2 \qquad (9\text{-}2a)$$

式（9-2a）为角系数的一般计算式，虽然是从黑体表面辐射传热推导出来的，但从该式可见，角系数是一个纯粹的几何量，仅取决于表面的大小和相对位置，与辐射物体是否是黑体无关，它同样适用非黑体表面间的辐射传热。不过，在以上推导中应用了两个前提条件：（1）物体表面为漫表面，即物体发射的定向辐射强度及反射的定向辐射强度与方向无关；（2）物体表面的辐射物性均匀，即温度均匀、发射率及反射率均匀。由上述两个前提条件可推知，投入辐射也均匀。只有这样，才能将非几何因素排除。尽管实际工程上往往不可能满足这两个条件，但是由此导致的误差都在工程计算允许范围内或引入修正系数予以提高计算准确性，因此在工程上广泛采用角系数这个概念。

同理，表面积 A_2 对表面积 A_1 的角系数 $X_{2,1}$

$$X_{2,1} = \frac{\Phi_{A_2-A_1}}{\Phi_{A_2}} = \frac{1}{A_2}\iint\limits_{A_1 A_2}\frac{\cos\theta_1\cos\theta_2}{\pi r^2}\mathrm{d}A_1\mathrm{d}A_2 \qquad (9\text{-}2b)$$

从式（9-2a）及式（9-2b）可以看出

$$X_{1,2}A_1 = X_{2,1}A_2 \qquad (9\text{-}3)$$

式（9-3）表示了两表面在辐射传热时的互换性，此性质称为角系数的相对性，也称互换性。

3. 辐射空间热阻

由式（9-2a）、式（9-2b）和式（9-3）可知，稳态辐射传热情况下，任意放置两黑表面间的辐射传热计算式（9-1）可写成

$$\Phi_{1,2} = (E_{b1} - E_{b2})X_{1,2}A_1 = (E_{b1} - E_{b2})X_{2,1}A_2 \tag{9-4}$$

显然，要计算 $\Phi_{1,2}$ 的关键是确定表面间的辐射角系数。有关角系数的确定方法将在第三节中介绍，这里暂且把它作为已知值。

式（9-4）亦可写作
$$\Phi_{1,2} = \frac{E_{b1} - E_{b2}}{\dfrac{1}{X_{1,2}A_1}}$$

把它和欧姆定律相比，E_{b1}、E_{b2} 比做电位，$\dfrac{1}{X_{1,2}A_1}$ 比做电阻，则电流就是辐射传热量 $\Phi_{1,2}$。因此，两黑表面间的稳态辐射传热可以用简单的网络图来模拟，$\dfrac{1}{X_{1,2}A_1}$ 称为辐射空间热阻，简称空间热阻，见图 9-2。

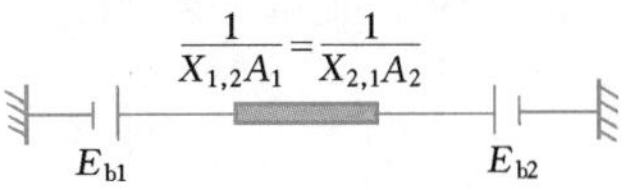

图 9-2 辐射空间热阻

它取决于表面间的几何关系，当表面间的角系数越小或表面积越小，则能量从表面 1 投射到表面 2 上的空间热阻就越大。

对于两平行的黑体大平壁（$A_1 = A_2 = A$），若略去周边溢出的辐射热量，可以认为 $X_{1,2} = X_{2,1} = 1$，且由斯蒂芬—波尔兹曼定律知：$E_b = \sigma_b T^4$，此时

$$\Phi_{1,2} = (E_{b1} - E_{b2})A = \sigma_b(T_1^4 - T_2^4)A$$

二、封闭空腔诸黑表面间的辐射传热

如果把周围的环境，包括天空、周围壁面等都考虑进去，则参与辐射传热的表面实际上总是构成一个封闭的空腔。而且严格地说，只有把它们放在一个完全封闭的空间里，才能分析、计算表面间的辐射传热过程。否则，就需要忽略开口表面或外界环境对辐射传热系统的影响，其计算结果也不是表面间的净得失热量。今后讨论研究的所有辐射传热问题都是在一个封闭空腔中进行的，这是计算表面间辐射传热的基本方法——空腔法。实际上，组成封闭空腔的表面未必都是实际表面，它们可以是虚拟的、人为设定的，当然计算前，必须确定这些表面的物性、温度等参数或辐射热流。

设有 n 个黑表面组成空腔（图 9-3），各表面的温度分别为 T_1、T_2、T_3……T_n，需要计算某一表面与空腔各表面间的辐射传热。空腔表面 i 向所有表面投射能量的总和就是它向外发射的总能量，即：

$$\Phi_i = \Phi_{i,1} + \Phi_{i,2} + \cdots \Phi_{i,n} = \sum_{j=1}^{n} \Phi_{i,j}$$

将上式除以 Φ_i，按角系数定义，可得

$$1 = X_{i,1} + X_{i,2} + \cdots X_{i,n} = \sum_{j=1}^{n} X_{i,j} \tag{9-5}$$

显然，表面 i 对所有表面的能量投射百分数（角系数）之和等于 1。表示了封闭空腔中诸表面间辐射传热的完整性，此性质称为角系数的完整性。

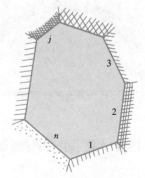

图 9-3 多个黑表面组成的空腔

如要计算黑表面 i 与所有黑表面间的辐射传热，应用式（9-4）可以得到

$$\Phi_i = \sum_{j=1}^{n} \Phi_{i,j} = \sum_{j=1}^{n} (E_{bi} - E_{bj}) X_{i,j} A_i = \sum_{j=1}^{n} E_{bi} X_{i,j} A_i - \sum_{j=1}^{n} E_{bj} X_{i,j} A_i$$

根据角系数完整性和相对性，上式可写成

$$\Phi_i = E_{bi} A_i - \sum_{j=1}^{n} E_{bj} X_{j,i} A_j \qquad (9\text{-}6)$$

可以看到，黑表面 i 和周围诸黑表面的总辐射传热量，就是黑表面 i 发射的能量与诸黑表面向表面 i 投射能量的差额。

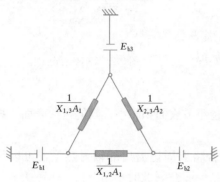

图 9-4　三个黑表面组成空腔的辐射网络

对于多个黑表面间的辐射传热网络，可以仿照图 9-2，在任意两个黑表面间均连接一相应的辐射空间热阻即成。如由三个黑表面组成的封闭空腔，其辐射网络见图 9-4，每个黑表面按其温度各有相应的电位节点 E_{bi}。对于由 n 个黑表面组成的封闭腔，就有 n 个电位节点。

当组成封闭空腔的诸表面中，若有某个表面 j 为绝热时，它在参与辐射传热过程中没有净热量交换，即 $\Phi_j = 0$，则在辐射网络图中该表面所表示的节点不同外电源相连接，该表面的辐射力或温度相应的电位 E_{bj} 就成为浮动电位（见例 9-1 中的表面 3）。通常，加热炉中的反射拱，辐射加热器中的反射屏，如忽略其向外界环境散热损失，则可作为绝热表面处理，这种表面也称重辐射面。它的特点是：将投射过来的辐射能全部反射出去，也就是说将投射来的能量通过反射分布到组成封闭空腔的其他诸表面上去，自身与封闭空腔外的物体没有热量传递，它的温度由封闭空腔内的其他表面确定，所以它对辐射传热是有影响的。

【例 9-1】 有一半球形容器 $r=1\mathrm{m}$，底部的圆形面积上有温度为 200℃ 的辐射表面 1 和温度为 40℃ 的吸热表面 2（图 9-5），它们各占圆形面积之半。表面 1、2 均系黑表面，容器壁面 3 是绝热表面。试计算表面 1、2 间的净辐射传热量和容器壁 3 的温度。

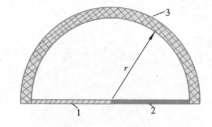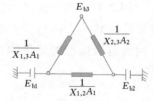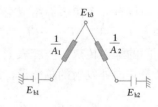

图 9-5　例 9-1 图

【解】 本题系由三个表面组成的封闭空腔，每个表面的辐射净热量按式（9-6），可得

$$\Phi_1 = E_{b1} A_1 - \sum_{j=1}^{3} E_{bj} X_{j,1} A_j \qquad (a)$$

$$\Phi_2 = E_{b2} A_2 - \sum_{j=1}^{3} E_{bj} X_{j,2} A_j \qquad (b)$$

$$\Phi_3 = E_{b3} A_3 - \sum_{j=1}^{3} E_{bj} X_{j,3} A_j = 0 \qquad (c)$$

根据已知的几何形状，各个表面间的角系数为

$$X_{1,1} = X_{1,2} = X_{2,1} = X_{2,2} = 0$$

$$X_{1,3} = X_{2,3} = 1$$

由角系数的相对性
$$X_{1,3}A_1 = X_{3,1}A_3$$

$$X_{2,3}A_2 = X_{3,2}A_3$$

所以
$$X_{3,1} = \frac{A_1}{A_3}X_{1,3} = \frac{\pi r^2/2}{2\pi r^2} \times 1 = 0.25 = X_{3,2}$$

由角系数完整性
$$X_{3,1} + X_{3,2} + X_{3,3} = 1$$

所以
$$X_{3,3} = 0.5$$

从式 (c)，可得 $E_{b3}A_3 - E_{b1}X_{1,3}A_1 - E_{b2}X_{2,3}A_2 - E_{b3}X_{3,3}A_3 = 0$

应用斯蒂芬—波尔兹曼定律 $E_b = \sigma_b T^4$，解得

$$T_3^4 = \frac{T_1^4 + T_2^4}{2}$$

代入已知条件，可求得绝热表面 3 的表面温度

$$T_3 = 415.6\text{K} \text{ 或者 } 142.6℃$$

表面 1、2 的净辐射传热量，可由式 (a) 和式 (b) 计算，因为表面 3 是绝热表面，故 $\Phi_1 = -\Phi_2 = \Phi_{1,2}$。从式 (a) 得

$$\Phi_1 = E_{b1}A_1 - E_{b1}X_{1,1}A_1 - E_{b2}X_{2,1}A_2 - E_{b3}X_{3,1}A_3$$

$$= E_{b1}A_1 - E_{b3}X_{1,3}A_1 = A_1\sigma_b(T_1^4 - T_3^4)$$

$$= A_1 C_b\left[\left(\frac{T_1}{100}\right)^4 - \left(\frac{T_3}{100}\right)^4\right]$$

$$= \frac{\pi}{2} \times 1^2 \times 5.67 \times \left[\left(\frac{473}{100}\right)^4 - \left(\frac{415.6}{100}\right)^4\right] = 1801.0\text{W}$$

【讨论】本题如用网络法求解则更简便直观。由于 $X_{1,2} = 0$，故可把表面 1、2 间的连接热阻断开，这样图 9-5 左侧的网络图便简化为图右侧网络图。此时，表面 1、2 间的总辐射热阻由表面 1、3 间和表面 2、3 间的空间热阻之和组成，即

$$\Sigma R = \frac{1}{A_1} + \frac{1}{A_2} = \frac{A_1 + A_2}{A_1 A_2} = \frac{4}{\pi}$$

故
$$\Phi_{1,2} = \frac{E_{b1} - E_{b2}}{\Sigma R} = \frac{\sigma_b(T_1^4 - T_2^4)}{4/\pi} = \frac{\pi}{4} \times 5.67 \times (4.73^4 - 3.13^4) = 1801.0\text{W}$$

至于绝热表面 3 的温度 T_3 或相应的浮动节点电位 E_{b3}，也可从网络图中很方便求得。

表面 3 相当于一个反射拱，将其他表面投射过来的辐射能反射给空腔内的诸表面。在工业窑炉中，炉顶和炉壁的保温隔热效果一般都很好，相当于绝热表面。此时，火焰在加热工件的同时，也在加热炉顶和炉壁，这些绝热表面将火焰传递过来的辐射能反射给工件，促进了工件被加热的均匀性。

另外，请思考，把半球面改为圆柱面，对计算结果是否有影响？哪些数值有变化？为什么？

第二节　灰表面间的辐射传热

一、有效辐射

1. 有效辐射

灰表面间的辐射传热比黑表面要复杂，这是因为灰表面只吸收一部分投入辐射，其余反射出去，这样在灰表面间形成多次吸收、反射的现象。

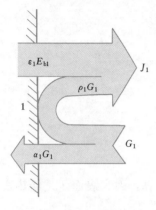

对灰表面间的辐射传热计算，通常引用有效辐射的概念以使计算得到简化。图 9-6 表示了灰体表面 1 的有效辐射 J_1，是指单位时间离开单位面积表面的总辐射能，由表面的本身辐射 $\varepsilon_1 E_{b1}$ 和投入辐射的反射 $\rho_1 G_1$ 组成，即

$$J_1 = \varepsilon_1 E_{b1} + \rho_1 G_1 = \varepsilon_1 E_{b1} + (1 - \alpha_1) G_1 \quad (W/m^2)$$

$$(9\text{-}7a)$$

式中，G_1 是单位时间外界对表面 1 单位面积的投入辐射，W/m^2；ρ_1、α_1 分别为表面 1 的反射率和吸收率。

辐射测量中，用探测仪所测到的灰表面的辐射能，实际上都是有效辐射。

图 9-6　有效辐射示意图

2. 辐射表面热阻

单位面积漫射灰表面的辐射传热量可以从不同的角度来分析。假定以向外界净传热量为正值，则从表面外部来看，应是该表面的有效辐射与投入辐射之差，从表面内部来看，则应是本身辐射与吸收辐射之差，即

$$\frac{\Phi_1}{A_1} = J_1 - G_1 = \varepsilon_1 E_{b1} - \alpha_1 G_1 \quad (W/m^2) \tag{9-7b}$$

从上式中消去 G_1，并考虑漫射灰表面：$\alpha_1 = \varepsilon_1$，可得

$$\Phi_1 = \frac{\varepsilon_1}{1 - \varepsilon_1} A_1 (E_{b1} - J_1) = \frac{E_{b1} - J_1}{\frac{1 - \varepsilon_1}{\varepsilon_1 A_1}} \quad (W) \tag{9-7c}$$

式（9-7c）为漫射灰表面间辐射传热的网络模拟提供了依据。前节提到黑表面间的辐射传热是以黑表面的辐射力 E_b 比做电位，但对灰表面来说，应把它的有效辐射 J 比做电位，而把 $\frac{1 - \varepsilon_1}{\varepsilon_1 A_1}$ 比做是 E_{b1} 和 J_1 之间的辐射表面热阻，或简称表面热阻（图 9-7）。可以看出，灰表面的吸收率或发射率越大，即表面越接近黑体，表面热阻就越小。对黑表面来说，表面热阻为零，此时有效辐射 J_1 就是黑体辐射力 E_{b1}。

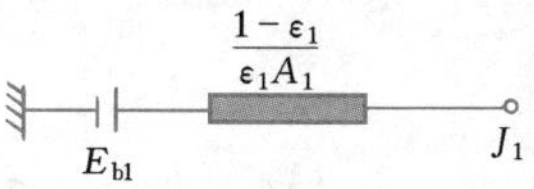

图 9-7　辐射表面热阻

二、组成封闭腔的两灰表面间的辐射传热

将前述黑表面间辐射传热网络图应用于灰表面间的辐射传热，只要在每个节点和电源之间加入一个相应的表面热阻 $\frac{1 - \varepsilon_i}{\varepsilon_i A_i}$ 即可。对于由两个灰表面组成的封闭空腔，表面间的

辐射传热网络如图 9-8 所示，它是一串联热阻网络，由此不难得出组成封闭腔的两表面间辐射传热计算式为

$$\Phi_{1,2} = \frac{E_{b1} - E_{b2}}{\dfrac{1-\varepsilon_1}{\varepsilon_1 A_1} + \dfrac{1}{X_{1,2} A_1} + \dfrac{1-\varepsilon_2}{\varepsilon_2 A_2}} \quad (\text{W})$$

$$(9\text{-}8a)$$

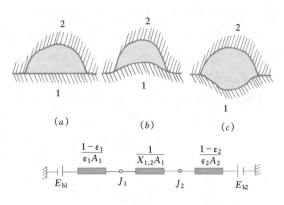

如用 A_1 作为计算表面积，上式可写为

$$\begin{aligned}\Phi_{1,2} &= \frac{A_1(E_{b1} - E_{b2})}{\left(\dfrac{1}{\varepsilon_1} - 1\right) + \dfrac{1}{X_{1,2}} + \dfrac{A_1}{A_2}\left(\dfrac{1}{\varepsilon_2} - 1\right)} \\ &= \varepsilon_s X_{1,2} A_1 (E_{b1} - E_{b2}) \quad (\text{W})\end{aligned}$$

$$(9\text{-}8b)$$

图 9-8　两个灰表面组成封闭腔的辐射传热网络

式中

$$\varepsilon_s = \frac{1}{1 + X_{1,2}\left(\dfrac{1}{\varepsilon_1} - 1\right) + X_{2,1}\left(\dfrac{1}{\varepsilon_2} - 1\right)}$$

将式（9-8b）与式（9-4）相比，多了一个修正因子 ε_s。它是考虑由于灰表面的发射率小于 1，而引起多次吸收与反射对辐射传热量影响的因子，其值小于 1，称为系统发射率。

式（9-8）还可针对如下两种常见的辐射问题予以简化：

1. 两无限大平行灰平壁的辐射传热

由于　　　　　　$A_1 = A_2 = A$，且 $X_{1,2} = X_{2,1} = 1$，式（9-8）可简化为

$$\Phi_{1,2} = \frac{A(E_{b1} - E_{b2})}{\dfrac{1}{\varepsilon_1} + \dfrac{1}{\varepsilon_2} - 1} = \varepsilon_s A \sigma_b (T_1^4 - T_2^4) \quad (\text{W}) \tag{9-9}$$

其中系统发射率　　　　　　　$\varepsilon_s = \dfrac{1}{\dfrac{1}{\varepsilon_1} + \dfrac{1}{\varepsilon_2} - 1}$

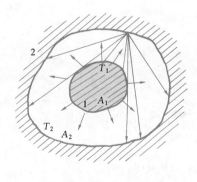

图 9-9　空腔与内包壁
面间的辐射传热
1—内包壁；2—外包壁

2. 其中一个表面为平面或凸表面的辐射传热

在两个表面辐射传热中，若有一个非凹表面 A_1，则 $X_{1,2} = 1$（图 9-9 以及图 9-8 中的 a、b 两种情形），此时式（9-8a）可简化为

$$\Phi_{1,2} = \frac{A_1(E_{b1} - E_{b2})}{\dfrac{1}{\varepsilon_1} + \dfrac{A_1}{A_2}\left(\dfrac{1}{\varepsilon_2} - 1\right)} \quad (\text{W}) \tag{9-10}$$

如果 $A_2 \gg A_1$，且 ε_2 的数值较大，例如车间内的辐射供暖板、热力管道、气体容器内或管道内的热电偶等，其面积远比周围壁面小，此时 $\dfrac{A_1}{A_2}$ 是一个很小的值，且 $\left(\dfrac{1}{\varepsilon_2} - 1\right)$ 不是很大，两者的乘积与 $\dfrac{1}{\varepsilon_1}$ 相比可以略去不计，则式（9-10）可改写为

$$\Phi_{1,2} = \varepsilon_1 A_1 (E_{b1} - E_{b2}) \quad (\text{W}) \tag{9-11}$$

此时，计算辐射传热量不需要知道周围壁面面积 A_2 和发射率 ε_2。

【例 9-2】 某房间内的圆筒形辐射式暖气，其直径为 0.3m，高 1m，立于地面上，上表面绝热。已知，暖气表面的发射率 $\varepsilon_1 = 0.94$，温度 $t_1 = 47℃$。求辐射式暖气表面与房间墙面间的辐射传热量。已知墙面温度 $t_2 = 17℃$。

【解】 辐射式暖气表面 A_1 比周围墙面 A_2 小得多（$A_1 \ll A_2$），故可用式（9-11）来计算

$$\Phi_{1,2} = \varepsilon_1 A_1 (E_{b1} - E_{b2})$$

$$= \varepsilon_1 A_1 C_b \left[\left(\frac{T_1}{100} \right)^4 - \left(\frac{T_2}{100} \right)^4 \right]$$

$$= 0.94 \times \pi \times 0.3 \times 1 \times 5.67 \left[\left(\frac{47+273}{100} \right)^4 - \left(\frac{17+273}{100} \right)^4 \right]$$

$$= 171.4 \text{W}$$

【讨论】 此时，房间墙面的发射率对计算结果无影响，能否从物理概念上加以解释？另外，暖气的表面温度相对周围空气温度高出很多，故暖气与房间的总传热量还应该包括暖气与其周围空气的自然对流传热。再有，本题计算得到的是暖气与房间墙面之间的总辐射传热量，试问房间各墙面所得到的热量相同吗？本题目所得结果与实际情况有哪些差别？是由于什么原因造成的？若房间各墙面温度不同，怎么办？

三、封闭空腔中诸灰表面间的辐射传热

1. 网络法求解

先讨论较简单的多个表面间的辐射传热——由 3 个灰表面组成的封闭空腔，各表面间的辐射传热网络可在图 9-4 的基础上增加各节点的表面热阻，如图 9-10 所示。为计算各

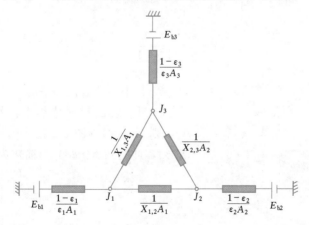

图 9-10　三个灰表面组成封闭腔辐射传热网络

表面的有效辐射（相当于网络中的节点电位 J_i），可应用电学的基尔霍夫电流定律——流入每个节点的电流（相当于热流）总和等于零，从而可列出 J_i 的方程组，即

节点 1
$$\frac{E_{b1} - J_1}{\frac{1-\varepsilon_1}{\varepsilon_1 A_1}} + \frac{J_2 - J_1}{\frac{1}{X_{1,2} A_1}} + \frac{J_3 - J_1}{\frac{1}{X_{1,3} A_1}} = 0 \tag{1}$$

节点 2

$$\frac{E_{b2}-J_2}{\frac{1-\varepsilon_2}{\varepsilon_2 A_2}}+\frac{J_1-J_2}{\frac{1}{X_{2,1}A_2}}+\frac{J_3-J_2}{\frac{1}{X_{2,3}A_2}}=0 \qquad (2)$$

节点 3

$$\frac{E_{b3}-J_3}{\frac{1-\varepsilon_3}{\varepsilon_3 A_3}}+\frac{J_1-J_3}{\frac{1}{X_{3,1}A_3}}+\frac{J_2-J_3}{\frac{1}{X_{3,2}A_3}}=0 \qquad (3)$$

联立求解后，可得出各表面的有效辐射值。

如果诸灰表面中有某表面 i 为绝热面（属于重辐射面[❶]之一），由于 $\varPhi_i=0$，网络中该节点不与电源相连，其有效辐射 J_i 值是浮动的，由其他表面的温度及空间位置来确定。这样，即使在节点上加表面热阻 $\frac{1-\varepsilon_i}{\varepsilon_i A_i}$ 也不会影响节点电位。这表明绝热面的温度与其发射率无关。

【例 9-3】两个相距 300mm、半径为 300mm 的平行放置的圆盘，它们的圆心法线重合。相对两表面的温度分别为 $t_1=500℃$ 及 $t_2=227℃$，发射率分别为 $\varepsilon_1=0.2$ 及 $\varepsilon_2=0.4$，两表面间的辐射角系数 $X_{1,2}=0.38$。圆盘的另外两个表面不参与传热。当将此圆盘置于一壁温为 $t_3=27℃$ 的一个大房间内，试计算每个圆盘的净辐射散热量及大房间壁面所得到的辐射热量。

【解】根据题意，这是由 3 个灰表面组成的辐射传热问题。因大房间壁面的表面积很大，其表面热阻 $\frac{1-\varepsilon_3}{\varepsilon_3 A_3}$ 可取为零。其辐射网络如图 9-11 所示。

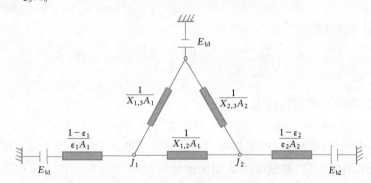

图 9-11　例 9-3 图

据角系数相对性和完整性可知 $X_{1,2}=X_{2,1}=0.38$

$$X_{1,3}=X_{2,3}=1-X_{1,2}=1-0.38=0.62$$

计算网络中的各热阻值：

$$A_1=A_2=\pi\times0.3^2=0.283\text{m}^2$$

$$\frac{1-\varepsilon_1}{\varepsilon_1 A_1}=\frac{1-0.2}{0.2\times0.283}=14.1\text{m}^{-2}$$

[❶] 由式（9-7b）和式（9-7c）可知，对于重辐射面 $J_i=G_i=E_{bi}$，即重辐射面的特点是它的有效辐射等于投射辐射，等于某一温度下的黑体辐射力，表面净热流量为零，重辐射面的温度由其他表面所决定。从能量数量的角度看，可以把重辐射面视为反射率等于 1 的反射面，它将投射来的能量全部反射出去。

$$\frac{1-\varepsilon_2}{\varepsilon_2 A_2} = \frac{1-0.4}{0.4 \times 0.283} = 5.3 \mathrm{m}^{-2}$$

$$\frac{1}{X_{1,2} A_1} = \frac{1}{0.38 \times 0.283} = 9.3 \mathrm{m}^{-2}$$

$$\frac{1}{X_{1,3} A_1} = \frac{1}{X_{2,3} A_2} = \frac{1}{0.62 \times 0.283} = 5.7 \mathrm{m}^{-2}$$

根据基尔霍夫电流定律，流入每个节点的电流总和等于零。由式(a)、式(b)可知，J_1和J_2有：

$$\frac{E_{b1}-J_1}{14.1} + \frac{J_2-J_1}{9.3} + \frac{E_{b3}-J_1}{5.7} = 0$$

$$\frac{E_{b2}-J_2}{5.3} + \frac{J_1-J_2}{9.3} + \frac{E_{b3}-J_2}{5.7} = 0$$

而

$$E_{b1} = \sigma_b T_1^4 = 5.67 \times 10^{-8} \times 773^4 = 20244 \mathrm{W/m}^2$$

$$E_{b2} = \sigma_b T_2^4 = 5.67 \times 10^{-8} \times 500^4 = 3544 \mathrm{W/m}^2$$

$$E_{b3} = \sigma_b T_3^4 = 5.67 \times 10^{-8} \times 300^4 = 459 \mathrm{W/m}^2$$

将E_{b1}、E_{b2}、E_{b3}的值代入方程，联立求解得

$$J_1 = 5129 \mathrm{W/m}^2 \qquad J_2 = 2760 \mathrm{W/m}^2$$

热圆盘的净辐射热量为

$$\Phi_1 = \frac{E_{b1}-J_1}{\dfrac{1-\varepsilon_1}{\varepsilon_1 A_1}} = \frac{20244-5129}{14.1} = 1072 \mathrm{W}$$

冷圆盘的净辐射热量为

$$\Phi_2 = \frac{E_{b2}-J_2}{\dfrac{1-\varepsilon_2}{\varepsilon_2 A_2}} = \frac{3544-2760}{5.3} = 148 \mathrm{W}$$

大房间壁面所得到的净辐射热量为

$$\Phi_3 = -(\Phi_1 + \Phi_2) = -(1072+148) = -1220 \mathrm{W}$$

【讨论】两个圆盘的净辐射传热量Φ_1及Φ_2均为正值，说明两个圆盘都向环境放出热量。按能量守恒定律，这些热量必为房间壁面所吸收。

【例 9-4】假定上例中两圆盘被置于一绝热大烘箱中，在其他条件不变时，试计算高温圆盘的净辐射热量以及烘箱壁面的温度。

【解】本例题与上例的区别在于大烘箱的壁面是绝热面（又称重辐射面），不能将热量传向外界，其辐射网络如图 9-12 所示。因其他条件不变，上例中各阻值及E_{b1}、E_{b2}的值在本例中仍有效。这些值为

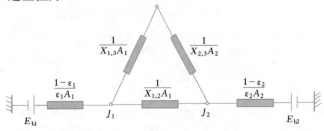

图 9-12　例 9-4 图

$$R_1 = \frac{1 - \varepsilon_1}{\varepsilon_1 A_1} = 14.1 \text{m}^{-2}$$

$$R_2 = \frac{1 - \varepsilon_2}{\varepsilon_2 A_2} = 5.3 \text{m}^{-2}$$

$$R_{1,2} = \frac{1}{X_{1,2} A_1} = 9.3 \text{m}^{-2}$$

$$R_{1,3} = R_{2,3} = \frac{1}{X_{1,3} A_1} = 5.7 \text{m}^{-2}$$

$$E_{b1} = 20244 \text{W/m}^2 \qquad E_{b2} = 3544 \text{W/m}^2$$

上述热阻网络相当于电路中的串、并联电路，故在 E_{b1} 与 E_{b2} 之间的总热阻为

$$\Sigma R = R_1 + \frac{1}{\dfrac{1}{R_{1,2}} + \dfrac{1}{R_{1,3} + R_{2,3}}} + R_2 = 14.1 + \frac{1}{\dfrac{1}{9.3} + \dfrac{1}{5.7 + 5.7}} + 5.3 = 24.5 \text{m}^{-2}$$

高温圆盘的净辐射热量为

$$\Phi_{1,2} = \frac{E_{b1} - E_{b2}}{\Sigma R} = \frac{20244 - 3544}{24.5} = 682 \text{W}$$

根据热阻网络图，计算可得高温圆盘的有效辐射为

$$J_1 = E_{b1} - \Phi_{1,2} \times R_1 = 20244 - 682 \times 14.1 = 10628 \text{W/m}^2$$

低温圆盘的有效辐射为

$$J_2 = E_{b2} + \Phi_{1,2} \times R_2 = 3544 + 682 \times 5.3 = 7159 \text{W/m}^2$$

由于 $R_{1,3} = R_{2,3}$，可得 $J_3 = (J_1 + J_2)/2 = 8894 \text{W/m}^2$

根据重辐射面的特点 $J_3 = G_3 = E_{b3} = \sigma_b T_3^4$，得

$$T_3 = \left(\frac{E_{b3}}{\sigma_b} \right)^{1/4} = \left(\frac{8894}{5.67 \times 10^{-8}} \right)^{1/4} = 629 \text{K}$$

故烘箱壁面温度为 629K（或 356℃）。

【讨论】上例中，大房间的壁面温度为已知确定值，并且房间壁面与辐射传热系统以外的环境存在热量传递。仅仅是由于房间壁面的表面积非常大，导致其表面热阻可忽略不计。而当把大房间改为绝热烘箱后，实际上就是把原来的非绝热壁面改成绝热壁面（或重辐射面）后，辐射传热情况发生了变化：高温圆盘的净辐射热量减少了约 36.4%；低温圆盘从一个净放热面而成为一个净吸热表面。试问低温圆盘的净辐射吸热量是多少？另外，从烘箱壁面温度的计算可知，烘箱壁面温度处于高温圆盘和低温圆盘之间，烘箱壁面接收到的投入辐射全部反射出去了，烘箱壁面参与了辐射传热过程，但其净辐射热量为零。再者，当壁面改为重辐射面后，只要该重辐射面将高、低温圆盘封闭，重辐射面的表面积大小与计算结果无关。试分析这是什么原因？

2. 数值解法

当组成空腔的表面为数不多时，用网络图列出节点方程组的方法来分析计算是十分方便的，但当空腔内参与辐射传热的表面较多时，画网络图就显得麻烦。为此，可从分析各表面的有效辐射入手，推导出有效辐射通用表达式以建立节点方程组。

设有 n 个灰表面组成空腔，对其中的表面 j 作分析，它与周围各表面辐射传热时，其有效辐射为本身辐射与投入辐射的反射之和。有效辐射的表达式（9-7a）中的角码 1 要换

为 j，投入辐射 $A_j G_j = \sum\limits_{i=1}^{n} J_i X_{i,j} A_i$ ，即表面 i 投射到表面 j 的能量之和。因 $\alpha_j = \varepsilon_j$ ，可得

$$J_j A_j = \varepsilon_j E_{bj} A_j + (1-\varepsilon_j) \sum_{i=1}^{n} J_i X_{i,j} A_i \tag{9-12}$$

依互换性

$$\sum_{i=1}^{n} J_i X_{i,j} A_i = A_j \sum_{i=1}^{n} J_i X_{j,i}$$

代入式（9-12），两侧消去 A_j，故可得表面 j 有效辐射为

$$J_j = \varepsilon_j E_{bj} + (1-\varepsilon_j) \sum_{i=1}^{n} J_i X_{j,i} \tag{9-13}$$

它不仅取决于表面本身的情况，还和周围诸表面的有效辐射值有关。

式（9-13）可写成

$$\sum_{i=1}^{n} J_i X_{j,i} - \frac{J_j}{1-\varepsilon_j} = \left[\frac{\varepsilon_j}{\varepsilon_j - 1}\right] \sigma_b T_j^4 \tag{9-14}$$

对 $j=1$、2、3 $\cdots n$ 表面组成的空腔，可以得到 n 个方程，即

$$\left.\begin{array}{l} J_1\left(X_{1,1} - \dfrac{1}{1-\varepsilon_1}\right) + J_2 X_{1,2} + J_3 X_{1,3} + \cdots + J_n X_{1,n} = \left(\dfrac{\varepsilon_1}{\varepsilon_1 - 1}\right)\sigma_b T_1^4 \\[2mm] J_1 X_{2,1} + J_2\left(X_{2,2} - \dfrac{1}{1-\varepsilon_2}\right) + J_3 X_{2,3} + \cdots + J_n X_{2,n} = \left(\dfrac{\varepsilon_2}{\varepsilon_2 - 1}\right)\sigma_b T_2^4 \\[2mm] \qquad\qquad \cdots\cdots \\[2mm] J_1 X_{n,1} + J_2 X_{n,2} + J_3 X_{n,3} + \cdots + J_n\left(X_{n,n} - \dfrac{1}{1-\varepsilon_n}\right) = \left(\dfrac{\varepsilon_n}{\varepsilon_n - 1}\right)\sigma_b T_n^4 \end{array}\right\} \tag{9-15}$$

式（9-15）可用矩阵解法或迭代法求解，得到各表面的有效辐射 J_1、$J_2 \cdots J_n$。编程计算上述方程组的解是比较方便的。例 9-5 可作为求解各表面有效辐射的实例。

已知各表面的温度、发射率及几何尺寸，即可由有效辐射求得各表面的净辐射热量 Φ_i，即

$$\Phi_i = \frac{E_{bi} - J_i}{\dfrac{1-\varepsilon_i}{\varepsilon_i A_i}} \quad i = 1,2,\cdots n \tag{9-16}$$

但必须指出，用两灰表面有效辐射 J_i、J_j 之差计算的 $(J_i - J_j) / \left(\dfrac{1}{X_{i,j} A_i}\right)$，只是辐射传热计算的中间参数，并不等于封闭腔中任意两表面 i、j 之间的辐射传热量。

【例 9-5】某辐射供暖房间尺寸为 $4\text{m} \times 5\text{m} \times 3\text{m}$（图 9-13a），在楼板中布置加热盘管，根据实测结果：楼板 1 的内表面温度 $t_1 = 25℃$，表面发射率 $\varepsilon_1 = 0.9$，外墙 2 的内表面温度 $t_2 = 10℃$，其余三面内墙 3 的内表面温度 $t_3 = 13℃$，墙面的发射率 $\varepsilon_2 = \varepsilon_3 = 0.8$；地面 4 的表面温度 $t_4 = 11℃$，发射率 $\varepsilon_4 = 0.6$。试求（1）楼板的总辐射传热量；（2）地面的总吸热量。

【解】三面内墙的温度和发射率相同，为简化起见可将它们作为整体看待，把房间看做四个表面组成的空腔。根据各表面的尺寸和几何关系，可以确定各表面间的辐射角系数，具体方法将在下节中叙述，这里暂且作为已知值，它们是：

$$X_{1,1} = 0, \quad X_{1,2} = 0.15 、X_{1,3} = 0.54 、X_{1,4} = 0.31;$$

$$X_{2,1} = 0.25 、X_{2,2} = 0, \quad X_{2,3} = 0.50 、X_{2,4} = 0.25;$$

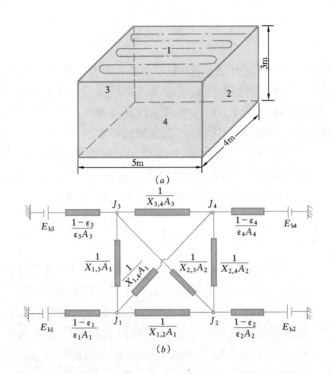

图 9-13　例 9-5 图及其辐射传热网络

$$X_{3,1}=0.27、X_{3,2}=0.14、X_{3,3}=0.32、X_{3,4}=0.27;$$

$$X_{4,1}=0.31、X_{4,2}=0.15、X_{4,3}=0.54、X_{4,4}=0;$$

用网络法画出四个表面间的辐射传热网络，如图 9-13（b）所示，由式（9-15）列出节点方程组为

$$10J_1-0.15J_2-0.54J_3-0.31J_4=9\times5.67\times2.98^4$$

$$-0.25J_1+5J_2-0.5J_3-0.25J_4=4\times5.67\times2.83^4$$

$$-0.27J_1-0.14J_2+4.68J_3-0.27J_4=4\times5.67\times2.86^4$$

$$-0.31J_1-0.15J_2-0.54J_3+2.5J_4=1.5\times5.67\times2.84^4$$

联立求解可得

$$J_1=440.5\text{W/m}^2;J_2=370.3\text{W/m}^2;$$

$$J_3=382.7\text{W/m}^2;J_4=380.8\text{W/m}^2。$$

楼板 1 和地面 4 的净辐射传热量由式（9-16）计算：

$$\varPhi_1=\frac{E_{b1}-J_1}{\dfrac{1-\varepsilon_1}{\varepsilon_1 A_1}}=\frac{5.67\times2.98^4-440.5}{\dfrac{1-0.9}{0.9\times20}}=1196\text{W}$$

$$\varPhi_4=\frac{E_{b4}-J_4}{\dfrac{1-\varepsilon_4}{\varepsilon_4 A_4}}=\frac{5.67\times2.84^4-380.8}{\dfrac{1-0.6}{0.6\times20}}=-358.3\text{W（吸热）}$$

【讨论】（1）$\varPhi_1$ 和 $\varPhi_4$ 与 $\varPhi_{1,4}$ 有何区别？由有效辐射能否算出 $\varPhi_{1,4}$？（2）本例把内墙 3 作为一整体处理。实际上内墙 3 是由 3 块面积大小不同的墙形成的，若考虑非均匀投射的影响，仍作为六个表面组成的空腔，将其计算结果与本例进行比较讨论。

四、遮热板

减少表面间辐射传热的有效方法是采用高反射率的表面涂层，或在表面间加设遮热板，这类措施称为辐射隔热。例如保温瓶胆的真空夹层就是由于高反射率的涂层而减少辐射散热损失的。在有热辐射的场合，用接触式温度计测量气温时，常因不注意辐射隔热而带来测温误差。合理地采用遮热措施能提高测温的精确度。

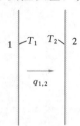

遮热板原理如图 9-14 所示，设有两块无限大平行板 1 和 2，它们的温度、发射率分别为 T_1、ε_1 和 T_2、ε_2，且 $T_1 > T_2$。在未加遮热板时的辐射传热量可按式（9-9）计算，对单位表面积

$$q_{1,2} = \frac{\sigma_b(T_1^4 - T_2^4)}{\frac{1}{\varepsilon_1} + \frac{1}{\varepsilon_2} - 1} \tag{1}$$

在板间加入遮热板 3，使辐射传热过程增加了阻力，辐射传热量减小。此时，热量不是由表面 1 通过辐射直接传给表面 2，而是由表面 1 先辐射给遮热板 3，再由遮热板 3 辐射给表面 2。如果板 3 很薄，其热导率又比较大，则板两侧的表面温度可认为相等，设此温度为 T_3，可得表面 1、3 和表面 3、2 的辐射传热量 $q_{1,3}$ 和 $q_{3,2}$：

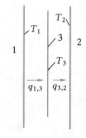

$$q_{1,3} = \frac{\sigma_b(T_1^4 - T_3^4)}{\frac{1}{\varepsilon_1} + \frac{1}{\varepsilon_3} - 1} \tag{2}$$

$$q_{3,2} = \frac{\sigma_b(T_3^4 - T_2^4)}{\frac{1}{\varepsilon_3} + \frac{1}{\varepsilon_2} - 1} \tag{3}$$

图 9-14　遮热
板原理

在稳态辐射传热条件下，$q_{1,3} = q_{3,2} = q'_{1,2}$。为了便于比较，可假设各表面的发射率均相等，即 $\varepsilon_1 = \varepsilon_2 = \varepsilon_3 = \varepsilon$。因此，从式（2）和式（3）可得

$$T_3^4 = \frac{1}{2}(T_1^4 + T_2^4)$$

把 T_3 代入式（2）或式（3），得

$$q'_{1,2} = \frac{1}{2} \frac{\sigma_b(T_1^4 - T_2^4)}{\frac{1}{\varepsilon_1} + \frac{1}{\varepsilon_2} - 1} \tag{4}$$

比较式（1）和式（4）发现，在加入一块表面发射率相同的遮热薄板后，表面的辐射传热量将减少为原来的二分之一。可以推论，当加入 n 块表面发射率相同的遮热薄板，则传热量将减少到原来的 $\frac{1}{n+1}$。这表明遮热板层数越多，遮热效果越好。以上是按表面发射率均相同时所作分析的结论。实际上由于选用反射率较高的材料（如铝箔）作遮热板，ε_3 要远小于 ε_1 和 ε_2，此时的遮热效果比以上分析要显著得多。

在一些要求不影响人们视线的地方，可选用能透过可见光而不透过长波热射线的材料，如塑料薄膜、玻璃等。有些场合也可利用水幕形成的流动屏障来隔辐射热，由于水对热射线的吸收率较高而且在流动，故在吸收辐射热后可及时把热量带走，因此能起到良好的隔热作用。

用网络法来分析遮热效果是非常方便的，图 9-15 表示了两平行大平壁中间有一块遮

热板时的辐射网络，它由四个表面热阻和两个空间热阻串联构成。当各表面的发射率不同时，用网络法可以方便地算出辐射传热量和遮热板温度。

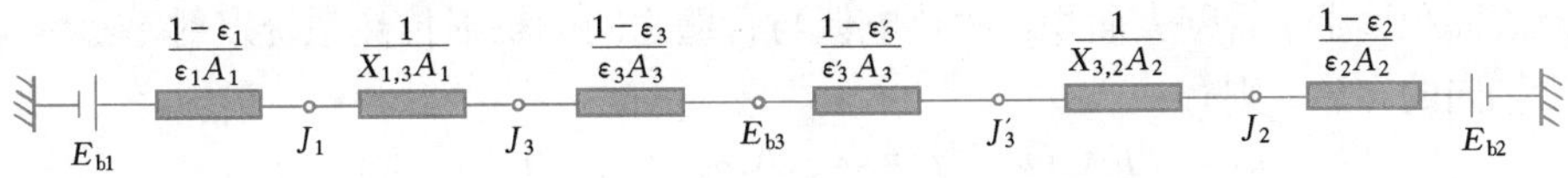

$$\frac{1-\varepsilon_1}{\varepsilon_1 A_1} \quad \frac{1}{X_{1,3} A_1} \quad \frac{1-\varepsilon_3}{\varepsilon_3 A_3} \quad \frac{1-\varepsilon'_3}{\varepsilon'_3 A_3} \quad \frac{1}{X_{3,2} A_2} \quad \frac{1-\varepsilon_2}{\varepsilon_2 A_2}$$

$$E_{b1} \quad J_1 \quad J_3 \quad E_{b3} \quad J'_3 \quad J_2 \quad E_{b2}$$

图 9-15　两平行大平壁中间有一块遮热板时的辐射网络

【例 9-6】两平行大平壁的发射率各为 0.5 和 0.8，如果中间加入一片两面发射率均为 0.05 的铝箔，计算辐射传热量减少的百分数。

【解】未加铝箔遮热板时，单位面积的辐射传热量为

$$q_{1,2} = \frac{\sigma_b(T_1^4 - T_2^4)}{\dfrac{1}{\varepsilon_1} + \dfrac{1}{\varepsilon_2} - 1} = \frac{\sigma_b(T_1^4 - T_2^4)}{2.25}$$

加入遮热板后，按图 9-15 计算单位面积的辐射热阻，表面热阻分别为

$$\frac{1-\varepsilon_1}{\varepsilon_1} = \frac{1-0.5}{0.5} = 1$$

$$\frac{1-\varepsilon_2}{\varepsilon_2} = \frac{1-0.8}{0.8} = 0.25$$

$$\frac{1-\varepsilon_3}{\varepsilon_3} = \frac{1-0.05}{0.05} = 19$$

$$\frac{1-\varepsilon'_3}{\varepsilon'_3} = \frac{1-0.05}{0.05} = 19$$

空间热阻为

$$\frac{1}{X_{1,3}} = \frac{1}{X_{3,2}} = 1$$

辐射总热阻为　　　$$\Sigma R = 1 + 1 + 19 + 19 + 1 + 0.25 = 41.25$$

因此，加入铝箔遮热板后的辐射传热量为

$$q'_{1,2} = \frac{\sigma_b(T_1^4 - T_2^4)}{41.25}$$

辐射传热量减少的百分数为

$$\frac{q_{1,2} - q'_{1,2}}{q_{1,2}} = \frac{41.25 - 2.25}{41.25} = 94.55\%$$

【讨论】用遮热板后可大幅度减少辐射传热量，但经过一段时间，铝箔氧化和积灰后，发射率会增大，此时隔热板的效果会下降。参见附录8。

【例 9-7】一排气管内的排气温度可用热电偶来测量(图 9-16)，热电偶接点的发射率为 $\varepsilon_c = 0.5$。排气管壁温度为 $t_w = 100℃$，热电偶的指示温度 $t_c = 500℃$。已知气体和热电偶接点间的对流传热表面传热系数 $h = 200W/(m^2 \cdot K)$，试确定气体的实际温度及测量误差。若将发射率为 $\varepsilon_s = 0.3$ 的圆筒形遮热罩放置在热电偶周围，热电偶的读数仍为 $500℃$，问气体的真实温度是多少？假定气体和遮热罩间的总对流传热表面传热系数 $h_s = 250W/(m^2 \cdot K)$。

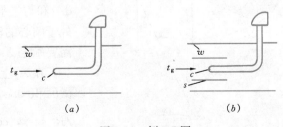

图 9-16　例 9-7 图

【解】设下标"g、c、w、s"分

别表示气体、热电偶、排气管和遮热罩。

（1）无遮热罩时，排气对热电偶的对流传热量等于热电偶对排气管的辐射传热量，由于热电偶接点表面积远小于管表面积，故热电偶与管壁之间的辐射传热系统发射率$\varepsilon_s = \varepsilon_c$，忽略热电偶沿轴向的导热，则有

$$hA_c(t_g - t_c) = \varepsilon_c A_c \sigma_b(T_c^4 - T_w^4)$$
$$200(t_g - 500) = 0.5 \times 5.67 \times 10^{-8}(773^4 - 373^4)$$

解得$t_g = 548℃$。可见，由于热电偶与排气管管壁的辐射传热所引起的测量误差高达8.8%。一般来说，这么大的测量误差是不能够接受的。

（2）加遮热罩时

对于热电偶：排气对热电偶的对流传热量等于热电偶接点对遮热罩内表面的辐射传热量，即

$$hA_c(t_g - t_c) = \varepsilon_c A_c \sigma_b(T_c^4 - T_s^4) \qquad (a)$$

对于遮热罩：排气对遮热罩内、外两表面的对流传热量加上热电偶接点对遮热罩内表面的辐射传热量等于遮热罩外表面对排气管的辐射传热量，即

$$2h_s A_s(t_g - t_s) + \varepsilon_c A_c \sigma_b(T_c^4 - T_s^4) = \varepsilon_s A_s \sigma_b(T_s^4 - T_w^4) \qquad (b)$$

由于$A_s \gg A_c$，上式等号左边第二项可略去。将已知数据代入，用编程计算求解（a）、（b），可解得$t_g = 502℃$。可见加了遮热罩后，由于辐射引起的测量误差仅有0.4%。

【讨论】为进一步提高测温精度，可再适度增加遮热罩数，同时提高对流传热表面传热系数，以此原理制成抽气遮热罩式热电偶。另外，若用热电偶来测量空调房间的空气温度或冷管道内气流温度，试设想热电偶读数是高于还是低于真实温度。在上述计算中，忽略了沿热电偶支管的导热，如果用金属套管保护热电偶且金属套管又连接在管壁上，则沿金属套管的导热类似于翅片传热，此时计算就比较复杂了。当然，排气温度与管壁温度相差较大是测量误差较大的关键原因。因此，在测量高温火焰时，直接伸入火焰区测温的热电偶示值受炉壁温度影响很大。

第三节　角系数的确定方法

漫射表面间的辐射传热计算，必须先要知道它们之间的辐射角系数。确定辐射角系数的方法很多，这里主要介绍积分法和代数法，有关角系数的更多内容可参考专门书籍[1]。

一、积分法确定角系数

对于符合兰贝特定律的漫射表面，角系数可从它的定义式通过积分运算求得。例如微表面积dA_1和与它平行、直径为D的圆面积A_2，微面积处于圆心的法线上，两者的距离为R（图9-17），需要确定X_{dA_1, A_2}。

在A_2上取一距圆心为x，宽度为dx的环形微面积$dA_2 = 2\pi x dx$，对不同x，$\theta_1 = \theta_2$，$r = \sqrt{R^2 + x^2}$，$\cos\theta_1 = \cos\theta_2 = \dfrac{R}{\sqrt{R^2 + x^2}}$。

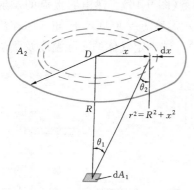

图9-17　确定角系数的积分方法示例

从角系数的表达式

$$X_{dA_1,A_2} = \int_{A_2} \frac{\cos\theta_1 \cos\theta_2}{\pi r^2} dA_2$$

$$= \int_{A_2} \frac{R^2 2\pi x \, dx}{\pi (R^2 + x^2)^2}$$

$$= R^2 \int_0^{D/2} \frac{dx^2}{(R^2 + x^2)^2}$$

$$= -R^2 \left[\frac{1}{R^2 + x^2} \right]_0^{D/2}$$

$$= \frac{D^2}{4R^2 + D^2}$$

实用上为了简化计算，对表面间不同相对位置的角系数已根据相应计算公式画成线图❶。下面列举几张，如图 9-18～图 9-20 所示。从这些图中可以看出，由于变量均为无量纲数，

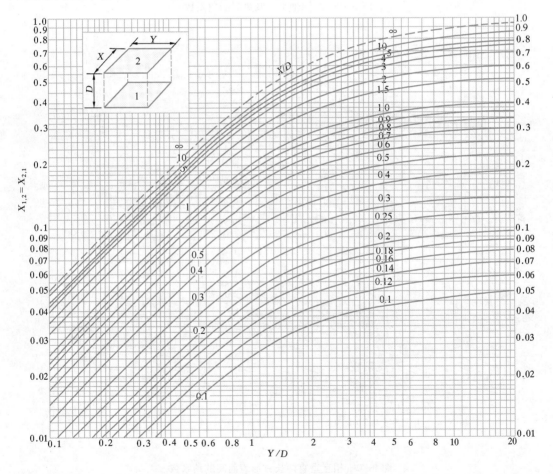

图 9-18　平行长方形表面间的角系数

因此相似的几何系统，对应的角系数相同。

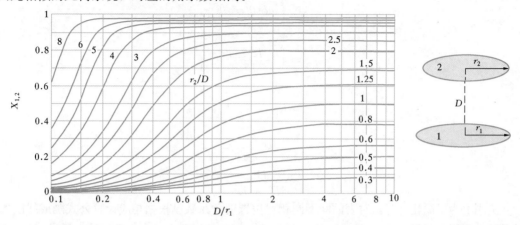

图 9-19　两同轴平行圆盘间的角系数

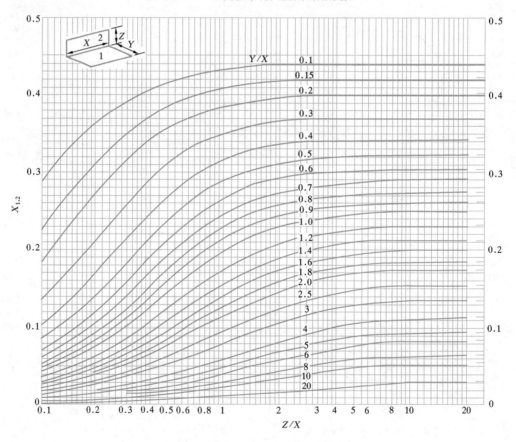

图 9-20　相互垂直两长方形表面间的角系数

二、代数法确定角系数

代数法可扩大应用前面所介绍的一些线图，以计算表面间的角系数。此方法基于表面间辐射角系数的特性。角系数有以下几个特性。

互换性(相对性)：两任意表面 A_i 及 A_j，由式（9-3）可以写成为

$$A_i X_{i,j} = A_j X_{j,i}$$

根据上式可以方便地从一个已知角系数来确定另一个相对的角系数。

完整性：由 n 个表面组成的封闭空腔，由式（9-5）可以写成

$$\sum_{j=1}^{n} X_{i,j} = 1 \quad i = 1, 2, \cdots, n$$

分解性　两表面 A_1 及 A_2，如把 A_1 表面分解为 A_3 和 A_4（图 9-21a），可有

$$A_1 X_{1,2} = A_3 X_{3,2} + A_4 X_{4,2}$$

$$(9\text{-}17a)$$

如把表面 A_2 分解为 A_5 与 A_6（图 9-21b），可有

$$A_1 X_{1,2} = A_1 X_{1,5} + A_1 X_{1,6}$$

$$(9\text{-}17b)$$

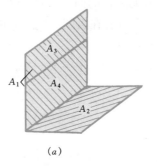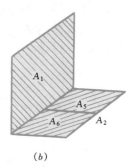

图 9-21　分解性原理

为写成更一般形式，将表面 A_i 分解为 n 份、表面 A_j 分解为 m 份，则有

$$A_i X_{i,j} = \sum_{k=1}^{n} \sum_{p=1}^{m} A_{ik} X_{ik,jp} \qquad (9\text{-}17c)$$

下面通过举例来阐述代数法。

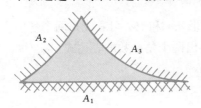

图 9-22　3 个非凹表面组成的空腔

一个由 3 个非凹形表面（在垂直于纸面方向为无限长）构成封闭空腔，三个表面积各为 A_1、A_2、A_3（图 9-22），根据角系数完整性可以写出

$$X_{1,2} A_1 + X_{1,3} A_1 = A_1$$
$$X_{2,1} A_2 + X_{2,3} A_2 = A_2 \qquad (1)$$
$$X_{3,1} A_3 + X_{3,2} A_3 = A_3$$

根据角系数互换性可写出

$$X_{1,2} A_1 = X_{2,1} A_2$$
$$X_{1,3} A_1 = X_{3,1} A_3 \qquad (2)$$
$$X_{2,3} A_2 = X_{3,2} A_3$$

将式（1）中三个式子相加并根据式（2），可得：

$$X_{1,2} A_1 + X_{1,3} A_1 + X_{2,3} A_2 = (A_1 + A_2 + A_3)/2$$

从此式减去式（1）中的每一等式，得到

$$X_{2,3} A_2 = (A_2 + A_3 - A_1)/2$$
$$X_{1,3} A_1 = (A_1 + A_3 - A_2)/2$$
$$X_{1,2} A_1 = (A_1 + A_2 - A_3)/2$$

因此，各表面间的角系数为

$$X_{1,2} = \frac{A_1 + A_2 - A_3}{2A_1}$$
$$X_{1,3} = \frac{A_1 + A_3 - A_2}{2A_1}$$
$$X_{2,3} = \frac{A_2 + A_3 - A_1}{2A_2}$$

(9-18)

假定在垂直于纸面方向上无限长的两个非凹表面（图 9-23a），面积分别为 A_1 和 A_2，其角系数 $X_{1,2}$ 如何求取呢？由于只有在封闭系统中才能应用角系数的完整性，为此作无限长假想面 ac 和 bd 使系统封闭，则

$$X_{1,2} = X_{ab,cd} = 1 - X_{ab,ac} - X_{ab,bd}$$

(3)

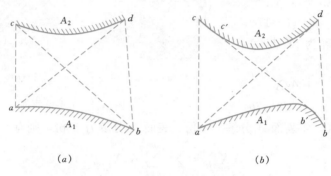

图 9-23　两个无限长相对表面间的角系数

为方便应用式（9-18），做 ad 和 bc 两条辅助线，则图形 abc 和 abd 可看成是两个各由三个表面组成的封闭空腔。然后直接应用式（9-18），可写出两个角系数的表达式

$$X_{ab,ac} = \frac{ab + ac - bc}{2ab}$$

(4)

$$X_{ab,bd} = \frac{ab + bd - ad}{2ab}$$

(5)

将式（4）、（5）代入式（3），可得

$$X_{ab,cd} = \frac{(bc + ad) - (ac + bd)}{2ab}$$

(9-19)

按照上式的组成，可写成如下的形式

$$X_{1,2} = （交叉线之和－不交叉线之和）/（2 \times 表面 A_1 的断面长度）$$

以上方法有时称为交叉线法。对于在某个方向上无限长的多个非凹表面组成的封闭系统中，任意两个表面之间的角系数都可以按照式（9-19）计算。另外，应予注意的是，在画交叉线 ad、bc 时，ad、bc 不能同 ab、cd 相交，否则在画辅助线时，要使用 ab、cd 两断面的交叉切线来替代。例如图 9-23（b）中，在求 $X_{ab,ac}$ 时，画辅助线 $b'c'$，且由于 $ab \times X_{ab,ac} = ab' \times X_{ab',ac}$，则通过图形 $ab'c$ 可求出 $X_{ab,ac}$。

【例 9-8】计算图 9-24（a）所示两个表面 1、4 之间的辐射角系数 $X_{1,4}$。

【解】　利用角系数分解性（图 9-21），将图 9-24（a）所示两个表面分解为图 9-24（b），可得

$$A_1 X_{1,4} = A_{(1+2)} X_{(1+2),4} - A_2 X_{2,4}$$

$$= [A_{(1+2)}X_{(1+2),(3+4)} - A_{(1+2)}X_{(1+2),3}] - [A_2X_{2,(3+4)} - A_2X_{2,3}]$$

由已知条件，查线算图 9-20，可得

$$X_{(1+2),(3+4)} = 0.2; X_{(1+2),3} = 0.15; X_{2,(3+4)} = 0.29; X_{2,3} = 0.24$$

$$A_1 = 0.5\text{m}^2; A_{(1+2)} = 1\text{m}^2; A_2 = 0.5\text{m}^2$$

所以　　$X_{1,4} = [(1 \times 0.2 - 1 \times 0.15) - (0.5 \times 0.29 - 0.5 \times 0.24)]/0.5 = 0.05$

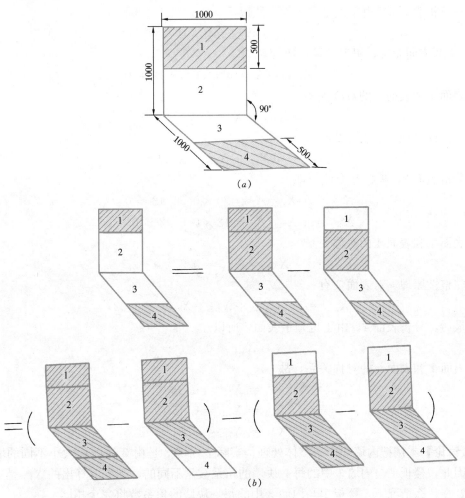

图 9-24　例 9-8 图

【讨论】利用这样的分析方法，扩大线算图使用范围，可以得出很多几何结构的角系数。

【例 9-9】试确定例 9-5 中各表面间的辐射角系数。

【解】　三面内墙的温度和发射率相同，集中在一起作为表面 3。

先分析表面 1，由于是平表面，所以 $X_{1,1} = 0$

对 1、2 两表面而言，可查图 9-20

$$Y/X = 5/4 = 1.25; Z/X = 3/4 = 0.75$$

所以　　　　　　　　　　　　　　$X_{1,2} = 0.15$

对 1、4 两表面而言，可查图 9-18

$$Y/D=5/3=1.67；X/D=4/3=1.33$$

所以

$$X_{1,4}=0.31$$

根据完整性原理，对表面 1 有

$$X_{1,3}=1-(X_{1,1}+X_{1,2}+X_{1,4})=0.54$$

再分析表面 2，由于也是平表面，所以

$$X_{2,2}=0$$

对 2、1 两表面而言，根据互换性原理

$$X_{2,1}=A_1X_{1,2}/A_2=20\times0.15/12=0.25$$

由于表面 1 和表面 4 的对称关系

$$X_{2,4}=X_{2,1}=0.25$$

根据完整性原理，对表面 2 有

$$X_{2,3}=1-(X_{2,1}+X_{2,2}+X_{2,4})=0.5$$

分析表面 3，根据互换性原理

$$X_{3,1}=A_1X_{1,3}/A_3=20\times0.54/42=0.27$$

$$X_{3,2}=A_2X_{2,3}/A_3=12\times0.5/42=0.14$$

由于表面 1 和表面 4 的对称关系

$$X_{3,4}=X_{3,1}=0.27$$

根据完整性原理，对表面 3 有

$$X_{3,3}=1-(X_{3,1}+X_{3,2}+X_{3,4})=0.32$$

最后，分析表面 4，由于也是平表面，所以

$$X_{4,4}=0$$

由于表面 1 和表面 4 的对称关系，故

$$X_{4,1}=X_{1,4}=0.31$$

$$X_{4,2}=X_{1,2}=0.15$$

$$X_{4,3}=X_{1,3}=0.54$$

【讨论】本例把内墙 3 作一整体处理。实际上内墙 3 是由 3 块面积大小不同的墙形成的，因此，楼板 1 与内墙 3 中的每一块墙的角系数是不同的，则本例算出的 $X_{1,3}$ 是一个什么值？在什么情况下，楼板 1 与内墙 3 中的每一块墙的角系数将完全相同？

第四节　气　体　辐　射

一、气体辐射的特点

各种气体在气体层厚度不大和温度不高时的辐射和吸收能力是可以略去不计的，即使在工程上常遇的高温条件下，对于单原子气体和某些对称型双原子气体如 O_2、N_2、H_2 等，它们的辐射和吸收能力也很微弱，可以认为是透明体。对多原子气体，尤其是高温烟气中的二氧化碳（CO_2）、水蒸气（H_2O）、二氧化硫（SO_2）等，就有显著的辐射力和吸收能力，这在炉内传热中有着重要的意义。

气体辐射和固体辐射相比，有以下两个特点：

1. 通常固体表面的辐射和吸收光谱是连续的，而气体只能辐射和吸收某几个波长范围内的能量，即气体的辐射和吸收具有明显的选择性。气体辐射和吸收的波长范围称为光带，对于光带以外的热射线，气体成为透明体。图 9-25 是黑体、灰体及气体的辐射光谱和吸收光谱的比较，图中有剖面线的是气体的辐射和吸收光带。表 9-1 中列出了二氧化碳和水蒸气辐射和吸收的三个主要光带，可以发现，它们有部分是重叠的。

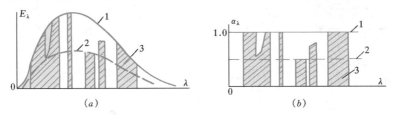

图 9-25　黑体、灰体、气体的辐射光谱和吸收光谱的比较

(a) 辐射光谱；(b) 吸收光谱

1—黑体；2—灰体；3—气体

气体对吸收光带内的投入辐射，可有效地吸收和透过而不计反射和散射，但对于透明的固体不仅有吸收、透过，还有反射，即

对气体 　　　　　　　　　　$\alpha_g + \tau_g = 1$

对透明固体 　　　　　　　　$\alpha + \rho + \tau = 1$

水蒸气和二氧化碳的辐射和吸收光带　　　　　　　　表 9-1

光　　带	H₂O		CO₂	
	波长 $\lambda_1 \sim \lambda_2$ (μm)	$\Delta\lambda$ (μm)	波长 $\lambda_1 \sim \lambda_2$ (μm)	$\Delta\lambda$ (μm)
第一光带	2.24～3.27	1.03	2.36～3.02	0.66
第二光带	4.8～8.5	3.7	4.01～4.8	0.79
第三光带	12～25	13	12.5～16.5	4.0

2. 固体的辐射和吸收是在很薄的表面层中进行，而气体的辐射和吸收则是在整个气体容积中进行。当光带中的热射线穿过气体层时，辐射能沿途被气体吸收而使强度逐渐减弱，这种减弱的程度取决于沿途所遇到的气体分子数目，遇到的分子数越多，被吸收的辐射能也越多。所以辐射能减弱的程度就直接和穿过气体的路程以及气体的温度和分压有关。热射线穿过气体的路程称为射线行程或辐射层厚度。在一定分压力条件下，气体温度越高则单位容积中的分子数就越少。因此气体的光谱吸收率将是气体温度 T、气体分压力 p 与辐射层厚度 s 的函数，即

$$\alpha_{\lambda,g} = f(T, p, s)$$

二、气体吸收定律

光带中的热射线穿过气体层时，射线能量沿途不断减弱。设 $x=0$ 处的光谱定向辐射强度为 $I_{\lambda,0}$，经 x 距离后强度减弱为 $I_{\lambda,x}$，见图 9-26。在薄层 dx 中的减弱 $dI_{\lambda,x}$ 可表达为

$$dI_{\lambda,x} = -K_\lambda I_{\lambda,x} dx \tag{1}$$

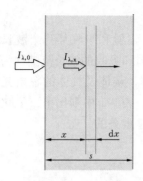

图 9-26　某波长射线穿过气体层时的减弱

式中，K_λ 为单位距离光谱定向辐射强度减弱的百分数，称为光谱减弱系数，单位是 $1/m$。它与气体的性质、压强、温度以及射线波长有关。负号表明定向辐射强度随着气体层厚度增加而减弱。

将式（1）分离变量并积分，如把 K_λ 作为与 x 无关的常数，可有

$$\int_{I_{\lambda,0}}^{I_{\lambda,s}} \frac{dI_{\lambda,x}}{I_{\lambda,x}} = -K_\lambda \int_0^s dx$$

积分后

$$\frac{I_{\lambda,s}}{I_{\lambda,0}} = \exp(-K_\lambda s) \qquad (9\text{-}20a)$$

即

$$I_{\lambda,s} = I_{\lambda,0}\exp(-K_\lambda s) \qquad (9\text{-}20b)$$

这就是气体吸收定律，也称布格尔定律（Bouguer）。可以看出，穿过气体层时，光谱定向辐射强度是按指数规律减弱的。

需注意，气体既有吸收能力也必定有辐射能力，此定律只是从气体吸收这方面来看定向辐射强度的变化，没有涉及气体本身的辐射能力。

三、气体的发射率和吸收率

发射率和吸收率对固体和气体的含义不同，固体的发射率和吸收率是固体表面的辐射特性，而气体的发射率和吸收率具有容积辐射的特性。

1. 气体的光谱吸收率和光谱发射率

将式（9-20a）与穿透率定义式相联系知，$\dfrac{I_{\lambda,s}}{I_{\lambda,0}}$ 正是厚度为 s 的气体层光谱穿透率 $\tau_{\lambda,g}$。对于气体，反射率 $\rho_{\lambda,g}=0$，于是 $\alpha_{\lambda,g}+\tau_{\lambda,g}=1$，由此可得厚度为 s 的气体层光谱吸收率为

$$\alpha_{\lambda,g} = 1 - \exp(-K_\lambda s)$$

可见，当气体层厚度 s 很大时，α_λ 趋于 1。

由于 K_λ 与沿途的气体分子数有关，即在一定的温度条件下与气体的分压力有关，故可将上式改写为

$$\alpha_{\lambda,g} = 1 - \exp(-k_\lambda ps)$$

式中　p——气体的分压力，Pa；

k_λ——在 $1.013\times10^5\,Pa$ 气压下光谱减弱系数，$1/(m\cdot Pa)$，它与气体的性质及其温度、波长有关。

气体光谱发射率和光谱吸收率之间的关系，根据基尔霍夫定律，可有

$$\varepsilon_{\lambda,g} = \alpha_{\lambda,g} = 1 - \exp(-k_\lambda ps) \qquad (9\text{-}21)$$

2. 气体的发射率 ε_g

在实际计算中需要把式（9-21）扩大到全波长，气体辐射的全波长能量应为

$$E_g = \int_0^\infty \varepsilon_{\lambda,g} E_{b\lambda}\,d\lambda = \int_0^\infty [1-\exp(-k_\lambda ps)]E_{b\lambda}\,d\lambda \qquad (9\text{-}22)$$

如果用下式来定义气体的发射率 ε_g，即

$$E_g = \varepsilon_g E_b = \varepsilon_g \sigma_b T_g^4$$

比较以上两个式子，可得

$$\varepsilon_{g} = \frac{\int_{0}^{\infty} \left[1 - \exp(-k_{\lambda} p s)\right] E_{b\lambda} \, d\lambda}{\sigma_{b} T_{g}^{4}} \tag{9-23}$$

影响气体发射率的因素有：（1）气体温度 T_{g}；（2）射线平均行程 s 与气体分压力 p 的乘积；（3）气体分压力和气体所处的总压力。在实用上可从霍脱尔（H. C. Hottel）等经实验获得的线图 9-27 和图 9-28 查得；图中虚线系外推而得，未经证实。

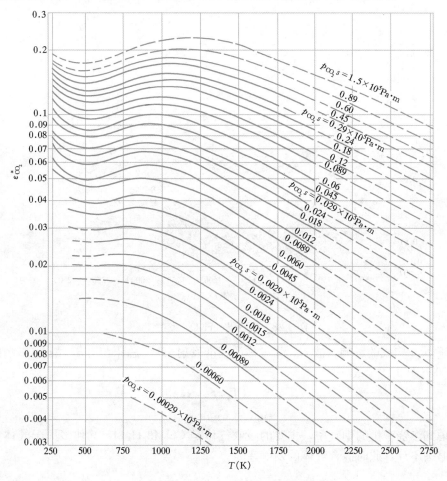

图 9-27　二氧化碳（CO_2）的发射率

图 9-27 是由透明气体与 CO_2 组成的混合气体的发射率，总压力为 $1.013 \times 10^5 \, Pa$。当混合气体的总压力不是 $1.013 \times 10^5 \, Pa$ 时，压强对 $\varepsilon_{CO_2}^*$ 的修正值 C_{CO_2} 可查图 9-29。对于 CO_2，分压力的单独影响可以忽略，故

$$\varepsilon_{CO_2}^* = f_1(T_{g}, \ p_{CO_2} s); \ \varepsilon_{CO_2} = C_{CO_2} \varepsilon_{CO_2}^* \tag{9-24}$$

图 9-28 是不同 $p_{H_2O} s$ 及温度 T 下水蒸气（H_2O）的发射率，由于水蒸气分压力 p_{H_2O} 还单独对发射率有影响，所以图中查得的 $\varepsilon_{H_2O}^*$ 相当于在总压力 $1.013 \times 10^5 \, Pa$，而 $p_{H_2O} = 0$ 的理想条件下的值（它是将 ε_{H_2O} 单独随 p_{H_2O} 的变化外推到 $p_{H_2O} = 0$ 得出的。作为基准值，

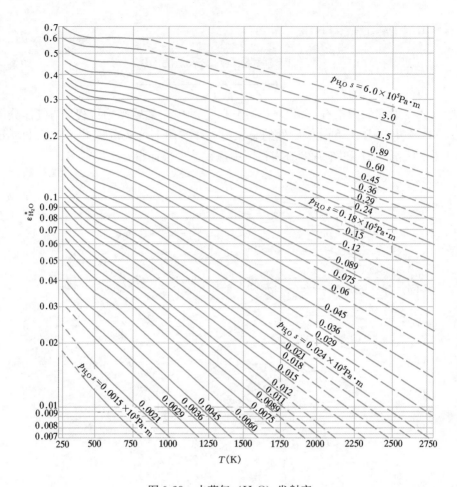

图 9-28 水蒸气（H_2O）发射率

以便修正 p_{H_2O} 构成的影响，故 $\varepsilon^*_{H_2O}$ 又可称为基准发射率）。总压与分压对 $\varepsilon^*_{H_2O}$ 影响的修正值 C_{H_2O} 可查图 9-30。故

$$\varepsilon^*_{H_2O} = f_2(T_g, p_{H_2O}s, p_{H_2O})$$
$$\varepsilon_{H_2O} = C_{H_2O}\varepsilon^*_{H_2O} \tag{9-25}$$

考虑到燃烧产生的烟气中，主要的吸收气体是 CO_2 和 H_2O，其他多原子气体含量极少，可略去不计，此时混合气体的发射率为

$$\varepsilon_g = \varepsilon_{CO_2} + \varepsilon_{H_2O} - \Delta\varepsilon \tag{9-26}$$

式中，$\Delta\varepsilon$ 是考虑到 CO_2 和 H_2O 吸收光带有部分重叠的修正值，当两种气体并存时，CO_2 辐射的能量中有部分被 H_2O 所吸收，而 H_2O 辐射的能量也有部分被 CO_2 所吸收，这样就使混合气体的辐射能量比单种气体分别辐射的能量总和要少些，因此要减去 $\Delta\varepsilon$。$\Delta\varepsilon$ 的数值可由图 9-31 确定。

3. 气体的吸收率 α_g

气体辐射具有选择性，不能把它作为灰体对待，所以气体的吸收率 α_g 并不等于气体的发射率 ε_g。正如固体吸收率一样，气体的吸收率不仅取决于气体本身的分压力、射线平均行程和温度，而且还取决于外界投入辐射的性质。对含有 CO_2 和 H_2O 的烟气，对温度为 T_w 的黑体壁面的辐射吸收率 α_g，可作如下的近似计算

$$\alpha_g = \alpha_{CO_2} + \alpha_{H_2O} - \Delta\alpha \tag{9-27}$$

式中

$$\alpha_{CO_2} = C_{CO_2} \varepsilon^*_{CO_2} \left(\frac{T_g}{T_w}\right)^{0.65}$$

$$\alpha_{H_2O} = C_{H_2O} \varepsilon^*_{H_2O} \left(\frac{T_g}{T_w}\right)^{0.45}$$

$$\Delta\alpha = (\Delta\varepsilon)_{T_w}$$

式中，$\varepsilon^*_{CO_2}$ 和 $\varepsilon^*_{H_2O}$ 的数值应按壁面温度为横坐标，以 $p_{CO_2} s\left(\dfrac{T_w}{T_g}\right)$，$p_{H_2O} s\left(\dfrac{T_w}{T_g}\right)$ 作为新的参数分别查图 9-27 和图 9-28。同样修正值 C_{CO_2} 和 C_{H_2O} 分别查图 9-29 和图 9-30。

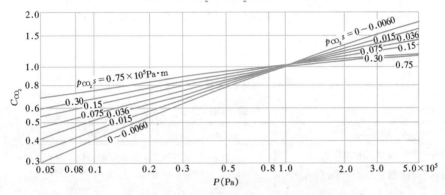

图 9-29　CO_2 的压强修正

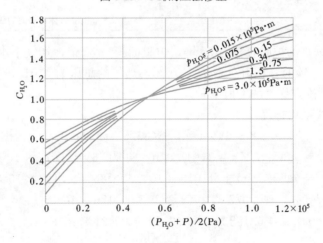

图 9-30　H_2O 的压强修正

4. 射线平均行程

在确定气体发射率和吸收率时，必然涉及气体容积的射线平均行程或辐射层有效厚度，对各种不同形状的气体容积，射线平均行程 s 可查表 9-2，对非正规形状可用下式来计算。

$$s = C \frac{4V}{A} \quad (m) \tag{9-28}$$

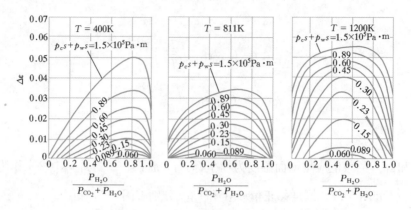

图 9-31　CO_2 和 H_2O 气体吸收光谱重叠的修正

式中　V——气体所占容积，m^3；

　　　A——周围壁表面积，m^2；

　　　C——修正系数，$0.85 \sim 0.95$ 范围内选用，一般可用 $0.90$❶。

射线平均行程　　　　　　　　　　　　　　　　表 9-2

空间的形状	s	空间的形状	s
1. 直径为 D 的球体对表面的辐射	$0.65D$	5. 高度与直径均为 D 的圆柱，对底面中心的辐射	$0.71D$
2. 直径为 D 的长圆柱，对侧表面的辐射	$0.95D$		
3. 直径为 D 的长圆柱，对底面中心的辐射	$0.90D$	6. 厚度为 D 的气体层对表面或表面上微元面的辐射	$1.80D$
4. 高度与直径均为 D 的圆柱，对全表面的辐射	$0.60D$	7. 边长为 a 的立方体对表面的辐射	$0.60a$

【例 9-10】某锅炉的炉膛容积为 $35m^3$，炉膛面积为 $55m^2$，烟气中水蒸气的容积百分数为 7.6%，二氧化碳的容积百分数为 18.6%，烟气的总压为 $1.013 \times 10^5 Pa$，炉内平均温度为 $1200℃$。试确定烟气的发射率 ε_g。

【解】（1）射线平均行程

$$s = 3.6V/A = 3.6 \times 35/55 = 2.29m$$

（2）分压　$p_{H_2O} = p(V_{H_2O}/V) = 1.013 \times 10^5 \times 0.076 = 0.077 \times 10^5 Pa$

　　　　　$p_{CO_2} = p(V_{CO_2}/V) = 1.013 \times 10^5 \times 0.186 = 0.188 \times 10^5 Pa$

（3）　　　　　$p_{H_2O}s = 0.077 \times 10^5 \times 2.29 = 0.176 \times 10^5 Pa \cdot m$

　　　　　　　　$p_{CO_2}s = 0.188 \times 10^5 \times 2.29 = 0.431 \times 10^5 Pa \cdot m$

（4）查图 9-27 得　　　　　$\varepsilon_{CO_2}^* = 0.16$

　　查图 9-28 得　　　　　$\varepsilon_{H_2O}^* = 0.13$

（5）查图 9-29 得　　　　　$C_{CO_2} = 1.0$

　　查图 9-30 得　　　　　$C_{H_2O} = 1.05$

　　查图 9-31 得　　　　　$\Delta\varepsilon = 0.045$

（6）烟气的发射率

❶　在分析推导 $s = 4V/A$ 时，系假定气体的 $K_{\lambda s} \to 0$，在工程计算常遇到的 $K_{\lambda s}$ 范围内，需引进修正系数 $C^{[1]}$。

$$\varepsilon_g = \varepsilon_{CO_2} + \varepsilon_{H_2O} - \Delta\varepsilon = C_{CO_2}\varepsilon_{CO_2}^* + C_{H_2O}\varepsilon_{H_2O}^* - \Delta\varepsilon$$
$$= 1.0 \times 0.16 + 1.05 \times 0.13 - 0.045 = 0.25$$

【讨论】确定气体发射率要进行压强和光谱重叠等修正，这与确定固体表面发射率有很大区别，必须了解这些修正的方法。

四、气体与壁面间的辐射传热

烟气与炉膛周围受热面之间的辐射传热，就是气体与壁面间辐射传热的例子，如把壁面当作黑体，计算就可以简化，这在工程上是完全适用的。设壁面温度为 T_w，它的辐射力为 $\sigma_b T_w^4$，其中被气体吸收的部分为 $\alpha_g \sigma_b T_w^4$；如气体的温度为 T_g，它的辐射力为 $\varepsilon_g \sigma_b T_g^4$，此辐射能全部被黑壁面所吸收。因此，壁面每单位表面积的辐射传热量为

$$q = 气体发射的热量 - 气体吸收的热量$$
$$= \varepsilon_g \sigma_b T_g^4 - \alpha_g \sigma_b T_w^4 = \sigma_b(\varepsilon_g T_g^4 - \alpha_g T_w^4) \tag{9-29}$$

式中　ε_g——温度为 T_g 时气体的发射率；

α_g——温度为 T_g 的气体对来自温度为 T_w 的壁面辐射的吸收率。

如果壁面不是黑体，可当做发射率为 ε_w 的灰体来考虑。这样，对灰表面可有 $\varepsilon_w = \alpha_w$。气体辐射到壁面的能量 $\varepsilon_g \sigma_b T_g^4$ 中，壁面只吸收 $\varepsilon_w \varepsilon_g \sigma_b T_g^4$，其余部分 $(1-\varepsilon_w)\varepsilon_g \sigma_b T_g^4$ 反射回气体，其中 $\alpha'_g(1-\varepsilon_w)\varepsilon_g \sigma_b T_g^4$ 被气体自身所吸收，$(1-\alpha'_g)(1-\varepsilon_w)\varepsilon_g \sigma_b T_g^4$ 透过气体再投射到壁面，壁面将再次吸收 $\varepsilon_w(1-\alpha'_g)(1-\varepsilon_w)\varepsilon_g \sigma_b T_g^4$。如此反复进行吸收和反射，灰壁面从气体辐射中吸收的总热量为

$$\varepsilon_w \varepsilon_g A\sigma_b T_g^4[1 + (1-\alpha'_g)(1-\varepsilon_w) + (1-\alpha'_g)^2(1-\varepsilon_w)^2 + \cdots] \tag{1}$$

同理，气体从灰壁面辐射中吸收的总热量为

$$\varepsilon_w \alpha_g A\sigma_b T_w^4[1 + (1-\alpha_g)(1-\varepsilon_w) + (1-\alpha_g)^2(1-\varepsilon_w)^2 + \cdots] \tag{2}$$

式（1）和式（2）中的 α'_g 和 α_g 虽都是气体的吸收率，但它们之间有所区别，前者是对来自气体自身辐射（温度为 T_g）的吸收率，后者是对来自壁面辐射（温度为 T_w）的吸收率。

气体与灰壁面间的辐射传热应当是式（1）和式（2）之差，如各取两式中的第一项，也就是只考虑第一次吸收，则

$$\Phi = \varepsilon_w \varepsilon_g A\sigma_b T_g^4 - \varepsilon_w \alpha_g A\sigma_b T_w^4 = \varepsilon_w A\sigma_b(\varepsilon_g T_g^4 - \alpha_g T_w^4) \quad (W) \tag{9-30a}$$

如壁面的发射率越大，则式（9-30a）的计算越可靠。对黑壁面 $\varepsilon_w = 1$，则此式就成为式（9-29）。为了修正由于略去（1）、（2）两式第二项以后各项所带来的误差。可用壁面有效发射率 ε'_w 来计算辐射传热量，即

$$\Phi = \varepsilon'_w A\sigma_b(\varepsilon_g T_g^4 - \alpha_g T_w^4) \quad (W) \tag{9-30b}$$

ε'_w 介于 ε_w 和 1 之间，为简化起见可采用 $\varepsilon'_w = (\varepsilon_w + 1)/2$，对 $\varepsilon_w > 0.8$ 的表面是可以满足工程计算精度要求的。

【例 9-11】在直径为 1m 的烟道中有温度 $t_g = 1000℃$、总压力为 $1.013 \times 10^5 Pa$ 的气体流过，如果气体中含 CO_2 的容积百分数为 5%，其余为透明体。烟道壁温 $t_w = 500℃$，发射率为 $\varepsilon_w = 1$，试计算烟道壁与气体间的辐射传热。

【解】（1）射线平均行程 s，可查表 9-2

$$s = 0.95D = 0.95m$$

（2）$p_{CO_2} s = p(V_{CO_2}/V)s = 1.013 \times 10^5 \times 0.05 \times 0.95 = 0.048 \times 10^5 \text{Pa} \cdot \text{m}$

（3）CO_2 发射率

当 $T_g = 1273K$、$p_{CO_2} s = 0.048 \times 10^5 \text{Pa} \cdot \text{m}$ 时，查图 9-27，得 $\varepsilon^*_{CO_2} = 0.08$。总压力为 $1.013 \times 10^5 \text{Pa}$，由图 9-29，得 $C_{CO_2} = 1.0$。

$$\varepsilon_{CO_2} = C_{CO_2} \varepsilon^*_{CO_2} = 0.08$$

（4）CO_2 吸收率

当 $T_w = 773K$、$p_{CO_2} s \left(\dfrac{T_w}{T_g} \right) = 0.048 \times 10^5 \times \left(\dfrac{773}{1273} \right) = 0.029 \times 10^5 \text{Pa} \cdot \text{m}$ 时，查图 9-27，得 $\varepsilon^*_{CO_2} = 0.08$。

故

$$\alpha_{CO_2} = C_{CO_2} \varepsilon^*_{CO_2} \left(\frac{T_g}{T_w} \right)^{0.65} = 1 \times 0.08 \times \left(\frac{1273}{773} \right)^{0.65} = 0.1$$

（5）烟道壁与气体间的辐射传热量

$$q = \varepsilon'_w \sigma_b (\varepsilon_g T_g^4 - \alpha_g T_w^4) = 5.67 \times 10^{-8} (0.08 \times 1273^4 - 0.1 \times 773^4)$$
$$= 9.89 \text{kW/m}^2$$

【讨论】从上述计算结果可以看出，气体的选择性吸收及非灰体的特点，气体的吸收率还取决于投入辐射表面的温度。

五、火焰辐射

随着燃料种类与燃烧方式的不同，在炉膛中燃烧生成的火焰可分为三种类型：

1. 不发光火焰

天然气、液化石油气等气体燃料的全预混燃烧和低挥发分固体燃料（如无烟煤）作层状燃烧时生成的火焰呈蓝色，属不发光火焰。在不发光火焰中没有固体颗粒，其辐射主要是燃烧产物中 CO_2、H_2O 的气体辐射，可按气体辐射计算。

2. 半发光火焰

低挥发分固体粉状燃料作悬浮燃烧时生成半发光火焰，此时火焰的辐射除气体辐射外，还应计及火焰中焦炭粒子和灰粒的辐射。

3. 发光火焰

液体燃料及高挥发分固体燃料（如烟煤）的燃烧产生发光火焰，在发光火焰中含有大量烃类热分解产物——炽热炭黑微粒。发光火焰的辐射主要是燃烧产物中炭黑的辐射。火焰中发光固体微粒的存在使火焰的辐射能力大大增强，可比单纯的气体辐射高几倍。发光火焰的辐射和吸收光谱是连续的，这不同于气体辐射而和固体辐射相类似。当火焰的射线平均行程超过 3m 时，发光火焰的发射率可接近 1，也就是把火焰辐射作黑体辐射来看待。对发光火焰的辐射计算，基尔霍夫定律仍可适用。

炭黑对火焰辐射的影响可分为两方面，一是火焰中炭黑的浓度，二是炭黑的辐射性质。影响燃料燃烧生成炭黑的主要因素有：燃料的物理化学性质，如燃料的碳氢比值（C/H）越大，则燃烧生成的炭黑浓度也越高；燃烧所需空气量的供应，用过量空气系数来表示，空气量供应不足时，会使炭黑的浓度显著增大。燃料与空气的混合情况，燃烧所处的温度与压力等也对炭黑的生成有影响。

发光火焰的光谱发射率和光谱吸收率可用下式来确定

$$\varepsilon_{\lambda,f} = \alpha_{\lambda,f} = 1 - \exp(-K_\lambda s) \tag{9-31}$$

式中　　s——火焰容积的射线平均行程，m；

　　　　K_λ——火焰中炭黑的光谱减弱系数，1/m。

可以看到，K_λ 的确定对火焰辐射起着重要作用，霍脱尔依据试验研究结果，提供如下关系式

对 $\lambda > 0.8\mu m$ 的红外线

$$K_\lambda = \frac{C_1\mu}{\lambda^{0.95}} \tag{9-32}$$

对 $\lambda = 0.3 \sim 0.8\mu m$ 的可见光

$$K_\lambda = \frac{C_2\mu}{\lambda^{1.39}} \tag{9-33}$$

这两个关系式中 C_1、C_2 为常数，μ 是炭黑的容积浓度，表示单位容积中炭黑所占容积的百分数。

火焰的发射率类似于式（9-23）的分析，应为

$$\varepsilon_f = \frac{\int_0^\infty \varepsilon_{\lambda,f} E_{b\lambda} d\lambda}{\sigma_b T^4} = \frac{\int_0^\infty [1 - \exp(-K_\lambda s)] E_{b\lambda} d\lambda}{\sigma_b T^4} \tag{9-34}$$

第五节　太　阳　辐　射

太阳能是自然界中可供人类利用的一种巨大能源。地球上一切生物的成长都和太阳辐射有关，近年来在太阳能利用方面有很大进展。太阳是一个超高温气团，其中心进行着剧烈的热核反应，温度高达数千万度。由于高温的缘故，它向宇宙空间辐射的能量中有 99% 集中在 $0.2\mu m \leqslant \lambda \leqslant 3\mu m$ 的短波区，太阳辐射能量中的紫外线部分（$\lambda < 0.38\mu m$）占 8.7%，可见光部分（$0.38\mu m \leqslant \lambda \leqslant 0.76\mu m$）约占 44.60%，红外线部分（$\lambda > 0.76\mu m$）约占 45.5%。从大气层外缘测得的太阳光谱辐射力表明它和温度为 5762K 的黑体辐射相当，其最大光谱辐射力的波长 $\lambda_m \approx 0.503\mu m$（图 9-32）。

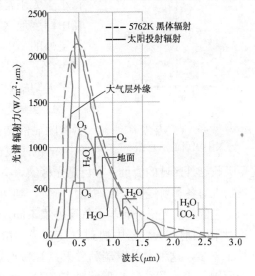

图 9-32　大气层外缘及地面上的太阳辐射光谱

太阳向周围辐射的能量中只有极少部分射向地球，到达地球大气层外缘的能量可作如下的估算：把地球看做半径 $r = 6436km$ 的圆球，距离太阳 $R = 150.6 \times 10^6 km$，因此太阳向周围辐射的能量中投射到地球大气层外缘的比例，即角系数为

$$X_{s,e} = \frac{\pi r^2}{4\pi R^2} = \frac{\pi \times 6436^2}{4\pi (150.6 \times 10^6)^2} = 4.566 \times 10^{-10}$$

如果把太阳当作黑体看待，它的直径 $d_s = 1.397 \times 10^6 \, \mathrm{km}$，表面积 $A_s = 6.131 \times 10^{18}$ m^2，可得太阳向周围辐射的能量为

$$E_s = \sigma_b A_s T^4 = 5.67 \times 10^{-8} \times 6.131 \times 10^{18} \times 5762^4$$
$$= 3.832 \times 10^{26} \, \mathrm{W}$$

到达地球大气层外缘的能量 Φ 为

$$\Phi_s = X_{s,e} E_s = 4.566 \times 10^{-10} \times 3.832 \times 10^{26}$$
$$= 1.750 \times 10^{17} \, \mathrm{W}$$

此能量折算到垂直于射线方向单位表面积的辐射能 q 为

$$q = \frac{1.750 \times 10^{17}}{\pi \times (6436 \times 10^3)^2} = 1345 \, \mathrm{W/m^2}$$

经过多年对太阳辐射的实测资料表明，当地球位于和太阳的平均距离上，在大气层外缘并与太阳射线相垂直的单位表面所接受到的太阳辐射能为 $1353 \mathrm{W/m^2}$，称为太阳常数，用符号 s_c 表示，此值与地理位置或一天中的时间无关。至于某地区在大气层外缘水平面上单位面积的太阳投射能量应为

$$G_s = f s_c \cos\theta \tag{9-35}$$

式中　f——考虑到地球绕太阳运行轨道非圆形而作的修正，$f = 0.97 \sim 1.03$；

　　　θ——太阳射线与水平面法线的夹角，称天顶角（图9-33）。

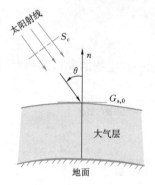

图 9-33　大气层外缘
太阳辐射的示意图

由于大气中存在 CO_2、H_2O、O_3 以及尘埃等对太阳射线的吸收、散射作用，云层和较大尘粒的反射作用，实际到达与太阳射线垂直的地面单位面积上的辐射能，将小于太阳常数。即使在比较理想的大气透明度条件下，在中纬度地区，中午前后能到达地面的太阳辐射只是大气层外的 $70\% \sim 80\%$，在城市中由于大气污染，还将减弱 $10\% \sim 20\%$。

太阳辐射在大气层中的减弱与以下因素有关：

1. 大气层中 H_2O、CO_2、O_3 对太阳辐射吸收作用，且具有明显的选择性。大气中的臭氧主要吸收紫外线，$\lambda < 0.3\mu m$ 的短波辐射几乎全部被臭氧吸收；水蒸气和二氧化碳主要吸收红外区域的能量；在可见光区域，臭氧能吸收其中一部分。此外，大气中的尘埃和污染物也对各类射线有吸收作用。所以，到达地面的太阳能几乎集中在 $0.3 \sim 3\mu m$ 的波长范围内。它的辐射光谱分布与大气层外缘不同，如图9-32中下面一条曲线所示。

2. 太阳辐射在大气层中遇到空气分子和微小尘埃就会产生散射。气体分子直径比射线波长小得多，这种散射属瑞利散射，其特点是各向同性且对短波散射占优，这是天空呈蓝色的原因。尘埃的粒径与射线波长属同一数量级时产生米氏散射，这种散射具有方向性，沿射线方向散射能量较多。

3. 大气中的云层和较大的尘粒对太阳辐射起反射作用。把部分太阳辐射反射回宇宙空间，其中云层的反射作用最大。

4. 与太阳辐射通过大气层的行程有关。中午时刻射线通过大气层的行程最小，早、晚则增大，故从太阳辐射获得的能量对垂直于射线方向的单位面积来说并不相等，中午获

得的比早、晚要大。另外由于大气层的密度分布不均匀，下层大于上层，即使同样行程长度，位于下层时对太阳辐射的衰减作用要比在上层强。

地球周围的大气层也同样起着对地面的保温作用，大气层能让大部分太阳辐射透过到达地面，而地面辐射中 95% 以上的能量分布在 $\lambda=3\sim50\mu m$ 范围内，它们被大气层中的温室气体如二氧化碳、氯氟烃、甲烷等所吸收，其中以二氧化碳为主。这就减少了地面向太空的辐射，其作用与玻璃温室是类似的，即不同波段辐射能量的透射特性导致大气层的温室效应。随着人类活动的日益频繁和工业快速发展，温室气体的排放越来越多，导致地球表面的温度逐年升高，因此，世界各国逐步对温室气体的排放进行了严格控制。

投射到地面的太阳辐射可分为直接辐射和天空散射，在天空晴朗时两者之和称为太阳总辐射密度，或称太阳总辐照度，W/m^2。当天空多云时，总辐射就可能只有散射，它们都有专用的仪器测量。对建筑物各不同朝向的墙面和屋面，它们所受到的太阳总辐照度是不同的，这主要是由于它们受到不同的太阳直接辐照所致。

由于太阳辐射能主要集中在 $0.3\sim3\mu m$ 的波长范围内，而实际物体对短波光谱吸收率和对长波的光谱吸收率有时会有很大差别。因此，在太阳能的利用中，作为太阳能吸收器表面材料，要求它对 $0.3\sim3\mu m$ 波长范围的光谱吸收率尽可能接近 1，而对 $\lambda>3\mu m$ 波长范围的光谱吸收率尽可能接近零，这意味着该表面能从太阳辐射中吸收较多的能量，而自身的辐射热损失又极小。对于某些金属材料，经表面镀层处理后可具有这种性能，这种表面称选择性表面。理想的选择性表面特性如图 9-34（a）所示，实际应用的镍黑镀层特性如图中 9-34（b）所示。可以看出，镍黑镀层对太阳辐射的吸收率较高，在可见光范围内的光谱吸收率可达 0.9 左右，而在使用温度下自身的辐射力却很低，$\lambda>3\mu m$ 的光谱发射率还不到 0.1。

大气层外宇宙空间的温度接近绝对零度，是个理想冷源，但大气层阻碍了地面物体直接向太空辐射散热。然而，在 $8\sim13\mu m$ 的波段内，大气中所含 CO_2、H_2O 的吸收率很小，穿透率较大，且此波段正处于地面物体本身辐射远红外区，所以通常称此波段为大气

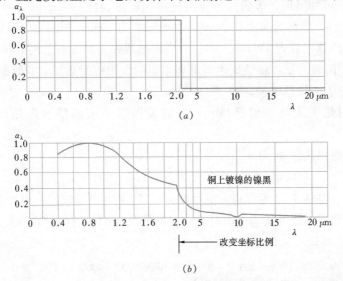

图 9-34　选择性吸收表面的光谱吸收率 α_λ 随波长的变化
（a）理想情况；（b）镍黑镀层

的远红外窗口。地面物体通过这个窗口向宇宙空间辐射散热，达到一定冷却效果。窗口的透明度与天气和方向有关。天空有云层时，透明度降低，晴朗无云的夜晚易结霜就是这个道理。垂直于地面的方向上大气层最薄，透明度比其他方向高。为增强冷却效果，可在冷却物体表面涂上选择性涂料，使表面在 $8\sim13\mu m$ 的波段内有很高的发射率，而降低其他波段的发射率，让物体的能量尽可能多地变成 $8\sim13\mu m$ 的辐射能量，穿过大气窗口散失到宇宙空间中去。

玻璃是太阳能利用中的一种重要材料。普通窗玻璃可以透过 $2\mu m$ 以下的射线，所以可把投射在它上面的太阳辐射大部分透射进入室内，而普通窗玻璃对 $2.5\mu m$ 以上的长波辐射基本上是不透过的，反射率 ρ_λ 亦不大，也就是说普通窗玻璃对长波辐射的吸收率 α_λ 较大。这样，来自室内外的长波辐射能大部分被其吸收，使玻璃温度升高，然后再通过向室内外的辐射和对流传热散发热量。因此，普通窗玻璃的传热系数❶较大。玻璃中三氧化二铁（Fe_2O_3）含量对透光率有很大影响，Fe_2O_3 含量增加则透光率下降。当 Fe_2O_3 含量超过 0.5% 时，可见光和近红外波段的透过率都有明显下降，这种玻璃呈天蓝色，又称吸热玻璃。据了解，国内 3mm 厚普通平板玻璃的太阳辐射穿透率一般都在 0.83 以下，有的甚至低于 0.76，而根据国家标准规定，太阳能集热器的透明盖板的太阳辐射穿透率不低于 0.78。发达国家的市场上已有专门用于太阳能集热器的低铁平板玻璃，其太阳辐射穿透率高达 $0.90\sim0.91$。

目前建筑能耗备受社会各界关注，其中通过门窗散失的热量占建筑总能耗的 40% 以上。过去建筑选用的普通单层玻璃热阻很小，而且对远红外线辐射几乎完全吸收，传热系数高达 $6.4W/(m^2\cdot K)$，是砖墙的 $3\sim4$ 倍。Low-E（低发射率）玻璃因其表面镀有一层金属或半导体薄膜而对远红外线辐射具有高的反射率，表现出低的表面发射率而得名。夏天，来自太阳能中的远红外线辐射和周围外界环境的长波辐射被 Low-E 玻璃反射，无法通过玻璃的吸热而进入室内；冬季，室内的长波辐射也不会因为玻璃的吸热而泄漏到室外。因此，Low-E 玻璃是目前建筑节能的首选材料之一。

【例 9-12】一未加玻璃盖板的太阳能集热器的吸热表面对太阳辐射的吸收率为 0.92，表面发射率为 0.15，集热器表面积 $20m^2$，表面温度为 $80℃$，周围空气温度为 $18℃$，表面对流传热的表面传热系数为 $3W/(m^2\cdot K)$。当集热器表面的太阳总辐射照度为 $800W/m^2$，天空温度❷为 273K 时，试计算该集热器可利用到的太阳辐射热和它的效率。

【解】对吸热表面作热平衡，即

（太阳辐射得热＋天空辐射得热）－（对流散热＋表面辐射散热）＝可利用太阳辐射热

（1）太阳辐射得热量 Φ_1 为

$$\Phi_1=\alpha AG=0.92\times20\times800=14720W$$

（2）天空辐射得热 Φ_2　考虑到天空温度为 $0℃$（273K），它的辐射光谱与表面温度为 $80℃$ 的辐射光谱相近，故可认为表面对天空辐射的吸收率 a' 近似与表面发射率 ε 相等。因

---

❶　玻璃的传热系数是指室内外温度差为 1K 时，单位面积的传热量。与绪论中介绍的传热过程不同，玻璃的传热过程不仅包括其两侧的对流传热，还有穿过玻璃的辐射传热。

❷　天空温度与空气温度不同，它是天空的有效辐射温度，与天空的气象条件有关。冬季晴朗的夜晚，天空温度大约为 230K，而夏季多云天气下的夜晚，天空温度大约为 285K。

此，天空辐射得热为

$$\Phi_2 = \alpha' A E_{sky} = 0.15 \times 20 \times 5.67 \times 10^{-8} \times 273^4 = 945W$$

（3）对流散热 Φ_3 为

$$\Phi_3 = hA(t_w - t_f) = 3 \times 20 \times (80 - 18) = 3720W$$

（4）表面辐射散热 Φ_4 为

$$\Phi_4 = \varepsilon A E = 0.15 \times 20 \times 5.67 \times 10^{-8} \times 353^4 = 2641W$$

（5）可利用的太阳辐射热 Φ 为

$$\Phi = \Phi_1 + \Phi_2 - \Phi_3 - \Phi_4 = 14720 + 945 - 3720 - 2641 = 9304W$$

（6）效率为

$$\eta = \frac{\Phi}{AG} = \frac{9304}{20 \times 800} \times 100\% = 58\%$$

【讨论】从上述计算可知，自然对流散热损失最大。要进一步提高效率，应采取措施，减少自然对流散热损失。

【例 9-13】一平板型太阳能集热器的示意图见图 9-35。平板玻璃覆盖在吸热表面上，且玻璃盖板与吸热表面围成密闭空间。太阳总辐照度 G_s 为 $800W/m^2$，天空温度为 $0℃$。玻璃的太阳辐射穿透率 τ_g 为 0.85，长波穿透率 τ'_g 为 0，反射率为 0，长波发射率 ε_g 为 0.9；吸热表面对太阳辐射的吸收率 α_{bs}

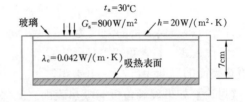

图 9-35　例 9-13 图

为 1.0，表面长波发射率 ε_{bs} 为 0.15，其中所吸收热量的 70% 用于加热太阳能集热器中的水以及通过吸热表面的背面散热损失了。玻璃盖板与吸热表面平行，两者之间的距离为 $0.07m$，其间存有空气，即存在有限空间的自然对流传热，此时玻璃盖板与吸热表面之间的当量热导率 λ_e 为 $0.042W/(m \cdot K)$，玻璃盖板与大气环境表面对流传热的表面传热系数为 $20W/(m^2 \cdot K)$，大气环境温度 t_a 为 $30℃$。试计算吸热表面和玻璃盖板的温度。假设可以忽略玻璃的导热热阻，玻璃盖板与吸热表面之间的角系数 $X_{bs,g}$ 为 1。

【解】分别对吸热表面和玻璃做热平衡分析：

1. 吸热表面吸收的太阳能＝吸热表面向玻璃盖板的辐射传热量＋吸热表面通过导热向玻璃盖板的传热量＋太阳能集热器中的水及散热损失的热量

（1）吸热表面吸收的太阳能：$\Phi_{bs} = \alpha_{bs} \tau_g G_s = 1.0 \times 0.85 \times 800 = 680W/m^2$

（2）吸热表面向玻璃盖板的辐射传热量：

$$\Phi_{bs,g} = \frac{E_{bs} - E_g}{\dfrac{1 - \varepsilon_{bs}}{\varepsilon_{bs}} + \dfrac{1}{X_{bs,g}} + \dfrac{1 - \varepsilon_g}{\varepsilon_g}} = \frac{\sigma_b(T_{bs}^4 - T_g^4)}{\dfrac{1 - 0.15}{0.15} + \dfrac{1}{1} + \dfrac{1 - 0.9}{0.9}}$$
$$= 0.837 \times 10^{-8}(T_{bs}^4 - T_g^4) \quad W/m^2$$

（3）吸热表面通过导热向玻璃盖板的传热量：

$$\Phi_c = \lambda_e \frac{T_{bs} - T_g}{\delta} = 0.042 \times \frac{T_{bs} - T_g}{0.07} = 0.6(T_{bs} - T_g) \quad W/m^2$$

（4）太阳能集热器中的水及散热损失的热量：$\Phi_{bs,1} = \Phi_{bs} \times 70\% = 680 \times 70\% = 476W/m^2$

由 $\Phi_{bs} = \Phi_{bs,g} + \Phi_c + \Phi_{bs,1}$ 得，$204 = 0.837 \times 10^{-8}(T_{bs}^4 - T_g^4) + 0.6(T_{bs} - T_g)$　　（1）

2. 玻璃盖板吸收的太阳能＋吸热表面向玻璃盖板的辐射传热量＋吸热表面通过导热向玻璃盖板的传热量＝玻璃盖板向大气环境的对流散热量＋玻璃盖板向天空的辐射散热量

(1) 玻璃盖板吸收的太阳能：$\Phi_g = \alpha_g G_s = (1-\tau_g) G_s = (1-0.85) \times 800 = 120 \text{W/m}^2$

(2) 吸热表面向玻璃盖板的辐射传热量：$\Phi_{bs,g} = 0.837 \times 10^{-8} (T_{bs}^4 - T_g^4) \text{ W/m}^2$

(3) 吸热表面通过导热向玻璃盖板的传热量：$\Phi_c = 0.6 (T_{bs} - T_g) \text{ W/m}^2$

(4) 玻璃盖板向大气环境的对流散热量：

$$\Phi_{gc} = h(T_g - T_a) = 20(T_g - 303) \text{ W/m}^2$$

(5) 玻璃盖板向天空的辐射散热量：

$$\Phi_{g,sky} = \varepsilon_g (E_g - E_{sky}) = \varepsilon_g \sigma_b (T_g^4 - T_{sky}^4) = 0.9 \times 5.67 \times 10^{-8} (T_g^4 - 273^4)$$
$$= 5.103 \times 10^{-8} (T_g^4 - 273^4) \text{ W/m}^2$$

由 $\Phi_g + \Phi_{bs,g} + \Phi_c = \Phi_{gc} + \Phi_{g,sky}$ 得

$120 + 0.837 \times 10^{-8} (T_{bs}^4 - T_g^4) + 0.6(T_{bs} - T_g) = 20(T_g - 303) + 5.103 \times 10^{-8} (T_g^4 - 273^4)$

将式 (1) 代入上式等号左侧，得

$$324 = 20(T_g - 303) + 5.103 \times 10^{-8} (T_g^4 - 273^4)$$

通过计算可得玻璃盖板的温度为：$T_g = 309.9 \text{K}$

将 T_g 值代入式 (1)，可得 $204 = 0.837 \times 10^{-8} (T_{bs}^4 - 309.9^4) + 0.6 (T_{bs} - 309.9)$

则吸热表面的温度为：$T_{bs} = 404.6 \text{K}$

【讨论】如果玻璃盖板与吸热表面之间保持真空环境，则其内部不存在空气导热现象，在其他条件不变的情况下，吸热表面的温度增高到 428.1K，这有利于加热太阳能集热器中的水。因此，目前广泛采用全玻璃真空管太阳能集热器。若玻璃的穿透率降低为 0.75，在其他条件不变情况下，玻璃表面的温度增高到 312K，而吸热表面的温度降低为 397K。试讨论吸热表面对太阳辐射的吸收率不等于 1，长波表面发射率大于 0.15，其他条件不变的情况下，则玻璃表面和吸热表面的温度将如何变化？太阳总辐照度变化，将引起吸热表面温度如何变化？

小　结

　　本章针对被透明介质分隔开的漫射灰表面的辐射传热计算进行了讨论。漫射表面可不计方向性、灰表面可不计光谱特性，计算可用半球全波长的特性。需要强调的是，参与辐射传热诸表面必须组成封闭腔，否则需要辅助面以构成封闭系统。对比电学中的欧姆定律，引出辐射热阻的单元网络，然后把各类辐射传热问题归纳为不同的网络图，以利于分析计算。在分析了气体辐射的特点、规律以及气体和包壳间的辐射传热后，简要地叙述了火焰辐射、太阳辐射等知识。

　　本章学习的基本要求是：理解角系数、有效辐射、辐射表面热阻、辐射空间热阻的概念，熟悉遮热板工作原理及应用。掌握用代数法和图线法确定角系数。能计算充满透明介质的由两个或多个表面组成的封闭腔中每个表面的净辐射传热量。了解气体辐射的特点及影响气体发射率的因素。能确定 CO_2 和 H_2O 及其混合气体的发射率、吸收率以及气体与包壳间的辐射传热。了解太阳辐射的特点及太阳能集热器的热平衡分析方法。

主要内容有：

（1）物性均匀的漫射灰表面间辐射传热计算要用角系数 X，它取决于物体的几何形状、表面大小与相对位置，是一个几何参数，表示表面间能量投射百分数。

对两无限大平行平壁　　　　　　　$X_{1,2} = X_{2,1} = 1$

对空腔 2 与内包非凹物体 1　　$X_{1,2} = 1 \quad X_{2,1} = A_1/A_2$

对任意位置物体表面间的角系数，本章介绍用以下方法确定：

1）由角系数的定义式，根据已知几何关系用积分法计算，几种典型情况已把计算结果画成线算图，可直接查用；

2）根据角系数的基本性质：互换性、完整性和分解性原理，用代数法计算角系数，有时要加辅助面并配合线算图扩大其使用范围。

（2）组成辐射传热网络的热阻有两类：表面热阻和空间热阻。参与辐射传热表面 i 的表面热阻为 $\dfrac{1-\varepsilon_i}{\varepsilon_i A_i}$；表面 i 和表面 j 之间的空间热阻为 $\dfrac{1}{X_{i,j}A_i}$。当表面 i 是黑体，则该表面的表面热阻为零。

两表面组成封闭腔时的辐射传热为

$$\Phi_{1,2} = \frac{E_{b1} - E_{b2}}{\dfrac{1-\varepsilon_1}{\varepsilon_1 A_1} + \dfrac{1}{X_{1,2}A_1} + \dfrac{1-\varepsilon_2}{\varepsilon_2 A_2}}$$

多个表面组成的封闭腔，各表面间的辐射传热可根据表面特点建立节点方程组，联立求解得各表面的有效辐射，进而算出表面的净辐射传热量。对绝热表面则该节点应为浮动点，由共同参与辐射传热的表面确定，即该节点不和外电源相连。

（3）关于气体辐射

1）多原子气体，如 CO_2、H_2O 等的辐射和吸收具有明显的选择性，它们只辐射和吸收某些波长范围内的能量，气体对投射能量只有吸收和透过，可不计反射；

2）吸收和辐射是在整个气体容积中进行的，在只考虑气体的吸收而不计气体辐射的条件下，气体中光谱定向辐射强度的变化可按气体吸收定律来确定，对气体温度不高时适用；

3）气体温度和壁面温度不同时，气体的发射率和吸收率并不相等，虽查的是同样的线算图，但查图时的参数不同。

（4）关于太阳辐射

太阳常数是指当地球位于和太阳的平均距离上，大气层外缘与太阳射线相垂直的单位表面所接受到的太阳辐射能。太阳辐射在大气层中的减弱与大气层中的气体成分、空气分子和微小尘埃的散射、云层和较大尘粒的反射以及穿过大气层的行程有关。

常温物体表面对太阳辐射来说，不能被看做灰体。

太阳能集热器的吸热表面需要采用选择性吸收表面，即在太阳主要辐射波段，吸收率尽可能大，而长波表面发射率越小越好。减少吸热表面向周围环境的传热量有助于提高太阳能利用率。

思考题与习题

1. 任意位置两表面之间用角系数来计算辐射传热，这对物体表面做了哪些基本假定？

2. 重辐射面与黑体表面有何区别？为何重辐射面的有效辐射等于同温度黑体表面的辐射力？重辐射面将其他表面投射过来的辐射全部反射出去，那么它是白体吗？

3. 为了测量管道中的气流温度，在管道中设置了温度计。试分析由于温度计头部和管壁之间的辐射传热而引起的测量误差，并提出减少测温误差的措施。

4. 在安装有辐射供暖板的室内测量空气温度时，为了消除热辐射带来的误差，用高反射率材料分别作筒状和不开口的球壳状遮热罩（图 9-36）。试分析这两种方法的效果，它们测得的温度是否一样，为什么？如将它们的表面涂黑或者刷白，是否影响测温结果？

图 9-36　习题 4 图

5. 灰表面间的辐射传热计算式，如果要用于非灰表面（表面的辐射性质与波长有关），应做些什么修改？

6. 有两平行黑表面，相距很近，它们的温度分别为 $1000℃$ 和 $500℃$。试计算它们的辐射传热量。当"冷"表面温度增至 $700℃$，则辐射传热量变化多少？如果它们是灰表面发射率分别为 0.8 和 0.5，它们的辐射传热量又为多少？

7. 抽真空的保温瓶胆两壁面均涂银，发射率 $\varepsilon_1 = \varepsilon_2 = 0.02$，内壁面温度为 $100℃$，外壁面温度为 $20℃$，当表面积为 0.25m^2 时，试计算此保温瓶的辐射热损失。

8. 有一微面积 $\mathrm{d}A$ 与另一矩形面积 A_2 相平行，矩形的边长为 a、b，通过 $\mathrm{d}A$ 中心的法线正对矩形的一角，相距为 c，求证：

$$X_{\mathrm{dA},A_2} = \frac{1}{2\pi}\left[\frac{B}{\sqrt{1+B^2}}\mathrm{arctg}\frac{C}{\sqrt{1+B^2}} + \frac{C}{\sqrt{1+C^2}}\mathrm{arctg}\frac{B}{\sqrt{1+C^2}}\right]$$

其中　　　　　　　　$B = a/c; C = b/c$

9. 图 9-37 所表示的表面间的角系数可否表示为：

$$X_{3,(1+2)} = X_{3,1} + X_{3,2}$$

$$X_{(1+2),3} = X_{1,3} + X_{2,3}$$

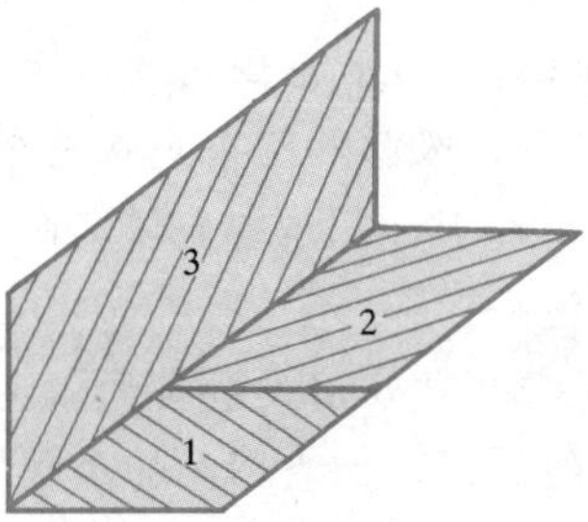

图 9-37　习题 9 图

如有错误，请予更正。

10. 一个无限长的 V 形槽，如图 9-38 所示，其张角为 2ϕ，槽口宽度为 L，壁面均温为 T，发射率为 ε，如忽略外部的投射辐射，求证槽口处向外的辐射能量为：

$$Q = \frac{L\varepsilon\sigma T^4}{\varepsilon + (1-\varepsilon)\,\sin\phi}$$

11. 如图 9-39 所示，求面 A_1 对面 A_2 的角系数。

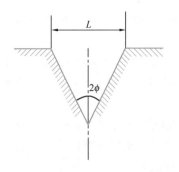

图 9-38　习题 10 图

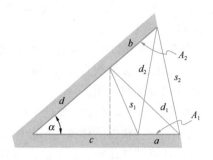

图 9-39　习题 11 图

12. 如图 9-40 所示的太阳能集热器，由一个玻璃盖板、集热板和边墙组成。其上表面的玻璃盖板在太阳辐射波段上完全透明，但对于红外波段的发射率为 0.9；集热板可视作黑体并保持恒温 $t_1 = 77℃$；边墙为发射率等于 0.5 的绝热材料组成。整个集热器为 $1m \times 1m$ 的正方形，高度为 10cm。假设玻璃盖板对流传热表面传热系数为 $h = 5.0W/(m^2 \cdot K)$，环境温度为 17℃，太阳直射辐射力为 $1000W/m^2$，试画出此集热器的热网络图并计算其对太阳辐射的集热效率。

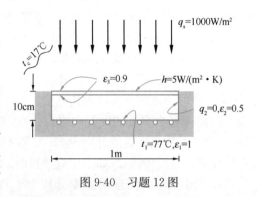

图 9-40　习题 12 图

13. 某供暖房间采用立式悬挂辐射供暖板，试求此供暖板和房间各表面间的角系数，房间和供暖板的尺寸见图 9-41。

14. 上题中当辐射供暖板的发射率为 0.9，其余墙面的发射率均为 0.8。供暖板表面温度为 45℃。各墙面温度：左侧墙 $t_1 = 14℃$、右侧墙 $t_2 = 16℃$，前墙表面 $t_3 = 10℃$，供暖板侧墙 $t_4 = 10℃$，顶棚表面为 16℃，地表面为 12℃。试计算此供暖板的净辐射传热量。

15. 两块平行放置的平板表面发射率均为 0.8，温度分别为 $t_1 = 527℃$，$t_2 = 27℃$，板间距远小于板的宽度与高度。试计算（1）板 1 的本身辐射；（2）对板 1 的投入辐射；（3）板 1 的反射辐射；（4）板 1 的有效辐射；（5）板 2 的有效辐射；（6）板 1、2 间的辐射传热量。

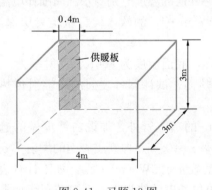

图 9-41　习题 13 图

16. 一外径为 100mm 的钢管横穿过室温为 27℃ 的大房间，管外壁温度为 100℃，表面发射率为 0.85。试确定单位管长的辐射散热损失。

17. 有一 $3m \times 4m$ 的矩形房间，高 2.5m，地表面温度为 27℃，顶表面温度为 12℃。房间四周的墙壁均是绝热的，所有表面的发射率均为 0.8，试用网络法计算地板和顶棚的净辐射传热量和墙表面的温度。

18. 有一个长为 15cm、内径为 15cm 的空心圆柱形加热元件，其内壁为黑体且保持在 1100K，圆柱体外表面是绝热的，环境为 800K 的真空。若圆柱体的两端是开口的，试估算应加给该元件的热量。

19. 有一圆柱形一端开口的空腔体，直径和高度均为 100mm，表面温度 $t_1=327℃$，发射率 $\varepsilon_1=0.75$。将此空腔体放置在大房间中，房间表面 $t_2=27℃$。试计算通过腔体开口的辐射热损失并画出辐射网络图。

20. 上题中所有已知数据不变，如把空腔内表面划分为两个表面，即底部圆表面和侧向曲表面，以考虑非均匀辐射的影响，试分析并画出其辐射传热网络，计算出开口的辐射热损失，并与上题计算结果比较。已知底面对开口的角系数为 0.17。

21. 设有一功率为 800W 的电熨斗，表面积 $0.08m^2$，表面发射率为 0.06，放在环境温度为 25℃ 的室内，对流传热表面传热系数为 10W/(m^2·K)，试求达到稳态时的表面温度是多少？如表面生锈而导致发射率增大至 0.7，则表面温度是多少？其余条件均假定不变。

22. 设由 3 个面组成的封闭腔，其 1 为灰体，2 为黑体，且 $T_1=T_2=0K$，3 为黑体，$T_3>0K$。求有效辐射 J_1 和 J_2，并证明 $\varPhi_{1,2}=A_1X_{1,2}\,(J_1-J_2)\neq 0$，说明 $\varPhi_{1,2}$ 不等于封闭系统中任意两物体的真实辐射传热量。

23. 两平行大平壁的发射率均为 $\varepsilon=0.4$，它们中间放置有两面发射率均为 0.04 的遮热板。当平壁的表面温度分别为 250℃ 和 40℃ 时，试计算辐射传热量和遮热板的表面温度（不计导热和对流传热）。如不用遮热板时，辐射传热量为多少？

24. 两个同心圆筒壁的温度分别为 -196℃ 和 30℃，直径分别为 100mm 和 150mm，表面发射率均为 0.8。试计算单位长度圆筒体上的辐射传热量。为减弱辐射传热，在其间同心地置入一遮热罩，直径为 125mm，两表面的发射率均为 0.05。试画出此时辐射传热的网络图，并计算套筒壁间的辐射传热量。

25. 热水瓶胆是一个夹层结构，且夹层表面涂有水银，水银层的发射率为 0.04。瓶内放 100℃ 的开水，周围环境温度为 20℃。设瓶胆内、外层的温度分别与水和周围环境温度大致相同，求瓶胆的散热量。若用热导率为 0.04W/(m·K) 的软木代替瓶胆夹层保温，问需用多厚的软木才能达到热水瓶原来的保温效果？

26. 一矩形断面的长隧道窑，断面宽 4m，高 3m，底面温度为 800K、发射率为 0.6，顶面温度为 1273K、发射率为 0.8，两侧面均为绝热面，试计算各表面的净辐射传热量（提示：顶面与底面的角系数可用代数法确定）。

27. 在表面温度 $t_1=280℃$、直径为 $d_1=200mm$ 的蒸汽管外，加设白铁皮做的遮热罩，罩的直径 $d_2=300mm$。已知蒸汽管表面的发射率 $\varepsilon_1=0.85$，白铁皮表面的发射率 $\varepsilon_2=0.3$，罩外空气温度 $t_f=30℃$，罩外表面总表面传热系数 $h=25W/(m^2$·K)。如不计管表面和罩壳之间空气的导热和对流，试计算该蒸汽管每单位长度的热损失 q_1 和遮热罩表面温度 t_3。如不加设遮热罩时，则管道的热损失为多大？

28. 用热电偶来测量管内流动着的热空气温度，如图 9-42 所示。热电偶读得温度 $t_1=400℃$，管壁由于散热测得温度 $t_2=350℃$，热电偶头部和管壁的发射率分别为 0.8 和 0.7。从气流到热电偶头部的对流表

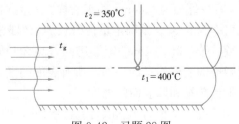

图 9-42　习题 28 图

面传热系数为 35W/（m^2·K），试计算由于热电偶头部和管壁间的辐射传热而引起的测温误差，此时气流的真实温度应为多少？讨论此测温误差和表面传热系数的关系，此测温误差和热电偶头部发射率的关系。

29. 为了减少上题中的测温误差，可把热电偶头部用遮热罩套起来，如图 9-43 所示。如遮热罩两面的发射率均为 0.5，从气流到遮热罩的对流表面传热系数为 20W/(m^2·K)。其他参数同上题，试计算此时热电偶的读数为多少度（假设热电偶头部面积与遮热罩面积之比等于零）？

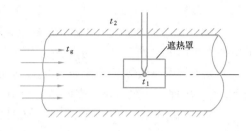

图 9-43　习题 29 图

30. 一人工黑体空腔由直径为 0.25m 的球状电加热箱制成，其内表面为均匀的漫灰体，温度为 1000K，发射率为 0.75。球表面上有一个直径为 0.03m 的小孔。试计算：1）通过该孔向外发出的辐射能量。2）该孔的表观发射率，由此可以得出什么结论？（孔口的表观发射率的定义为：孔内表面实际辐射出去的能量与面积等于孔口面积、温度等于内表面温度的黑体辐射能之比。）

31. 在直径 $D=1$m 的烟道中，烟气的平均温度为 800℃，烟气中 CO_2 含量为 14％，H_2O 含量为 6％，总压力为 2×10^5Pa，求烟气的发射率。当壁面温度为 400℃，壁面发射率为 0.9，则烟气对壁面的辐射传热为多少？

32. 试证明外径为 d、横向管间距为 s_1，纵向管间距为 s_2 的光管管束间气体的射线平均行程为：

$$s = 0.9d\left(\frac{4}{\pi}\times\frac{s_1 s_2}{d^2} - 1\right)$$

33. 如图 9-44 所示为一组等间距排列的圆柱形硅碳棒加热器，圆柱间隔与其直径之比为 2，外侧绝热壁面的发射率为 0.3，内侧壁面发射率为 0.6，硅碳棒的表面发射率为 0.8，试求：当内壁面的温度为 1300K、承受的热流密度为 300kW/m^2 时，硅碳棒的温度是多少？

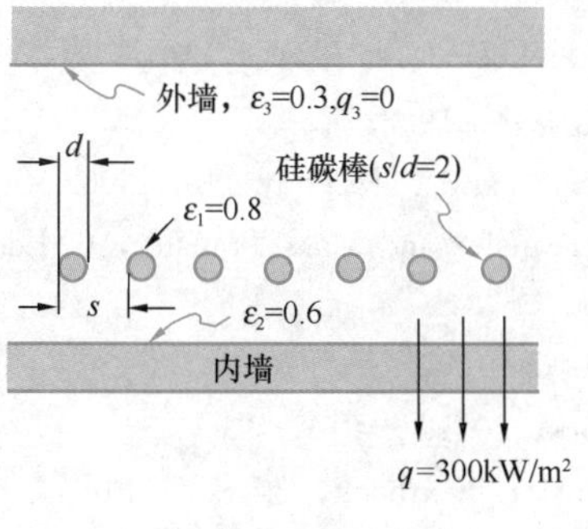

34. 总压力为 1.2×10^5Pa 的燃气，温度为 900℃，燃气中含有 5％水蒸气，此燃气流过边长为 1m 的方形长通道，通道内表面温度为 723℃，表面发射率为 0.9。试计算燃气与壁面的辐射传热量。

外墙，$\varepsilon_3=0.3$, $q_3=0$

硅碳棒($s/d=2$)

$\varepsilon_1=0.8$

$\varepsilon_2=0.6$

内墙

$q=300$kW/m^2

图 9-44　习题 33 图

35. 一个直径为 1.22m，长 1.22m 的圆柱形冷箱体，其内壁为黑表面，箱内充满总压力为 1atm 的热气体，该气体是由分压力为 0.75atm 的透明气体和二氧化碳组成，气体均匀混合，温度为 1111.1K，如果箱壁温度很低，以致只有气体有明显的辐射时，试计算为保持箱壁的低温状态，需由壁面带走多少热量。

36. 在太空中飞行的人造卫星外壳向阳表面，受太阳辐射 $G=1367$W/m^2，背面绝热，把太空视为 0K 空间，卫星外壳分别作为：

（1）发射率　　　　　$\varepsilon=0.3$ 的漫灰表面

（2）光谱发射率　　　$\varepsilon_\lambda=0.1$（$0\leqslant\lambda\leqslant3\mu$m）

　　　　　　　　　　　$\varepsilon_\lambda=0.5$（$\lambda>3\mu$m）

（3）光谱发射率　　　$\varepsilon_\lambda=0.5$（$0\leqslant\lambda\leqslant3\mu$m）

　　　　　　　　　　　$\varepsilon_\lambda=0.1$（$\lambda>3\mu$m）

则卫星外壳表面的平衡温度各为多少。为简化计算，设太阳辐射能集中在 $0\sim3\mu$m 之内。

37. 某人把手掌放置于一个加热的圆盘形电炉上方 10cm 处，手掌可视为直径 12cm 的圆盘，电炉的直径为 20cm，表面温度为 700K，试问有多少辐射能落到人手上。

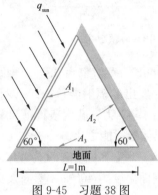

图 9-45　习题 38 图

38. 如图 9-45 所示，一个横截面为等边三角形的无限长温室，其左侧壁面 A_1 为透明玻璃盖板，反射率为 0.1，盖板对于太阳辐射完全透明，但对于温室内部的红外辐射不透明。右侧 A_2 为发射率等于 0.2 的不透明壁面，底面 A_3 为发射率等于 0.8 的地面。假设所有表面均为漫反射表面，且 A_1 和 A_2 与外界绝热，底面 A_3 与环境的传热存在如下的关系：$q_3=h(T_3-T_a)$，且环境温度为 $T_a=280$K，传热系数 $h=19.5$W/（$m^2\cdot$K），试求当辐射强度为 1000W/m^2 的太阳辐射从平行于 A_2 面的方向入射至 A_1 面时，所有表面的温度。

39. 间隔距离为 2cm 的平行灰平板之间含有吸收系数为 0.5cm^{-1} 的灰气体。两个平板的温度和发射率分别为 $T_1=1000$K，$T_2=840$K，$\varepsilon_1=0.1$，$\varepsilon_2=0.2$。问平板之间的能量交换以及距表面 1 为 0.5cm 位置处的气体温度是多少？

参 考 文 献

[1] 杨贤荣，马庆芳等. 辐射换热角系数手册. 北京：国防工业出版社，1982.

[2] Robert Siegel，John Howell. Thermal Radiation Heat Transfer，4th Ed.. McGraw Hill，2002.

[3] Frank P. Incropera，David P. DeWitt. Fundamentals of Heat Transfer and Mass Transfer，6th Ed.. John Wiley & Sons，Inc.，2007.

[4] 余其铮. 辐射换热原理. 哈尔滨：哈尔滨工业大学出版社，2000.

[5] J. P. Holman. Heat Transfer，10th Ed. McGraw-Hill，New York，2011.

[6] John H. Lienhard IV，John H. Lienhard V.. A Heat Transfer Textbook，3rd Ed.. Phlogiston Press，2005.

[7] M. F. Modest. Radiative Heat Transfer. McGraw-Hill，New York，2002.

[8] R. Sigel，J. Howell. 热辐射传热. 北京：科学出版社，1990.

第十章 传 热 和 换 热 器

换热器是工程中广泛采用的实现冷热流体换热的设备。前面各章已分别研究了导热、对流传热和辐射传热，了解了它们的传热规律和计算方法。在第二章中，作为第三类边界条件下的导热问题，也已对平壁及圆筒壁的传热过程进行了基本分析。本章则将讨论有关传热和换热器的其他几个问题：肋壁传热、复合传热、传热过程温度差、传热的削弱与强化。随后，阐述各类间壁式换热器，即热交换器的构造原理和传热计算的基本方法，最后简要叙述换热器的性能评价方法。

第一节 通过肋壁的传热

在第二章肋壁导热的分析中曾指出，增大壁面一侧的表面积，有可能降低传热总热阻，从而使传热强化，所以在换热设备中，常使用肋壁强化传热。肋的形状有多种，如片状、条形、针形、柱形、齿形等，其传热过程的分析方法都相同。图 10-1 所示一段肋壁，分析中设肋和壁为同一种材料，壁厚 δ，热导率 λ；无肋侧光壁面积 A_1，流体温度 t_{f1}，光壁面温度 t_{w1}，表面传热系数 h_1；肋壁侧面积 A_2（肋片面积 A_2'' 与肋间面积 A_2' 之和），流体温度 t_{f2}，表面传热系数 h_2，肋基壁面温度 t_{w2}，肋片 A_2'' 的平均壁温 $t_{w2,m}$。设 $t_{f1}>t_{f2}$，则在稳态传热情况下，通过肋壁的传热量可写成下式

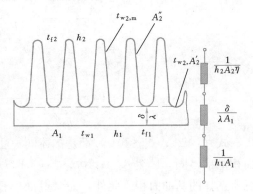

图 10-1 通过肋壁传热

无肋侧传热 $\qquad \Phi = h_1 A_1 (t_{f1} - t_{w1})$ $\qquad\qquad$ (1)

壁的导热 $\qquad \Phi = \dfrac{\lambda}{\delta} A_1 (t_{w1} - t_{w2})$ $\qquad\qquad$ (2)

肋侧传热（肋与肋间之和）

$\qquad\qquad \Phi = h_2 A_2' (t_{w2} - t_{f2}) + h_2 A_2'' (t_{w2,m} - t_{f2})$ $\qquad$ (3)

按第二章所述，肋片效率等于实际传热量与理想传热量之比，即

$$\eta_f = \frac{h_2 A_2'' (t_{w2,m} - t_{f2})}{h_2 A_2'' (t_{w2} - t_{f2})} = \frac{t_{w2,m} - t_{f2}}{t_{w2} - t_{f2}} \qquad (4)$$

用式（4）改写式（3），写为

$$\Phi = h_2 (A_2' + A_2'' \eta_f)(t_{w2} - t_{f2}) = h_2 A_2 \eta (t_{w2} - t_{f2}) \qquad (5)$$

式中，肋壁总效率 $\eta = \dfrac{A_2' + A_2'' \eta_f}{A_2}$。

整理式（1）、式（2）、式（5），消去 t_{w1} 和 t_{w2} 后写成以两侧流体温差表示的肋壁传热

公式，得

$$\Phi = \frac{t_{f1} - t_{f2}}{\dfrac{1}{h_1 A_1} + \dfrac{\delta}{\lambda A_1} + \dfrac{1}{h_2 A_2 \eta}} = \frac{t_{f1} - t_{f2}}{\dfrac{1}{h_1} + \dfrac{\delta}{\lambda} + \dfrac{A_1}{h_2 A_2 \eta}} A_1 \quad (\text{W}) \tag{10-1}$$

按传热过程热阻绘制的模拟电路亦示于图 10-1 上。把式（10-1）写成

$$\Phi = k_1 A_1 (t_{f1} - t_{f2}) \quad (\text{W}) \tag{10-2}$$

式中，k_1 为以光壁面面积为基准的传热系数。

$$k_1 = \frac{1}{\dfrac{1}{h_1} + \dfrac{\delta}{\lambda} + \dfrac{1}{h_2 \beta \eta}} \quad [\text{W}/(\text{m}^2 \cdot \text{K})] \tag{10-3}$$

式中，$\beta = \dfrac{A_2}{A_1}$，称为肋化系数。

β 往往远大于 1，而且可以使 $\beta\eta$ 远大于 1，使一侧对流传热热阻从 $1/h_2$ 降低到 $1/(h_2\beta\eta)$，从而增大传热系数 k_1。

若将式（10-1）分子分母同乘以肋壁面积 A_2，并经整理得出以 A_2 为基准的传热系数，用 k_2 表示，即

$$\Phi = \frac{t_{f1} - t_{f2}}{\dfrac{A_2}{h_1 A_1} + \dfrac{\delta A_2}{\lambda A_1} + \dfrac{1}{h_2 \eta}} A_2 = \frac{t_{f1} - t_{f2}}{\dfrac{1}{h_1} \beta + \dfrac{\delta}{\lambda} \beta + \dfrac{1}{h_2 \eta}} A_2$$

$$= k_2 A_2 (t_{f1} - t_{f2}) \quad (\text{W}) \tag{10-4}$$

式中

$$k_2 = \frac{1}{\dfrac{1}{h_1} \beta + \dfrac{\delta}{\lambda} \beta + \dfrac{1}{h_2 \eta}} \quad [\text{W}/(\text{m}^2 \cdot \text{K})] \tag{10-5}$$

式（10-2）、式（10-4）都是描述同一肋壁的传热公式，其不同点只是计算传热量的面积基准不同，显然 $A_2 > A_1$，$k_1 > k_2$，但 $k_1 A_1 = k_2 A_2$，因此在使用传热公式时应特别注意所选择的基准面积。此外，如果壁面的任何一侧有污垢，则导热项中应加上污垢热阻 R_f，这样，导热项的热阻应是

对 k_1 $\dfrac{\delta}{\lambda} + R_f$

对 k_2 $\left(\dfrac{\delta}{\lambda} + R_f \right) \beta$

由式（10-3）可见，加肋后肋壁传热热阻为 $\dfrac{1}{h_2 \beta \eta}$，一般相比无肋时的光壁传热热阻 $1/h_2$ 小，降低的程度与肋片的高度、间距、厚度、形状、肋的材料以及制造工艺等因素有关。其中，减小肋的间距，肋的数量增多，肋壁的表面积相应增大，能使 β 值增大，有利于减少热阻；此外，适当减小肋间距还可增强肋间流体的扰动，使表面传热系数 h_2 提高。但减小肋间距是有限的，一般肋间距不应小于热边界层厚度的两倍，以免肋间流体的温度升高（或降低），减小传热温差。故为了避免肋面上的边界层发展过厚而影响传热效果，顺流动方向肋片不应过长，为此，有些肋壁采用不连续的断续肋，如柱形、齿形等，以破坏边界层的发展，强化肋壁传热，同时有利于缩小肋间距，提高 β 值；至于肋高的影响，必须同时考虑它与 β 和 η 两项因素的关系。第二章肋壁导热讨论中已指出，增加肋高将引起肋片效率 η 下

降，但能使肋表面积增加，β 增大。工程中，加肋的目的是为了强化传热，计算表明，当壁两侧的表面传热系数相差 3～5 倍，如氟利昂制冷的冷凝器，可采用低肋化系数的螺纹管；当两侧表面传热系数相差 10 倍以上，如蒸汽—空气加热器，则可选用高肋化系数的肋片管。显然，肋片都必须加装在表面传热系数较低的一侧，以减小加肋侧的热阻。总之，要合理设计肋片参数，使 $\dfrac{1}{h_2\beta\eta}$ 与另一侧热阻 $1/h_1$ 达到最佳匹配，从而使传热系数达到最佳值，以充分发挥肋的强化传热效果。当换热器两侧的表面传热系数都很低，如气体换热器，双侧均为气体，则可把两侧壁表面都肋化，本章第四节所述板翅式换热器就是一例。同时，还应注意，由于加肋强化了传热，与无肋的情况相比，壁面温度 t_{w2} 将因此相应降低，即加肋的另一个效果是壁得到适当的冷却。因此在某些情况下，加肋的主要作用是为冷却金属壁，而不仅仅是为强化传热，例如内燃发动机的气缸壁。因此，在其他条件不变的情况下，应针对具体传热情况，综合考虑上述这些因素，合理设计。

第二节　复合传热时的传热计算

在上述传热过程中，当流体为气体介质时，壁面上除对流传热外，还将同时存在辐射传热，如图 10-2 所示，这是工程中常见的现象❶。如房屋的墙壁，在传热过程中两侧都存在对流传热和辐射传热；又如架空的热力管道，其外表面散热一方面靠表面与空气之间的对流传热，另一方面还有与周围环境物体间的辐射传热。总之，当对流传热的流体为气体时，就可能要考虑物体表面间的辐射传热，由此，引出复合传热计算问题。

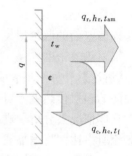

图 10-2　复合传热

【例 10-1】为判断冬季某厂房外墙的散热损失，在稳态条件下，测得外墙内壁表面温度 $t_w = 15.4℃$，室内气温 $t_f = 20.6℃$，厂房内墙壁表面温度 $t_{am} = 22℃$，外墙内表面与内墙壁间的系统发射率 $\varepsilon = 0.9$，已知墙壁高 3m，求此外墙壁面的散热损失热流密度 q，并计算辐射热流密度 q_r 在总散热损失中所占比例。（注：厂房内墙壁是指墙壁的另一侧为其他厂房或车间，而不是室外大气环境；而外墙则指墙壁的另一侧为室外大气环境。）

【解】本题已知传热问题的各个边界条件，属于复合传热问题的求解，可根据对流传热和辐射传热计算公式直接求解。

（1）外墙内壁面自然对流传热热流密度 q_c

选用竖壁自然对流传热关联式（6-16）：

定性温度　$t_m = \dfrac{t_w + t_f}{2} = (15.4 + 20.6)/2 = 18℃$，按 t_m 查空气物性数据：

$$\nu = 14.9 \times 10^{-6}\,\mathrm{m^2/s}; \lambda = 0.0257\,\mathrm{W/(m \cdot K)};$$

---

❶　有的文献把辐射、导热并存的热量传递亦作为复合传热，如多孔材料中的热量传递；玻璃吸收红外辐射时的导热等[1]。为不使问题复杂化，更好地阐明传热计算的基本方法，本书所分析的复合传热仅指对流、辐射并存的传热过程。

$$Pr = 0.703 ; \alpha = 1/T_m = 1/(273+18) = 3.44 \times 10^{-3} 1/K$$

$$Gr \cdot Pr = \frac{g\alpha(t_f - t_w)H^3}{\nu^2} \cdot Pr$$

$$= \frac{9.81 \times 3.44 \times 10^{-3} \times (20.6-15.4) \times 3^3}{(14.9 \times 10^{-6})^2} \times 0.703 = 2.13 \times 10^{10} \times 0.703$$

$$= 1.50 \times 10^{10}$$

由表 (6-4) 可知，$C=0.1$，$n=1/3$

$$Nu = 0.1(Gr \cdot Pr)^{1/3}$$

$$= 0.1(1.50 \times 10^{10})^{1/3} = 247$$

外墙内壁面自然对流传热表面传热系数为

$$h_c = Nu\frac{\lambda}{H} = 247 \times \frac{0.0257}{3}$$

$$= 2.12 W/(m^2 \cdot K)$$

外墙内壁面自然对流传热热流密度

$$q_c = h_c(t_f - t_w) = 2.12 \times (20.6-15.4) = 11.02 W/m^2$$

(2) 外墙内壁面辐射传热热流密度 q_r

$$q_r = \varepsilon C_b(T_{am}^4 - T_w^4) \times 10^{-8} = 0.9 \times 5.67 \times (295^4 - 288.4^4) \times 10^{-8} = 33.44 W/m^2$$

计算结果：

外墙壁面的散热损失热流密度：$q = q_r + q_c = 33.44 + 11.02 = 44.46 W/m^2$

辐射热流密度 q_r 在总散热损失中所占比例 $q_r/q = 33.44/44.46 = 75.2\%$

【讨论】计算结果表明，即使在常温下，如果对流传热表面传热系数较小，则由物体表面间的辐射传热就不可忽略。因此，不要认为温度不高，就可以不考虑辐射传热，而应针对具体情况去分析。进一步计算表明，在此例的温度下，如果 T_{am} 升高或降低 1℃，辐射热流所占比例将增加或减少 3% 左右。人体皮肤也是以复合传热的方式散热的，即使在舒适的气温下，如果周围环境物体的温度太低或太高，也会因辐射因素造成不舒服的感觉。北方的冬季晚上，当室内拉上窗帘时感觉较好，原因与此有关。

【例 10-2】车间内一架空的蒸汽管道，钢管内径 $d_1 = 131mm$，壁厚 4.5mm，外保温层厚度为 30mm，材料的热导率 $\lambda = 0.11 W/(m \cdot K)$，已知管道内蒸汽平均温度 $t_{f_1} = 163℃$，对流传热表面传热系数 $h_1 = 26 W/(m^2 \cdot K)$。车间内空气温度 $t_{f2} = 18℃$，管道周围墙壁的温度 $t_{am} = 13℃$。为了减少管道的散热，管道保温层外表有两种不同的处理方法可供选择：(1) 刷白漆，$\varepsilon = 0.9$；(2) 外包薄铝皮，$\varepsilon = 0.1$，试比较两种情况下的管道传热系数、单位长度管道的散热量，并做分析。计算中可忽略钢管热阻和白漆及铝皮所附加的导热热阻。

【解】按题意，本题管道包保温层后的外径达到 $d_2 = 0.2m$，外表面存在自然对流传热与辐射传热。由于管道以及保温层外表面温度未知，确定保温层外表面温度 t_{w2} 是解题的关键，需要采用试算法或者编程计算。试算法需预设 t_{w2}，计算出管外侧热流密度 q_2，然后用管内侧对流传热热流密度 q_1 进行校核计算，直到两者相符。

(1) 第 1 种情况，保温层外表刷白漆 $\varepsilon = 0.9$

设 $t_{w2} = 45.5℃$，则定性温度 $t_m = \frac{t_{w2} + t_{f2}}{2} = (45.5+18)/2 = 31.7℃$，按 t_m 查空气物性数据：

$$\nu = 16.2 \times 10^{-6} m^2/s; \lambda = 0.0269 W/(m \cdot K);$$

$$Pr = 0.70; \quad \alpha = 1/T_m = 1/(273 + 31.7) = 3.28 \times 10^{-3} \quad 1/K$$

$$Gr \cdot Pr = \frac{g\alpha(t_{w2} - t_{f2})d^3}{\nu^2} \cdot Pr$$

$$= \frac{9.81 \times 3.28 \times 10^{-3} \times (45.5 - 18) \times 0.2^3}{(16.2 \times 10^{-6})^2} \times 0.7 = 2.70 \times 10^7 \times 0.7$$

$$= 1.89 \times 10^7$$

查第六章表 6-4 中水平管常壁温条件下自然对流传热关联式，当 $Gr \cdot Pr = 1.89 \times 10^7$ 时为自然对流紊流，选用：

$$Nu = 0.125(Gr \cdot Pr)^{1/3}$$
$$= 0.125(1.89 \times 10^7)^{1/3} = 33.3$$

∴ 外壁自然对流传热表面传热系数为

$$h_c = Nu \frac{\lambda}{d} = 33.3 \times \frac{0.0269}{0.2}$$
$$= 4.48 \text{W}/(\text{m}^2 \cdot \text{K})$$

单位长度保温层外表面自然对流传热量为

$$q_c = h_c(t_{w2} - t_{f2}) \times \pi \times d_2 = 4.48 \times (45.5 - 18) \times \pi \times 0.2 = 77.4 \text{W/m}$$

单位长度保温层外表面的辐射传热量

$$q_r = \varepsilon C_b(T_{w2}^4 - T_{am}^4) \times 10^{-8} \times \pi \times d_2$$
$$= 0.9 \times 5.67 \times (318.5^4 - 286^4) \times 10^{-8} \times \pi \times 0.2 = 115.4 \text{W/m}$$

则单位长度管道保温层外壁散热量为

$$q_2 = q_c + q_r = 77.4 + 115.4 = 192.8 \text{W/m}$$

利用 q_2 计算保温层内壁温度 t_{w1}，即

$$t_{w1} = q_2\left(\frac{1}{2\pi\lambda}\ln\frac{d_2}{d_1}\right) + t_{w2} = 192.8 \times \left(\frac{1}{2\pi \times 0.11}\ln\frac{0.2}{0.14}\right) + 45.5 = 145℃$$

则单位长度钢管内表面对流传热量为

$$q_1 = h_1(t_{f1} - t_{w1}) \times \pi \times d_1 = 26(163 - 145) \times \pi \times 0.131 = 192.6 \text{W/m}$$

q_1 和 q_2 几乎相等，说明原假定 t_{w2} 是合理的。故管道每米散热量取

$$q = (q_1 + q_2)/2 = (192.8 + 192.6)/2 = 192.7 \text{W/m}$$

传热系数为

$$k = \frac{q}{t_{f1} - t_{f2}} = \frac{192.7}{163 - 18} = 1.33 \text{ W}/(\text{m} \cdot \text{K})$$

(2) 第 2 种情况，保温层外包薄铝皮 $\varepsilon = 0.1$

计算方法同上，计算结果为：

铝皮表面温度	$t_{w2} = 62.3℃$；
自然对流传热表面传热量	$q_c = 143.9 \text{W/m}$；
辐射传热表面传热量	$q_r = 21.2 \text{W/m}$；
传热系数	$k = 1.14 \text{ W}/(\text{m} \cdot \text{K})$；
单位长度管道散热量	$q = 165.1 \text{W/m}$。

【讨论】上述计算表明，用发射率低的材料处理管道表面，可显著降低散热损失，两种情况相差达到 14%，这主要靠降低辐射热损失。但从温度的对比中，铝皮表面温度却

比白漆还高 17℃，如果用手触摸这两种管道表面，一定会误认为铝皮包裹保温层的效果不如白漆，请读者用传热原理分析一下原因。进一步的计算还表明，本例所用的保温材料性能较差，按国家标准要求保温材料的 $\lambda<0.12$W/（m·K），本例的热导率已经接近上限。如果改用热导率更小的保温材料，例如耐温岩棉微孔硅酸钙，$\lambda=0.03\sim0.05$ W/（m·K），则上述两种情况的散热损失都降低 50% 左右；但采用铝皮包裹管道，其散热损失仍能比白漆低 10%（当保温材料 $\lambda=0.04$W/（m·K）时，白漆处理的管道，$q=88$W/m；而铝皮包裹的管道，$q=79$W/m）。可见采用好的保温材料并同时降低管道表面的发射率，是节约能源的有效措施。此外，t_{f2} 与 t_{am} 的高低，也对两种传热形式具有很大影响。总之，传热中对流与辐射两者作用的大小与整个传热过程密切相关。在本例计算中，还请注意思考为什么在本例的情况下可以采用管表面的发射率计算辐射传热量？为何没有计算钢管壁厚方向的导热传热量？

【例 10-3】计算某寒冷地区中空玻璃窗传热系数，已知数据列表如下：

窗高 H（m）	1.0	室温（本例 $t_{f1}=t_{am1}$） t_{f1}（℃）	18
中空玻璃间距 δ（mm）	12	室外温度（本例 $t_{f2}=t_{am2}$） t_{f2}（℃）	0
玻璃表面发射率 ε	0.94	玻璃厚度（mm）	4

【解】为简化计算过程，先不考虑双层玻璃的导热热阻，待这一步计算结束后，再考虑玻璃导热热阻的影响。这样，窗的散热过程可分为 3 段，即（1）热由室内传给双层窗内侧玻璃，称"室内传热"；（2）通过双层玻璃的空气夹层，称"夹层传热"；（3）由外侧玻璃窗传给室外，称"室外传热"。当传热过程处于稳态时，这三者的热流量必定相等。根据这一原则，按第六章和本章所述试算法或编程计算法分别计算它们的表面传热系数和热流密度，从而可计算出夹层玻璃窗的传热系数。但启动试算时，必须先预设夹层窗两侧玻璃的温度 t_{w1}、t_{w2}。一般在第一次试算时，可假定每一段的温度差为室内外温差的 $1/3$，经过几次试算，逐步调整各段温差，即可求得满意结果。本例用列表方式逐段进行计算，由于"室内传热"和"室外传热"计算涉及的计算式和步骤完全一样，可合并一起进行。即：

1）室内传热，其参数以角码"1"标示；

2）室外传热，其参数以角码"2"标示；

3）夹层传热，其参数以角码"0"标示。

本例的计算步骤：假定夹层玻璃壁温、确定定性温度和物性数据、分项计算各准则数、最后计算出表面传热系数和热流密度。

经过几次试算，得到本例玻璃窗两表面的温度：$t_{w1}=12.3℃$；$t_{w2}=6.1℃$。

室内与室外表面传热量计算表

计算项目	室内传热(角码1)	室外传热(角码2)
表面温度	$t_{w1}=12.3℃$	$t_{w2}=6.1℃$
定性温度	$t_{m1}=\dfrac{t_{f1}+t_{w1}}{2}=\dfrac{18+12.3}{2}=15.2℃$	$t_{m2}=\dfrac{t_{f2}+t_{w2}}{2}=\dfrac{0+6.1}{2}=3.1℃$

计算项目	室内传热(角码1)	室外传热(角码2)
温度差 Δt	$\Delta t_1 = t_{f1} - t_{w1} = 18 - 12.3 = 5.7℃$	$\Delta t_2 = t_{w2} - t_{f2} = 6.1 - 0 = 6.1℃$
物性数据	$\alpha_1 = 1/(273 + 15.2) = 0.00347 \ 1/K$	$\alpha_2 = 1/(273 + 3.1) = 0.00362 \ 1/K$
	$\nu_1 = 14.6 \times 10^{-6} \ m^2/s$	$\nu_2 = 13.5 \times 10^{-6} \ m^2/s$
	$\lambda_1 = 0.0255 \ W/(m \cdot K)$	$\lambda_2 = 0.0246 \ W/(m \cdot K)$
	$Pr_1 = 0.704$	$Pr_2 = 0.706$
计算 Gr_H	$Gr_{H1} = \dfrac{g\alpha_1 \Delta t_1 H^3}{\nu_1^2}$ $= \dfrac{9.81 \times 0.00347 \times 5.7 \times 1^3}{(14.6 \times 10^{-6})^2}$ $= 9.1 \times 10^8$	$Gr_{H2} = \dfrac{g\alpha_2 \Delta t_2 H^3}{\nu_2^2}$ $= \dfrac{9.81 \times 0.00362 \times 6.1 \times 1^3}{(13.5 \times 10^{-6})^2}$ $= 1.19 \times 10^9$
Nu_f	$Nu_{f1} = 0.59(Gr_{H1} \cdot Pr_1)^{1/4}$ $= 0.59 \times (9.1 \times 10^8 \times 0.704)^{1/4} = 95.6$	$Nu_{f2} = 0.1(Gr_{H2} \cdot Pr_2)^{1/3}$ $= 0.1 \times (1.19 \times 10^9 \times 0.706)^{1/3}$ $= 94.4$
对流传热系数 h_f	$h_{f1} = \dfrac{\lambda_1}{H} Nu_{f1}$ $= \dfrac{0.0255}{1.0} \times 95.6$ $= 2.44 W/(m^2 \cdot K)$	$h_{f2} = \dfrac{\lambda_2}{H} Nu_{f2}$ $= \dfrac{0.0246}{1.0} \times 94.4$ $= 2.32 W/(m^2 \cdot K)$
对流传热热流密度	$q_{c1} = h_{f1}(t_{f1} - t_{w1})$ $= 2.44 \times (18 - 12.3)$ $= 13.91 W/m^2$	$q_{c2} = h_{f2}(t_{w2} - t_{f2})$ $= 2.32 \times (6.1 - 0)$ $= 14.15 \ W/m^2$
辐射传热热流密度	$q_{r1} = \varepsilon_1 C_b(T_{f1}^4 - T_{w1}^4) \times 10^{-8}$ $= 0.94 \times 5.67 \times (291^4 - 285.3^4)$ $\times 10^{-8}$ $= 29.07 W/m^2$	$q_{r2} = \varepsilon_2 C_b(T_{w2}^4 - T_{f2}^4) \times 10^{-8}$ $= 0.94 \times 5.67 \times (279.1^4 - 273^4)$ $\times 10^{-8}$ $= 27.36 \ W/m^2$
热流密度 q	$q_1 = q_{c1} + q_{r1}$ $= 13.91 + 29.07$ $= 42.98 W/m^2$	$q_2 = q_{c2} + q_{r2}$ $= 14.15 + 27.36$ $= 41.51 W/m^2$

玻璃夹层复合传热表面传热量计算表(角码0)

计算项目	计 算 式	计 算 结 果
室内玻璃温度	t_{w1}	12.3℃
室外玻璃温度	t_{w2}	6.1℃
温差 Δt_0	$t_{w1} - t_{w2}$	12.3 - 6.1 = 6.2℃
定性温度 t_{m0}	$\dfrac{t_{w1} + t_{w2}}{2}$	(12.3 + 6.1)/2 = 9.2℃

续表

计算项目	计算式	计算结果
体积膨胀系数 α_0	$\dfrac{1}{273+t_{m0}}$	$1/(273+9.2)=0.00354 \ 1/K$
运动黏度 ν_0	查表	$14.1\times10^{-6} \ m^2/s$
热导率 λ_0	查表	$0.0250 \ W/(m \cdot K)$
Gr_δ	$\dfrac{g\alpha_0\Delta t_0\delta^3}{\nu_0^2}$	$\dfrac{9.81\times0.00354\times6.2\times0.012^3}{(14.1\times10^{-6})^2}=1871$
Nu_{e0}	因 $Gr_\delta<2000$	$Nu_{e0}=1$
对流传热表面传热系数 h_{e0}	$h_{e0}=\dfrac{\lambda_0}{\delta}Nu_{e0}$	$\dfrac{0.0250}{0.012}\times1.0=2.08 \ W/(m^2 \cdot K)$
对流传热表面热流密度 q_{c0}	$q_{c0}=h_{e0}(t_{w1}-t_{w2})$	$2.08\times(12.3-6.1)=12.90 W/m^2$
玻璃夹层表面间系统发射率 ε_s	$\varepsilon_s=\dfrac{1}{\dfrac{1}{\varepsilon}+\dfrac{1}{\varepsilon}-1}$	$\dfrac{1}{\dfrac{1}{0.94}+\dfrac{1}{0.94}-1}=0.89$
辐射传热热流密度 q_{r0}	$q_{r0}=\varepsilon_s C_b(T_{w1}^4-T_{w2}^4)\times10^{-8}$	$0.89\times5.67\times(285.3^4-279.1^4)\times10^{-8}$ $=28.13 \ W/m^2$
玻璃夹层热流密度 q_0	$q_0=q_{c0}+q_{r0}$	$12.90+28.13=41.03 W/m^2$

【讨论】通过计算看出，双层玻璃窗的热损失与很多因素有关，主要有：双层玻璃的间距（厚度 δ）、室内外温度、窗玻璃表面发射率、夹层内气体状态等，因此为了达到较好的节能效果，应根据不同地区的气候状况和节能要求，选用不同形式的节能玻璃窗。另外，由于室内外空气温度的变化范围有限，空气物性参数变化比较小。据此由本例的计算结果，可以估算出本例所示室内外温度条件下，不同结构形式玻璃窗的热流密度，以比较它们的节能效果。下表为夹层厚度不变时几种情况下的热流密度。

讨 论			
序号	项目与内容	热流密度 q（W/m²）	与单层窗热损失比
1	单层玻璃窗，温度等条件同上	66.5	1
2	双层玻璃窗（前表计算得到的三个热流密度平均值）	41.8	0.63
3	计入玻璃热阻后（玻璃热导率0.76，厚4mm）	40.9	0.62
4	采用表面发射率为0.4的玻璃	23.9	0.36
5	将夹层抽成真空，其他条件同上	10.7	0.16
6	本例改用3层玻璃窗（发射率仍为0.94）	30.6	0.46

通过上述分析与比较，可以发现：（1）双层玻璃自身的导热热阻是 $R_0=\delta\times2/\lambda=0.004\times2/0.76=0.0105 m^2 \cdot K/W$。若考虑玻璃热阻，按本例的热流密度计算，则每层玻璃仅有约 $0.2℃$ 左右的温差。因此，在一般计算时可以忽略玻璃的导热热阻。（2）由上表可以看出：双层窗、低发射率玻璃、真空夹层以及3层玻璃窗等都能达到较好的节能效果。当然安装这几种节能窗的投资也较高。（3）如果玻璃夹层间的空气 Gr 低于2000，其

空气层的传热形式为纯导热；由于空气可认为是透明的，故两层玻璃之间的辐射传热仍存在。

第三节 传热的强化和削弱

工程中很多场合要求强化或削弱传热过程。所谓强化传热，是指从影响传热的各种因素出发，采取某些技术措施提高换热设备单位传热面积的传热量，强化传热目的是使设备趋于紧凑、重量轻、节省金属材料等；一般来说，强化传热还可节约能源；在某些情况下，强化传热的目的是控制设备或其零部件的温度，使之安全运行。而削弱传热，是指采取隔热保温措施降低换热设备热损失，其目的亦为节能、安全防护、环境保护及满足工艺要求等。

一、强化传热的原则

强化传热的积极措施是设法提高传热系数。而传热系数是由传热过程中各项热阻决定的，因此，为了强化传热，必须首先分析传热过程的热阻。一般换热设备的传热面都是金属薄壁，壁的导热热阻很小，常可略去，在不计入污垢热阻时，传热系数可写成下式：

$$k = \frac{1}{\frac{1}{h_1} + \frac{1}{h_2}} = \frac{h_1 h_2}{h_1 + h_2}$$

分析上式可以得到一个重要结论：因 h_1 和 h_2 的数值均大于 0，则 $\frac{h_1}{h_1+h_2}$ 或 $\frac{h_2}{h_1+h_2}$ 都将小于 1。(1) 当 h_1 和 h_2 大小相当时，k 值接近 h_1 或 h_2 的一半。例如水—水型、气—气型换热器，在此情况下，为有效强化传热，必须同时提高两侧表面传热系数；(2) 当 h_1 和 h_2 大小相差悬殊时，k 值将比 h_1 和 h_2 中最小的一个还小，这说明对 k 值影响最大的将是 h_1 和 h_2 中的小者。因此，强化传热的有效措施是提高较小一侧的 h。例如，气—水型换热器，应在气侧提高流速，加装肋片。

对于换热设备的金属壁，其导热热阻一般可以忽略，但在运行中，当壁上生成污垢后，由于污垢的热导率很小，即使厚度不大，对传热过程也十分不利。例如：1mm 厚的水垢层相当于 40mm 厚钢板的热阻；1mm 的烟灰渣层相当于 400mm 厚钢板的热阻。因此，在采取强化传热措施的同时，必须注意清除污垢，以免抵消强化传热带来的效果，本书附录 11 为一般情况下污垢热阻参考值。以下分类叙述一些可行的强化传热方法。

1. 扩展传热面

扩展表面传热系数小的一侧的传热面面积，是使用最广泛的一种强化传热的方法，如肋壁、肋片管、波纹管、板翅式传热面（参见换热器结构）等，它增加了换热面积，增强流动中的挠动并切断边界层的发展，使换热设备传热系数增加，能收到高效紧凑的效果。

2. 改变流动状况

增加流速、强化扰动、搅拌、采用旋流及射流等都能起强化传热的效果，但这些措施都将使流动阻力增大，增加动力消耗。

(1) 增加流速　增加流速可改变流态，提高紊流强度。管内紊流时表面传热系数与流速的 0.8 次幂成正比，外掠管束流动 h 与 u 的 0.6～0.84 次幂有关，强化传热效果显著。

如管壳式换热器中增加管程和壳程的分程数（参见换热器结构），可以增大管内和管外流速，提高传热系数。

（2）流道中加进插入物增强扰动　在管内或管外加进插入物，如金属丝、金属螺旋环、盘片、麻花铁、翼形物，以及将传热面做成波纹状等措施都可强化扰动、破坏流动边界层，强化传热。插入物若能紧密接触管壁，还能起到肋片的作用。对于气体介质，插入物还可通过热辐射强化传热（见强化传热方法之6）。当然，流道内加进插入物，应防止堵塞及结垢等问题。

（3）采用旋转流动装置　在流道进口装涡流发生器，使流体在一定压力下从切线方向进入管内作剧烈的旋转运动。用涡旋流动强化传热，其原理如同第六章所述流体在弯管中流动，旋转产生了二次环流。此外，管内插入麻花铁（用薄金属条片扭转而成麻花状），也可产生旋转的效果。

（4）采用射流方法喷射传热表面　由于射流撞击壁面，能直接破坏边界层，故能强化传热，是近代强化传热的新技术之一。它特别适用于强化局部点的传热，如用来强化冷却设备或仪器中的小型电子元器件等。

3. 改变流体物性

流体热物性中的热导率和体积比热容对表面传热系数的影响较大。在流体内加入一些添加剂可以改变流体的某些热物理性能，达到强化传热的效果。添加剂可以是固体或液体，它与传热的主流体组成气—固、液—固、气—液以及液—液混合流动系统。

气流中添加少量固体颗粒，如石墨、黄砂、铅粉、玻璃球等形成气—固悬浮系统。添加固体颗粒能强化传热的原因是：固体颗粒具有较高的体积比热容，从而提高了流体的体积比热容和它的热容量；增强气流的扰动程度，固体颗粒与壁面撞击起到破坏边界层和携带热能的作用，增强了热辐射（见方法之6）。

在蒸汽或气体中喷入液滴　在凝结传热的强化技术中曾提到在蒸汽中加入珠状凝结促进剂，如油酸、硬脂酸等。又如在空气冷却器入口喷水雾，当水雾碰到壁面时形成液膜，使气相传热变为液膜传热，而液膜表面的蒸发又兼相变传热的优点，故能使传热加强。

4. 改变表面状况

（1）增加粗糙度　从前几章的叙述不难理解，增加壁面粗糙度不仅对管内受迫流动传热、外掠平板流动传热等有利，也有利于沸腾传热和凝结传热（凝结雷诺数较大时）。但也要注意，对沸腾而言，仅仅依靠增加粗糙度，不能持久。

（2）改变表面结构　采用烧结、机械加工或电火花加工等方法在表面形成一很薄的多孔金属层，以强化沸腾传热；在壁上切削出沟槽或螺纹也是改变表面结构、强化凝结传热和对流传热的实用技术。经常清理换热器表面污垢，有利于强化传热。

（3）表面涂层　在传热表面涂镀表面张力很小的材料，以造成珠状凝结，如聚四氟乙烯，特种陶瓷等；在辐射传热条件下，涂镀选择性涂层或发射率大的材料以强化辐射传热。这些都是强化传热的有效方法。

5. 改变传热面形状和大小

因对流表面传热系数与 $d^{-0.2}$（管内）和 $d^{-0.4 \sim -0.16}$（管外）成比例，用小直径管代替大直径管，用椭圆管代替圆管的措施，可提高表面传热系数。此外，用管式代替平板式散热器、在管外凝结传热中尽量采用水平管等亦是有效的办法。在自然对流传热条件下，以

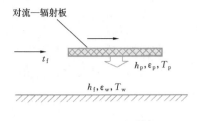

图 10-3　对流—辐射板

竖管代替竖壁，可提高表面传热系数。

6. 改变能量传递方式

如图 10-3 所示，在流道中放置一块"对流—辐射板"（以下简称"辐射板"），它能把流体与壁面间的对流传热改变为复合传热。其原理是：处于气流中的辐射板将被气流加热（或冷却），但它同时又会以辐射方式向壁面辐射热量（或接受辐射热）。在稳态情况，辐射板温度将保持在气流与壁之间的某个平衡温度下，这时它从气流得到的对流传热量等于它向壁辐射的热量，从而使壁面得到额外的辐射热量，原来的对流传热方式改变为复合传热，热流密度增加，由于辐射热的传递与热力学温度 4 次方成正比，其强化传热的效果比较显著（参见例题 10-4）。辐射板一般可用金属网，多孔陶瓷板或瓷环等表面发射率较高的材料做成，结构简单。

7. 靠外力产生振荡，强化传热

这方面大体有三种措施：（1）用机械或电的方法使传热面或流体产生振动；（2）对流体施加声波或超声波，使流体交替受到压缩和膨胀，以增加脉动；（3）对流体加以高电压而形成一个非均匀的电场，静电场使传热面附近电介质流体的混合作用加强，强化了对流传热。

上述一些方法有的已实用化，有些则还有待进一步研究。随着生产和科技发展而提出的强化传热方法很多。但这些措施的实施一般都是有代价的，尤其是流动阻力的增加，应根据实际情况综合分析采用。

【例 10-4】一块"对流—辐射板"，如图 10-3 所示，与壁面平行，已知气流与辐射板、气流与壁面的对流传热表面传热系数 h_p 相同，均为 75W/(m^2·K)。对流—辐射板表面发射率 $\varepsilon_p = 0.92$，壁表面也具有相同的发射率。气体流过壁与辐射板时的平均温度为 $t_f = 250℃$，壁温维持 $t_w = 100℃$，试计算单位面积辐射板向壁面的辐射热量（W/m^2）及与原有的对流传热量之比。若表面传热系数均降为 50W/(m^2·K)效果又如何？为简化起见，设对流—辐射板背向壁的一侧为绝热面，不参与对流和辐射传热，同时板的长度、宽度及离壁距离满足辐射角系数 $X = 1$，可按平行平板计算辐射传热。

【解】在稳态下，辐射板与气体之间的对流传热量等于它对壁的辐射热量，此时，板处于 t_f 与 t_w 之间的某一平衡温度，设为 $t_p℃$，则每平方米辐射板上所得到的对流传热量为

$$q_c = h_p(t_f - t_p) \quad (W/m^2) \tag{1}$$

按图 10-3 的平板设置，板与壁之间的系统发射率 ε_s 按照平行平板计算

$$\varepsilon_s = 1 \Big/ \left(\frac{1}{\varepsilon_p} + \frac{1}{\varepsilon_w} - 1\right) = 1 \Big/ \left(\frac{1}{0.92} + \frac{1}{0.92} - 1\right)$$
$$= 0.852$$

辐射板向壁面的辐射热量

$$q_r = \varepsilon_s C_b \left[\left(\frac{T_p}{100}\right)^4 - \left(\frac{T_w}{100}\right)^4\right] \quad (W/m^2) \tag{2}$$

稳态时 $q_c = q_r$，即

$$h_p(t_f - t_p) = \varepsilon_s C_b \left[\left(\frac{T_p}{100}\right)^4 - \left(\frac{T_w}{100}\right)^4\right]$$

代入已知数据

$$75 \times (250 - t_{\mathrm{p}}) = 0.852 \times 5.67 \times \left[\left(\frac{273 + t_{\mathrm{p}}}{100} \right)^4 - \left(\frac{273 + 100}{100} \right)^4 \right] \tag{3}$$

上式为 t_{p} 的隐函数式，编程计算结果为 $t_{\mathrm{p}} = 223.4℃$；也可采用简单迭代求解，即设定 $t_{\mathrm{p}} \rightarrow$ 由式（2）求 $q_{\mathrm{r}} \rightarrow$ 由式（1）求 $t'_{\mathrm{p}} \rightarrow$ 再将 t'_{p} 作为 t_{p} 代入式（2），很快即可求得准确的 t_{p} 值

$$t_{\mathrm{p}} = 224℃$$
$$q_{\mathrm{r}} = 2012\mathrm{W/m^2}$$
$$q_{\mathrm{c}} = h_{\mathrm{p}} \ (t_{\mathrm{f}} - t_{\mathrm{p}}) = 75 \times \ (250 - 224) \ = 1950\mathrm{W/m^2}$$

q_{r} 与 q_{c} 两者很接近，不必再进行迭代计算，取两者的平均值为 $1980\mathrm{W/m^2}$。气流与壁面的对流传热量：$q = h_{\mathrm{p}}(t_{\mathrm{f}} - t_{\mathrm{w}}) = 75 \times (250 - 100) = 11250\mathrm{W/m^2}$

则由于安装对流—辐射板使壁面的热流密度增加的百分比为

$$q_{\mathrm{r}}/q = 1980/11250 \approx 18\%$$

如果辐射板表面传热系数降低为 $h_{\mathrm{p}} = 50$，则由式（3）

$$50 \times (250 - t_{\mathrm{p}}) = 0.852 \times 5.67 \times \left[\left(\frac{273 + t_{\mathrm{p}}}{100} \right)^4 - \left(\frac{273 + 100}{100} \right)^4 \right]$$

计算结果是：

$$t_{\mathrm{p}} = 215℃$$
$$q_{\mathrm{r}} = 1805; \ q_{\mathrm{c}} = 1750; 取平均值 \ q_{\mathrm{r}} = 1780\mathrm{W/m^2}$$
$$q = 7500\mathrm{W/m^2}$$
$$\therefore \qquad q_{\mathrm{r}}/q = 1780/7500 \approx 24\%$$

【讨论】计算表明，对流—辐射板对于强化气体对流传热有较好的效果。尤其对于壁表面传热系数 h_{f} 比较低的场合，作用更显著些。为取得好的强化效果，对流—辐射板应置于气流温度比较高的地方，并尽可能提高板面发射率和相对于壁面的角系数。计算表明，在其他因素不变的情况下，ε_{p} 每提高 1%，可强化传热量 1%。在燃煤、燃油锅炉改造为燃气锅炉过程中，由于燃气火焰发射率低，炉膛内的火焰辐射传热量相对减少很多，可通过增加对流—辐射板或耐火格子砖等方法，强化炉内火焰传热。

二、削弱传热的原则

与强化传热相反，削弱传热则要求降低传热系数。削弱传热的目的是减少热设备及其管道的热损失以节省能源；保持温度以满足生活和生产的需要，以及保护设备。主要方法可概括为两方面：

1. 覆盖热绝缘材料

在建筑物外墙、冷热设备上覆盖热绝缘材料是工程中最常用的保温措施，目前常用的材料有：聚氨酯硬质泡沫塑料、聚苯乙烯硬质泡沫塑料（简称聚苯板）、岩棉、微孔硅酸钙、珍珠岩等。它们的热导率处于 $0.025 \sim 0.05 \ \mathrm{W/(m \cdot K)}$ 范围内，是较好的保温隔热材料。前几章讨论过的多层壁导热与传热、临界热绝缘直径、多孔材料的导热机制以及材料表面辐射性质、复合传热等均是分析、设计、计算保温工程的重要依据和方法。至于采用什么材料，则需视保温工程的要求进行技术经济比较。随着科学技术的发展，目前已开发出一批新型热绝缘材料和技术，扼要叙述如下：

（1）泡沫热绝缘材料　多孔的泡沫热绝缘材料具有蜂窝状结构，它是由发泡气体形成的。如聚氨酯泡沫塑料，聚苯乙烯泡沫塑料，微孔硅酸钙等，这些保温材料制品除了材料

本身热导率比较小以外，主要由于材料中许多细小空间积存气体，气体的热导率小从而使整体导热性能下降。它们的性能取决于密度、泡内气体种类、泡内气体性质（例如泡内为氟利昂-12，它的热导率只及空气一半）及温度等。表观热导率可达 $0.02 \sim 0.05$ W/(m·K)。目前对潮湿环境，已大量使用憎水型泡沫热绝缘材料，这对于持久维持管道或其他露天保温工程的保温性能特别重要。

（2）超细粉末热绝缘材料是粒径 $d < 10\mu m$ 量级的超细粉末，材料有：氧化镁、氧化铝、石英砂、二氧化硅、炭黑等。在常压下，用超细粉末制作成的保温隔热材料减弱了对流和辐射作用，当粒径足够小时，颗粒间的气孔尺寸与气体分子平均自由行程相当，粉末间气体的对流受到抑制，多孔的粉末层表观热导率将显著降低。当把粉末层的压强抽真空到 10^{-1} Pa，此时，热主要靠辐射和固体颗粒接触传递，表观热导率可比空气低一个数量级，达 0.0017 W/(m·K)（氧化硅超细粉末，密度 160kg/m^3）。

（3）真空热绝缘层 将热设备的外壳抽成真空夹层，夹层壁涂以反射率很高的涂层，真空度达 10^{-4} Pa 或更低。这种情况下，夹层中仅有微弱的辐射及稀薄气体的导热。夹层真空度越高，反射率越高，则绝热性能越好。如果把若干片表面反射率高的材料（如铝、银、金箔），组成多层真空屏蔽夹层的热绝缘体，表观热导率可达 $1.6 \times 10^{-4} \sim 1.6 \times 10^{-5}$ W/(m·K)（12～150 层，密度 40kg/m^3，－120℃）。

上述（2）、（3）两类，均为高级保温材料，多用于低温和超低温工程。

2. 改变表面状况和材料结构

（1）改变表面的辐射特性 采用选择性涂层，既增强对投入辐射的吸收，又削弱本身对环境的辐射传热损失，这些涂层如氧化铜、镍黑❶等[2]。

（2）附加抑制对流的元件 如太阳能平板集热器的玻璃盖板与吸热板间装蜂窝状结构的元件，抑制空气对流，同时也可减少集热器的对外辐射热损失。

（3）在保温材料表面或内部添加憎水剂，使其不吸湿不受潮，对室外保温工程特别有利。

（4）利用空气夹层隔热，如中空玻璃窗、高温炉壁的空气隔热夹层等是节能的有效措施。

（5）采用遮阳措施，可以有效减少太阳光对室内的辐射传热，其中外遮阳效果好于内遮阳。

第四节 换热器的形式和基本构造

换热器是实现两种或两种以上温度不同的流体相互换热的设备。按工作原理可分为三类：（1）间壁式换热器——冷热流体被壁面隔开，如暖风机、燃气加热器、冷凝器、蒸发器；（2）混合式换热器——冷热流体直接接触，彼此混合进行传热，在热交换时存在质交换，如空调工程中喷淋冷却塔，蒸汽喷射泵等；（3）回热式换热器（又称蓄热式换热器）——换热器由蓄热材料构成，冷热流体交替通过蓄热材料，即热流体流过蓄热材料时，蓄热材料吸收并储存热能，温度升高或发生相变，经过一段时间后切换为冷流体流过蓄热材料，蓄热材料放出热量加热冷流体。如电站锅炉的回转式空气预热器，通风系统的全热回收

---

❶ 参见本书第9章第5节。

器，工业炉窑的高温烟气余热回收利用的蓄热式换热器等。在上述换热器中，间壁式换热器应用最广。本章以间壁式换热器为例介绍换热器的基础知识。间壁式换热器种类很多，从构造上主要可分为：管壳式、肋片管式、板式、板翅式、板壳式、螺旋板式等。

一、管壳式换热器

图 10-4 为管壳式换热器示意图。流体Ⅰ在管外流动，管外各管间常设置一些圆缺形的挡板，其作用是提高管外流体的流速（挡板数增加，流速提高），使流体充分流经全部管面，改善流体对管子的冲刷角度，从而提高壳侧的表面传热系数。此外，挡板还可以起支承管束、保持管间距离等作用。流体Ⅰ在壳侧，从一端流向另一端，称为一个壳程。流体Ⅱ在管内流动，它从管的一端流到另一端称为一个管程，当管子总数或流体流量一定时，管程数分得越多，则管内流速越高。图 10-4 为单壳程双管程的换热器。图 10-5（a）为 2 壳程 4 管程，图 10-5（b）为 3 壳程 6 管程。

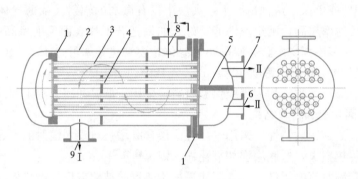

图 10-4　管壳式换热器示意图

1—管板；2—外壳；3—管子；4—挡板；5—隔板；
6、7—管程进口及出口；8、9—壳程进口及出口

管壳式热交换器结构坚固，易于制造，适应性强，热交换量大，高温、高压情况下亦可应用，管侧热表面清洗较方便。这一类型换热设备是工业上应用最多、历史最久的一种。其缺点是金属材料消耗大，不紧凑。除图 10-4 的形式外，U 形管式及套管式（一根大管中套一小管）换热器也属此类。

二、肋片管式换热器

肋片管亦称翅片管，图 10-6 为肋片管式换热器结构示意图（图 5-1 中亦有示意）在

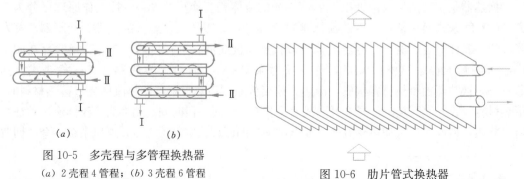

图 10-5　多壳程与多管程换热器

（a）2 壳程 4 管程；（b）3 壳程 6 管程

图 10-6　肋片管式换热器

管子外壁加肋，肋化系数可达 25 左右，大大增加了空气侧的传热面积，强化了传热。与光管相比，传热系数可提高 1～2 倍。这类换热器结构较紧凑，适用于两侧流体表面传热系数相差较大的场合。家用空调器中的冷凝器与蒸发器多采用这种换热器。

肋片管式换热器结构上最值得注意的是肋的形状和结构以及镶嵌在管子上的方式。肋的形状可做成片式、圆盘式、带槽或孔式、皱纹式、钉式、金属丝式等。肋与管的连接方式可采用张力缠绕式、嵌片式、热套胀接、焊接、整体轧制、铸造及机加工等。肋片管的主要缺陷是肋片侧的流动阻力较大。不同的结构与镶嵌方式对流动阻力，特别是传热性能影响很大。当肋根与管之间接触不紧密而存在缝隙时，将形成接触热阻，使传热系数降低。

三、板式换热器

板式换热器是由若干传热板片叠加组成，在两块板边缘之间由密封垫片隔开，形成流道，垫片的厚度就是两板的间隔距离，故流道很窄，通常只有 3～4mm。板四角开有圆孔，供流体通过，当流体由一个角的圆孔流入后，经两板间流道，由对角线上的圆孔流出，该板的另外两个角上的圆孔与流道之间则用垫片隔断，这样可使冷热流体在相邻的两个流道中逆向流动，进行传热。为强化流体在流道中的扰动，板面都做成波纹形，图10-7列举了平直波纹、人字形波纹、

图 10-7　板式换热器的板片

锯齿形及斜纹形 4 种板型。图 10-8 为一种基本型板式换热器流道示意图。冷热两流体 I 和 II 分别由板的上、下角的圆孔进入换热器，并相间流过奇数或偶数流道，然后再分别从下、上角孔流出，图中也显示奇数与偶数流道的垫片不同，以此安排冷热流体的流向。传热板片是板式换热器的关键元件，不同形式的板片直接影响传热系数、流动阻力和承受压力的能力。板片的材料通常为不锈钢，对于腐蚀性强的流体（如海水冷却器），可用钛板。板式换热器传热系数高、阻力相对较小（相对于高传热系数）、结构紧凑、金属消耗量低、拆装清洗方便、传热面可以灵活变更和组合（例如，一种热流体与两种冷流体，同时在一个换热器内进行传热）等。已广泛应用于供热供暖系统及食品、医药、化工等领域。目前板式换热器性能已达：最佳传热系数 7000W/(m² · K)（水-水）；最大处理量 1000m³/m²；最高操作压强 28×10⁵Pa；紧凑性 250～1000m²/m³；金属耗量 16kg/m²[3]。

板式换热器的板片和流体通道由垫片隔开，可方便拆洗。但是，其承压性能相比管壳式换热器差了很多。目前，一种新型的换热器——板壳式换热器集成了板式换热器和管壳式换热器的优点，不仅结构紧凑、传热系数大，而且能够

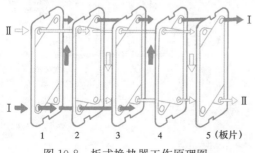

图 10-8　板式换热器工作原理图

耐高压和高温，可适用于工作温度高达 500℃ 和工作压力 700×10^5 Pa 的工况，特殊形式的还可应用于更高的温度和压力。板壳式换热器采用全焊接板式换热器，并将板片组置于耐高压的壳体之内。一股流体在板片内流过，另一股流体则在壳体内的板间流动。板壳式换热器的壳体有可拆型，以方便壳侧的传热表面清洗。

四、板翅式换热器

板翅式换热器结构形式很多，但都是由若干层基本传热元件组成，见图 10-9 (a)，在两块平隔板 1 中夹着一块波纹形状的导热翅片 3。两端用侧条 2 密封，成为板翅式传热器的一层基本传热元件，流体就在这两块平隔板的流道中流过。两层这样的基本传热元件叠加焊接起来，并使两流道成 90° 相互交错（提高结构强度），构成板翅式传热器的基本传热单元，供冷热流体传热。为扩展传热面，一个传热器可以由许多这样的传热单元叠合而成。图 10-9 (b) 是一种叠合方式。波纹板可做成多种形式，图 10-9 (a) 为平直形翅片，还有锯齿翅片、带孔翅片、弯曲翅片等形式，目的是增加流体的扰动，强化传热。板翅式换热器由于两侧都有翅片，作为气—气换热器，传热系数对可达 350W/（m^2·K）。板翅换热器结构非常紧凑、轻巧，每立方米体积中容纳的传热面积可高达 $4300m^2$，承压可达 100×10^5 Pa。但它容易堵塞，清洗困难，不易检修。它适用于清洁和无腐蚀的流体传热。

五、螺旋板式换热器

螺旋板式换热器结构原理如图 10-10，它是由两块平行的金属板卷制起来，构成两个

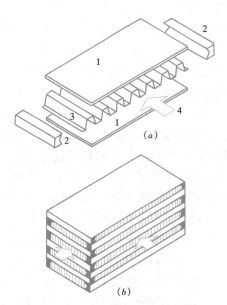

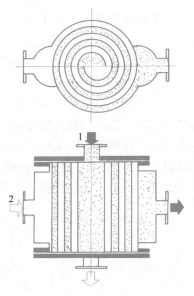

图 10-9　板翅式换热器结构原理　　　　　图 10-10　螺旋板换热器结构原理
1—平隔板；2—侧条；3—翅片；4—流体

螺旋通道，再加上盖、下盖及连接管即成换热器，制造工艺简单。冷热两股流体分别在两个螺旋通道中流动，图中所示为逆流式，流体 1 从中心进入，沿螺旋形通道从周边流出；流体 2 则由周边进入，沿螺旋通道从中心流出。除此以外，还可做成顺流方式。螺旋流道有利于提高传热系数。例如水—水型，传热系数可达 $2200\mathrm{W/(m^2 \cdot K)}$。螺旋流道的冲刷效果好，污垢形成速度低，仅是管壳式的 1/10。此外，结构比管壳式紧凑，一般单位体积的传热面积约为管壳式的 20 倍，达 $100\mathrm{m^2/m^3}$，流动阻力较小。使用板材制造，比管材价廉。但缺点是不易清洗，修理困难，承压能力低，一般用于压力 $10\times10^5\mathrm{Pa}$ 以下场合。

第五节　平　均　温　度　差

一、简单顺流、逆流换热器的平均温度差计算

换热器传热的基本计算式为 $\Phi=kA\Delta t$，式中 Δt 是冷热流体的温度差。在前述墙壁、蒸汽管道热损失的传热计算中，都设定冷热两流体的温度为不变值。对于换热器，则情况不同了，冷热两流体沿传热面进行传热，其温度将沿流向不断变化，故温度差 Δt 不断变化，图 10-11（a）、（b）各为冷热流体顺流和逆流时温度沿传热面变化的示意图。图中各项温度的角标意义如下：下角标"1"是指热流体，"2"是指冷流体；上角标" $'$ "指进口端，" $''$ "指出口端。从换热器传热面 A_x 处取一微面积 $\mathrm{d}A$（参见图 10-12），它的传热量应为

$$\mathrm{d}\Phi = k_\mathrm{x}(t_1 - t_2)_\mathrm{x}\mathrm{d}A \tag{1}$$

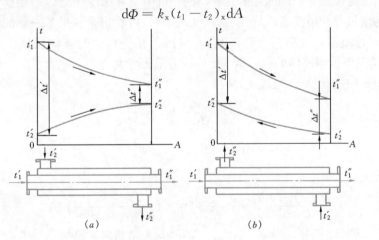

图 10-11　流体温度随传热面变化示意图

（a）顺流；（b）逆流

则换热器的传热量可由式（1）积分求得，即

$$\Phi = \int_0^A k_\mathrm{x}(t_1 - t_2)_\mathrm{x}\mathrm{d}A$$

取 k_x 为常数❶，与面积 A 无关，则

---

❶　从第六章和第七章的计算中可知，计算传热系数涉及的对流传热表面传热系数均取平均值。故以后除标注局部值外，均为平均的传热系数。

$$\Phi = k\int_0^A (t_1 - t_2)_x \mathrm{d}A = k\Delta t_m A \tag{10-6}$$

式中，Δt_m 称为换热器的平均温度差，其意义是：

$$\Delta t_m = \frac{\int_0^A (t_1 - t_2)_x \mathrm{d}A}{A} = \frac{1}{A}\int_0^A \Delta t_x \mathrm{d}A \tag{2}$$

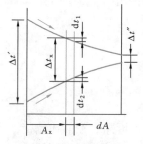

图 10-12　顺流时平均
温差的推导

如果已知 Δt_x 沿传热面的变化规律，则 Δt_m 可以由式（2）积分求出。现以顺流换热器为例进行分析：如图 10-12 所示，顺流换热器的一端两流体温差为 $\Delta t'$，另一端为 $\Delta t''$，在 A_x 处的 $\mathrm{d}A$ 面积上，热流体温度变化了 $\mathrm{d}t_1$，放热量为

$$\mathrm{d}\Phi = -M_1 c_1 \mathrm{d}t_1 \tag{3}$$

式中，M 为流体质流量，kg/s；c 为定压比热容，J/（kg·K），Mc 表示质流量为 M 时流体温度升高 1℃所需热量，称为流体的热容量，W/K。式中负号是因热流体流过 $\mathrm{d}A$ 面时，$\mathrm{d}t_1$ 为温度降，负值。

同理，冷流体吸热量为

$$\mathrm{d}\Phi = M_2 c_2 \mathrm{d}t_2 \tag{4}$$

式中，$\mathrm{d}t_2$ 为冷流体在 $\mathrm{d}A$ 上的温度增量，在分析中不考虑冷热流体的热损失，故式（3）与式（4）的值相等。请注意，从式（3）及式（4）可看出，如果某一侧流体处于相变状态，即凝结（冷凝器）或沸腾（蒸发器），则因为相变传热时流体温度没有变化，它的 $\mathrm{d}t=0$，这种情况下该侧流体的热容量 Mc 可认为是无穷大。

将式（3）和式（4）改写成

$$\mathrm{d}t_1 = -\frac{\mathrm{d}\Phi}{M_1 c_1}; \mathrm{d}t_2 = \frac{\mathrm{d}\Phi}{M_2 c_2}$$

则

$$\mathrm{d}t_1 - \mathrm{d}t_2 = \mathrm{d}(t_1 - t_2)_x = -\mathrm{d}\Phi\left(\frac{1}{M_1 c_1} + \frac{1}{M_2 c_2}\right) \tag{5}$$

把式（1）代入式（5）

$$\frac{\mathrm{d}(t_1 - t_2)_x}{(t_1 - t_2)_x} = \frac{\mathrm{d}(\Delta t)_x}{\Delta t_x} = -k\left(\frac{1}{M_1 c_1} + \frac{1}{M_2 c_2}\right)\mathrm{d}A \tag{6}$$

将式（6）从 0 到 A_x 积分，当 k_x、$M_1 c_1$、$M_2 c_2$ 均为常量时，已知 $A_x=0$ 处 $\Delta t_x = \Delta t'$；A_x 处为 Δt_x 得

$$\ln\frac{\Delta t_x}{\Delta t'} = -k\left(\frac{1}{M_1 c_1} + \frac{1}{M_2 c_2}\right)A_x \tag{7}$$

或写成

$$\Delta t_x = \Delta t' \exp\{-k[1/(M_1 c_1) + 1/(M_2 c_2)]\}A_x \tag{10-7}$$

式（10-7）显示温差 Δt_x 沿传热面呈指数函数规律变化。由式（10-9）可以求得换热器中任一 A_x 处冷热流体间的温度差。

为求得换热器的平均温度差，将式（6）对整个传热面 A 积分，即，$A_x=0$，$\Delta t_x = \Delta t'$；$A_x = A$，$\Delta t_x = \Delta t''$，得

$$\ln\frac{\Delta t''}{\Delta t'} = -k\left(\frac{1}{M_1 c_1} + \frac{1}{M_2 c_2}\right)A \tag{8}$$

在换热器中热流体的放热量为

$$\Phi = M_1 c_1 (t'_1 - t''_1) \tag{9}$$

冷流体吸热量为

$$\Phi = M_2 c_2 (t''_2 - t'_2) \tag{10}$$

将式（9）、式（10）中的 $M_1 c_1$ 及 $M_2 c_2$ 代入式（8），改写为

$$\ln \frac{\Delta t''}{\Delta t'} = -\frac{kA}{\Phi} \left[(t'_1 - t''_1) + (t''_2 - t'_2) \right]$$

或

$$\Phi = kA \frac{(t'_1 - t'_2) - (t''_1 - t''_2)}{\ln \dfrac{\Delta t'}{\Delta t''}} = kA \frac{\Delta t' - \Delta t''}{\ln \dfrac{\Delta t'}{\Delta t''}} \tag{10-8}$$

与式（10-6）对比，得换热器的平均温度差：

$$\Delta t_{\mathrm{m}} = \frac{\Delta t' - \Delta t''}{\ln \dfrac{\Delta t'}{\Delta t''}} \tag{10-9}$$

式（10-9）称为对数平均温差（简称 LMTD-Logarithmic Mean Temperature Difference）。注意，对数平均温度差曾在第六章管内流动传热中式（6-3c）中用到。

对于逆流换热器，也可用同样方法推导出与式（10-9）形式相同的结果，此时式中 $\Delta t'$ 和 $\Delta t''$ 分别为换热器两端的冷热流体温度差，为避免出现负号的麻烦，通常把较大温差一端记为 $\Delta t'$。

由上述推导可见，对数平均温差实际上是 Δt_x 在整个换热器面积上的积分平均值。算数平均温差是指 $(\Delta t' + \Delta t'')/2$，相当于假定冷热流体的温度都按照线性变化时的平均温差，其值总是大于相应的对数平均温差。只有当 $\dfrac{\Delta t'}{\Delta t''}$ 趋近于 1 时，两者的差别才不断缩小。通常在实际应用中，当 $\dfrac{\Delta t'}{\Delta t''} < 2$ 时，可用算术平均温差代替对数平均温差，误差小于 4%，即

$$\Delta t_{\mathrm{m}} = (\Delta t' + \Delta t'')/2$$

二、其他布置形式时平均温差计算

流体在换热器中的流动方式，除顺流、逆流外，根据流体在换热器中的安排，还有其他多种形式，如图 10-13 所示，图中（c）横流式或称交叉流，是两股流体在相互垂直的方向流动；（d）、（e）、（f）则是三种不同组合的流动方式，称为混合流。例如图 10-4 中管壳式换热器属图 10-13 中（d）的情况。这些流动方式下的平均温度差推导起来比较麻烦，通常都把推导结果整理成温差修正系数图。计算时，先一律按逆流方式计算出对数平均温差，然后再按流动方式乘以温差修正系数 $\varepsilon_{\Delta t}$。$\varepsilon_{\Delta t}$ 是通过建立微元面积的传热和热平衡方程导出的，方法可参考文献 [4]。$\varepsilon_{\Delta t}$ 的大小反映了换热器中两股流体的流动方式接近逆流的程度。

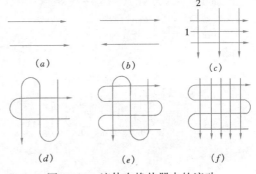

图 10-13 流体在换热器中的流动

图 10-14～图 10-16 列举了三种常见流动方式的 $\varepsilon_{\Delta t}$ 线图。在图中把 $\varepsilon_{\Delta t}$ 整理成辅助量 P 和 R 的函数。注意辅助量 P、R 计算式中的温度角码 "1"、"2" 分别表示图示中换热的两股流体。

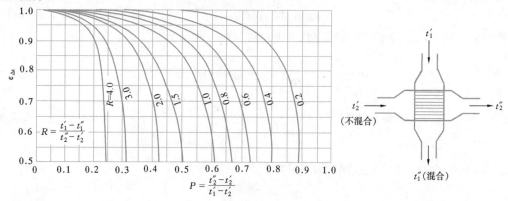

图 10-14　一侧流体混合，一侧流体不混合的 $\varepsilon_{\Delta t}$

图 10-14 为一次交叉流，它的一股流体在传热过程中本身不断混合，另一股流体则从进口到出口本身不混合；图 10-15 为一次交叉流，但两股流体各自都不混合；图 10-16 为单壳程及 2、4、6 管程的管壳式换热器。对于交叉流换热器要注意冷、热流体各自的混合

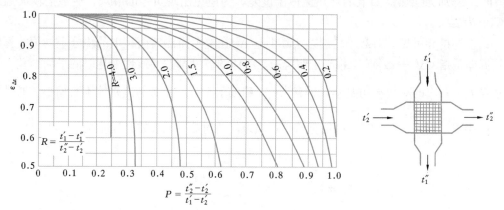

图 10-15　两侧流体均不混合的 $\varepsilon_{\Delta t}$

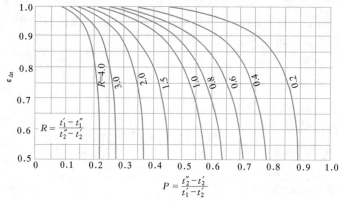
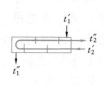

图 10-16　单壳程 2、4、6 管程的 $\varepsilon_{\Delta t}$

情况。例如肋片管式热水-空气加热器（假定热水为一管程），热水在管内流动，为本身不混合流动，空气在管外肋片间流动，亦可认为已被肋片分隔而不混合，因此是一次交叉流中两股流体均不混合的情况。如果加热器是光管式的，则热水不混合而空气混合，这时流动就成了一股流体混合和另一股流体不混合的一次交叉流。当流体本身不混合时，则在平行和垂直于流动方向上都有温度变化。当流体本身混合时，则在垂直于流动方向上的温度将趋于均匀。故流体混合或不混合，会影响平均温差的数值。除上述三种流动形式外，其他各种流动情况下的 $\varepsilon_{\Delta t}$ 可从有关手册或文献［5、6、7］中查取。在查图中，若 R 超过了图中的范围，或者对于 R 曲线与 P 坐标趋于平行的部分，可以用 $P \cdot R$ 和 $\dfrac{1}{R}$ 分别代替 P 和 R 值查图（因 $f(P,R) = f\left(P \cdot R, \dfrac{1}{R}\right)$，即两者存在互易性关系）。

三、不同流动布置形式比较

在各种流动换热形式中，顺流和逆流可以看做是两种极端情况。在相同的进出口温度下，逆流比顺流平均温差大。此外，顺流时冷流体的出口温度必然低于热流体的出口温度，而逆流则不受此限制。故工程上换热器一般都尽可能采用逆流布置。交叉流与各种混合流的平均温差都处于顺流与逆流的之间。但逆流布置也有缺点，逆流换热器把高温部分集中在换热器的一端，对高温流体的换热器在结构设计、应力承载和金属材料选择方面提出了较高的要求。

在蒸发器或冷凝器中，冷、热流体之一发生相变。相变时，若忽略相变介质压力的沿程变化，则流体在整个换热面积上保持饱和温度（假设流体为纯物质）。由于一侧流体温度恒定不变，这类换热器无所谓顺流和逆流。

如果热流体为过热蒸汽，因过热蒸汽温度是变化的，而饱和蒸汽的温度不变，在计算温度差时，如果过热度不大，仍按饱和温度计算平均温度差，只是热量计算中要把过热的显热量包括进去。传热系数对过热蒸汽段和饱和蒸汽段也取同一数值，这也是近似的。如果过热度大，则应将"饱和"与"过热"分段计算。当然，饱和蒸汽冷凝后继续降温为过冷流体，其计算也需做同样考虑。

【例 10-5】试比较逆流与顺流时的对数平均温度差，已知热流体由 300℃冷却至150℃，而冷流体由 50℃被加热至 100℃，并与算术平均值比较。

【解】对顺流　　$\Delta t' = t'_1 - t'_2 = 300 - 50 = 250℃$

$$\Delta t'' = t''_1 - t''_2 = 150 - 100 = 50℃$$

∴　　　　　$\Delta t_m = \dfrac{\Delta t' - \Delta t''}{\ln \dfrac{\Delta t'}{\Delta t''}} = \dfrac{250 - 50}{\ln \dfrac{250}{50}} = 124.3℃$

若按算术平均值计算　　$\Delta t_m = \dfrac{\Delta t' + \Delta t''}{2} = \dfrac{250 + 50}{2} = 150℃$

对逆流　　　　　$\Delta t' = t'_1 - t''_2 = 300 - 100 = 200℃$

$$\Delta t'' = t''_1 - t'_2 = 150 - 50 = 100℃$$

$$\therefore \qquad \Delta t_{\mathrm{m}} = \frac{\Delta t' - \Delta t''}{\ln \dfrac{\Delta t'}{\Delta t''}} = \frac{200 - 100}{\ln \dfrac{200}{100}} = 144.3\,℃$$

若按算术平均值计算 $\qquad \Delta t_{\mathrm{m}} = \dfrac{\Delta t' + \Delta t''}{2} = \dfrac{200 + 100}{2} = 150\,℃$

【讨论】可见，本例逆流温差比顺流大 16％，这意味着完成同样的加热工作，逆流换热器面积可缩小 16％，这是很可观的，因此一般情况下换热器都应尽可能采用逆流。本例中的顺流工况，$\dfrac{\Delta t'}{\Delta t''}$ 已超过 2，不能按算术平均计算温度差，否则误差太大，而在逆流工况下，可以用算术平均值，误差在 4％ 以内。

【例 10-6】按例 10-5 的温度条件计算一次交叉流，热流体不混合，冷流体混合时的平均温度差。

【解】按题意属图 10-14 的情况，则图中的"2"为热流体，"1"为冷流体。

$$P = \frac{t_2'' - t_2'}{t_1' - t_2'} = \frac{150 - 300}{50 - 300} = 0.6$$

$$R = \frac{t_1' - t_1''}{t_2'' - t_2'} = \frac{50 - 100}{150 - 300} = 0.333$$

查图 10-14 得 $\quad \varepsilon_{\Delta t} = 0.95$

$$\therefore \qquad \Delta t_{\mathrm{m}} = \varepsilon_{\Delta t} \Delta t_{逆} = 0.95 \times 144.3 = 137\,℃$$

【讨论】$\varepsilon_{\Delta t} = 0.95$，说明流动工况接近于逆流。如果 $\varepsilon_{\Delta t}$ 太小，就表明距逆流形式较远，不利于传热。工程设计中一般应使 $\varepsilon_{\Delta t} \geqslant 0.8$。

【例 10-7】一管壳式蒸汽—空气加热器，空气在管内，要求将空气由 15℃ 加热到 50℃，空气体积流量为 $V_0 = 5\mathrm{Nm^3/s}$，蒸汽为 $2 \times 10^5 \mathrm{Pa}$ 绝对压强的干饱和水蒸气，凝结水为饱和水，已知传热系数 $k = 75\mathrm{W/(m^2 \cdot K)}$，求加热器所需面积。

【解】$2 \times 10^5 \mathrm{Pa}$ 绝对压强下，饱和温度为 120.2℃，加热器的平均温度差

$$\Delta t' = t_1 - t_2' = 120.2 - 15 = 105.2$$

$$\Delta t'' = t_1 - t_2'' = 120.2 - 50 = 70.2$$

$$\therefore \qquad \Delta t_{\mathrm{m}} = \frac{\Delta t' - \Delta t''}{\ln \dfrac{\Delta t'}{\Delta t''}} = \frac{105.2 - 70.2}{\ln \dfrac{105.2}{70.2}} = 86.5\,℃$$

则空气的平均温度为

$$t_{\mathrm{f}} = t_1 - \Delta t_{\mathrm{m}} = 120.2 - 86.5 = 33.7\,℃$$

查空气物性表 $\qquad c_{\mathrm{p}} = 1005\mathrm{J/(kg \cdot K)}$

$\therefore$ 传热量 $\quad \varPhi = V_0 \rho_0 c_{\mathrm{p}} (t_2'' - t_2') = 5 \times 1.293 \times 1005 \times (50 - 15) = 2.274 \times 10^5 \mathrm{W}$

$$\therefore \qquad A = \frac{\varPhi}{k \Delta t_{\mathrm{m}}} = \frac{2.274 \times 10^5}{75 \times 86.5} = 35.1\mathrm{m^2}$$

【讨论】因换热器两端温度差之比小于 2，若本题按算术平均计算温度差，为 87.7℃，定性温度为 32.5℃，计算结果是 $A = 34.6\mathrm{m^2}$，略小于按对数平均温差的计算值。值得注意的是，本例是管壳式换热器内传热问题，直接使用了逆流（也可看作顺流）形式的对数

平均温差，未加修正，是因为本例中热流体由干饱和水蒸气冷凝为饱和水，在定压下热流体温度未发生变化，此时的温差修正系数 $\varepsilon_{\Delta t}$ 等于 1。

第六节 换 热 器 计 算

换热器的传热计算依目的不同分为两种类型，即设计计算与校核计算。设计计算是根据生产任务给定的传热条件和要求，确定换热器的形式、面积及结构参数；校核计算则是按现有的换热器，校核它是否能满足预定的传热要求，一般是校核流体的出口温度和传热量能否达到要求。无论是设计计算或校核计算，在确定传热系数时，都必须考虑污垢热阻。换热器传热计算有两种方法：平均温差法（LMTD 法）和效能-传热单元数法（ε-NTU 法）。

一、平均温差法

平均温差法的基本依据是传热公式 $\Phi = kA\Delta t_m$。在设计换热器时，根据要求先确定换热器的形式，由给定的传热量和冷热流体进出口温度中的三个温度，按热平衡求出冷流体或热流体的出口温度，再算出平均温差，然后由传热公式求出换热器面积，并据此确定换热器的主要结构参数。所以平均温差法设计计算的思路是 $\Phi \rightarrow \Delta t_m \rightarrow k \rightarrow A$。值得注意的是，一般情况下设计前的已知数是传热量和进出口温度，而 k 值是未知数，这样就需要利用前面各章的知识逐项计算对流传热表面传热系数，并最后算出传热系数，但计算表面传热系数时又必须知道流速等基本数据，其中流速又涉及换热器的主要结构参数（如流道截面、管径、管数、长度等），困难就在于设计前结构参数也是未知的，这是一个矛盾，解决的办法就是迭代计算。即在设计前，根据经验或资料假定一些换热器的主要结构参数，以便能计算表面传热系数，并进行设计计算；待设计结束后，再与原先假定的结构参数进行核对，要求基本相符，如不相符，则需重新再算，直至达到设计要求。平均温差法亦可用于校核计算方法。现通过一具体例题阐明换热器设计计算的一般步骤与方法，在此基础上亦不难掌握校核计算方法。

【例 10-8】设计一卧式管壳式蒸汽—水加热器，水在管内，蒸汽在管外冷凝。水的质流量为 3.5kg/s，要求从 60℃加热到 90℃，蒸汽的绝对压强为 1.6×10^5 Pa 干饱和蒸汽，凝结水为饱和水。换热器为管外径 19mm、厚 1mm 的黄铜管，水侧污垢热阻＝0.00017m² · K/W，水侧阻力损失要求小于 0.3×10^5 Pa。求换热器所需传热面积及主要结构参数（管长、管程、每管程管数、传热面积等）。若换热器外壳的热损失为 5%，求蒸汽消耗量。

【解】按本题给出的数据，确定 Φ 及 Δt_m 已无困难。问题主要是传热系数 k 涉及水在管内的对流传热表面传热系数 h_2 及蒸汽冷凝表面传热系数 h_1，而这些又要求已知管内流速、管壁温度、管子在垂直列上的根数，即要求给出管子总数，管程数等换热器的结构参数。因此，为完成本例题的设计计算，首先需要进行"初步设计"，其目的是为预先设定换热器的结构参数。"初步设计"工作可从设定传热系数 k 开始［例如，本例为蒸汽—水型，可设为 3000W/(m² · K)］，估算出传热面积，然后确定所需的管径、管子数，管程数。

在预先设定换热器的主要结构参数后，按传热公式分项计算 Φ、Δt_m，再计算 k 和 A，主要步骤如下。

1. 设定换热器的部分结构参数

现设换热器为 4 管程，每管程 16 根管，共 64 根管，在垂直列上管子数平均为 $n=$ 8 根。

2. 对数平均温度差 Δt_m

查水蒸气物性参数，$1.6 \times 10^5 \mathrm{Pa}$ 下饱和蒸汽温度 $t_\mathrm{s}=113.3$ ℃，故

$$\Delta t' = t_\mathrm{s} - t_2' = 113.3 - 60 = 53.3℃$$

$$\Delta t'' = t_\mathrm{s} - t_2'' = 113.3 - 90 = 23.3℃$$

∴
$$\Delta t_\mathrm{m} = \frac{\Delta t' - \Delta t''}{\ln \dfrac{\Delta t'}{\Delta t''}} = \frac{53.3 - 23.3}{\ln \dfrac{53.3}{23.3}} = 36.3 ℃$$

3. 传热量

水的平均温度 $t_2 = t_\mathrm{s} - \Delta t_\mathrm{m} = 113.3 - 36.3 = 77℃$，则水的比热容 $c=4.193 \mathrm{kJ/(kg \cdot K)}$，故

$$\Phi = Mc(t_2'' - t_2') = 3.5 \times 4.193 \times 10^3 \times (90 - 60) = 4.4 \times 10^5 \mathrm{W}$$

4. 蒸汽侧冷凝传热表面传热系数 h_1

（1）定性温度为冷凝液膜平均温度 $t_\mathrm{m1} = \dfrac{t_\mathrm{s} + t_\mathrm{w}}{2}$，但因 t_w 为未知，故需试算，先设定一个壁温，待设计计算结束时再校核。在设定壁温时，不妨应用所学传热知识先分析一下壁温所处的范围，避免出现过大偏差。根据对流传热的分析，水蒸气凝结时的表面传热系数 h_1 将比水侧的表面传热系数 h_2 大得多，故壁温 t_w 应该较接近蒸汽温度。现已知蒸汽温度是 113.3℃，而水的算术平均温度是 75℃，两者的中间值是 94℃（如果用水温的对数平均值，则中间值是 95℃），可见 t_w 一定高于此中间值而低于 113.3℃，现假定 $t_\mathrm{w}=103.2$ ℃。则

$$t_\mathrm{m1} = \frac{t_\mathrm{s} + t_\mathrm{w}}{2} = \frac{113.3 + 103.2}{2} = 108.3 ℃$$

由 t_m1 查水的物性数据

$$\lambda_1 = 0.685 \mathrm{W/(m \cdot K)}; \quad \mu_1 = 2.63 \times 10^{-4} \mathrm{N \cdot s/m^2}; \quad \rho_1 = 952.3 \mathrm{kg/m^3}$$

又由 $1.6 \times 10^5 \mathrm{Pa}$ 查得蒸汽潜热 $r = 2221 \times 10^3 \mathrm{J/kg}$。

（2）定型长度：水平管束取 nd_1，n 为垂直列上的管数，由选定值 $n=8$，又管外径 $d_1 = 0.019 \mathrm{m}$。

（3）表面传热系数 h_1 由第七章计算式得

$$h_1 = 0.725 \left[\frac{\rho_1^2 \lambda_1^3 gr}{nd_1 \mu(t_\mathrm{s} - t_\mathrm{w})} \right]^{1/4}$$

$$= 0.725 \left[\frac{952.3^2 \times 0.685^3 \times 9.81 \times 2221 \times 10^3}{8 \times 0.019 \times 2.63 \times 10^{-4} \times (113.3 - 103.2)} \right]^{1/4}$$

$$= 8119 \mathrm{W/(m^2 \cdot K)}$$

5. 水侧表面传热系数 h_2

（1）由水的定性温度 t_2 查水的物性数据

$$\lambda_2 = 0.672 \text{ W/(m} \cdot \text{K)}; \quad \nu_2 = 0.38 \times 10^{-6} \text{ m}^2/\text{s};$$

$$\rho_2 = 973.6 \text{ kg/m}^3; \quad Pr = 2.31$$

（2）流速 u。因蒸汽凝结传热表面传热系数比水高，因此热阻主要在水侧，水侧的流速高，对传热有利，但设计要求阻力不超过 $0.3 \times 10^5 \text{Pa}$，它是对水侧流速的制约，这样就只能在阻力不超过的前提下尽量提高流速。当设计开始前在选定换热器主要结构参数时，就应考虑流速的问题，因为设定了结构参数，流速也就设定，余下的问题是待传热计算后，再对管内流动阻力进行校核。现水的质流量及每管程数已设定，则管内流速为

$$u = \frac{M_2}{\rho_2 f} = \frac{3.5}{973.6 \times 16 \times \frac{\pi}{4} \times 0.017^2} = 0.99 \text{ m/s}$$

则 Re 为

$$Re = \frac{u \times d_2}{\nu_2} = \frac{0.99 \times 0.017}{0.38 \times 10^{-6}} = 4.43 \times 10^4 \quad \text{为紊流}$$

（3）水侧传热表面传热系数 h_2：由于 $t_w = 103.2 \text{ ℃}$，则水与壁面之间的对数平均温差为 25.3℃，故可视为中等温差传热，可采用式（6−4a）计算，即

$$Nu = 0.023 Re^{0.8} Pr^{0.4} = 0.023 \times (4.43 \times 10^4)^{0.8} \times 2.31^{0.4} = 167.6$$

$$\therefore \quad h_2 = Nu \cdot \frac{\lambda_2}{d_2} = 167.6 \times \frac{0.672}{0.017} = 6625 \text{W/(m}^2 \cdot \text{K)};$$

6. 传热系数 k

忽略管壁热阻，又因管壁很薄可按平壁计算传热系数

$$k = \frac{1}{\frac{1}{h_1} + R_f + \frac{1}{h_2}} = \frac{1}{\frac{1}{8119} + 0.00017 + \frac{1}{6625}} = 2252 \text{W/(m}^2 \cdot \text{K)}$$

根据 k 校核原设定的 t_w

由传热公式　$\quad q = k\Delta t_m = 2252 \times 36.3 = 8.17 \times 10^4 \text{ W/m}^2$

由蒸汽侧传热　$\quad q_1 = h_1 (t_s - t_w) = 8119 \times (113.3 - 103.2) = 8.20 \times 10^4 \text{ W/m}^2$

两者相差 0.3%，设定壁温合理，达到计算要求。

7. 传热面积及管长

$$A = \frac{\Phi}{k\Delta t_m} = \frac{4.4 \times 10^5}{2252 \times 36.3} = 5.38 \text{m}^2$$

按平壁考虑，管面积应为按平均直径 $d_m = (d_1 + d_2)/2$ 计算的面积。因总管数 $N = 64$，故管长

$$l = \frac{A}{\pi d_m N} = \frac{5.38}{\pi \times 0.018 \times 64} = 1.49 \text{m}$$

最后取管长 $l = 1.5 \text{m}$；总管数 $N = 64$；管程 $z = 4$；则实际传热面积为 $A = \pi d_m N l = \pi \times 0.018 \times 64 \times 1.5 = 5.42 \text{m}^2$，比计算值略大。上述传热试算结果表明，最初设定的结构参数合理。

8. 蒸汽消耗量 M_1

蒸汽在壳侧，热损失由蒸汽侧承担，故蒸汽实际消耗为

$$M_1 = \frac{\Phi}{r} \div 0.95 = \frac{4.4 \times 10^5}{2221 \times 10^3} \div 0.95 = 0.209 \text{kg/s}$$

9. 阻力计算

水经换热器的压降为（参第六章第一节）

$$\Delta p = \left(f \frac{zl}{d_2} + \Sigma \zeta \right) \frac{\rho u^2}{2} \quad (\text{Pa})$$

式中摩擦系数 f 由式（6-12）计算，参附录 9，光滑黄铜管管壁绝对粗糙度 k_s，取 0.005，计算得

$$f = \left[2 \times \lg \left(\frac{R}{k_s} \right) + 1.74 \right]^{-2} = \left(2 \times \lg \left(\frac{8.5}{0.005} \right) + 1.74 \right)^{-2} = 0.015$$

$\Sigma \zeta$ 为各局部阻力系数之和。该换热器有水室进口和出口各 1 个，它们的阻力系数 ζ_1 各等于 1.0；水由一个管程转入另一管程时的局部阻力系数 $\zeta_2 = 2.5$，现共有 4 个管程，水流方向改变 3 次，故

$$\Sigma \zeta = 1.0 + 1.0 + 2.5 \times 3 = 9.5$$

$$\therefore \quad \Delta p = \left(0.015 \times \frac{4 \times 1.5}{0.017} + 9.5 \right) \times \frac{973.6 \times 0.99^2}{2} = 0.071 \times 10^5 \text{Pa}$$

压降符合要求。以上计算成立。

【讨论】本例题阐明了换热器设计计算的基本步骤。上述计算得到的结果满足传热设计要求。自然，不同的设计者得到的设计结果可能不同，但它们之间必然存在最佳设计方案。由于本例涉及传热学的一些基本概念、关联式和计算方法，因而是传热计算中的一个重要例题。本例的目的是要求读者通过计算，掌握换热器传热设计的一般原则和步骤，在此基础上再去考虑制造费用、运行消耗等，以便获得最佳设计结果。由于本例的计算过程较繁琐，为弄明白设计计算思路，在学习过程中，列出计算过程步骤框图，以帮助掌握设计计算要领。然后再深入思考下列几个问题：（1）管程为何应是偶数？（2）若管子总数 64 不变，将管程改为 8，会产生哪些影响？计算中的各项数据将出现什么变化？（3）将管程改为 6，但要使管内流速不变，应采取什么措施？对计算结果有什么影响？（4）为什么管长事先不需设定？（5）如果最后计算的管长太短或太长，怎么办？若要使长度增加或缩短，需改变什么结构参数？（6）为什么壁温接近蒸汽侧的饱和温度？（7）本例计算水侧传热表面传热系数 h_2 时采用了式（6-4a），因而在计算中就不需要管壁温度的数据，使计算得到简化。但若计算 h_2 时选用式（6-5），因式中有壁温下的黏度 μ_w 项，请分析计算步骤要做哪些变动？这两种计算方法，你认为哪一种比较合理？为什么？（8）如果换热器是蒸汽加热空气，一般情况下，蒸汽在管内，这样，换热器的传热量是否应考虑热损失？（9）若管表面 k_s 取 0.01，则 Δp 为 $0.074 \times 10^5 \text{Pa}$，增加 5.5%，没有超过要求。由于换热器的流动阻力还比较小，这说明管流速尚可适当提高。（10）如果换热器的传热性能都符合要求，但流动阻力太大，超过了工程要求，应修改哪一项设计参数才能有效降低流阻？（11）试用软件编程，引入工质物性参数软件，重新计算上述例题，并分析比较上述讨论中所提出的问题。

二、传热单元数法（ε-NTU 法）

换热器计算中的效能（ε）—传热单元数（NTU）法简称 NTU 法。

效能 ε 定义：换热器的实际传热量与最大可能的传热量 $\Phi_{\max}$ 之比。

（1）实际传热量：热流体释放或冷流体获得的热量，由热容量 Mc 和进出口温度差求得，即

$$\Phi = M_1 c_1 (t'_1 - t''_1) = M_2 c_2 (t''_2 - t'_2) \tag{1}$$

由热平衡，两流体中热容量 Mc 小的流体其进出口温度差大，在 NTU 方法中把 Mc 小的流体称为最小热容量流体 $(Mc)_{\min}$。

（2）最大可能的传热量：在换热器里可能利用的最大温度差就是冷热流体的进口温度差 $(t'_1 - t'_2)$。按热平衡原理，理论上只有 $(Mc)_{\min}$ 流体可能获得最大温升或温降（采用一个传热面积无限大的逆流式换热器，就可做到），故换热器的最大可能传热量应为

$$\Phi_{\max} = (Mc)_{\min}(t'_1 - t'_2)$$

式中，$(Mc)_{\min}$ 应是热流体 $M_1 c_1$ 和冷流体 $M_2 c_2$ 中较小者。

如果冷流体 $M_2 c_2$ 较小，根据换热器效能的定义

$$\varepsilon = \frac{\Phi}{\Phi_{\max}} = \frac{M_2 c_2 (t''_2 - t'_2)}{M_2 c_2 (t'_1 - t'_2)} = \frac{t''_2 - t'_2}{t'_1 - t'_2} \tag{2a}$$

如果热流体 $M_1 c_1$ 较小，则

$$\varepsilon = \frac{\Phi}{\Phi_{\max}} = \frac{M_1 c_1 (t'_1 - t''_1)}{M_1 c_1 (t'_1 - t'_2)} = \frac{t'_1 - t''_1}{t'_1 - t'_2} \tag{2b}$$

可见效能 ε 就是小热容量流体的"进出口温度差"与"冷热流体进口温度差"之比。ε 反映了换热器里"冷热流体进口温度差"的利用率。

换热器效能的大小与换热器的传热过程有关，现以顺流换热器为例推导它的关系式。推导中令冷流体的 $M_2 c_2$ 较小。在本章第五节推导对数平均温差时曾经得出顺流情况下换热器两端温度差之比

$$\frac{\Delta t''}{\Delta t'} = \frac{t''_1 - t''_2}{t'_1 - t'_2} = \exp\left[-kA\left(\frac{1}{M_1 c_1} + \frac{1}{M_2 c_2}\right)\right] \tag{3}$$

又由式（1）热平衡关系

$$t''_1 = t'_1 - \frac{M_2 c_2}{M_1 c_1}(t''_2 - t'_2) \tag{4}$$

将式（4）代入式（3），得

$$\frac{t'_1 - \dfrac{M_2 c_2}{M_1 c_1}(t''_2 - t'_2) - t''_2}{t'_1 - t'_2} = \exp\left[-kA\left(\frac{1}{M_1 c_1} + \frac{1}{M_2 c_2}\right)\right]$$

经过整理可得

$$\frac{(t'_1 - t'_2) - (t''_2 - t'_2) - \dfrac{M_2 c_2}{M_1 c_1}(t''_2 - t'_2)}{t'_1 - t'_2} = \exp\left[-kA\left(\frac{1}{M_1 c_1} + \frac{1}{M_2 c_2}\right)\right]$$

在 $M_2 c_2$ 为小热容量流体的情况下，根据效能 ε 的定义式（2），得

$$1 - \varepsilon - \frac{M_2 c_2}{M_1 c_1} \cdot \varepsilon = \exp\left[-kA\left(\frac{1}{M_1 c_1} + \frac{1}{M_2 c_2}\right)\right]$$

即

$$\varepsilon = \frac{1 - \exp\left[-\dfrac{kA}{M_2 c_2}\left(1 + \dfrac{M_2 c_2}{M_1 c_1}\right)\right]}{1 + \dfrac{M_2 c_2}{M_1 c_1}} \tag{5}$$

式（5）是以 $M_2 c_2$ 为小热容量导出的。如果 $M_1 c_1$ 小，推导过程一样，只是 $M_1 c_1$ 和 $M_2 c_2$ 互换一下位置。现采用大写 C 表示 Mc，$C_{\max}$ 及 $C_{\min}$ 分别表示大的和小的热容量。则 ε 在顺流时的通用表达式：

$$\varepsilon = \frac{1 - \exp\left[-\dfrac{kA}{C_{\min}}\left(1 + \dfrac{C_{\min}}{C_{\max}}\right)\right]}{1 + \dfrac{C_{\min}}{C_{\max}}} = \frac{1 - \exp\left[-NTU\left(1 + \dfrac{C_{\min}}{C_{\max}}\right)\right]}{1 + \dfrac{C_{\min}}{C_{\max}}} \tag{10-10}$$

式中，NTU 代表无量纲数 $\dfrac{kA}{C_{\min}}$，称为传热单元数（Number of Transfer Units）。同理，也可导出逆流时的 ε 表达式：

$$\varepsilon = \frac{1 - \exp\left[-NTU\left(1 - \dfrac{C_{\min}}{C_{\max}}\right)\right]}{1 - \dfrac{C_{\min}}{C_{\max}}\exp\left[-NTU\left(1 - \dfrac{C_{\min}}{C_{\max}}\right)\right]} \tag{10-11}$$

式（10-10）、式（10-11）已标绘在以 ε 为纵坐标，NTU 为横坐标的图上，并以 $\dfrac{C_{\min}}{C_{\max}}$ 为参变量，如图 10-17 和图 10-18 所示。

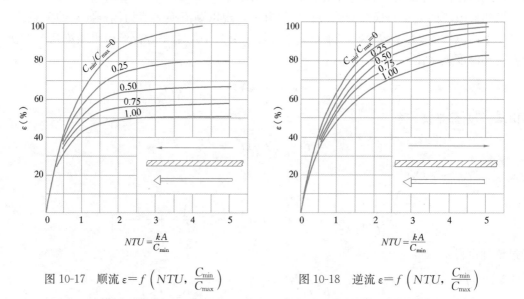

图 10-17　顺流 $\varepsilon = f\left(NTU, \dfrac{C_{\min}}{C_{\max}}\right)$　　　　图 10-18　逆流 $\varepsilon = f\left(NTU, \dfrac{C_{\min}}{C_{\max}}\right)$

与前述图 10-14～图 10-16 相同的三种流动方式的 ε 函数线图为图 10-19～图 10-21。它们的 ε 函数关系式可参阅文献 [6]。

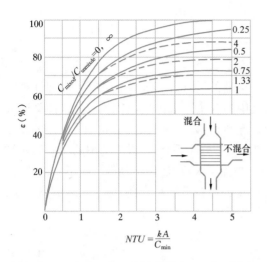

图 10-19 一次交叉流（一股流体混合，一股不混合）

$$\varepsilon = f\left(NTU, \frac{C_{混合}}{C_{不混合}}\right)$$

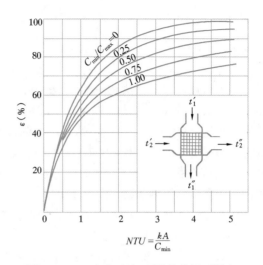

图 10-20 一次交叉流（两股流体都不混合）

$$\varepsilon = f\left(NTU, \frac{C_{min}}{C_{max}}\right)$$

注意线图 10-19 的情况特殊一些，曲线的参变量不是 $\dfrac{C_{min}}{C_{max}}$，而是采用 $\dfrac{C_{混合}}{C_{不混合}}$。

根据 ε 与 NTU 的关系，在设计计算时，由已知的进出口温度计算 ε 值，再按 C_{min}/C_{max} 比值由公式或线图求出 NTU 值，从而可得所需传热面积。在校核计算时，则由已知的面积和传热系数算出 NTU 值，再按 C_{min}/C_{max} 比值由公式或线图得到 ε 值，从而计算出所需流体出口温度。

传热单元数 $NTU = \dfrac{kA}{C_{min}} = \dfrac{t_1' - t_1''}{\Delta t_m}$ 或

$\dfrac{t_2'' - t_2'}{\Delta t_m}$，表示小热容量流体的温降或温升与传热温差的比值，传热温差越小，则传热单元

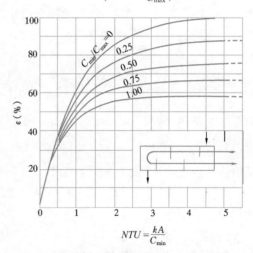

图 10-21 单壳程 2、4、6 管程

$$\varepsilon = f\left(NTU, \frac{C_{min}}{C_{max}}\right)$$

数越大，要求传热系数 k 或传热面积 A 越大。从图 10-17 和图 10-18 可以看出，在一定的热容量下，NTU 增大，ε 值也增大，并趋于一极限值，此极限值的大小与流动方式有关。对逆流而言，只要 NTU 不断增大，不论 $\dfrac{C_{min}}{C_{max}}$ 为何值，ε 值的极限将趋于 1；而对顺流，极限值小于 1。这是因为顺流时，即使传热面积为无限大，C_{min} 流体的温度变化也不可能达到换热器中的最大温差，充其量是两流体达到相等的出口温度。例如，当 $\dfrac{C_{min}}{C_{max}} = 1$ 时，顺流的 ε 极限值为 0.5，只有逆流的一半左右，所以，在一定 NTU 下，逆流 ε 的值总大于顺流。只有当 $\dfrac{C_{min}}{C_{max}} = 0$（即 $C_{max} \gg C_{min}$ 时，如沸腾和凝结的情况），顺流、逆流以及其他所

有流动方式 ε 值都相同，从式（10-10）、式（10-11）也可看出，当 $\dfrac{C_{\min}}{C_{\max}}=0$ 时，两式都变为

$$\varepsilon = 1 - e^{-NTU} \tag{10-12}$$

综上所述，LMTD 法和 ε-NTU 法均可用于换热器的设计计算或校核计算。设计计算通常给定的量是：$M_1 c_1$，$M_2 c_2$ 以及 4 个进出口温度中的 3 个，求传热面积 A；校核计算通常给定的量是：A，$M_1 c_1$，$M_2 c_2$，t_1'，t_2'，要求出口温度 t_1'' 及 t_2'' 或热量 Φ，这两种方法的设计计算繁琐程度差不多。但采用 LMTD 法可从求出的温差修正系数 $\varepsilon_{\Delta t}$ 看出选用的流动形式与逆流相比的差距，有助于流动形式的改进与选择，这是 ε-NTU 法做不到的。对于校核计算，虽两法皆需试算传热系数，但由于 LMTD 法需反复进行对数计算，比 ε-NTU 法稍繁一些。当传热系数已知时，由 ε-NTU 法可直接求得结果，要比 LMTD 法方便。

【例 10-9】 用 ε-NTU 法求蒸汽-空气加热器出口温度和传热量，空气质流量 $M_2=8.4\text{kg/s}$，$t_2'=2℃$，器面积 $A=52.9\text{m}^2$，蒸汽为 $3\times10^5\text{Pa}$ 绝对压强干饱和蒸汽，传热系数 $k=40\text{W/(m}^2\cdot\text{K)}$。

【解】 蒸汽冷凝放热，其热容量 $C_{\max}$ 为无穷大。但由于不知道空气的出口温度，$C_{\min}$ 为未知，故无法计算 NTU，为此须先设定出口温度，确定比热容 c_2，再进行计算，最后校核。现设 $t_2''<100℃$，则空气平均温度不会超过 $50℃$，此时空气比热容 $c_2=1005\text{J/(kg}\cdot\text{K)}$，则

$$NTU = \frac{kA}{C_{\min}} = \frac{kA}{M_2 c_2} = \frac{40\times52.9}{8.4\times1005} = 0.251$$

对于凝结传热，$\dfrac{C_{\min}}{C_{\max}}=0$，故可由式（10-14）求 ε 值

$$\varepsilon = 1 - e^{-NTU} = 1 - e^{-0.251} = 0.222$$

蒸汽饱和温度 $t_s=133.5℃$，由 ε 得

$$t_2'' = \varepsilon(t_1'-t_2')+t_2' = 0.222\times(133.5-2)+2 = 31.2℃$$

传热量：$\quad \Phi = M_2 c_2(t_2''-t_2') = 8.4\times1005\times(31.2-2) = 2.465\times10^5 \text{ W}$

t_2'' 处于原设定的范围内，所用的 c_2 是合理的。

【讨论】 因空气的比热容在常温 $0\sim60℃$ 的范围内可认为是不变值，故本例不需要针对某一温度进行反复的设定—试算—校核计算，这对于一般空气加热器是较常见的情况。请编程计算本例题，看结果如何？

【例 10-10】 一台卧式管壳式氨冷凝器，总传热面积为 114m^2，冷却水质流量 $M_2=24\text{kg/s}$，管程数为 8，冷却水进口温度 $t_2'=28℃$，氨冷凝温度 $t_s=38℃$，已知 $k=900\text{W/(m}^2\cdot\text{K)}$，用 LMTD 法及 ε-NTU 法求冷却水出口温度及冷凝传热量。

【解】（1）LMTD 法

须先设定 t_2''，试算后再校核。现设定 $t_2''=34.4℃$，则

$$\Delta t_m = \frac{\Delta t' - \Delta t''}{\ln\dfrac{\Delta t'}{\Delta t''}} = \frac{(38-28)-(38-34.4)}{\ln\dfrac{38-28}{38-34.4}} = 6.264℃$$

$$\Phi = kA\Delta t_m = 900\times114\times6.264 = 6.43\times10^5 \text{ W}$$

校核：由 t_2'' 设定值查物性表，$c_2=4174\text{J/(kg}\cdot\text{K)}$，则由热平衡公式得

$$t''_2 = \Phi/(M_2 c_2) + t'_2 = 6.43 \times 10^5/(24 \times 4174) + 28 = 34.4\,℃$$

设定值与校核值一致。

（2）$\varepsilon\text{-}NTU$ 法

本例中水的热容量小，计算 NTU 需要物性 c_2，设水的进出口平均温度处于 $30\sim35℃$ 之间，则 $c_2 = 4174\ \text{J/(kg · K)}$

$$\therefore \quad NTU = \frac{kA}{C_{\min}} = \frac{900 \times 114}{24 \times 4174} = 1.024$$

$$\therefore \quad \frac{C_{\min}}{C_{\max}} \approx 0$$

$$\therefore \quad \varepsilon = 1 - e^{-NTU} = 1 - e^{-1.024} = 0.6409$$

$$\therefore \quad t''_2 = \varepsilon(t'_1 - t'_2) + t'_2 = 0.6409(38 - 28) + 28 = 34.4\,℃\ \text{（此温度下查物性表}$$

得出的 c_2 值与最初设定一致）。

$$\therefore \quad \Phi = M_2 c_2(t''_2 - t'_2) = 24 \times 4174 \times (34.4 - 28) = 6.41 \times 10^5\ \text{W}$$

【讨论】本例说明采用 LMTD 法计算时，须设定 t''_2，并进行校核，设定值与校核值间的误差不得超过允许范围，因此要进行多次重复计算。而采用 $\varepsilon\text{-}NTU$ 法计算，只需设定比热容，计算工作量少，比 LMTD 法简便。

【例 10-11】一肋片管式余热换热器，废气进口 $t'_1 = 300℃$，出口 $t''_1 = 100℃$；水由 $t'_2 = 35℃$ 加热升至 $t''_2 = 125℃$，水的质流量 $M_2 = 1\text{kg/s}$。废气比热容 $c_1 = 1000\text{J/(kg · K)}$，以肋片侧面积为基准的传热系数 $k = 100\text{W/(m}^2 \cdot \text{K)}$，试用 LMTD 法及 $\varepsilon\text{-}NTU$ 法确定肋片侧的传热面积。

【解】按题意，该换热器为两侧流体各自都不混合型。

（1）由 LMTD 法计算：为确定该换热器的温差修正系数，由辅助量 P，R 值

$$P = \frac{t''_2 - t'_2}{t'_1 - t'_2} = \frac{125 - 35}{300 - 35} = 0.34$$

$$R = \frac{t'_1 - t''_1}{t''_2 - t'_2} = \frac{300 - 100}{125 - 35} = 2.22$$

用图 10-15 查得，$\varepsilon_{\Delta t} = 0.87$，逆流时

$$\Delta t_m = \frac{\Delta t' - \Delta t''}{\ln\dfrac{\Delta t'}{\Delta t''}} = \frac{(t'_1 - t''_2) - (t''_1 - t'_2)}{\ln\dfrac{t'_1 - t''_2}{t''_1 - t'_2}} = \frac{(300 - 125) - (100 - 35)}{\ln\dfrac{300 - 125}{100 - 35}} = 111\,℃$$

水侧平均温度 $t_{2,m} = \dfrac{t'_2 + t''_2}{2} = \dfrac{35 + 125}{2} = 80℃$，由水的物性表可知，$c_2 = 4195\text{J/(kg · K)}$

则

$$A = \frac{\Phi}{k \Delta t_m \varepsilon_{\Delta t}} = \frac{M_2 c_2(t''_2 - t'_2)}{k \Delta t_m \varepsilon_{\Delta t}} = 1 \times \frac{4195 \times (125 - 35)}{100 \times 111 \times 0.87} = 39.1\text{m}^2$$

（2）由 $\varepsilon\text{-}NTU$ 法计算：水侧平均温度 $t_{2,m} = \dfrac{t'_2 + t''_2}{2} = \dfrac{35 + 125}{2} = 80℃$，查物性表可知，$c_2 = 4195\text{J/(kg · K)}$。

$$M_2 c_2 = 1 \times 4195 = 4195\text{W/K}$$

$$M_1 c_1 = M_2 c_2 \frac{t_2'' - t_2'}{t_1' - t_1''} = 4195 \times \frac{125 - 35}{300 - 100} = 1889 \text{W/K}$$

即　$M_2 c_2 > M_1 c_1$，故

$$\varepsilon = \frac{t_1' - t_1''}{t_1' - t_2'} = \frac{300 - 100}{300 - 35} = 0.755$$

由

$$\frac{C_{\min}}{C_{\max}} = \frac{M_1 c_1}{M_2 c_2} = \frac{1889}{4195} = 0.45$$

查图 10-20，得 $NTU = 2.1$

∴

$$A = \frac{NTU \cdot C_{\min}}{k} = \frac{2.1 \times 1889}{100} = 39.7 \text{m}^2$$

【讨论】 本例为设计计算，没有试算过程，两法计算工作量一样。由于都要借助线图确定系数，计算结果会有一些偏差。

第七节　换热器性能评价简述

换热器的类别和形式很多，在选型和设计时，一般应考虑下列几项基本的要求：(1) 满足生产过程的传热要求（传热量、温度等）；(2) 强度可靠；(3) 便于制造、安装和检修；(4) 经济合理。这些要求有时常常是相互制约的。例如，对于腐蚀性介质，则要求采用昂贵的耐腐蚀材料，从而影响造价。紧凑式换热器虽然传热性能优异，但设备投资较大，或检修不方便。为了给换热器的选型和设计提供依据，就需要对换热器的性能进行定量的评价。

换热器性能评价涉及热力学性能（不可逆损失）、传热性能、阻力性能、机械性能（体积、强度、重量、材质）、可靠性及经济性（投资、运行、维修），故全面评价换热器性能是一项困难的工作。从国内外的大量研究工作看，评价方法根据不同的情况大致有以下一些类型：

单一性能评价　仅就换热器的各单项性能进行评价，是工程中常用的一种简单易行的方法，例如用传热系数、阻力降、换热器效能、单位传热面积的价格等作为评价比较的指标。这些指标把传热与其他因素分开考虑，虽不全面，但它适宜于对同类型换热器在相同工作条件下进行比较判别。

传热量与功率消耗比的评价　在前述强化传热的诸多措施中，强化传热往往伴随阻力增加，使运行的动力消耗（泵或风机）增加，因而在评价中提出了消耗单位功率（W）所能传递的热量（Q）的评价指标，即 Q/W。它把传热与阻力损失综合在一个指标中，反映了换热器两项主要性能的综合效果。与此类似的指标还有传热因子与摩擦因子之比 j/f（j 为传热因子，$j = Nu / (Re \cdot Pr^{1/3})$）；传热系数与功率消耗比，$k/W$。通过实际实验测试或模型计算找出该指标的变化规律，用以评价换热器性能。它适用于评价采用强化传热措施后的换热器，亦可用于不同类型换热器之间的比较。

传热面积与其他性能比的评价　除上述传热量与功率消耗比之外，还有以传热面积为基准的一些性能指标。如单位传热面积的换热器体积、金属消耗量、造价、占地面积等。这些性能比指标，在某些情况下，往往成为选型的重要依据，而且这些指标能表达不同类

型换热器的主要优点或缺陷，在前述换热器结构介绍中已经提到了其中的一些。

能量转换和利用性能比的评价　为了从能量转换和利用的角度综合评价一个换热器，目前已提出用熵、可用能等进行评价。如熵产单元数 $\Delta s/C_{\max}$（由传热温差和摩擦阻力的不可逆性产生的熵增 Δs），熵产单元数越小，则表明传热过程的不可逆程度越低，即越接近理想情况。又如可用能获得比（冷流体所得到的可用能、换热器净传递的可用能）[1]。

这些方法适用于对能源转换系统中的各类型换热器在合理利用能源方面的评价。

小　结

学习本章的基本要求是：掌握传热过程、传热系数的概念及典型壁（平板、圆管、肋片）的传热计算方法；能应用热阻概念分析传热过程；理解有复合传热情况下的传热过程计算方法；了解工程强化与削弱传热的一般原理与途径；了解常见间壁式换热器的类型、特点及工作原理；掌握对数平均温度差、换热器效能、传热单元数的概念；会应用对数平均温差法及 ε-NTU 法进行换热器的设计计算和校核计算。

本章内容可划分为两大部分：传热与换热器。并分七节进行了叙述。主要内容如下：

（1）肋壁传热。肋片效率和肋化系数是肋壁传热问题中两个特殊量。在计算肋壁传热系数时要注意分清它的计算基准：肋壁面还是光壁面，否则将引起重大误差。

（2）复合传热时的传热计算。在有气体介质参与传热过程时，就可能存在复合传热现象。

（3）强化传热与削弱传热。提高传热系数是强化传热最积极的措施。增大传热系数主要应增强小 h 一侧的传热。强化传热的方法很多，本章仅分类做了简要介绍，学会应用传热的基本规律，分析研究各种措施中对强化传热起积极作用的因素。而削弱传热则是在分析传热热阻基础上，进一步增加热阻较大传热环节的热阻，例如减小保温层外表面的发射率，采用低热导率的保温材料等。

（4）换热器结构。扼要介绍了几种换热器的结构及工作原理，以及它们的各自特性及适用范围。一个良好的换热器应具备传热系数高、结构可靠紧凑、满足承压的要求以及便于清理检修等。

（5）换热器的传热计算是在传热公式和热平衡方程基础上进行的。有两种方法：LMTD 法和 ε-NTU 法。对数平均温差法的基本公式是传热公式 $\Phi=kA\Delta t_m$，传热单元数法则基于 $\varepsilon=f\left(NTU, \dfrac{C_{\min}}{C_{\max}}, 流动方式\right)$ 的函数关系。换热器计算有两种类型：设计计算与校核计算。采用哪种方法，与设计行业部门的习惯以及所能得到的设计资料有关，例如，能源与动力行业都是用 LMTD 法。锅炉设计往往是先布置好传热面，然后计算，所以既是设计也是校核计算，故锅炉设计标准中只用 LMTD 法。低温行业则习惯用 NTU 法，他们的设计手册中有相应的 NTU 图线。不论是校核计算或设计计算，通常都比较繁琐，重要的是要对计算过程有一个清晰的思路。编程计算是上述计算过程的具体体现。

---

[1] 《工程热物理学报》，1994，No.4。

思考题与习题

1. 计算肋壁传热系数的公式和平壁的有何不同？式（10-3）可否用于肋片管？

2. 对于 $M_1c_1 \geqslant M_2c_2$、$M_1c_1 < M_2c_2$、$M_1c_1 = M_2c_2$ 三种情形，分别画出顺流和逆流时冷、热流体温度沿流动方向的变化曲线，注意曲线的凹向与 Mc 相对大小的关系。

3. 若两换热器冷热流体进口温度相同，但效能 ε 不同，是否可以说效能 ε 大者设计一定合理？怎样才能提高效能 ε？

4. 为什么逆流换热器的效能 ε 极限可接近 1，而顺流则不可能？

5. 目前市场出售的电热取暖器，一种是红外加热取暖器（通电加热玻璃管式或磁管式红外加热元件取暖），一种是电加热油浴散热器（散热器外壳为普通暖气片状，片内充导热油，电首先加热油，油则以自然对流循环，通过外壳壁散热）。试从传热观点分析这两种取暖器的特点。有人认为在相同功率下，用油浴散热器时能使房间暖和些，此话有道理吗？

6. 选用管壳式换热器，两股流体在下列情况下，何股应安排在管内？何股应在管外？（1）清洁的和不清洁的；（2）腐蚀性小的和强的；（3）温度高的和常温的；（4）高压的和常压的；（5）质流量大的和小的；（6）黏度大和黏度小的；（7）密度大和密度小的。如果不限于管壳式，试问针对这几种情况，选用何种类型换热器较合适？

7. 参见图 10-8，采用一个板式换热器完成由一热流体加热两冷流体的任务，试问三流体的进出口及板内流程应如何安排？冷流体的温度变化范围有下列两情况：（1）基本相同；（2）互不重叠。

8. 某火墙供暖房间平面尺寸为 6m×4m，房高 4m，火墙为 4m×4m，墙表面为石灰粉刷，发射率 ε＝0.87，已知表面 t_w＝40℃，室温 t_f＝16℃，四周墙壁的发射率 ε 相同，温度亦为 16℃，求该火墙总散热量。其中辐射散热所占比例为若干？

9. 热换器设计计算和校核计算中所依据的基本方程和守恒定律有哪些？在 NTU 法中没有出现传热方程，这种理解是否正确？为什么？

10. 一平顶屋，屋面材料厚 δ＝0.2 m，热导率 λ_w＝0.6 W/(m·K)，屋面两侧的材料发射率 ε 均为 0.9。冬初，室内温度维持 t_{f1}＝18℃，室内四周墙壁亦为 18 ℃，且它的面积远大于天花板面积。天空有效辐射温度为 −70℃。室内顶棚表面对流表面传热系数 h_1＝0.592W/(m²·K)，室外屋顶对流表面传热系数 h_2＝21.1 W/(m²·K)，问当室外气温降到多少度时，屋面即开始结霜（t_{w2}＝0℃），此时室内天花板温度为多少？

11. 在晴朗的夜晚，天空有效辐射温度为−70℃，假定室外空气与聚集在草上的露水间的对流表面传热系数为 28W/(m²·K)，露水发射率为 1.0，略去露水的蒸发作用及导热。为防止霜冻，试计算室外气温至少需高于多少度？

12. 某设备的垂直薄金属壁温度为 t_{w1}＝350℃，发射率 ε_1＝0.6。它与保温外壳相距 δ_2＝30mm，构成一空气夹层，夹层高度 L＝1m。保温材料厚 δ_3＝20mm，热导率 λ_3＝0.65 W/(m·K)。它的外表面温度 t_3＝50℃，内表面 ε_2＝0.85。夹层内空气物性为常数：λ＝0.04536 W/(m·K)，运动黏度 ν＝47.85×10⁻⁶ m²/s，Pr＝0.7。试求解通过此设备保温外壳的热流密度。

13. 分别绘制套管式换热器中冷、热流体在顺、逆流体条件下的温度变化曲线，并分别写出平均温度差计算式。已知高温流体由 t'_1（过热蒸汽）被冷却到饱和温度 t_s，然后再冷却到 t''_1（过冷液体），低温流体无相变，假定流体的热物性参数不随温度变化。

14. 质流量 0.1kg/s，$c_p = 2.1\text{kJ/(kg·K)}$，$t'_1 = 350℃$ 的油把相同质流量的水从 $100℃$ 加热到 $200℃$（高压液态水），今有两个套管换热器，（1）$k = 500\text{W/(m}^2\text{·K)}$，$A = 0.8\text{m}^2$；（2）$k = 400\text{ W/(m}^2\text{·K)}$，$A = 1.2\text{m}^2$，问选哪一个并应用何种流动方式才能满足加热要求？

15. 由圆翅片管束（见图 5-1）制成的蒸汽—空气加热器。管束及翅片管的传热及流动阻力计算关联式为：

$$Nu = 0.134Re^{0.681}Pr^{1/3}\left(\frac{H-\delta}{H}\right)^{0.2}\left(\frac{H-\delta}{\delta}\right)^{0.1134} \quad (Re = 10^3 \sim 2\times10^4)$$

$$Nu = 0.189\left[1+0.1\left(\frac{S_1}{d_0}-2\right)\right]Re^{0.685}Pr^{1/3}\left(\frac{\delta}{H}\right)^{0.304} \quad (Re = 2\times10^4 \sim 5\times10^4)$$

摩擦系数：
$$f = 37.86Re^{-0.316}\left(\frac{S_1}{d_0}\right)^{-0.927}\left(\frac{S_1}{S_2}\right)^{0.515}$$

上述关联式定性温度为流体平均温度，定型长度为管外径 d_0。已知管束参数为：正三角形排列，管间距 $S_1 = 70\text{mm}$，管排数 $m = 6$ 排，每排管数 $n = 20$ 根，管长 1.5m，$d_0 = 25\text{mm}$，翅片厚 $\delta = 0.5\text{mm}$，翅片高 $H = 20\text{mm}$，翅片间距（节距）$b = 3.5\text{mm}$，空气质流量 $M = 29\text{kg/s}$，管壁温度 $t_w = 110℃$，空气进口温度 $t_{f1} = 10℃$，试计算传热量及风机功率（流过管束的压强降 $\Delta p = f\dfrac{\rho u^2}{2}\left(\dfrac{\mu_f}{\mu_w}\right)^{0.14}m$，$\text{N/m}^2$）？（提示：按上述管束计算的空气侧对流传热面积 $\sum A = 308\text{m}^2$）。

16. 冷却器内工作液从 $77℃$ 冷却到 $47℃$，工作液质流量为 1kg/s，比热容 $c = 1758\text{J/(kg·K)}$，冷却水入口为 $13℃$，质流量 0.63kg/s，求解在传热系数 $k = 310\text{W/(m}^2\text{·K)}$ 不变的条件下采用下列不同流动方式时所需传热面积（采用 NTU 法或 LMTD 法计算，均可任选）：（1）逆流；（2）一壳程两管程；（3）交叉流（壳侧混合，管侧为冷却水）。

17. 一光管式空气加热器为交叉流，一侧不混合，空气质流量 $1000\text{Nm}^3/\text{min}$，温度由 $5℃$ 加热到 $30℃$，热介质为工厂废水，温度由 $85℃$ 降到 $50℃$。试用 NTU 法及 LMTD 两法确定它的传热面积。已知传热系数 $k = 25\text{ W/(m}^2\text{·K)}$。

18. 在套筒式换热器中，对于 $M_1c_1 > M_2c_2$、$M_1c_1 < M_2c_2$、$M_1c_1 = M_2c_2$ 三种情形（Mc 为流体的热容量），分别画出顺流与逆流时冷、热流体温度变化曲线。

19. 有一台套管式换热器，在下列条件下运行，传热系数保持不变：冷流体质流量 0.125kg/s，定压比热容 4200J/(kg·K)，入口温度 $40℃$，出口温度 $95℃$。热流体质流量 0.125kg/s，定压比热容 2100J/(kg·K)，入口温度 $210℃$。试求：（1）最大可能传热量；（2）效能；（3）为减少面积，换热器应按顺流还是逆流方式运行？这两种方式下传热面积之比为多少？

20. 热烟气流经一台肋管式叉流换热器肋片侧，温度从 $300℃$ 下降到 $100℃$，而质流量为 1 kg/s 的水流经管内，从 $35℃$ 上升到 $125℃$。烟气比热容为 1kJ/(kg·K)，以肋壁为基准的传热系数为 $100\text{ W/(m}^2\text{·K)}$，试用 NTU 法确定该换热器的肋壁表面积。

21. 一台逆流式换热器刚投入使用时在下列参数下运行：$t'_1 = 360℃$，$t''_1 = 300℃$，

$t_2'=30℃$，出口 $t_2''=200℃$，$M_1c_1=2500W/K$，$k=800W/(m^2 \cdot K)$。运行一年后发现，在 M_1c_1、M_2c_2 及 t_1'、t_2' 保持不变的情况下，冷流体只能被加热到 $162℃$，热流体的出口温度则高于 $300℃$，试确定此情况下的污垢热阻及热流体的出口温度。

22. 一蒸汽冷凝器，蒸汽压力为 $0.8×10^5Pa$ 绝对压强干饱和蒸汽，质流量 $0.015kg/s$，凝结水为饱和水。冷却水进口 $10℃$，出口 $60℃$。冷凝器传热系数为 $2000W/(m^2 \cdot K)$，求传热面积。如果水的进口温度提高到 $30℃$，凝结水质流量不变，冷却水量应如何变化？

23. 一逆流套管换热器，其中油从 $100℃$ 冷却到 $60℃$。水由 $20℃$ 加热到 $50℃$，传热量为 $2.5×10^4W$，传热系数 $350W/(m^2 \cdot K)$，油的比热容 $2.131kJ/(kg \cdot K)$，求传热面积。如使用后产生污垢，垢阻为 $0.004m^2 \cdot K/W$，流体入口温度不变，问此时换热器的传热量和两流体出口温度各为多少？

24. 已知套管换热器，传热面积 $A=2m^2$，传热系数 $k=1000W/(m^2 \cdot K)$，冷热介质的进口温度分别为 $10℃$ 和 $150℃$。已知两介质的热容都为 $1000W/K$。求按顺流和逆流安排时，换热器的传热量及两种介质的出口温度。

25. 供热用水-水管壳式换热器，高温水在管内，质流量 $1.6kg/s$，温度由 $160℃$ 降到 $90℃$，如选用卧式两管程换热器，管内径 $25mm$，壁厚 $2.5mm$，每管程管数 48 根，管间总断面积 $0.0798m^2$，当量直径 $84.8mm$，低温水进口 $65℃$，质流量 $12kg/s$，求换热器所需面积。若运行后水垢层厚 $0.3mm$，水垢 $\lambda=2W/(m \cdot K)$，那么设计时考虑传热面积应增大多少？

26. 质流量为 $50000kg/h$，入口温度为 $300℃$ 的水，通过双壳程、四管程的换热器，能将另一侧质流量为 $10000kg/h$ 的冷水从 $35℃$ 加热到 $120℃$。设此时传热系数为 $1500W/(m^2 \cdot K)$，但在运行两年后，冷水只能被加热到 $95℃$，而其他条件未变，试问产生的污垢热阻为多少？

27. 一台两管程蒸汽冷凝器由外径 $16mm$、内径 $13.4mm$ 黄铜管组成，每个管程有 125 根管子，管长为 $1.8m$，已知冷却水进口为 $25℃$，平均流速 $1.37m/s$，求它能够冷凝绝对压强为 $1.013×10^5Pa$ 的干饱和蒸汽多少（kg/h）？设壳侧冷凝表面传热系数为 $11356W/(m^2 \cdot K)$。

28. 设计一卧式管壳式换热器，用于回收废气中的余热，水进入换热器的温度为 $15℃$，流量为 $6.5kg/s$，废气进口温度为 $200℃$，流量为 $5kg/s$，出口温度为 $50℃$，假定废气物性与常压空气物性相同，总传热系数为 $200W/(m^2 \cdot K)$，现有内径 $12.5mm$、厚 $1mm$ 的铜管，求换热器所需传热面积及主要结构参数(管长、管程、每管程管数等)。

参考文献

[1] 余其铮编. 辐射换热基础. 北京：高等教育出版社，1990.

[2] Fank Kreith, Jan. F. Kerder, Principle of Solar Engineering, Hemisphere Publishing Corporation, 1978.

[3] 史美中，王中铮，等编. 热交换器原理与设计(第 4 版). 南京：东南大学出版社，2009.

[4] 陈钟颀编. 传热学专题讲座. 北京：高等教育出版社，1989.

[5] W. M. Rohsenow, J. P. Hartnett, Hand book of Heat Transfer, 2nd., McGraw-Hill, 1985.

[6] 尾花英朗著. 徐宗权译. 热交换器设计手册. 北京：石油工业出版社，1981.

[7] 钱滨江，等编. 简明传热手册. 北京：高等教育出版社，1983.

[8] W. M. 凯斯，A. L. 伦敦著. 紧凑式热交换器. 宣益民等译. 北京：科学出版社，1997.

[9] (美)沙拉，(美)塞库利克著. 换热器设计技术. 程林译. 北京：机械工业出版社，2010.

第十一章 传 质 过 程

前面各章讨论了传热过程的基本规律，介质中存在温差，就会发生热量传递。类比传热过程，只要在一个混合物体系（二元或者多元）中存在某种组分的浓度差，就会发生传质过程。

在工程实践中，传热过程与传质过程常常耦合发生，例如表面式空气冷却器在去湿冷却工况下，冷表面既降低空气温度，同时使水分冷凝析出；在溶液除湿过程中，低温高浓度溶液与湿热新风在填料塔中充分接触，同时发生传热传质过程，从而对新风降温除湿；对于湿球温度计，湿球温度是由湿球纱布与周围空气的传热和传质过程所决定的。对于建筑环境与能源应用工程专业中的室内空气质量研究，传质则更为基本，此研究方向的基础为传质学理论。因此，在学习传热的基础上，有必要对传质有一个基本的了解。对传质的深入学习，有专门教材可供参考。

在学习传质的过程中，特别注意传质与传热的类比。如温度梯度是产生传热的驱动势，混合物中某组分的浓度梯度提供了传质的驱动势。

传质有两种基本方式：分子扩散和对流扩散。在静止的流体以及固体中的扩散，是由分子微观运动引起的，称为分子扩散，其机理类似于导热。由于对流运动引起的物质传递，称为对流扩散。当流体做对流运动并存在浓度差时，对流扩散亦必同时伴随分子扩散，分子扩散与对流扩散两者的共同作用称为对流传质，其机理与对流传热相类似，单纯的对流扩散是不存在的。对流传质是在流体与液体或固体的两相交界面上完成的，例如，空气掠过水表面时水的蒸发，空气掠过固体或液体萘表面时萘的升华或蒸发，燃料挥发分的析出等。

需要注意一点，对于分子扩散，在没有浓度差的均匀混合物中，如果各处存在温度差或压力差，也会产生扩散，前者称为热扩散，后者称为压力扩散，扩散的结果会导致浓度变化，即引起浓度扩散，最后热扩散或压力扩散与浓度扩散相互平衡，建立一稳定状态[1]。为简化起见，在工程计算中当温差或总压差不大的条件下，可不计热扩散和压力扩散，只考虑均温、均压下的浓度扩散。

传质、传热及动量传递三者在机理上是类似的，所以在分析传质的方法上也和传热、动量传递有相同之处。故本章将以类比传热、动量传递的方式讲述传质理论，这样更易于读者理解。本章主要讲述传质中的分子扩散，并以此阐明传质的基本原理，另外简介对流传质，并从动量传递、传热和传质类比的角度介绍有关传质的基本计算方法，着重讨论气体之间以及气体和液体之间的传质。需要说明一点，下文用"扩散"代表"分子扩散"。

---

[1] 根据分子动力理论，二元混合物中产生热扩散时，如组成的分子量不相同，则其中的重分子朝着低温方向扩散，轻分子朝着高温方向扩散。如组成的分子量基本相同，则其中大的分子朝着低温方向扩散，小的分子朝着高温方向扩散。海水结冰淡化就是一个具体的例子，通常由浓度梯度引起的扩散与由温度梯度引起的扩散方向相反。

第一节　扩　散　传　质

一、扩散传质现象与基本概念

1. 扩散传质现象

首先感性地理解何为扩散传质。假想一个小室（如图 11-1 所示），初始时刻前左右小室被隔板完全隔绝，左小室仅有 A 气体，右小室仅有 B 气体，两种气体温度、压力相同。0 时刻取走隔板，假设 A、B 两气体不会发生化学反应，则图 11-1表示取走隔板后短时间内可能存在的情况。气体 A 的浓度随 x 轴增大而减小，气体 B 的浓度随 x 轴增大而增大。由于质量传递向浓度减小的方

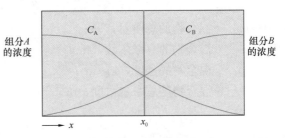

图 11-1　扩散传质现象

向，所以存在着气体 A 向右侧的净传递，气体 B 向左侧的净传递。可以这样理解，x_0 处存在一个假想平面。对气体 A 而言，每个 A 分子运动都是随机的，但是 A 气体左侧浓度高于右侧浓度（浓度高代表单位体积分子数目更多），则 A 分子从左通过平面到右的数量多于从右到左的数量，宏观上来看 A 气体从左到右净传递。

2. 浓度

在二元或多元混合物中，单位体积中所包含组分量的多少，习惯上通称为浓度。单位体积中某组分的量多就表示它的浓度高。表示浓度的方法很多，本章主要引用质量浓度和摩尔浓度的概念。

质量浓度　是指在单位容积中所含某组分 i 的质量，称为该组分的质量浓度，用符号 ρ_i 表示，单位是 kg/m^3，即

$$\rho_i = \frac{m_i}{V} \tag{11-1}$$

式中，m_i 为混合物中组分 i 的质量，kg；V 为混合物的容积，m^3。

摩尔浓度　是指在单位容积中所含某组分 i 的物质的量[1]，称为该组分的摩尔浓度（物质的量浓度），用符号 c_i 表示，单位是 mol/m^3 或 $kmol/m^3$。

$$c_i = \frac{n_i}{V} \tag{11-2}$$

式中，n_i 为混合物组分 i 的物质的量，mol 或 kmol。

对于理想混合气体，应用理想气体状态方程式，可得质量浓度、摩尔浓度与组分的分压力 p_i 以及温度 T 之间的关系

$$\rho_i = \frac{p_i}{R_i T} = \frac{M_i^* \, p_i}{R_m T} \tag{11-3}$$

---

[1] 在国际单位制中，物质的量用符号 n 表示，单位为 mol。以前习惯上称为摩尔数，工程上常用 kmol 作为物质的量的单位。

$$c_i = \frac{p_i}{R_m T} \tag{11-4}$$

式中，R_m 为摩尔气体常数，$R_m = 8.314 J/(mol \cdot K)$；$R_i$ 为气体常数，$J/(kg \cdot K)$；M_i^* 为组分 i 的摩尔质量，kg/mol。

在"工程热力学"中讲混合气体性质时提及的质量成分 g_i、摩尔成分 x_i 与质量浓度 ρ_i、摩尔浓度 c_i 的换算关系是

$$g_i = \frac{m_i}{m} = \frac{\rho_i}{\rho} ; x_i = \frac{n_i}{n} = \frac{c_i}{c}$$

式中　m——混合物的总质量，kg；

　　　n——混合物的总摩尔数，mol；

　　　ρ——混合物的密度，kg/m^3；

　　　c——混合物的总摩尔浓度，mol/m^3。

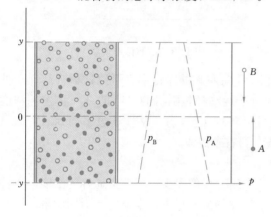

图 11-2　组分 A、B 的相互扩散

3. 扩散通量

扩散现象可在气体、液体和固体中产生。由于不同物质分子运动的差异，气体中的扩散速度较快，液体次之，而固体中的扩散最慢。扩散通量是指单位时间内垂直通过单位面积的某一组分的物质数量。随着取用的浓度单位不同，扩散通量可表示为质扩散通量 $M [kg/(m^2 \cdot s)]$ 和摩尔扩散通量 $N [kmol/(m^2 \cdot s)]$ 等。

图 11-2 表示二元混合物 A、B 在浓度不均匀时的互扩散及它们的浓度沿 y 方向的分布情况。应当指出：对于二元或多元混合物，当各组分的扩散速度不同时，则此混合物将产生整体流动，并以质平均速度 v 或摩尔平均浓度 V 通过某截面。显然，由于混合物整体在移动，因此计算扩散通量就与所选取的静坐标或随整体一起移动的动坐标有关。相对于静坐标的扩散通量称为绝对扩散通量或净扩散通量，而相对于整体平均速度移动的动坐标的扩散通量称为相对扩散通量。相对扩散通量加上因整体运动而传递的质量（摩尔）通量应等于绝对扩散通量[1]。只有在等质量互扩散条件下，混合物整体流动的质平均速度 $v = 0$，或在等摩尔互扩散条件下，摩尔平均速度 $V = 0$，此时绝对扩散通量才和相对扩散通量相一致。

二、斐克定律

1. 斐克定律简介

当无整体流动，二元混合物中组分 A 的扩散通量（质通量 M 或摩尔通量 N）同它的

---

[1]　扩散过程中若在扩散方向上有整体运动，则会带动组分 A 由一处向另一处传递，这是因整体移动而产生的 A 组分的传递。与此同时，由于两处间有浓度差，也必然会引起组分 A 的扩散传递，称为扩散传递。因此，对于静坐标，组分 A 的绝对扩散通量应等于因整体移动和浓度差引起的质传递之和。

浓度梯度成正比，这就是扩散基本定律——斐克（A. E. Fick）定律，其表达式为：

$$M_A = -D_{AB} \frac{\partial \rho_A}{\partial y} \quad [kg/(m^2 \cdot s)] \tag{11-5}$$

$$N_A = -D_{AB} \frac{\partial c_A}{\partial y} \quad [kmol/(m^2 \cdot s)] \tag{11-6}$$

式中　M_A、N_A——分别为组分 A 的质扩散通量和摩尔扩散通量；

ρ_A、c_A——分别为组分 A 的质量浓度和摩尔浓度；

$\frac{\partial \rho_A}{\partial y}$、$\frac{\partial c_A}{\partial y}$——分别为组分 A 的质量浓度梯度和摩尔浓度梯度；

D_{AB}——为比例系数，称分子扩散率，右下角码表示组分 A 向组分 B 进行的扩散，分子扩散率的单位是 m^2/s。

式中出现的"$-$"号是由于质扩散是朝浓度降低的方向进行，与浓度梯度方向相反。这与导热方向是由高温指向低温，与温度梯度方向相反是同样的道理。

在第五章雷诺类比的讨论中，曾分析常物性流体动量传递和热量传递的类比。现在，由式（11-5）、式（11-6）发现表达质扩散的斐克定律亦具有类似的形式。以一维稳态过程为例列出它们的对比情况，见表 11-1。三种传递现象中传递通量的计算式可统一表示为

传递通量＝－扩散率×传递的推动力

式中负号表示传递的方向与传递特征量增加的方向相反。

热量、动量和质量传递过程的对比　　　　　　　　　　　表 11-1

传递过程	传递通量	扩散率（m²/s）	传递特征量	传递推动力
热量扩散	q	a	$\rho c_p t$（焓）	$\dfrac{d(\rho c_p t)}{dx}$
动量扩散	τ	ν	ρu（动量）	$\dfrac{d(\rho u)}{dx}$
质量扩散	N	D	c（浓度）	$\dfrac{dc}{dx}$

2. 有整体运动情况下的修正

对于理想混合气体，已知其组分的分压力时，则斐克定律还可以表达为

$$M_A = -\frac{D_{AB}}{R_A T} \frac{\partial p_A}{\partial y} \tag{11-7}$$

$$N_A = -\frac{D_{AB}}{R_m T} \frac{\partial p_A}{\partial y} \tag{11-8}$$

当混合物整体以摩尔平均速度 V 移动时，对于静坐标而言，组分 A 的绝对摩尔扩散通量 N'_A 应为因浓度差而扩散的摩尔通量与因移动而传递的摩尔通量之和，即为

$$N'_A = N_A + c_A V$$

即
$$N'_A = -\frac{D_{AB}}{R_m T} \frac{\partial p_A}{\partial y} + c_A V \tag{11-9}$$

同理
$$N'_B = -\frac{D_{BA}}{R_m T} \frac{\partial p_B}{\partial y} + c_B V \tag{11-10}$$

下面讨论两种典型的传质扩散过程

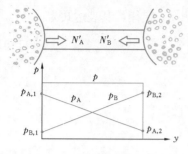

图 11-3　等摩尔逆向扩散

（1）等摩尔逆向扩散

图 11-3 所示为分别盛有气体 A 和 B 的两个等温大容器，用管道连接起来。在总压力 p 为常数的情况下进行着传质。假设每个容器内气体浓度均匀，由已知条件知，分压力 $p_{A1} > p_{A2}$，$p_{B2} > p_{B1}$，组分 A 向右扩散，组分 B 向左扩散。由于总压力 p 为常数，因此根据理想气体状态方程和道尔顿分压力定律可知，组分 A 扩散到右边容器的净摩尔数必等于组分 B 扩散到左边容器的摩尔数，即 $N'_A = N'_B$，则整体摩尔平均速度 $V = 0$。由于

$$p = p_A + p_B = 常数$$

因此

$$\frac{\partial p_A}{\partial y} = -\frac{\partial p_B}{\partial y} \tag{11-11}$$

上式表明，系统中 A、B 两组分的浓度梯度大小相等，方向相反。比较式（11-9）、式（11-10)可得

$$D_{AB} = D_{BA} = D \tag{11-12}$$

由此可见，对于二元混合物，两组分各自的分子扩散率在数值上相等。这个结论同样适用于等质量相互扩散的情况。

根据图 11-3 所示的边界条件，对式（11-8）和式（11-7）进行积分，可得

$$N_A = \frac{D}{R_m T} \frac{p_{A,1} - p_{A,2}}{\Delta y} = D \frac{c_{A,1} - c_{A,2}}{\Delta y} \tag{11-13}$$

同理可得

$$M_A = \frac{D}{R_A T} \frac{p_{A,1} - p_{A,2}}{\Delta y} = D \frac{\rho_{A,1} - \rho_{A,2}}{\Delta y} \tag{11-14}$$

式中，$p_{A,1}$、$p_{A,2}$ 分别为组分 A 在 1、2 两点的分压力，Δy 是两点间的距离。

（2）单向扩散

上节讨论的是二元混合物中组分 A、B 的互相扩散（双向扩散）。工程上还会遇到一组分 A 通过另一停滞组分 B 的单向扩散。这种形式的扩散将会引起混合物的整体运动。设有一水槽，槽内的水在向空气作等温蒸发，水蒸气分子通过槽内不流动的空气层扩散至槽口，然后被槽外的气流带走（图 11-4）。设所分析的扩散过程处于稳态，且槽口上的空气流速较小，因此不致使槽内空气产生扰动而改变其中的浓度分布。由于水面上的蒸汽分压力可认为是水温下的饱和压力，它将大于槽口空气中的蒸汽分压力 $p_{A,2}$。槽内水蒸气分压力 p_A 变化曲线如图中右侧所示。因而，水面上的

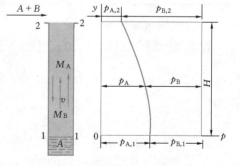

图 11-4　水面蒸汽向空气中扩散

水蒸气由下向上扩散，质扩散通量为 M_A。由于槽内水蒸气分压力 p_A 和干空气分压力 p_B 之和，即槽内总压力 $p = p_A + p_B$ 沿高度方向保持不变，并等于槽外混合气体的总压力。对应槽内高度方向水蒸气分压力的变化，槽内干空气也有分压力变化，从而使干空气会有由上向下的扩散，如图中 M_B 所示。但干空气不能通过槽底水表面。为了维持一个稳定的扩散过程，必然有一股水蒸气和干空气的混合气流做向上的整体运动，以补偿

从槽口向水表面的干空气扩散。对静坐标而言，在槽内的任一截面上这股向上的混合气流的流速应使该截面上的空气的绝对质扩散通量为零，即

$$M'_B = M_B + v\rho_B = -\frac{D}{R_B T}\frac{\mathrm{d}p_B}{\mathrm{d}y} + v\frac{p_B}{R_B T} = 0 \tag{11-15}$$

解得混合气流的整体流动速度为

$$v = \frac{D}{p_B}\frac{\mathrm{d}p_B}{\mathrm{d}y} \tag{11-16a}$$

因混合气体总压力 $p = p_A + p_B =$ 常数，求导得

$$\frac{\mathrm{d}p_A}{\mathrm{d}y} = -\frac{\mathrm{d}p_B}{\mathrm{d}y}$$

故

$$v = -\frac{D}{p - p_A}\frac{\mathrm{d}p_A}{\mathrm{d}y} \tag{11-16b}$$

对静坐标而言，水蒸气的绝对质扩散通量为

$$M'_A = M_A + v\rho_A = -\frac{D}{R_A T}\frac{\mathrm{d}p_A}{\mathrm{d}y} + v\frac{p_A}{R_A T} \tag{11-17}$$

将式（11-16b）代入上式，可得

$$M'_A = -\frac{D}{R_A T}\frac{\mathrm{d}p_A}{\mathrm{d}y} - \frac{D}{p - p_A}\frac{p_A}{R_A T}\frac{\mathrm{d}p_A}{\mathrm{d}y}$$

所以

$$M'_A = -\frac{D}{R_A T}\frac{p}{p - p_A}\frac{\mathrm{d}p_A}{\mathrm{d}y} \tag{11-18}$$

这就是斯蒂芬（J. Stefan）定律的微分表达式。用于计算单向质扩散通量，它实质上就是对静坐标而言的斐克定律。

将式（11-18）分离变量并积分。参见图 11-4，边界条件是

$$y = 0, \quad p - p_{A,1} = p_{B,1}$$
$$y = H, \quad p - p_{A,2} = p_{B,2}$$

可得

$$M'_A = \frac{D}{R_A T}\frac{p}{H}\ln\frac{p - p_{A,2}}{p - p_{A,1}} = \frac{D}{R_A T}\frac{p}{H}\ln\frac{p_{B,2}}{p_{B,1}} = \frac{D}{R_A T}\frac{p}{H}\frac{p_{B,2} - p_{B,1}}{(p_B)_{ln}} \tag{11-19}$$

式中，$(p_B)_{ln} = \dfrac{p_{B,2} - p_{B,1}}{\ln(p_{B,2}/p_{B,1})}$，它是组分 B（干空气）分压力的对数平均值。

由于

$$p_{B,2} - p_{B,1} = (p - p_{A,2}) - (p - p_{A,1}) = p_{A,1} - p_{A,2}$$

故式（11-19）可写成

$$M'_A = \frac{D}{R_A T}\frac{p}{H}\frac{p_{A,1} - p_{A,2}}{(p_B)_{ln}} \tag{11-20a}$$

或

$$M'_A = \frac{D}{H}\frac{p}{(p_B)_{ln}}(\rho_{A,1} - \rho_{A,2}) \tag{11-20b}$$

式（11-19）和式（11-20）称为斯蒂芬定律的积分表达式。比较式（11-14）和式（11-20b），可以发现由于 $p/(p_B)_{ln}$ 的比值总是大于1，故 $M'_A > M_A$，这是由于槽内混合气

流整体以质平均速度 v 移动的缘故。当水蒸气的分压力及其变化与总压力相比很小时，可以认为 $(p_B)_{ln} \approx p$，即可不计此质平均速度，动坐标和静坐标的表达式一致，此时的斯蒂芬定律转化为斐克定律。利用上式，在测出有关物理量后即可求得扩散率 D 值。

三、扩散率

物质的分子扩散率表示它的扩散能力，是物质的物理性质之一，同时它与扩散的环境有关。根据斐克定律，扩散率是沿扩散方向，在单位时间每单位浓度梯度的条件下，垂直通过单位面积所扩散某物质的质量或物质的量，即

$$D = \frac{M_A}{-\dfrac{\partial \rho_A}{\partial y}} = \frac{N_A}{-\dfrac{\partial c_A}{\partial y}} \qquad (\text{m}^2/\text{s})$$

扩散率 D 和运动黏性系数 $\nu = \dfrac{\mu}{\rho}$ 以及热扩散率 $a = \dfrac{\lambda}{c_p \rho}$ 的单位相同。根据分子动力学理论，随着气体温度升高，气体分子的平均运动动能增大，扩散能力加强，扩散加快；而随着气体压力的升高，分子间的平均自由行程减小，扩散阻力加大，扩散减弱。故二元理想混合气体有 $D \sim p^{-1} T^{3/2}$ 的关系。不同物质之间的分子扩散率是通过实验来测定的。表 11-2 列举了在压力 $p_0 = 1.013 \times 10^5 \text{Pa}$、温度 $T_0 = 273\text{K}$ 时各种气体在空气中的扩散率 D_0，在其他 p、T 状态下的扩散率可用下式换算

$$D = D_0 \frac{p_0}{p} \left(\frac{T}{T_0}\right)^{3/2} \qquad (11-21)$$

气体在空气中的分子扩散率（$p_0 = 1.013 \times 10^5 \text{Pa}$、$T_0 = 273\text{K}$）　　　　表 11-2

气 体	H_2	N_2	O_2	CO_2	SO_2	NH_3	H_2O	HCl
$D_0 \times 10^4$ （m²/s）	0.511	0.132	0.178	0.138	0.103	0.20	0.22	0.13

两种气体 A 与 B 之间分子扩散率可用吉利兰（Gilliland）提出的半经验公式估算

$$D = \frac{435.7 \times 10^{-4} T^{3/2}}{p(V_A^{1/3} + V_B^{1/3})^2} \sqrt{\frac{1}{\mu_A} + \frac{1}{\mu_B}} \qquad (\text{m}^2/\text{s}) \qquad (11-22)$$

式中　　T——热力学温度，K；

　　　　p——总压力，Pa；

μ_A、μ_B——气体 A、B 的相对分子质量；

V_A、V_B——气体 A、B 在 1 个标准大气压下沸点时扩散摩尔容积，$\text{m}^3/(\text{kg} \cdot \text{mol})$。几种常用气体的扩散摩尔容积可查表 11-3。

在正常沸点下扩散摩尔容积　　　　表 11-3

气 体	H_2	O_2	N_2	空气	CO_2	SO_2	NH_3	H_2O
$V \times 10^3$ ［m³/(kg·mol)］	14.3	25.6	31.1	29.9	34.0	44.8	25.8	18.9

多数情况下浓度的影响很小，因此，式（11-22）中没有包括 A 在组分 B 中的浓度影响。

二元混合液体的扩散率以及气—固、液—固之间的扩散率，比气体之间的扩散率要复杂得多，只能用实验来确定。

【例11-1】有一直径为30mm的直管，底部盛有20℃的水，水面距管口为200mm。当流过管口的空气为20℃，相对湿度$\varphi=30\%$，总压力$p=1.013\times10^5$Pa时，试计算：（1）水蒸气往空气中的扩散率D；（2）水的质扩散通量（即蒸发速率）；（3）每小时该直管的蒸发水量G。

【解】（1）计算分子扩散率D

1）查表11-2可得$D_0=0.22\times10^{-4}$m^2/s，用式（11-21）换算到20℃时的D值为

$$D = D_0 \frac{p_0}{p}\left(\frac{T}{T_0}\right)^{1.5} = 0.22\times10^{-4}\left(\frac{293}{273}\right)^{1.5} = 0.2446\times10^{-4}\ \text{m}^2/\text{s}$$

2）如用式（11-22）计算D值，可查表11-3，得

水蒸气的扩散摩尔容积　　　　　　$V_A=0.0189$m^3/(kg·mol)

水蒸气的相对分子质量　　　　　　$\mu_A=18$

空气的扩散摩尔容积　　　　　　　$V_B=0.0299$m^3/(kg·mol)

空气的相对分子质量　　　　　　　$\mu_B=28.9$

$$D = \frac{435.7\times10^{-4}\times(293)^{1.5}}{1.013\times10^5\times\left[(0.0189)^{1/3}+(0.0299)^{1/3}\right]^2}\sqrt{\frac{1}{18}+\frac{1}{28.9}}$$

$$= 0.1947\times10^{-4}\text{m}^2/\text{s}$$

【讨论】从上面计算可以看出，用式（11-22）计算的D值与表11-2查得的数据经修正得到的D值相差20%左右，在没有实验数据的情况下，用式（11-22）做估算在工程上是可以接受的。

（2）水的质扩散通量

水表面的蒸汽分压力相当于水温20℃时的饱和压力，查水蒸气表可得

$$p_{A,1}=2337\text{Pa}；$$

管口的水蒸气分压力为　　　$p_{A,2}=0.3\times2337=701$Pa

相应的干空气分压力为　　　$p_{B,1}=101300-2337=98963$Pa

$$p_{B,2}=101300-701=100599\text{Pa}$$

干空气的对数平均分压力　　$(p_B)_{ln}=\dfrac{100599-98963}{\ln(100599/98963)}=99778.8$Pa

应用式（11-20a）计算水的质扩散通量

$$M'_A = \frac{D}{R_A T}\frac{p}{H}\frac{p_{A,1}-p_{A,2}}{(p_B)_{ln}} = \frac{0.2446\times10^{-4}}{\dfrac{8314}{18}\times293}\times\frac{101300}{0.2}\times\frac{2337-701}{99778.8}$$

$$= 1.501\times10^{-6}\text{kg/(m}^2\cdot\text{s)} = 5.404\times10^{-3}\text{kg/(m}^2\cdot\text{h)}$$

（3）$G = M'_A\cdot\dfrac{1}{4}\pi d^2 = 5.404\times10^{-3}\times\dfrac{\pi}{4}\times0.03^2 = 0.00382$kg/h $=3.82$g/h

第二节 对流传质与动量、热量传递的类比

在上节中讨论了静止或几乎静止的二元混合物中的扩散传质，而工程上能够遇到的传质往往和流体运动相联系，由于流体的流动而加强了传质。对流传质和传热、动量传递虽不是同类的物理现象，然而描述这三类传递现象的微分方程式却具有相同的形式。本节通过动量、热量、质量传递的类比介绍对流传质。

一、对流传质的基本概念

现以空气掠过水表面，水分蒸发后扩散入空气流作为对流传质的例子来分析。在对流传质中，在界面上亦像对流传热条件下形成热边界层一样会形成浓度边界层，如图 11-5 (c) 所示。图中的曲线表示水面上的水蒸气浓度分布，在紧贴水面的薄层中，水蒸气的浓度变化最大；而离水面较远处，浓度变化就不显著。如果水表面的蒸汽浓度为 $c_{A,w}$，远离水面处的蒸汽浓度为 $c_{A,\infty}$，则在对流传质情况下，每单位表面的蒸汽摩尔扩散通量可表示为

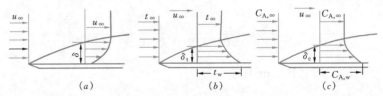

图 11-5 对流传递现象的类比

(a) 速度边界层；(b) 温度边界层；(c) 浓度边界层

$$N_A = h_D(c_{A,w} - c_{A,\infty}) \quad [\text{kmol}/(\text{m}^2 \cdot \text{s})] \tag{11-23a}$$

同理可得

$$M_A = h_D(\rho_{A,w} - \rho_{A,\infty}) \quad [\text{kg}/(\text{m}^2 \cdot \text{s})] \tag{11-23b}$$

用类似于第五章对流传热微分方程的分析方法，得

$$h_D(c_{A,w} - c_{A,\infty}) = -D\left(\frac{\partial c_A}{\partial y}\right)_w \tag{11-24}$$

式中 h_D——对流传质表面传质系数，m/s；

$\left(\dfrac{\partial c_A}{\partial y}\right)_w$——在气水分界处扩散物质 A 的浓度梯度。

对流传质表面传质系数 h_D 和对流传热表面传热系数 h 在形式上相当，但它们的物理意义和单位不同。h_D 表示当扩散物质 A 在表面和远离表面处的浓度差为单位浓度差时，在单位时间内通过单位表面积的质扩散通量，单位是 m/s。

与对流传热计算一样，对流传质计算首先必须确定对流传质表面传质系数 h_D。在对流传热的分析求解中，要确定对流传热表面传热系数，就需要先确定边界层中速度分布和温度分布。同样，要确定对流传质表面传质系数，需要先确定边界层中速度分布和浓度分布。为了确定边界层中浓度分布，需要推导出表达传质过程的微分方程——扩散方程式。如用质流量代替热流量，用浓度变化代替温度分布，则可类似于边界层能量微分方程的推导，得到边界层中的扩散方程。对二维、稳态、常物性层流，扩散

方程是

$$u \frac{\partial c_A}{\partial x} + v \frac{\partial c_A}{\partial y} = D \frac{\partial^2 c_A}{\partial y^2} \tag{11-25}$$

结合速度分布和扩散的边界条件求出边界层中的浓度分布，得到界面处的浓度梯度，并由式（11-24）求得传质系数 h_D。读者可参阅传质学专门教材，学习扩散方程的详细推导过程。需要注意的是，工程实践中更多采用各种经验公式来计算表面传质系数 h_D，但这不意味着分析求解没有意义，理解分析求解过程中的各方程与各假设条件的物理意义对于理解对流传质过程帮助极大。

二、对流传质的相似准则

现将对流传质问题与对流传热问题的对比示于表 11-4。比较表中动量、能量和质量扩散方程可知，三个方程在形式上完全类似，但它们的边界条件显著不同。主要差别在于传质时界面上 y 方向的速度 $v_w \neq 0$。若 $v_w = 0$，就没有传质了。一般来说，边界条件是确定方程解的重要因素。只有在浓度比较低、扩散通量较小，v_w 相对很小的情况下，才可认为对流传质问题与对流传热问题接近完全类似，才有可能直接用对流传热问题解的形式求解对流传质问题。实际上，确实存在着很多可以满足以上限制条件的问题。以上的讨论是对层流进行的，对紊流也可以得出同样的结论。

对流传质与对流传热对比 表 11-4

	对流传质	对流传热
传递过程微分方程	$h_D(c_{A,w} - c_{A,\infty}) = -D\left(\frac{\partial c_A}{\partial y}\right)_w$	$h(t_w - t_\infty) = -\lambda\left(\frac{\partial t}{\partial y}\right)_w$
传递过程边界层微分方程组	$\frac{\partial u}{\partial x} + \frac{\partial v}{\partial y} = 0$ $\qquad$ $u\frac{\partial u}{\partial x} + v\frac{\partial u}{\partial y} = \nu\frac{\partial^2 u}{\partial y^2}$ $\qquad$ $u\frac{\partial c_A}{\partial x} + v\frac{\partial c_A}{\partial y} = D\frac{\partial^2 c_A}{\partial y^2}$	$\frac{\partial u}{\partial x} + \frac{\partial v}{\partial y} = 0$ $\qquad$ $u\frac{\partial u}{\partial x} + v\frac{\partial u}{\partial y} = \nu\frac{\partial^2 u}{\partial y^2}$ $\qquad$ $u\frac{\partial t}{\partial x} + v\frac{\partial t}{\partial y} = a\frac{\partial^2 t}{\partial y^2}$
边界条件	$y = 0, u = 0, v = v_w, c_A = c_{A,w}$ $\qquad$ $y \to \infty, u \to u_\infty, c_A \to c_{A,\infty}$	$y = 0, u = 0, v = 0, t = t_w$ $\qquad$ $y \to \infty, u \to u_\infty, t \to t_\infty$

应用第五章中介绍的相似分析方法，对上述边界层微分方程组进行相似分析，除了可以得出已经熟悉的 Nu、Re 和 Pr 等相似准则外，还可导出以下相似准则：

宣乌特（Sherwood）准则，$Sh = \frac{h_D l}{D}$。它与对流传热的 Nu 准则相对应，因包含未知量 h_D，同样是一个待定准则，其大小反映了对流传质过程的强度。

施米特（Schmidt）准则，$Sc = \frac{\nu}{D}$。它与传热的 Pr 准则相对应，也是一个物性准则。表示速度分布和浓度分布的相互关系，体现流体的传质特性。当 $Sc = 1$，即 $\nu = D$ 时，速度边界层和浓度边界层厚度相等。

刘伊斯（Lewis）准则，$Le = \frac{a}{D} = \frac{Sc}{Pr}$。表示温度分布和浓度分布的相互关系，体现传热和传质之间的联系。当 $Le = 1$，即 $a = D$ 时，温度边界层和浓度边界层厚度相等。

在浓度比较低、扩散通量较小、分速度 v_w 相对很小的情况下，热量传递和质量传递的数学描写相类似，使得对流传质的准则关联式与对流传热的准则关联式具有同一函数形式：

对流传热
$$Nu = \frac{hl}{\lambda} = f\ (Re,\ Pr)$$

对流传质
$$Sh = \frac{h_D l}{D} = f(Re, Sc) \tag{11-26}$$

至于函数的具体形式，仍需由对流传质实验来确定。在工程上，对流传质的准则关联式常套用相应的对流传热的准则关联式。严格来说，由于只是在忽略某些次要因素后，表达传质、传热和动量传递的微分方程式才相类似，所以这种套用是近似的。

在给定 Re 准则条件下，当流体的 $a=D$，即流体的 $Pr=Sc$ 或 $Le=1$ 时（通常空气中的热湿交换就属于此），基于传热和传质过程对应的定型准则数值相等，因此

$$Nu = Sh$$

即

$$\frac{hl}{\lambda} = \frac{h_D l}{D}$$

或

$$h_D = D\frac{h}{\lambda} = a\frac{h}{\lambda} = \frac{h}{c_p \rho} \tag{11-27}$$

上式称为刘伊斯关系，即传热传质类比律。式中流体的 c_p 和 ρ 可作为已知值，因此，当 $Le=1$ 时，对流传质表面传质系数 h_D 可直接从对流传热表面传热系数的类比关系求得。对气体混合物，通常可近似认为 $Le \approx 1$。例如水表面向空气中蒸发，在20℃时，热扩散率 $a=21.4\times10^{-6}\,\mathrm{m^2/s}$，运动黏性系数 $\nu=15.11\times10^{-6}\,\mathrm{m^2/s}$，经过温度修正后的分子扩散率 $D=24.5\times10^{-6}\,\mathrm{m^2/s}$，所以 $Le=\dfrac{a}{D}=0.873\approx1$。说明空气掠过水面在边界层中的温度分布和浓度分布规律基本相同。

三、动量传递与传热的类比在传质中的应用

第五章通过动量传递和对流传热的类比，由流动阻力系数求得对流传热表面传热系数。同样，通过传质和传热、动量传递过程的类比，也可由阻力系数来求得对流传质表面传质系数，这就提供了另一条确定对流传质表面传质系数的途径。

如把沿平板流动和管内流动的雷诺类比律和柯尔朋类比律相应地用于对流传质。

对 $Sc=1$ 的流体，根据雷诺类比律可得：

沿平板流动的对流传质
$$St_D = \frac{c_f}{2} \tag{11-28a}$$

管内流动时的对流传质
$$St_D = \frac{f}{8} \tag{11-29a}$$

对 $Sc\neq1$ 的流体，亦像 $Pr\neq1$ 的流体一样采用柯尔朋修正，按柯尔朋类比律可得：

沿平板流动的对流传质
$$St_D Sc^{2/3} = \frac{c_f}{2} \tag{11-28b}$$

管内流动时的对流传质
$$St_D Sc^{2/3} = \frac{f}{8} \tag{11-29b}$$

式中，$St_D = \dfrac{Sh}{ReSc} = \dfrac{h_D}{u}$，称对流传质斯坦登准则，它和传热的 St 准则是相对应的。所以

只要知道摩阻系数 c_f、f 和流速 u，就可计算相应的对流传质表面传质系数 h_D。这对于缺乏传质的实验数据和实验手段的情况，可用来估算对流传质表面传质系数是十分方便的。应予注意的是，雷诺类比律建立在简化了的模型基础上，由于把问题做了过分简化，故它的应用受到很大的限制。

第三节 对流传质的准则关联式

一、 流体在管内受迫流动时的传质

管内流动着的气体和管道湿内壁之间，当气体中某组分能被管壁的液膜所吸收，或液膜能向气体作蒸发，均属传质过程，它和管内受迫流动传热相类似。由第六章可知，在温差较小的条件下，管内紊流传热可不计物性修正项，并有如下准则关联式（6-4a）

$$Nu=0.023Re^{0.8}Pr^{0.4}$$

通过大量被不同液体润湿的管壁和空气之间的传质实验，吉利兰（Gilliland）把实验结果整理成相似准则并表示在图 11-6 中，并得到相应的准则关联式

$$Sh=0.023Re^{0.83}Sc^{0.44} \tag{11-30}$$

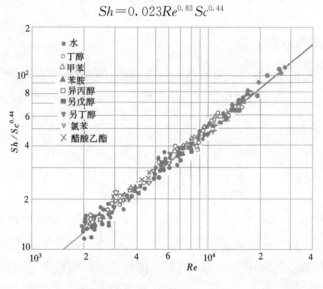

图 11-6 $Sh=f$ (Re，Sc)

比较上列两式，可见它们只是在指数上稍有差异，式（11-30）的应用范围是 $2000<Re<35000$，$0.6<Sc<2.5$，准则中的定型长度是干壁内径，速度取空气相对于壁面的流速，定性温度取空气温度。

如用类比律来计算管内流动传质系数，可利用式（11-29b）

$$St_D Sc^{2/3}=\frac{f}{8} \tag{11-29b}$$

若采用布拉西乌斯光滑管内的摩阻系数公式

$$f=0.3164Re^{-1/4}$$

则可得 $\quad \dfrac{Sh}{ReSc}Sc^{2/3}=0.0395Re^{-1/4}$

即
$$Sh=0.0395Re^{3/4}Sc^{1/3} \tag{11-31}$$

应用式（11-30）和式（11-31）所作的计算表明，结果是很接近的。

二、流体沿平板流动时的传质

在第五章对流传热分析中，得到沿平板流动传热的准则关联式。

当流动是层流时
$$Nu=0.664Re^{1/2}Pr^{1/3} \tag{5-17b}$$

相应的传质准则关联式为
$$Sh=0.664Re^{1/2}Sc^{1/3} \tag{11-32}$$

当流动是紊流时
$$Nu=(0.037Re^{0.8}-870)Pr^{1/3} \tag{5-29}$$

相应的传质准则关联式为
$$Sh=(0.037Re^{0.8}-870)Sc^{1/3} \tag{11-33}$$

式（11-32）和式（11-33）中的定型长度是用沿流动方向的平板长度 L，速度 u 用边界层外的主流速度，定性温度为边界层内的平均温度，计算所得的 h_D 是整个平板上的平均值。

三、传热传质时的传质计算

当流体与壁面之间既有传质又有传热时，可以通过对流传热表面传热系数 h 来计算传质系数 h_D。由于传热、传质同时存在，可从平板流动与管内流动的有关准则关联式得到
$$StPr^{2/3}=St_D Sc^{2/3}$$

或写为
$$\frac{h}{c_p \rho u}Pr^{2/3}=\frac{h_D}{u}Sc^{2/3}$$

即
$$\frac{h}{h_D}=c_p\rho\left(\frac{Sc}{Pr}\right)^{2/3}=c_p\rho Le^{2/3} \tag{11-34}$$

从此式可以看出，当 $Le=1$，即 $a=D$ 时，$\dfrac{h}{h_D}=c_p\rho$，这就是刘伊斯关系。所以，刘伊斯关系是式（11-34）的一个特殊情况。

【例 11-2】试计算空气沿水面流动时的对流传质表面传质系数 h_D 和每小时从水面上蒸发的水量。已知空气的流速 $u=3\text{m/s}$，沿气流方向的水面长度 $l=0.3\text{m}$，水面的温度为 15℃，空气温度为 20℃，空气总压力为 $1.013\times10^5\text{Pa}$，其中水蒸气分压力 $p_{A,\infty}=701\text{Pa}$，相当于空气的相对湿度为 30%。

【解】1. 计算空气沿水面流动时的对流传质表面传质系数 h_D

空气的物性参数按浓度边界层中空气温度平均值 17.5℃确定：

$\nu=14.83\times10^{-6}\text{m}^2/\text{s}$；$\lambda=2.57\times10^{-2}\text{W/(m·K)}$；$\rho=1.258\text{kg/m}^3$；$c_p=1.005\text{kJ/(kg·K)}$；$Pr=0.704$

计算 Re 准则
$$Re=\frac{ul}{\nu}=\frac{3\times0.3}{14.83\times10^{-6}}=60689$$

（1）采用传质准则关联式计算 h_D

计算 Sc 准则：先由表 11-2 查得 $D_0=0.22\times10^{-4}\text{m}^2/\text{s}$，换算到 17.5℃时的 D 值为

$$D = D_0 \left(\frac{T}{T_0}\right)^{1.5} = 0.22 \times 10^{-4} \left(\frac{290.5}{273}\right)^{1.5} = 0.2415 \times 10^{-4} \ \mathrm{m^2/s}$$

故

$$Sc = \frac{\nu}{D} = \frac{14.83 \times 10^{-6}}{0.2415 \times 10^{-4}} = 0.6141$$

由于 $Re < 5 \times 10^5$，选用式（11-32）

$$Sh = 0.664 Re^{1/2} Sc^{1/3} = 0.664 \times (60689)^{1/2} \times (0.6141)^{1/3} = 139.0$$

所以

$$h_D = Sh \frac{D}{l} = 139.0 \times \frac{0.2415 \times 10^{-4}}{0.3} = 1.119 \times 10^{-2} \mathrm{m/s} = 40.28 \mathrm{m/h}$$

（2）采用刘伊斯关系式计算 h_D

需要先确定对流传热表面传热系数 h。按传热准则关联式计算

$$Nu = 0.664 Re^{1/2} Pr^{1/3} = 0.664 \times (60689)^{1/2} \times (0.704)^{1/3} = 145.5$$

故

$$h = Nu \frac{\lambda}{l} = 145.5 \times \frac{2.57 \times 10^{-2}}{0.3} = 12.46 \mathrm{W/(m^2 \cdot K)}$$

根据式（11-27）

$$h_D = \frac{h}{c_p \rho} = \frac{12.46}{1005 \times 1.258} = 9.855 \times 10^{-3} \ \mathrm{m/s} = 35.48 \mathrm{m/h}$$

2. 计算水面的蒸发量即质扩散通量 M_A

由于水面温度为 15℃时，水蒸气饱和分压力 $p_{A,w} = 1704 \mathrm{Pa}$

按式（11-23b）计算

$$M_A = h_D (\rho_{A,w} - \rho_{A,\infty}) = \frac{h_D}{R_A T}(p_{A,w} - p_{A,\infty})$$

$$= \frac{1.119 \times 10^{-2}}{\frac{8314}{18} \times 288} \times (1704 - 701)$$

$$= 8.44 \times 10^{-5} \mathrm{kg/(m \cdot s)}$$

$$= 0.304 \mathrm{kg/(m \cdot h)}$$

【讨论】空气的 $Le < 1$，故用刘伊斯关系来计算所得的数据稍偏低，作为近似计算，刘伊斯关系还是非常有用的。如果应用式（11-34）计算 h_D，两者结果一致。

第四节 传热与传质的耦合

传热与传质过程经常耦合出现。本节以蒸发冷却、湿球温度计为例介绍相关知识内容。

一、蒸发冷却

传热传质耦合过程——液体表面蒸发是气液表面分子热运动的结果，由于蒸发失去了动能较大的分子，使分子运动的平均动能减小而降低了液面温度。通常总是假设直接和液面接触的薄层气体是饱和的，其中蒸气的分压力即液面温度下的饱和压力。液面蒸发时，质流的方向总是从液面指向气体，而热流的方向则可从液面到气体，也可从气体到液面，视液面温度 t_w 和气流温度 t_0 相对高低而定。当 $t_0 > t_w$ 时，热流和质流方向相反。

蒸发冷却是传热传质在工程上的具体应用，它是保护固体表面免受高温气流侵袭的有

效措施之一。固体表面覆盖的液体薄层在蒸发时吸收来自气体的汽化潜热，改善了冷却效果，见图 11-7。

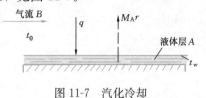

图 11-7　汽化冷却

在稳态情况下，对气、液分界面薄层液体做热平衡分析，可得

$$q = h(t_0 - t_w) = M_A r$$

其中 r 是液体 A 的汽化潜热。把质扩散通量 M_A 的表达式（11-23b）代入上式，可得

$$h(t_0 - t_w) = h_D(\rho_{A,w} - \rho_{A,\infty})r = \frac{h_D r}{R_A}\left(\frac{p_{A,w}}{T_w} - \frac{p_{A,\infty}}{T_0}\right)$$

即

$$T_0 - T_w = \frac{h_D}{h}\frac{r}{R_A}\left(\frac{p_{A,w}}{T_w} - \frac{p_{A,\infty}}{T_0}\right)$$

把式（11-34）的关系代入上式，可得

$$T_0 - T_w = \frac{1}{c_p \rho Le^{2/3}}\frac{r}{R_A}\left(\frac{p_{A,w}}{T_w} - \frac{p_{A,\infty}}{T_0}\right) \tag{11-35}$$

式中，ρ、c_p、Le 为空气 B 的物性，应以边界层的平均温度 $T=(T_w+T_0)/2$ 作为定性温度来查空气的物性表；R_A 为液体 A 蒸气的气体常数；$p_{A,w}$ 为液面处组分 A 蒸气的分压力，$p_{A,\infty}$ 为空气中组分 A 蒸气的分压力。利用式（11-35）可计算蒸发冷却时的表面温度 T_w。

【例 11-3】盛夏季节某容器需要用蒸发冷却来降温，容器表面缠以湿布并不断用挥发性液体 A 来润湿。已知该液体的汽化热 $r=160$kJ/kg，相对分子质量 $\mu_A=140$，液面的蒸气分压力 $p_{A,w}=3700$Pa，扩散率 $D=0.2\times10^{-4}$m²/s。当流过容器的空气温度为 40℃，空气中组分 A 的蒸气分压力 $p_{A,\infty}\approx0$，试计算稳态情况下容器壁所能达到的冷却温度 t_w 为多少？

【解】从附录 1 查空气的物性，先假设边界层的平均温度 $T=300$K，查得：

$$\rho=1.16\text{kg/m}^3;\quad c_p=1.005\text{kJ/(kg·K)};\quad a=22.5\times10^{-6}\text{m}^2/\text{s}$$

计算 Le 准则

$$Le=\frac{a}{D}=\frac{22.5\times10^{-6}}{0.2\times10^{-4}}=1.125$$

蒸发液体 A 的气体常数：

$$R_A=\frac{R_m}{\mu_A}=\frac{8314}{140}=59.39\text{J/(kg·K)}$$

应用式（11-35），由于 $p_{A,\infty}\approx0$，故

$$T_0 - T_w = \frac{1}{c_p \rho Le^{2/3}}\frac{r}{R_A}\frac{p_{A,w}}{T_w}$$

$$313 - T_w = \frac{1}{1.005\times10^3\times1.16\times(1.13)^{2/3}}\times\frac{160\times10^3}{59.39}\times\frac{3700}{T_w}=\frac{7866}{T_w}$$

$$T_w^2 - 313T_w + 7866 = 0$$

得

$$T_w = 285.4\text{K}(t_w = 12.4℃)$$

T_0 与求得的 T_w 的平均值 T 为 299.2K，与原假设 $T=300$K 相近，说明原假设是合适的。

【讨论】若假定 $Le \approx 1$ 进行计算，得 $T_w = 283\text{K}$ （$t_w = 10℃$），数据虽偏低，作为近似计算还是合理的。所以，对气体混合物，可认为 $Le \approx 1$。

二、湿球温度计

测量湿空气参数常用干、湿球温度计。湿球温度的建立也和湿纱布与周围空气的传热、传质有关（图 11-8）。如果在蒸发初始阶段，湿纱布的水温 t_w 高于气流温度 t_0，由于水面的传热和蒸发的双重作用，致使温度逐渐下降，发生非稳态的蒸发过程。经过一段时间后，水温降低到空气温度，此时传热量为零，但只要空气未饱和，则纱布水分的蒸发仍然进行着，导致纱布水温继续下降并低于空气温度，这时湿纱布就从气流中获得热量。随着纱布水温降低，表面上饱和空气中的蒸汽分压力 $p_{w,w}$ 也相应减小，蒸发就渐渐变慢，而由于温差的增大，湿纱布从气流吸收的热量有所增大。这一过程要延续到湿纱布冷却至某一温度 t_M，水面从气流中的吸热量和水分蒸发的耗热量相平衡，此时湿纱布就保持在 $t_w = t_M$ 的温度作稳态蒸发。湿球纱布从气流中得到热量用于蒸发水分并回到气流中去的蒸发过程称为绝热蒸发，t_M 是水分在绝热蒸发时的温度，称为湿球温度。

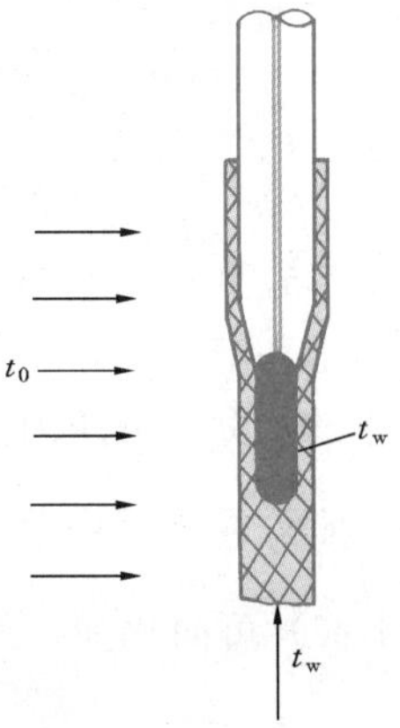

图 11-8 湿球温度计

在计及外界有辐射影响的情况下，对湿纱布列热平衡方程式

$$q = q_c + q_r = h(t_0 - t_w) + q_r = M_w r \tag{1}$$

式中　q_c——对流传热量；

　　　q_r——辐射传热量；

　　　h——对流传热表面传热系数。

水分蒸发的质扩散通量 M_w 可表达为

$$M_w = h_D(\rho_{w,w} - \rho_{w,\infty}) = \frac{h_D}{R_w T}(p_{w,w} - p_{w,\infty}) \tag{2}$$

式中　$p_{w,w}$——温度为 t_w 的饱和空气中水蒸气分压力，Pa；

　　　$p_{w,\infty}$——远离湿球的未饱和空气中水蒸气分压力，Pa；

　　　R_w——水蒸气的气体常数，J/(kg·K)；

　　　T——边界层的平均温度，K。

综合上列两式，可得

$$h(t_0 - t_w) + q_r = \frac{h_D}{R_w T}(p_{w,w} - p_{w,\infty})r$$

或

$$h\left(1 + \frac{q_r}{h(t_0 - t_w)}\right)(T_0 - T_w) = \frac{h_D}{R_w T}(p_{w,w} - p_{w,\infty})r$$

用式（11-34）的关系代入上式，经整理后可得

$$\frac{p_{w,w} - p_{w,\infty}}{R_w T \rho} = \frac{c_p}{r} Le^{2/3}\left(1 + \frac{q_r}{h(t_0 - t_w)}\right)(T_0 - T_w)$$

或

$$\frac{d_w - d_0}{T_0 - T_w} = \frac{c_p}{r} Le^{2/3}\left(1 + \frac{q_r}{h(t_0 - t_w)}\right) \tag{11-36}$$

式中 d_w——温度为 t_w 的饱和空气中的含湿量，kg/kg 干空气[1]；

d_0——温度为 t_0 的未饱和空气中的含湿量，kg/kg 干空气。

式（11-36）可用来计算湿空气参数。当外加防辐射措施后，$q_r \ll h(t_0 - t_w)$ 或 $\dfrac{q_r}{h(t_0 - t_w)} \ll 1$，因此可不计辐射的影响。式中右侧各项作为气体的性质是已知的，在测得干球温度 t_0 和湿球温度 t_w 后，d_w 可通过下式来计算

$$d = 0.622 \frac{p_w}{p - p_w} \approx 0.622 \frac{p_w}{p} \tag{11-37}$$

式中 p_w——空气中水蒸气的分压力，Pa；

p——空气总压力，Pa。

当式（11-37）中的水蒸气分压力 p_w 以饱和空气水蒸气分压力 $p_{w,w}$ 取代，则求得的 d 就是饱和空气中的 d_w。因此可用式（11-36）求得 d_0，然后可再用式（11-37）计算出空气中的水蒸气分压力 $p_{w,\infty}$。

水分在空气中蒸发时，Le 的数值稍小于 1，而 $\left(1 + \dfrac{q_r}{h(t_0 - t_w)}\right)$ 的值稍大于 1，故式（11-36）可简化为

$$\frac{d_w - d_0}{T_0 - T_w} = \frac{c_p}{r}$$

或

$$T_0 = T_w + \frac{r}{c_p}(d_w - d_0) \tag{11-38}$$

【例 11-4】干燥空气流过湿球温度计时的读数为 $t_w = t_M = 20℃$。试计算空气的干球温度 t_0。空气总压力 $p = 1.013 \times 10^5 \mathrm{Pa}$。

【解】从附录 1 查得空气物性，先假设边界层的平均温度 $t = 40℃$，查得

$$c_p = 1.005 \mathrm{kJ/(kg \cdot K)}; \quad a = 24.3 \times 10^{-6} \mathrm{m^2/s}$$

计算 Le 准则：先由表 11-2 查得 $D_0 = 0.22 \times 10^{-4} \mathrm{m^2/s}$，换算到 40℃ 时的 D 值为

$$D = D_0\left(\frac{T}{T_0}\right)^{1.5} = 0.22 \times 10^{-4}\left(\frac{313}{273}\right)^{1.5} = 0.27 \times 10^{-4} \mathrm{m^2/s}$$

故

$$Le = \frac{a}{D} = \frac{24.3 \times 10^{-6}}{0.27 \times 10^{-4}} = 0.9$$

从水蒸气表可查得 $t_w = 20℃$ 时，饱和水蒸气汽化潜热 $r = 2454.3 \mathrm{kJ/kg}$、饱和水蒸气压力 $p_{w,w} = 2338 \mathrm{Pa}$。

计算含湿量 d_w，利用式（11-37）

$$d_w = 0.622 \frac{p_{w,w}}{p - p_{w,w}} = 0.622 \times \frac{2338}{101300 - 2338} = 1.47 \times 10^{-2} \mathrm{kg/kg} \text{ 干空气}$$

对于干空气 $d_0 = 0$

计算空气的干球温度 t_0

$$t_0 = t_w + (d_w - d_0)\frac{r}{c_p}\frac{1}{Le^{2/3}} = 20 + 1.47 \times 10^{-2} \times \frac{2454.3}{1.005} \times \frac{1}{0.9^{2/3}} = 58.5℃$$

---

[1] 有关含湿量 d 的定义和计算，参见《工程热力学》中湿空气内容。

t_w 与求得的 t_0 平均值 t 为 39.25℃，与原假设 $t=40$℃相近，表明原假设是合适的。

【讨论】完全干燥的空气流过湿球温度计时，显示的温度与干球温度差别很大。当空气相对湿度较大时，干湿球温度的差别就会小得多。因此，对含湿量较小的热空气，采用喷水雾化来冷却是非常有效的。

🔑 小 结

本章主要讲述二元混合物在组分浓度不均匀时所产生的质量传递现象及其原理。学习的基本要求是：理解物质浓度扩散的两个基本定律，能通过动量传递与热量传递的类比关系，了解质量传递的计算方法。主要内容有：

（1）传质是通过扩散来实现的，它的推动力是浓度差或分压差。传质的基本方式有分子扩散和对流扩散。分子扩散的机理相当于导热过程，对流扩散相当于热对流。分子扩散和对流扩散的共同作用称为对流传质，相当于对流传热。除了浓度差能产生扩散以外，温度差和总压力差也会产生热扩散及压力扩散，但在温差和总压差不大的情况下，此两项附加扩散通常可不计。

（2）分子扩散的基本定律是斐克定律和斯蒂芬定律。斐克定律所表达的质扩散通量 M_A 或摩尔通量 N_A 是对混合物以质平均速度 v 或摩尔平均速度 V 移动的动坐标而言，即不计混合物的整体运动。斐克定律基本表达式见下表：

斐克定律表达式对照表

梯度的表达	质扩散通量[kg/(m² · s)]	摩尔扩散通量[kmol/(m² · s)]	参变量
质量浓度	$M_A = -D_{AB}\dfrac{\partial \rho_A}{\partial y}$	$N_A = -D_{AB}\dfrac{\partial c_A}{\partial y}$	摩尔浓度
分压力	$M_A = -\dfrac{D_{AB}}{R_A T}\dfrac{\partial p_A}{\partial y}$	$N_A = -\dfrac{D_{AB}}{R_m T}\dfrac{\partial p_A}{\partial y}$	分压力

如对静坐标而言，则质扩散通量 M'_A（或摩尔扩散通量 N'_A）表达式是：

$$M'_A = M_A + \rho_A v$$
$$N'_A = N_A + c_A V$$

斯蒂芬定律表达的单向质扩散通量 M'_A，实质上是对静坐标斐克定律的引申。

（3）二元混合物中组分 A、B 存在浓度差而作等质量互扩散时 $v=0$，如作等摩尔互扩散，则 $V=0$。此时分别有 $M'_A = M_A$，$N'_A = N_A$。

（4）动量传递、热传递和质传递是可以类比的。一方面从导热的傅里叶定律、流体的牛顿内摩擦定律和扩散的斐克定律作对比，还可以通过描述流体内部温度场的能量方程、描述速度场的动量方程、描述浓度场的扩散方程以及这些方程的边界条件作对比。基于数学表达式的形式相同，在单值条件相似的情况下，它们的求解结果也可作类比。因此，可把第五、六章中讲过用于计算对流传热的准则关联式扩大应用于低浓度扩散 v_w 较小的传质计算。只要把有关的相似准则作某些转化即可，如将 Nu 转化为 Sh 准则，Pr 准则转化为 Sc 准则，St 转化为 St_D 准则等。

表面传质系数 h_D 和对流传热表面传热系数 h 的作用相类似，但它们的单位不同，h_D 的量纲是 m/s 或 m/h。

（5）对流传质计算中常用的相似准则有

1）宣乌特准则 $Sh = \dfrac{h_D l}{D}$，它反映传质的强度；

2）施米特准则 $Sc = \dfrac{\nu}{D}$，它是传质的流体物性准则，表征对流传质的动量传递与质量交换之间的内在联系；

3）刘伊斯准则 $Le = \dfrac{a}{D}$，它是传热、传质并存时的流体物性准则，表征对流传质的质量迁移与热量传递之间的内在联系；

4）雷诺准则 $Re = \dfrac{ul}{\nu}$，它反映流体的流动特征；

5）传质斯坦登准则 $St_D = \dfrac{h_D}{u}$，它是 Sh 准则、Re 准则和 Sc 准则的组合 $\left(St_D = \dfrac{Sh}{ReSc} \right)$，与传热斯坦登准则 $St = \dfrac{Nu}{RePr}$ 相对应；

（6）刘伊斯关系式 $\dfrac{h}{h_D} = c_p \rho$ 只适用于 $a = D$ 的情况，当 $a \neq D$ 或 $Le = \dfrac{a}{D} \neq 1$ 时

$$\frac{h}{h_D} = c_p \rho Le^{2/3}$$

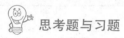 思考题与习题

1. 质扩散通量为何会有静坐标系和动坐标系之分，它们之间有何联系？

2. 碳粒在燃烧过程中，从周围环境吸取 O_2，并放出 CO_2，过程反应式 $C + O_2 \rightarrow CO_2$。试分析 O_2 和 CO_2 通过碳粒表面边界层的质扩散性质，属等质量互扩散还是等摩尔扩散。

3. 如何理解动量、热量和质量传递的类比性。

4. 把雷诺类比律和柯尔朋类比律推广应用于对流传质可以得到什么结论？

5. 定义施米特准则和刘易斯准则，从动量传递、热量传递和质量传递类比的观点来说明它们的物理意义。

6. 从分子运动论的观点来分析扩散率 D 与压力 p、温度 t 的关系。并计算总压力为 1.01325×10^5 Pa、温度为 25℃时，下列气体之间的扩散率：（1）氧气和氮气；（2）氨气和空气。

7. 氢气和空气在总压力为 1.01325×10^5 Pa、温度为 25℃ 的条件下作等摩尔互扩散，已知扩散率为 0.6×10^{-4} m²/s，在垂直于扩散方向距离为 10mm 的两个平面上氢气分压力为 16000Pa 和 5300Pa。试计算此两种气体的摩尔扩散通量。

8. 相对湿度为 40%、温度为 25℃、压力为 1.01325×10^5 Pa 的空气，以 4m/s 的流速进入内径为 8cm 的竖直管，管内壁有 25℃ 的薄层水不断淌下，试计算为使空气达到饱和所需的管长。

9. 压力为 1.01325×10^5 Pa、温度为 20℃ 的空气，在内径为 50mm 的湿壁管中流动，流速为 3m/s，液面往空气的扩散率 $D_0 = 0.22 \times 10^{-4}$ m²/s，试分别用式（11-30）、式

（11-31）计算表面传质系数并比较之。

10. 在标准状态下空气中的氨气被潮湿的管壁所吸收，含氨空气是以 5m/s 的流速横向掠过湿管壁的。如从传热、传质类比律出发，对相同条件下计算对流换热求得对流传热表面系数 $h=56W/(m^2 \cdot K)$，试计算相应的对流传质表面传质系数 h_D。

11. 空气流入内径为 25mm、长 1m 的湿壁管时的参数为：压力 $1.01325 \times 10^5 Pa$、温度为 25℃、含湿量 3g/kg 干空气。空气流量为 20kg/h。由于湿壁管外表面的散热，湿表面水温为 20℃，试计算空气在管子出口处的含湿量为多少。

12. 相对湿度为 50%、温度为 40℃的空气以 2m/s 的速度掠过长度为 10m 的水池，水温为 30℃。试计算每平方米的池表面蒸发量为多少。

13. 欲测定干空气气流的温度，但现有的温度计唯恐量程不够，因此在温度计头部包一层湿纱布，测得湿球温度为 35℃。试计算此干空气的温度。空气压力 $1.01325 \times 10^5 Pa$。

14. 在总压力为 $1.01325 \times 10^5 Pa$ 的湿空气中，用于干、湿球温度计测得的温度分别为 26℃ 和 20℃。已知该湿空气的 $Pr=0.74$，$Sc=0.60$，在不计辐射热时，试计算湿空气的含湿量。

15. 试推导球形液滴在静止空气中单位表面积的蒸发率为

$$m_A = \frac{M'_A}{4\pi r_1} = \frac{D}{R_A T} \frac{P}{(p_B)_{ln}} \frac{p_{A,1} - p_{A,2}}{r_1}$$

（提示：球形液滴向空气中蒸发时的扩散表面积为球表面）

16. 试根据质量守恒原理推导式（11-25）。

17. 地表上有一层厚度为 δ 的水膜，在空气中蒸发。稳态条件下测试得到：水膜与大气的温度均为 T，大气压恒定为 1atm，距离地面 L 处的空气的相对湿度为 $\varphi(0 < \varphi < 1)$。在温度 T 下水的饱和蒸汽压为 P_{sat}（atm）。问，空气静止，需要多长时间水膜会完全蒸发（给出表达式）？已知水蒸气在空气中的扩散系数为 D，水膜的密度为 ρ，水温视为恒定。

18. 设计一个实验装置，根据斐克定律测定气体扩散系数，并分析扩散率的影响因素。写一份较为详尽的设计说明书。提示：在垂直毛细管中，保持固定的温度和经过毛细管顶部的空气流量，可确定液体表面的分子扩散到气体中的蒸气分压。

参 考 文 献

［1］ J. P. Holman. Heat Transfer, 10th Ed. McGraw-Hill，NewYork，2011.

［2］ James R. Welty, Charles E. Wicks, Robert E. Wilson, Gregory Rorrer. Fundamentals of Momentum, Heat and Mass Transfer, 4th Ed. ，John Wiley & Sons, Inc. 2001.

［3］ Frank P. Incropera, David P. DeWitt. Fundamentals of Heat Transfer and Mass Transfer, 6th Ed. ，John Wiley & Sons, Inc. ，2007.

［4］ Warren. M. Rohsenow, James. P. Hartnett, Young I. Cho, Handbook of Heat Transfer, 3rd Edition，McGraw-Hill，1998.

［5］ 朱谷君. 工程传热传质学. 北京：航空工业出版社，1989.

［6］ John H. Lienhard Ⅳ, John H. Lienhard V. ，AHeat Transfer Textbook, 4rd Ed. ，Phlogiston Press，2011.

［7］ 王补宣. 工程传热传质学（上册）. 北京：科学出版社，1982.

［8］ 王补宣. 工程传热传质学（下册）. 北京：科学出版社，1998.

附 录

附录 1　干空气的热物理性质（$p=1.013\times10^5\,\text{Pa}$）

t ($^\circ$C)	ρ (kg/m^3)	c_p [kJ/(kg·K)]	$\lambda\times10^2$ [W/(m·K)]	$a\times10^6$ (m^2/s)	$\mu\times10^6$ (N·s/m^2)	$\nu\times10^6$ (m^2/s)	Pr
-50	1.584	1.013	2.04	12.7	14.6	9.23	0.728
-40	1.515	1.013	2.12	13.8	15.2	10.04	0.728
-30	1.453	1.013	2.20	14.9	15.7	10.80	0.723
-20	1.395	1.009	2.28	16.2	16.2	11.61	0.716
-10	1.342	1.009	2.36	17.4	16.7	12.43	0.712
0	1.293	1.005	2.44	18.8	17.2	13.28	0.707
10	1.247	1.005	2.51	20.0	17.6	14.16	0.705
20	1.205	1.005	2.59	21.4	18.1	15.06	0.703
30	1.165	1.005	2.67	22.9	18.6	16.00	0.701
40	1.128	1.005	2.76	24.3	19.1	16.96	0.699
50	1.093	1.005	2.83	25.7	19.6	17.95	0.698
60	1.060	1.005	2.90	27.2	20.1	18.97	0.696
70	1.029	1.009	2.96	28.6	20.6	20.02	0.694
80	1.000	1.009	3.05	30.2	21.1	21.09	0.692
90	0.972	1.009	3.13	31.9	21.5	22.10	0.690
100	0.946	1.009	3.21	33.6	21.9	23.13	0.688
120	0.898	1.009	3.34	36.8	22.8	25.45	0.686
140	0.854	1.013	3.49	40.3	23.7	27.80	0.684
160	0.815	1.017	3.64	43.9	24.5	30.09	0.682
180	0.779	1.022	3.78	47.5	25.3	32.49	0.681
200	0.746	1.026	3.93	51.4	26.0	34.85	0.680
250	0.674	1.038	4.27	61.0	27.4	40.61	0.677
300	0.615	1.047	4.60	71.6	29.7	48.33	0.674
350	0.566	1.059	4.91	81.9	31.4	55.46	0.676
400	0.524	1.068	5.21	93.1	33.0	63.09	0.678
500	0.456	1.093	5.74	115.3	36.2	79.38	0.687
600	0.404	1.114	6.22	138.3	39.1	96.89	0.699
700	0.362	1.135	6.71	163.4	41.8	115.4	0.706
800	0.329	1.156	7.18	138.8	44.3	134.8	0.713
900	0.301	1.172	7.63	216.2	46.7	155.1	0.717
1000	0.277	1.185	8.07	245.9	49.0	177.1	0.719
1100	0.257	1.197	8.50	276.2	51.2	199.3	0.722
1200	0.239	1.210	9.15	316.5	53.5	233.7	0.724

附录 2 饱和水的热物理性质

t (°C)	$p \times 10^{-5}$ (Pa)	ρ (kg/m³)	H' (kJ/kg)	c_p [kJ/(kg·K)]	$\lambda \times 10^2$ [W/(m·K)]	$a \times 10^8$ (m²/s)	$\mu \times 10^6$ (N·s/m²)	$\nu \times 10^6$ (m²/s)	$\alpha \times 10^4$ (K⁻¹)	$\sigma \times 10^4$ (N/m)	Pr
0	0.00611	999.9	0	4.212	55.1	13.1	1788	1.789	−0.81	756.4	13.67
10	0.012270	999.7	42.04	4.191	57.4	13.7	1306	1.306	+0.87	741.6	9.52
20	0.02338	998.2	83.91	4.183	59.9	14.3	1004	1.006	2.09	726.9	7.02
30	0.04241	995.7	125.7	4.174	61.8	14.9	801.5	0.805	3.05	712.2	5.42
40	0.07375	992.2	167.5	4.174	63.5	15.3	653.3	0.659	3.86	696.5	4.31
50	0.12335	988.1	209.3	4.174	64.8	15.7	549.4	0.556	4.57	676.9	3.54
60	0.19920	983.1	251.1	4.179	65.9	16.0	469.9	0.478	5.22	662.2	2.99
70	0.3116	977.8	293.0	4.187	66.8	16.3	406.1	0.415	5.83	643.5	2.55
80	0.4736	971.8	355.0	4.195	67.4	16.6	355.1	0.365	6.40	625.9	2.21
90	0.7011	965.3	377.0	4.208	68.0	16.8	314.9	0.326	6.96	607.2	1.95
100	1.013	958.4	419.1	4.220	68.3	16.9	282.5	0.295	7.50	588.6	1.75
110	1.43	951.0	461.4	4.233	68.5	17.0	259.0	0.272	8.04	569.0	1.60
120	1.98	943.1	503.7	4.250	68.6	17.1	237.4	0.252	8.58	548.4	1.47
130	2.70	934.8	546.4	4.266	68.6	17.2	217.8	0.233	9.12	528.8	1.36
140	3.61	926.1	589.1	4.287	68.5	17.2	201.1	0.217	9.68	507.2	1.26
150	4.76	917.0	632.2	4.313	68.4	17.3	186.4	0.203	10.26	486.6	1.17
160	6.18	907.0	675.4	4.346	68.3	17.3	173.6	0.191	10.87	466.0	1.10
170	7.92	897.3	719.3	4.380	67.9	17.3	162.8	0.181	11.52	443.4	1.05
180	10.03	886.9	763.3	4.417	67.4	17.2	153.0	0.173	12.21	422.8	1.00
190	12.55	876.0	807.8	4.459	67.0	17.1	144.2	0.165	12.96	400.2	0.96
200	15.55	863.0	852.8	4.505	66.3	17.0	136.4	0.158	13.77	376.7	0.93
210	19.08	852.3	897.7	4.555	65.5	16.9	130.5	0.153	14.67	354.1	0.91
220	23.20	840.3	943.7	4.614	64.5	16.6	124.6	0.148	15.67	331.6	0.89
230	27.98	827.3	990.2	4.681	63.7	16.4	119.7	0.145	16.80	310.0	0.88
240	33.48	813.6	1037.5	4.756	62.8	16.2	114.8	0.141	18.08	285.5	0.87
250	39.78	799.0	1085.7	4.844	61.8	15.9	109.9	0.137	19.55	261.9	0.86
260	46.94	784.0	1135.7	4.949	60.5	15.6	105.9	0.135	21.27	237.4	0.87
270	55.05	767.9	1185.7	5.070	59.0	15.1	102.0	0.133	23.31	214.8	0.88
280	64.19	750.7	1236.8	5.230	57.4	14.6	98.1	0.131	25.79	191.3	0.90
290	74.45	732.3	1290.0	5.485	55.8	13.9	94.2	0.129	28.84	168.7	0.93
300	85.92	712.5	1344.9	5.736	54.0	13.2	91.2	0.128	32.73	144.2	0.97

t (℃)	$p \times 10^{-5}$ (Pa)	ρ (kg/m³)	H' (kJ/kg)	c_p [kJ/(kg·K)]	$\lambda \times 10^2$ [W/(m·K)]	$a \times 10^8$ (m²/s)	$\mu \times 10^6$ (N·s/m²)	$\nu \times 10^6$ (m²/s)	$\alpha \times 10^4$ (K⁻¹)	$\sigma \times 10^4$ (N/m)	Pr
310	98.70	691.1	1402.2	6.071	52.3	12.5	88.3	0.128	37.85	120.7	1.03
320	112.90	667.1	1462.1	6.574	50.6	11.5	85.3	0.128	44.91	98.10	1.11
330	128.65	640.2	1526.2	7.244	48.4	10.4	81.4	0.127	55.31	76.71	1.22
340	146.08	610.1	1594.8	8.165	45.7	9.17	77.5	0.127	72.10	56.70	1.39
350	165.37	574.4	1671.4	9.504	43.0	7.88	72.6	0.126	103.7	38.16	1.60
360	186.74	528.0	1761.5	13.984	39.5	5.36	66.7	0.126	182.9	20.21	2.35
370	210.53	450.5	1892.5	40.321	33.7	1.86	56.9	0.126	676.7	4.709	6.79

附录3　干饱和水蒸气的热物理性质

t (℃)	$p \times 10^{-5}$ (Pa)	ρ'' (kg/m³)	H' (kJ/kg)	r [kJ/kg]	c_p [kJ/(kg·K)]	$\lambda \times 10^2$ [W/(m·K)]	$a \times 10^3$ (m²/s)	$\mu \times 10^6$ (N·s/m²)	$\nu \times 10^6$ (m²/s)	Pr
0	0.00611	0.004847	2501.6	2501.6	1.8543	1.83	7313.0	8.022	1655.01	0.815
10	0.01227	0.009396	2520.0	2477.7	1.8594	1.88	3881.3	8.424	896.54	0.831
20	0.02338	0.01729	2538.0	2454.3	1.8661	1.94	2167.2	8.84	509.90	0.847
30	0.04241	0.03037	2556.5	2430.9	1.8744	2.00	1265.1	9.218	303.53	0.863
40	0.07375	0.05116	2574.5	2407.0	1.8853	2.06	768.45	9.620	188.04	0.883
50	0.12335	0.08302	2592.0	2382.7	1.8987	2.12	483.59	10.022	120.72	0.896
60	0.19920	0.1302	2609.6	2358.4	1.9155	2.19	315.55	10.424	80.07	0.913
70	0.3116	0.1982	2626.8	2334.1	1.9364	2.25	210.57	10.817	54.57	0.930
80	0.4736	0.2933	2643.5	2309.0	1.9615	2.33	145.53	11.219	38.25	0.947
90	0.7011	0.4235	2660.3	2283.1	1.9921	2.40	102.22	11.621	27.44	0.966
100	1.0130	0.5977	2676.2	2257.1	2.0281	2.48	73.57	12.023	20.12	0.984
110	1.4327	0.8265	2691.3	2229.9	2.0704	2.56	53.83	12.425	15.03	1.00
120	1.9854	1.122	2705.9	2202.3	2.1198	2.65	40.15	12.798	11.41	1.02
130	2.7013	1.497	2719.7	2173.8	2.1763	2.76	30.46	13.170	8.80	1.04
140	3.614	1.967	2733.1	2144.1	2.2408	2.85	23.28	13.543	6.89	1.06
150	4.760	2.548	2745.3	2113.1	2.3145	2.97	18.10	13.896	5.45	1.08
160	6.181	3.260	2756.6	2081.3	2.3974	3.08	14.20	14.249	4.37	1.11
170	7.920	4.123	2767.1	2047.8	2.4911	3.21	11.25	14.612	3.54	1.13
180	10.027	5.160	2776.3	2013.0	2.5958	3.36	9.03	14.965	2.90	1.15
190	12.551	6.397	2784.2	1976.6	2.7126	3.51	7.29	15.298	2.39	1.18
200	15.549	7.864	2790.9	1938.5	2.8428	3.68	5.92	15.651	1.99	1.21

t (℃)	$p \times 10^{-5}$ (Pa)	ρ'' (kg/m³)	H'' (kJ/kg)	r [kJ/kg]	c_p [kJ/(kg·K)]	$\lambda \times 10^2$ [W/(m·K)]	$a \times 10^3$ (m²/s)	$\mu \times 10^6$ (N·s/m²)	$v \times 10^6$ (m²/s)	Pr
210	19.077	9.593	2796.4	1898.3	2.9877	3.87	4.86	15.995	1.67	1.24
220	23.198	11.62	2799.7	1856.4	3.1497	4.07	4.00	16.338	1.41	1.26
230	27.976	14.00	2801.8	1811.6	3.3310	4.30	3.32	16.701	1.19	1.29
240	33.478	16.76	2802.2	1764.7	3.5366	4.54	2.76	17.073	1.02	1.33
250	39.776	19.99	2800.6	1714.4	3.7723	4.84	2.31	17.446	0.873	1.36
260	46.943	23.73	2796.4	1661.3	4.0470	5.18	1.94	17.848	0.752	1.40
270	55.058	28.10	2789.7	1604.8	4.3735	5.55	1.63	18.280	0.651	1.44
280	64.202	33.19	2780.5	1543.7	4.7675	6.00	1.37	18.750	0.565	1.49
290	74.461	39.16	2767.5	1477.5	5.2528	6.55	1.15	19.270	0.492	1.54
300	85.927	46.19	2751.1	1405.9	5.8632	7.22	0.96	19.839	0.430	1.61
310	98.700	54.54	2730.2	1327.6	6.6503	8.06	0.80	20.691	0.380	1.71
320	112.89	64.60	2703.8	1241.0	7.7217	8.65	0.62	21.691	0.336	1.94
330	128.63	76.99	2670.3	1143.8	9.3613	9.61	0.48	23.093	0.300	2.24
340	146.05	92.76	2626.0	1030.8	12.2108	10.70	0.34	24.692	0.266	2.82
350	165.35	113.6	2567.8	895.6	17.1504	11.90	0.22	26.594	0.234	3.83
360	186.75	144.1	2485.3	721.4	25.1162	13.70	0.14	29.193	0.203	5.34
370	210.54	201.1	2342.9	452.6	76.9157	16.60	0.04	33.989	0.169	15.7
374.15	221.20	315.5	2107.2	0.0	∞	23.79	0.0	44.992	0.143	∞

附录 4　几种饱和液体的热物理性质

液体名称	t (℃)	$p \times 10^{-5}$ (Pa)	ρ (kg/m³)	r (kJ/kg)	c_p [kJ/(kg·K)]	λ [W/(m·K)]	$a \times 10^7$ (m²/s)	$v \times 10^6$ (m²/s)	$\alpha \times 10^4$ (K⁻¹)	Pr
氟利昂-22	−40	1.0552	1411	233.8	1.0467	0.1116	0.753	0.249	19.84	3.31
	−30	1.6466	1382	227.6	1.0802	0.1081	0.722	0.232	20.82	3.20
	−20	2.4616	1350	220.9	1.1137	0.1035	0.689	0.218	23.74	3.17
	−10	3.5599	1318	214.4	1.1472	0.10	0.661	0.210	24.52	3.18
	0	5.0016	1285	207.0	1.1807	0.0953	0.628	0.204	29.72	3.25
	10	6.8551	1249	198.3	1.2142	0.0907	0.608	0.199	29.53	3.32
(CHF₂Cl)	20	9.1695	1213	188.4	1.2477	0.0872	0.578	0.197	30.51	3.41
	30	12.0233	1176	177.3	1.2770	0.0826	0.550	0.196	33.70	3.55
	40	15.4852	1132	164.8	1.3105	0.0791	0.531	0.196	39.95	3.67
R32	−60.00	0.6496	1235.7	390.73	1.5758	0.19421	0.997	0.2486	21.9	2.492
	−40.00	1.7741	1180.2	368.79	1.6077	0.17779	0.937	0.2022	24.4	2.158
	−20.00	4.0575	1120.6	344.03	1.6607	0.16135	0.867	0.1682	28.1	1.940
	0.00	8.1310	1055.3	315.30	1.7450	0.14525	0.789	0.1426	33.6	1.808
	20.00	14.7457	981.4	280.78	1.8859	0.12970	0.701	0.1226	43.0	1.750
	40.00	24.7831	893.0	237.09	2.1629	0.11458	0.593	0.1064	62.6	1.793
	60.00	39.3323	773.3	175.51	3.0007	0.09938	0.428	0.0923	128.6	2.155

液体名称	t (℃)	$p \times 10^{-5}$ (Pa)	ρ (kg/m³)	r (kJ/kg)	c_p [kJ/(kg·K)]	λ [W/(m·K)]	$a \times 10^7$ (m²/s)	$v \times 10^6$ (m²/s)	$\alpha \times 10^4$ (K⁻¹)	Pr
R152a	−50	0.2808	1063.3	351.69	1.560			0.3822	16.25	
	−30	0.7799	1023.3	335.01	1.617			0.3007	18.30	
	−10	1.821	981.1	316.63	1.674	0.1213	0.739	0.2449	21.23	3.314
	0	2.642	958.9	306.66	1.707	0.1155	0.706	0.2235	23.17	3.166
	10	3.726	935.9	296.04	1.743	0.1097	0.673	0.2052	25.50	3.049
	30	6.890	886.3	272.77	1.834	0.0982	0.604	0.1756	31.94	2.907
	50	11.770	830.6	244.58	1.963	0.0872	0.535	0.1528	42.21	2.856
R134a	−50	0.2990	1443.1	231.62	1.229	0.1165	0.657	0.4118	18.81	6.268
	−30	0.8474	1385.9	219.35	1.260	0.1073	0.164	0.3106	20.94	5.059
	−10	2.0073	1325.6	205.97	1.306	0.0980	0.566	0.2462	24.14	4.350
	0	2.9282	1293.7	198.68	1.335	0.0934	0.541	0.2222	26.33	4.107
	10	4.1455	1260.2	190.87	1.367	0.0888	0.515	0.2018	29.05	3.918
	30	7.7006	1187.2	173.29	1.447	0.0796	0.463	0.1691	36.98	3.652
	50	13.176	1102.0	152.04	1.569	0.0704	0.407	0.1431	50.93	3.516

附录 5　几种油的热物理性质

油类名称	温度 (℃)	ρ (kg/m³)	c [kJ/(kg·K)]	λ [W/(m·K)]	$a \times 10^7$ (m²/s)	$v \times 10^6$ (m²/s)	Pr
汽　油	0	900	1.80	0.145	0.897		
	50		1.842	0.137	0.667		
柴　油	20	908.4	1.838	0.128	0.947	620	8000
	40	895.5	1.909	0.126	1.094	135	1840
	60	882.4	1.980	0.124	1.236	45	630
	80	870.0	2.052	0.123	1.367	20	290
	100	857.0	2.123	0.122	1.506	10.8	162
润滑油	0	899	1.796	0.148	0.894	4280	47100
	40	876	1.955	0.144	0.861	242	2870
	80	852	2.131	0.138	0.806	37.5	490
	120	829	2.307	0.135	0.750	12.4	175
锭子油	20	871	1.851	0.144	0.894	15.0	168
	40	858	1.934	0.143	0.861	7.93	92.0
	80	832	2.102	0.141	0.806	3.40	42.1
	120	807	2.269	0.138	0.750	1.91	25.5
变压器油	20	866	1.892	0.124	0.758	36.5	481
	40	852	1.993	0.123	0.725	16.7	230
	60	842	2.093	0.122	0.692	8.7	126
	80	830	2.198	0.120	0.656	5.2	79.4
	100	818	2.294	0.119	0.633	3.8	60.3

附录6 各种材料的热物理性质

材料名称	温度 t (℃)	密度 ρ (kg/m³)	热导率 λ [W/(m·K)]	比热容 c [kJ/(kg·K)]	蓄热系数 $s(24h)$ [W/(m²·K)]	导温系数 $a \times 10^7$ (m²/s)
金　属						
钢 0.5%C	20	7833	54	0.465	120	148.26
1.5%C	20	7753	36	0.486	99	95.54
铸钢	20	7830	50.7	0.469	116	138.06
镍铬钢 18%Cr8%Ni	20	7817	16.3	0.46	65.3	45.33
铸铁 0.4%C	20	7272	52	0.42	107	170.26
纯铜	20	8954	398	0.384	315	1157.54
黄铜 30%Zn	20	8522	109	0.385	161	332.22
青铜 25%Sn	20	8666	26	0.343	75.0	87.47
康铜 40%Ni	20	8922	22	0.41	76.5	60.14
纯铝	27	2702	237	0.903	205	971.35
铸铝 4.5%Cu	27	2790	168	0.883	173	681.94
硬铝 4.5%Cu，1.5Mg，0.6%Mn	27	2770	177	0.875	177	730.27
硅	27	2330	148	0.712	134	892.13
金	20	19320	315	0.129	239	1263.90
银 99.9%	20	10524	411	0.236	272	1654.81
建　材						
泡沫混凝土	20	232	0.077	0.88	1.07	3.77
泡沫混凝土	20	627	0.29	1.59	4.59	2.91
钢筋混凝土	20	2400	1.54	0.84	15.03	7.64
碎石混凝土	20	2344	1.84	0.75	15.34	10.47
普通黏土砖墙	20	1800	0.81	0.88	9.66	5.11
红黏土砖	20	1668	0.43	0.75	6.25	3.44
铬砖	900	3000	1.99	0.84	19.10	7.90
耐火黏土砖	800	2000	1.07	0.96	12.22	5.57
水泥砂浆	20	1800	0.93	0.84	10.11	6.15
石灰砂浆	20	1600	0.81	0.84	8.90	6.03
黄土	20	880	0.94	1.17	8.39	9.13
菱苦土	20	1374	0.63	1.38	9.32	3.32

续表

材料名称	温度 t (℃)	密度 ρ (kg/m³)	热导率 λ [W/(m·K)]	比热容 c [kJ/(kg·K)]	蓄热系数 s(24h) [W/(m²·K)]	导温系数 $a \times 10^7$ (m²/s)
砂土	12	1420	0.59	1.51	9.59	2.75
黏土	10	1850	1.41	1.84	18.68	4.14
微孔硅酸钙	50	182	0.049	0.867	0.75	3.11
次超轻硅酸钙	25	158	0.0465			
岩棉板	50	118	0.0355	0.787	0.49	3.82
珍珠岩粉料	20	44	0.042	1.59	0.46	6.00
珍珠岩粉料	20	288	0.078	1.17	1.38	2.31
水玻璃珍珠岩制品	20	200	0.058	0.92	0.88	3.15
防水珍珠岩制品	25	229	0.0639			
水泥珍珠岩制品	20	1023	0.35	1.38	5.99	2.48
玻璃棉	20	100	0.058	0.75	0.56	7.73
石棉水泥板	20	300	0.093	0.34	0.83	9.12
石膏板	20	1100	0.41	0.84	5.25	4.44
有机玻璃	20	1188	0.2	1.46		
玻璃钢	20	1780	0.5			
平板玻璃	20	2500	0.76	0.84	10.77	3.62
塑　料						
聚苯乙烯塑料	20	1040	0.1～0.16	1.35	3.2～4.04	0.71～1.14
高密度聚乙烯塑料	常温	960	0.33	2.26	7.22	1.52
低密度聚乙烯塑料	常温	920	0.33	2.1	6.81	1.71
聚四氟乙烯塑料	20	2200	0.25	1.05	6.48	1.08
聚氯乙烯塑料（PVC）	25	1300～1600	0.16	0.9	7.0～7.7	1.36～1.11
聚苯乙烯硬质泡沫塑料	20	50	0.02～0.035	2.1	0.39～0.52	1.90～3.33
聚乙烯泡沫塑料	常温	80～120	0.035～0.038	2.26	0.68～0.87	1.94～1.40
聚氨酯硬质泡沫塑料	20	45	0.02～0.035	1.72	0.34～0.44	2.58～4.52
其　他						
红松（热流垂直木纹）	20	377	0.11	1.93	2.41	1.51
刨花（压实）	20	300	0.12	2.5	2.56	1.60
软木	20	230	0.057	1.84	1.32	1.35
硬橡胶	0	1200	0.15	2.01	5.13	0.62
棉花	20	50	0.027～0.064	0.88～1.84	0.29～0.65	6.14～6.96
松散稻壳	常温	127	0.12	0.75	0.91	12.60

续表

材料名称	温度 t (℃)	密度 ρ (kg/m³)	热导率 λ [W/(m·K)]	比热容 c [kJ/(kg·K)]	蓄热系数 s(24h) [W/(m²·K)]	导温系数 a×10⁷ (m²/s)
松散锯末	常温	304	0.148	0.75	1.57	6.49
冰		920	2.26	2.26	18.49	10.87
新降雪		200	0.11	2.1	1.83	2.62
厚纸板		700	0.17	1.47	3.57	1.65
油毛毡	20.	600	0.17	1.47	3.30	1.93

附录 7　几种保温、耐火材料的热导率与温度的关系

材料名称	材料最高允许温度 (℃)	密度 ρ (kg/m³)	热导率 λ [W/(m·K)]
超细玻璃棉毡、管	400	18~20	0.033+0.00023t
矿渣棉	550~600	350	0.0674+0.000215t
水泥蛭石制品	800	420~450	0.103+0.000198t
水泥珍珠岩制品	600	300~400	0.0651+0.000105t
膨胀珍珠岩	1000	55	0.0424+0.000137t
岩棉保温板	560	118	0.027+0.00017t
岩棉玻璃布缝板	600	100	0.0314+0.000198t
A 级硅藻土制品	900	500	0.0395+0.00019t
B 级硅藻土制品	900	550	0.0477+0.0002t
粉煤灰泡沫砖	300	300	0.099+0.0002t
微孔硅酸钙	560	182	0.044+0.0001t
微孔硅酸钙制品	650	≤250	0.041+0.0002t
耐火黏土砖	1350~1450	1800~2040	(0.7~0.84)+0.00058t
轻质耐火黏土砖	1250~1300	800~1300	(0.29~0.41)+0.00026t
超轻质耐火黏土砖	1150~1300	540~610	0.093+0.00016t
超轻质耐火黏土砖	1100	270~330	0.058+0.00017t
硅砖	1700	1900~1950	0.93+0.0007t
镁砖	1600~1700	2300~2600	2.1+0.00019t
铬砖	1600~1700	2600~2800	4.7+0.00017t

附录 8　常用材料表面的法向发射率 ε_n

材料名称及表面状况	温　度（℃）	ε_n	材料名称及表面状况	温　度（℃）	ε_n
铝：高度抛光，纯度 98%	50～500	0.04～0.06	砖：粗糙红砖	40	0.88～0.93
工业用铝板	100	0.09	耐火黏土砖	500～1000	0.80～0.90
严重氧化的	100～150	0.2～0.31	木材：	40	0.80～0.90
黄铜：高度抛光的	260	0.03	石棉：板	40	0.96
无光泽的	40～260	0.22	石棉水泥	40	0.96
氧化的	40～260	0.46～0.56	石棉瓦	40	0.97
铬：抛光板	40～550	0.08～0.27	碳：灯黑	40	0.95～0.97
铜：高度抛光的电解铜	100	0.02	石灰砂浆：白色、粗糙	40～260	0.87～0.92
轻微抛光的	40	0.12	黏土：耐火黏土	100	0.91
氧化变黑的	40	0.76	土壤（干）	20	0.92
金：高度抛光的纯金	100～600	0.02～0.035	土壤（湿）	20	0.95
钢铁：铜，抛光的	40～260	0.07～0.1	混凝土：粗糙表面	40	0.94
钢板，轧制的	40	0.65	玻璃：平板玻璃	40	0.94
钢板，严重氧化的	40	0.80	派力克斯铅玻璃	260～540	0.95～0.85
铸铁，抛光的	200	0.21	瓷：上釉的	40	0.93
铸铁，新车削的	40	0.44	石膏	40	0.80～0.90
铸铁，氧化的	40～260	0.57～0.68	大理石：浅色，磨光的	40	0.93
不锈钢，抛光的	40	0.07～0.17	油漆：各种油漆	40	0.92～0.96
银：抛光的或蒸镀的	40～540	0.01～0.03	白色喷漆	40	0.80～0.95
锡：光亮的镀锡铁皮	40	0.04～0.06	光亮黑漆	40	0.90
锌：镀锌，灰色的	40	0.28	纸：白纸	40	0.95
铂：抛光的	230～600	0.05～0.1	粗糙屋面焦油纸毡	40	0.90
铂带	950～1600	0.12～0.17	橡胶：硬质的	40	0.94
铂丝	30～1200	0.036～0.19	雪	−12～−7	0.82
水银	0～100	0.09～0.12	水：厚度 0.1mm 以上	0～100	0.96
			人体皮肤	32	0.98

附录 9　不同材料表面的绝对粗糙度 k_s

材　料	管子内壁状态	k_s（mm）
黄铜、铜、铝、塑料、玻璃	新的、光滑的	0.0015～0.01
钢	新的冷拔无缝钢管	0.01～0.03
	新的热拉无缝钢管	0.05～0.10
	新的轧制无缝钢管	0.05～0.10
	新的纵缝焊接钢管	0.05～0.10
	新的螺旋焊接钢管	0.10
	轻微锈蚀的	0.10～0.20
	锈蚀的	0.20～0.30
	长硬皮的	0.50～2.0

材　　料	管子内壁状态	k_s（mm）
钢	严重起皮的	>2
	新的涂沥青的	0.03~0.05
	一般的涂沥青的	0.10~0.20
	镀锌的	0.12~0.15
铸　铁	新的	0.25
	锈蚀的	1.0~1.5
	起皮的	1.5~3.0
	新的涂沥青的	0.10~0.15
木　材	光　滑	0.2~1.0
混凝土	新的抹光的	<0.15
	新的不抹光的	0.2~0.8

附录 10　传热设备的 h 及 k 概略值

1. 对流传热表面传热系数 h [W/(m²·K)]	
（1）加热和冷却空气时　1~60	（2）加热和冷却过热蒸汽时　20~120
（3）加热和冷却油类时　60~1800	（4）加热和冷却水时　200~12000
（5）水沸腾时　600~50000	（6）蒸汽膜状凝结时　4500~18000
（7）蒸汽珠状凝结时　45000~140000	（8）有机物的蒸汽凝结时　600~2300

2. 传热系数 k [W/(m²·K)]	
（1）气体—气体　30	（2）气体—水（肋管热交换器，水在管内）30~60
（3）气体—蒸汽（肋管热交换器，蒸汽在管内）30~300	（4）水—水　900~1800
（5）水—蒸汽凝结　3000	（6）水—油类　100~350
（7）水—煤油　350	（8）蒸汽凝结—煤油、汽油　300~1200
（9）水—氟利昂12　280~850	（10）水—氨　850~1400

附录 11　污垢系数的参考值（m²·K/W）

1. 水的污垢系数				
热流体温度（℃）	<115		115~205	
水温（℃）	<50		>50	
水速（m/s）	<1	>1	<1	>1
海水	0.0001	0.0001	0.0002	0.0002
硬度不高的自来水和井水	0.0002	0.0002	0.0004	0.0004
河水	0.0006	0.0004	0.0008	0.0006

1. 水的污垢系数				
热流体温度（℃）		<115	115～205	
水温（℃）		<50	>50	
水速（m/s）	<1	>1	<1	>1
硬水（>257g/m³）	0.0006	0.0006	0.001	0.001
锅炉给水	0.0002	0.0001	0.0002	0.0002
蒸馏水	0.0001	0.0001	0.0001	0.0001
冷水塔或喷水池				
水经过处理	0.0002	0.0002	0.0004	0.0004
未经过处理	0.0006	0.0006	0.001	0.0008
多泥沙的水	0.0006	0.0004	0.0008	0.0006

2. 几种流体的污垢系数					
油		蒸气和气体		液　体	
燃料油	0.001	有机蒸气	0.0002	有机物	0.0002
润滑油，变压器油	0.0002	水蒸气（不含油）	0.0001	制冷剂液	0.0002
		废水蒸气（含油）	0.0002	盐水	0.0004
		制冷剂蒸气（含油）	0.0004		
		压缩空气	0.0004		
		燃气、焦炉气	0.002		
		天然气	0.002		

附录 12　双 曲 函 数 表

x	shx	chx	thx	x	shx	chx	thx	x	shx	chx	thx	x	shx	chx	thx
0.00	0.0000	1.000	0.0000	0.17	0.1708	1.014	0.1684	0.34	0.3466	1.058	0.3275	0.51	0.5324	1.133	0.4700
0.01	0.0100	1.000	0.0100	0.18	0.1810	1.016	0.1781	0.35	0.3572	1.062	0.3364	0.52	0.5438	1.138	0.4777
0.02	0.0200	1.000	0.0200	0.19	0.1911	1.018	0.1878	0.36	0.3678	1.066	0.3452	0.53	0.5552	1.144	0.4854
0.03	0.0300	1.000	0.0300	0.20	0.2013	1.020	0.1974	0.37	0.3785	1.069	0.3540	0.54	0.5666	1.149	0.4930
0.04	0.0400	1.001	0.0400	0.21	0.2115	1.022	0.2070	0.38	0.3892	1.073	0.3627	0.55	0.5782	1.155	0.5005
0.05	0.0500	1.001	0.0500	0.22	0.2218	1.024	0.2165	0.39	0.4000	1.077	0.3714	0.56	0.5897	1.161	0.5080
0.06	0.0600	1.002	0.0599	0.23	0.2320	1.027	0.2260	0.40	0.4108	1.081	0.3800	0.57	0.6014	1.167	0.5154
0.07	0.0701	1.002	0.0699	0.24	0.2423	1.029	0.2355	0.41	0.4216	1.085	0.3885	0.58	0.6131	1.173	0.5227
0.08	0.0801	1.003	0.0798	0.25	0.2526	1.031	0.2449	0.42	0.4325	1.090	0.3969	0.59	0.6248	1.179	0.5299
0.09	0.0901	1.004	0.0898	0.26	0.2629	1.034	0.2543	0.43	0.4434	1.094	0.4053	0.60	0.6367	1.185	0.5370
0.10	0.1002	1.005	0.0997	0.27	0.2733	1.037	0.2636	0.44	0.4543	1.098	0.4136	0.61	0.6485	1.192	0.5441
0.11	0.1102	1.006	0.1096	0.28	0.2837	1.039	0.2729	0.45	0.4653	1.103	0.4219	0.62	0.6605	1.198	0.5511
0.12	0.1203	1.007	0.1194	0.29	0.2941	1.042	0.2821	0.46	0.4764	1.108	0.4301	0.63	0.6725	1.205	0.5581
0.13	0.1304	1.008	0.1298	0.30	0.3045	1.045	0.2913	0.47	0.4875	1.112	0.4382	0.64	0.6846	1.212	0.5649
0.14	0.1405	1.010	0.1391	0.31	0.3150	1.048	0.3004	0.48	0.4986	1.117	0.4462	0.65	0.6967	1.219	0.5717
0.15	0.1506	1.011	0.1489	0.32	0.3255	1.052	0.3095	0.49	0.5098	1.122	0.4542	0.66	0.7090	1.226	0.5784
0.16	0.1607	1.013	0.1587	0.33	0.3360	1.055	0.3185	0.50	0.5211	1.128	0.4621	0.67	0.7213	1.233	0.5850

x	sh$x$	ch$x$	th$x$	x	sh$x$	ch$x$	th$x$	x	sh$x$	ch$x$	th$x$	x	sh$x$	ch$x$	th$x$
0.68	0.7336	1.240	0.5915	0.77	0.8484	1.311	0.6469	0.86	0.9700	1.393	0.6963	0.95	1.099	1.486	0.7398
0.69	0.7461	1.248	0.5980	0.78	0.8615	1.320	0.6527	0.87	0.9840	1.403	0.7014	0.96	1.114	1.497	0.7443
0.70	0.7586	1.255	0.6044	0.79	0.8748	1.329	0.6584	0.88	0.9981	1.413	0.7064	0.97	1.129	1.509	0.7487
0.71	0.7712	1.263	0.6107	0.80	0.8881	1.337	0.6640	0.89	1.012	1.423	0.7114	0.98	1.145	1.520	0.7531
0.72	0.7838	1.271	0.6169	0.81	0.9015	1.346	0.6696	0.90	1.027	1.433	0.7163	0.99	1.160	1.531	0.7574
0.73	0.7966	1.278	0.6231	0.82	0.9150	1.355	0.6751	0.91	1.041	1.443	0.7211	1.00	1.175	1.543	0.7616
0.74	0.8094	1.287	0.6291	0.83	0.9286	1.365	0.6805	0.92	1.055	1.454	0.7259				
0.75	0.8223	1.295	0.6352	0.84	0.9423	1.374	0.6858	0.93	1.070	1.465	0.7306				
0.76	0.8353	1.303	0.6411	0.85	0.9561	1.384	0.6911	0.94	1.085	1.475	0.7352				

注：表中 $\sinh x=\dfrac{1}{2}(e^x-e^{-x})$；$\cosh x=\dfrac{1}{2}(e^x+e^{-x})$；$\tanh x=\dfrac{\sinh x}{\cosh x}$。

它们的导数：

$$\frac{\mathrm{d}}{\mathrm{d}x}(\sinh u)=(\cosh u)\frac{\mathrm{d}u}{\mathrm{d}x};\ \frac{\mathrm{d}}{\mathrm{d}x}(\cosh u)=(\sinh u)\frac{\mathrm{d}u}{\mathrm{d}x},\ \frac{\mathrm{d}}{\mathrm{d}x}(\tanh u)=\left(\frac{1}{\cosh^2 u}\right)\frac{\mathrm{d}u}{\mathrm{d}x}。$$

附录 13　高斯误差补函数的一次积分值

x	ierfc (x)	x	ierfc (x)	x	ierfc (x)	x	ierfc (x)	x	ierfc (x)
0.00	0.5642	0.18	0.4024	0.36	0.2758	0.58	0.1640	0.94	0.0605
0.01	0.5542	0.19	0.3944	0.37	0.2722	0.60	0.1559	0.96	0.0569
0.02	0.5444	0.20	0.3866	0.38	0.2637	0.62	0.1482	0.98	0.0535
0.03	0.5350	0.21	0.3789	0.39	0.2579	0.64	0.1407	1.00	0.0503
0.04	0.5251	0.22	0.3713	0.40	0.2521	0.66	0.1335	1.10	0.0365
0.05	0.5156	0.23	0.3638	0.41	0.2465	0.68	0.1267	1.20	0.0260
0.06	0.5062	0.24	0.3564	0.42	0.2409	0.70	0.1201	1.30	0.0183
0.07	0.4969	0.25	0.3491	0.43	0.2354	0.72	0.1138	1.40	0.0127
0.08	0.4878	0.26	0.3419	0.44	0.2300	0.74	0.1077	1.50	0.0086
0.09	0.4787	0.27	0.3348	0.45	0.2247	0.76	0.1020	1.60	0.0058
0.10	0.4698	0.28	0.3278	0.46	0.2195	0.78	0.0965	1.70	0.0038
0.11	0.4610	0.29	0.3210	0.47	0.2144	0.80	0.0912	1.80	0.0025
0.12	0.4523	0.30	0.3142	0.48	0.2094	0.82	0.0861	1.90	0.0016
0.13	0.4437	0.31	0.3075	0.49	0.2045	0.84	0.0813	2.00	0.0010
0.14	0.4352	0.32	0.3010	0.50	0.1996	0.86	0.0767		
0.15	0.4268	0.33	0.2945	0.52	0.1902	0.88	0.0724		
0.16	0.4186	0.34	0.2882	0.54	0.1811	0.90	0.0682		
0.17	0.4104	0.35	0.2819	0.56	0.1724	0.92	0.0642		

注：表中 $\mathrm{ierfc}(x)=\displaystyle\int_x^{\infty}\mathrm{erfc}x\,\mathrm{d}(x)=\frac{1}{\sqrt{\pi}}e^{-x^2}-x\mathrm{erfc}(x)$。

$$\mathrm{erfc}(x)=1-\mathrm{erf}(x)=1-\frac{2}{\sqrt{\pi}}\int_0^x e^{-x^2}\mathrm{d}x。$$

附录 14　层流传热边界层方程的精确解

当常物性流体外掠平板层流时，传热微分方程组为：

$$u\frac{\partial u}{\partial x} + v\frac{\partial u}{\partial y} = \nu\frac{\partial^2 u}{\partial y^2} \tag{1}$$

$$\frac{\partial u}{\partial x} + \frac{\partial v}{\partial y} = 0 \tag{2}$$

$$u\frac{\partial t}{\partial x} + v\frac{\partial t}{\partial y} = a\frac{\partial^2 t}{\partial y^2} \tag{3}$$

$$h_x\Delta t = -\lambda\left(\frac{\partial t}{\partial y}\right)_{w,x} \tag{4}$$

引用 3 个无量纲量使动量和能量微分方程转变为常微分形式。

（1）无量纲离壁距离 η　它表示 y 与边界层厚度 δ 之比

$$\eta \propto \frac{y}{\delta}$$

由式（2）的数量级关系：

$$\frac{u_\infty}{x} + \frac{v}{\delta} \approx 0$$

即

$$v \sim \frac{u_\infty\delta}{x}$$

则式（1）的数量级关系：

$$u_\infty\frac{u_\infty}{x} + \frac{u_\infty\delta}{x}\cdot\frac{u_\infty}{\delta} \approx \nu\frac{u_\infty}{\delta^2}$$

化简后得到：

$$\delta \propto \sqrt{\frac{\nu X}{u_\infty}} \tag{5}$$

求解中采用：

$$\eta = y\sqrt{\frac{u_\infty}{\nu X}} \tag{6}$$

在边界层内，u、v 均是 η 的函数，设：

$$\frac{u}{u_\infty} = g(\eta),\quad \frac{v}{u_\infty} = k(\eta) \tag{7}$$

（2）无量纲流函数 f　由流函数 ψ 的定义式知：

$$u = \frac{\partial\psi}{\partial y} \tag{8a}$$

$$v = -\frac{\partial \psi}{\partial x} \tag{8b}$$

即

$$\psi = \int_0^y u \mathrm{d}y = u_\infty \int_0^\eta g(\eta) \mathrm{d}y$$

用 η 置换 y，并令 $f(\eta) = \int g(\eta) d\eta$，则

$$\psi = \sqrt{\nu X u_\infty} f(\eta) \tag{9}$$

或

$$f(\eta) = \psi / \sqrt{\nu X u_\infty}$$

将式（9）代入式（8），得到式（7）的函数式

$$u = \frac{\partial \psi}{\partial y} u_\infty f'(\eta)$$

$$v = \frac{\partial \psi}{\partial x} = \frac{1}{2}\sqrt{\frac{\nu u_\infty}{x}} \left[f(\eta) - \eta f'(\eta) \right]$$

从而得：

$$\frac{\partial u}{\partial y} = \frac{\partial^2 \psi}{\partial y^2} = \frac{u_\infty^{3/2}}{\sqrt{\nu x}} \cdot f''(\eta)$$

$$\frac{\partial^2 u}{\partial y^2} = \frac{\partial^3 \psi}{\partial y^3} = \frac{u_\infty^2}{\nu x} \cdot f'''(\eta)$$

$$\frac{\partial u}{\partial x} = \frac{\partial \psi}{\partial x \partial y} = -\frac{1}{2} y \left(\frac{u_\infty}{x} \right)^{3/2} \cdot \frac{1}{\sqrt{\nu}} f''(\eta)$$

将上列各式代入式（1），整理得动量微分方程：

$$f'''(\eta) + \frac{1}{2} f(\eta) f''(\eta) = 0 \tag{10}$$

式（10）为三阶变系数非线性常微分方程。是布拉西乌斯（Blasius）1908 年导得，称布拉西乌斯方程。用分离变量求解时令

$$Z = \frac{\mathrm{d}^2 f(\eta)}{\mathrm{d}\eta^2}$$

则式(10) 写成

$$\frac{\mathrm{d}Z}{\mathrm{d}\eta} + \frac{1}{2} \cdot f(\eta) \cdot Z = 0$$

积分上式

$$\ln Z = -\frac{1}{2} \int_0^\eta f(\eta) \mathrm{d}\eta + \ln C_1$$

即

$$Z = C_1 e^{-\frac{1}{2}\int_0^\eta f(\eta)\mathrm{d}\eta}$$

代入 Z 值，再积分

$$\frac{\mathrm{d}f(\eta)}{\mathrm{d}\eta} = C_1 \int_0^\eta e^{-\frac{1}{2}\int_0^\eta f(\eta)\mathrm{d}\eta} \mathrm{d}\eta + C_2$$

由速度边界条件：

$$y = 0, u = 0, 即 \ \eta = 0, \frac{\mathrm{d}f}{\mathrm{d}\eta} = 0$$

$$y \Rightarrow \infty, u \Rightarrow u_\infty, 即 \ \eta \Rightarrow \infty, \frac{\mathrm{d}f}{\mathrm{d}\eta} \Rightarrow 1$$

得积分常数 C_2 和 C_1 分别为

$$C_2 = 0$$

$$C_1 = \frac{1}{\int_0^\infty e^{-\frac{1}{2}\int_0^\eta f(\eta)\mathrm{d}\eta} \mathrm{d}\eta}$$

故

$$\frac{u}{u_\infty} = f'(\eta) = \frac{\int_0^\eta e^{-\frac{1}{2}\int_0^\eta f(\eta)\mathrm{d}\eta} \mathrm{d}\eta}{\int_0^\infty e^{-\frac{1}{2}\int_0^\eta f(\eta)\mathrm{d}\eta} \mathrm{d}\eta} \tag{11}$$

式 (11) 为隐函数，可采用迭代法逐次逼近求解，结果如附表 14-1 所示。它是豪沃思 (L. Ho-warth) 1938 年由数值积分得到的结果。

式 (11) 的积分结果 附表 14-1

η	$f(\eta)$	$f'(\eta)$	$f''(\eta)$	η	$f(\eta)$	$f'(\eta)$	$f''(\eta)$
0	0	0	0.33206	4.0	2.30576	0.95552	0.06424
0.4	0.02656	0.13277	0.33147	5.0	3.28329	0.99155	0.01591
0.8	0.10611	0.26471	0.32739	6.0	4.27964	0.99898	0.00240
1.2	0.23795	0.39378	0.31659	7.0	5.27926	0.99992	0.00022
1.6	0.42032	0.51676	0.29667	8.0	6.27923	1.00000	0.00001
2.0	0.65003	0.62977	0.26675	8.8	7.07923	1.00000	0.00000
3.0	1.39682	0.84605	0.16136				

本书第五章中图 5-12 的曲线即由上述结果标绘的，称为边界层内无量纲速度分布曲线。当 $\eta = 5$ 时，$f'(\eta) = \dfrac{u}{u_\infty} = 0.99$ 以上，因此由式 (6) 得：

$$5.0 = \delta\sqrt{\frac{u_\infty}{\nu x}}$$

即

$$\delta = 5.0\sqrt{\frac{\nu x}{u_\infty}} \tag{12}$$

或

$$\frac{\delta}{x} = 5.0 Re_x^{-1/2} \tag{13}$$

由牛顿黏性定律 $\tau_{w,x} = \mu\dfrac{\partial u}{\partial y}$，将 η 置换 y，并将 u 表示成 $u_\infty f'(\eta)$，则：

$$\tau_{w,x} = \mu\frac{u_\infty^{3/2}}{\sqrt{\nu x}} f''(\eta)_w$$

对于壁表面 $y = 0$，$\eta = 0$，此时 $f''(\eta)_w = f''(0) = 0.332$，故

$$\tau_{\mathrm{w,x}} = 0.332\frac{\mu u_{\infty}^{3/2}}{\sqrt{\nu x}}$$

再由摩擦系数 $C_{\mathrm{f,x}}$ 与 $\tau_{\mathrm{w,x}}$ 的关系：

$$\tau_{\mathrm{w,x}} = C_{\mathrm{f,x}}\frac{\rho u_{\infty}^2}{2}$$

得

$$\frac{C_{\mathrm{f,x}}}{2} = 0.332Re_{\mathrm{x}}^{-1/2} \tag{14}$$

由速度场进一步求解温度场。

（3）无量纲温度 θ　当流体温度为 t_{f}，壁温为 t_{w} 时：

$$\theta = \frac{t(\eta) - t_{\mathrm{w}}}{t_{\mathrm{f}} - t_{\mathrm{w}}} \tag{15}$$

代入式（3），无因次化得能量微分方程的常微分形式

$$\theta''(\eta) + \frac{1}{2}Pr \cdot f(\eta)\theta'(\eta) = 0 \tag{16}$$

式中，$Pr = \dfrac{\nu}{a}$ 称普朗特准则。当 $Pr = 1$ 时，可以看出　$\theta = f'(\eta) = \dfrac{u}{u_{\infty}}$

则

$$\left(\frac{\partial\theta}{\partial y}\right)_{\mathrm{w}} = \frac{1}{u_{\infty}}\left(\frac{\partial u}{\partial y}\right)_{\mathrm{w}} = \frac{1}{u_{\infty}}\frac{u_{\infty}^{3/2}}{\sqrt{\nu x}}f''(\eta)_{\mathrm{w}} \tag{17}$$

当 $\eta = 0$，$f''(0) = 0.332$。将式（17）代入式（4），得

$$h_{\mathrm{x}} = 0.332\lambda\sqrt{\frac{u_{\infty}}{\nu x}} \tag{18a}$$

写成准则关联式形式为

$$Nu_{\mathrm{x}} = 0.332Re_{\mathrm{x}}^{1/2} \tag{18b}$$

对于 $Pr \neq 1$ 的流体，用分离变量法解式（16），其边界条件是：

$$y = 0 \qquad \eta = 0, \qquad \theta = 0$$
$$y \to \infty \qquad \eta \to \infty, \qquad \theta \to 1$$

得到 $\theta = p(\eta)$ 的关系为

$$\theta = \frac{\displaystyle\int_0^{\eta} e^{-\frac{Pr}{2}\int_0^{\eta} f(\eta)\mathrm{d}\eta}\mathrm{d}\eta}{\displaystyle\int_0^{\infty} e^{-\frac{Pr}{2}\int_0^{\eta} f(\eta)\mathrm{d}\eta}\mathrm{d}\eta} \tag{19}$$

壁面温度梯度为

$$\left(\frac{\partial\theta}{\partial\eta}\right)_{\eta=0} = \frac{1}{\displaystyle\int_0^{\infty} e^{-\frac{Pr}{2}\int_0^{\eta} f(\eta)\mathrm{d}\eta}\mathrm{d}\eta} \tag{20}$$

波尔豪森（E. Pohlhausen1921）在 $Pr = 0.6 \sim 15$ 范围内积分求解式（20），得到的结果如附表 14-2，整理后得到的关系式是：

$$\left(\frac{\partial\theta}{\partial\eta}\right)_{\eta=0} = 0.332Pr^{1/3} \quad (0.6 < Pr < 10) \tag{21}$$

式（20）求解结果　　　　　　　　　　　　　　　附表 14-2

Pr	0.6	0.7	0.8	1.0	1.1	7.0	10.0	15.0
$\left(\dfrac{\partial\theta}{\partial\eta}\right)_{\eta=0}$	0.276	0.293	0.307	0.332	0.344	0.645	0.730	0.835

本书第五章图 5-13 描绘了不同 Pr 下边界层温度场的解。将式（21）代入式（4），得：

$$Nu_{\mathrm{x}} = 0.332Re_{\mathrm{x}}^{1/2}Pr^{1/3} \tag{22}$$

教育部高等学校建筑环境与能源应用工程专业教学指导分委员会规划推荐教材

征订号	书 名	作 者	定价(元)	备 注
23163	高等学校建筑环境与能源应用工程本科指导性专业规范（2013年版）	本专业指导委员会	10.00	2013年3月出版
25633	建筑环境与能源应用工程专业概论	本专业指导委员会	20.00	
34437	工程热力学（第六版）	谭羽非 等	43.00	国家级"十二五"规划教材（可免费索取电子素材）
35779	传热学（第七版）	朱 彤 等	58.00	国家级"十二五"规划教材（可免费索取电子素材）
32933	流体力学（第三版）	龙天渝 等	42.00	国家级"十二五"规划教材（附网络下载）
34436	建筑环境学（第四版）	朱颖心 等	49.00	国家级"十二五"规划教材（可免费索取电子素材）
31599	流体输配管网（第四版）	付祥钊 等	46.00	国家级"十二五"规划教材（可免费索取电子素材）
32005	热质交换原理与设备（第四版）	连之伟 等	39.00	国家级"十二五"规划教材（可免费索取电子素材）
28802	建筑环境测试技术（第三版）	方修睦 等	48.00	国家级"十二五"规划教材（可免费索取电子素材）
21927	自动控制原理	任庆昌 等	32.00	土建学科"十一五"规划教材（可免费索取电子素材）
29972	建筑设备自动化（第二版）	江 亿 等	29.00	国家级"十二五"规划教材（附网络下载）
34439	暖通空调系统自动化	安大伟 等	43.00	国家级"十二五"规划教材（可免费索取电子素材）
27729	暖通空调（第三版）	陆亚俊 等	49.00	国家级"十二五"规划教材（可免费索取电子素材）
27815	建筑冷热源（第二版）	陆亚俊 等	47.00	国家级"十二五"规划教材（可免费索取电子素材）
27640	燃气输配（第五版）	段常贵 等	38.00	国家级"十二五"规划教材（可免费索取电子素材）
34438	空气调节用制冷技术（第五版）	石文星 等	40.00	国家级"十二五"规划教材（可免费索取电子素材）
31637	供热工程（第二版）	李德英 等	46.00	国家级"十二五"规划教材（可免费索取电子素材）
29954	人工环境学（第二版）	李先庭 等	39.00	国家级"十二五"规划教材（可免费索取电子素材）
21022	暖通空调工程设计方法与系统分析	杨昌智 等	18.00	国家级"十二五"规划教材
21245	燃气供应（第二版）	詹淑慧 等	36.00	国家级"十二五"规划教材
34898	建筑设备安装工程经济与管理（第三版）	王智伟 等	49.00	国家级"十二五"规划教材
24287	建筑设备工程施工技术与管理（第二版）	丁云飞 等	48.00	国家级"十二五"规划教材（可免费索取电子素材）
20660	燃气燃烧与应用（第四版）	同济大学 等	49.00	土建学科"十一五"规划教材（可免费索取电子素材）
20678	锅炉与锅炉房工艺	同济大学 等	46.00	土建学科"十一五"规划教材

欲了解更多信息，请登录中国建筑工业出版社网站：www.cabp.com.cn查询。在使用本套教材的过程中，若有何意见或建议以及免费索取备注中提到的电子素材，可发Email至：jiangongshe@163.com。